中　外　物　理　学　精　品　书　系

本 书 出 版 得 到 " 国 家 出 版 基 金 " 资 助

U0393112

国家出版基金项目
NATIONAL PUBLICATION FOUNDATION

中外物理学精品书系

前沿系列 · 5 8

简明量子场论

（第二版）

王正行　编著

北京大学出版社
PEKING UNIVERSITY PRESS

图书在版编目(CIP)数据

简明量子场论 / 王正行编著. −2 版. −北京 :北京大学出版社，2020.6

（中外物理学精品书系）

ISBN 978−7−301−25769−2

Ⅰ. ①简… Ⅱ. ①王… Ⅲ. ①量子场论 Ⅳ. ①O413.3

中国版本图书馆 CIP 数据核字(2020)第 081265 号

书　　　　名	简明量子场论（第二版）
	JIANMING LIANGZI CHANGLUN（DI-ER BAN）
著作责任者	王正行 编著
责 任 编 辑	顾卫宇
标 准 书 号	ISBN 978−7−301−25769−2
出 版 发 行	北京大学出版社
地　　　　址	北京市海淀区成府路 205 号 100871
网　　　　址	http://www.pup.cn 新浪微博: @北京大学出版社
电 子 信 箱	zpup@pup.cn
电　　　　话	邮购部 010−62752015 发行部 010−62750672
	编辑部 010−62752021
印 　刷 　者	北京中科印刷有限公司
经 销 者	新华书店
	787 毫米×960 毫米 16 开本 20.25 印张 383 千字
	2008 年 4 月第 1 版
	2020 年 6 月第 2 版 2022 年 11 月第 2 次印刷
定　　　　价	55.00 元

序　言

　　物理学是研究物质、能量以及它们之间相互作用的科学。她不仅是化学、生命、材料、信息、能源和环境等相关学科的基础，同时还与许多新兴学科和交叉学科的前沿紧密相关。在科技发展日新月异和国际竞争日趋激烈的今天，物理学不再囿于基础科学和技术应用研究的范畴，而是在国家发展与人类进步的历史进程中发挥着越来越关键的作用。

　　我们欣喜地看到，改革开放四十年来，随着中国政治、经济、科技、教育等各项事业的蓬勃发展，我国物理学取得了跨越式的进步，成长出一批具有国际影响力的学者，做出了很多为世界所瞩目的研究成果。今日的中国物理，正在经历一个历史上少有的黄金时代。

　　在我国物理学科快速发展的背景下，近年来物理学相关书籍也呈现百花齐放的良好态势，在知识传承、学术交流、人才培养等方面发挥着无可替代的作用。然而从另一方面看，尽管国内各出版社相继推出了一些质量很高的物理教材和图书，但系统总结物理学各门类知识和发展，深入浅出地介绍其与现代科学技术之间的渊源，并针对不同层次的读者提供有价值的学习和研究参考，仍是我国科学传播与出版领域面临的一个富有挑战性的课题。

　　为积极推动我国物理学研究、加快相关学科的建设与发展，特别是集中展现近年来中国物理学者的研究水平和成果，北京大学出版社在国家出版基金的支持下于 2009 年推出了"中外物理学精品书系"，并于 2018 年启动了书系的二期项目，试图对以上难题进行大胆的探索。书系编委会集结了数十位来自内地和香港顶尖高校及科研院所的知名学者。他们都是目前各领域十分活跃的知名专家，从而确保了整套丛书的权威性和前瞻性。

　　这套书系内容丰富、涵盖面广、可读性强，其中既有对我国物理学发展的梳理和总结，也有对国际物理学前沿的全面展示。可以说，"中外物理学精品书系"力图完整呈现近现代世界和中国物理科学发展的全貌，是一套目前国内为数不多的兼具学术价值和阅读乐趣的经典物理丛书。

"中外物理学精品书系"的另一个突出特点是,在把西方物理的精华要义"请进来"的同时,也将我国近现代物理的优秀成果"送出去"。物理学在世界范围内的重要性不言而喻。引进和翻译世界物理的经典著作和前沿动态,可以满足当前国内物理教学和科研工作的迫切需求。与此同时,我国的物理学研究数十年来取得了长足发展,一大批具有较高学术价值的著作相继问世。这套丛书首次成规模地将中国物理学者的优秀论著以英文版的形式直接推向国际相关研究的主流领域,使世界对中国物理学的过去和现状有更多、更深入的了解,不仅充分展示出中国物理学研究和积累的"硬实力",也向世界主动传播我国科技文化领域不断创新发展的"软实力",对全面提升中国科学教育领域的国际形象起到一定的促进作用。

习近平总书记在 2018 年两院院士大会开幕会上的讲话强调,"中国要强盛、要复兴,就一定要大力发展科学技术,努力成为世界主要科学中心和创新高地"。中国未来的发展在于创新,而基础研究正是一切创新的根本和源泉。我相信,在第一期的基础上,第二期"中外物理学精品书系"会努力做得更好,不仅可以使所有热爱和研究物理学的人们从中获取思想的启迪、智力的挑战和阅读的乐趣,也将进一步推动其他相关基础科学更好更快地发展,为我国的科技创新和社会进步做出应有的贡献。

"中外物理学精品书系"编委会主任

中国科学院院士,北京大学教授

王恩哥

2018 年 7 月于燕园

内 容 简 介

  本书包括引言、标量场、矢量场、旋量场、路径积分、散射振幅与 Feynman 图、QED、重正化、杨-Mills 规范场和 QCD、Glashow-Weinberg-Salam 模型、结语等部分，针对具有狭义相对论和非相对论量子力学以及相应数学基础的读者，不使用群论的理论和概念，不要求读者学过高等量子力学，着重阐述量子场论的基本原理、理论和概念，并结合一些实际问题给出具体和完整的计算，为读者提供一个必需而又尽量简约的量子场论基础. 电子为什么会有反常磁矩？与电子电荷一样基本的物理常数 Weinberg 角是什么？夸克之间的作用为什么有渐近自由？为什么质量和电荷都是"跑动"的？质量的起源到底是什么？杨振宁对物理学的最大贡献是什么？诸如这类问题作者都有具体的解释和回答. 也提到一些中国物理学家的相关工作.

  本书可供对于量子场论的基本原理和理论有兴趣的读者参考，可以用作研究生或高年级本科生量子场论的教材或参考书.

第二版自序

本书从第一版至今,已经十多年过去.现在还有再版的需要,在此我首先要感谢广大读者的厚爱!

第一版在第二次印刷时,曾经做了一些修改.但是由于版面不变,所以改动不大.这次是再版,不受原来版面的限制,自由度较大,本可做些大的改动,这也是我最初的愿望.

量子场论的正则形式,其理论框架和结构,特别是场的正则量子化,基本上是 Heisenberg 和 Pauli 在 1929 年奠定的,一直承袭和沿用下来.他们两位是哥本哈根学派的核心与骨干,所以还是 Bohr 旧量子论的路数,先有经典的图像和表述,然后再进行量子化,给出量子的图像和表述.这就是"量子化"一词的原始含义.对于场论来说,这就要先有连续分布的经典场,例如 Faraday-Maxwell 的电磁场,然后运用量子力学的正则量子化方法,给出量子化离散粒子的结果.这个量子化的过程,表明了我们物质观念的转变,即从连续分布的场域观到离散化的粒子观的转变.

我们最终的目的是粒子的图像和物理.从连续分布的场入手,再进行量子化,这是绕了一个大弯子."量子场论"这个名称,本身就容易给人以误导.后来虽然发展和采用了路径积分的形式,但是路径积分本身并不能包含和给出各种场算符的对易规则,仍然需要正则量子化作铺垫.换句话说,采用路径积分形式的量子场论,必须外加场算符的对易规则,理论才完整自洽.所以徐一鸿教授才说,正则形式和路径积分形式是互补的 (语见 A. Zee, *Quantum Field Theory in a Nutshell*, Princeton University Press, 2003, p.67).

以上所说,还只是理论的逻辑结构.更重要的,是理论的物理原理.正则量子化的物理,是 Heisenberg 测不准原理,这涉及体系的正则坐标和与之共轭的正则动量,适用于单粒子或粒子数确定可数的体系.而对于连续分布的场所描述的无限粒子体系,就必须考虑全同粒子的交换对称性.根据场的正则坐标和动量来进行的量子化,只适用于 Bose 子场的情形.对于 Fermi 子场,需要改用 Jordan-Wigner 量子化.换句话说,连续场所描述的无限粒子体系,除了测不准之外,还包含了新的物理.正则量子化未必是唯一和恰当的选择,也许可以直接从离散的粒子图像入手.

要想直接从离散的粒子图像入手, 这不是一件轻而易举的事. 物理也是历史的, 但历史往往不合逻辑. 而历史是有惯性的, 要从 Bohr 的影响下走出来, 还有一段路程！ 而且那样也就不是再版, 而是写另外一本书了. 所以这个直接从离散粒子图像入手的想法, 现在只是写了一段简短附录, 作为对于正则量子化的一种补充, 放在第 4 章的最后, 供有兴趣的读者参考. 无论如何, 寻找一条更直接和物理的途径, 而不是像正则量子化那样绕弯子, 是一个值得探索的尝试. 逻辑的严谨与简洁, 是一种理性思维之美. 正如 Freeman Dyson 所说, 理论的工作就是 "努力把真与美统一起来" (语见他的 《Hermann Weyl 传略》, *Nature* **177** (1956) 457). 对这个问题有兴趣的读者, 可以参考前面提到的徐一鸿的书, 或者 Steven Weinberg 的 *The Quantum Theory of Fields* (Cambridge University Press, Volume I, 2002), 以及 Warren Siegel 1999 年讲稿 *Fields* 的电子版. 这里或许可以借用徐一鸿的一句话: 毋庸置疑, 一位年轻的物理学家, 也许就是本书的一位读者, 将带领我们走出去 (见徐书第 5 页).

所以本书从总体框架到推演计算的具体细节, 这一版都没有做多少改动, 只是在物理和思路的表达上, 希望能够说得更清楚明白一些. 为此, 除了在各章的有关修改润色以外, 增加了 Dirac 方程的 Majorana 表象, 和讨论了单个光子的描述问题, 这与近年的两个热点有关. 再就是补引了一些原始文献, 和更新了实验数据. 而在目录之前, 除了一些符号和定义外, 还给出了群论的一些术语和概念. 本书数据取自美国 Lawrence Berkeley 国家实验室粒子数据组发布的 2018 年版, 在其网站 http://pdg.lbl.gov/ 上可以查到 1957 年以来的各版更新. 错误或不妥之处, 望识者不吝赐正.

2020 年初夏作者于京北寓所

第一版自序 (节录)

　　"文革"结束后恢复招收研究生，胡济民先生找我给他新招的两位研究生柴发合与范希明讲量子场论．那是 1979 年初秋，我刚刚……讲完电磁学．王竹溪先生知道了这事，让他新招的研究生 (也就是我的师弟) 郑小鹿也来听．地点安排在北大一教 307，那是个可以坐一百多人的大教室，教务员说没有小教室了．记得第一堂课我夹着几本书和提纲就去了，心想只有几人，完全可以坐下来面对面轻松自由地讨论．到教室一看，我才被那场面惊得呆住．原来教室的课椅已经坐满，没有座位的人只好从旁边的教室去搬 (那时的桌椅是活动的，还没有固定在地上)．到那时，我已经成为过了河的卒子，没有退路，只能硬着头皮走上讲台．看看下面，除了柴、范等几位，还有许多同事，甚至也有我的老师辈在座．除了本系本校，还有外校以及科学院和北京原子能研究院的，年纪多数与我相仿．当时拨乱反正，百废待兴，人称又一个科学的春天，大家对未来充满了热情的憧憬与希望．

　　我学量子场论始于听胡宁先生的课，当时胡先生的书还没有印出来，朱洪元先生的油印讲义全班只有一本在下面传．那时量子场论与原子核理论 (杨立铭先生讲) 都属于保密课程，笔记本是发下来的统一编号的保密本，课后又都交回保密室，个人没有留下文字的记录 [①]．记得课后与我同班的朱保如就开始译 Schweber, Bethe 和 de Hoffman 的 *Mesons and Fields*．他毕业后去跟了张宗燧先生，不知最后译完了没有．那时重正化理论还没有获诺贝尔奖．听说王竹溪先生也做了很多重正化的演算，算草在少数熟人中传看． 1965 年重正化获奖后，紧跟着 1967 年 Glashow, Weinberg 和 Salam 的电弱统一模型确立， 1973 年又提出 QCD，杨 -Mills 规范场成为场论的核心，量子场论经历了一场革命性的转变．这两大突破性进展及其所带来的革命性转变都发生在"文革"期间，我们一下子又落后了十多年，落到了断层的低端．面对教室里这一百多双渴望求知的眼睛，我只好临时抱佛脚，现学现卖．幸好那时李政道先生与黄克孙先生先后在北京科学会堂与高能物理研究所礼堂开大课，我从他们二位那里学来，转手就搬到我

---

　　① 邓稼先先生那前后在核武器研究所讲授量子场论，也是保密的课程，他的讲稿解密后发表于《邓稼先文集》，安徽教育出版社， 2003 年．

的课堂上，真正做了搬运工.

胡济民先生叫我讲量子场论，大概是因为他看过我做研究生的毕业论文，那是关于超导体 Josephson 结理论基础的研究. 在固体凝聚态和量子统计中大量运用量子场论方法，特别是超导电性理论. 大家知道，量子场论的大腕 Bogoliubov 对超导电性理论做过漂亮出色的工作. 他把电子的产生算符与湮灭算符叠加，引进准粒子概念，就给出了 BCS 理论的结果. 这真是神来之笔，令人倾倒. 我后来离开这个领域，改做原子核理论，与粒子理论的关系就更直接和密切. 不过，我始终没有机会做过纯粹的粒子理论.

同样是理论物理学的基本理论，量子场论与量子力学的情况却并不相同. 量子力学在短短几年之中基本上就已经成熟与臻于完成，所以 Dirac 的《量子力学原理》可以用了七八十年依然弥久不衰成为经典. 其他几本量子力学初创时期的著名教科书，如 Sommerfeld, Kramers, Fock 等的著作，今天拿来依然可读，只是缺少现代的例子而已. 而量子场论虽然只比量子力学年轻两岁，但若把几本早期的名著拿来读，就会有恍如隔世的沧桑，有如看古董做历史的感觉. 究其原因在于，量子场论在 20 世纪 60 年代发生了一场 Veltman 在其诺贝尔演讲中称之为 "扭转心灵的转变"，而且至今仍在成长演化之中，尚未完成与定型.

在 20 世纪 50 年代之前流行并被视为经典的 Wentzel 的 *Quantum Theory of Fields*, 现在早已鲜为人知. 50~60 年代风行的 Heitler 的 *The Quantum Theory of Radiation*, Jauch 与 Rohrlich 的 *The Theory of Photons and Electrons*, 以及 Schweber, Bethe 与 de Hoffman 的 *Mesons and Fields*, 到 60 年代就被 Bjorken 与 Drell 的两本书 *Relativistic Quantum Mechanics* 和 *Relativistic Quantum Fields* 所取代. 80 年代开始流行 Itzykson 和 Zuber 的 *Quantum Field Theory*, 它属于在发生了 "扭转心灵的转变" 之后不久写成的那一代教材. 而当今的时尚，则是 Weinberg, Ryder, 徐一鸿 (A. Zee), 和 Peskin 与 Schroeder 了. 在这个信息爆炸的时代，知识更新迅速，理论进展加快，一部成功的教材，在市场上流行的生存期也就是一二十年.

这种变迁的核心，主要是理论体系的表述与讲法. 在 Wentzel 和 Heitler 的时代，使用的是 Pauli 的度规 1234, 公式中还保留 c 与 $\hbar$. 从 Bjorken 与 Drell 开始，度规就换成 Dirac 的 0123, 而 c 与 $\hbar$ 则更早就不见了 [1]. 这只是在形式上. 在理论原理和内容的表述与讲法上，虽然 Feynman 的路径积分和 Schwinger 的泛函方法早在 40~50 年代之交就已经提出，但是 Bjorken-Drell 仍然与 Wentzel

---

[1] 值得指出，邓稼先的《量子场论》手稿中用的已经是 0123, 那大约是在 1958~1960 年. 见《邓稼先文集》，安徽教育出版社， 2003 年， 219 页.

一样, 是正则量子化. 路径积分和泛函方法在 Itzykson 和 Zuber 的书中已经有系统的叙述, 不过直到 Weinberg 和 Peskin-Schroeder, 主线还是正则量子化, 只是路径积分与泛函分析所占分量越来越大. 而 Ryder 和徐一鸿等人则已经把中心和主线都换成了路径积分和泛函分析. 将来如何发展还难以逆料, 现在只能说, 路径积分与泛函分析已经是量子场论中不可或缺的重要部分了.

记得 1961 年周光召先生就为我们班开过 "量子场论中的泛函分析" 这门课, 这是在当时还没有写入任何一本书中的内容. 那时他刚从杜布纳回来, 既年轻又潇洒. 在实际上, 物理教学的发展总是要比物理学本身的发展落后一个相位, 而尽量跟上发展和缩小这个相差, 则是每位教师努力追求的目标, 是物理教学改革的主要方向和任务. 特别是对于像量子场论这样本身还在发展与演化的理论, 教学就如同流水中的小舟, 不跟着前进就是后退与落伍. 时尚与潮流是文化的一部分, 而文化则是一种隐形但不可抗拒的力量, 它在无形之中引导和支配着物理教学发展的方向与潮流.

经过 20 世纪 60~70 年代的大发展, 量子场论已经不仅仅是一门深奥的学问, 而更像是一种精湛的技艺. 每一套精细纤巧而且专门的演算技巧, 都可以写成篇幅浩瀚的专门著作. 现在量子场论的教科书也是林林总总, 信手数来就有数十种. 书也越写越厚, 往往使初学者望而却步. 而在另一方面, 有兴趣和需要学量子场论的人也越来越多. 在这种情况下, 我相信一本跟随潮流而又十分简约的简明量子场论在读者中仍然是有市场的.

Weinberg 的书是三卷本大部头, Peskin 与 Schroeder 的书是八百多页, Siegel 的电子版也有近八百页. 这都是大匠们的宏幅巨著, 我不敢攀比. Dirac 写广义相对论只用几十页, 更是高手神笔, 令人高山仰止. 我为自己设定的目标, 是控制在三百页左右. 所以我把本书的重点放在量子场论的基本原理、理论和概念, 不打算深入许多数学推演与具体理论的细节. 我的目标是针对具有狭义相对论和非相对论量子力学基础的读者, 为他们提供一个进入研究工作所必需又尽量简约的量子场论基础, 使他们能够花费尽量少的时间与精力, 就可以克服在了解量子场论时所遇到的主要障碍, 并能进一步深入到他们所感兴趣的专门领域. 所以本书起名《简明量子场论》, 英文 *Elementary Quantum Field Theory*.

按照这个目标, 我的做法是尽快直接进入具体物理和问题的讨论, 对要用到的基本原理采取渗透式的讲法, 结合具体问题现用现讲, 而不是先集中单独和抽象地讲原理, 再具体运用到不同的物理和问题. 因为设定读者只有非相对论量子力学和相应的数学基础, 所以在讲旋量场的同时讲 Dirac 方程, 在讲路径积分时讲一点泛函分析和 Grassmann 代数的 ABC, 在讲维数正规化时补充 Γ 函数和 Feynman 积分的知识. 同样, Feynman 规则和 γ 矩阵的运算也不是一次讲完, 而是用多少讲多少, 现用现讲. 这种讲法在局部的逻辑性与系统性方面会显得不够完美, 但却突出了具体的物理和问题. 这是鱼与熊掌的选择, 见仁见智就因人而异了.

此外, 因为本书定位为简明量子场论, 只阐述量子场论的物理与基本理论, 不涉及更深层的基础和数学结构, 所以除非必须, 我尽量避免使用专门的数学. 比如群论, 这对于粒子物理是必需的数学手段, 而对于一本简明的量子场论却可以避开不用. 所以本书没有使用群论, 只是在个别地方用了群论的术语. 这就可以为没有学过群论的读者提供一个了解和学习量子场论的选择, 而不必陷入过多数学的困扰. 当然, 本书更没有必要进入微分几何的圣殿, 那完全是学过一遍量子场论以后的下一步选择了.

本书包括引言、标量场、矢量场、旋量场、路径积分、散射振幅与 Feynman 图、QED、重正化、杨 -Mills 规范场和 QCD、Glashow-Weinberg-Salam 模型、结语等部分. 在用自由场的正则量子理论建立场的粒子图像之后, 就进入路径积分和泛函方法的讨论, 在此基础上引进 Feynman 图给出 Feynman 规则. 然后着重讨论 QED (量子电动力学), 给出一些基本 QED 过程低阶微扰的计算, 和旋量 QED 的单圈重正化, 并给出 QED 可重正性的证明. 在讨论了 Abel 规范理论的 QED 之后, 接着又进一步讨论非 Abel 规范理论的 QCD (量子色动力学), 具体讨论了强相互作用的渐近自由问题. 在扼要介绍唯象处理弱作用过程的普适 Fermi 相互作用和计算 μ 子衰变率之后, 讨论了统一处理电磁与弱相互作用的 Glashow-Weinberg-Salam 模型, 特别是使规范粒子获得质量的自发对称破缺和 Higgs 机制, 以及使 Fermi 子获得质量的机制. QED、重正化、杨 -Mills 规范场和 QCD、 Glashow-Weinberg-Salam 模型这四部分是本书的重点, 篇幅占全书一半以上. 不使用群论的理论和概念, 不要求读者学过高等量子力学. 对于不想投入过多时间的读者, 或对于学时不多只准备讲授一个学期的课程, 我相信这是一个恰当而值得考虑和推荐的安排和选择.

鉴于量子场论具有尚未完成与定型这一特点, 许多定义和符号在不同作者的书中不尽相同, 往往有正负号和虚单位 i 以及 2π 之类常数的差别, 这无疑为读者凭空增添了不必要的麻烦与困扰. 不过百花齐放百家争鸣, 这是历来如此, 将来也绝不可能完全统一, 我们只能接受和适应这个现实. 而量子场论又涉及大量繁杂冗长的计算, 一不小心就会出错, 一步错就常常是全盘输. 所以学量子场论不能只靠做题. 学量子场论最好的方法, 是跟着老师或书本一步一步做计算, 并且不要受老师或书本的约束, 要选择适合自己的定义和符号, 检验和判断每一步运算的正误, 归纳和设计自己的逻辑和体系. 这样在学完之后, 你就有了适合你自己的量子场论. 这无论对你将来的工作还是进一步的学习都有莫大好处, 远远胜过你去做许多习题. 事实上, 这是学习理论物理的一般方法, 尤其是对于学习新的正在发展的理论. 当然本书还是提供了一套与正文紧密配合的在传统意义上的练习题, 以适合不同读者的需要.

虽然按照历史的发展和线索来经验地叙述物理是最直接和自然的选择, 但历史往往不合逻辑. 而正如 Einstein 所说, 经验不是相信的依据. 只有理论的逻辑和演绎才能产生信心和力量. 作为理论物理, 本书选择逻辑的叙述而割舍了经验的累积, 只在少数地方做了历史的铺垫. 不过, 对于中国的读者, 我们前辈在量子场论发展的历史长河中参与和走过的足迹却是值得关注的. 我没有全面和具体的了解, 只能就我个人所知, 零星点滴地提到一些, 以附注的形式提供给读者. 这里提到的有马仕俊、张宗燧、彭桓武、胡宁和杨立铭几位先生. 他们的工作, 分别在 Wentzel, Heitler, Jauch 和 Rohrlich 的名著中被提到和受到了好评. 当然, 贡献最大的是杨振宁先生和李政道先生, 杨 -Mills 这个名字会被恒久地写入物理学中, 宇称不守恒的发现则最终导致电弱统一模型的建立, 这都已经被写入了量子场论的正文.

在去年 12 月 8 日北大为胡宁先生逝世十周年暨铜像落成仪式举行的纪念会上, 马伯强教授问我最早在国内讲授量子场论的是谁, 我告诉他很可能是马仕俊先生. 马仕俊先生 1935 年从北大物理系毕业, 1937 年获中英庚款到剑桥跟 Heitler 做介子场论, 1941 年获博士学位后回国, 任教于昆明西南联大, 为本科生讲 "普通物理"、"力学" 和 "微子论" (即气体分子运动论), 为研究生讲 "理论物理" 和 "原子核、场论", 杨振宁先生和李政道先生都曾是他的学生. 杨振宁先生于 1943 年春听过他的场论, 课讲授得既清晰明白, 又很有系统和深度. 从 "原子核、场论" 这个名称来看, 这门课会讲授核力的介子场论, 那时 Yukawa (汤川秀树) 的理论刚刚提出不久, 这是当时量子场论发展的前沿和热点. 1946 年马仕俊先生到普林斯顿高级研究院, 那正是 Heisenberg 的 S 矩阵理论在物理学中产生强烈冲击的时候, 他在那里发现了 S 矩阵著名的多余零点. 他 1947 年到都柏林高级研究院, 1949 年在那里指出 Fermi 处理量子电动力学方法的困难, 这导致一年后 Gupta-Bleuler 方法的产生[1]. 在那个年代的中国理论物理学家中, 马仕俊先生是才华横溢成绩卓著的一位. 1962 年初, 在他创造力的鼎盛时期,

---

[1] 参阅 T.D. Lee and C.N. Yang, Obituary for Dr. Shih-Tsun Ma, in Chen Ning Yang, *Selected Papers, 1945-1980, With Commentary*, Freeman, 1983, p.324.

他在澳大利亚悉尼黯然辞世, 人生的路途走得艰难而悲怆. 在关洪教授的《胡宁传》和本书作者的《严谨与简洁之美 —— 王竹溪一生的物理追求》这两本书中, 都有提到他的地方.

本书是在我授课讲稿的基础上进一步整理和发展而成. 主要参考的书籍, 除了在上面提到的和在本书正文中引用的以外, 还有裴忠平的《现代量子场论导引》(华中师范大学出版社, 1992 年), 曹昌祺的《量子规范场论》(高等教育出版社, 1990 年), 徐建军的 *Quantum Field Theory*(《量子场论》)(复旦大学出版社, 2004 年), 戴元本的《相互作用的规范理论 (第二版)》(科学出版社, 2005 年), 赵光达的《量子场论讲义》(电子版, 2005 年), 李重生的《电弱相互作用理论 (基础部分)》(讲义, 2000 年), 以及国外一些大学量子场论讲义的电子版, 还有 Gordon Kane 的 *Modern Elementary Particle Physics* (Addison-Wesley, 1993). 本书是阐述性的而不是研究性的, 所以只在个别地方注出了原始文献. 同样, 本书是阐述性而不是评述性的, 所以尽量避免评述性的写法, 只在个别地方不做推理与解释就直接写出了结论. 实际上, 本书的数学推演都力求做到能让读者一步一步跟随下来, 不作过分的省略与跳跃. 按我的学习经验, 任何高深的理论, 具体到每一步细节都不难. 困难大都来自基础准备不足或推演的省略与跳跃.

感谢高崇寿教授对书稿的审阅与推荐, 特别是他建议我把动量空间场算符的定义从欧洲 Itzykson-Zuber 和 Ryder 的形式换成美国 Bjorken-Drell 和 Weinberg 的形式. 还要感谢马伯强教授的仔细审阅和宝贵意见. 也还要感谢北京大学出版社的支持与帮助. 本书是作者用 $\mathbb{C}T_{E}X$ (中文 $\text{L\!A\!T\!E\!X}$) 软件写成和排版的, 在排版过程中得到责任编辑顾卫宇女士专业和细心的指导与帮助, 得到吴崇试教授传授有关使用 $\mathbb{C}T_{E}X$ 的一些方法和诀窍, 并参考和使用了 CTAN 和 $\mathbb{C}T_{E}X$ 网站提供的有关资料和软件, 作者在此一并表示衷心的感谢. (以下删节)

2008 年仲春作者于北京大学物理学院

一些符号和定义

$$\sigma^1 = \begin{pmatrix} 0 & 1 \\ 1 & 0 \end{pmatrix}, \qquad \sigma^2 = \begin{pmatrix} 0 & -\mathrm{i} \\ \mathrm{i} & 0 \end{pmatrix}, \qquad \sigma^3 = \begin{pmatrix} 1 & 0 \\ 0 & -1 \end{pmatrix},$$

$$(g_{\mu\nu}) = (g^{\mu\nu}) = \begin{pmatrix} 1 & 0 & 0 & 0 \\ 0 & -1 & 0 & 0 \\ 0 & 0 & -1 & 0 \\ 0 & 0 & 0 & -1 \end{pmatrix},$$

$$ab = a \cdot b = a_\mu b^\mu = a^\mu b_\mu = g^{\mu\nu} a_\mu b_\nu = g_{\mu\nu} a^\nu b^\mu$$
$$= a^0 b^0 - a^1 b^1 - a^2 b^2 - a^3 b^3 = a^0 b^0 - \boldsymbol{a} \cdot \boldsymbol{b},$$

$$\partial_\mu = \frac{\partial}{\partial x^\mu} = (\partial_0, \nabla),$$

$$\partial^\mu = \frac{\partial}{\partial x_\mu} = (\partial_0, -\nabla),$$

$$\Box = \partial^2 = \partial_\mu \partial^\mu = \partial_0^2 - \nabla^2,$$

$$\overline{\psi} = \psi^\dagger \gamma^0,$$

$$\slashed{\partial} = \gamma^\mu \partial_\mu,$$

$$\slashed{D} = D^\mu \gamma_\mu,$$

$$\slashed{a} = \gamma^\mu a_\mu,$$

$$\underline{Q} = \gamma^0 Q^\dagger \gamma^0,$$

$$[A, B] = AB - BA,$$

$$\{A, B\} = AB + BA,$$

$$A \overset{\leftrightarrow}{\partial_\mu} B = A(\overset{\rightarrow}{\partial} - \overset{\leftarrow}{\partial})_\mu B = A \frac{\partial B}{\partial x^\mu} - \frac{\partial A}{\partial x^\mu} B.$$

群 论 的 一 些 术 语 和 概 念

　　一个元素的集合 $\{a,b,c,\cdots\}$，如果定义了一种运算并且满足以下条件，就称之为 **群**：任意两个元素 a 与 b 运算的结果 $ab=c$ 仍属此集合；运算具有结合律 $(ab)c=a(bc)$；有一个 **单位元素** e，$ae=ea=a$，a 为任一元素；任一元素 a 都有一个 **逆元素** $\bar{a}$，$a\bar{a}=\bar{a}a=e$. 具有交换律 $ab=ba$ 的群称为 **交换群** 或 Abel 群，否则称为 **不可交换群** 或 **非 Abel 群**. 如果元素的参数空间属于一个有限维的欧氏空间，这个群就称为 **李 (Lie) 群**. 李群是一种元素无限的 **连续群**.

　　全体实数的集合 $\{x\}$ 对加法 $(+)$ 构成一个 Abel 群，0 是群的单位元素，$x+0=0+x=x$，$-x$ 与 x 互为逆元素，$x+(-x)=(-x)+x=0$. 0 与全体整数的集合 $\{0,n\}$ 对加法也构成一个 Abel 群，它是 $\{x\}$ 的 **子群**，是元素离散可数的 **离散群**. 全体非零实数的集合 $\{x\neq 0\}$ 对乘法 $(\cdot)$ 构成一个 Abel 群，1 是群的单位元素，$x\cdot 1=1\cdot x=x$，x^{-1} 与 x 互为逆元素，$x\cdot x^{-1}=x^{-1}\cdot x=1$.

　　N 维空间绕定点相继的两次转动等于一次单独的转动，以此定义两个转动的运算，这种转动元素的集合就构成一个 **转动群**. 在正交坐标中，这种转动可以用行列式为 1 的 $N\times N$ 正交矩阵来 **表示**. 这种特殊正交 (Special Orthogonal) 矩阵的集合对矩阵乘法构成一个群，称为 $\mathrm{SO}(N)$ 群. 这种矩阵由有限个连续实参数确定，$\mathrm{SO}(N)$ 群是一种李群.

　　考虑在 N 维复空间保持矢量长度不变的幺正 (Unitary) 变换 $\psi\to \mathrm{e}^{\mathrm{i}\gamma}\psi$. 对于 $N=1$ 的 1 维复空间，这是对函数 ψ 乘以一个相位因子 $\mathrm{e}^{\mathrm{i}\gamma}$ 的相位变换，这种变换的集合构成一个 Abel 群，记为 $\mathrm{U}(1)$. 而对于 $N>1$ 的多维复空间，ψ 是具有 N 个分量的列矢量，γ 是一个 $N\times N$ 的矩阵，变换矩阵 $U=\mathrm{e}^{\mathrm{i}\gamma}$ 需要同时满足幺模条件 $\det U=1$ 和幺正条件 $U^{\dagger}U=1$，这种变换的集合构成一个非 Abel 群，记为 $\mathrm{SU}(N)$，即 N 维特殊幺正群. 与上述 $\mathrm{SO}(N)$ 群一样，这种矩阵 U 由有限个连续实参数确定，$\mathrm{SU}(N)$ 群是一种李群.

目 录

太古洪炉铁未销，铸来虹岭插层霄.
群峰众鳌争朝拜，绛阙玄都迥寂寥.
呼吸直能通帝谓，洁清无自着尘嚣.
凌虚便有飘然想，只觉青冥不算高.
—— 王惕山
《题铁峰庵》

1 引 言

1.1 量子场论的性质与特点

量子场论是粒子物理的基本理论 物理学的不同层次，有如下关系[①]：

$$\text{实验} \iff \text{唯象理论} \iff \text{基本理论} \iff \text{数学}$$

在上述关系中，大体上说，前两部分是 实验物理，中间两部分是 理论物理，后两部分则是 数学物理. 唯象理论是理论物理与实验的相交部分，它反映了我们对物理世界初步的理解和认识；而基本理论则是理论物理与数学的相交部分，它反映了我们对物理世界深入的理解和认识.

物理世界的最深层次，是由电子、中微子、夸克、核子、介子、光子、胶子、中间玻色子等等各种各样不同性质不同层次的粒子组成的粒子世界. 关于各种粒子的性质、特点、运动和变化，以及它们之间的相互关系、作用与转化，就是粒子世界的现象学. 我们通过对粒子现象的综合、归纳、比较和分析，形成了对粒子世界理性的了解和认识，这就是粒子物理学. 而粒子物理学的基本理论，则是量子场论. 作为粒子物理的基本理论，量子场论是我们当今对粒子世界最深层次的了解和认识. 粒子物理还在探索发展之中，所以量子场论是一门还在发展中的理论.

量子场论是粒子体系的动力学模型 粒子物理是在时空中的物理，时空坐标 (t, x, y, z) 是描述粒子运动的基本参数. 粒子运动的主要特征，是它们在时空中的产生和湮灭. 描述粒子在时空中产生和湮灭的量，是在时空中分布的场. 这种场描述的微观粒子具有量子性，所以它是一种量子场. 粒子之间存在相互作用，所以在相应的场之间存在耦合. 每种粒子都有各自的性质与特点，这表现为各种场的具体对称与变换性质.

[①] 杨振宁，《杨振宁文集》下册，张奠宙编选，华东师范大学出版社，1998 年，841 页.

　　我们研究的对象是粒子, 这种量子场只是用来描述粒子运动的方式, 也就是一种用来进行分析和思考的模型. 在这个意义上, 量子场论是关于各种粒子体系的动力学模型, 在时空中分布的量子场是我们用来进行思考的主要图像.

量子场论的基本原理与要求　量子场论在构造各种粒子体系的动力学模型时, 遵循下列基本原理与要求:

　　● 相对性原理, 这是因为微观粒子的运动速度可以接近甚至就是光速. 所以, 量子场论是在四维 Minkowski 空间的物理, 量子场的方程必须具有在 Lorentz 变换下的协变性以及时空中的某些对称性, 满足微观因果性原理.

　　● 量子力学原理, 这是因为微观粒子具有量子性. 所以, 量子场论又是在 Hilbert 空间中的物理, 描述体系状态的是 Hilbert 空间矢量, 它给出对测量结果的统计性预测, 描述粒子产生湮灭的场量是作用于态矢量的算符, 满足一定的对易关系.

　　● 定域规范不变性原理, 由它确定不同场之间的耦合, 即确定粒子之间的相互作用. 在粒子之间传递相互作用的, 是由这个原理引入的规范场的粒子. 所以, 量子场论的核心是规范场, 粒子之间的相互作用是通过交换规范场的粒子而实现的.

　　● 内部空间对称性假设, 这种内部空间是由一些特定的场组成的, 它们构成了 Hilbert 空间的一些子空间. 所以, 量子场论还是这种内部空间的物理, 它给出了特定粒子的结构和分类, 并限定理论的整体框架和形式.

　　● 对应规则, 它要求量子场论在粒子数目为 1 的情况下给出单个粒子的量子力学. 量子场论不是量子力学的简单应用, 而是从单粒子空间到多粒子空间的推广, 包含了新的物理, 它在粒子数为 1 时给出单粒子量子力学的情形.

量子场论的特点　量子场论有下述特点:

　　● 作为粒子体系的动力学模型, 依赖于粒子物理的经验规律和唯象理论. 在这个意义上, 量子场论是与实验有密切关系的模型理论, 它不单纯是一个理论框架, 而是由各种场的具体模型和理论组成的.

　　● 每种粒子都有相应的模型和参量, "标准模型" 的参数多达数十个, 它们都要由实验来确定. 在这个意义上, 量子场论虽然是基本理论, 却具有唯象理论的特征.

　　● 包含大量复杂和冗长的演算, 针对这些演算发展了成套精细纤巧和专门的技术. 在这个意义上, 量子场论不仅是一门深奥的学问, 更像是一门精湛的技艺.

　　● 量子场论的基本粒子是点模型, 数学上存在无限大, 这意味着量子场论适用的空间范围有下限, 存在 认知阈 (threshold of ignorance). 有些模型的无限大能够通过重新定义模型 (重正化) 而消去, 这把量子场论模型区分为 可重正化 和不可重正化 的两大类.

• 虽然在可重正化模型中能够通过重新定义模型把无限大消去, 但这意味着在认知阈下存在更基本的物理. 在这个意义上, 量子场论虽然与实验惊人地符合, 却还不是一个彻底的终极理论, 而只是在一定范围适用的有效理论.

量子场论的应用领域 量子场论的应用领域主要有:

• 粒子物理. 这是量子场论的诞生地和主要的应用领域.

• 原子核理论. 这是量子场论应用的第二大领域, 构成原子核的主体核子是最重要的强作用粒子.

• 量子光学. 这是量子场论应用的第三大领域, 光子是最主要的规范粒子.

• 固体和凝聚态物理. 这是量子场论应用的第四大领域, 金属中的准自由电子是最常见的一种粒子, 而为了描述晶格振动还引入了 声子 等准粒子.

• 量子统计理论. 量子场论方法是量子统计理论的基本方法.

• 其他. 例如金融物理, 转行到金融领域的理论物理学家把量子场论方法用于金融和投资风险的分析, 创立了这个领域颇具影响而独树一帜的一派.

输入和输出 阅读本书需要具有狭义相对论和非相对论量子力学的基本知识, 这是本书要求的 "输入". 读完本书后能够获得的新知与能力, 则是本书的 "输出". 这二者在很大程度上决定了一本书的篇幅. 本书的重点放在量子场论的基本原理、理论和概念, 提供一个理论的整体框架和物理图像, 不打算深入许多数学推演与具体理论的细节.

1.2 相对论协变性

时空的维度 相对论考虑三维空间 (x,y,z) 和一维时间 t 的 直和 $(3+1)$, 称为四维 时空. 在理论上, 空间维数 D 可以是任何整数, 常常把时空维数 d 写成 $d = D + 1$, 称为 $(D+1)$ 维时空.

Minkowski 空间 考虑平直的 Descartes 时空坐标 (t,x,y,z). 相对论的基本假设是时空四维间隔不变性, 即

$$ds^2 = c^2dt^2 - dx^2 - dy^2 - dz^2 \tag{1}$$

不依赖于惯性参考系的选择, 在 Lorentz 变换下不变. 这表明时空坐标构成四维空间, Lorentz 变换是在这个四维空间的坐标轴转动, 保持四维矢量长度不变.

为了简化书写和公式, 我们对时空坐标用同样的符号, 以角标来区分. 可以

在时间轴是虚数的 Euclid 空间, 取 [1]

$$x^\mu = (x^1, x^2, x^3, x^4) = (x, y, z, \mathrm{i}ct). \tag{2}$$

也可以在时间轴是实数的 Minkowski 空间, 取 [2]

$$x^\mu = (x^0, x^1, x^2, x^3) = (ct, x, y, z). \tag{3}$$

前者简称 欧氏空间 或 1234, 后者简称 闵氏空间 或 0123. 由于在量子力学中要经常对算符取厄米共轭, 而对时间坐标不跟着取复数共轭, 时间轴是实数更方便, 所以我们取后者 0123 [3].

空间度规和 Einstein 约定　先来考虑一般的坐标, 四维间隔为

$$\mathrm{d}s^2 = \sum_{\mu, \nu} g_{\mu\nu} \mathrm{d}x^\mu \mathrm{d}x^\nu \equiv g_{\mu\nu} \mathrm{d}x^\mu \mathrm{d}x^\nu, \tag{4}$$

这里采用 Einstein 约定: 除非特别声明, 相同的一对上下标意味着对它求和. 此外还约定: 希腊字母 $\mu, \nu, \lambda, \cdots = 0, 1, 2, 3$, 拉丁字母 $i, j, k, \cdots = 1, 2, 3$. 这样引入的 $g_{\mu\nu}$ 称为四维空间的 度规, 它是对称的, $g_{\mu\nu} = g_{\nu\mu}$.

坐标变换和张量运算　考虑坐标变换

$$\mathrm{d}x^\mu \longrightarrow \mathrm{d}x^{\mu\,\prime} = a^\mu{}_\nu \mathrm{d}x^\nu \tag{5}$$

及其逆变换

$$\mathrm{d}x^{\mu\,\prime} \longrightarrow \mathrm{d}x^\mu = \bar{a}^\mu{}_\nu \mathrm{d}x^{\nu\,\prime}, \tag{6}$$

变换系数满足正交关系

$$\bar{a}^\mu{}_\lambda a^\lambda{}_\nu = a^\mu{}_\lambda \bar{a}^\lambda{}_\nu = \delta^\mu{}_\nu, \tag{7}$$

其中 $\delta^\mu{}_\nu$ 是 Kronecker 符号,

$$\delta^\mu{}_\nu = \begin{cases} 1, & \mu = \nu, \\ 0, & \mu \neq \nu. \end{cases} \tag{8}$$

于是可以定义: 在坐标变换下与坐标同样变换的量 A^μ 称为 逆变矢量,

$$A^\mu \longrightarrow A^{\mu\,\prime} = a^\mu{}_\nu A^\nu, \tag{9}$$

而按下述方式变换的量 A_μ 称为 协变矢量,

$$A_\mu \longrightarrow A_\mu{}' = \bar{a}^\nu{}_\mu A_\nu. \tag{10}$$

① W. 泡利, 《相对论》, 凌德洪、周万生译, 上海科学技术出版社, 1958 年, 28 页.
② P.A.M. 狄拉克, 《广义相对论》, 朱培豫译, 科学出版社, 1979 年, 第 1 页.
③ 参阅王竹溪, 《王竹溪遗著选集》第三分册《量子电动力学重正化理论大要》, 北京大学出版社, 2014 年, 第 1 页.

亦即上标矢量是逆变矢量, 下标矢量是协变矢量. 类似地, 可以定义逆变张量 $A^{\mu\nu}$, 协变张量 $A_{\mu\nu}$ 和混合张量 $A^\mu{}_\nu$, 例如

$$A^{\mu\nu}{}_\lambda \longrightarrow A^{\mu\nu}{}_\lambda{}' = a^\mu{}_\sigma a^\nu{}_\rho \bar{a}^\tau{}_\lambda A^{\sigma\rho}{}_\tau. \tag{11}$$

指标的个数称为张量的 阶, 矢量是 1 阶张量, 标量是 0 阶张量. 可以证明 Kronecker 符号 $\delta^\mu{}_\nu$ 是二阶混合张量.

要求四维间隔 $\mathrm{d}s^2$ 是在坐标变换下不变的标量, 度规 $g_{\mu\nu}$ 就是二阶协变张量. 把 $g_{\mu\nu}$ 的逆矩阵记为 $g^{\mu\nu}$,

$$g^{\mu\lambda} g_{\lambda\nu} = \delta^\mu{}_\nu, \tag{12}$$

还可证明 $g^{\mu\nu}$ 是二阶逆变张量. 令 $g^\mu{}_\nu = g^{\mu\lambda} g_{\lambda\nu}$, 则有

$$g^\mu{}_\nu = \delta^\mu{}_\nu, \tag{13}$$

亦即 $g^\mu{}_\nu$ 是混合张量并且等于单位矩阵. 于是, 在需要用到作为混合张量的单位矩阵时, 可以使用 $g^\mu{}_\nu$, 而仍然保留 Kronecker 符号的通常定义, 不区分它的角标位置,

$$\delta^\mu{}_\nu = \delta_{\mu\nu} = \delta^{\mu\nu} = \cdots. \tag{14}$$

张量与数相乘, 结果是同类张量. 同类张量可以相加, 得到同类张量. 不同类的张量不能相加. 等号两边的张量必须同类. 几个张量相乘可以给出新的张量. 特别是, 可以用 $g_{\mu\nu}$ 和 $g^{\mu\nu}$ 与已知张量相乘. 例如四维间隔 $\mathrm{d}s^2$ 可以改写成

$$\mathrm{d}s^2 = g_{\mu\nu} \mathrm{d}x^\mu \mathrm{d}x^\nu = \mathrm{d}x_\mu \mathrm{d}x^\mu. \tag{15}$$

由于 $\mathrm{d}s^2$ 是标量, 所以上面定义的

$$\mathrm{d}x_\mu = g_{\mu\nu} \mathrm{d}x^\nu \tag{16}$$

是协变矢量. 利用正交关系 (12) 还有

$$g^{\lambda\mu} \mathrm{d}x_\mu = g^{\lambda\mu} g_{\mu\nu} \mathrm{d}x^\nu = \mathrm{d}x^\lambda. \tag{17}$$

上述二式表明, **可以用度规张量来提升或降低指标**, 即

$$A_\mu = g_{\mu\nu} A^\nu, \qquad A^\mu = g^{\mu\nu} A_\nu. \tag{18}$$

一对上下标的求和称为 收缩. 被收缩的一对指标, 可以同时换成别的字母, 可以同时互换上下位置. 例如

$$A^{\mu\nu} B_{\nu\lambda} = A^{\mu\nu} g_\nu{}^\rho B_{\rho\lambda} = A^{\mu\nu} g_{\nu\pi} g^{\pi\rho} B_{\rho\lambda} = A^\mu{}_\pi B^\pi{}_\lambda = A^\mu{}_\nu B^\nu{}_\lambda. \tag{19}$$

收缩一对上下标, 张量的阶就降低 2. 除去被收缩的上下标, **张量方程的协变性要求方程两边的上下标保持一致**.

Minkowski 空间的情形　上面说的是一般情形, 度规张量 $g_{\mu\nu}$ 与变换矩阵 $a^\mu{}_\nu$ 可以是坐标的函数. 现在回到 Minkowski 空间. Minkowski 空间是平直的,

对于一般斜坐标, $g_{\mu\nu}$, $a^\mu{}_\nu$ 与 $\bar{a}^\mu{}_\nu$ 是常数, 而对于 Descartes 平直坐标, 则有

$$(g_{\mu\nu}) = (g^{\mu\nu}) = \begin{pmatrix} 1 & 0 & 0 & 0 \\ 0 & -1 & 0 & 0 \\ 0 & 0 & -1 & 0 \\ 0 & 0 & 0 & -1 \end{pmatrix}, \tag{20}$$

从而

$$x_\mu = (x_0, x_1, x_2, x_3) = (ct, -x, -y, -z). \tag{21}$$

亦即在平直坐标中逆变和协变张量只差正负号, 没有本质区别.

区分逆变 (上标) 和协变 (下标) 张量只在广义相对论中才必须和有重要意义. 在量子场论中时空一般是平直的, 只使用 Descartes 平直坐标, 在形式上区分逆变和协变张量, 只是为了使方程对称和容易查错.

Lorentz 协变性　保持四维间隔不变的线性齐次坐标变换

$$x^\mu \longrightarrow x^{\mu\,\prime} = a^\mu{}_\nu x^\nu \tag{22}$$

称为 Lorentz 变换. 对于平直坐标, 可以证明 $\bar{a}^\mu{}_\lambda = a_\lambda{}^\mu$, 正交条件成为

$$a_\lambda{}^\mu a^\lambda{}_\nu = g^\mu{}_\nu, \tag{23}$$

$a^\mu{}_\nu$ 是一个幺模正交矩阵. 对于 正规 Lorentz 变换, 则还要求变换矩阵的行列式等于 1,

$$||a^\mu{}_\nu|| = 1. \tag{24}$$

相对性原理要求物理规律在 Lorentz 变换下不变, 所以物理量应是张量, 物理量的方程是张量方程, 在 Lorentz 变换下按照张量的方式变换. 这称为 Lorentz 协变性 或 相对论协变性.

在相对性原理的基础上, 再考虑 时空均匀性, 就有非齐次 Lorentz 变换,

$$x^\mu \longrightarrow x^{\mu\,\prime} = a^\mu{}_\nu x^\nu + b^\mu, \tag{25}$$

b^μ 是时空平移. 非齐次 Lorentz 变换又称 Poincaré 变换. 有的作者专把在 Poincaré 变换下的不变性称为 相对论不变性, 而把在 Lorentz 变换下的不变性称为 Lorentz 不变性.

几个常用的符号　协变微商 ∂_μ 和逆变微商 ∂^μ 分别为

$$\partial_\mu = \frac{\partial}{\partial x^\mu} = (\partial_0, \nabla), \tag{26}$$

$$\partial^\mu = \frac{\partial}{\partial x_\mu} = (\partial_0, -\nabla). \tag{27}$$

习惯上用白体字母表示四维时空的矢量. 两个矢量 a 与 b 的内积为

$$ab = a \cdot b = a_\mu b^\mu = a^\mu b_\mu = g^{\mu\nu} a_\mu b_\nu = g_{\mu\nu} a^\nu b^\mu$$

$$= a^0b^0 - a^1b^1 - a^2b^2 - a^3b^3 = a^0b^0 - \boldsymbol{a}\cdot\boldsymbol{b}, \tag{28}$$

这里用黑体字母表示三维空间的矢量, 例如 $\boldsymbol{x} = (x^1, x^2, x^3)$. 于是 d'Alembert 算符为

$$\Box = \partial^2 = \partial_\mu\partial^\mu = \partial_0^2 - \nabla^2. \tag{29}$$

对于能量动量矢量, 有

$$p^\mu = (E/c, \boldsymbol{p}), \qquad p_\mu = (E/c, -\boldsymbol{p}), \qquad p_\mu p^\mu = \frac{E^2}{c^2} - \boldsymbol{p}^2. \tag{30}$$

1.3 量子力学和作用量原理

我们仿照量子力学构造动力学模型的基本程序, 从作用量原理出发, 来构造粒子体系的场论模型[①], 给出场的运动方程和 Noether 定理.

1. 量子力学

量子力学的数学形式及其物理诠释 量子力学的数学形式可以概括为:

- 系统的量子态用 Hilbert 空间的矢量表达.
- 系统的观测量用 Hilbert 空间的算符表达.
- 算符的运算规则由物理条件确定.
- 系统的时间演化由运动方程确定.

为了使上述数学形式成为物理理论, 除了确定算符运算规则的物理, 即对易关系所表达的量子化, 以及运动方程所包含的物理, 还需要补充一条联系数学表述与实验测量的物理诠释. 现在实际使用的物理诠释, 主要有下述两种:

- 两个态矢量内积的模方 $|\langle\varphi|\psi\rangle|^2$ 正比于在 $|\psi\rangle$ 上测到 $|\varphi\rangle$ 或者在 $|\varphi\rangle$ 上测到 $|\psi\rangle$ 的概率; 厄米算符 L 的本征值 $\{l_n\}$ 是实际的测得值.
- 在量子态 $|\psi\rangle$ 上测量厄米算符 L 所表示的观测量, 多次测量得到的平均值为 $\langle\psi|L|\psi\rangle/\langle\psi|\psi\rangle$.

这两种诠释是等效的, 其实质就是 Born 对波函数的统计诠释. 而这统计诠释, 是 Hilbert 空间最恰当的物理 (见注①的附录二).

量子力学是 Hilbert 空间的物理 作为时间与空间的基本理论, 相对论表明, 任何时空过程都发生于 Minkowski 空间, 相对论是 Minkowski 空间的物理. 而作为微观世界的基本理论, 量子力学则表明, 任何微观物理过程都在 Hilbert

---

[①] 王正行, 《量子力学原理》第三版, 北京大学出版社, 2020 年, 95 页.

空间中进行，量子力学是 Hilbert 空间的物理. 要在抽象的 Hilbert 空间进行思考和形成物理图像，需要注意和把握量子力学的下列性质和特点：

- 首先，量子态是 Hilbert 空间的矢量，具有叠加原理. 因此，量子力学在本质上是一种线性理论. 只有矢量的方向具有物理意义，其长度没有物理意义.

- 其次，波函数是态矢量的内积，态矢量空间属于复内积空间，相位是基本的特征. 因此，量子力学在本质上是一种波动理论.

- 第三，观测量用厄米算符表示，观测量的关系是算符关系. 因此，量子力学在数学上是一种算符理论. Hilbert 空间是无限维的，不同的算符一般互不对易，相应的观测不相容，有测不准.

- 第四，物理过程表现为态矢量和观测量算符随时间的变化，时间作为演化的参数，不是物理观测量，这种框架是非相对论的. 只有在量子场的情形，把四维时空坐标作为描述场的参量，才能与相对论相协调.

- 最后，统计诠释包含测量的概念，让观测者进入理论的基本层次. 这就使得量子力学包含了主观的因素，而不是完全客观的. 不过量子场论的观测量主要是粒子的散射截面，不直接涉及这个问题.

2. 场的作用量原理

Lagrange 形式 粒子系统的动能与势能之差称为 Lagrange 函数，

$$L = T - V = L(q, \dot{q}), \tag{31}$$

它是系统的广义坐标 $q = (q_1, q_2, \cdots, q_N)$ 及其时间微商 $\dot{q} = (\dot{q}_1, \dot{q}_2, \cdots, \dot{q}_N)$ 的标量实函数. 通常把它简称为 拉氏量, 而把它的时间积分

$$S = \frac{1}{c} \int_{t_1}^{t_2} \mathrm{d}t L(q, \dot{q}) \tag{32}$$

称为 作用量. 作用量原理要求它对广义坐标的任意变动取极值：

$$\delta S = \delta \frac{1}{c} \int_{t_1}^{t_2} \mathrm{d}t L(q, \dot{q}) = 0. \tag{33}$$

这个变分给出与粒子的 Newton 运动方程等价的 Lagrange 方程

$$\frac{\mathrm{d}}{\mathrm{d}t} \frac{\partial L}{\partial \dot{q}_i} - \frac{\partial L}{\partial q_i} = 0. \tag{34}$$

用 Lagrange 方程作为基本动力学方程的理论形式，称为理论的 Lagrange 形式.
引入广义动量

$$p_i \equiv \frac{\partial L}{\partial \dot{q}_i}, \tag{35}$$

由换到以 p, q 为自变量的 Legendre 变换, 可得 Hamilton 函数

$$H(p, q) \equiv \sum_i p_i \dot{q}_i - L. \tag{36}$$

从 Lagrange 方程和 H 的定义, 可以推出以 p, q 为自变量的 Hamilton 正则方程

$$\dot{p}_i = -\frac{\partial H}{\partial q_i}, \qquad \dot{q}_i = \frac{\partial H}{\partial p_i}. \tag{37}$$

用 Hamilton 正则方程作为基本动力学方程的理论形式, 称为理论的 Hamilton 正则形式, 而把 q 和 p 称为系统的 正则坐标 和 正则动量.

Hamilton 正则形式与 Lagrange 形式是等价的. Lagrange 形式的优点是容易满足相对论协变性要求, 而 Hamilton 正则形式的优点是便于采用量子力学的正则量子化. 把 Hamilton 函数中的正则变量 q 和 p 看作算符, 并要求它们满足正则对易关系, 就得到量子力学的 Hamilton 算符.

场的 Lagrange 作用量 可以用在空间分布的场来描述粒子系统, 这是一个无限自由度系统. 场变量 $\phi(\boldsymbol{x}, t)$ 可以看作是系统的正则坐标, 空间坐标 $\boldsymbol{x}$ 则是系统不同自由度的指标. 把有限自由度系统的 Lagrange 函数推广到无限自由度, 注意不同自由度的 Lagrange 函数可以相加, 就可以把系统的 Lagrange 函数写成

$$L(t) = \int \mathrm{d}^3\boldsymbol{x} \mathcal{L}(\phi, \partial_\mu \phi), \tag{38}$$

其中 $\mathcal{L}(\phi, \partial_\mu \phi)$ 是系统的 Lagrange 密度.

通常把 L 简称为 拉氏量, 而把 $\mathcal{L}$ 简称为 拉氏密度. 注意拉氏密度是场量及其微商的泛函, 并不直接依赖于时空坐标. 假设它只依赖于 ϕ 和 $\partial_\mu \phi$, 是因为希望得到的运动方程只是时空坐标的二阶偏微分方程.

拉氏量的时间积分给出系统的 Lagrange 作用量,

$$S = \frac{1}{c} \int \mathrm{d}^4 x \mathcal{L}(\phi, \partial_\mu \phi), \tag{39}$$

$\mathrm{d}^4 x = c\mathrm{d}t\mathrm{d}^3\boldsymbol{x}$ 是四维时空体积元, 它在 Lorentz 变换下不变. 作用量 S 是 Lorentz 不变量, 所以 $\mathcal{L}$ 是标量.

场的作用量原理要求在一定条件下改变场量时 S 取极小. 下面就先来一般地讨论作用量的变分.

作用量的变分 设坐标的改变为

$$x^\mu \longrightarrow x^{\mu\,\prime} = x^\mu + \delta x^\mu. \tag{40}$$

在这个变换下, 四维体积元的变换为

$$\mathrm{d}^4 x \longrightarrow \mathrm{d}^4 x' = \mathrm{d}^4 x J, \tag{41}$$

其中 J 为坐标变换的 Jacobi 行列式,

$$J = \frac{\partial(x')}{\partial(x)} = \det\left(\frac{\partial x^{\mu\,\prime}}{\partial x^\nu}\right) = \det(g^\mu{}_\nu + \partial_\nu \delta x^\mu) \approx 1 + \partial_\mu \delta x^\mu. \tag{42}$$

另一方面, 设在与坐标改变的同时场量也有改变

$$\phi(x) \longrightarrow \phi'(x') = \phi(x) + \delta\phi(x), \tag{43}$$

从而 $\mathcal{L}$ 随之改变,

$$\mathcal{L}(x) \longrightarrow \mathcal{L}'(x') = \mathcal{L}(x) + \delta\mathcal{L}(x), \tag{44}$$

这里我们明写出了 $\mathcal{L}$ 对坐标的依赖. $\mathcal{L}$ 对坐标的依赖, 是由于 ϕ 和 $\partial_\mu\phi$ 对坐标的依赖. 可以把变分 $\delta\mathcal{L}(x)$ 写成两部分之和,

$$\delta\mathcal{L}(x) = \mathcal{L}'(x') - \mathcal{L}(x) = [\mathcal{L}'(x') - \mathcal{L}(x')] + [\mathcal{L}(x') - \mathcal{L}(x)]$$
$$\approx \bar{\delta}\mathcal{L}(x') + \partial_\mu\mathcal{L}(x)\delta x^\mu, \tag{45}$$

其中

$$\bar{\delta}\mathcal{L}(x') = \mathcal{L}'(x') - \mathcal{L}(x') \approx \mathcal{L}'(x) - \mathcal{L}(x) = \frac{\partial\mathcal{L}}{\partial\phi}\bar{\delta}\phi + \frac{\partial\mathcal{L}}{\partial\partial_\mu\phi}\bar{\delta}\partial_\mu\phi, \tag{46}$$

注意我们用 $\bar{\delta}$ 表示坐标不变时的变分,

$$\bar{\delta}\phi = \phi'(x) - \phi(x), \qquad \bar{\delta}\partial_\mu\phi = \partial_\mu\phi'(x) - \partial_\mu\phi(x). \tag{47}$$

于是, 作用量的变分为

$$\delta S \propto \delta\int \mathrm{d}^4 x \mathcal{L} = \int \delta(\mathrm{d}^4 x)\mathcal{L} + \int \mathrm{d}^4 x \delta\mathcal{L} = \int \mathrm{d}^4 x(\partial_\mu \delta x^\mu \mathcal{L} + \delta\mathcal{L})$$
$$= \int \mathrm{d}^4 x \left(\mathcal{L}\partial_\mu\delta x^\mu + \frac{\partial\mathcal{L}}{\partial\phi}\bar{\delta}\phi + \frac{\partial\mathcal{L}}{\partial\partial_\mu\phi}\bar{\delta}\partial_\mu\phi + \partial_\mu\mathcal{L}\delta x^\mu\right)$$
$$= \int \mathrm{d}^4 x \left[\left(\frac{\partial\mathcal{L}}{\partial\phi} - \partial_\mu\frac{\partial\mathcal{L}}{\partial\partial_\mu\phi}\right)\bar{\delta}\phi + \partial_\mu\left(\frac{\partial\mathcal{L}}{\partial\partial_\mu\phi}\bar{\delta}\phi + \mathcal{L}\delta x^\mu\right)\right], \tag{48}$$

其中略去了 S 表达式 (39) 中的常数因子 $1/c$, 最后用到了 $\bar{\delta}\partial_\mu\phi = \partial_\mu(\bar{\delta}\phi)$.

以上推导不限于场量只有一个分量的情形. 如果场量有多个分量, 是某种线性空间的矢量,

$$\phi = (\phi_a) = \begin{pmatrix} \phi_1 \\ \phi_2 \\ \vdots \end{pmatrix}, \tag{49}$$

则要对每一个分量独立变分, 在所有算式中都隐含对指标 a 的求和, 最后结果是这个空间的标量. 例如 (48) 式, 把 $1/c$ 因子和对 a 的求和明写出来, 就是

$$\delta S = \frac{1}{c}\int \mathrm{d}^4 x \left[\left(\frac{\partial\mathcal{L}}{\partial\phi_a} - \partial_\mu\frac{\partial\mathcal{L}}{\partial\partial_\mu\phi_a}\right)\bar{\delta}\phi_a + \partial_\mu\left(\frac{\partial\mathcal{L}}{\partial\partial_\mu\phi_a}\bar{\delta}\phi_a + \mathcal{L}\delta x^\mu\right)\right]. \tag{50}$$

方括号中的两项, 给出了场的 Euler-Lagrange 方程和 Noether 定理, 这是作用量原理的两个重要结果. 下面就来分别讨论, 仍是隐去对 a 的求和.

3. 场的运动方程

Euler-Lagrange 方程 设坐标没有改变, $\delta x^\mu = 0$, 只考虑场量的变分

$$\phi(x) \longrightarrow \phi'(x) = \phi(x) + \bar{\delta}\phi(x). \tag{51}$$

场的作用量原理假设: 对于场量在时空边界固定的变分, 真实的场量将使系统作用量取极值. 在上述变分下, 考虑到在四维时空边界变分为 0, $\bar{\delta}\phi = 0$, (48) 式就成为

$$\delta S = \frac{1}{c} \int \mathrm{d}^4 x \left(\frac{\partial \mathcal{L}}{\partial \phi} - \partial_\mu \frac{\partial \mathcal{L}}{\partial \partial_\mu \phi} \right) \bar{\delta}\phi. \tag{52}$$

变分 $\bar{\delta}\phi$ 是任意的, 作用量取极值 $\delta S = 0$ 的条件是

$$\partial_\mu \frac{\partial \mathcal{L}}{\partial \partial_\mu \phi} - \frac{\partial \mathcal{L}}{\partial \phi} = 0, \tag{53}$$

这就是场 ϕ 的 Euler-Lagrange 方程, 简称 Lagrange 方程, 它是场的运动方程.

Hamilton 正则方程 通常量子力学表述为正则形式, 用正则变量描述动力学体系. 与场变量 ϕ 共轭的正则动量定义为

$$\pi = \frac{\partial \mathcal{L}}{\partial \dot{\phi}}, \tag{54}$$

而场的 Hamilton 函数定义为

$$H = \int \mathrm{d}^3 \boldsymbol{x} \pi(\boldsymbol{x}, t) \dot{\phi}(\boldsymbol{x}, t) - L = \int \mathrm{d}^3 \boldsymbol{x} \mathcal{H}, \tag{55}$$

其中 $\mathcal{H}$ 是场的 Hamilton 密度,

$$\mathcal{H} = \pi\dot{\phi} - \mathcal{L}, \tag{56}$$

简称 哈氏密度. 从 Euler-Lagrange 方程和 $\mathcal{H}$ 的定义, 求哈氏密度对 ϕ 与 π 独立的变分, 并注意 $\mathcal{H}$ 出现在空间积分号下, 就可以推出 Hamilton 正则方程

$$\dot{\pi} = -\frac{\partial \mathcal{H}}{\partial \phi}, \qquad \dot{\phi} = \frac{\partial \mathcal{H}}{\partial \pi}, \tag{57}$$

它们与 Euler-Lagrange 方程是等价的.

由于哈氏密度把时间放在一个特殊地位, 不容易看出理论的相对论协变性, 故相对论的场论模型, 一般都是从场的拉氏密度出发. 一个场论的模型, 就是关于场的拉氏密度的一个具体假设. 知道了场的拉氏密度, 就可以从它的 Euler-Lagrange 方程得到场的运动方程, 以及场的 Hamilton 函数和 Hamilton 正则方程.

4. Noether 定理

定理 设场量 $\phi(x)$ 是运动方程 (53) 的解, 则 (48) 式中第一项为 0, 作用量

的变分成为

$$\delta S = \frac{1}{c} \int \mathrm{d}^4 x \, \partial_\mu j^\mu, \tag{58}$$

$$j^\mu = \frac{\partial \mathcal{L}}{\partial \partial_\mu \phi} \bar{\delta}\phi + \mathcal{L}\delta x^\mu, \tag{59}$$

注意 j^μ 具有面密度的量纲. 若再要求变换后的场量 $\phi'(x')$ 也是方程 (53) 的解, 则 (40) 与 (43) 式就给出场的一个连续变换, 保持场的运动方程不变. 于是从 (58) 式可得下述结论: 若场的一个连续变换 $\phi(x) \to \phi'(x')$ 保持作用量 S 不变, 则存在一个与此变换相应的守恒流 j^μ, 满足

$$\partial_\mu j^\mu = 0. \tag{60}$$

这就是 Noether 于 1918 年证明的重要定理. 由于

$$\bar{\delta}\phi = \phi'(x) - \phi(x) = [\phi'(x') - \phi(x)] - [\phi'(x') - \phi'(x)] \approx \delta\phi - \partial_\nu\phi\delta x^\nu, \tag{61}$$

j^μ 可以改写为

$$j^\mu = \frac{\partial \mathcal{L}}{\partial \partial_\mu \phi} \delta\phi - \left(\frac{\partial \mathcal{L}}{\partial \partial_\mu \phi} \partial_\nu\phi - \mathcal{L}g^\mu{}_\nu \right) \delta x^\nu. \tag{62}$$

注意在流密度 j^μ 的上述表达式中, δx^μ 与 $\delta\phi$ 现在已经不是任意的变分, 而是保持 Euler-Lagrange 方程不变的一种变换. Euler-Lagrange 方程得自对作用量的变分, 所以保持 Euler-Lagrange 方程不变的变换也就是保持拉氏密度 $\mathcal{L}$ 不变的变换. 通常把 $\mathcal{L}$ 在某种变换下的不变性, 称为它具有某种对称性. 所以说, 拉氏密度 $\mathcal{L}$ 的某种对称性, 对应于某个守恒定律. 这是一个普遍的结论, 并不局限于与连续变换相联系的对称性.

守恒量 对守恒流 $j^\mu(x)$ 满足的连续性方程 $\partial_\mu j^\mu(x) = 0$ 在全空间积分, 给出

$$\int \mathrm{d}^3\boldsymbol{x} \frac{\partial}{c\partial t} j^0(x) + \int \mathrm{d}^3\boldsymbol{x}\nabla \cdot \boldsymbol{j} = 0. \tag{63}$$

用 Gauss 定理把第二项换成在无限远的面积分, 当 $\boldsymbol{j}$ 在无限远为 0 时就有

$$\frac{\mathrm{d}Q}{\mathrm{d}t} = -qc \int_\infty \mathrm{d}\boldsymbol{\sigma} \cdot \boldsymbol{j} = 0, \tag{64}$$

$$Q = q \int \mathrm{d}^3\boldsymbol{x}j^0(x), \tag{65}$$

q 是在 Q 的定义中适当引入的常数. 所以, 存在守恒流 $j^\mu(x)$, 就意味着存在在全空间的守恒量 Q, 守恒量密度正比于 j^0.

坐标的连续变换 $x^\mu \to x^{\mu\prime}$ 包括时间平移、空间平移和空间转动. 若场的运动方程在这三种变换下不变, 则相应地就有场的能量、动量和角动量守恒. 我们将在以后给出具体的例子.

1.4 公式的简化

量子场论是理论物理中公式推演最冗长复杂的部分，除了使公式和运算在形式上规则对称从而容易记忆和查错以外，尽量使书写和表述简化也是量子场论的一条基本原则．我们会陆续引进一些简化的记号和写法．而且，与量子力学不同，在量子场论里一般不再用专门的符号来表示算符．对一个量，读者可以根据定义和上下文或者一些别的标记来判别它是不是算符．例如，a^* 表示 a 的复数共轭，$a^\dagger$ 表示 a 的厄米共轭，所以前者一般是复数，而后者则是算符．

此外，相对论基本常数 c（光速）和量子力学基本常数 $\hbar$（约化 Planck 常数）是量子场论的两个基本常数，会频繁出现在各种推演和公式中．为了简化书写和公式，可以令 $c=\hbar=1$．这可以做两种解释．

1. 可以理解为选择了 自然单位制 (NU)．在这个单位制中，可以选择长度 l 为基本量，时间 t 是用 $c=1$ 定义的导出量．也可以选择时间为基本量，而长度是用 $c=1$ 定义的导出量．于是，时间与长度有相同的量纲和单位，

$$\dim t = \dim l, \quad \text{即} \quad [t]=[l]. \tag{66}$$

另外，由于 $\hbar$ 是由正则坐标 q 与正则动量 p 的对易关系引入和定义的[①]，

$$[q,p]=qp-pq=\mathrm{i}\hbar, \tag{67}$$

它的量纲是长度乘动量或时间乘能量，从而可以用 $\hbar=1$ 定义动量和能量的单位．这样定义的动量 p 和能量 E 的量纲相同，都是长度或时间的倒数，

$$[p]=[E]=[l]^{-1}. \tag{68}$$

反过来说，长度和时间的量纲都是能量的倒数．

这个单位制只有一个基本量，通常选能量或长度．选能量为基本量时，基本单位原子物理选 eV，原子核物理选 MeV 或 GeV，粒子物理选 GeV 或 TeV．选长度为基本量时，基本单位原子物理选 nm，原子核物理和粒子物理选 fm．很容易从 c 与 $\hbar$ 在国际单位制 (SI) 的数值推出这两个单位制的换算关系．例如，从组合常数

$$\hbar c = 0.197\,326\,980\,4\cdots\,\mathrm{GeV}\cdot\mathrm{fm}=1, \tag{69}$$

有

$$1\mathrm{fm}\approx 5.068\,\mathrm{GeV}^{-1}, \tag{70}$$

即 SI 的 1fm 等于 NU 的 5.068 长度单位（选 GeV 为基本量的基本单位时）．又

① 王正行，《量子力学原理》第三版，北京大学出版社，2020 年，19 页．

如，从

$$\hbar = 6.582\,119\,569\cdots \times 10^{-22}\mathrm{MeV}\cdot\mathrm{s} = 1, \tag{71}$$

有

$$1\mathrm{s} \approx 1.519 \times 10^{21}\mathrm{MeV}^{-1}, \tag{72}$$

即 SI 的 1s 等于 NU 的 1.519×10^{21} 时间单位 (选 MeV 为基本量的基本单位时).
再如，从

$$c = 2.997\,924\,58 \times 10^{23}\mathrm{fm/s} = 1, \tag{73}$$

有

$$1\mathrm{s} \approx 2.998 \times 10^{23}\mathrm{fm}, \tag{74}$$

即 SI 的 1s 等于 NU 的 2.998×10^{23} 时间单位 (选 fm 为基本量的基本单位时).
表 1.1 分别给出了 NU 中物理量的上述两种量纲指数 d 和它们在 SI 的表达式.

表 1.1   自然单位制中物理量的两种量纲指数 d 及其在 SI 的表达式

物理量	NU	$d([E]^d)$	SI	物理量	NU	$d([l]^d)$	SI
时间	t	-1	$t/\hbar$	时间	t	1	ct
长度	l	-1	$l/\hbar c$	长度	l	1	l
能量	E	1	E	能量	E	-1	$E/\hbar c$
动量	p	1	$p\,c$	动量	p	-1	$p/\hbar$
质量	m	1	mc^2	质量	m	-1	$mc/\hbar$

量子场论是最基本的物理理论，是其他一切物理理论最深层的基础. 在这个意义上，量子场论在选择单位上具有最优先的地位.

2. 与上述理解和做法等效地，也可以理解为还是用国际单位制 SI, 只是对所有物理量进行约化，并重新定义所用的符号. 例如都用 $\hbar$ 与 c 将物理量约化为长度的幂次，引入约化时间 ct, 用 t 代表；约化动量 $p/\hbar$, 用 p 代表；约化能量 $E/\hbar c$, 用 E 代表；约化质量 $mc/\hbar$, 用 m 代表；等等，见上表的最后一列. 用这种方法，我们随时可以容易地恢复方程和公式中的 $\hbar$ 与 c.

不熟悉单位制的选择与变换的读者，可以采取这种理解和做法，并在叙述中略去 "约化" 二字. 于是，当我们说 "时间 t" 时，意味着是指 "约化时间 ct"；说 "动量 p" 时，是指 "约化动量 $p/\hbar$"；说 "能量 E" 时，是指 "约化能量 $E/\hbar c$"；说 "质量 m" 时，是指 "约化质量 $mc/\hbar$"；等等.

在这种情形，量子场论实际上只需用国际单位制的长度、质量、时间 3 个基本量的单位，其他量的单位都可由它们导出.

在对科学的有效研习中，首要的程序
必定是简化或约简以前探索的结果，使之
成为我们的头脑能够把握的形式.

—— J.C. Maxwell
《关于 Faraday 的力线》

2　标　量　场

与粒子数固定不变的多体系不同，由于粒子可以产生和湮灭，粒子物理系统的粒子数本身就是变量，必须换一种方式来思考. 我们着眼于粒子的产生和湮灭，即粒子的数目及其变化. 粒子的产生和湮灭可以发生于不同的时空点，粒子的数目及其变化是时空坐标的函数，是在时空中分布的场. 用这种在时空中分布的场来描述粒子系统，这是描述方式的转变，既涉及概念和图像的转变，更涉及数学表述的转变.

这种场量描述粒子的数目及其变化，是 Hilbert 空间的算符，需要确定其运算规则，即进行 量子化[①]. 这需要物理的原理. 在量子力学里，这就是 Heisenberg 测不准原理，它给出正则坐标和与其共轭的正则动量之间的对易关系. 在粒子物理的情形，改用场量作为描述粒子系统的正则坐标，就需要确定场的正则动量，并把测不准原理运用于这一对正则变量，给出它们的对易关系，这属于 正则量子化[②]. 这种做法的特点，是先从场的数学表述入手，最后再归结到其中的物理. 本章和下面两章将依次讨论标量场、矢量场和旋量场的正则量子化.

然而，也可以直接从粒子产生和湮灭的物理图像出发[③]，在多粒子的 Hilbert 空间，亦即 Fock 空间[④]，根据量子力学来确定场量作为算符的对易规则. 这种做法的特点与正则量子化相反，是先从场的直观物理入手，最后再归结成数学的表述. 这种方式的量子化可见于量子力学的多体理论[⑤]，和参阅第 4 章的附录.

---

① "量子化" 是历史上的旧量子论余留下来的名词，带有明显的经典印痕，其原意是指把经典物理中连续的量换成离散的量，从而在物理上完成从经典到量子的过渡. 其实经典物理只是量子力学在 $\hbar \to 0$ 时的极限，准确地说只有经典化而没有量子化.

② W. Heisenberg und W. Pauli, Z. Phys. **56** (1929) 1, §1.

③ 这一基本想法可以参阅 A.N. Schellekens 1997 年讲稿 *Quantum Field Theory* 的电子版 p.13.

④ V.A. Fock, Z. Phys. **75** (1932) 622.

⑤ 参见王正行，《量子力学原理》第三版，北京大学出版社，2020 年，180 页.

2.1　实标量场及其量子化

1.　模型拉氏密度与正则量子化

模型拉氏密度　传统的做法，一般是先写出模型的拉氏密度 $\mathcal{L}$ 或哈氏密度 $\mathcal{H}$, 进行数学推演，最后再来确定有关算符的对易关系. 在还没有确定算符对易关系的情况下，在推演中就只能假设所有算符都能对易. 通常把这样的算符当做经典的量，而把推演的这一部分称为 *场的经典理论*. 显然，场的经典理论一般没有独立的物理含义，它只是建立场的量子理论的一个中间环节和数学过程，经典场的物理是一个需要专门讨论的问题.

我们从最简单的情形开始，考虑场量 $\phi(x)$ 是实标量的场. 从 Euler-Lagrange 方程可以看出，拉氏密度中的相加常数项对场的运动方程没有贡献. 同样，拉氏密度中场量 ϕ 及其微商 $\partial_\mu\phi$ 的相加一次项对运动方程也没有贡献. 所以，最简单的相对论不变性模型是

$$\mathcal{L} = \frac{1}{2}(\partial_\mu\phi\partial^\mu\phi - m^2\phi^2), \tag{1}$$

其中 $1/2$ 是习惯约定的因子. m 是一个模型参数，下面我们将会看到它是场的粒子质量 m. 上式第一项称为场的动能项，第二项称为场的质量项. 没有相互作用项，这个模型描述的是自由粒子.

拉氏密度 (1) 式的 Euler-Lagrange 方程给出场 ϕ 的波动方程

$$\partial_\mu\frac{\partial\mathcal{L}}{\partial\partial_\mu\phi} - \frac{\partial\mathcal{L}}{\partial\phi} = \partial_\mu\partial^\mu\phi + m^2\phi = (\partial^2 + m^2)\phi = 0. \tag{2}$$

这个方程称为 Klein-Gordon *方程* [①]，满足它的场也称为 Klein-Gordon 场. 它是相对论不变的，有平面波解

$$\varphi_{\boldsymbol{k}}(\boldsymbol{x}, t) = \frac{1}{\sqrt{(2\pi)^3 2\omega}}e^{-i(\omega t - \boldsymbol{k}\cdot\boldsymbol{x})}, \tag{3}$$

$$\omega = \omega(\boldsymbol{k}) = \sqrt{\boldsymbol{k}^2 + m^2}. \tag{4}$$

函数组 $\{\varphi_{\boldsymbol{k}}(x)\}$ 具有如下正交归一化关系:

$$\int \mathrm{d}^3\boldsymbol{x}\,\varphi_{\boldsymbol{k}}(x)\,\mathrm{i}\overleftrightarrow{\partial}_0\varphi_{\boldsymbol{k}'}(x) = 0, \quad \int \mathrm{d}^3\boldsymbol{x}\,\varphi_{\boldsymbol{k}}^*(x)\,\mathrm{i}\overleftrightarrow{\partial}_0\varphi_{\boldsymbol{k}'}(x) = \delta(\boldsymbol{k} - \boldsymbol{k}'), \tag{5}$$

其中 $\delta(\boldsymbol{k} - \boldsymbol{k}') = \delta(k_x - k_x')\delta(k_y - k_y')\delta(k_z - k_z')$, $\overleftrightarrow{\partial}_\mu$ 定义为

$$A\overleftrightarrow{\partial}_\mu B = A\frac{\partial B}{\partial x^\mu} - \frac{\partial A}{\partial x^\mu}B. \tag{6}$$

[①]　O. Klein, *Z. Phys.* **37** (1926) 895; W. Gordon, *Z.Phys.* **40** (1926) 117.

正则量子化 由 (1) 式可以算出场的正则动量

$$\pi = \frac{\partial \mathcal{L}}{\partial \dot{\phi}} = \dot{\phi}, \tag{7}$$

从而可以算出场的哈氏密度

$$\mathcal{H} = \pi \dot{\phi} - \mathcal{L} = \pi^2 - \frac{1}{2}[\pi^2 - (\nabla\phi)^2 - m^2\phi^2] = \frac{1}{2}[\pi^2 + (\nabla\phi)^2 + m^2\phi^2]. \tag{8}$$

可以看出，它是正定的. 在量子力学的正则形式里，正则坐标与动量是系统的独立变量，Hamilton 量作为正则坐标与动量的函数，则是决定系统动力学过程的基本量. 给定了 Hamilton 量，系统的动力学在原则上就确定了.

场量 ϕ 和 π 作为场的观测量，在量子力学里都是算符，遵从算符的运算规则，即需要量子化. 按照正则量子化规则[①]，可以写出它们的正则对易关系

$$[\phi(\boldsymbol{x},t),\phi(\boldsymbol{x}',t)] = 0, \quad [\pi(\boldsymbol{x},t),\pi(\boldsymbol{x}',t)] = 0, \quad [\phi(\boldsymbol{x},t),\pi(\boldsymbol{x}',t)] = \mathrm{i}\delta(\boldsymbol{x}-\boldsymbol{x}'), \tag{9}$$

这里 $\boldsymbol{x}$ 是算符的三维连续指标. 注意其中各个算符的时间都是 t，所以这些对易关系称为 等时对易关系. 由于这种等时性，上述对易关系没有相对论协变性，在 Lorentz 变换下不是不变的. 根据它们，可以进一步算出具有相对论协变性的对易关系.

由于算符一般不对易，不能任意交换乘积顺序，在选择和确定系统的模型拉氏密度 $\mathcal{L}$ 和由它给出的哈氏密度 $\mathcal{H}$ 以及其他观测量，并对它们进行数学推演时，乘积因子的顺序是一个需要认真考虑的问题. 把哈氏密度表示成正则坐标与动量的函数，它往往是坐标与动量的没有交叉项的二次型，例如这里的 (8) 式，这个乘积因子的顺序问题就不存在.

这里的 ϕ 与 π 都是厄米算符，它们的本征值是实数. 在这个意义上，通常把 ϕ 称为 实标量场. ϕ 与 π 是坐标空间中的场算符，而更常用的是动量空间中的场算符，即它们的 Fourier 变换.

2. 动量空间与协变对易关系

动量空间 Klein-Gordon 方程 (2) 的一般解，可以用平面波展开，即

$$\phi(\boldsymbol{x},t) = \int \frac{\mathrm{d}^3\boldsymbol{k}}{\sqrt{(2\pi)^3 2\omega}} \left[a_{\boldsymbol{k}}\mathrm{e}^{-\mathrm{i}(\omega t - \boldsymbol{k}\cdot\boldsymbol{x})} + a_{\boldsymbol{k}}^\dagger \mathrm{e}^{\mathrm{i}(\omega t - \boldsymbol{k}\cdot\boldsymbol{x})} \right]$$

$$= \int \mathrm{d}^3\boldsymbol{k} \left[a_{\boldsymbol{k}}\varphi_{\boldsymbol{k}}(x) + a_{\boldsymbol{k}}^\dagger \varphi_{\boldsymbol{k}}^*(x) \right], \tag{10}$$

方括号中第二项是第一项的厄米共轭，以保证 $\phi(\boldsymbol{x},t)$ 是厄米的. 在计算这类动

---

① 王正行，《量子力学原理》第三版，北京大学出版社，2020 年，20 页.

量空间积分时，注意

$$\int \frac{\mathrm{d}^3\boldsymbol{k}}{2\omega} = \int \mathrm{d}^4k\,\delta(k^2-m^2)\theta(k^0) \tag{11}$$

在 Lorentz 变换下不变 [1]，这里 $\mathrm{d}^4k = \mathrm{d}k^0\mathrm{d}^3\boldsymbol{k}$, $k^2 = k^\mu k_\mu$, $k^\mu = (k^0, \boldsymbol{k})$, 而

$$\theta(\xi) = \begin{cases} 0, & \xi < 0, \\ 1, & \xi > 0. \end{cases} \tag{12}$$

(10) 式中 $a_{\boldsymbol{k}}$ 是正频项，$a_{\boldsymbol{k}}^\dagger$ 是负频项，它们就是实标量场在动量空间的场算符，可以用 (5) 式解出，

$$a_{\boldsymbol{k}} = \int \mathrm{d}^3\boldsymbol{x}\varphi_{\boldsymbol{k}}^*(x)\,\mathrm{i}\,\overset{\leftrightarrow}{\partial}_0\,\phi(x), \tag{13}$$

$$a_{\boldsymbol{k}}^\dagger = \int \mathrm{d}^3\boldsymbol{x}\phi(x)\,\mathrm{i}\,\overset{\leftrightarrow}{\partial}_0\,\varphi_{\boldsymbol{k}}(x). \tag{14}$$

利用上述表达式和对易关系 (9)，可以求出 $a_{\boldsymbol{k}}$ 与 $a_{\boldsymbol{k}}^\dagger$ 的下列对易关系

$$[a_{\boldsymbol{k}}, a_{\boldsymbol{k}'}] = 0, \qquad [a_{\boldsymbol{k}}^\dagger, a_{\boldsymbol{k}'}^\dagger] = 0, \qquad [a_{\boldsymbol{k}}, a_{\boldsymbol{k}'}^\dagger] = \delta(\boldsymbol{k}-\boldsymbol{k}'). \tag{15}$$

可以把 (10) 式中的 $a_{\boldsymbol{k}}$ 和 $a_{\boldsymbol{k}}^\dagger$ 定义成现在的 $\sqrt{(2\pi)^3 2\omega}$ 倍，从而使上述最后一个对易关系右边多一个因子 $(2\pi)^3 2\omega$. 虽然在公式中多出这个因子，但由于 (11) 式是 Lorentz 不变量，这样定义的 $a_{\boldsymbol{k}}$ 和 $a_{\boldsymbol{k}}^\dagger$ 是 Lorentz 协变的. 鱼与熊掌不可兼得，我们更看重公式的简化，所以选择现在的定义.

协变对易关系　现在来求由下式定义的函数 $\Delta(x-x')$,

$$[\phi(x), \phi(x')] = \mathrm{i}\Delta(x-x'), \tag{16}$$

这是量子场论中最常遇到的一个函数. 其中引入虚单位 i, $\Delta(x-x')$ 就是实函数. 利用展开式 (10) 和对易关系 (15)，可以算得

$$\Delta(x-x') = -\mathrm{i}\int \mathrm{d}^3\boldsymbol{k}[\varphi_{\boldsymbol{k}}(x)\varphi_{\boldsymbol{k}}^*(x') - \varphi_{\boldsymbol{k}}^*(x)\varphi_{\boldsymbol{k}}(x')]$$

$$= -\mathrm{i}\int \mathrm{d}^4k\,2\omega\delta(k^2-m^2)\theta(k^0)[\varphi_{\boldsymbol{k}}(x)\varphi_{\boldsymbol{k}}^*(x') - \varphi_{\boldsymbol{k}}^*(x)\varphi_{\boldsymbol{k}}(x')]$$

$$= -\mathrm{i}\int \frac{\mathrm{d}^4k}{(2\pi)^3}\overline{\theta}(k^0)\delta(k^2-m^2)\mathrm{e}^{-\mathrm{i}k_\mu(x^\mu-x^{\mu'})}, \tag{17}$$

其中 $\overline{\theta}(\xi) = \theta(\xi) - \theta(-\xi)$ 是下列阶跃函数:

$$\overline{\theta}(\xi) = \begin{cases} -1, & \xi < 0, \\ 1, & \xi > 0. \end{cases} \tag{18}$$

---

[1] J.D. 比约肯，S.D. 德雷尔，《相对论量子场》，汪克林等译，科学出版社，1984 年，37 页.

从函数 $\Delta(x - x')$ 的定义 (16) 和表达式 (17)，可以看出以下几点. 首先，由于 $\phi(x)$ 满足 Klein-Gordon 方程，从 (16) 式可知函数 $\Delta(x - x')$ 也是 Klein-Gordon 方程的解，并且是其宗量的奇函数：

$$(\partial_\mu \partial^\mu + m^2)\Delta(x - x') = 0, \qquad \Delta(x' - x) = -\Delta(x - x'). \tag{19}$$

其次，由于 $\bar{\theta}(k^0)$ 对类时间隔 $k_\mu k^\mu > 0$ 在 Lorentz 变换下不变，对易函数 $\Delta(x)$ 从而对易关系 (16) 具有相对论协变性，在 Lorentz 变换下不变，所以称为 协变 对易关系. 第三，在等时的情况，$t = t'$，从 (17) 的第一个等式容易看出

$$\Delta(\boldsymbol{x}, 0) = 0, \tag{20}$$

对易关系 (16) 成为 (9) 中的第一式. 而由于 $\Delta(x - x')$ 在 Lorentz 变换下不变，可以推知上式对于所有由类空间隔分开的两点 x 与 x' 也成立：

$$\Delta(x - x') = 0, \qquad (x - x')^2 < 0, \tag{21}$$

其中 $(x - x')^2 = (x_\mu - x_{\mu'})(x^\mu - x^{\mu'})$. 最后，从 (17) 式还可以推出当 $t = t'$ 时有

$$\frac{\partial}{\partial t}\Delta(x - x')|_{t=t'} = -\delta(\boldsymbol{x} - \boldsymbol{x}'), \tag{22}$$

于是从 (16) 式还可以得到 (9) 中的第三式.

2.2 实标量场的粒子性

1. 箱归一化和粒子数表象

箱归一化 前面的处理，场量 $\phi(\boldsymbol{x}, t)$ 分布在全空间，$\boldsymbol{k}$ 的取值是连续的. 另一种等效的做法，是先在体积为 V 的箱中讨论，最后再取极限 $V \to \infty$，这对应于量子力学中的箱归一化.

设场存在于边长为 L 的立方体中，则坐标空间的积分体积 $V = L^3$，动量空间的积分过渡为求和. 取周期性边条件[①]，就有

$$\int \mathrm{d}^3\boldsymbol{k} \longleftrightarrow \sum_{\boldsymbol{k}} \frac{(2\pi)^3}{V}, \tag{23}$$

$$\boldsymbol{k} \longleftrightarrow \frac{2\pi}{L}(n, m, l), \tag{24}$$

现在 $\boldsymbol{k} = 2\pi(n, m, l)/L$ 是离散的，n, m, l 为整数或 0. 与此相应地，动量空间的 δ 函数也要代换成 Kronecker 符号，

$$\delta(\boldsymbol{k} - \boldsymbol{k}') \longleftrightarrow \frac{V}{(2\pi)^3}\delta_{\boldsymbol{k}\boldsymbol{k}'}, \tag{25}$$

① G. Wentzel, *Quantum Theory of Fields*, Interscience Publishers, 1949, p.27.

其中 $\delta_{\boldsymbol{kk'}} = \delta_{\boldsymbol{nn'}} = \delta_{nn'}\delta_{mm'}\delta_{ll'}$, $\boldsymbol{n} = (n, m, l)$.

对应于 (10) 式的积分，现在把 $\phi(x)$ 的展开式写成

$$\phi(x) = \sum_{\boldsymbol{k}} \frac{1}{\sqrt{2\omega V}}\,(a_{\boldsymbol{k}}\mathrm{e}^{-\mathrm{i}kx} + a_{\boldsymbol{k}}^{\dagger}\mathrm{e}^{\mathrm{i}kx}), \tag{26}$$

上式是对 n, m, l 求和，$kx = k_\mu x^\mu = \omega t - \boldsymbol{k}\cdot\boldsymbol{x}$. 注意 (10) 式中定义的算符 $a_{\boldsymbol{k}}$ 和 $a_{\boldsymbol{k}}^{\dagger}$ 与这里的不同，有下述对应：

$$a_{\boldsymbol{k}} \longleftrightarrow \sqrt{\frac{V}{(2\pi)^3}}\,a_{\boldsymbol{k}}, \qquad a_{\boldsymbol{k}}^{\dagger} \longleftrightarrow \sqrt{\frac{V}{(2\pi)^3}}\,a_{\boldsymbol{k}}^{\dagger}, \tag{27}$$

箭头左边是 (10) 式定义的算符，下标 $\boldsymbol{k}$ 取连续值，右边是 (26) 式定义的算符，下标 $\boldsymbol{k}$ 取离散值. 引入因子 $\sqrt{V/(2\pi)^3}$, 是为了使得与 (15) 式对应的对易关系成为

$$[a_{\boldsymbol{k}}, a_{\boldsymbol{k}'}] = 0, \qquad [a_{\boldsymbol{k}}^{\dagger}, a_{\boldsymbol{k}'}^{\dagger}] = 0, \qquad [a_{\boldsymbol{k}}, a_{\boldsymbol{k}'}^{\dagger}] = \delta_{\boldsymbol{kk'}}. \tag{28}$$

粒子数表象　现在来看由场算符 $a_{\boldsymbol{k}}^{\dagger}$ 与 $a_{\boldsymbol{k}}$ 构成的观测量

$$N_{\boldsymbol{k}} = a_{\boldsymbol{k}}^{\dagger}a_{\boldsymbol{k}}. \tag{29}$$

$N_{\boldsymbol{k}}$ 是厄米算符，本征值 $n_{\boldsymbol{k}}$ 为实数. 设其本征态为 $|n_{\boldsymbol{k}}\rangle$, 本征值方程就是

$$N_{\boldsymbol{k}}|n_{\boldsymbol{k}}\rangle = n_{\boldsymbol{k}}|n_{\boldsymbol{k}}\rangle. \tag{30}$$

运用对易关系 (28), 就有

$$[N_{\boldsymbol{k}}, a_{\boldsymbol{k}}^{\dagger}] = a_{\boldsymbol{k}}^{\dagger}[a_{\boldsymbol{k}}, a_{\boldsymbol{k}}^{\dagger}] + [a_{\boldsymbol{k}}^{\dagger}, a_{\boldsymbol{k}}^{\dagger}]a_{\boldsymbol{k}} = a_{\boldsymbol{k}}^{\dagger}. \tag{31}$$

于是，

$$N_{\boldsymbol{k}}a_{\boldsymbol{k}}^{\dagger}|n_{\boldsymbol{k}}\rangle = a_{\boldsymbol{k}}^{\dagger}(N_{\boldsymbol{k}}+1)|n_{\boldsymbol{k}}\rangle = (n_{\boldsymbol{k}}+1)a_{\boldsymbol{k}}^{\dagger}|n_{\boldsymbol{k}}\rangle. \tag{32}$$

上式表明，$a_{\boldsymbol{k}}^{\dagger}|n_{\boldsymbol{k}}\rangle$ 也是 $N_{\boldsymbol{k}}$ 的本征态，本征值为 $n_{\boldsymbol{k}}+1$, 即

$$a_{\boldsymbol{k}}^{\dagger}|n_{\boldsymbol{k}}\rangle = C|n_{\boldsymbol{k}}+1\rangle. \tag{33}$$

也就是说，$a_{\boldsymbol{k}}^{\dagger}$ 是产生算符，它作用到 $N_{\boldsymbol{k}}$ 的本征态上会使本征值增加 1. 设本征态已经归一化，则上式的模方给出

$$C^*C = \langle n_{\boldsymbol{k}}|a_{\boldsymbol{k}}a_{\boldsymbol{k}}^{\dagger}|n_{\boldsymbol{k}}\rangle = \langle n_{\boldsymbol{k}}|N_{\boldsymbol{k}}+1|n_{\boldsymbol{k}}\rangle = n_{\boldsymbol{k}}+1. \tag{34}$$

约定 C 取正实数，就有 $C = \sqrt{n_{\boldsymbol{k}}+1}$, (33) 式成为

$$a_{\boldsymbol{k}}^{\dagger}|n_{\boldsymbol{k}}\rangle = \sqrt{n_{\boldsymbol{k}}+1}\,|n_{\boldsymbol{k}}+1\rangle. \tag{35}$$

类似地，由 (31) 式的厄米共轭

$$[N_{\boldsymbol{k}}, a_{\boldsymbol{k}}] = -a_{\boldsymbol{k}}, \tag{36}$$

还可得到

$$a_{\boldsymbol{k}}|n_{\boldsymbol{k}}\rangle = \sqrt{n_{\boldsymbol{k}}}\,|n_{\boldsymbol{k}}-1\rangle, \tag{37}$$

这就是说，$a_{\boldsymbol{k}}$ 是湮灭算符，它作用到 $N_{\boldsymbol{k}}$ 的本征态上会使本征值减少 1. 由于

$$n_{\boldsymbol{k}} = \langle n_{\boldsymbol{k}}|N_{\boldsymbol{k}}|n_{\boldsymbol{k}}\rangle = \langle n_{\boldsymbol{k}}|a_{\boldsymbol{k}}^{\dagger}a_{\boldsymbol{k}}|n_{\boldsymbol{k}}\rangle = ||a_{\boldsymbol{k}}|n_{\boldsymbol{k}}\rangle||^2 \geqslant 0, \tag{38}$$

所以 $n_{\boldsymbol{k}}$ 有非负的下限，不能无限地减少下去，必须终止于某一值．(37) 式表明，这个下限为 0，

$$a_{\boldsymbol{k}}|0\rangle = 0, \tag{39}$$

从而不可能再用湮灭算符对 $|0\rangle$ 作用而得到本征值为负的本征态．于是从 (35) 式可以写出

$$|n_{\boldsymbol{k}}\rangle = \frac{(a_{\boldsymbol{k}}^{\dagger})^{n_{\boldsymbol{k}}}}{\sqrt{n_{\boldsymbol{k}}!}}|0\rangle, \tag{40}$$

$$n_{\boldsymbol{k}} = 0, 1, 2, 3, \cdots. \tag{41}$$

2. 实标量场的粒子性

实标量场的能量动量张量密度　现在用 Noether 定理来讨论实标量场的能量与动量．考虑场的时空平移，

$$x^{\mu} \longrightarrow x^{\mu\,\prime} = x^{\mu} + \epsilon^{\mu}, \tag{42}$$

即 $\delta x^{\mu} = \epsilon^{\mu} = $ 常数．

假设不可能通过实标量场来观测绝对时空，即 $\mathcal{L}$ 在时空平移下不变．这就要求 $\phi(x)$ 在时空平移下不变，

$$\phi(x) \longrightarrow \phi'(x') = \phi(x), \tag{43}$$

亦即 $\delta\phi = 0$. 于是可以把 Noether 定理的守恒流 (第 1 章 (62) 式) 写成

$$j^{\mu} = -\left(\frac{\partial\mathcal{L}}{\partial\partial_{\mu}\phi}\,\partial_{\nu}\phi - \mathcal{L}g^{\mu}{}_{\nu}\right)\epsilon^{\nu} = -\mathcal{T}^{\mu\nu}\epsilon_{\nu}, \tag{44}$$

$$\mathcal{T}^{\mu\nu} = \frac{\partial\mathcal{L}}{\partial\partial_{\mu}\phi}\,\partial^{\nu}\phi - \mathcal{L}g^{\mu\nu}. \tag{45}$$

由于守恒量密度正比于 j^0，常数 $-\epsilon_{\nu}$ 可以吸收到守恒量的定义中，最后就得到守恒量为

$$P^{\nu} = \int \mathrm{d}^3\boldsymbol{x}\mathcal{P}^{\nu} = \int \mathrm{d}^3\boldsymbol{x}\mathcal{T}^{0\nu} = \int \mathrm{d}^3\boldsymbol{x}\left(\frac{\partial\mathcal{L}}{\partial\partial_0\phi}\,\partial^{\nu}\phi - \mathcal{L}g^{0\nu}\right). \tag{46}$$

其中

$$\mathcal{P}^{\nu} = \mathcal{T}^{0\nu} = \frac{\partial\mathcal{L}}{\partial\partial_0\phi}\,\partial^{\nu}\phi - \mathcal{L}g^{0\nu}, \tag{47}$$

当 $\nu = 0$ 时有

$$\mathcal{P}^0 = \mathcal{T}^{00} = \frac{\partial\mathcal{L}}{\partial\partial_0\phi}\,\partial^0\phi - \mathcal{L} = \pi\dot{\phi} - \mathcal{L}, \tag{48}$$

这正是 (8) 式定义的哈氏密度 $\mathcal{H}$. 所以，$\mathcal{P}^{\nu}$ 是场的四维能量动量密度，而 P^{ν}

则是场的四维能量动量矢量. 因此, 把 (45) 式定义的 $\mathcal{T}^{\mu\nu}$ 称为场的 能量动量张量密度, 它满足守恒流的连续方程

$$\partial_\mu \mathcal{T}^{\mu\nu} = 0. \tag{49}$$

场的能量动量算符 由 (8) 式, 有

$$
\begin{aligned}
H &= \int \mathrm{d}^3\boldsymbol{x}\,\mathcal{H} = \int \mathrm{d}^3\boldsymbol{x}\,\frac{1}{2}[\pi^2 + (\nabla\phi)^2 + m^2\phi^2] \\
&= \int \mathrm{d}^3\boldsymbol{x}\,\frac{1}{2}[(\partial_0\phi)^2 + \nabla\cdot(\phi\nabla\phi) - \phi\nabla^2\phi + m^2\phi^2] \\
&= \int \mathrm{d}^3\boldsymbol{x}\,\frac{1}{2}[(\partial_0\phi)^2 - \phi\partial_0^2\phi] = \frac{1}{2}\int \mathrm{d}^3\boldsymbol{x}\,\mathrm{i}\phi\,\mathrm{i}\,\overset{\leftrightarrow}{\partial_0}\,(\partial_0\phi),
\end{aligned} \tag{50}
$$

其中用到了积分的 Gauss 定理和在无限远处 $\phi = 0$, 以及场算符 ϕ 满足的 Klein-Gordon 方程 (2). 类似地, 由 (46) 式, 可以得到场的动量算符

$$P_i = \int \mathrm{d}^3\boldsymbol{x}\,\partial_0\phi\,\partial_i\phi = \frac{1}{2}\int \mathrm{d}^3\boldsymbol{x}\,\mathrm{i}\phi\,\mathrm{i}\,\overset{\leftrightarrow}{\partial_0}\,(\partial_i\phi). \tag{51}$$

注意 $H = P_0$ 和 $i = 1,2,3$, 可以把上述二式合并成

$$P^\mu = \frac{1}{2}\int \mathrm{d}^3\boldsymbol{x}\,\mathrm{i}\phi\,\mathrm{i}\,\overset{\leftrightarrow}{\partial_0}\,(\partial^\mu\phi). \tag{52}$$

在上式中代入 (10) 式, 利用正交归一化关系 (5) 完成对空间的积分, 就得到

$$P^\mu = \int \mathrm{d}^3\boldsymbol{k}\,\frac{k^\mu}{2}\,(a_{\boldsymbol{k}}a_{\boldsymbol{k}}^\dagger + a_{\boldsymbol{k}}^\dagger a_{\boldsymbol{k}}). \tag{53}$$

过渡到箱归一化的求和, 并用对易关系 (28), 则有

$$P^\mu = \sum_{\boldsymbol{k}} \frac{k^\mu}{2}\,(a_{\boldsymbol{k}}a_{\boldsymbol{k}}^\dagger + a_{\boldsymbol{k}}^\dagger a_{\boldsymbol{k}}) = \sum_{\boldsymbol{k}} k^\mu\left(N_{\boldsymbol{k}} + \frac{1}{2}\right). \tag{54}$$

场的粒子性 从上述能量动量算符 P^μ 的表达式可以看出以下几点.

首先, 场的能量和动量是量子化的, 每份能量为 $\omega = \omega(\boldsymbol{k})$, 每份动量为 $\boldsymbol{k}$. 每一份能量和动量的载体, 就是场的一个粒子, 本征值 $n_{\boldsymbol{k}}$ 则是场的粒子数. 于是 (4) 式就是自由粒子的能量动量关系, m 是粒子质量.

其次, 场的粒子所带的能量 $\omega(\boldsymbol{k})$ 总是正的, 没有负能态粒子. 波动方程 (2) 的正能解和负能解分别对应于粒子的湮灭和产生, 不存在单粒子的负能解问题.

第三, 这个模型描述 Bose 子, 在同一态上的粒子数 $n_{\boldsymbol{k}}$ 没有限制, 而任意两个粒子交换的态是对称的, $a_{\boldsymbol{k}_1}^\dagger a_{\boldsymbol{k}_2}^\dagger |0\rangle = a_{\boldsymbol{k}_2}^\dagger a_{\boldsymbol{k}_1}^\dagger |0\rangle$. 因此, (28) 式类型的对易关系称为 Bose 子对易关系.

第四, 粒子相当于场从真空的激发, 在没有粒子的真空态 $|0\rangle$, 场仍然有能量, 即所谓零点能, 并且是无限大. 我们将在下一小节来讨论这个问题.

单粒子波函数问题 现在回过来看 (10) 式. 用它向左作用于真空态 $\langle 0|$, 得

到

$$\langle 0|\phi(\boldsymbol{x},t) = \int \frac{\mathrm{d}^3\boldsymbol{k}}{\sqrt{(2\pi)^3 2\omega}}\,\mathrm{e}^{-\mathrm{i}(\omega t - \boldsymbol{k}\cdot\boldsymbol{x})}\langle\boldsymbol{k}|, \tag{55}$$

其中 $\langle\boldsymbol{k}| = \langle 0|a_{\boldsymbol{k}}$ 是单个粒子动量为 $\boldsymbol{k}$ 的态. 若把上式看作单个粒子处于 $(\boldsymbol{x},t)$ 的态, $|\psi\rangle$ 态在 $(\boldsymbol{x},t)$ 测到一个粒子的概率幅就是

$$\psi(\boldsymbol{x},t) \propto \langle 0|\phi(\boldsymbol{x},t)|\psi\rangle = \int \frac{\mathrm{d}^3\boldsymbol{k}}{\sqrt{(2\pi)^3 2\omega}}\,\mathrm{e}^{-\mathrm{i}(\omega t - \boldsymbol{k}\cdot\boldsymbol{x})}\psi_{\boldsymbol{k}}, \tag{56}$$

其中 $\psi_{\boldsymbol{k}} = \langle\boldsymbol{k}|\psi\rangle$ 是在 $|\psi\rangle$ 态测到一个粒子动量为 $\boldsymbol{k}$ 的概率幅. 上式正是用动量本征态的平面波叠加给出的单粒子坐标表象波函数, 因子 $1/\sqrt{2\omega}$ 只影响态矢量和波函数的归一化. 而把 $t = 0$ 时的 (55) 式看作一个粒子处于 $\boldsymbol{x}$ 的态, 就有

$$\langle\boldsymbol{x}|\boldsymbol{k}\rangle \propto \int \frac{\mathrm{d}^3\boldsymbol{k}'}{\sqrt{(2\pi)^3 2\omega}}\,\mathrm{e}^{\mathrm{i}\boldsymbol{k}'\cdot\boldsymbol{x}}\langle\boldsymbol{k}'|\boldsymbol{k}\rangle \propto \frac{1}{(2\pi)^{3/2}}\,\mathrm{e}^{\mathrm{i}\boldsymbol{k}\cdot\boldsymbol{x}}, \tag{57}$$

这正是粒子坐标与动量表象之间的变换. 所以, 场的正则量子化能够给出粒子动量本征态的坐标表象波函数, 它包含了粒子坐标与动量的测不准关系, 这是量子力学最基本的实质性结果. 但是 Klein-Gordon 方程 (2) 表明, 上述波函数 $\psi(\boldsymbol{x},t)$ 满足的方程包含对时间二次微商, 并不是只有对时间一次微商的 Schrödinger 方程. 这就意味着, 只有非相对论性模型的 Bose 子, 才有坐标表象的 Schrödinger 波函数. Bose 子的相对论性量子理论必然是场的量子理论. 事实上, 融合相对论与量子力学的量子场论, 作为比量子力学更基本和普遍的理论, 给出了量子力学的局限和近似.

3. 零点能与无限大问题

在 (54) 式中, 当 $\mu = 0$ 时, 与括号内的因子 $1/2$ 相联系的是场的 零点能, 它表明, 在没有粒子的真空态, 场的每个自由度具有能量 $\omega(\boldsymbol{k})/2$, 总能量 E_0 是无限大. 把求和过渡到积分, 有

$$E_0 = \int \frac{V\mathrm{d}^3\boldsymbol{k}}{(2\pi)^3}\frac{1}{2}\omega(\boldsymbol{k}) = \frac{V}{16\pi^3}\lim_{k_\mathrm{c}\to\infty}\int_0^{k_\mathrm{c}} 4\pi k^2\mathrm{d}k\sqrt{\boldsymbol{k}^2 + m^2}, \tag{58}$$

k_c 是截断的动量上限. 上式表明, 当 $k_\mathrm{c}\to\infty$ 时, 单位体积中场的零点能是 4 次发散的. 这种当波长趋于零时出现的发散, 称为 紫外发散.

虽然一个相加常数对于能量并没有意义, 但如果相加的是无限大, 这就成了严重的问题. 从理论上看, 这一项来自我们的模型假设. 我们可以修改模型, 设法把这一项消掉. 这相当于

$$H \longrightarrow H - E_0 = \sum_{\boldsymbol{k}} \frac{\omega}{2}(a_{\boldsymbol{k}}a_{\boldsymbol{k}}^\dagger + a_{\boldsymbol{k}}^\dagger a_{\boldsymbol{k}}) - \sum_{\boldsymbol{k}} \frac{\omega}{2}$$

$$= \sum_{\boldsymbol{k}} \omega a_{\boldsymbol{k}}^{\dagger} a_{\boldsymbol{k}} = \mathcal{N}(H). \tag{59}$$

符号 $\mathcal{N}(H)$ 称为取 正规乘积, 也常记为 : H : , 其定义是把 H 中的产生算符移到湮灭算符的左边, 例如

$$\mathcal{N}(a_{\boldsymbol{k}} a_{\boldsymbol{k}}^{\dagger}) =: a_{\boldsymbol{k}} a_{\boldsymbol{k}}^{\dagger} := a_{\boldsymbol{k}}^{\dagger} a_{\boldsymbol{k}}. \tag{60}$$

做法 (59) 相当于假设: 在模型哈氏密度 $\mathcal{H}$ 的乘积因子中, 产生算符总是出现在湮灭算符的左边. 哈氏密度 $\mathcal{H}$ 得自拉氏密度 $\mathcal{L}$, 所以这就相当于假设: 在模型拉氏密度 $\mathcal{L}$ 中, 产生算符总是出现在湮灭算符的左边, 是取正规乘积的. 基于这种考虑, 我们可以把场的零点能去掉. 当然, 一个系统的模型究竟应该取什么形式, 还是要看用它算得的结果是否与实验符合, 才能最后判定.

2.3 复标量场及其量子化

模型拉氏密度 现在来讨论场算符 ϕ 的本征值是复数的场. 拉氏密度应该是实数, 与 (1) 式相应的模型是

$$\mathcal{L} = \partial_{\mu}\phi^{\dagger}\partial^{\mu}\phi - m^2\phi^{\dagger}\phi = \dot{\phi}^{\dagger}\dot{\phi} - (\nabla\phi^{\dagger})\cdot(\nabla\phi) - m^2\phi^{\dagger}\phi. \tag{61}$$

这个拉氏密度是 $\phi, \phi^{\dagger}, \partial_{\mu}\phi$ 和 $\partial_{\mu}\phi^{\dagger}$ 的泛函,

$$\mathcal{L} = \mathcal{L}(\phi, \phi^{\dagger}, \partial_{\mu}\phi, \partial_{\mu}\phi^{\dagger}). \tag{62}$$

这里 $\phi^{\dagger}$ 与 ϕ 是独立的场变量, 这相当于场量有两个分量. 它们在作用量的变分中独立改变, 给出的 Euler-Lagrange 方程分别是

$$\partial_{\mu}\frac{\partial\mathcal{L}}{\partial\partial_{\mu}\phi^{\dagger}} - \frac{\partial\mathcal{L}}{\partial\phi^{\dagger}} = \partial_{\mu}\partial^{\mu}\phi + m^2\phi = (\partial^2 + m^2)\phi = 0, \tag{63}$$

$$\partial_{\mu}\frac{\partial\mathcal{L}}{\partial\partial_{\mu}\phi} - \frac{\partial\mathcal{L}}{\partial\phi} = \partial_{\mu}\partial^{\mu}\phi^{\dagger} + m^2\phi^{\dagger} = (\partial^2 + m^2)\phi^{\dagger} = 0. \tag{64}$$

与 ϕ 和 $\phi^{\dagger}$ 共轭的正则动量分别是

$$\pi = \frac{\partial\mathcal{L}}{\partial\dot{\phi}} = \dot{\phi}^{\dagger}, \qquad \pi^{\dagger} = \frac{\partial\mathcal{L}}{\partial\dot{\phi}^{\dagger}} = \dot{\phi}. \tag{65}$$

场的哈氏密度是

$$\mathcal{H} = \pi\dot{\phi} + \pi^{\dagger}\dot{\phi}^{\dagger} - \mathcal{L} = \pi^{\dagger}\pi + (\nabla\phi^{\dagger})\cdot(\nabla\phi) + m^2\phi^{\dagger}\phi, \tag{66}$$

显然, 它是正定的.

正则量子化 按照正则量子化规则, 可以写出场算符 $\phi, \phi^{\dagger}, \pi, \pi^{\dagger}$ 的下列等

时对易关系,

$$
\left.\begin{aligned}
&[\phi(\boldsymbol{x},t),\quad \phi(\boldsymbol{x}',t)]=0,\ [\pi(\boldsymbol{x},t),\quad \pi(\boldsymbol{x}',t)]=0,\ [\phi(\boldsymbol{x},t),\quad \pi(\boldsymbol{x}',t)]=\mathrm{i}\delta(\boldsymbol{x}-\boldsymbol{x}'),\\
&[\phi^\dagger(\boldsymbol{x},t),\phi^\dagger(\boldsymbol{x}',t)]=0,\ [\pi^\dagger(\boldsymbol{x},t),\pi^\dagger(\boldsymbol{x}',t)]=0,\ [\phi^\dagger(\boldsymbol{x},t),\pi^\dagger(\boldsymbol{x}',t)]=\mathrm{i}\delta(\boldsymbol{x}-\boldsymbol{x}'),\\
&[\phi(\boldsymbol{x},t),\quad \phi^\dagger(\boldsymbol{x}',t)]=0,\ [\pi(\boldsymbol{x},t),\quad \pi^\dagger(\boldsymbol{x}',t)]=0,\ [\phi(\boldsymbol{x},t),\quad \pi^\dagger(\boldsymbol{x}',t)]=0.
\end{aligned}\right\}
\tag{67}
$$

它们表明, 算符 (ϕ,π) 与 $(\phi^\dagger,\pi^\dagger)$ 分别属于场的不同自由度. 可以看出, 上面第二行是第一行的厄米共轭. 所以, 只要有了 (ϕ,π), 就可以求得 $(\phi^\dagger,\pi^\dagger)$.

与实标量场类似地, 可以得到下列协变对易关系

$$
[\phi(x),\phi(x')]=0,\qquad [\phi^\dagger(x),\phi^\dagger(x')]=0,\qquad [\phi(x),\phi^\dagger(x')]=\mathrm{i}\Delta(x-x').
\tag{68}
$$

若把复标量场表示为两个实标量场 ϕ_1 与 ϕ_2 的组合,

$$
\phi=\frac{1}{\sqrt{2}}(\phi_1+\mathrm{i}\phi_2),\qquad \phi^\dagger=\frac{1}{\sqrt{2}}(\phi_1-\mathrm{i}\phi_2),
\tag{69}
$$

则有

$$
[\phi_i(x),\phi_j(x')]=\mathrm{i}\delta_{ij}\Delta(x-x'),\qquad i,j=1,2.
\tag{70}
$$

动量空间　与实标量场的做法类似地, 可以把场算符 ϕ 用平面波展开. 不同的是, 现在场量 ϕ 是复数, 相应算符展开式中的正频项与负频项不必互为厄米共轭. 于是有

$$
\phi(\boldsymbol{x},t)=\int \mathrm{d}^3\boldsymbol{k}\,[a_{\boldsymbol{k}}\varphi_{\boldsymbol{k}}(x)+b_{\boldsymbol{k}}^\dagger\varphi_{\boldsymbol{k}}^*(x)],
\tag{71}
$$

$$
\pi=\partial_0\phi^\dagger.
\tag{72}
$$

与实标量场的情形类似地, 可以解出

$$
a_{\boldsymbol{k}}=\int \mathrm{d}^3\boldsymbol{x}\varphi_{\boldsymbol{k}}^*(x)\,\mathrm{i}\overset{\leftrightarrow}{\partial_0}\,\phi(x),
\tag{73}
$$

$$
b_{\boldsymbol{k}}=\int \mathrm{d}^3\boldsymbol{x}\varphi_{\boldsymbol{k}}^*(x)\,\mathrm{i}\overset{\leftrightarrow}{\partial_0}\,\phi^\dagger(x),
\tag{74}
$$

利用对易关系 (67) 以及 (72) 式, 可以求出 $a_{\boldsymbol{k}}$, $a_{\boldsymbol{k}}^\dagger$, $b_{\boldsymbol{k}}$, $b_{\boldsymbol{k}}^\dagger$ 的下列对易关系

$$
\left.\begin{aligned}
&[a_{\boldsymbol{k}},a_{\boldsymbol{k}'}]=0,\quad [a_{\boldsymbol{k}}^\dagger,a_{\boldsymbol{k}'}^\dagger]=0,\quad [a_{\boldsymbol{k}},a_{\boldsymbol{k}'}^\dagger]=\delta(\boldsymbol{k}-\boldsymbol{k}'),\\
&[b_{\boldsymbol{k}},b_{\boldsymbol{k}'}]=0,\quad [b_{\boldsymbol{k}}^\dagger,b_{\boldsymbol{k}'}^\dagger]=0,\quad [b_{\boldsymbol{k}},b_{\boldsymbol{k}'}^\dagger]=\delta(\boldsymbol{k}-\boldsymbol{k}'),\\
&[a_{\boldsymbol{k}},b_{\boldsymbol{k}'}]=0,\quad [a_{\boldsymbol{k}},b_{\boldsymbol{k}'}^\dagger]=0,\quad [a_{\boldsymbol{k}}^\dagger,b_{\boldsymbol{k}'}]=0,\quad [a_{\boldsymbol{k}}^\dagger,b_{\boldsymbol{k}'}^\dagger]=0.
\end{aligned}\right\}
\tag{75}
$$

它们表明, 算符 $(a_{\boldsymbol{k}},a_{\boldsymbol{k}}^\dagger)$ 与 $(b_{\boldsymbol{k}},b_{\boldsymbol{k}}^\dagger)$ 分别描述两种 Bose 子, 属于不同自由度. 这是场有两个独立变量 ϕ 与 $\phi^\dagger$ 的结果.

场的能量动量算符　设 $\mathcal{L}(\phi,\phi^\dagger,\partial_\mu\phi,\partial_\mu\phi^\dagger)$ 在时空平移下不变, Noether 定

理给出的能量动量密度矢量为

$$\mathcal{P}^\nu = \frac{\partial \mathcal{L}}{\partial \partial_0 \phi} \partial^\nu \phi + \partial^\nu \phi^\dagger \frac{\partial \mathcal{L}}{\partial \partial_0 \phi^\dagger} - \mathcal{L} g^{0\nu}$$
$$= \partial^0 \phi^\dagger \partial^\nu \phi + \partial^\nu \phi^\dagger \, \partial^0 \phi - \mathcal{L} g^{0\nu}. \tag{76}$$

当 $\nu = 0$ 时, 有

$$\mathcal{P}^0 = \partial^0 \phi^\dagger \partial^0 \phi + \partial^0 \phi^\dagger \partial^0 \phi - \partial_\mu \phi^\dagger \partial^\mu \phi + m^2 \phi^\dagger \phi$$
$$= \pi^\dagger \pi + (\nabla \phi^\dagger) \cdot (\nabla \phi) + m^2 \phi^\dagger \phi. \tag{77}$$

这正是 (66) 式给出的哈氏密度 $\mathcal{H}$, 它显然是厄米的.

与实标量场类似地, 注意场在无限远边界为 0, 利用积分的 Gauss 定理和场满足的 Klein-Gordon 方程, 就可得到

$$H = \int \mathrm{d}^3 \boldsymbol{x} \mathcal{H} = \int \mathrm{d}^3 \boldsymbol{x} \, \mathrm{i} \phi^\dagger \, \mathrm{i} \stackrel{\leftrightarrow}{\partial_0} (\partial_0 \phi). \tag{78}$$

由 $\nu = 1, 2, 3$ 时的 (76) 式, 与实标量场类似地可以得到场的动量算符为

$$P_i = \int \mathrm{d}^3 \boldsymbol{x} (\partial^0 \phi^\dagger \partial_i \phi + \partial_i \phi^\dagger \partial^0 \phi) = \int \mathrm{d}^3 \boldsymbol{x} \, \mathrm{i} \phi^\dagger \, \mathrm{i} \stackrel{\leftrightarrow}{\partial_0} (\partial_i \phi). \tag{79}$$

于是上述二式可以合并为

$$P^\mu = \int \mathrm{d}^3 \boldsymbol{x} \, \mathrm{i} \phi^\dagger \, \mathrm{i} \stackrel{\leftrightarrow}{\partial_0} (\partial^\mu \phi). \tag{80}$$

代入 (71) 式, 利用正交归一化关系 (5) 完成对空间的积分, 再过渡到箱归一化的求和, 最后就得到

$$P^\mu = \int \mathrm{d}^3 \boldsymbol{k} \, k^\mu (a_{\boldsymbol{k}} a_{\boldsymbol{k}}^\dagger + b_{\boldsymbol{k}}^\dagger b_{\boldsymbol{k}}) \longrightarrow \sum_{\boldsymbol{k}} k^\mu (a_{\boldsymbol{k}} a_{\boldsymbol{k}}^\dagger + b_{\boldsymbol{k}}^\dagger b_{\boldsymbol{k}}). \tag{81}$$

上述结果表明, 复标量场的两种粒子质量相等, 每个带有能量 $\omega(\boldsymbol{k})$ 和动量 $\boldsymbol{k}$. 与实标量场的情形类似地, 我们可以把这里的零点能去掉.

2.4 规范变换及粒子的荷

1. 整体规范不变性与守恒荷

整体规范不变性 对于复数场 ϕ, 可以考虑它的规范变换 (gauge transformation)

$$\phi \longrightarrow \phi' = \mathrm{e}^{\mathrm{i}\gamma} \phi, \tag{82}$$

γ 是实数. 若 γ 是常数, 与坐标无关, 则此变换只把场的相位改变一个常数 γ, 这就称为 整体规范变换 或 第一类规范变换.

规范不变性原理要求场的方程在规范变换下形式不变. 这就要求场的拉氏密度在规范变换下不变. 对上述整体规范变换, 设 γ 足够小, 由 $\delta\phi = i\gamma\phi$, $\delta\phi^\dagger = -i\gamma\phi^\dagger$, $\delta\partial_\mu\phi = i\gamma\partial_\mu\phi$, $\delta\partial_\mu\phi^\dagger = -i\gamma\partial_\mu\phi^\dagger$, 有

$$\delta\mathcal{L} = i\gamma\left(\frac{\partial\mathcal{L}}{\partial\phi}\phi - \phi^\dagger\frac{\partial\mathcal{L}}{\partial\phi^\dagger} + \frac{\partial\mathcal{L}}{\partial\partial_\mu\phi}\partial_\mu\phi - \partial_\mu\phi^\dagger\frac{\partial\mathcal{L}}{\partial\partial_\mu\phi^\dagger}\right)$$
$$= i\gamma\partial_\mu\left(\frac{\partial\mathcal{L}}{\partial\partial_\mu\phi}\phi - \phi^\dagger\frac{\partial\mathcal{L}}{\partial\partial_\mu\phi^\dagger}\right), \tag{83}$$

其中分别用到了 ϕ 与 $\phi^\dagger$ 满足的 Euler-Lagrange 方程. 要求上式为 0, 就有连续性方程

$$\partial_\mu j^\mu = 0. \tag{84}$$

守恒的四维流矢量为

$$j^\mu = \frac{q}{i}\left(\frac{\partial\mathcal{L}}{\partial\partial_\mu\phi}\phi - \phi^\dagger\frac{\partial\mathcal{L}}{\partial\partial_\mu\phi^\dagger}\right), \tag{85}$$

其中 q 是实参数, 它是与这个守恒流矢量相应的守恒荷. 引入虚单位 i, 就使得 j^μ 是厄米的. 对于复标量场 (61), 有

$$j^\mu = iq[\phi^\dagger\partial^\mu\phi - (\partial^\mu\phi^\dagger)\phi]. \tag{86}$$

以上结果也可以直接由 Noether 定理给出. 由于规范变换的特殊与重要, 这里给出了单独的推导.

复标量场的守恒荷 可以看出, (86) 式给出的算符是厄米的. 把连续性方程写成

$$\partial_\mu j^\mu = \frac{\partial\rho}{\partial t} + \nabla\cdot\boldsymbol{j} = 0, \tag{87}$$

就有

$$\rho = j^0 = iq[\phi^\dagger\partial^0\phi - (\partial^0\phi^\dagger)\phi], \tag{88}$$

$$\boldsymbol{j} = iq[\phi^\dagger\nabla\phi - (\nabla\phi^\dagger)\phi]. \tag{89}$$

于是, 守恒荷为

$$Q = \int d^3\boldsymbol{x}\rho = \int d^3\boldsymbol{x}\, iq[\phi^\dagger\partial^0\phi - (\partial^0\phi^\dagger)\phi] = \int d^3\boldsymbol{x}\, q\phi^\dagger\, i\overset{\leftrightarrow}{\partial_0}\phi. \tag{90}$$

利用对易关系 (67) 以及 (72) 式, 可以算出

$$[Q, \phi] = -q\phi, \qquad [Q, \phi^\dagger] = q\phi^\dagger. \tag{91}$$

于是, 若 $|Q'\rangle$ 是 Q 的本征态, 本征值为 Q', 即

$$Q|Q'\rangle = Q'|Q'\rangle, \tag{92}$$

则有

$$Q\phi|Q'\rangle = (\phi Q - q\phi)|Q'\rangle = (Q' - q)\phi|Q'\rangle. \tag{93}$$

类似地还有

$$Q\phi^\dagger|Q'\rangle = (Q' + q)\phi^\dagger|Q'\rangle. \tag{94}$$

上述二式表明，$\phi^\dagger$ 是荷 Q 的产生算符，作用到 Q 的本征态上使其本征值增加 q；ϕ 是荷 Q 的湮灭算符，作用到 Q 的本征态上使其本征值减少 q。

从场在动量空间的展开式 (71) 可以看出，$\phi^\dagger$ 是 $a_{\boldsymbol{k}}^\dagger$ 与 $b_{\boldsymbol{k}}$ 的线性叠加，所以 $a_{\boldsymbol{k}}^\dagger$ 产生正的荷，$b_{\boldsymbol{k}}$ 湮灭负的荷。相应地，$a_{\boldsymbol{k}}$ 湮灭正的荷，$b_{\boldsymbol{k}}^\dagger$ 产生负的荷。这一点，在动量空间可以看得更清楚。在 (90) 式中代入 (71) 式，利用正交归一化关系 (5) 完成对空间的积分，就有

$$Q = \int \mathrm{d}^3\boldsymbol{k}\, q(a_{\boldsymbol{k}}a_{\boldsymbol{k}}^\dagger - b_{\boldsymbol{k}}^\dagger b_{\boldsymbol{k}}) \longrightarrow \sum_{\boldsymbol{k}} q(a_{\boldsymbol{k}}a_{\boldsymbol{k}}^\dagger - b_{\boldsymbol{k}}^\dagger b_{\boldsymbol{k}}). \tag{95}$$

上述结果表明，由 $(a_{\boldsymbol{k}}, a_{\boldsymbol{k}}^\dagger)$ 描述的粒子具有荷 q，由 $(b_{\boldsymbol{k}}, b_{\boldsymbol{k}}^\dagger)$ 描述的粒子具有荷 $-q$，两种粒子的荷符号相反，场的总荷 Q 等于所有粒子的荷的代数和。所以，荷是区别这两种粒子的基本特征。为了进一步在物理上诠释这种荷，还需要考虑场的定域规范不变性。

2. 定域规范不变性与守恒荷的物理含义

定域规范不变性与协变微商　在变换 (82) 中，若 γ 为时空坐标的实函数，

$$\gamma = \gamma(x), \tag{96}$$

则场在各点的相对相位会发生改变，这种变换称为 **定域规范变换** 或 **第二类规范变换**。

一般地说，在定域规范变换下，场方程的形式会发生改变。只有在一定条件下，场方程的形式才不变。规范不变性原理要求场方程在定域规范变换下形式不变，这就对场方程的形式，从而对拉氏密度的形式，加上了一定的限制。

由于在拉氏密度 $\mathcal{L}$ 中包含作用于 ϕ 的微分算符 ∂_μ，而

$$\partial_\mu(\mathrm{e}^{\mathrm{i}\gamma}\phi) = \mathrm{e}^{\mathrm{i}\gamma}(\partial_\mu + \mathrm{i}\partial_\mu\gamma)\phi, \tag{97}$$

所以，为了使得 $\mathcal{L}$ 在定域规范变换下形式不变，作用于 ϕ 的算符应取以下代换，

$$\partial_\mu \longrightarrow D_\mu = \partial_\mu + \mathrm{i}qA_\mu, \tag{98}$$

其中

$$A_\mu = A_\mu(x) \tag{99}$$

是某种场，q 是适当定义的常数。因为 $\mathrm{i}\partial_\mu$ 是厄米算符，所以在 (98) 式中引入虚单位 i，使得 q 与 A_μ 是实数。

(98) 式定义的 D_μ 称为 D 微商，也称为 **协变微商**，它要求场 A_μ 与 ϕ 协同地

变换. 在场 ϕ 作变换 (82) 时, 如果要求

$$D_\mu \longrightarrow D'_\mu = \partial_\mu + iqA'_\mu, \tag{100}$$

$$A_\mu \longrightarrow A'_\mu = A_\mu - \frac{1}{q}\,\partial_\mu\gamma, \tag{101}$$

就有

$$D_\mu\phi \longrightarrow (D_\mu\phi)' = D'_\mu\phi' = e^{i\gamma}D_\mu\phi. \tag{102}$$

换言之, 如果在场 ϕ 作定域规范变换 (82) 时, 场 A_μ 同时作相应的变换 (101), 就有 (102) 式, 这就能使 $\mathcal{L}$ 从而场 ϕ 的方程保持形式不变. 这样引入协变微商后, 复标量场的拉氏密度就是

$$\mathcal{L} = (D_\mu\phi)^\dagger D^\mu\phi - m^2\phi^\dagger\phi. \tag{103}$$

守恒荷的物理含义 协变微商中的 iqA_μ 在拉氏密度 $\mathcal{L}$ 中引入了下列交叉重叠项

$$iqA_\mu\phi, \qquad -iqA_\mu\phi^\dagger. \tag{104}$$

这意味着在场 $(\phi, \phi^\dagger)$ 与 A_μ 之间存在耦合, 即相互作用. 表征耦合强度的常数 q 称为 *耦合常数*. 于是, 规范不变性原理表明, 如果场 ϕ 具有某种定域规范不变性, 就必定相应地存在一种与它相互作用的场. 这样引进的场称为 *规范场*.

由 (104) 式可以看出, 对于与场 A_μ 的耦合, ϕ 与 $\phi^\dagger$ 的耦合常数符号相反. 而在上一小节已经指出, 分别与 $\phi, \phi^\dagger$ 对应的两种粒子, 守恒荷符号相反. 所以, 上一小节讨论的守恒荷 q, 对应于这里的耦合常数 q. 采取适当的定义, 就可以令它们相等.

根据上述讨论还可看出, 实标量场只有一种粒子, 不能与规范场耦合, 它的荷为 0, 描述荷中性粒子. 复标量场能够与规范场耦合, 它的荷有正负两种, 描述有荷粒子.

历史渊源 由 (82) 式定义的变换实际上是 *相位变换*, 由它引入的场 A_μ 的恰当名称是 *相位场*. "规范变换" 和 "规范场" 的名称, 是沿用了 Weyl 的叫法.

按照 Einstein 的广义相对论, 度规 $g_{\mu\nu}$ 依赖于坐标, 时空是弯曲的. 时空的弯曲产生引力效应, 度规场 $g_{\mu\nu}$ 就是引力场. Weyl 在 1918 年提出规范不变几何学[①], 引入时空 *尺度* 的变换, 尺度也就是 *规范*. 考虑矢量 x^μ 长度的度量

---

① H. Weyl, *Sitzungsberichte der Preussischen Akad. d. Wissenschaften*, 1918, p.465; *Ann. der Phisik* **59** (1919) 101. 前者的英译见 A. Einstein, H.A. Lorentz, H. Minkowski and H. Weyl, *The Principle of Relativity*, with notes by A. Sommerfeld, translated by W. Perrett and G.B. Jeffery, Dover Publications, Inc., 1923. p.200.

$l = g_{\mu\nu}x^\mu x^\nu$ 在无限小移动下的改变

$$\mathrm{d}l = l\mathrm{d}\phi = l\phi_\mu \mathrm{d}x^\mu, \tag{105}$$

其中 ϕ 是坐标的实函数，$\phi_\mu = \partial_\mu\phi$. Weyl 指出，对于坐标的任意函数 λ, 作规范变换

$$g_{\mu\nu} \longrightarrow \lambda g_{\mu\nu}, \qquad \phi_\mu \longrightarrow \phi_\mu + \frac{1}{\lambda}\partial_\mu\lambda, \tag{106}$$

若几何关系与物理定律保持不变，则可把 ϕ_μ 诠释为电磁场，从而把电磁场与引力场都归结为时空的几何 [①]. Weyl 的这个尝试并不成功，因为它给出的预言与经验不符. 在量子力学建立之后，把实函数 ϕ 换成虚函数，描述量子力学中波函数相位的变化，才根据规范不变性成功地引入了电磁场 [②].

　　物理学既是逻辑的，也是历史的. 许多物理名词，词义随着理论的发展而变化. 除了这个 **规范场** 和前面提到的 **量子化**，还可以举出一些例子. 最著名的是 **质量**，它在经典力学里描述物体的惯性，在相对论里是物体能量动量四维不变量的度量，而在量子场论里，后面我们将会看到，它是物质粒子与 Higgs 场耦合的相互作用能量 [③]. 学术名词是社会文化的一部分，而这文化是有惯性的，一些译名也不要轻易去改动，比如 **质量** (英文 mass 原意是群体性)，还有 **测不准** (英文 uncertainty 原意是不肯定或不确定)，改动了容易引起混乱.

　　规范不变性的物理含义　　与一个实数场的厄米算符相应的观测量，可以确定一种粒子. 复数场由两个实数场组成，相应地有两种粒子，用守恒荷来区分. 复数空间对应于二维实空间，也就是由两种粒子张成的 内部空间，每种粒子相应于这个空间的一个独立方向. 复数的相位变换，就是在复平面的转动. 复标量场的整体规范不变性，是复平面的整体转动不变性. 这意味着复平面的方向没有物理意义，两种粒子的区分和定义是任意的，亦即守恒荷的定义是任意的.

　　复标量场的定域规范变换，意味着在不同时空点复平面的转动不同. 这种转动的不变性，则意味着在不同时空点复平面的相对方向没有物理意义，两种粒子的区分在不同时空点上不同，亦即守恒荷的定义在不同时空点上不同. 为了保持在不同时空点上定义守恒荷的任意性，要求引入分布在时空中与这两种粒子耦合的规范场，以抵消场在不同时空点的相位差，亦即抵消在不同时空点复平面相对方向的变化. 在这个意义上，规范场是一种在粒子内部空间平衡相位变化的相位场. 下一章就来讨论最简单的规范场，即 Abel 规范场.

　　[①] 可参阅 Pauli 1921 年的述评，见 W. 泡利著，《相对论》，凌德洪、周万生译，上海科学技术出版社，1979 年，260 页.

　　[②] F. London, *Z. Phys.* **42** (1927) 375; H. Weyl, *Z. Phys.* **56** (1929) 330.

　　[③] 可参阅作者《质量概念的演变》一文，载于《物理教学》杂志 2007 年第 8 期.

将来完全相对论性的量子理论,
必定会给基础带来深刻的统一.
—— W. Pauli
《波动力学》, 1933.

3 矢 量 场

3.1 Maxwell 场及其规范条件

Abel 规范场 上一章 2.4 节的讨论表明, 根据规范不变性原理, 如果场 ϕ 具有定域规范不变性, 场的方程在下述第二类规范变换下形式不变,

$$\phi \longrightarrow \phi'(x) = \mathrm{e}^{\mathrm{i}\gamma(x)}\phi(x), \tag{1}$$

就必定存在一种与它耦合的规范场 $A_\mu(x)$, 具有下述规范变换所容许的任意性,

$$A_\mu(x) \longrightarrow A_\mu{}'(x) = A_\mu(x) + \partial_\mu \chi(x), \tag{2}$$

其中 $\chi(x) \propto \gamma(x)$ 是任意实函数. 这一变换称为 场 A_μ 的规范变换.

这里 $\phi(x)$ 是复数场, 变换 (1) 是简单的相位变换. 这种相位变换是在一维复空间保持矢量长度不变的幺正变换, 记为 U(1). 所以, 这样引入的场 $A_\mu(x)$ 称为 U(1) 规范场.

从数学上看, 各种变换可以按照生成变换的算符性质来分类. 生成变换的算符可以互相对易的变换群称为 交换群 或 Abel群[1], 生成变换的算符不能互相对易的变换群称为 非 Abel 群. $\gamma(x)$ 满足乘法交换律, U(1) 变换属于 Abel 群, 所以 U(1) 规范场也称为 Abel 规范场.

模型拉氏密度 由于规范变换 (2) 的限制, 场量 A_μ 只能以反对称张量

$$F^{\mu\nu} = \partial^\mu A^\nu - \partial^\nu A^\mu \tag{3}$$

的形式出现在场的拉氏密度中. 拉氏密度必须是标量, 在 Lorentz 变换下不变, 于是最简单的模型就是

$$\mathcal{L} = -\frac{1}{4} F_{\mu\nu} F^{\mu\nu}, \tag{4}$$

1/4 是习惯约定的因子, 负号则是为了使场的能量是正定的. 这个 $\mathcal{L}$ 称为 Maxwell

---

① H. Weyl, *The Theory of Groups and Quantum Mechanics*, Dover, New York, 1931, p.118; 或高崇寿, 《群论及其在粒子物理学中的应用》, 高等教育出版社, 1992 年, 9 页.

拉氏密度[1], 相应地把场 A_μ 称为 Maxwell 场[2]. Maxwell 场 A_μ 是一种 Abel 规范场, 由于 $F^{\mu\nu}$ 在规范变换 (2) 下不变, 上述 $\mathcal{L}$ 以及由它给出的场方程都在规范变换 (2) 下不变.

$F^{\mu\nu}$ 的方程　场 A_μ 是四维矢量, 有 4 个分量, 独立地变分, 所以由拉氏密度 (4) 给出的 Euler-Lagrange 方程是

$$\frac{\partial \mathcal{L}}{\partial A_\nu} - \partial_\mu \frac{\partial \mathcal{L}}{\partial \partial_\mu A_\nu} = 0 + \partial_\mu \partial^\mu A^\nu - \partial_\mu \partial^\nu A^\mu = \partial_\mu F^{\mu\nu} = 0. \tag{5}$$

另外, 由 $F^{\mu\nu}$ 的定义 (3), 容易验证有

$$\partial_\lambda F_{\mu\nu} + \partial_\mu F_{\nu\lambda} + \partial_\nu F_{\lambda\mu} = 0. \tag{6}$$

上述二方程 (5) 与 (6), 就是 $F^{\mu\nu}$ 满足的方程, 也就是场 A^μ 满足的方程, 称为 Maxwell 方程.

规范条件　从 $F_{\mu\nu}$ 的定义 (3) 可以看出, 它在场 A_μ 的规范变换 (2) 下不变. 由于允许有规范变换 (2) 的任意性, 所以, 在选择场 A_μ 的 4 个分量作为对场进行动力学描述的正则坐标时, 存在一定的任意性. 这种任意性是一种非物理自由度, 它表明 A_μ 的 4 个分量不完全独立, 可以给它们加上附加条件. 这种对 A_μ 的附加条件称为 规范条件.

不同的规范条件, 给出不同的规范. 常用的规范有 Lorentz 规范, Coulomb 规范 和 辐射规范. Lorentz 规范又称 Lorenz 规范, 其规范条件是

$$\partial_\mu A^\mu = 0, \tag{7}$$

这个规范条件是相对论不变的. 但是下面将会指出, 它不能消除所有非物理自由度, 在理论结果中还含有非物理成分, 需要设法排除.

Coulomb 规范条件是

$$\nabla \cdot \boldsymbol{A} = 0 \tag{8}$$

和

$$\nabla^2 A^0 = -\rho, \tag{9}$$

这里 ρ 是产生场的荷密度. 在 Coulomb 规范里分量 A^0 不是独立变量, 而是由荷分布确定的函数. 对于自由场, $\rho = 0$, 可以选择

$$A^0 = 0, \tag{10}$$

它与条件 (8) 给出的规范, 称为 辐射规范, 有些作者也称之为 Coulomb 规范.

---

[1] A. Zee, *Quantum Field Theory in a Nutshell*, Princeton University Press, 2003, p.30.
[2] 邓稼先的《量子场论》手稿中也用这个名称, 见《邓稼先文集》, 安徽教育出版社, 2003 年, 288 页.

不难看出，当矢量 $\boldsymbol{A}$ 是平面波时，(8) 式给出

$$\boldsymbol{k} \cdot \boldsymbol{A} = 0, \tag{11}$$

$\boldsymbol{A}$ 与波矢量 $\boldsymbol{k}$ 正交，只有在与 $\boldsymbol{k}$ 垂直的平面内的两个分量，没有沿着波矢量方向的分量. $\boldsymbol{A}$ 是横场，没有纵向分量. 所以，在 Coulomb 规范或辐射规范中，由于条件 (8)，$\boldsymbol{A}$ 的 3 个分量中只有两个是独立的，能够完全消除非物理自由度. 这样做的代价，是失去了理论在形式上的相对论协变性，对于最后结果的相对论协变性，需要进行专门的讨论.

Maxwell 场存在非物理自由度，这给场的量子化带来很大困难. 为了表明非物理自由度的存在，需要讨论场的角动量. 下面先简单从物理上解释.

多余自由度的物理解释 把 $F^{\mu\nu}$ 中的场量 A^{μ} 具体写出来，并取 Lorentz 规范，方程 (5) 就成为 d'Alembert 方程

$$\partial_{\mu}(\partial^{\mu}A^{\nu} - \partial^{\nu}A^{\mu}) = \partial_{\mu}\partial^{\mu}A^{\nu} - \partial^{\nu}\partial_{\mu}A^{\mu} = \partial_{\mu}\partial^{\mu}A^{\nu} = 0. \tag{12}$$

这个方程有平面波解

$$\varphi_{\boldsymbol{k}}(x) = \frac{1}{(2\pi)^{3/2}\sqrt{2\omega}}\,\mathrm{e}^{-\mathrm{i}k_{\nu}x^{\nu}}, \tag{13}$$

$$\omega = \omega(\boldsymbol{k}) = |\boldsymbol{k}|, \tag{14}$$

即场的粒子没有质量，能量正比于动量，是 零质量粒子.

四维场量 A^{μ} 的空间部分 $\boldsymbol{A}$ 有 3 个分量. 如果场的粒子具有质量，就可以换到粒子静止的参考系，这 3 个投影之间可以通过空间转动相联系，都可以观测到. 但是无质量粒子以光速运动，不可能换到粒子静止的参考系. 在 $\boldsymbol{A}$ 的 3 个投影中，只有在与粒子运动方向垂直的两个投影之间可以通过空间反射相联系. 相对于粒子运动方向 $\boldsymbol{k}$, 这两个投影可以叠加成右旋与左旋两个态，它们互为空间反射态. 对于零质量粒子的矢量场 A^{μ}, 只能观测到自旋投影与运动方向相同和相反的两个态，在 $\boldsymbol{A}$ 的 3 个分量中，只有两个是独立的，有一个非物理的多余自由度.

从数学上看，Lorentz 规范只是一个条件，加上它以后，只能把 A^{μ} 的自由度从 4 减到 3. Coulomb 规范和辐射规范分别都是两个条件，加上它们，才能把 A^{μ} 的自由度从 4 减到 2.

3.2 场的角动量

坐标空间的转动 若场 $A_{\mu}(x)$ 绕 z 轴转过角度 γ, 则场点 $\boldsymbol{x}$ 转到 $\boldsymbol{x}'$, 有

$$\begin{pmatrix} x' \\ y' \\ z' \end{pmatrix} = \begin{pmatrix} \cos\gamma & -\sin\gamma & 0 \\ \sin\gamma & \cos\gamma & 0 \\ 0 & 0 & 1 \end{pmatrix} \begin{pmatrix} x \\ y \\ z \end{pmatrix}. \tag{15}$$

类似地，场绕 x 轴转 α 角和绕 y 轴转 β 角的转动矩阵分别为

$$\begin{pmatrix} 1 & 0 & 0 \\ 0 & \cos\alpha & -\sin\alpha \\ 0 & \sin\alpha & \cos\alpha \end{pmatrix}, \quad \begin{pmatrix} \cos\beta & 0 & \sin\beta \\ 0 & 1 & 0 \\ -\sin\beta & 0 & \cos\beta \end{pmatrix}. \tag{16}$$

一般的转动矩阵是上述三个矩阵之积. 采用符号 $(\theta^1, \theta^2, \theta^3) = (\alpha, \beta, \gamma)$, 则当 θ^i 为无限小时，一般转动矩阵可以写成

$$(a^i_j) = \begin{pmatrix} 1 & -\theta^3 & \theta^2 \\ \theta^3 & 1 & -\theta^1 \\ -\theta^2 & \theta^1 & 1 \end{pmatrix} = 1 - \mathrm{i}J_k\theta^k = \mathrm{e}^{-\mathrm{i}J_k\theta^k}, \tag{17}$$

其中 J_i 是下列矩阵:

$$J_1 = \begin{pmatrix} 0 & 0 & 0 \\ 0 & 0 & -\mathrm{i} \\ 0 & \mathrm{i} & 0 \end{pmatrix}, \quad J_2 = \begin{pmatrix} 0 & 0 & \mathrm{i} \\ 0 & 0 & 0 \\ -\mathrm{i} & 0 & 0 \end{pmatrix}, \quad J_3 = \begin{pmatrix} 0 & -\mathrm{i} & 0 \\ \mathrm{i} & 0 & 0 \\ 0 & 0 & 0 \end{pmatrix}. \tag{18}$$

它们是生成三维坐标空间转动的算符，满足下列角动量算符对易关系:

$$[J_i, J_j] = -\mathrm{i}\epsilon_{ij}{}^k J_k, \tag{19}$$

其中 $\epsilon_{ij}{}^k = g^{kl}\epsilon_{ijl}$, 而 ϵ_{ijl} 是如下定义的三维三阶完全反对称张量:

$$\begin{cases} \epsilon_{123} = 1, \\ \epsilon_{ijk} = -\epsilon_{ikj} = -\epsilon_{jik}. \end{cases} \tag{20}$$

用 ϵ_{ijk}, 又可以把 (17) 式写成

$$a^i_j = g^i_j + \epsilon^i_{jk}\theta^k, \tag{21}$$

亦即

$$(J_k)^i_j = \mathrm{i}\epsilon^i_{jk}, \tag{22}$$

$$x^{i\,\prime} = x^i + \epsilon^i_{jk}x^j\theta^k. \tag{23}$$

矢量场的自旋本征态　　(18) 式的角动量矩阵作用于三维空间的坐标，有

(J^2, J_3) 的共同本征态 e^s, J_3 的本征值 $s = \pm 1, 0$,

$$e^{\pm} = \frac{1}{\sqrt{2}} \begin{pmatrix} 1 \\ \pm i \\ 0 \end{pmatrix} = \frac{1}{\sqrt{2}}(e^1 \pm ie^2), \qquad e^0 = \begin{pmatrix} 0 \\ 0 \\ 1 \end{pmatrix} = e^3, \qquad (24)$$

其中 (e^1, e^2, e^3) 是三个坐标轴方向的单位矢量.

这三个本征态的物理, 可以从一个简单例子来看. 设有一沿 $\mathbf{k}/\!/e^3$ 方向传播的矢量简谐波, 则可用这三个本征矢量来展开,

$$\mathbf{A}(\mathbf{x}, t) = (a_1 e^1 + a_2 e^2 + a_3 e^3) e^{-i(\omega t - \mathbf{k} \cdot \mathbf{x})}$$
$$= (a_+ e^+ + a_- e^- + a_0 e^0) e^{-i(\omega t - kz)}, \qquad (25)$$

$$a_+ = \frac{1}{\sqrt{2}}(a_1 - ia_2), \qquad a_- = \frac{1}{\sqrt{2}}(a_1 + ia_2), \qquad a_0 = a_3. \qquad (26)$$

于是, 从 e^+ 的展开式 (24) 可以看出, 它在 e^2 方向振动的相位比在 e^1 方向的落后 $\pi/2$, 是在 (x, y) 平面逆时针旋转的单位矢量. 而在沿着 z 轴的传播方向, 相位随着传播距离 z 的增加线性地减小. 所以, J_z 在传播方向投影 $s = +1$ 的 a_+ 分量是右旋波. 同样可以看出, $s = -1$ 的 a_- 分量是左旋波, $s = 0$ 的 a_0 分量是纵波. 矢量场是自旋为 1 的场, 这三个态是场的自旋角动量本征态.

矢量场的角动量   现在来一般地讨论矢量场的角动量. 场 $A^{\mu}(x)$ 是时空中的四维矢量, 其空间部分 $\mathbf{A}(x)$ 是三维空间的矢量, 在空间转动下按矢量转动,

$$x^i \longrightarrow x^{i\,\prime} = a^i_j x^j, \qquad A^i(x) \longrightarrow A^{i\,\prime}(x') = a^i_j A^j(x). \qquad (27)$$

假设不可能通过场 $A^{\mu}(x)$ 来观测绝对方向, 即 $\mathcal{L}$ 在空间转动下不变. 运用 Noether 定理, 这时 $\delta x^0 = \delta A^0 = 0$, 而

$$\delta x^i = \epsilon^i_{jk} x^j \theta^k, \qquad \delta A^i = \epsilon^i_{jk} A^j \theta^k. \qquad (28)$$

代入 1.3 节守恒流密度的 (62) 式, 并注意对场 A^{μ} 的指标 μ 求和, 就有

$$j^{\,0} = \frac{\partial \mathcal{L}}{\partial \partial_0 A^i} \delta A^i - \left(\frac{\partial \mathcal{L}}{\partial \partial_0 A^{\mu}} \partial_i A^{\mu} - \mathcal{L} g^0_{\,i} \right) \delta x^i$$
$$= \left[-\left(\frac{\partial \mathcal{L}}{\partial \partial_0 A^{\mu}} \partial^i A^{\mu} - \mathcal{L} g^{0i} \right) \epsilon_{ijk} x^j + \frac{\partial \mathcal{L}}{\partial \partial_0 A^i} \epsilon^i_{jk} A^j \right] \theta^k. \qquad (29)$$

由于上式圆括号中的量正是场的动量密度 (参阅 2.2 节 (47) 式),

$$\mathcal{P}^i = \frac{\partial \mathcal{L}}{\partial \partial_0 A^{\mu}} \partial^i A^{\mu} - \mathcal{L} g^{0i}, \qquad (30)$$

于是 (29) 式可以写成

$$j^{\,0} = (\mathcal{M}_k + \mathcal{S}_k) \theta^k, \qquad (31)$$

其中

$$\mathcal{M}_k = \epsilon_{ijk} x^i \mathcal{P}^j \tag{32}$$

是场的轨道角动量密度, 而

$$\mathcal{S}_k = \frac{\partial \mathcal{L}}{\partial \partial_0 A^i} \epsilon^i_{jk} A^j \tag{33}$$

则是场的内禀角动量密度, 即场的 自旋 角动量密度.

(31) 式表明, 场的轨道角动量单独并不守恒, 加上自旋角动量以后, 总角动量才是守恒量. 在动量空间可以看出, 场的轨道角动量与自旋角动量来自粒子的轨道角动量与自旋角动量, 而场的总角动量等于粒子总角动量之和.

需要指出, 轨道角动量密度 $\mathcal{M}_k$ 联系于空间转动下坐标的改变 δx^i, 而自旋角动量密度 $\mathcal{S}_k$ 联系于场的相应改变 δA^i. 标量场在空间转动下不变, $\phi \to \phi'(x) = \phi(x), \delta\phi = 0$, 所以 标量场没有自旋角动量, 标量粒子自旋为零.

矢量场的自旋角动量　先来算 $\mathcal{S}_k$. 由于

$$\mathcal{L} = -\frac{1}{4}(\partial_\mu A_\nu - \partial_\nu A_\mu)(\partial^\mu A^\nu - \partial^\nu A^\mu) = -\frac{1}{2}(\partial_\mu A_\nu \partial^\mu A^\nu - \partial_\mu A_\nu \partial^\nu A^\mu), \tag{34}$$

$$\frac{\partial \mathcal{L}}{\partial \partial_0 A^i} = \partial_i A^0 - \partial^0 A_i, \tag{35}$$

把上式代入 (33) 式, 有

$$\mathcal{S}_k = (\partial_i A^0 - \partial^0 A_i) \epsilon^i_{jk} A^j. \tag{36}$$

对辐射规范, $A^0 = 0$, 上式成为

$$\begin{aligned}
\mathcal{S}_k &= -(\partial^0 A^i) A^j \, \epsilon_{ijk} = [-\partial^0 (A^j A^i) + A^i \partial^0 A^j] \epsilon_{ijk} \\
&= (\partial^0 A^i) A^j \epsilon_{ijk} + (A^i \partial^0 A^j - A^j \partial^0 A^i) \epsilon_{ijk} \\
&= -\mathcal{S}_k + [A^i \partial^0 A^j - (\partial^0 A^i) A^j] \epsilon_{ijk},
\end{aligned} \tag{37}$$

其中依次用到了 $A^i A^j = A^j A^i$, $\epsilon_{jik} = -\epsilon_{ijk}$ 和当 $i \neq j$ 时 $A^j \partial^0 A^i = (\partial^0 A^i) A^j$ (见下一节). 从上式即可得到

$$\mathcal{S}_k = \frac{1}{2}[A^i \partial^0 A^j - (\partial^0 A^i) A^j] \epsilon_{ijk} = -\mathrm{i} \frac{1}{2} A^i \, \mathrm{i} \overset{\leftrightarrow}{\partial_0} A^j \, \epsilon_{ijk}. \tag{38}$$

与实标量场类似地, 可以把 $\boldsymbol{A}$ 展开成

$$\boldsymbol{A}(\boldsymbol{x}, t) = \int \frac{\mathrm{d}^3 \boldsymbol{k}}{\sqrt{(2\pi)^3 2\omega}} \, \boldsymbol{e}_{\boldsymbol{k}}^s (a_{\boldsymbol{k}s} \mathrm{e}^{-\mathrm{i}k_\mu x^\mu} + a_{\boldsymbol{k}s}^\dagger \mathrm{e}^{\mathrm{i}k_\mu x^\mu}), \tag{39}$$

其中 极化矢量 $\boldsymbol{e}_{\boldsymbol{k}}^s$ 是第 3 轴沿 $\boldsymbol{k}$ 方向的坐标架的 3 个单位矢量,

$$\boldsymbol{e}_{\boldsymbol{k}}^s \cdot \boldsymbol{e}_{\boldsymbol{k}}^{s'} = \delta_{ss'}. \tag{40}$$

注意单位矢量 $\boldsymbol{e}_{\boldsymbol{k}}^s$ 与算符 $a_{\boldsymbol{k}s}$ 的角标 s 是矢量的序号, 不是分量指标, 不过仍遵循 Einstein 约定, (39) 式包含对 s 的求和. 在辐射规范中, $\nabla \cdot \boldsymbol{A} = 0$, 上述求

和只有两个横场项 $s = 1, 2$, 没有纵场项 $e_{\boldsymbol{k}}^3$. 此外, 约定

$$e_{-\boldsymbol{k}}^1 = -e_{\boldsymbol{k}}^1, \qquad e_{-\boldsymbol{k}}^2 = e_{\boldsymbol{k}}^2. \tag{41}$$

于是, 把 (39) 式代入并化简后, 场的总自旋角动量为

$$S_k = \int \mathrm{d}^3 \boldsymbol{x} \mathcal{S}_k = \frac{\mathrm{i}}{2} \int \mathrm{d}^3 \boldsymbol{k} \, e_{\boldsymbol{k}i}^s e_{\boldsymbol{k}j}^{s'} \epsilon^{ij}{}_k (a_{\boldsymbol{k}s} a_{\boldsymbol{k}s'}^\dagger - a_{\boldsymbol{k}s}^\dagger a_{\boldsymbol{k}s'}). \tag{42}$$

当 $k = 3$ 时, 上式成为

$$S_3 = \frac{\mathrm{i}}{2} \int \mathrm{d}^3 \boldsymbol{k} \left[(a_{\boldsymbol{k}1} a_{\boldsymbol{k}2}^\dagger + a_{\boldsymbol{k}2}^\dagger a_{\boldsymbol{k}1}) - (a_{\boldsymbol{k}2} a_{\boldsymbol{k}1}^\dagger + a_{\boldsymbol{k}1}^\dagger a_{\boldsymbol{k}2}) \right]$$

$$= \frac{1}{2} \int \mathrm{d}^3 \boldsymbol{k} \left[(a_{\boldsymbol{k}+} a_{\boldsymbol{k}+}^\dagger + a_{\boldsymbol{k}+}^\dagger a_{\boldsymbol{k}+}) - (a_{\boldsymbol{k}-} a_{\boldsymbol{k}-}^\dagger + a_{\boldsymbol{k}-}^\dagger a_{\boldsymbol{k}-}) \right], \tag{43}$$

其中

$$a_{\boldsymbol{k}\pm} = \frac{1}{\sqrt{2}} (a_{\boldsymbol{k}1} \mp \mathrm{i} a_{\boldsymbol{k}2}), \qquad a_{\boldsymbol{k}\pm}^\dagger = \frac{1}{\sqrt{2}} (a_{\boldsymbol{k}1}^\dagger \pm \mathrm{i} a_{\boldsymbol{k}2}^\dagger). \tag{44}$$

(43) 式表示, 场的右旋分量 $a_{\boldsymbol{k}+}$ 贡献自旋 $+1$, 左旋分量 $a_{\boldsymbol{k}-}$ 贡献自旋 -1. 这就表示粒子是极化的, 有两种自旋投影 ± 1, 分别对应于右旋与左旋态.

所以, Maxwell 场的粒子质量为零, 以光速运动, 自旋为 1, 这就是光子. 于是, Maxwell 场 A_μ 又称为 光子场 或 电磁场. 注意 $F^{0i} = -E^i$, $F^{ij} = -\epsilon^{ijk} B_k$, 这里 $\boldsymbol{E}$ 和 $\boldsymbol{B}$ 是电磁场矢量, 所以有的作者只称 $F_{\mu\nu}$ 为场, 而称 A_μ 为场的势, 这还是沿用了经典电磁理论的概念. **经典电磁场只是这里讨论的场在 $\hbar \to 0$ 极限下的经典和宏观近似**, 这里的概念和图像比经典和宏观电磁场的更基本. 下面就来讨论 Maxwell 场的量子化.

3.3 Maxwell 场的正则量子化

由于存在多余的非物理自由度, Maxwell 场 A^μ 的 4 个分量之间存在关联, 不完全独立, 这是有约束条件的正则量子化问题[①]. 下面分别给出在两种规范中的做法.

1. 辐射规范中的量子化

正则动量 从 $\mathcal{L}$ 的表达式 (4) 和 (3), 可以算出与 A_μ 共轭的正则动量为

$$\pi^\mu = \frac{\partial \mathcal{L}}{\partial \dot{A}_\mu} = F^{\mu 0} = \partial^\mu A^0 - \partial^0 A^\mu. \tag{45}$$

---

① Paul A.M. Dirac, *Lectures on Quantum Mechanics*, Yeshiva University, New York, 1964. 中译本见 P.A.M. 狄拉克, 《狄拉克量子力学演讲集》, 袁卡佳, 刘耀阳译, 科学出版社, 1986 年.

这就表明, 场的正则动量只有空间分量 π^i, 与正则坐标 A_0 共轭的时间分量为零,

$$\pi^0 = 0. \tag{46}$$

这是多余的非物理自由度的结果.

对于辐射规范, 由规范条件 $A^0 = 0$, 还有

$$\pi^i = -\dot{A}^i. \tag{47}$$

在辐射规范中, 场的正则坐标 A_0 和与之共轭的正则动量 π^0 都为 0. 于是, 可以把辐射规范中自由场的 $\mathcal{L}$ 与 $\mathcal{H}$ 分别写成

$$\mathcal{L} = -\frac{1}{4}(\partial_\mu A_\nu - \partial_\nu A_\mu)(\partial^\mu A^\nu - \partial^\nu A^\mu)$$

$$= -\frac{1}{2}\partial_0 A_i \partial^0 A^i - \frac{1}{4}(\partial_i A_j - \partial_j A_i)(\partial^i A^j - \partial^j A^i) = \frac{1}{2}\left[(\dot{\boldsymbol{A}})^2 - (\nabla \times \boldsymbol{A})^2\right], \tag{48}$$

$$\mathcal{H} = \pi_\mu \partial^0 A^\mu - \mathcal{L} = \frac{1}{2}\left[\dot{\boldsymbol{A}}^2 + (\nabla \times \boldsymbol{A})^2\right]. \tag{49}$$

横场正则量子化规则 由于没有与 A_0 共轭的 π^0, 按照正则量子化规则, A_0 与所有算符对易, 它实际上不是算符, 而是一个实函数. 场算符只有 A_i 与 π^i. 注意 A_i 与 π^i 是厄米算符, 它们的等时对易关系是

$$[A_i(\boldsymbol{x}, t), A_j(\boldsymbol{x}', t)] = 0, \qquad [\pi^i(\boldsymbol{x}, t), \pi^j(\boldsymbol{x}', t)] = 0, \tag{50}$$

$$[A_i(\boldsymbol{x}, t), \pi^j(\boldsymbol{x}', t)] = \mathrm{i}g_i^{\ j}\delta(\boldsymbol{x} - \boldsymbol{x}'). \tag{51}$$

在写出上式时, 要注意与 A_i 共轭的正则动量是 π^i, 以及 $\pi^i = -\pi_i$.

在上述对易关系中, 需要对 (51) 式做一点修改. 因为

$$\frac{\partial}{\partial x^i}[A^i(\boldsymbol{x}, t), \pi_j(\boldsymbol{x}', t)] = [\nabla \cdot \boldsymbol{A}(\boldsymbol{x}, t), \pi_j(\boldsymbol{x}', t)], \tag{52}$$

如果选择 Coulomb 规范, $\nabla \cdot \boldsymbol{A} = 0$, 上式就等于 0. 而在另一方面, $g_j^{\ i}\delta(\boldsymbol{x} - \boldsymbol{x}')$ 对 $\boldsymbol{x}$ 的散度并不为 0,

$$\sum_{i=1}^3 \frac{\partial}{\partial x^i}\, g_j^{\ i}\,\delta(\boldsymbol{x} - \boldsymbol{x}') = \mathrm{i}\int \frac{\mathrm{d}^3\boldsymbol{k}}{(2\pi)^3}\, k_j \mathrm{e}^{\mathrm{i}\boldsymbol{k}\cdot(\boldsymbol{x}-\boldsymbol{x}')} \neq 0. \tag{53}$$

为了消除这个不一致, 可以引入 无散度 δ 函数

$$\bar{\delta}_i^{\ j}(\boldsymbol{x} - \boldsymbol{x}') \equiv \int \frac{\mathrm{d}^3\boldsymbol{k}}{(2\pi)^3}\mathrm{e}^{\mathrm{i}\boldsymbol{k}\cdot(\boldsymbol{x}-\boldsymbol{x}')}\left(g_i^{\ j} - \frac{k_i k^j}{k_l k^l}\right) = \left(g_i^{\ j} + \frac{\partial_i \partial^j}{\nabla^2}\right)\delta(\boldsymbol{x} - \boldsymbol{x}'), \tag{54}$$

而把对易关系 (51) 修改为

$$[A_i(\boldsymbol{x}, t), \pi^j(\boldsymbol{x}', t)] = \mathrm{i}\bar{\delta}_i^{\ j}(\boldsymbol{x} - \boldsymbol{x}'). \tag{55}$$

这个修改来自多余的非物理自由度, 是技术性的. 在下面将会看到, 在动量空间中只用横场的算符, 得到的对易关系正是正则量子化给出的 Bose 子产生与湮灭算符的对易关系.

这个对易关系除了与 $\nabla \cdot \boldsymbol{A} = 0$ 相容外, 还要求 $\nabla \cdot \boldsymbol{A}$ 与所有算符对易. 这就表明, $\nabla \cdot \boldsymbol{A}$ 与 A_0 确实都不是动力学变量. 通过适当的规范变换, 可以使它们成为 0, 而不出现在理论中[1]. 这就意味着进一步选择了辐射规范. 这样做, 虽然失去了理论在形式上的相对论协变性, 但优点是在理论的表述中只出现辐射场的两个横向自由度, 而没有多余自由度.

动量空间 前面可以看出, 在辐射规范里, $\boldsymbol{A}(x)$ 满足 d'Alembert 方程, 有平面波解 (13). 它是厄米算符, 可以写出

$$\boldsymbol{A}(x) = \int \mathrm{d}^3 \boldsymbol{k}\, \boldsymbol{e}_{\boldsymbol{k}}^s [a_{\boldsymbol{k}s}\varphi_{\boldsymbol{k}}(x) + a_{\boldsymbol{k}s}^\dagger \varphi_{\boldsymbol{k}}^*(x)], \tag{56}$$

注意现在能量 $\omega = |\boldsymbol{k}|$. $\boldsymbol{e}_{\boldsymbol{k}}^s$ 是描述偏振的正交归一化单位矢量, s 是偏振态角标. 条件 $\nabla \cdot \boldsymbol{A} = 0$ 排除了 $\boldsymbol{e}_{\boldsymbol{k}}^3$ 项, 只有横场.

于是, 与实标量场类似地, 可以从 (56) 式解出

$$a_{\boldsymbol{k}s} = \int \mathrm{d}^3 \boldsymbol{x}\, \varphi_{\boldsymbol{k}}^*(x)\, \mathrm{i}\, \overset{\leftrightarrow}{\partial}_0 [\boldsymbol{e}_{\boldsymbol{k}}^s \cdot \boldsymbol{A}(x)], \tag{57}$$

$$a_{\boldsymbol{k}s}^\dagger = -\int \mathrm{d}^3 \boldsymbol{x}\, \varphi_{\boldsymbol{k}}(x)\, \mathrm{i}\, \overset{\leftrightarrow}{\partial}_0 [\boldsymbol{e}_{\boldsymbol{k}}^s \cdot \boldsymbol{A}(x)]. \tag{58}$$

从场算符的对易关系 (50) 与 (55) 式, 可以推出算符 $a_{\boldsymbol{k}s}$ 与 $a_{\boldsymbol{k}s}^\dagger$ 的对易关系:

$$[a_{\boldsymbol{k}s}, a_{\boldsymbol{k}'s'}] = 0, \qquad [a_{\boldsymbol{k}s}^\dagger, a_{\boldsymbol{k}'s'}^\dagger] = 0, \qquad [a_{\boldsymbol{k}s}, a_{\boldsymbol{k}'s'}^\dagger] = \delta_{ss'}\delta(\boldsymbol{k} - \boldsymbol{k}'). \tag{59}$$

这是在动量空间的 Bose 子产生和湮灭算符的对易关系, s 取 1 与 2, 相应于粒子两个互相垂直的线性偏振态.

把 (56) 式代入哈氏密度算符 (49) 式, 可以推出

$$H = \int \mathrm{d}^3 \boldsymbol{x} \mathcal{H} = \int \mathrm{d}^3 \boldsymbol{x} \frac{1}{2}\Big[(\dot{\boldsymbol{A}})^2 + (\nabla \times \boldsymbol{A})^2\Big] = \int \mathrm{d}^3 \boldsymbol{x} \frac{1}{2}\Big[(\dot{\boldsymbol{A}})^2 - \boldsymbol{A} \cdot \nabla^2 \boldsymbol{A}\Big]$$

$$= \frac{\mathrm{i}}{2}\int \mathrm{d}^3 \boldsymbol{x} \boldsymbol{A} \cdot \mathrm{i}\, \overset{\leftrightarrow}{\partial}_0 \dot{\boldsymbol{A}} = \int \mathrm{d}^3 \boldsymbol{k} \sum_{s\neq 3} \frac{\omega}{2}(a_{\boldsymbol{k}s}a_{\boldsymbol{k}s}^\dagger + a_{\boldsymbol{k}s}^\dagger a_{\boldsymbol{k}s}), \tag{60}$$

其中去掉了对积分无贡献的散度项, 并且用到了 $\boldsymbol{A}$ 满足的 d'Alembert 方程. 上式表明, Maxwell 场的能量是量子化的, 场的粒子是 Bose 子, 具有两种不同的偏振态, 每个粒子携带能量 $\omega = |\boldsymbol{k}|$. 类似的讨论还可表明每个粒子携带动量 $\boldsymbol{k}$, 没有质量, 以光速运动. 前面已经指出, 这种质量为 0 自旋为 1 的 Bose 子, 就是光子. 注意 A^μ 是厄米的, 光子无荷, 是纯中性粒子.

$A_i(x)$ **与** $A_j(x')$ **的一般对易关系** 有了动量空间场算符的对易关系 (59), 就

---

[1] J.D. 比约肯, S.D. 德雷尔, 《相对论量子场》, 汪克林等译, 科学出版社, 1984 年, 78 页.

可以从 (56) 式来计算 $A_i(x)$ 与 $A_j(x')$ 的一般对易关系,

$$[A_i(x), A_j(x')] = \int \mathrm{d}^3\boldsymbol{k} \sum_{s \neq 3} e^s_{\boldsymbol{k}i} e^s_{\boldsymbol{k}j} [\varphi_{\boldsymbol{k}}(x)\varphi^*_{\boldsymbol{k}}(x') - \varphi^*_{\boldsymbol{k}}(x)\varphi_{\boldsymbol{k}}(x')]$$

$$= -\int \frac{\mathrm{d}^3\boldsymbol{k}}{(2\pi)^3 2\omega} \left(g_{ij} + \frac{k_i k_j}{k^2}\right)\left[\mathrm{e}^{-\mathrm{i}k(x-x')} - \mathrm{e}^{\mathrm{i}k(x-x')}\right]$$

$$= -\mathrm{i}\left(g_{ij} + \frac{\partial_i \partial_j}{\nabla^2}\right)D(x-x'), \tag{61}$$

其中

$$D(x-x') = -\mathrm{i}\int \frac{\mathrm{d}^3\boldsymbol{k}}{(2\pi)^3 2\omega}\left[\mathrm{e}^{-\mathrm{i}k(x-x')} - \mathrm{e}^{\mathrm{i}k(x-x')}\right] = \Delta(x-x')|_{m=0}. \tag{62}$$

在上述推导中, 用到了单位矢量的完备性

$$\sum_s e^s_{\boldsymbol{k}i} e^s_{\boldsymbol{k}j} = -g_{ij}. \tag{63}$$

2. Lorentz 规范中的量子化

规范固定项和 Feynman 规范   在前一小节已经指出, 根据 (4) 式的 $\mathcal{L}$, 与 A_0 共轭的正则动量 $\pi^0 = 0$. 这意味着 A_0 与所有算符对易, 所以它实际上不是算符, 与 A_i 不同. A_0 与 A_i 不同, 就没有 Lorentz 协变性. 可以修改 $\mathcal{L}$, 使之给出的 $\pi^0 \neq 0$, 而且在给出恰当场方程的同时, 还保持 Lorentz 协变性.

为此, 可把 $\mathcal{L}$ 修改为

$$\mathcal{L} = -\frac{1}{4}F_{\mu\nu}F^{\mu\nu} - \frac{\lambda}{2}(\partial_\mu A^\mu)^2. \tag{64}$$

新增的第二项, 称为*规范固定项*. 由此 $\mathcal{L}$ 可以算出

$$\frac{\partial\mathcal{L}}{\partial\partial_\mu A_\nu} = -\partial^\mu A^\nu + \partial^\nu A^\mu - \lambda g^{\mu\nu}\partial_\sigma A^\sigma, \qquad \frac{\partial\mathcal{L}}{\partial A_\mu} = 0, \tag{65}$$

从而 Euler-Lagrange 方程为

$$\partial_\mu\partial^\mu A^\nu - (1-\lambda)\partial^\nu(\partial_\sigma A^\sigma) = 0. \tag{66}$$

为使上式成为 d'Alembert 方程, 可取 $\lambda = 1$, 这通常称为 Feynman 规范, 当然这并不真是一种规范.

正则量子化与 Lorentz 附加条件   由于 $\mathcal{L}$ 出现在积分中, 可以相差任意四维散度项, $\lambda = 1$ 时 (64) 式可化为

$$\mathcal{L} = -\frac{1}{2}\partial_\mu A_\nu \partial^\mu A^\nu. \tag{67}$$

于是, 与 A_μ 共轭的正则动量为

$$\pi^\mu = \frac{\partial\mathcal{L}}{\partial\dot{A}_\mu} = -\partial^0 A^\mu = -\dot{A}^\mu. \tag{68}$$

现在可以写出正则量子化条件:

$$[A_\mu(\boldsymbol{x},t),A_\nu(\boldsymbol{x}',t)]=0, \qquad [\pi_\mu(\boldsymbol{x},t),\pi_\nu(\boldsymbol{x}',t)]=0, \tag{69}$$

$$[A_\mu(\boldsymbol{x},t),\pi^\nu(\boldsymbol{x}',t)]=\mathrm{i}g_\mu{}^\nu\delta(\boldsymbol{x}-\boldsymbol{x}'). \tag{70}$$

由于 $\pi^\mu=-\dot{A}^\mu$, 上述对易关系的后二式可化为

$$[\dot{A}_\mu(\boldsymbol{x},t),\dot{A}_\nu(\boldsymbol{x}',t)]=0, \qquad [\dot{A}_\mu(\boldsymbol{x},t),A_\nu(\boldsymbol{x}',t)]=\mathrm{i}g_{\mu\nu}\delta(\boldsymbol{x}-\boldsymbol{x}'). \tag{71}$$

若把 Lorentz 规范条件 $\partial_\mu A^\mu=\dot{A}^0-\nabla\cdot\boldsymbol{A}=0$ 看作算符关系, 就有 $\dot{A}^0=\nabla\cdot\boldsymbol{A}$, 这与上述对易关系第二式冲突. 所以, Lorentz 条件不能当做对算符的约束, 而是对算符平均值的约束, 即

$$\langle\psi|\partial_\mu A^\mu|\psi\rangle=0, \tag{72}$$

其中 $|\psi\rangle$ 是系统的物理态. 这称为 弱 Lorentz 规范条件, 简称 Lorentz 条件. 下面在动量空间里将会看出, 这个条件还可进一步简化 [1].

极化矢量与动量空间　　现在场算符 A_μ 有 4 个分量, 需要引入 4 个独立的四维单位矢量 $e_{\boldsymbol{k}\mu}^\sigma$, 它们依赖于波矢 $\boldsymbol{k}$, $\sigma=0,1,2,3$ 是 4 个矢量的序标, μ 是每个矢量的四维分量指标. $e_{\boldsymbol{k}\mu}^0$ 是类时矢量, $e_{\boldsymbol{k}\mu}^i$ 是类空矢量. 它们满足 Lorentz 不变的正交归一化关系

$$e_{\boldsymbol{k}}^\sigma\cdot e_{\boldsymbol{k}}^{\sigma'}=g^{\mu\nu}e_{\boldsymbol{k}\mu}^\sigma e_{\boldsymbol{k}\nu}^{\sigma'}=e_{\boldsymbol{k}0}^\sigma e_{\boldsymbol{k}0}^{\sigma'}-e_{\boldsymbol{k}1}^\sigma e_{\boldsymbol{k}1}^{\sigma'}-e_{\boldsymbol{k}2}^\sigma e_{\boldsymbol{k}2}^{\sigma'}-e_{\boldsymbol{k}3}^\sigma e_{\boldsymbol{k}3}^{\sigma'}=g^{\sigma\sigma'}, \tag{73}$$

和下述完备性关系

$$g_{\sigma\sigma'}e_{\boldsymbol{k}\mu}^\sigma e_{\boldsymbol{k}\nu}^{\sigma'}=e_{\boldsymbol{k}\mu}^0 e_{\boldsymbol{k}\nu}^0-e_{\boldsymbol{k}\mu}^1 e_{\boldsymbol{k}\nu}^1-e_{\boldsymbol{k}\mu}^2 e_{\boldsymbol{k}\nu}^2-e_{\boldsymbol{k}\mu}^3 e_{\boldsymbol{k}\nu}^3=g_{\mu\nu}. \tag{74}$$

当波矢沿第 3 轴时, $k^\mu=(\omega,0,0,k)$, 可取以下极化矢量

$$e^0=\begin{pmatrix}1\\0\\0\\0\end{pmatrix},\quad e^1=\begin{pmatrix}0\\1\\0\\0\end{pmatrix},\quad e^2=\begin{pmatrix}0\\0\\1\\0\end{pmatrix},\quad e^3=\begin{pmatrix}0\\0\\0\\1\end{pmatrix}. \tag{75}$$

可以看出有

$$k\cdot e^{(1,2)}=0, \tag{76}$$

即 e^1 与 e^2 是 横向极化矢量, e^3 是 纵向极化矢量.

利用单位矢量 $e_{\boldsymbol{k}\mu}^\sigma$, 就可以把场算符 $A_\mu(x)$ 在动量空间展开为

$$A_\mu(x)=\int\mathrm{d}^3\boldsymbol{k}\sum_{\sigma=0}^3 e_{\boldsymbol{k}\mu}^\sigma\left[a_{\boldsymbol{k}\sigma}\varphi_{\boldsymbol{k}}(x)+a_{\boldsymbol{k}\sigma}^\dagger\varphi_{\boldsymbol{k}}^*(x)\right], \tag{77}$$

---

[1] 马仕俊研究过 Lorentz 规范条件的问题, 见 S.T. Ma, *Phys. Rev.* **75** (1949) 535.

其中明写出了对单位矢量序号 σ 的求和. 从上式可以解出

$$a_{\boldsymbol{k}\sigma} = g_{\sigma\sigma'} \int \mathrm{d}^3\boldsymbol{x}\, \varphi_{\boldsymbol{k}}^*(x)\, \mathrm{i} \overleftrightarrow{\partial}_0\, e_{\boldsymbol{k}\mu}^{\sigma'} A^\mu(x), \tag{78}$$

$$a_{\boldsymbol{k}\sigma}^\dagger = -g_{\sigma\sigma'} \int \mathrm{d}^3\boldsymbol{x}\, \varphi_{\boldsymbol{k}}(x)\, \mathrm{i} \overleftrightarrow{\partial}_0\, e_{\boldsymbol{k}\mu}^{\sigma'} A^\mu(x). \tag{79}$$

利用场算符的对易关系 (69) 与 (71), 就可算得

$$[a_{\boldsymbol{k}\sigma}, a_{\boldsymbol{k}'\sigma'}] = 0, \quad [a_{\boldsymbol{k}\sigma}^\dagger, a_{\boldsymbol{k}'\sigma'}^\dagger] = 0, \quad [a_{\boldsymbol{k}\sigma}, a_{\boldsymbol{k}'\sigma'}^\dagger] = -g_{\sigma\sigma'}\delta(\boldsymbol{k}-\boldsymbol{k}'). \tag{80}$$

这是 Bose 子产生与湮灭算符的对易关系, $\sigma=0$ 的光子称为 标量光子 或 类时光子, $\sigma=1,2$ 的光子称为 横光子, 而 $\sigma=3$ 的光子称为 纵光子. 下面将指出, 标量光子与纵光子是非物理的, 其效应可由规范条件消去.

协变对易关系　与 Coulomb 规范的情形类似地, 利用上述动量空间场算符的对易关系 (80) 和单位矢量的完备性关系 (74), 可以算出

$$[A_\mu(x), A_\nu(x')] = -\mathrm{i}g_{\mu\nu}D(x-x'). \tag{81}$$

动量空间的 Lorentz 条件　把 $A_\mu(x)$ 分成正频与负频项之和,

$$A_\mu(x) = A_\mu^{(+)}(x) + A_\mu^{(-)}(x), \tag{82}$$

$$A_\mu^{(+)}(x) = [A_\mu^{(-)}(x)]^\dagger = \int \mathrm{d}^3\boldsymbol{k} \sum_{\sigma=0}^3 e_{\boldsymbol{k}\mu}^\sigma a_{\boldsymbol{k}\sigma} \varphi_{\boldsymbol{k}}(x), \tag{83}$$

就有

$$\langle\psi|\partial_\mu A^\mu(x)|\psi\rangle = \langle\psi|\partial^\mu A_\mu^{(+)}(x)|\psi\rangle + \langle\psi|\partial^\mu A_\mu^{(-)}(x)|\psi\rangle$$
$$= \langle\psi|\partial^\mu A_\mu^{(+)}(x)|\psi\rangle + \text{h.c.}, \tag{84}$$

其中 h.c. 表示前项的厄米共轭. 于是, Lorentz 条件简化为

$$\partial^\mu A_\mu^{(+)}(x)|\psi\rangle = 0. \tag{85}$$

代入 $A_\mu^{(+)}(x)$ 的动量空间展开式和 $k^\mu=(k,0,0,k)$, 上式就等价于

$$e_{\boldsymbol{k}\mu}^\sigma k^\mu a_{\boldsymbol{k}\sigma}|\psi\rangle = k(a_{\boldsymbol{k}0}-a_{\boldsymbol{k}3})|\psi\rangle = 0, \tag{86}$$

从而 Lorentz 条件最后简化为

$$(a_{\boldsymbol{k}0}-a_{\boldsymbol{k}3})|\psi\rangle = 0. \tag{87}$$

这就是说, 对于任何物理态, 标量光子与纵光子同时存在, 不存在单独的标量光子或纵光子.

此外, 由上式还有

$$\langle\psi|a_{\boldsymbol{k}0}^\dagger a_{\boldsymbol{k}0} - a_{\boldsymbol{k}3}^\dagger a_{\boldsymbol{k}3}|\psi\rangle = 0. \tag{88}$$

由于对易关系 (80) 第 3 式右边的因子 $-g_{\mu\nu}$, 标量光子的光子数算符有一负号,

$$N_{k0} = -a_{k0}^\dagger a_{k0},\tag{89}$$

与标量场类似地, 这里已过渡到箱归一化. 于是 (88) 式表明, 标量光子数与纵光子数之和在物理态的平均为零, 从而 标量光子与纵光子对物理观测量的贡献相反, 互相抵消, 没有可观测效应. 所以标量光子与纵光子属于非物理自由度. 下面就来看能量动量的具体情形.

光子的能量动量　与标量场和前面 Coulomb 规范的情形一样, 考虑到能量动量密度出现于体积分中, 三维散度项可以去掉, 以及考虑到场量满足的运动方程, 与 3.2 节 (30) 式类似地, 可以推出

$$\mathcal{P}^\mu = \frac{\partial\mathcal{L}}{\partial_0 A^\nu}\partial^\mu A^\nu - \mathcal{L}g^{0\mu} = -\frac{\mathrm{i}}{2}A_\nu\,\mathrm{i}\,\overset{\leftrightarrow}{\partial_0}\,\partial^\mu A^\nu.\tag{90}$$

代入 $A_\mu(x)$ 的动量空间展开式 (77), 并注意四维单位矢量的正交归一化关系 (73), 就可算得

$$P^\mu = -\int\mathrm{d}^3k\frac{1}{2}k^\mu g^{\sigma\sigma'}(a_{k\sigma}a_{k\sigma'}^\dagger + a_{k\sigma}^\dagger a_{k\sigma'}),\tag{91}$$

注意因子 $-g^{\sigma\sigma'}$ 使得标量光子项有一负号, 根据 (88) 式, 上式在任何物理态平均的结果都只是横光子才有贡献. 所以, 虽然每种光子都贡献能量与动量, 不过对于任何物理态, 标量光子与纵光子的贡献相反, 互相抵消, 只有横光子才有可观测的效应. 于是, 在 (91) 式的实际计算中, 对 σ,σ' 的求和只需取横光子.

不定度规概念　前面已经看到, 由于 Lorentz 协变性的要求, 光子产生湮灭算符的对易关系中包含因子 $g_{\sigma\sigma'}$, 使得类时光子的光子数算符有一负号, 于是有

$$\langle n_{k0}|a_{k0}^\dagger a_{k0}|n_{k0}\rangle = -\langle n_{k0}|N_{k0}|n_{k0}\rangle = -n_{k0}\langle n_{k0}|n_{k0}\rangle.\tag{92}$$

而上式左边又可写成

$$\langle n_{k0}-1|\sqrt{n_{k0}}\cdot\sqrt{n_{k0}}|n_{k0}-1\rangle = n_{k0}\langle n_{k0}-1|n_{k0}-1\rangle.\tag{93}$$

令上述二式右边相等, 就有

$$\langle n_{k0}|n_{k0}\rangle = -\langle n_{k0}-1|n_{k0}-1\rangle = \cdots = (-1)^{n_{k0}}\langle 0|0\rangle.\tag{94}$$

态矢量的模方可正可负, 这就意味着所考虑的 Hilbert 空间有不定度规. Gupta 与 Bleuler [1] 采用具有不定度规的量子力学 [2], 严谨地论证了上述具有相对论协变性的量子化理论.

[1] S. Gupta, *Proc. Roy. Soc.* **63A** (1950) 681; K. Bleuler, *Helv. Phys. Acta*, **23** (1950) 567.

[2] P.A.M. Dirac, *Comm. Dublin Inst. Advanced Studies* **A**, No.1 (1943); W. Pauli, *Rev. Mod. Phys.* **15** (1943) 175.

在四维时空中, 任一矢量 A_μ 的模方

$$A \cdot A = g_{\mu\nu} A^\mu A^\nu \tag{95}$$

不是正定的, $g_{\mu\nu}$ 中有正有负, 这就是 Minkowski 空间的 **不定度规**. 正是这种 Minkowski 空间的不定度规, 使得类时光子产生湮灭算符对易关系右边出现负号, 导致了 Hilbert 空间有不定度规.

具有不定度规的量子力学, 定义态矢量 $|\psi\rangle$ 的模方为

$$\langle \psi | \eta | \psi \rangle, \tag{96}$$

其中 η 称为 **度规算符**. 要求态矢量模方为实数, 就要求 η 是厄米算符,

$$\eta^\dagger = \eta. \tag{97}$$

根据量子力学的统计诠释, 物理态的模方必须大于 0. 所有模方非正的态都是非物理态, 称为 **鬼态**.

观测量 F 在态矢量 $|\psi\rangle$ 上的平均值定义为

$$\langle F \rangle = \frac{\langle \psi | \eta F | \psi \rangle}{\langle \psi | \eta | \psi \rangle}. \tag{98}$$

要求 F 的平均值为实数, 就要求

$$F = \eta^{-1} F^\dagger \eta. \tag{99}$$

这就是说, F 的平均值为实数的条件不再是自厄性 $F = F^\dagger$, 而是上述条件. 把上式右边定义的算符 $\eta^{-1} F^\dagger \eta$ 称为 F 的 **伴算符**, 则上式就是算符 F 的 **自伴条件**. 在不定度规的量子力学里, 自伴算符的平均值为实数.

度规算符的具体性质, 要由物理问题的具体条件来确定. Gupta-Bleuler 理论根据 Maxwell 场的物理性质, 确定了度规算符在光子数表象的表示, 以及相关的计算公式, 有兴趣的读者可以参阅他们的论文或有关书籍[①].

3. 几个问题

零点能的估计 与实标量场类似地, 从动量空间的积分过渡到箱归一化的求和, (91) 式给出场的能量为

$$E = P^0 = \sum_{\boldsymbol{k}} \sum_{s=1}^{2} \frac{1}{2} \omega \left(a_{\boldsymbol{k}s} a_{\boldsymbol{k}s}^\dagger + a_{\boldsymbol{k}s}^\dagger a_{\boldsymbol{k}s} \right) = \sum_{\boldsymbol{k}} \sum_{s=1}^{2} \omega \left(N_{\boldsymbol{k}s} + \frac{1}{2} \right), \tag{100}$$

---

① 例如: W. Pauli, 《泡利物理学讲义 6. 场量子化选题》, 洪铭熙、苑之方译, 人民教育出版社, 1983 年, 72 页; 邹国兴, 《量子场论导论》, 科学出版社, 1980 年, 37 页.

其中 s 是横光子的偏振态, 而 $k^0 = \omega = \omega(|\boldsymbol{k}|)$. 于是零点能为

$$E_0 = \sum_{\boldsymbol{k}} \sum_{s=1}^{2} \omega \frac{1}{2} = \sum_{\boldsymbol{k}} \omega(|\boldsymbol{k}|). \tag{101}$$

再过渡到积分, 就是

$$E_0 = \frac{V}{(2\pi)^3} \int_0^\infty 4\pi k^2 \mathrm{d}k \cdot k = \lim_{k_{\mathrm{c}} \to \infty} \frac{V k_{\mathrm{c}}^4}{8\pi^2}, \tag{102}$$

k_{c} 是截断的波矢上限. 上式表明, 当 $k_{\mathrm{c}} \to \infty$ 时零点能是 4 次发散的, 是一种紫外发散.

Casimir 力   设有两块平行的金属板, 相距为 d. 考虑它们之间体积为 $V = L^2 d$ 的薄层, $L \gg d$. 由于厚度 d 很小, 场沿厚度方向的动量 k_z 取离散值. 两端为节点, $k_z = k_n = \pi n/d$. 于是薄层内场的零点能为

$$E_d = \frac{L^2 d}{8\pi^3} \sum_{n=-\infty}^{\infty} \frac{\pi}{d} \int_{-\infty}^{\infty} \mathrm{d}k_x \mathrm{d}k_y k_d = \sum_{n=0}^{\infty} \theta_n \frac{L^2}{\pi^2} \int_0^\infty \mathrm{d}k_x \mathrm{d}k_y k_d, \tag{103}$$

$$k_d = \sqrt{k_x^2 + k_y^2 + (\pi n/d)^2}, \tag{104}$$

$$\theta_n = \begin{cases} 1, & n > 0, \\ 1/2, & n = 0. \end{cases} \tag{105}$$

这个能量与场在自由空间同样体积内的零点能之差为

$$\begin{aligned}
\delta E_0 &= \sum_{n=0}^{\infty} \theta_n \frac{L^2}{\pi^2} \int_0^\infty \mathrm{d}k_x \mathrm{d}k_y k_d - \frac{L^2 d}{\pi^3} \int_0^\infty \mathrm{d}k_x \mathrm{d}k_y \mathrm{d}k_z k \\
&= \frac{L^2}{\pi^2} \Big[\sum_{n=0}^{\infty} \theta_n g\Big(\frac{\pi n}{d}\Big) - \frac{d}{\pi} \int_0^\infty \mathrm{d}k_z g(k_z) \Big],
\end{aligned} \tag{106}$$

其中

$$k = \sqrt{k_x^2 + k_y^2 + k_z^2}, \tag{107}$$

$$g(k_z) = \int_0^\infty \mathrm{d}k_x \mathrm{d}k_y k f(k/k_{\mathrm{c}}), \tag{108}$$

$f(x)$ 是引入的光滑截断函数,

$$f(x) \longrightarrow \begin{cases} 1, & x \ll 1, \\ 0, & x \gg 1. \end{cases} \tag{109}$$

令 $\kappa = \sqrt{k_x^2 + k_y^2} = \pi\alpha/d$ 和 $k_z = \pi\nu/d$, 以及 $\xi = \alpha^2 + \nu^2$, 积分 $g(k_z)$ 可以进一步写成

$$g(k_z) = \frac{1}{4} \int_0^\infty 2\pi\kappa \mathrm{d}\kappa \sqrt{\kappa^2 + (\pi\nu/d)^2} f\big(\sqrt{\kappa^2 + (\pi\nu/d)^2}/k_{\mathrm{c}}\big)$$

$$= \frac{\pi^4}{4d^3} \int_{\nu^2}^{\infty} \mathrm{d}\xi \sqrt{\xi} f(\pi\sqrt{\xi}/k_\mathrm{c}d) = \frac{\pi^4 F(\nu)}{4d^3}, \tag{110}$$

$$F(\nu) = \int_{\nu^2}^{\infty} \mathrm{d}\xi \sqrt{\xi} f(\pi\sqrt{\xi}/k_\mathrm{c}d). \tag{111}$$

于是

$$\delta E_0 = \frac{L^2}{\pi^2} \Big[\sum_{n=0}^{\infty} \theta_n \frac{\pi^4 F(n)}{4d^3} - \frac{d}{\pi} \int_0^{\infty} \mathrm{d}k_z \frac{\pi^4 F(\nu)}{4d^3} \Big]$$

$$= \frac{\pi^2 L^2}{4d^3} \Big[\sum_{n=0}^{\infty} \theta_n F(n) - \int_0^{\infty} \mathrm{d}\nu F(\nu) \Big]. \tag{112}$$

用 Euler-Maclaurin 公式 [1] 可以算出

$$\sum_{n=0}^{\infty} \theta_n F(n) - \int_0^{\infty} \mathrm{d}\nu F(\nu) = -\frac{1}{6 \times 2!} F'(0) + \frac{1}{30 \times 4!} F'''(0) - \cdots$$

$$= -\frac{1}{6 \times 2!} \times 0 + \frac{1}{30 \times 4!} \times [-4f(0)] - \cdots$$

$$\approx -\frac{1}{180}, \tag{113}$$

从而

$$\delta E_0 \approx -\frac{\pi^2 L^2}{720 d^3}. \tag{114}$$

最后得到单位面积金属板受力

$$F_z = -\frac{1}{L^2} \frac{\partial \delta E_0}{\partial d} \approx -\frac{\pi^2}{240 d^4}, \tag{115}$$

负号表明是吸引力.

　　Casimir 预言的这个效应, 表明 Maxwell 场的真空零点能虽然是无限大, 但其有限的改变却可观测, 不能随便扔掉 [2]. 这个例子具体显示了量子场论中的无限大问题, 以及用截断积分上限来回避无限大的做法. (1+1) 的一维场的 Casimir 效应计算简单得多, 但却能更清晰地呈现这种做法的精神 (见练习题 3.7).

　　单个光子的 Schrödinger 波函数问题　前面在第 2 章 2.2 节已经指出, 只有非相对论性模型的 Bose 子, 才有单个粒子坐标表象的 Schrödinger 波函数, Bose 子的相对论性量子理论必然是场的量子理论. 那个推理同样适用于光子. 光子没有质量, 光的量子理论必定是相对论性的.　Maxwell 方程含时间的二阶微商, 给不出只含时间一阶微商的 Schrödinger 方程, 所以单个光子也没有坐标

① 王竹溪, 郭敦仁,《特殊函数概论》, 北京大学出版社, 2012 年, 6 页, 1.3 节.
② H.B.G. Casimir, *Proc. K. Ned. Akad. Wet.* **51** (1948) 635; M.J. Sparnaay, *Nature* **180** (1957) 334.

表象波函数. 这一结论最初是 Dirac 从另外的角度给出的. 他从相对论和量子力学的一般原理出发, 表明满足相对论性一阶微分方程的必定是旋量, 相应的粒子是 Fermi 子而不是 Bose 子[①]. 这是下一章要讨论的问题.

光量子的物理图像问题 与电子的情形不同, 没有单个光子的 Schrödinger 波函数, 也就没有单个光子在坐标空间的概率分布, 而只有光子数在坐标空间的概率分布. 这就不是单个光子, 而是场的物理图像. 作为场的量子, 可以用动量空间光子数 $N_{k\sigma} = a_{k\sigma}^\dagger a_{k\sigma}$ 的本征态组 $\{|n_{k\sigma}\rangle\}$ 来描述. 在粒子物理的情形, 比如 Compton 散射 (见 7.2 节), 其中的 γ 光子就处于这种本征态. 但是有些情形的光子数不确定, 用光子数本征态并不方便. 在量子光学中, 用得更多的是光子湮灭算符 $a_{k\sigma}$ 的本征态, 即相干态[②]. 实际上, a 和 $a^\dagger$ 可以用厄米的粒子数 N 和相位 ϕ 表示成 $a = e^{-i\phi} N^{1/2}$ 和 $a^\dagger = N^{1/2} e^{i\phi}$. 由于有 $[a, a^\dagger] = [N, i\phi] = 1$, N 和 ϕ 不对易, 根据测不准定理 (见前注的 16 页), 它们不能同时测准, 粒子数并不总是确定的.

3.4 重 矢 量 场

质量项和 Proca 方程 在 (4) 式 Maxwell 场的 $\mathcal{L}$ 上加一质量项, 就是

$$\mathcal{L} = -\frac{1}{4} F_{\mu\nu} F^{\mu\nu} + \frac{1}{2} m^2 A_\mu A^\mu. \tag{116}$$

这个推广了的模型拉氏密度给出的运动方程

$$\partial_\mu F^{\mu\nu} + m^2 A^\nu = 0, \tag{117}$$

称为 Proca 方程[③].

在方程两边取散度, 由于 $F^{\mu\nu} = -F^{\nu\mu}$, $\partial_\mu \partial_\nu F^{\mu\nu} = 0$, 有

$$m^2 \partial_\nu A^\nu = 0. \tag{118}$$

因为 $m \neq 0$, 所以有 Lorentz 条件 $\partial_\nu A^\nu = 0$, 不能再对 A^ν 作规范变换. 从 (116) 式也可直接看出, 质量项破坏了规范不变性, 有质量的场没有规范不变性.

由于有 Lorentz 条件, 场的 4 个分量 A^μ 中只有 3 个独立. 可以取空间矢

[①] P.A.M. Dirac, *The Principles of Quantum Mechanics*, 4th edition, Oxford University Press, 1958, p.267. 中译本见 P.A.M. 狄拉克, 《量子力学原理》, 陈咸亨译, 喀兴林校, 科学出版社, 1965 年, §70 的末段.

[②] 参见王正行, 《量子力学原理》第三版, 北京大学出版社, 2020 年, 223 页.

[③] A. Proca 在 1936~1941 年期间考虑过这个方程. Pauli 曾指出: "为了解释质子与中子之间的力的自旋相关, 汤川假设介子自旋为 1. 这种情形的理论已经由 Proca 给出." 见 W. Pauli, *Rev. Mod. Phys.* **13** (1941) 213.

量 A^i 为独立变量, 这就是自旋为 1 的矢量场. 代入 Lorentz 条件, Proca 方程 (117) 就化成 Klein-Gordon 方程

$$(\partial_\nu \partial^\nu + m^2)A^\mu = 0, \tag{119}$$

所以 m 是粒子的质量. 这个有质量的矢量场, 称为 **重矢量场** (massive vector field). 注意除了上述方程外, A^μ 还必须满足 Lorentz 条件

$$\partial_\mu A^\mu = 0. \tag{120}$$

正则量子化   与正则坐标 A_μ 共轭的正则动量为

$$\pi^\mu = \frac{\partial \mathcal{L}}{\partial \partial_0 A_\mu} = F^{\mu 0} = \partial^\mu A^0 - \partial^0 A^\mu. \tag{121}$$

由于 A^0 不是独立变量, 上式给出的 $\pi^0 = 0$ 不是问题, 有意义的只是空间分量 π^i. 但是 A^0 一般不为零, 这会给具体计算增添麻烦与不便. 按照正则量子化规则, 正则对易关系为

$$\left.\begin{array}{l} [A_i(\boldsymbol{x}, t), A_j(\boldsymbol{x}', t)] = 0, \\ [\pi_i(\boldsymbol{x}, t), \ \pi_j(\boldsymbol{x}', t)] = 0, \\ [A_i(\boldsymbol{x}, t), \pi^j(\boldsymbol{x}', t)] = \mathrm{i}g_i^j \delta(\boldsymbol{x} - \boldsymbol{x}'). \end{array}\right\} \tag{122}$$

从 Proca 方程 (117) 可以解出

$$A^0 = -\frac{1}{m^2}\partial_\mu F^{\mu 0} = -\frac{1}{m^2}\partial_i \pi^i = -\frac{1}{m^2}\nabla \cdot \boldsymbol{\pi}, \tag{123}$$

所以 A^0 是 π^i 的函数. 此外, 从 Lorentz 条件还有

$$\dot{A}^0 = -\partial_i A^i = -\nabla \cdot \boldsymbol{A}. \tag{124}$$

上述二式, 就是关于 A^0 的两个基本关系.

根据正则对易关系 (122), 由 (123) 与 (124) 式可分别推出

$$[A^0(\boldsymbol{x}, t), A^i(\boldsymbol{x}', t)] = \frac{\mathrm{i}}{m^2}\partial^i \delta(\boldsymbol{x} - \boldsymbol{x}'), \tag{125}$$

$$[\dot{A}^0(\boldsymbol{x}, t), A^0(\boldsymbol{x}', t)] = -\frac{\mathrm{i}}{m^2}\partial_i \partial^i \delta(\boldsymbol{x} - \boldsymbol{x}'). \tag{126}$$

此外, 把 (123) 式代入 π^i 的表达式, 就有

$$\pi^i = \partial^i A^0 - \dot{A}^i = -\frac{1}{m^2}\partial^i \partial_j \pi^j - \dot{A}^i. \tag{127}$$

由此得到

$$\dot{A}_i = -\pi_i - \frac{1}{m^2}\partial_i \partial^j \pi_j. \tag{128}$$

于是, 根据正则对易关系 (122) 还可推出

$$[\dot{A}_i(\boldsymbol{x}, t), A_j(\boldsymbol{x}', t)] = \mathrm{i}\left(g_{ij} + \frac{\partial_i \partial_j}{m^2}\right)\delta(\boldsymbol{x} - \boldsymbol{x}'). \tag{129}$$

作为正则变量 A^i 与 π^i 的函数，确定到相差一个对体积分无贡献的三维散度项，系统的哈氏密度为

$$\mathcal{H} = \pi^i \dot{A}_i - \mathcal{L} = \frac{1}{2}\Big[\pi^2 + \frac{1}{m^2}(\nabla \cdot \pi)^2 + (\nabla \times \boldsymbol{A})^2 + m^2 \boldsymbol{A}^2\Big]. \tag{130}$$

动量空间 A_μ 满足 Klein-Gordon 方程，可以按平面波展开，

$$A_\mu(x) = \int \mathrm{d}^3\boldsymbol{k} \sum_{s=1}^{3} e^s_{\boldsymbol{k}\mu}[a_{\boldsymbol{k}s}\varphi_{\boldsymbol{k}}(x) + a^\dagger_{\boldsymbol{k}s}\varphi^*_{\boldsymbol{k}}(x)], \tag{131}$$

注意这时 $\omega = \sqrt{\boldsymbol{k}^2 + m^2}$. 要上式满足 Lorentz 条件，就有

$$k^\mu e^s_{\boldsymbol{k}\mu} = 0, \tag{132}$$

这是对单位矢量的一个约束. 在 4 个独立的四维单位矢量中，只能有 3 个同时满足上述条件，取 $s = 1, 2, 3$. 与前面一样，通常取空间第 3 轴沿 $\boldsymbol{k}$ 方向，空间 1,2 轴与之构成右手坐标系. 于是 $k^\mu = (\omega, 0, 0, k)$,

$$e^0_{\boldsymbol{k}} = \begin{pmatrix} \omega/m \\ 0 \\ 0 \\ k/m \end{pmatrix}, \quad e^1_{\boldsymbol{k}} = \begin{pmatrix} 0 \\ 1 \\ 0 \\ 0 \end{pmatrix}, \quad e^2_{\boldsymbol{k}} = \begin{pmatrix} 0 \\ 0 \\ 1 \\ 0 \end{pmatrix}, \quad e^3_{\boldsymbol{k}} = \begin{pmatrix} k/m \\ 0 \\ 0 \\ \omega/m \end{pmatrix}. \tag{133}$$

容易验证当 $s = 1, 2, 3$ 时它们满足 (132) 式. 也容易看出有下列正交归一关系和完备性关系：

$$g^{\mu\nu}e^\sigma_{\boldsymbol{k}\mu}e^\rho_{\boldsymbol{k}\nu} = g^{\sigma\rho}, \qquad g_{\sigma\rho}e^\sigma_{\boldsymbol{k}\mu}e^\rho_{\boldsymbol{k}\nu} = g_{\mu\nu}. \tag{134}$$

此外，还可由 (131) 式写出

$$\pi_i(\boldsymbol{x}, t) = \partial_i A^0(\boldsymbol{x}, t) - \dot{A}_i(\boldsymbol{x}, t)$$

$$= -\mathrm{i} \int \mathrm{d}^3\boldsymbol{k} \sum_{s=1}^{3} (k_i e^s_{\boldsymbol{k}0} - k_0 e^s_{\boldsymbol{k}i})[a_{\boldsymbol{k}s}\varphi_{\boldsymbol{k}}(x) - a^\dagger_{\boldsymbol{k}s}\varphi^*_{\boldsymbol{k}}(x)]. \tag{135}$$

从 (131) 式可以解出

$$a_{\boldsymbol{k}s} = -\int \mathrm{d}^3\boldsymbol{x}\varphi^*_{\boldsymbol{k}}(x)\,\mathrm{i}\,\overset{\leftrightarrow}{\partial}_0\,e^s_{\boldsymbol{k}\mu}A^\mu(x), \tag{136}$$

或

$$\Big(g^{ss'} - \frac{k^s k^{s'}}{m^2}\Big)a_{\boldsymbol{k}s'} = \int \mathrm{d}^3\boldsymbol{x}\varphi^*_{\boldsymbol{k}}(x)\,\mathrm{i}\,\overset{\leftrightarrow}{\partial}_0\,e^s_{\boldsymbol{k}i}A^i(x), \tag{137}$$

注意上述二式右边的求和范围不同. 利用对易关系 (129) 等，从它们都可算出

$$[a_{\boldsymbol{k}s}, a_{\boldsymbol{k}'s'}] = 0, \qquad [a^\dagger_{\boldsymbol{k}s}, a^\dagger_{\boldsymbol{k}'s'}] = 0, \qquad [a_{\boldsymbol{k}s}, a^\dagger_{\boldsymbol{k}'s'}] = -g_{ss'}\delta(\boldsymbol{k} - \boldsymbol{k}'). \tag{138}$$

能量动量与角动量　矢量场的能量动量密度为

$$\mathcal{P}^\mu = \frac{\partial \mathcal{L}}{\partial \partial_0 A^\nu} \partial^\mu A^\nu - \mathcal{L} g^{0\mu} = F_{\nu 0} \partial^\mu A^\nu - \mathcal{L} g^{0\mu} = \pi^i \partial^\mu A_i - \mathcal{L} g^{0\mu}, \tag{139}$$

注意 $\pi^0 = 0$. (130) 式已经给出了在坐标空间正则形式的能量密度 $\mathcal{H} = \mathcal{P}^0$, 代入 (131) 与 (135) 式, 即可推出它在动量空间的表达式. 不过与标量场和 Maxwell 场的做法一样, 可以利用场量所满足的运动方程把算式进一步简化.

先来改写其中的 $\mathcal{L}$,

$$\begin{aligned} \mathcal{L} &= -\frac{1}{4} F_{\mu\nu} F^{\mu\nu} + \frac{1}{2} m^2 A_\mu A^\mu = -\frac{1}{2} (\partial_\mu A_\nu) F^{\mu\nu} + \frac{1}{2} m^2 A_\mu A^\mu \\ &= -\frac{1}{2} \partial_\mu (A_\nu F^{\mu\nu}) + \frac{1}{2} A_\nu (\partial_\mu F^{\mu\nu} + m^2 A^\nu) = -\frac{1}{2} \partial_\mu (A_\nu F^{\mu\nu}), \end{aligned} \tag{140}$$

最后一步用到了 Proca 方程. 再把三维散度部分分开写, 就是

$$\mathcal{L} = -\frac{1}{2} \partial_0 (A_\nu F^{0\nu}) - \frac{1}{2} \partial_i (A_\nu F^{i\nu}) = \frac{1}{2} \partial_0 (A_i \pi^i) - \frac{1}{2} \partial_i (A_\nu F^{i\nu}), \tag{141}$$

注意 $F^{00} = 0$ 和 $\pi^i = F^{i0}$.

现在把上述 $\mathcal{L}$ 代入 $\mathcal{H}$ 的式子中, 注意三维散度对体积分无贡献, 就有

$$\begin{aligned} \mathcal{H} &= \pi^i \partial^0 A_i - \mathcal{L} = \pi^i \partial_0 A_i - \frac{1}{2} \partial_0 (A_i \pi^i) \\ &= \frac{1}{2} [(\partial_0 A_i) \pi^i - A_i \partial_0 \pi^i] = \frac{\mathrm{i}}{2} A_i \, \mathrm{i} \overset{\leftrightarrow}{\partial_0} \pi^i, \end{aligned} \tag{142}$$

其中由于 (128) 式, 有 $\pi^i \partial_0 A_i = (\partial_0 A_i) \pi^i$. 最后, 代入 (131) 与 (135) 式, 并对空间积分, 即得

$$H = \int \mathrm{d}^3 \boldsymbol{x} \, \mathcal{H} = \frac{\mathrm{i}}{2} \int \mathrm{d}^3 \boldsymbol{x} \, A_i \, \mathrm{i} \overset{\leftrightarrow}{\partial_0} \pi^i = \frac{1}{2} \int \mathrm{d}^3 \boldsymbol{k} \sum_{s=1}^{3} \omega (a_{\boldsymbol{k}s} a_{\boldsymbol{k}s}^\dagger + a_{\boldsymbol{k}s}^\dagger a_{\boldsymbol{k}s}). \tag{143}$$

类似地, 还可得到场的动量 P 与自旋角动量投影 S_k 分别为

$$P^i = \frac{1}{2} \int \mathrm{d}^3 \boldsymbol{x} (\pi^j \partial^i A_j - A_j \partial^i \pi^j), \tag{144}$$

$$S_k = -\frac{\mathrm{i}}{2} \int \mathrm{d}^3 \boldsymbol{x} \, A_i \, \mathrm{i} \overset{\leftrightarrow}{\partial_0} A_j \epsilon^{ij}{}_k. \tag{145}$$

代入 (131) 与 (135) 式, 可以进一步推出

$$\boldsymbol{P} = \frac{1}{2} \int \mathrm{d}^3 \boldsymbol{x} (\pi^i \nabla A_i - A_i \nabla \pi^i) = \frac{1}{2} \int \mathrm{d}^3 \boldsymbol{k} \sum_{s=1}^{3} \boldsymbol{k} (a_{\boldsymbol{k}s} a_{\boldsymbol{k}s}^\dagger + a_{\boldsymbol{k}s}^\dagger a_{\boldsymbol{k}s}), \tag{146}$$

$$S_3 = \frac{1}{2} \int \mathrm{d}^3 \boldsymbol{k} \, [(a_{\boldsymbol{k}+} a_{\boldsymbol{k}+}^\dagger + a_{\boldsymbol{k}+}^\dagger a_{\boldsymbol{k}+}) - (a_{\boldsymbol{k}-} a_{\boldsymbol{k}-}^\dagger + a_{\boldsymbol{k}-}^\dagger a_{\boldsymbol{k}-})]. \tag{147}$$

上述 H, $\boldsymbol{P}$ 与 S_3 在动量空间的表达式在形式上与 Maxwell 场一样, 只是现在粒子有质量, $\omega = \sqrt{\boldsymbol{k}^2 + m^2}$, 纵场也有贡献.

4 旋 量 场

前面讨论的两种场是张量场. 实 Klein-Gordon 场只有一个分量，复 Klein-Gordon 场则有两个分量. 它们在时空转动下都不变，是标量，也就是 0 阶张量. Maxwell 场有四个分量，它张成的四维空间与闵氏空间结构相同，在时空转动下同样地转动，是 1 阶张量. 本章讨论的场不同，有四个复分量，张成四维复空间，它的变换不是张量变换. 它可以分解为两个二维复空间，每个都以同样方式随着四维时空的转动而转动. 这种随着四维时空的转动而转动的二维或四维复矢量，称为 旋量. 这种场则称为 旋量场.

4.1 Weyl 方程

1. Weyl 方程

基本的考虑　前面讨论的场，其运动方程，无论是 Klein-Gordon 方程，还是 Maxwell 方程或 d'Alembert 方程，以及 Proca 方程，都是时空的二阶偏微分方程. 现在来考虑运动方程是一阶偏微分方程的场. 可以根据相对论协变性要求，直接考虑场的运动方程，然后再根据运动方程来写出场的拉氏密度 $\mathcal{L}$. 下面我们先用 Dirac 的方法引入 Weyl 方程，下一节再讨论 Dirac 方程 [1].

Weyl 方程的形式　考虑场 $\psi(x)$ 的一阶偏微分方程

$$\partial_0 \psi = b^i \partial_i \psi + C\psi, \tag{1}$$

其中 b^i 与 C 是待定系数. 在方程两边用 ∂_0 作用，有

$$\partial_0^2 \psi = (b^i \partial_i + C)\partial_0 \psi = (b^i \partial_i + C)^2 \psi$$
$$= \left[\frac{1}{2}(b^i b^j + b^j b^i)\partial_i \partial_j + 2C b^i \partial_i + C^2\right]\psi. \tag{2}$$

---

[1]　P.A.M. Dirac, *Proc. Roy. Soc. (London)* **A117** (1928) 610; **A118** (1928) 351.

如果取 $C = 0$ 和

$$\{b^i, b^j\} = b^i b^j + b^j b^i = -2g^{ij}, \qquad (3)$$

(2) 式就具有相对论协变性, 成为 d'Almbert 方程

$$\partial_\mu \partial^\mu \psi = 0. \qquad (4)$$

这里

$$\{A, B\} \equiv AB + BA. \qquad (5)$$

满足 (3) 式的 b^i 只能是矩阵, 从而 ψ 必定是某种内部空间的矢量. 要能构造出互相独立而能满足 (3) 式的 3 个矩阵 b^i, 这个空间至少是 2 维. 容易看出, 在 2 维的情形, 有

$$b^i = \pm\sigma^i, \qquad (6)$$

其中 σ^i 是 Pauli 矩阵,

$$\sigma^1 = \begin{pmatrix} 0 & 1 \\ 1 & 0 \end{pmatrix}, \qquad \sigma^2 = \begin{pmatrix} 0 & -i \\ i & 0 \end{pmatrix}, \qquad \sigma^3 = \begin{pmatrix} 1 & 0 \\ 0 & -1 \end{pmatrix}, \qquad (7)$$

$$\{\sigma^i, \sigma^j\} = -2g^{ij}. \qquad (8)$$

最后就得到

$$\partial_0 \psi = \pm\sigma^i \partial_i \psi. \qquad (9)$$

这是两个二分量方程, 称为 Weyl 方程 [1].

Weyl 方程的物理　我们先在这里定性地分析 Weyl 方程的物理, 后面再做定量的讨论. 首先, 上面已经表明, Weyl 方程的解满足 d'Alembert 方程, 所以 Weyl 场 ψ 描述以光速运动的无质量粒子.

其次, 3 个 Pauli 矩阵作为系数出现在 Weyl 方程中, 方程在空间转动下的不变性要求它们以某种方式构成 3 维空间矢量. 而它们正比于自旋 1/2 的角动量算符,

$$s^i = \frac{1}{2}\sigma^i, \qquad [s^i, s^j] = i\epsilon^{ij}{}_k s^k, \qquad \boldsymbol{s}^2 = \frac{3}{4} = \frac{1}{2}\Big(1 + \frac{1}{2}\Big). \qquad (10)$$

由于 σ^i 作用于 ψ 的两个分量所张成的内部空间, 所以 场 ψ 的两个分量所张成的内部空间是粒子的自旋空间, 描述自旋为 1/2 的粒子.

第三, 考虑 Weyl 方程 (9) 的平面波解, 有

$$-k^0 = \pm\boldsymbol{\sigma} \cdot \boldsymbol{k}. \qquad (11)$$

注意 $k^0 = \pm\omega = \pm|\boldsymbol{k}|$, 上式就给出

$$\xi \equiv \frac{\boldsymbol{\sigma} \cdot \boldsymbol{k}}{|\boldsymbol{k}|} = \pm 1. \qquad (12)$$

[1] H. Weyl, Z. Phys. **56** (1929) 330.

ξ 称为粒子的 *螺旋性* 或 *螺旋度*, 它是粒子自旋在动量方向的方向余弦. $\xi = +1$ 的粒子自旋与动量同向, 处于 *右旋态*. $\xi = -1$ 的粒子自旋与动量反向, 处于 *左旋态*. 上式表明, Weyl 场的粒子是完全极化的, 螺旋度为 $+1$ 或 -1, 两个 Weyl 方程描述的粒子螺旋性相反.

从物理上看, 在讨论光子自旋时已经指出, 无质量粒子以光速运动, 不可能通过参考系的 Lorentz 变换把一个惯性系中的左旋态变成另一个惯性系的右旋态, 螺旋性守恒. 左旋和右旋光子由 Maxwell 方程统一描述, 而与光子不同, 零质量自旋 1/2 的左旋和右旋粒子分别由两个 Weyl 方程描述. 一定种类的零质量自旋 1/2 的粒子, 要么是左旋, 要么是右旋, 螺旋性是它们的固有特征.

左旋态与右旋态互为空间反射态. 粒子具有确定的螺旋性, 就没有空间反射不变性. 所以, 零质量自旋 1/2 的粒子的态没有空间反射对称性, 不是宇称本征态, 有零质量自旋 1/2 的粒子参与的过程宇称不守恒. 下面就来定量地分析 Weyl 方程的这些性质.

2. Weyl 方程的变换性质

Weyl 方程空间转动不变性条件　三维空间转动的坐标变换是

$$x^i \longrightarrow x^{i\,\prime} = a^i_{\ j} x^j, \tag{13}$$

其中 $a^i_{\ j}$ 是实幺模正交转动矩阵, 正交条件为

$$a_k^{\ i} a^k_{\ j} = g^i_{\ j}. \tag{14}$$

与这个空间转动相应地, 场 ψ 有一幺正变换,

$$\psi \longrightarrow \psi' = \Lambda \psi, \tag{15}$$

这是在二维内部空间的一个转动. 用 Λ 作用于方程 (9), 并代入

$$\partial_i = a^j_{\ i} \partial_j{}', \tag{16}$$

就有

$$\partial_0 \psi' = \pm \Lambda \sigma^i \Lambda^{-1} a^j_{\ i} \partial_j{}' \psi'. \tag{17}$$

要求上式与 (9) 式的形式一样, 就有下述条件,

$$a^j_{\ i} \Lambda \sigma^i \Lambda^{-1} = \sigma^j, \tag{18}$$

或者等价的

$$\Lambda^{-1} \sigma^i \Lambda = a^i_{\ j} \sigma^j. \tag{19}$$

在二维内部空间, Λ 是 2×2 的幺正矩阵, 有 4 个实参数, 要由上述 3 个条件和幺正条件来确定. 下面就来表明, 对于普通三维空间转动, 上式有解, Weyl 方程有三维空间的转动不变性.

三维空间转动的 Λ 考虑三维空间的无限小转动 (见第 3 章 (21) 式),

$$a^i_j = g^i_j + \epsilon^i_{jk}\theta^k. \tag{20}$$

对应于这个无限小转动, 内部空间的无限小转动矩阵可以写成

$$\Lambda = 1 + \mathrm{i}\varepsilon_i\sigma^i. \tag{21}$$

把上式代入 (19) 式, 略去 ε_i 的二次项, 就有

$$\sigma^i + \mathrm{i}\varepsilon_j(\sigma^i\sigma^j - \sigma^j\sigma^i) = \sigma^i + \epsilon^i_{jk}\sigma^j\theta^k. \tag{22}$$

由此可以解出 $\varepsilon_i = \theta_i/2$, 从而

$$\Lambda = 1 - \frac{\mathrm{i}}{2}\boldsymbol{\theta}\cdot\boldsymbol{\sigma}, \tag{23}$$

其中 $\boldsymbol{\theta} = (\theta^1, \theta^2, \theta^3) = \theta\boldsymbol{n}$. 对于有限角度的转动, 上式给出

$$\Lambda = \mathcal{D}^{1/2}(\boldsymbol{n}, \theta) = \mathrm{e}^{-\mathrm{i}\boldsymbol{\theta}\cdot\boldsymbol{\sigma}/2} = \mathrm{e}^{-\mathrm{i}\theta\sigma_n/2}, \tag{24}$$

其中 $\sigma_n = \boldsymbol{\sigma}\cdot\boldsymbol{n}$. 这就证明了, Weyl 方程的空间转动不变性, 要求在三维普通空间的转动下, 场 ψ 的二维内部空间相应地转动, $\boldsymbol{s} = \boldsymbol{\sigma}/2$ 是生成这个二维内部空间转动的自旋角动量算符. 场 ψ 由于具有在这个二维内部空间的旋转性质, 所以称为 旋量场, 简称 Weyl 旋量.

空间反射与时间反演   对于空间反射变换

$$(a^\mu_{\ \nu}) = \begin{pmatrix} 1 & 0 & 0 & 0 \\ 0 & -1 & 0 & 0 \\ 0 & 0 & -1 & 0 \\ 0 & 0 & 0 & -1 \end{pmatrix}, \tag{25}$$

也有 (19) 式. 把上式代入, 就得到 Weyl 方程有空间反射不变性的条件为

$$\Lambda^{-1}\sigma^i\Lambda = -\sigma^i, \tag{26}$$

即要求 Λ 与 σ^i 反对易. 由于 2×2 的幺正矩阵只有 4 个实参数, 线性无关的矩阵只有 4 个, 除了 3 个 Pauli 矩阵, 只有一个单位矩阵. 它们都不可能同时与 3 个 Pauli 矩阵反对易, 所以上式没有解. 这就证明了 Weyl 方程 (9) 没有空间反射 P 的不变性, 宇称不守恒, 因此 Weyl 当初对这个方程并不看好.

类似地, 对于时间反演,

$$(a^\mu_{\ \nu}) = \begin{pmatrix} -1 & 0 & 0 & 0 \\ 0 & 1 & 0 & 0 \\ 0 & 0 & 1 & 0 \\ 0 & 0 & 0 & 1 \end{pmatrix}, \tag{27}$$

也有条件 (26), 所以 Weyl 方程 (9) 也没有时间反演 T 的不变性. 但是容易看出, 若同时进行空间反射 P 与时间反演 T, Weyl 方程的形式不变.

正反粒子变换 由于 $\sigma^2(\sigma^i)^* = -\sigma^i\sigma^2$, 对 Weyl 方程 (9) 取复数共轭再乘以 σ^2, 可得

$$\partial_0\psi_C = \mp\sigma^i\partial_i\psi_C, \tag{28}$$

其中场 ψ 的变换是

$$\psi \longrightarrow \psi_C = C\psi \equiv \eta_C\sigma^2\psi^*, \tag{29}$$

η_C 是一个模为 1 的常数, $\eta_C^*\eta_C = 1$. 注意算符 C 是反幺正算符[1], 它的作用不仅是乘以矩阵 $\eta_C\sigma^2$, 还要对被作用的数取复数共轭,

$$Cc = c^*C. \tag{30}$$

与 Weyl 方程 (9) 相比, 方程 (28) 右方差一个负号, 所以 ψ_C 描述与 ψ 螺旋性相反的粒子. 若把螺旋性相反的这两个粒子看成正反粒子, 则场的变换 (29) 和相应方程的变换 (9)→ (28) 就是零质量自旋 1/2 粒子的正反粒子变换, 两个 Weyl 方程在正反粒子变换 C 的作用下互换. 所以, **Weyl 方程在正反粒子变换下没有不变性**.

Weyl 方程 (9) 在空间反射 P 变换下变号, 在正反粒子 C 变换下也变号, 所以它在 CP 变换下不变. **Weyl 方程具有 CP 不变性**, 使得它在提出 28 年之后终于被纳入量子理论之中[2].

实验表明, 中微子是自旋 1/2 的粒子, 有中微子参与的过程宇称不守恒. 此外, 实验还发现, 中微子是左旋的, 反中微子是右旋的. 当时以为中微子没有质量, 于是正反中微子可以用 (9) 式中取正负号的 Weyl 方程来描述. 现在知道中微子质量虽然很小但不为零, 可以期待能够发现右旋中微子和左旋反中微子.

4.2 Dirac 方程

1. 自由粒子的 Dirac 方程

方程的引入 有两个理由需要推广上一节的讨论, 把两个 Weyl 方程耦合起来. 一方面, 这两个方程分别描述正反两种粒子的场, 这两种场应该构成一种内部空间, 就像第 2 章复标量场两个分量的情形. 另一方面, Weyl 方程只描述零质量自旋 1/2 的粒子, 而我们希望得到有质量的自旋 1/2 粒子的方程. 推广了

---

[1] 王正行,《量子力学原理》第三版, 北京大学出版社, 2020 年, 87 页.

[2] L. Landau, *Nucl. Phys.* **3** (1957) 127; T.D. Lee and C.N. Yang, *Phys. Re.* **105** (1957) 1671; A. Salam, *Nuovo Cimento* **5** (1957) 299.

的方程应能统一描述正反两种有质量的自旋 1/2 的粒子, 而在粒子质量为 0 时简化为 Weyl 方程.

上节已经指出, 质量为 0 的粒子以光速运动, 具有确定的螺旋性. 如果粒子获得了质量, 螺旋性就不再是粒子的固有性质, 而有可能在运动过程中发生改变. 这是因为, 有质量的粒子运动速度小于光速, 变换到沿着粒子运动方向而且比粒子速度更快的惯性系, 粒子的螺旋性就会反转过来. 粒子在获得质量的同时, 将丧失具有固定螺旋性的这一特征. 换句话说, 具有质量的粒子, 既可以处于左旋态, 也可以处于右旋态, 或者更一般地处于左旋态与右旋态的叠加态.

两个 Weyl 方程, 分别描写左旋和右旋的粒子. 如果粒子没有确定的螺旋性, 在左旋态与右旋态之间就会有耦合. 于是, 可以尝试把两个 Weyl 方程耦合起来, 写成

$$(\partial_0 + \sigma^i \partial_i)\psi_{\mathrm{R}} = -\mathrm{i}m\psi_{\mathrm{L}}, \tag{31}$$

$$(\partial_0 - \sigma^i \partial_i)\psi_{\mathrm{L}} = -\mathrm{i}m\psi_{\mathrm{R}}, \tag{32}$$

其中引入虚单位 i 是为了使耦合常数 m 为实数, ψ_{R} 与 ψ_{L} 都是二分量 Weyl 旋量. 容易看出, 它们都满足 Klein-Gordon 方程

$$\partial_\mu \partial^\mu \psi_i = -m^2 \psi_i, \qquad i = \mathrm{R}, \mathrm{L}, \tag{33}$$

所以耦合常数 m 就是粒子质量.

ψ_{R} 与 ψ_{L} 的两个耦合方程可以合写成

$$(\partial_0 + \alpha^i \partial_i + \mathrm{i}m\beta)\psi = 0, \tag{34}$$

其中

$$\psi = \begin{pmatrix} \psi_{\mathrm{R}} \\ \psi_{\mathrm{L}} \end{pmatrix} \tag{35}$$

是两个二分量 Weyl 旋量的组合, 共有 4 个分量, 称为 Dirac 旋量, 简称旋量. $\boldsymbol{\alpha}$ 与 β 是 4×4 的厄米矩阵, 称为 Dirac 矩阵,

$$\boldsymbol{\alpha} = \begin{pmatrix} \boldsymbol{\sigma} & 0 \\ 0 & -\boldsymbol{\sigma} \end{pmatrix}, \qquad \beta = \begin{pmatrix} 0 & 1 \\ 1 & 0 \end{pmatrix}, \tag{36}$$

其中 $\boldsymbol{\sigma}$ 是 2×2 的 Pauli 矩阵, 1 是 2×2 的单位矩阵, 0 是 2×2 的 0 矩阵. 方程 (34) 就是自由粒子的 Dirac 方程. 在历史上是先有 Dirac 方程后有 Weyl 方程, 历史往往不合逻辑.

上述引入 Dirac 方程的方式表明, 这个方程只是一个唯象方程, 其中粒子质量 m 作为两种无质量粒子的耦合常数, 只是一个唯象参数, 用来笼统地描述某种更深层的物理. 这就是关于质量起源的物理. 本书最后 10.6 节的讨论, 将会

涉及这个问题.

Dirac 表象 Dirac 方程的场量 ψ 区分为上下两个分量,这相当于一个新的内部自由度,具有二维的表示空间. 在这个二维空间中,我们可以选择不同的表象. Dirac 矩阵的上述形式 (36) 属于 Weyl 表象,又称 手征表象. 在 Weyl 表象中,当粒子质量趋于 0, $m \to 0$ 时,场量的上下分量 ψ_{R} 与 ψ_{L} 分别成为右旋态与左旋态. 在 $p \gg mc$ 的高能情形,粒子的质量可以忽略时,用 Weyl 表象比较方便.

更常用的是 Dirac 表象. 从 Weyl 表象到 Dirac 表象的表象变换是

$$\psi = \begin{pmatrix} \psi_{\mathrm{R}} \\ \psi_{\mathrm{L}} \end{pmatrix} \longrightarrow \psi = \begin{pmatrix} \varphi \\ \chi \end{pmatrix} = \frac{1}{\sqrt{2}} \begin{pmatrix} \psi_{\mathrm{R}} + \psi_{\mathrm{L}} \\ \psi_{\mathrm{R}} - \psi_{\mathrm{L}} \end{pmatrix}. \tag{37}$$

这是一个 4 维空间的幺正变换,变换矩阵为

$$U = \frac{1}{\sqrt{2}} \begin{pmatrix} 1 & 1 \\ 1 & -1 \end{pmatrix}, \tag{38}$$

矩阵元中的 1 是自旋空间 2×2 的单位矩阵. 注意上述矩阵也是厄米的. 由此很容易算出在 Dirac 表象中的 Dirac 矩阵为

$$\boldsymbol{\alpha} = \begin{pmatrix} 0 & \boldsymbol{\sigma} \\ \boldsymbol{\sigma} & 0 \end{pmatrix}, \qquad \beta = \begin{pmatrix} 1 & 0 \\ 0 & -1 \end{pmatrix}. \tag{39}$$

在此表象中, Dirac 方程 (34) 的分量形式为

$$\partial_0 \varphi + \sigma \cdot \nabla \chi + \mathrm{i} m \varphi = 0, \tag{40}$$

$$\partial_0 \chi + \sigma \cdot \nabla \varphi - \mathrm{i} m \chi = 0. \tag{41}$$

φ 与 χ 都是自旋空间的二分量旋量,由上述方程可以看出,它们的物理含意是: 在 Dirac 表象中,当粒子动量趋于 0, $k \to 0$ 时, φ 与 χ 分别成为正频态与负频态,亦即分别描述粒子与反粒子. 在能量不太高的 $k \ll m$ 情形,粒子的产生与湮灭过程可以忽略时,用 Dirac 表象比较方便. 如果没有特别指出,以后的讨论在需要用具体表象的地方,都采用 Dirac 表象.

Majorana 表象 Weyl 方程的正反粒子变换 (29),包含对场量 ψ 取复数共轭. 下面将会看到, Dirac 方程的正反粒子变换,也要对场量 ψ 取复数共轭. 如果 ψ 是实数,取复数共轭还是它自己,这就意味着实数场的正反粒子是同一个粒子. 而要得到 ψ 的实数解,其方程的系数就必须都是实数. Dirac 方程的这种形式,称为 Majorana 表象 [1].

---

[1] E. Majorana, *Nuovo Cimento* **14** (1937) 171.

前面引入 Dirac 方程的做法, 是把描写左旋态 ψ_{L} 与右旋态 ψ_{R} 的两个 Weyl 方程耦合. 同样, 也可以把描写粒子态 ψ_{P} 与反粒子态 ψ_{A} 的两个 Weyl 方程耦合, ψ_{P} 与 ψ_{A} 之间有关系 (29),

$$\psi_{\mathrm{A}} = \hat{C}\psi = \eta_C \sigma^2 \psi_{\mathrm{P}}^*, \tag{42}$$

注意这里用了与前面不同的下标. 重复前面的做法, 就可以得到完全相同的方程 (34), 只是现在

$$\psi = \left(\begin{array}{c} \psi_{\mathrm{A}} \\ \psi_{\mathrm{P}} \end{array} \right) = \left(\begin{array}{c} \eta_C \sigma^2 \psi_{\mathrm{P}}^* \\ \psi_{\mathrm{P}} \end{array} \right). \tag{43}$$

为了得到实数的结果, 可以作变换 $\psi \to \psi_{\mathrm{M}} = U\psi$, 使得 ψ_{M} 的两个分量分别是 ψ_{P} 的实部 $\mathrm{Re}\,\psi_{\mathrm{P}}$ 和虚部 $\mathrm{Im}\,\psi_{\mathrm{P}}$. 如果选取

$$U = \frac{1}{\sqrt{2}} \left(\begin{array}{cc} 1 & \sigma^2 \\ \sigma^2 & -1 \end{array} \right), \tag{44}$$

就可以算出实数的结果

$$\psi_{\mathrm{M}} = \frac{1}{\sqrt{2}} \left(\begin{array}{cc} 1 & \sigma^2 \\ \sigma^2 & -1 \end{array} \right) \left(\begin{array}{c} \eta_C \sigma^2 \psi_{\mathrm{P}}^* \\ \psi_{\mathrm{P}} \end{array} \right) = \frac{1}{\sqrt{2}} \left(\begin{array}{c} \mathrm{i}\sigma^2 \, \mathrm{Im}\,\psi_{\mathrm{P}} \\ -\mathrm{Re}\,\psi_{\mathrm{P}} \end{array} \right),$$

其中已取 $\eta_C = -1$, 注意 σ^2 是虚数, $(\sigma^2)^* = -\sigma^2$.

相应地, 从 Weyl 表象的 Dirac 矩阵 (36), 可以算出方程 (34) 中变换以后的 $\alpha_{\mathrm{M}}^i = U\alpha_{\mathrm{W}}^i U^\dagger$ 和 $\beta_{\mathrm{M}} = U\beta_{\mathrm{W}} U^\dagger$,

$$\alpha_{\mathrm{M}}^1 = \left(\begin{array}{cc} \sigma^1 & 0 \\ 0 & -\sigma^1 \end{array} \right), \quad \alpha_{\mathrm{M}}^2 = \left(\begin{array}{cc} 0 & 1 \\ 1 & 0 \end{array} \right), \quad \alpha_{\mathrm{M}}^3 = \left(\begin{array}{cc} \sigma^3 & 0 \\ 0 & -\sigma^3 \end{array} \right),$$

$$\beta_{\mathrm{M}} = \left(\begin{array}{cc} \sigma^2 & 0 \\ 0 & -\sigma^2 \end{array} \right). \tag{45}$$

注意现在 α_{M}^i 是实数, $(\alpha_{\mathrm{M}}^i)^* = \alpha_{\mathrm{M}}^i$, 而 β_{M} 是虚数, $(\beta_{\mathrm{M}})^* = -\beta_{\mathrm{M}}$, Dirac 方程 (34) 是实系数的方程.

上面推导中的变换矩阵 U, 可以有不同的选择. 所以, Majorana 表象的 $\boldsymbol{\alpha}$ 和 β 矩阵可以有不同的形式. 实际上, 一般的做法是从 Dirac 表象 (39) 出发, 选择适当的变换 U, 来算出 Weyl 和 Majorana 表象. 所以 Dirac 表象的形式是唯一和固定的, 而不同作者使用的 Weyl 和 Majorana 表象往往不同[①].

手征投影算符 在 Dirac 表象中, 可以定义 *手征投影算符*

$$P_{\mathrm{L}} = \frac{1}{2} \left(\begin{array}{cc} 1 & -1 \\ -1 & 1 \end{array} \right), \quad P_{\mathrm{R}} = \frac{1}{2} \left(\begin{array}{cc} 1 & 1 \\ 1 & 1 \end{array} \right), \tag{46}$$

---

① 可参阅喀兴林, 《高等量子力学》第二版, 高等教育出版社, 2001 年, 216 页.

它们作用于 Dirac 旋量的结果, 分别得到完全由左旋和右旋 Weyl 旋量构成的 Dirac 旋量,

$$P_{\mathrm{L}}\psi = \frac{1}{\sqrt{2}}\begin{pmatrix} \psi_{\mathrm{L}} \\ -\psi_{\mathrm{L}} \end{pmatrix}, \qquad P_{\mathrm{R}}\psi = \frac{1}{\sqrt{2}}\begin{pmatrix} \psi_{\mathrm{R}} \\ \psi_{\mathrm{R}} \end{pmatrix}, \tag{47}$$

并且具有性质

$$P_{\mathrm{L}}^2 = P_{\mathrm{L}}, \qquad P_{\mathrm{R}}^2 = P_{\mathrm{R}}, \qquad P_{\mathrm{L}}P_{\mathrm{R}} = P_{\mathrm{R}}P_{\mathrm{L}} = 0, \qquad P_{\mathrm{L}} + P_{\mathrm{R}} = 1. \tag{48}$$

手征投影算符可以从 Dirac 旋量中选出左旋和右旋部分. 上式表明, Dirac 左旋态 $P_{\mathrm{L}}\psi$ 与右旋态 $P_{\mathrm{R}}\psi$ 是手征投影算符的两个本征态, 它们互相正交.

2. γ 矩阵与 Dirac 方程的协变形式

Dirac 矩阵的性质　容易验证 Dirac 矩阵是厄米矩阵, 有下列性质:

$$\{\alpha_i, \alpha_j\} = 2\delta_{ij}, \qquad \{\alpha_i, \beta\} = 0, \qquad \beta^2 = 1. \tag{49}$$

γ 矩阵的定义与性质　γ 矩阵定义为

$$\gamma^0 = \beta, \qquad \gamma^i = \beta\alpha^i. \tag{50}$$

这样定义的 γ^0 是幺正的, γ^i 是反幺正的,

$$(\gamma^0)^\dagger = \gamma^0, \qquad (\gamma^i)^\dagger = -\gamma^i. \tag{51}$$

在 Dirac 表象中, γ 矩阵的表示为

$$\gamma^0 = \begin{pmatrix} 1 & 0 \\ 0 & -1 \end{pmatrix}, \qquad \gamma^i = \begin{pmatrix} 0 & \sigma^i \\ -\sigma^i & 0 \end{pmatrix}. \tag{52}$$

从 Dirac 矩阵的反对易关系 (49) 容易证明, γ 矩阵有下列反对易关系:

$$\{\gamma^\mu, \gamma^\nu\} = 2g^{\mu\nu}. \tag{53}$$

γ 矩阵的乘积　由 4 个 γ^μ 矩阵可以构成下表列出的 16 个线性独立的乘积:

乘积的重数	因子	个数
0	1	1
1	γ^μ	4
2	$\gamma^\mu\gamma^\nu(\mu \neq \nu)$	6
3	$\gamma^5\gamma^\mu$	4
4	γ^5	1

其中

$$\gamma^5 = \gamma_5 = \mathrm{i}\gamma^0\gamma^1\gamma^2\gamma^3 = \begin{pmatrix} 0 & 1 \\ 1 & 0 \end{pmatrix}, \tag{54}$$

右边的矩阵是 γ^5 在 Dirac 表象的表示. 更高的重数, 可以用 γ 矩阵的反对易关系化成较低的重数. 此外还有

$$(\gamma^5)^2 = 1, \qquad \{\gamma^5, \gamma^\mu\} = 0. \tag{55}$$

手征算符   用 γ^5, 可以把手征投影算符一般地定义成

$$P_{\mathrm{L}} = \frac{1}{2}(1 - \gamma^5), \qquad P_{\mathrm{R}} = \frac{1}{2}(1 + \gamma^5), \tag{56}$$

在 Dirac 表象, 它们给出 (46) 式. 很容易看出, $P_{\mathrm{L}}\psi$ 与 $P_{\mathrm{R}}\psi$ 是 γ^5 的本征态, 本征值分别为 -1 与 1,

$$\gamma^5 P_{\mathrm{L}}\psi = -P_{\mathrm{L}}\psi, \qquad \gamma^5 P_{\mathrm{R}}\psi = P_{\mathrm{R}}\psi, \tag{57}$$

所以 γ^5 又称为 *手征算符*, 它的本征态是 Dirac 旋量的左旋和右旋态.

Dirac 方程的协变形式、 Dirac 共轭与 Feynman 符号   运用 γ 矩阵, 可以把 Dirac 方程 (34) 写成相对论协变的形式

$$(\mathrm{i}\gamma^\mu \partial_\mu - m)\psi = 0. \tag{58}$$

取上式的厄米共轭, 并用 γ^0 从右边相乘, 可得 Dirac 方程的共轭方程

$$\mathrm{i}\partial_\mu \overline{\psi}\gamma^\mu + m\overline{\psi} = 0, \tag{59}$$

其中 $\overline{\psi}$ 是旋量 ψ 的 Dirac 共轭, 定义为

$$\overline{\psi} = \psi^\dagger \gamma^0. \tag{60}$$

在旋量场的问题中经常遇到 γ 矩阵与四维矢量相乘, 于是 Feynman 引进了下列简化的符号:

$$\partial\!\!\!/ = \gamma^\mu \partial_\mu, \qquad k\!\!\!/ = \gamma^\mu k_\mu, \qquad p\!\!\!/ = \gamma^\mu p_\mu, \qquad \cdots. \tag{61}$$

用 Feynman 符号, Dirac 方程就可以简写成

$$(\mathrm{i}\partial\!\!\!/ - m)\psi = 0. \tag{62}$$

3. 自由粒子的平面波解

平面波解的形式   上面已经指出, Dirac 旋量的上下分量都满足 Klein-Gordon 方程, 所以有平面波解,

$$\psi(x) = w\mathrm{e}^{-\mathrm{i}kx} = w\mathrm{e}^{-\mathrm{i}(k^0 t - \boldsymbol{k} \cdot \boldsymbol{x})}, \tag{63}$$

其中

$$k^0 = \pm\omega, \qquad \omega = \sqrt{\boldsymbol{k}^2 + m^2}, \tag{64}$$

$$w = \begin{pmatrix} \zeta \\ \eta \end{pmatrix}. \tag{65}$$

把 (63) 式代入 Dirac 方程 (62), 就得到旋量 w 的方程

$$(\not{k} - m)\psi = (\gamma^0 k_0 + \gamma^i k_i - m)w = 0, \tag{66}$$

它表明, w 依赖于 k_0 与 $\boldsymbol{k}$. 在 Dirac 表象, 上述方程成为

$$\begin{pmatrix} m - k_0 & \boldsymbol{\sigma} \cdot \boldsymbol{k} \\ -\boldsymbol{\sigma} \cdot \boldsymbol{k} & m + k_0 \end{pmatrix} \begin{pmatrix} \zeta \\ \eta \end{pmatrix} = 0, \tag{67}$$

可以看出, 若取 w 为螺旋度 ξ 的本征态, 方程中的矩阵 $\boldsymbol{\sigma} \cdot \boldsymbol{k}$ 就简化为 $\xi|\boldsymbol{k}|$. 通常把正频与负频解 w 分别记为 u 与 v,

$$u(\boldsymbol{k}, \xi) = w(\omega, \boldsymbol{k}, \xi), \qquad v(\boldsymbol{k}, \xi) = w(-\omega, -\boldsymbol{k}, \xi). \tag{68}$$

对方程 (66) 取厄米共轭, 注意 $(\gamma^i)^\dagger = -\gamma^i$, 可得

$$w^\dagger(\gamma^0 k_0 - \gamma^i k_i - m) = 0. \tag{69}$$

用 $w^\dagger$ 从左乘 (66) 式, 用 w 从右乘上式, 二者相加, 就有

$$\overline{w}(k^0, \boldsymbol{k}, \xi)w(k^0, \boldsymbol{k}, \xi') = \frac{m}{k^0} w^\dagger(k^0, \boldsymbol{k}, \xi)w(k^0, \boldsymbol{k}, \xi'). \tag{70}$$

把正频与负频解分开写, 就是

$$\overline{u}(\boldsymbol{k}, \xi)u(\boldsymbol{k}, \xi') = \frac{m}{\omega} u^\dagger(\boldsymbol{k}, \xi)u(\boldsymbol{k}, \xi'), \quad \overline{v}(\boldsymbol{k}, \xi)v(\boldsymbol{k}, \xi') = -\frac{m}{\omega} v^\dagger(\boldsymbol{k}, \xi)v(\boldsymbol{k}, \xi'). \tag{71}$$

旋量 u 与 v 的表示 由方程 (67) 可解出

$$u(\boldsymbol{k}, \xi) = N \begin{pmatrix} \zeta \\ \frac{\boldsymbol{\sigma} \cdot \boldsymbol{k}}{\omega + m} \zeta \end{pmatrix}, \qquad v(\boldsymbol{k}, \xi) = N \begin{pmatrix} \frac{\boldsymbol{\sigma} \cdot \boldsymbol{k}}{\omega + m} \eta \\ \eta \end{pmatrix}, \tag{72}$$

其中 ζ 和 η 是粒子螺旋性 ξ 的本征态 $\xi_\pm$, N 是归一化常数. 取归一化条件

$$u^\dagger(\boldsymbol{k}, \xi)u(\boldsymbol{k}, \xi') = 2\omega\, \delta_{\xi\xi'}, \qquad v^\dagger(\boldsymbol{k}, \xi)v(\boldsymbol{k}, \xi') = 2\omega\, \delta_{\xi\xi'}, \tag{73}$$

并且假设 ζ 与 η 在自旋空间是归一化的, $\zeta^\dagger \zeta = 1, \eta^\dagger \eta = 1$, 则归一化常数 N 为

$$N = \sqrt{\omega + m}. \tag{74}$$

自旋空间的表象常取 (s, s_z) 的本征态为基矢. 在这个表象中, s_z 取本征值 $\pm 1/2$. 而螺旋性 $\xi = \sigma_k$ 正比于自旋在动量方向的投影, 螺旋性为正的右旋态, 是自旋在动量方向投影为 $1/2$ 的本征态, 螺旋性为负的左旋态, 是自旋在动量方向投影为 $-1/2$ 的本征态. 所以, 把 z 轴转到动量 $\boldsymbol{k}$ 的方向 (θ, ϕ), 就可求得 ξ 的本征态在此表象的表示. 用转动矩阵 $\mathcal{D}^{1/2}(\boldsymbol{n}, \theta)$ 的公式 (24), 先绕 y 轴转 θ 角, 再绕 z 轴转 ϕ 角, 总的转动矩阵为

$$\mathcal{D}^{1/2}(\boldsymbol{n}_z \to \boldsymbol{n}_k) = \mathcal{D}^{1/2}(\boldsymbol{n}_z, \phi)\mathcal{D}^{1/2}(\boldsymbol{n}_y, \theta) = \mathrm{e}^{-\mathrm{i}\phi\sigma^3/2}\mathrm{e}^{-\mathrm{i}\theta\sigma^2/2}$$

$$= \begin{pmatrix} \mathrm{e}^{-\mathrm{i}\phi/2} & 0 \\ 0 & \mathrm{e}^{\mathrm{i}\phi/2} \end{pmatrix} \begin{pmatrix} \cos\frac{\theta}{2} & -\sin\frac{\theta}{2} \\ \sin\frac{\theta}{2} & \cos\frac{\theta}{2} \end{pmatrix}$$

$$= \begin{pmatrix} e^{-i\phi/2}\cos\frac{\theta}{2} & -e^{-i\phi/2}\sin\frac{\theta}{2} \\ e^{i\phi/2}\sin\frac{\theta}{2} & e^{i\phi/2}\cos\frac{\theta}{2} \end{pmatrix}. \tag{75}$$

把它分别作用到 s_z 的两个本征态上, 就得到螺旋性 ξ 的两个本征态:

$$\xi_+ = \mathcal{D}^{1/2}(\boldsymbol{n}_z \to \boldsymbol{n}_k)\begin{pmatrix} 1 \\ 0 \end{pmatrix} = \begin{pmatrix} e^{-i\phi/2}\cos\frac{\theta}{2} \\ e^{i\phi/2}\sin\frac{\theta}{2} \end{pmatrix}, \tag{76}$$

$$\xi_- = \mathcal{D}^{1/2}(\boldsymbol{n}_z \to \boldsymbol{n}_k)\begin{pmatrix} 0 \\ 1 \end{pmatrix} = \begin{pmatrix} -e^{-i\phi/2}\sin\frac{\theta}{2} \\ e^{i\phi/2}\cos\frac{\theta}{2} \end{pmatrix}. \tag{77}$$

几个公式及投影算符 由前面解出的 u 和 v, 可以算出

$$\left. \begin{aligned} \overline{u}(\boldsymbol{k},\xi)u(\boldsymbol{k},\xi') &= 2m\delta_{\xi\xi'}, \\ \overline{v}(\boldsymbol{k},\xi)v(\boldsymbol{k},\xi') &= -2m\delta_{\xi\xi'}, \\ \overline{u}(\boldsymbol{k},\xi)v(\boldsymbol{k},\xi') &= \overline{v}(\boldsymbol{k},\xi)u(\boldsymbol{k},\xi') = 0, \end{aligned} \right\} \tag{78}$$

其中 $\overline{u}$ 与 $\overline{v}$ 分别是 u 与 v 的 Dirac 共轭. 于是可以定义下列投影算符

$$P_+ = \frac{1}{2m}\sum_\xi u(\boldsymbol{k},\xi)\overline{u}(\boldsymbol{k},\xi), \qquad P_- = -\frac{1}{2m}\sum_\xi v(\boldsymbol{k},\xi)\overline{v}(\boldsymbol{k},\xi), \tag{79}$$

不难看出有

$$\left. \begin{aligned} P_+u(\boldsymbol{k},\xi) &= u(\boldsymbol{k},\xi), & P_+v(\boldsymbol{k},\xi) &= 0, \\ P_-u(\boldsymbol{k},\xi) &= 0, & P_-v(\boldsymbol{k},\xi) &= v(\boldsymbol{k},\xi), \end{aligned} \right\} \tag{80}$$

以及

$$P_+^2 = P_+, \qquad P_-^2 = P_-, \qquad P_+P_- = P_-P_+ = 0, \qquad P_+ + P_- = 1. \tag{81}$$

上面最后一式也就是 Dirac 旋量的完备性公式

$$\frac{1}{2m}\sum_\xi \{u(\boldsymbol{k},\xi)\overline{u}(\boldsymbol{k},\xi) - v(\boldsymbol{k},\xi)\overline{v}(\boldsymbol{k},\xi)\} = 1. \tag{82}$$

现在来求出投影算符的具体表达式. 代入 u 和 $\overline{u}$ 的表达式, 就有

$$\begin{aligned} P_+ &= \frac{\omega+m}{2m}\sum_\xi \begin{pmatrix} \zeta \\ \frac{\boldsymbol{\sigma}\cdot\boldsymbol{k}}{\omega+m}\zeta \end{pmatrix}(\zeta^\dagger, -\zeta^\dagger\frac{\boldsymbol{\sigma}\cdot\boldsymbol{k}}{\omega+m}) \\ &= \frac{1}{2m}\sum_\xi \begin{pmatrix} (\omega+m)\zeta\zeta^\dagger & -\zeta\zeta^\dagger(\boldsymbol{\sigma}\cdot\boldsymbol{k}) \\ (\boldsymbol{\sigma}\cdot\boldsymbol{k})\zeta\zeta^\dagger & -(\boldsymbol{\sigma}\cdot\boldsymbol{k})\zeta\zeta^\dagger\frac{\boldsymbol{\sigma}\cdot\boldsymbol{k}}{\omega+m} \end{pmatrix}. \end{aligned} \tag{83}$$

注意其中

$$\sum_\xi \zeta\zeta^\dagger = \xi_+\xi_+^\dagger + \xi_-\xi_-^\dagger = \begin{pmatrix} 1 & 0 \\ 0 & 1 \end{pmatrix}, \tag{84}$$

最后就得到

$$P_+ = \frac{1}{2m}\begin{pmatrix} \omega+m & -\boldsymbol{\sigma}\cdot\boldsymbol{k} \\ \boldsymbol{\sigma}\cdot\boldsymbol{k} & -\omega+m \end{pmatrix} = \frac{\gamma^\mu k_\mu + m}{2m} = \frac{\not{k}+m}{2m}, \tag{85}$$

其中 $k^\mu = (\omega, \boldsymbol{k})$. 同样还有

$$P_- = \frac{-\not{k}+m}{2m}. \tag{86}$$

4.3 Dirac 方程的变换性质

1. Dirac 方程的相对论协变性

Dirac 方程的相对论协变条件 考虑 Lorentz 变换

$$x^{\mu\prime} = a^\mu{}_\nu x^\nu. \tag{87}$$

与 Weyl 方程类似地, 在 Lorentz 变换下, 旋量空间的变换可以写成

$$\psi \to \psi' = \Lambda\psi, \tag{88}$$

只是现在的 ψ 是四分量旋量, Λ 是 4×4 的矩阵, 上式是 ψ 在四维内部空间的转动. 用 Λ 作用于方程 (58), 并代入 $\partial_\mu = a^\nu{}_\mu \partial'_\nu$, 就有

$$(\mathrm{i}\Lambda\gamma^\mu\Lambda^{-1}a^\nu{}_\mu\partial'_\nu - m)\psi' = 0. \tag{89}$$

要求它与 (58) 式的形式一样, 就有下述 Dirac 方程的相对论协变条件,

$$\Lambda\gamma^\mu\Lambda^{-1}a^\nu{}_\mu = \gamma^\nu, \tag{90}$$

或者等价的

$$\Lambda^{-1}\gamma^\mu\Lambda = a^\mu{}_\nu\gamma^\nu. \tag{91}$$

矩阵 Λ 有 16 个实参数, 要由上述条件来确定.

正规 Lorentz 变换下的协变性 一个无限小正规 Lorentz 变换可以写成

$$a^\mu{}_\nu = g^\mu{}_\nu + \varepsilon^\mu{}_\nu, \tag{92}$$

由于正交条件 $a_\lambda{}^\mu a^\lambda{}_\nu = g^\mu{}_\nu$ 的限制, $\varepsilon^{\mu\nu}$ 是反对称的,

$$\varepsilon^{\mu\nu} = -\varepsilon^{\nu\mu}. \tag{93}$$

与无限小正规 Lorentz 变换相应的 Λ 可以写成

$$\Lambda = 1 + a\varepsilon_{\mu\nu}\gamma^\mu\gamma^\nu. \tag{94}$$

把它与上述 $a^\mu{}_\nu$ 代入 (91) 式, 略去 $\varepsilon_{\mu\nu}$ 的二次项, 就有

$$a\varepsilon_{\nu\lambda}(\gamma^\mu\gamma^\nu\gamma^\lambda - \gamma^\nu\gamma^\lambda\gamma^\mu) = \varepsilon^\mu{}_\nu\gamma^\nu. \tag{95}$$

运用 γ 矩阵的反对易关系和 $\varepsilon_{\mu\nu}$ 的反对称性, 可以从上式解得

$$a = \frac{1}{4}. \tag{96}$$

于是我们解得

$$\Lambda = 1 + \frac{1}{4}\varepsilon_{\mu\nu}\gamma^\mu\gamma^\nu = 1 + \frac{1}{8}\varepsilon_{\mu\nu}(\gamma^\mu\gamma^\nu - \gamma^\nu\gamma^\mu). \tag{97}$$

这就证明了 Dirac 方程在 Lorentz 变换下具有协变性.

Dirac 双线性协变量 旋量 ψ 的 Dirac 共轭为 $\overline{\psi} = \psi^\dagger\gamma^0$. 由变换矩阵 Λ 的下述性质

$$\Lambda^\dagger = \gamma^0\Lambda^{-1}\gamma^0, \tag{98}$$

可以求出 $\overline{\psi}$ 在 Lorentz 变换下的变换为

$$\overline{\psi}' = \psi'^\dagger\gamma^0 = (\Lambda\psi)^\dagger\gamma^0 = \psi^\dagger\Lambda^\dagger\gamma^0 = \overline{\psi}\Lambda^{-1}. \tag{99}$$

由 Dirac 旋量 ψ, $\overline{\psi}$ 及 γ 矩阵可以组成的 Lorentz 双线性协变量如下表所示:

协变量	$\overline{\psi}\psi$	$\overline{\psi}\gamma^\mu\psi$	$\overline{\psi}\gamma^\mu\gamma^\nu\psi(\mu \neq \nu)$	$\overline{\psi}\gamma^5\psi$	$\overline{\psi}\gamma^5\gamma^\mu\psi$
协变性	标量	矢量	二阶反对称张量	赝标量	赝矢量

其中前三个协变量在正规 Lorentz 变换下的协变性证明如下:

$$\overline{\psi}'\psi' = \overline{\psi}\Lambda^{-1}\Lambda\psi = \overline{\psi}\psi, \tag{100}$$

$$\overline{\psi}'\gamma^\mu\psi' = \overline{\psi}\Lambda^{-1}\gamma^\mu\Lambda\psi = a^\mu_{\ \nu}\overline{\psi}\gamma^\nu\psi, \tag{101}$$

$$\overline{\psi}'\gamma^\mu\gamma^\nu\psi' = \overline{\psi}\Lambda^{-1}\gamma^\mu\Lambda\Lambda^{-1}\gamma^\nu\Lambda\psi = a^\mu_{\ \lambda}a^\nu_{\ \rho}\overline{\psi}\gamma^\lambda\gamma^\rho\psi. \tag{102}$$

上表中后两个协变量在正规 Lorentz 变换下的变换性质如下:

$$\overline{\psi}'\gamma^5\psi' = \overline{\psi}\Lambda^{-1}\gamma^5\Lambda\psi = \overline{\psi}\gamma^5\psi, \tag{103}$$

$$\overline{\psi}'\gamma^5\gamma^\mu\psi' = \overline{\psi}\Lambda^{-1}\gamma^5\gamma^\mu\Lambda\psi = \overline{\psi}\gamma^5\Lambda^{-1}\gamma^\mu\Lambda\psi = a^\mu_{\ \nu}\overline{\psi}\gamma^5\gamma^\nu\psi. \tag{104}$$

我们在下一小节再来证明上述双线性协变量在空间反射下的变换性质.

例 流矢量 可以用双线性协变量把物理量方程写成具有明显相对论协变性的形式. 例如定义流矢量

$$j^\mu = q\overline{\psi}\gamma^\mu\psi, \tag{105}$$

就可以写出连续性方程

$$\partial_\mu j^\mu = 0. \tag{106}$$

∂_μ 是协变 4 矢量, j^μ 是逆变 4 矢量, 所以上式左边是标量, 在 Lorentz 变换下不变. 注意其中

$$j^0 = q\overline{\psi}\gamma^0\psi = q\psi^\dagger\psi = \rho, \tag{107}$$

$$j^{\,i} = q\overline{\psi}\gamma^i\psi = q\psi^\dagger\beta\beta\alpha^i\psi = q\psi^\dagger\alpha^i\psi, \tag{108}$$

方程 (106) 正是我们熟知的

$$\frac{\partial\rho}{\partial t} + \nabla\cdot\boldsymbol{j} = 0. \tag{109}$$

2. Dirac 方程的时空对称性

空间转动与粒子的自旋 对普通三维空间的无限小转动, 由 (20) 式有

$$\varepsilon_{ij} = \epsilon_{ijk}\theta^k. \tag{110}$$

此外, $\varepsilon_{0i} = 0$. 把它们代入 (97), 就得到

$$\Lambda = 1 - \frac{\mathrm{i}}{2}\boldsymbol{\theta}\cdot\boldsymbol{\Sigma}, \tag{111}$$

其中

$$\Sigma^i = -\frac{\mathrm{i}}{2}\epsilon^i{}_{jk}\gamma^j\gamma^k = \begin{pmatrix} \sigma^i & 0 \\ 0 & \sigma^i \end{pmatrix}. \tag{112}$$

所以, $s^i = \Sigma^i/2$ 就是粒子的自旋角动量算符, 容易证明 Σ^i 满足与 Pauli 矩阵同样的反对易关系, 而 s^i 满足角动量算符的对易关系,

$$\{\Sigma^i, \Sigma^j\} = -2g^{ij}, \qquad [s^i, s^j] = \mathrm{i}\epsilon^{ij}{}_k s^k. \tag{113}$$

可以看出, 在空间转动下, Weyl 二分量旋量转动矩阵的无限小算符是 σ^i, 而两个二分量旋量的转动矩阵的无限小算符, 就是两个 σ^i 分别对每一个二分量旋量的作用. 实际上, 用幺正矩阵 (38) 变回到 Weyl 表象, Σ^i 的表示仍是 (112) 式, 而这里的 Λ 正是两个二分量的 (23) 分别作用到上下分量的结果.

空间反射 对于空间反射,

$$(a^\mu{}_\nu) = \begin{pmatrix} 1 & 0 & 0 & 0 \\ 0 & -1 & 0 & 0 \\ 0 & 0 & -1 & 0 \\ 0 & 0 & 0 & -1 \end{pmatrix}, \tag{114}$$

它的行列式为 -1,

$$\|a^\mu{}_\nu\| = -1. \tag{115}$$

这是 非正规 Lorentz 变换. 把这个变换代入 (91) 式, 就得到旋量转动矩阵 Λ 的方程

$$\Lambda^{-1}\gamma^0\Lambda = \gamma^0, \qquad \Lambda^{-1}\gamma^i\Lambda = -\gamma^i. \tag{116}$$

由它们可以解出

$$P = \Lambda = \eta_P\gamma^0, \tag{117}$$

常数 η_P 可由条件 $\Lambda^\dagger = \Lambda^{-1}$ 限制到只差一个相因子, $\eta_P{}^*\eta_P = 1$. 这就证明了 Dirac 方程具有空间反射 P 的不变性, 宇称守恒.

这时仍有 $\Lambda^\dagger = \gamma^0\Lambda^{-1}\gamma^0$, 由此可以求出双线性协变量在空间反射下的变换:

$$\overline{\psi}'\psi' = \overline{\psi}\Lambda^{-1}\Lambda\psi = \overline{\psi}\psi, \tag{118}$$

$$\overline{\psi}'\gamma^0\psi' = \overline{\psi}\Lambda^{-1}\gamma^0\Lambda\psi = \overline{\psi}\gamma^0\psi, \qquad \overline{\psi}'\gamma^i\psi' = \overline{\psi}\Lambda^{-1}\gamma^i\Lambda\psi = -\overline{\psi}\gamma^i\psi, \tag{119}$$

$$\overline{\psi}'\gamma^i\gamma^j\psi' = \overline{\psi}\Lambda^{-1}\gamma^i\Lambda\Lambda^{-1}\gamma^j\Lambda\psi = \overline{\psi}\gamma^i\gamma^j\psi, \qquad \overline{\psi}'\gamma^0\gamma^i\psi' = -\overline{\psi}\gamma^0\gamma^i\psi, \tag{120}$$

$$\overline{\psi}'\gamma^5\psi' = \overline{\psi}\Lambda^{-1}\gamma^5\Lambda\psi = -\overline{\psi}\gamma^5\psi, \tag{121}$$

$$\overline{\psi}'\gamma^5\gamma^0\psi' = \overline{\psi}\Lambda^{-1}\gamma^5\Lambda\Lambda^{-1}\gamma^0\Lambda\psi = -\overline{\psi}\gamma^5\gamma^0\psi, \qquad \overline{\psi}'\gamma^5\gamma^i\psi' = \overline{\psi}\gamma^5\gamma^i\psi. \tag{122}$$

时间反演   时间反演也是 $||a^\mu{}_\nu|| = -1$ 的非正规 Lorentz 变换, 变换矩阵为

$$(a^\mu{}_\nu) = \begin{pmatrix} -1 & 0 & 0 & 0 \\ 0 & 1 & 0 & 0 \\ 0 & 0 & 1 & 0 \\ 0 & 0 & 0 & 1 \end{pmatrix}. \tag{123}$$

考虑 Dirac 方程 (58) 的复数共轭,

$$(-\mathrm{i}\gamma^{\mu*}\partial_\mu - m)\psi^* = 0. \tag{124}$$

把四个分量具体写出来, 上式就是

$$[\mathrm{i}(-\gamma^0\partial_0 - \gamma^1\partial_1 + \gamma^2\partial_2 - \gamma^3\partial_3) - m]\psi^* = 0. \tag{125}$$

代入 $\partial_\mu = a^\nu{}_\mu\partial'_\nu$, 就有

$$[\mathrm{i}(\gamma^0\partial'_0 - \gamma^1\partial'_1 + \gamma^2\partial'_2 - \gamma^3\partial'_3) - m]\psi^* = 0. \tag{126}$$

用矩阵 Λ 从左边作用于上述方程,

$$[\mathrm{i}(\Lambda\gamma^0\Lambda^{-1}\partial'_0 - \Lambda\gamma^1\Lambda^{-1}\partial'_1 + \Lambda\gamma^2\Lambda^{-1}\partial'_2 - \Lambda\gamma^3\Lambda^{-1}\partial'_3) - m]\Lambda\psi^* = 0, \tag{127}$$

要求它具有 Dirac 方程 (58) 的形式

$$[\mathrm{i}(\gamma^0\partial'_0 + \gamma^1\partial'_1 + \gamma^2\partial'_2 + \gamma^3\partial'_3) - m]\Lambda\psi^* = 0, \tag{128}$$

就得到下述关于矩阵 Λ 的条件:

$$\Lambda\gamma^0\Lambda^{-1} = \gamma^0, \qquad \Lambda\gamma^1\Lambda^{-1} = -\gamma^1, \tag{129}$$

$$\Lambda\gamma^2\Lambda^{-1} = \gamma^2, \qquad \Lambda\gamma^3\Lambda^{-1} = -\gamma^3. \tag{130}$$

从它们可以解出

$$\Lambda = \eta_T\gamma^1\gamma^3, \tag{131}$$

其中 η_T 是一个模等于 1 的常数, $\eta_T^* \eta_T = 1$. 这就证明了 Dirac 方程具有时间反演 T 的不变性. 相应地, Dirac 旋量的时间反演变换是

$$\psi \longrightarrow \psi_T = T\psi = \eta_T \gamma^1 \gamma^3 \psi^*, \tag{132}$$

这里的时间反演算符 T 把一个数变成它的复数共轭, 与 4.1 节讨论的正反粒子变换 C 一样, 是反幺正算符. 容易验证, ψ_T 满足时间反演的 Dirac 方程.

3. Dirac 方程的正反粒子变换

与 Weyl 方程的正反粒子变换 (29) 相应地, Dirac 方程的正反粒子变换可以写成

$$\psi \to \psi_C = C\psi = \eta_C \gamma^2 \psi^*, \tag{133}$$

注意 C 是反幺正算符, 其中 η_C 是模为 1 的常数. 这里若取 $\eta_C = \mathrm{i}$, $\eta_C \gamma^2$ 就是幺正矩阵.

为了验证上述变换确实是正反粒子变换, 假设旋量场具有定域规范不变性, 引入规范场 A_μ, Dirac 方程 (58) 成为

$$[\gamma^\mu(\mathrm{i}\partial_\mu - qA_\mu) - m]\psi = 0, \tag{134}$$

并把这样引入和定义的耦合常数 q 称为 电荷. 上述方程的复数共轭为

$$[\gamma^{\mu*}(-\mathrm{i}\partial_\mu - qA_\mu) - m]\psi^* = 0, \tag{135}$$

注意其中 A_μ 是实函数. 由于 $\gamma^{2*} = -\gamma^2$, 而其余 γ 矩阵的复数共轭都等于它自己, 于是用 $\eta_C \gamma^2$ 作用到上述方程, 可以得到

$$[\gamma^\mu(\mathrm{i}\partial_\mu + qA_\mu) - m]\psi_C = 0. \tag{136}$$

与 Dirac 方程 (134) 相比, 上述方程的粒子电荷为 $-q$. 所以, 正反粒子变换 C 把电荷为 q 的粒子态 变到电荷为 $-q$ 的粒子态. 因此, Dirac 方程的正反粒子变换也称为 电荷共轭变换.

用幺正变换 (38) 把这里的场量 ψ 和电荷共轭变换 C 都变到 Weyl 表象就可以看出, Weyl 方程的正反粒子变换 C, 就是这里的电荷共轭变换分别对于 Weyl 表象的上分量 ψ_R 和下分量 ψ_L 的作用.

需要指出, Majorana 表象的 ψ 是实数场, 没有规范变换, 不存在与规范场的耦合. 实际上, Majorana 表象的 Dirac 方程在电荷共轭变换下不变, $q = 0$, 没有电荷, 是纯中性的. 所以, **Majorana 粒子是纯中性粒子**.

4.4 旋量场的 Jordan-Wigner 量子化

1. 旋量场的拉氏密度与观测量密度

旋量场的拉氏密度 场量是 Dirac 旋量的场就是 Dirac 旋量场, 简称 Dirac 场或 旋量场. 旋量场的拉氏密度可以写成

$$\mathcal{L} = \overline{\psi}(\mathrm{i}\gamma^\mu\partial_\mu - m)\psi. \tag{137}$$

它的 Euler-Lagrange 方程给出自由粒子的 Dirac 方程

$$(\mathrm{i}\gamma^\mu\partial_\mu - m)\psi = 0, \tag{138}$$

其共轭方程为

$$\mathrm{i}(\partial_\mu\overline{\psi})\gamma^\mu + m\overline{\psi} = 0. \tag{139}$$

把满足上述运动方程的 ψ 代入 (137) 式, 有

$$\mathcal{L} = \overline{\psi}(\mathrm{i}\gamma^\mu\partial_\mu - m)\psi = 0. \tag{140}$$

所以, 自由旋量场的拉氏密度对于真实的场量等于 0. 这意味着作用量积分在 $\mathcal{L} = 0$ 时达到极值.

旋量场的观测量密度 从拉氏密度 (137), 可以算出与场的正则坐标 ψ 共轭的正则动量,

$$\pi = \frac{\partial\mathcal{L}}{\partial\dot{\psi}} = \mathrm{i}\overline{\psi}\gamma^0 = \mathrm{i}\psi^\dagger, \tag{141}$$

这意味着我们 不能把 ψ 与 $\psi^\dagger$ 都作为独立的正则坐标. 在事实上, 它们是互为共轭的, 一个是正则坐标, 另一个就正比于与其共轭的正则动量. 只要当拉氏密度对 $\dot{\psi}$ 是一阶时, 就会出现这种情况.

由于 $\mathcal{L} = 0$, 自由旋量场的哈氏密度为

$$\mathcal{H} = \pi\dot{\psi} - \mathcal{L} = \pi\dot{\psi} = \psi^\dagger\,\mathrm{i}\partial_0\psi = \psi^\dagger(-\mathrm{i}\boldsymbol{\alpha}\cdot\nabla + m\beta)\psi. \tag{142}$$

类似地, 还可以写出旋量场的动量密度

$$\mathcal{P} = \psi^\dagger(-\mathrm{i}\nabla)\psi. \tag{143}$$

上述二式可以合并成

$$\mathcal{P}^\mu = \psi^\dagger\,\mathrm{i}\partial^\mu\psi. \tag{144}$$

此外, 还有守恒荷密度

$$\mathcal{Q} = q\psi^\dagger\psi. \tag{145}$$

2. Jordan-Wigner 量子化

正则量子化的困难 按照正则量子化规则, 注意与正则坐标 ψ 共轭的正则

动量是 $\mathrm{i}\psi^\dagger$, 就可以写出旋量场算符的正则对易关系. 不过, 这样写出的对易关系是坐标空间 Bose 子产生、湮灭算符的对易关系, 体系的态对两个粒子的交换不变, t 时刻在 $\boldsymbol{x}$ 处的粒子数密度算符 $\psi^\dagger(\boldsymbol{x},t)\psi(\boldsymbol{x},t)$ 的本征值不受限制. 这与实验不符. 实验表明自旋 1/2 的粒子是 Fermi 子, 遵从 Pauli 不相容原理和 Fermi-Dirac 统计.

除与实验不符外, 正则量子化还会导致非物理的结果. 为了看出这一点, 我们换到动量空间.

动量空间 ψ 满足自由粒子 Dirac 方程, 可用平面波解展开,

$$\psi(\boldsymbol{x},t) = \sum_\xi \int \frac{\mathrm{d}^3\boldsymbol{k}}{\sqrt{(2\pi)^3 2\omega}}\Big[u(\boldsymbol{k},\xi)c_{\boldsymbol{k}\xi}\mathrm{e}^{-\mathrm{i}(\omega t - \boldsymbol{k}\cdot\boldsymbol{x})} + v(\boldsymbol{k},\xi)d_{\boldsymbol{k}\xi}^\dagger\mathrm{e}^{\mathrm{i}(\omega t - \boldsymbol{k}\cdot\boldsymbol{x})}\Big], \quad (146)$$

$$\psi^\dagger(\boldsymbol{x},t) = \sum_\xi \int \frac{\mathrm{d}^3\boldsymbol{k}}{\sqrt{(2\pi)^3 2\omega}}\Big[u^\dagger(\boldsymbol{k},\xi)c_{\boldsymbol{k}\xi}^\dagger\mathrm{e}^{\mathrm{i}(\omega t - \boldsymbol{k}\cdot\boldsymbol{x})} + v^\dagger(\boldsymbol{k},\xi)d_{\boldsymbol{k}\xi}\mathrm{e}^{-\mathrm{i}(\omega t - \boldsymbol{k}\cdot\boldsymbol{x})}\Big]. \quad (147)$$

利用 4.2 节 Dirac 旋量 $u(\boldsymbol{k},\xi)$ 与 $v(\boldsymbol{k},\xi)$ 的性质, 从 (146) 式可以解出

$$c_{\boldsymbol{k}\xi} = \int \frac{\mathrm{d}^3\boldsymbol{x}}{\sqrt{(2\pi)^3 2\omega}}\, u^\dagger(\boldsymbol{k},\xi)\psi(\boldsymbol{x},t)\mathrm{e}^{\mathrm{i}(\omega t - \boldsymbol{k}\cdot\boldsymbol{x})}, \quad (148)$$

$$d_{\boldsymbol{k}\xi}^\dagger = \int \frac{\mathrm{d}^3\boldsymbol{x}}{\sqrt{(2\pi)^3 2\omega}}\, v^\dagger(\boldsymbol{x},\xi)\psi(\boldsymbol{x},t)\mathrm{e}^{-\mathrm{i}(\omega t - \boldsymbol{k}\cdot\boldsymbol{x})}. \quad (149)$$

把场算符的 (146) 与 (147) 式代入哈氏密度算符的 (142) 式, 可以得到

$$H = \int \mathrm{d}^3\boldsymbol{x}\psi^\dagger(\boldsymbol{x},t)\,\mathrm{i}\partial_0\psi(\boldsymbol{x},t) = \sum_\xi \int \mathrm{d}^3\boldsymbol{k}\,\omega(c_{\boldsymbol{k}\xi}^\dagger c_{\boldsymbol{k}\xi} - d_{\boldsymbol{k}\xi}d_{\boldsymbol{k}\xi}^\dagger). \quad (150)$$

如果 $d_{\boldsymbol{k}\xi}^\dagger$ 与 $d_{\boldsymbol{k}\xi}$ 满足正则量子化 Bose 子产生与湮灭算符的对易关系, 则上面圆括号中第二项只能为负, 体系的总能量是非正定的. 对于自由场, 这是非物理和不能接受的. 为了避免这种结果, 只能放弃正则量子化, 转而寻求别的量子化.

Jordan-Wigner 量子化 Jordan-Wigner 假设下列动量空间场算符的 反对易关系[①]:

$$\left.\begin{array}{llll} \{c_{\boldsymbol{k}\xi},c_{\boldsymbol{k}'\xi'}\} = 0, & \{c_{\boldsymbol{k}\xi}^\dagger,c_{\boldsymbol{k}'\xi'}^\dagger\} = 0, & \{c_{\boldsymbol{k}\xi},c_{\boldsymbol{k}'\xi'}^\dagger\} = \delta_{\xi\xi'}\delta(\boldsymbol{k}-\boldsymbol{k}'), \\ \{d_{\boldsymbol{k}\xi},d_{\boldsymbol{k}'\xi'}\} = 0, & \{d_{\boldsymbol{k}\xi}^\dagger,d_{\boldsymbol{k}'\xi'}^\dagger\} = 0, & \{d_{\boldsymbol{k}\xi},d_{\boldsymbol{k}'\xi'}^\dagger\} = \delta_{\xi\xi'}\delta(\boldsymbol{k}-\boldsymbol{k}'), \\ \{c_{\boldsymbol{k}\xi},d_{\boldsymbol{k}'\xi'}\} = 0, & \{c_{\boldsymbol{k}\xi}^\dagger,d_{\boldsymbol{k}'\xi'}^\dagger\} = 0, & \{c_{\boldsymbol{k}\xi},d_{\boldsymbol{k}'\xi'}^\dagger\} = 0, & \{c_{\boldsymbol{k}\xi}^\dagger,d_{\boldsymbol{k}'\xi'}\} = 0. \end{array}\right\} \quad (151)$$

由于场算符是反对易的, 在 Hamilton 算符的表达式 (150) 中, 圆括号内的第二项可以用上述反对易关系改写成正的,

$$\hat{H} = \sum_\xi \int \mathrm{d}^3\boldsymbol{k}\,\omega[c_{\boldsymbol{k}\xi}^\dagger c_{\boldsymbol{k}\xi} + d_{\boldsymbol{k}\xi}^\dagger d_{\boldsymbol{k}\xi} - \delta(0)], \quad (152)$$

[①] P. Jordan and E. Wigner, *Z. Phys.* **47** (1928) 631.

其中 $\delta(0)$ 项是场的零点能, 可与标量场和 Maxwell 场类似地处理. 于是, 对旋量场采取 Jordan-Wigner 反对易关系量子化, 自由场的总能量就是正定的.

回到坐标空间, 从 $c_{\boldsymbol{k}\xi}$ 与 $d_{\boldsymbol{k}\xi}$ 的反对易关系 (151) 式和投影算符 $P_\pm$ 的 (85) 与 (86) 式, 可以得到场算符 ψ 与 $\psi^\dagger$ 的下列 Jordan-Wigner 反对易关系

$$\left.\begin{array}{l}\{\psi_\alpha(\boldsymbol{x},t),\psi_\beta(\boldsymbol{x}',t)\}=0,\\[4pt]\{\psi_\alpha^\dagger(\boldsymbol{x},t),\psi_\beta^\dagger(\boldsymbol{x}',t)\}=0,\\[4pt]\{\psi_\alpha(\boldsymbol{x},t),\psi_\beta^\dagger(\boldsymbol{x}',t)\}=\delta_{\alpha\beta}\delta(\boldsymbol{x}-\boldsymbol{x}'),\end{array}\right\} \tag{153}$$

其中 $\alpha,\beta=1,2,3,4$ 是 Dirac 旋量 4 个分量的指标. 上面最后一式的计算如下:

$$\begin{aligned}\{\psi_\alpha(x),\psi_\beta^\dagger(x')\}_{t=t'}&=\sum_{\xi,\xi'}\int\mathrm{d}^3\boldsymbol{k}\mathrm{d}^3\boldsymbol{k}'\{u_\alpha(\boldsymbol{k},\xi)c_{\boldsymbol{k}\xi}\varphi_{\boldsymbol{k}}(x)+v_\alpha(\boldsymbol{k},\xi)d_{\boldsymbol{k}\xi}^\dagger\varphi_{\boldsymbol{k}}^*(x),\\
&\qquad u_\beta^\dagger(\boldsymbol{k}',\xi')c_{\boldsymbol{k}'\xi'}^\dagger\varphi_{\boldsymbol{k}'}^*(x')+v_\beta^\dagger(\boldsymbol{k}',\xi')d_{\boldsymbol{k}'\xi'}\varphi_{\boldsymbol{k}'}(x')\}_{t=t'}\\
&=\sum_{\xi,\xi'}\int\mathrm{d}^3\boldsymbol{k}\mathrm{d}^3\boldsymbol{k}'[u_\alpha(\boldsymbol{k},\xi)u_\beta^\dagger(\boldsymbol{k}',\xi')\varphi_{\boldsymbol{k}}(x)\varphi_{\boldsymbol{k}'}^*(x')\\
&\qquad +v_\alpha(\boldsymbol{k},\xi)v_\beta^\dagger(\boldsymbol{k}',\xi')\varphi_{\boldsymbol{k}}^*(x)\varphi_{\boldsymbol{k}'}(x')]_{t=t'}\delta(\boldsymbol{k}-\boldsymbol{k}')\delta_{\xi\xi'}\\
&=\int\frac{\mathrm{d}^3\boldsymbol{k}}{(2\pi)^32\omega}\{[(\not{k}+m)\mathrm{e}^{\mathrm{i}\boldsymbol{k}\cdot(\boldsymbol{x}-\boldsymbol{x}')}+(\not{k}-m)\mathrm{e}^{-\mathrm{i}\boldsymbol{k}\cdot(\boldsymbol{x}-\boldsymbol{x}')}]\gamma^0\}_{\alpha\beta}\\
&=\int\frac{\mathrm{d}^3\boldsymbol{k}}{(2\pi)^32\omega}[2\omega\mathrm{e}^{\mathrm{i}\boldsymbol{k}\cdot(\boldsymbol{x}-\boldsymbol{x}')}]_{\alpha\beta}=\delta(\boldsymbol{x}-\boldsymbol{x}')\delta_{\alpha\beta}.\end{aligned} \tag{154}$$

Dirac 场的协变反对易关系 与上面类似地可以算得

$$\begin{aligned}\{\psi_\alpha(x),\overline{\psi}_\beta(x')\}&=\int\frac{\mathrm{d}^3\boldsymbol{k}}{(2\pi)^32\omega}[(\not{k}+m)\mathrm{e}^{-\mathrm{i}k(x-x')}+(\not{k}-m)\mathrm{e}^{\mathrm{i}k(x-x')}]_{\alpha\beta}\\
&=(\mathrm{i}\not{\partial}+m)_{\alpha\beta}\int\frac{\mathrm{d}^3\boldsymbol{k}}{(2\pi)^32\omega}[\mathrm{e}^{-\mathrm{i}k(x-x')}-\mathrm{e}^{\mathrm{i}k(x-x')}]\\
&=\mathrm{i}S_{\alpha\beta}(x-x'),\end{aligned} \tag{155}$$

其中

$$S_{\alpha\beta}(x-x')=(\mathrm{i}\not{\partial}+m)_{\alpha\beta}\Delta(x-x'), \tag{156}$$

这里的函数 $\Delta(x-x')$ 在第 2 章 (16) 式和第 3 章 (62) 式中都已出现过. 同样地, 还有

$$\{\psi_\alpha(x),\psi_\beta(x')\}=0,\qquad\{\overline{\psi}_\alpha(x),\overline{\psi}_\beta(x')\}=0. \tag{157}$$

3. Jordan-Wigner 量子化所包含的物理

箱归一化 为了看清 Jordan-Wigner 量子化所包含的物理, 与实标量场类似

地, 可以过渡到箱归一化,

$$\int \mathrm{d}^3\boldsymbol{k} \longleftrightarrow \sum_{\boldsymbol{k}} \frac{(2\pi)^3}{V}, \tag{158}$$

$$\boldsymbol{k} \longleftrightarrow \frac{2\pi}{L}(n, m, l), \tag{159}$$

$$\delta(\boldsymbol{k} - \boldsymbol{k}') \longleftrightarrow \frac{V}{(2\pi)^3}\,\delta_{\boldsymbol{k}\boldsymbol{k}'}, \tag{160}$$

$$c_{\boldsymbol{k}} \longleftrightarrow \sqrt{\frac{V}{(2\pi)^3}}\,c_{\boldsymbol{k}}, \qquad d_{\boldsymbol{k}} \longleftrightarrow \sqrt{\frac{V}{(2\pi)^3}}\,d_{\boldsymbol{k}}, \tag{161}$$

上式中的下标 $\boldsymbol{k}$, 左边的取连续值, 右边的取离散值. 于是场 $\psi(\boldsymbol{x}, t)$ 的动量空间展开 (146) 式成为

$$\psi(\boldsymbol{x}, t) = \sum_{\boldsymbol{k},\xi} \frac{1}{\sqrt{2\omega V}} \Big[u(\boldsymbol{k}, \xi) c_{\boldsymbol{k}\xi} \mathrm{e}^{-\mathrm{i}(\omega t - \boldsymbol{k}\cdot\boldsymbol{x})} + v(\boldsymbol{k}, \xi) d_{\boldsymbol{k}\xi}^\dagger \mathrm{e}^{\mathrm{i}(\omega t - \boldsymbol{k}\cdot\boldsymbol{x})} \Big], \tag{162}$$

而动量空间场算符的反对易关系 (151) 中不为 0 的两式成为

$$\{c_{\boldsymbol{k}\xi}, c_{\boldsymbol{k}'\xi'}^\dagger\} = \delta_{\boldsymbol{k}\boldsymbol{k}'}\delta_{\xi\xi'}, \qquad \{d_{\boldsymbol{k}\xi}, d_{\boldsymbol{k}'\xi'}^\dagger\} = \delta_{\boldsymbol{k}\boldsymbol{k}'}\delta_{\xi\xi'}. \tag{163}$$

粒子数表象   现在来看由场算符 $c_{\boldsymbol{k}\xi}$ 与 $c_{\boldsymbol{k}\xi}^\dagger$ 构成的观测量

$$N_{\boldsymbol{k}\xi} = c_{\boldsymbol{k}\xi}^\dagger c_{\boldsymbol{k}\xi}. \tag{164}$$

$N_{\boldsymbol{k}\xi}$ 是厄米算符, 本征值 $n_{\boldsymbol{k}\xi}$ 为实数. 设其本征态为 $|n_{\boldsymbol{k}\xi}\rangle$, 本征值方程就是

$$N_{\boldsymbol{k}\xi}|n_{\boldsymbol{k}\xi}\rangle = n_{\boldsymbol{k}\xi}|n_{\boldsymbol{k}\xi}\rangle. \tag{165}$$

由反对易关系 $\{c_{\boldsymbol{k}\xi}, c_{\boldsymbol{k}'\xi'}\} = 0$ 及其厄米共轭可以给出

$$(c_{\boldsymbol{k}\xi})^2 = 0, \qquad (c_{\boldsymbol{k}\xi}^\dagger)^2 = 0. \tag{166}$$

于是, 用反对易关系 (163) 即可算出

$$N_{\boldsymbol{k}\xi}^2 = c_{\boldsymbol{k}\xi}^\dagger c_{\boldsymbol{k}\xi} c_{\boldsymbol{k}\xi}^\dagger c_{\boldsymbol{k}\xi} = c_{\boldsymbol{k}\xi}^\dagger(1 - c_{\boldsymbol{k}\xi}^\dagger c_{\boldsymbol{k}\xi})c_{\boldsymbol{k}\xi} = N_{\boldsymbol{k}\xi}. \tag{167}$$

把上式两边作用到本征态 $|n_{\boldsymbol{k}\xi}\rangle$ 上给出 $n_{\boldsymbol{k}\xi}^2 = n_{\boldsymbol{k}\xi}$, 从而解出

$$n_{\boldsymbol{k}\xi} = 0, 1. \tag{168}$$

所以, 粒子数算符 $N_{\boldsymbol{k}\xi}$ 只有 0 和 1 两个本征值, 相应的本征态为 $|0\rangle$ 和 $|1\rangle$.

由反对易关系 (163), 还有

$$[N_{\boldsymbol{k}\xi}, c_{\boldsymbol{k}\xi}^\dagger] = c_{\boldsymbol{k}\xi}^\dagger c_{\boldsymbol{k}\xi} c_{\boldsymbol{k}\xi}^\dagger - c_{\boldsymbol{k}\xi}^\dagger c_{\boldsymbol{k}\xi}^\dagger c_{\boldsymbol{k}\xi} = c_{\boldsymbol{k}\xi}^\dagger(1 - 2c_{\boldsymbol{k}\xi}^\dagger c_{\boldsymbol{k}\xi}) = c_{\boldsymbol{k}\xi}^\dagger. \tag{169}$$

于是,

$$N_{\boldsymbol{k}\xi} c_{\boldsymbol{k}\xi}^\dagger|n_{\boldsymbol{k}\xi}\rangle = c_{\boldsymbol{k}\xi}^\dagger(N_{\boldsymbol{k}\xi} + 1)|n_{\boldsymbol{k}\xi}\rangle = (n_{\boldsymbol{k}\xi} + 1)c_{\boldsymbol{k}\xi}^\dagger|n_{\boldsymbol{k}\xi}\rangle. \tag{170}$$

上式表明, $c_{\boldsymbol{k}\xi}^\dagger|n_{\boldsymbol{k}\xi}\rangle$ 也是 $N_{\boldsymbol{k}\xi}$ 的本征态, 本征值为 $n_{\boldsymbol{k}\xi} + 1$, 即

$$c_{\boldsymbol{k}\xi}^\dagger|n_{\boldsymbol{k}\xi}\rangle = C|n_{\boldsymbol{k}\xi} + 1\rangle. \tag{171}$$

$c_{\boldsymbol{k}\xi}^{\dagger}$ 是产生算符, 它作用到 $N_{\boldsymbol{k}\xi}$ 的本征态上会使本征值增加 1. 设本征态已经归一化, 则上式的模方给出

$$C^{*}C = \langle n_{\boldsymbol{k}\xi}|c_{\boldsymbol{k}\xi}c_{\boldsymbol{k}\xi}^{\dagger}|n_{\boldsymbol{k}\xi}\rangle = \langle n_{\boldsymbol{k}\xi}|1-N_{\boldsymbol{k}\xi}|n_{\boldsymbol{k}\xi}\rangle = 1-n_{\boldsymbol{k}\xi}. \tag{172}$$

约定 C 取正实数, 就有 $C = \sqrt{1-n_{\boldsymbol{k}\xi}}$, (171) 式成为

$$c_{\boldsymbol{k}\xi}^{\dagger}|n_{\boldsymbol{k}\xi}\rangle = \sqrt{1-n_{\boldsymbol{k}\xi}}\,|n_{\boldsymbol{k}\xi}+1\rangle, \tag{173}$$

亦即

$$c_{\boldsymbol{k}\xi}^{\dagger}|0\rangle = |1\rangle, \qquad c_{\boldsymbol{k}\xi}^{\dagger}|1\rangle = 0. \tag{174}$$

(169) 式的厄米共轭是

$$[N_{\boldsymbol{k}\xi}, c_{\boldsymbol{k}\xi}] = -c_{\boldsymbol{k}\xi}. \tag{175}$$

根据这个关系, 重复上面的讨论就可看出, $c_{\boldsymbol{k}\xi}$ 是湮灭算符, 它作用到 $N_{\boldsymbol{k}\xi}$ 的本征态上会使本征值减少 1. 而看出这一结论的最简方法, 是用 $c_{\boldsymbol{k}\xi}$ 相继作用于 (174) 的第一式, 这样可以直接得到

$$c_{\boldsymbol{k}\xi}|1\rangle = |0\rangle, \qquad c_{\boldsymbol{k}\xi}|0\rangle = 0. \tag{176}$$

容易看出, 有

$$[N_{\boldsymbol{k}\xi}, N_{\boldsymbol{k}'\xi'}] = 0. \tag{177}$$

这表明, 观测量组 $\{N_{\boldsymbol{k}\xi}\}$ 是相容的, 其共同本征态可以用作表象的基矢, 这就是多粒子态矢量 Fock 空间 的 粒子数表象. 在这个表象中, 在动量空间互不相同的两个单粒子态 $(\boldsymbol{k}\xi)$ 与 $(\boldsymbol{k}'\xi')$ 上各有一个粒子的归一化态矢量为

$$|1_{\boldsymbol{k}\xi}1_{\boldsymbol{k}'\xi'}\rangle = c_{\boldsymbol{k}\xi}^{\dagger}c_{\boldsymbol{k}'\xi'}^{\dagger}|0\rangle. \tag{178}$$

由于反对易关系 $\{c_{\boldsymbol{k}\xi}^{\dagger}, c_{\boldsymbol{k}'\xi'}^{\dagger}\} = 0$, 所以

$$|1_{\boldsymbol{k}\xi}1_{\boldsymbol{k}'\xi'}\rangle = -|1_{\boldsymbol{k}'\xi'}1_{\boldsymbol{k}\xi}\rangle. \tag{179}$$

体系的态在两个粒子的交换下变号, 是反对称的, 在同一个单粒子态上最多只有一个粒子, 满足 Pauli 不相容原理.

以上讨论对 $d_{\boldsymbol{k}\xi}$ 与 $d_{\boldsymbol{k}\xi}^{\dagger}$ 也适用. 所以, Jordan-Wigner 反对易关系所描述的粒子是 Fermi 子. 满足这种反对易关系的 $c_{\boldsymbol{k}\xi}^{\dagger}$ 与 $d_{\boldsymbol{k}\xi}^{\dagger}$ 是 Fermi 子产生算符, $c_{\boldsymbol{k}\xi}$ 与 $d_{\boldsymbol{k}\xi}$ 是 Fermi 子湮灭算符.

粒子与反粒子   除了场的 Hamilton 算符 H, 我们还可以计算场的总动量算符 P 和总守恒荷算符 Q, 分别得到

$$P = \int \mathrm{d}^3\boldsymbol{x}\,\mathcal{P} = \int \mathrm{d}^3\boldsymbol{x}\,\psi^{\dagger}(\boldsymbol{x},t)(-\mathrm{i}\nabla)\psi(\boldsymbol{x},t) = \sum_{\xi}\int \mathrm{d}^3\boldsymbol{k}\,\boldsymbol{k}\,(c_{\boldsymbol{k}\xi}^{\dagger}c_{\boldsymbol{k}\xi} - d_{\boldsymbol{k}\xi}d_{\boldsymbol{k}\xi}^{\dagger}), \tag{180}$$

$$Q = \int \mathrm{d}^3\boldsymbol{x}\,\mathcal{Q} = \int \mathrm{d}^3\boldsymbol{x}\,q\psi^{\dagger}(\boldsymbol{x},t)\psi(\boldsymbol{x},t) = \sum_{\xi}\int \mathrm{d}^3\boldsymbol{k}\,q\,(c_{\boldsymbol{k}\xi}^{\dagger}c_{\boldsymbol{k}\xi} + d_{\boldsymbol{k}\xi}d_{\boldsymbol{k}\xi}^{\dagger}). \tag{181}$$

可以看出，如果采用正则量子化的对易关系，则分别由 $(c_{k\xi}, c_{k\xi}^\dagger)$ 和 $(d_{k\xi}, d_{k\xi}^\dagger)$ 描述的两种粒子电荷相同动量相反，是同一种粒子. 而采用 Jordan-Wigner 反对易关系 (151) 与 (153) 量子化，则旋量场的这两种粒子动量相同电荷相反，一种是正粒子，另一种就是反粒子. 在这个意义上，Jordan-Wigner 量子化还保持了与单粒子 Dirac 方程相一致的物理诠释 [1]. 而我们在第 1 章就已经指出，量子场论的结果在粒子数本征值等于 1 时应该与单粒子量子力学一致，这是我们在建造场的量子理论时应该遵循的一个基本的原则.

Jordan-Wigner 量子化与测不准原理 从数学和形式上看，Jordan-Wigner 量子化 (153) 式不同于正则量子化. 这种在数学和形式上的不同，暗示了在物理和内容上的不同，隐含着新的物理原理.

正则量子化程序的依据是量子力学的 Heisenberg 测不准原理 [2]. 测不准原理是关于物理观测量的原理，而描述物理观测量的算符必须是厄米算符. 实标量场与 Maxwell 场的场算符都是厄米的. 复标量场可以分解为两个实标量场，分别描述电荷不同的两种粒子. 所以，我们对它们写出的正则量子化对易关系，确实是关于物理观测量的对易关系.

旋量场的情形不同. 旋量场的算符 ψ 与 $\psi^\dagger$ 不是厄米的，它们并不代表物理观测量. 所以，Jordan-Wigner 量子化的反对易关系 (153) 并不是关于物理观测量的，它与测不准原理并不冲突. 或者反过来说，测不准原理并不意味着旋量场必须有对易关系而不能有反对易关系. 事实上，旋量场的物理观测量，都可以表示为旋量的双线性型，两个相容观测量的算符，仍然是对易的.

不过，量子力学的测不准原理未能为旋量场的 Jordan-Wigner 量子化提供依据，还需要为此提出另外的物理原理. 为什么对旋量场必须放弃正则量子化而选择 Jordan-Wigner 量子化？前面已经提出能量算符的正定性和正反粒子的对称性这两个物理要求. 在下一节将会看到，之所以必须选择 Jordan-Wigner 量子化，还有比这两个要求更深层的物理原理，这就是相对论的微观因果性原理.

4.5 微观因果性原理

微观因果性原理和条件 场是在时空 $(t, \boldsymbol{x})$ 中连续分布的系统. 按照相对论的要求，在类空间隔分开的两点上，场的物理观测量一定是相容的. 这是因为，由类空间隔分开的两点不能用光信号联系，在这两点上进行的任何测量互不相

---

[1] 王正行，《量子力学原理》第三版，北京大学出版社，2020 年，150 页.

[2] 同上书，19 页.

干. 这个要求称为 微观因果性原理.

　　场的物理观测量, 例如前面讨论过的能量, 动量, 电荷, 等等, 一般来说都可以表示成场量的双线性型,

$$O = \int \mathrm{d}^3 \boldsymbol{x} \mathcal{O}(\boldsymbol{x}, t), \tag{182}$$

$$\mathcal{O}(x) = \varphi_r(x)\varphi_s(x), \tag{183}$$

其中 $\varphi_r(x)$ 和 $\varphi_s(x)$ 对于标量场代表 ϕ 和 $\phi^\dagger$ 以及它们的组合, 对于旋量场代表旋量 ψ 和 $\psi^\dagger$ 的各种分量的组合. 它们都是定义在时空点上的 定域场.

　　根据微观因果性原理和测不准定理 (见前页注①的 16 页), 在类空间隔分开的两点上, 场的观测量算符 $\mathcal{O}(x)$ 必须互相对易:

$$[\mathcal{O}(x), \mathcal{O}(x')] = 0, \qquad (x - x')^2 < 0. \tag{184}$$

这个条件称为 微观因果性条件. 一个场的算符, 必须满足这个微观因果性条件, 由它描述的场才具有确定的物理含义 ①.

　　容易看出, 如果在类空间隔分开的两点上场的算符 $\varphi(x)$ 对易或反对易, 则微观因果性条件 (184) 成立. 更确切地说, 微观因果性条件 (184) 成立的一般条件是

$$[\varphi_r(x), \varphi_s(x')] = 0, \qquad (x - x')^2 < 0, \tag{185}$$

或

$$\{\varphi_r(x), \varphi_s(x')\} = 0, \qquad (x - x')^2 < 0. \tag{186}$$

注意有的作者直接把上述二式称为微观因果性条件, 而也有的作者不是从微观因果性而是从散射矩阵的 Lorentz 不变性来推出上述二式 ②. 无论是微观因果性还是 Lorentz 不变性, 实质上都是来自相对论的要求.

　　对于实标量场, 场算符 $\phi(x)$ 是厄米的, 它本身就是物理观测量, 确实有

$$[\phi(x), \phi(x')] = 0, \qquad (x - x')^2 < 0. \tag{187}$$

复标量场可以用两个实标量场来表示, 它们分别都满足上述条件. 对于 Dirac 旋量场, 除了 (157) 式的

$$\{\psi_\alpha(x), \psi_\beta(x')\} = 0, \qquad \{\overline{\psi}_\alpha(x), \overline{\psi}_\beta(x')\} = 0, \tag{188}$$

从 (155) 式还有

$$\{\psi_\alpha(x), \overline{\psi}_\beta(x')\} = 0, \qquad (x - x')^2 < 0, \tag{189}$$

---

① 历史上曾经尝试建立和发展包含很一般的类空曲面的理论. 张宗燧做过这方面的工作,
见 T.S. Chang, *Phys. Rev.* **78** (1950) 592.

② Steven Weinberg, *The Quantum Theory of Fields*, Vol.I, Cambridge University Press, reprinted 2002, p.198.

这是因为 $\Delta(x-x')$ 对所有类空间隔都为 0, 所以

$$S_{\alpha\beta}(x-x') = (\mathrm{i}\not\partial + m)_{\alpha\beta}\Delta(x-x') = 0, \qquad (x-x')^2 < 0. \tag{190}$$

下面来讨论可以从微观因果性条件 (184) 得出的两个重要的物理结论.

自旋与统计的关系 前面已经指出, 用正则对易关系量子化的标量场满足微观因果性条件 (184), 用 Jordan-Wigner 反对易关系量子化的旋量场也满足微观因果性条件 (184). 现在来表明, 如果对标量场用 Jordan-Wigner 反对易关系量子化, 对旋量场用正则对易关系量子化, 则不能满足微观因果性条件 (184).

实际上, 把实标量场 $\phi(x)$ 在动量空间产生和湮灭算符 $a_{\boldsymbol{k}}^\dagger$ 和 $a_{\boldsymbol{k}}$ 的对易关系换成相应的反对易关系, 就得到

$$\{\phi(x), \phi(x')\} = \Delta_1(x-x'), \tag{191}$$

其中

$$\Delta_1(x-x') = \int \frac{\mathrm{d}^3\boldsymbol{k}}{(2\pi)^3 2\omega} \left[\mathrm{e}^{-\mathrm{i}k(x-x')} + \mathrm{e}^{\mathrm{i}k(x-x')}\right]. \tag{192}$$

类似地, 把反对易关系 (151) 换成相应的对易关系, 重复上一小节对 (155) 式的推导, 可以算得

$$[\psi_\alpha(x), \overline{\psi}_\beta(x')] = S_{1\alpha\beta}(x-x'), \tag{193}$$

其中

$$S_{1\alpha\beta}(x-x') = (\mathrm{i}\not\partial + m)_{\alpha\beta}\Delta_1(x-x'). \tag{194}$$

$\Delta_1(x-x')$ 也满足 Klein-Gordon 方程, 但是对于类空间隔 $(x-x')^2 < 0$ 它 **不等于零**,

$$\Delta_1(x-x') \neq 0, \qquad (x-x')^2 < 0. \tag{195}$$

实际上, 当类空间隔大于粒子约化 Compton 波长 $\lambda = 1/m$ 时, 粗略地有

$$\Delta_1(x-x') \sim \frac{1}{-(x-x')^2}\,\mathrm{e}^{-\sqrt{-(x-x')^2}/\lambda}, \qquad -(x-x')^2 > \lambda^2. \tag{196}$$

这就表明, (191) 和 (193) 式不满足微观因果性条件 (184).

所有半奇数自旋的场都可以看成是由 Dirac 场复合而成. 所以, 对于定义在时空点上的定域场, 根据相对论的微观因果性原理, 对标量场只能采取对易关系的正则量子化, 对旋量场只能采取反对易关系的 Jordan-Wigner 量子化. 标量场的自旋为 0 或正整数, 对易关系描述的粒子是 Bose 子, 遵从 Bose-Einstein 统计法. 旋量场的自旋为半奇数, 反对易关系描述的粒子是 Fermi 子, 遵从 Fermi-Dirac 统计法. 因此, 上述结论也就是说, 根据相对论的微观因果性原理和场的定域性, 自旋为 0 或正整数的粒子是 Bose 子, 遵从 Bose-Einstein 统计法, 自旋为半奇数的粒子是 Fermi 子, 遵从 Fermi-Dirac 统计法.

在实验上, 对于已经研究过的所有粒子, 自旋和统计性质之间的这种关系都已得到证实. 在理论上, 关于粒子自旋与统计性质之间的关系, 上述论证是迄今为止我们所知道的最深层次的解释. 这个解释的依据, 只是最普遍的相对论原理和量子力学的测不准定理, 以及量子场的定域性[①]. 而根据微观因果性原理, 我们对场量子的定域性也可获得更深入的了解.

场量子的定域性 场的算符定义在空间点 $\boldsymbol{x}$ 上, 是完全定域的, 满足微观因果性条件 (184). 但由场算符构成的观测量却不一定都完全定域, 会受到微观因果性条件的限制. 前面的讨论已经暗示, 在尺度为粒子约化 Compton 波长 $1/m$ 的范围, 微观因果性条件有可能被破坏, 粒子即场量子的定域性就会受到限制.

例如, 对实标量场 $\phi(\boldsymbol{x}, t)$, 可以尝试找出满足下式的粒子数密度 $\mathcal{N}(\boldsymbol{x})$,

$$N = \int \mathrm{d}^3\boldsymbol{x}\mathcal{N}(\boldsymbol{x}) = \int \mathrm{d}^3\boldsymbol{k}\, a_{\boldsymbol{k}}^\dagger a_{\boldsymbol{k}}. \tag{197}$$

为此, 可以把 $\phi(\boldsymbol{x}, t)$ 写成

$$\phi(\boldsymbol{x}, t) = \phi^{(+)}(\boldsymbol{x}, t) + \phi^{(-)}(\boldsymbol{x}, t), \tag{198}$$

其中 $\phi^{(+)}(\boldsymbol{x}, t)$ 与 $\phi^{(-)}(\boldsymbol{x}, t)$ 分别是场 $\phi(\boldsymbol{x}, t)$ 的正频与负频部分,

$$\phi^{(+)}(\boldsymbol{x}, t) = \int \frac{\mathrm{d}^3\boldsymbol{k}}{\sqrt{(2\pi)^3 2\omega}}\, \mathrm{e}^{-\mathrm{i}kx} a_{\boldsymbol{k}}, \tag{199}$$

$$\phi^{(-)}(\boldsymbol{x}, t) = \int \frac{\mathrm{d}^3\boldsymbol{k}}{\sqrt{(2\pi)^3 2\omega}}\, \mathrm{e}^{\mathrm{i}kx} a_{\boldsymbol{k}}^\dagger. \tag{200}$$

于是可以写出定域的厄米算符

$$\mathcal{N}(\boldsymbol{x}) = \phi^{(-)}(\boldsymbol{x}, t)\,\mathrm{i}\stackrel{\leftrightarrow}{\partial_0}\,\phi^{(+)}(\boldsymbol{x}, t). \tag{201}$$

但是, 这个 $\hat{\mathcal{N}}(\boldsymbol{x})$ 不满足 (184) 式. 实际上, 详细的分析表明[②],

$$[\mathcal{N}(\boldsymbol{x}), \mathcal{N}(\boldsymbol{x}')] \longrightarrow \begin{cases} \infty, & |\boldsymbol{x} - \boldsymbol{x}'| \to 0, \\ 0, & |\boldsymbol{x} - \boldsymbol{x}'| > \lambda, \end{cases} \tag{202}$$

其中 $\lambda = 1/m$ 是粒子的约化 Compton 波长. 这就限定了粒子数密度 $\mathcal{N}(\boldsymbol{x})$ 作为一个定域观测量有意义的范围. 在距离小于粒子约化 Compton 波长的空间两点, 粒子数密度不能同时测定. 特别是, 在空间线度小于粒子约化 Compton 波长的范围内, 粒子数不能测定.

在物理上, 造成这种情形的原因在于, 为了使得测量粒子位置的精度高于粒子约化 Compton 波长, 必须使用波长小于粒子约化 Compton 波长的外场.

---

① W. Pauli, *Phys. Rev.* **58** (1940) 716.

② E.M. Henley and W. Thirring, *Elementary Quantum Field Theory*, McGraw-Hill, 1962, Chapt.5.

这种外场的能量，可以产生与被测量粒子相同的新粒子，而新粒子与原来的粒子是不可分辨的. 相对论与量子力学相结合，对测量粒子位置的精度，从而对场量子的定域性给出了一个内在的限制.

不能测定线度小于约化 Compton 波长范围内的粒子数，就意味着不能在线度小于约化 Compton 波长的范围内谈论单个粒子的空间坐标. 对于光子来说，这个问题特别严峻. 光子没有质量，光子约化 Compton 波长是无限大，这就从原则上排除了单个光子具有空间坐标的可能性，单个光子没有坐标表象波函数. 在上一章的 3.3 节，我们已经从 Schrödinger 方程的角度讨论过这个问题.

值得指出的是，量子力学中全同粒子体系的二次量子化理论[1]，实质上也是一种场的量子理论. 那是一种非相对论的场，可以把它称为 Schrödinger 场. 对于 Schrödinger 场，既可以采取对易关系的正则量子化，也可以采取反对易关系的 Jordan-Wigner 量子化. 而且，可以在坐标表象中给出在空间完全定域的粒子数表象和相应的各种观测量. 例如，对于定义在单粒子态 $|x\rangle$ 上的粒子数密度算符

$$\mathcal{N}(\boldsymbol{x}) = \psi^\dagger(\boldsymbol{x})\psi(\boldsymbol{x}), \tag{203}$$

无论 ψ 与 $\psi^\dagger$ 是遵从 Bose 子的对易关系还是 Fermi 子的反对易关系，都很容易证明有 $[\mathcal{N}(\boldsymbol{x}), \mathcal{N}(\boldsymbol{x}')] = 0$. 这就意味着，在非相对论的情形，测量一个粒子的空间位置的精度在原则上没有限制，粒子在空间是完全定域的. 这一点已经包含在 Heisenberg 测不准原理的表述之中. 而从物理上看，这则是由于在非相对论的情形，没有粒子的产生和湮灭，可以无限缩短探测粒子波长，提高粒子位置的测量精度. 这当然只是一种理想和极限的近似.

4.A 附录：场的物理量子化

前面的做法，是从场的方程入手，进行量子化，给出场算符的对易关系和粒子图像. 反过来，也可以直接在粒子数表象，由物理考虑给出算符对易关系，再确定场的方程.

坐标空间粒子的产生湮灭算符 假设空间由网格划分为许多元胞，坐标 $\boldsymbol{x}$ 位于元胞内或格点上，是离散可数的[2]. 考虑在 $\boldsymbol{x}$ 处有 n 个粒子的态 $|n\rangle$，由这种态的完全集 $\{|n\rangle\}$ 构成的表象称为坐标空间的 粒子数表象. 设 $\varphi(\boldsymbol{x})$ 是使态 $|n\rangle$

[1] 王正行，《量子力学原理》第三版，北京大学出版社，2020 年，200 页.
[2] G. Wentzel, *Quantum Theory of Fields*, Interscience Publishers, 1949, p.3.

的粒子数减少 1 的 湮灭算符,

$$\varphi(\boldsymbol{x})|n\rangle = C(n)|n-1\rangle, \tag{204}$$

其中 $n = n(\boldsymbol{x})$, $C(n)$ 是待定常数, 上式并没有完全确定算符 $\varphi(\boldsymbol{x})$. 假设 $|n\rangle$ 已经归一化, 则由

$$\langle n-1|\varphi(x)|n\rangle = C(n)\langle n-1|n-1\rangle = C(n) \tag{205}$$

可以看出, $\varphi^\dagger(\boldsymbol{x})|n-1\rangle = C^*(n)|n\rangle$, 亦即

$$\varphi^\dagger(\boldsymbol{x})|n\rangle = C^*(n+1)|n+1\rangle, \tag{206}$$

所以 $\varphi^\dagger(\boldsymbol{x})$ 是使态 $|n\rangle$ 的粒子数增加 1 的 产生算符. 于是有

$$\varphi^\dagger(\boldsymbol{x})\varphi(\boldsymbol{x})|n\rangle = \varphi^\dagger(\boldsymbol{x})C(n)|n-1\rangle = C^*(n)C(n)|n\rangle, \tag{207}$$

$$\varphi(\boldsymbol{x})\varphi^\dagger(\boldsymbol{x})|n\rangle = \varphi(\boldsymbol{x})C^*(n+1)|n+1\rangle = C^*(n+1)C(n+1)|n\rangle, \tag{208}$$

由此可得

$$[\varphi(\boldsymbol{x}), \varphi^\dagger(\boldsymbol{x})]|n\rangle = \left[C^*(n+1)C(n+1) - C^*(n)C(n)\right]|n\rangle. \tag{209}$$

$[\varphi(\boldsymbol{x}), \varphi^\dagger(\boldsymbol{x})] = \varphi(\boldsymbol{x})\varphi^\dagger(\boldsymbol{x}) - \varphi^\dagger(\boldsymbol{x})\varphi(\boldsymbol{x})$ 是两个算符相乘的对易子, 属于算符的代数性质, 与量子态 $|n\rangle$ 无关. 这就意味着上式右边的系数与 n 无关, 亦即 $|C(n)|^2 = C^*(n)C(n) = C_0 + C_1 n$, 是 n 的线性函数. 取 $n = 0$, 给出 $C_0 = |C(0)|^2$. 对于没有粒子的真空态 $|0\rangle = |n=0\rangle$, (204) 式表明 $C(0) = 0$, 因为 n 不能小于零. 所以 $C_0 = 0$, $|C(n)|^2 = C_1 n$ 正比于粒子数 n,

$$C(n) = \sqrt{C_1 n}, \tag{210}$$

从而

$$\varphi^\dagger(\boldsymbol{x})\varphi(\boldsymbol{x})|n\rangle = C^*(n)C(n)|n\rangle = C_1 n|n\rangle, \tag{211}$$

即 $\varphi^\dagger(\boldsymbol{x})\varphi(\boldsymbol{x})$ 正比于 $\boldsymbol{x}$ 处的粒子数算符, 比例系数 C_1 可以吸收到 φ 的定义中. $C_1 n = |C(n)|^2 \geqslant 0$ 表明 n 有非负的下限, 而 $C(0) = 0$ 表明这个下限为 0, 于是

$$n = 0, 1, 2, 3, \cdots. \tag{212}$$

以上的讨论, 都是对于空间同一点 $\boldsymbol{x}$. 对于空间任意两点 $\boldsymbol{x}$ 和 $\boldsymbol{x}'$, 就需要考虑粒子的交换对称性. 由于 n 可以大于 1, 这是 Bose 子体系. Bose 子体系的态矢量对任意两个粒子的交换不变, 有

$$[\varphi(\boldsymbol{x}), \varphi(\boldsymbol{x}')] = 0, \qquad [\varphi^\dagger(\boldsymbol{x}), \varphi^\dagger(\boldsymbol{x}')] = 0. \tag{213}$$

此外, 还可写出 (可以参考上页的注①)

$$[\varphi(\boldsymbol{x}), \varphi^\dagger(\boldsymbol{x}')] = \varphi(\boldsymbol{x})\varphi^\dagger(\boldsymbol{x}') - \varphi^\dagger(\boldsymbol{x}')\varphi(\boldsymbol{x}) = C_1 \delta_{\boldsymbol{x}\boldsymbol{x}'}. \tag{214}$$

在 $\boldsymbol{x} = \boldsymbol{x}'$ 时, 这就是 (209) 式, 而 $\boldsymbol{x} \neq \boldsymbol{x}'$ 时, 上式意味着是 Bose 子, 具有交换对称性.

动量空间粒子的产生湮灭算符　与上面相应地，粒子动量是离散可数的，把动量为 $\boldsymbol{k}$ 的 $n_{\boldsymbol{k}}$ 个粒子的态记为 $|n_{\boldsymbol{k}}\rangle$，则完全集 $\{|n_{\boldsymbol{k}}\rangle\}$ 构成动量空间的粒子数表象. 设 $a_{\boldsymbol{k}}$ 是使态 $|n_{\boldsymbol{k}}\rangle$ 的粒子数减少 1 的湮灭算符，就可以写出

$$a_{\boldsymbol{k}}|n_{\boldsymbol{k}}\rangle = \sqrt{n_{\boldsymbol{k}}}\,|n_{\boldsymbol{k}} - 1\rangle, \tag{215}$$

$$a_{\boldsymbol{k}}^{\dagger}|n_{\boldsymbol{k}}\rangle = \sqrt{n_{\boldsymbol{k}} + 1}\,|n_{\boldsymbol{k}} + 1\rangle, \tag{216}$$

$$N_{\boldsymbol{k}}|n_{\boldsymbol{k}}\rangle \equiv a_{\boldsymbol{k}}^{\dagger}a_{\boldsymbol{k}}|n_{\boldsymbol{k}}\rangle = n_{\boldsymbol{k}}|n_{\boldsymbol{k}}\rangle, \tag{217}$$

以及动量空间场算符的对易关系

$$[a_{\boldsymbol{k}}, a_{\boldsymbol{k}'}] = 0, \quad [a_{\boldsymbol{k}}^{\dagger}, a_{\boldsymbol{k}'}^{\dagger}] = 0, \quad [a_{\boldsymbol{k}}, a_{\boldsymbol{k}'}^{\dagger}] = a_{\boldsymbol{k}}a_{\boldsymbol{k}'}^{\dagger} - a_{\boldsymbol{k}'}^{\dagger}a_{\boldsymbol{k}} = \delta_{\boldsymbol{k}\boldsymbol{k}'}, \tag{218}$$

这里我们已经把与前面的 C_1 相当的常数吸收到算符 $a_{\boldsymbol{k}}$ 的定义中. $a_{\boldsymbol{k}}^{\dagger}$ 是使 $|n_{\boldsymbol{k}}\rangle$ 态的粒子数增加 1 的产生算符，而 $N_{\boldsymbol{k}} = a_{\boldsymbol{k}}^{\dagger}a_{\boldsymbol{k}}$ 是动量为 $\boldsymbol{k}$ 的粒子数算符. 由于

$$n_{\boldsymbol{k}} = \langle n_{\boldsymbol{k}}|N_{\boldsymbol{k}}|n_{\boldsymbol{k}}\rangle = \langle n_{\boldsymbol{k}}|a_{\boldsymbol{k}}^{\dagger}a_{\boldsymbol{k}}|n_{\boldsymbol{k}}\rangle = ||a_{\boldsymbol{k}}|n_{\boldsymbol{k}}\rangle||^2 \geqslant 0, \tag{219}$$

所以 $n_{\boldsymbol{k}}$ 有非负的下限. 上式表明这个下限为 0，

$$a_{\boldsymbol{k}}|0\rangle = 0, \tag{220}$$

不可能再用湮灭算符对 $|0\rangle$ 作用而得到本征值为负的本征态. 于是从 (216) 式可以写出

$$|n_{\boldsymbol{k}}\rangle = \frac{(a_{\boldsymbol{k}}^{\dagger})^{n_{\boldsymbol{k}}}}{\sqrt{n_{\boldsymbol{k}}!}}|0\rangle, \qquad n_{\boldsymbol{k}} = 0, 1, 2, 3, \cdots. \tag{221}$$

表象变换　用产生算符 $\varphi^{\dagger}(\boldsymbol{x})$ 和 $a_{\boldsymbol{k}}^{\dagger}$ 分别作用于真空态 $|0\rangle$，就得到粒子的坐标本征态 $|\boldsymbol{x}\rangle = \varphi^{\dagger}(\boldsymbol{x})|0\rangle$ 和动量本征态 $|\boldsymbol{k}\rangle = a_{\boldsymbol{k}}^{\dagger}|0\rangle$. 根据 Heisenberg 测不准原理，粒子的坐标和动量不可能共同测准，动量本征态的坐标表象波函数是 de Broglie 平面波，

$$\langle \boldsymbol{x}|\boldsymbol{k}\rangle = \langle 0|\varphi(\boldsymbol{x})a_{\boldsymbol{k}}^{\dagger}|0\rangle = \frac{1}{\sqrt{2\omega V}}\,\mathrm{e}^{-\mathrm{i}(\omega t - \boldsymbol{k}\cdot\boldsymbol{x})} = \frac{1}{\sqrt{2\omega V}}\,\mathrm{e}^{-\mathrm{i}kx}, \tag{222}$$

这也就是这两个表象之间的表象变换函数. 注意这里取 $\hbar = 1$ 的自然单位，而为了使得表述具有相对论协变形式，写出了相位中含时间的部分 ωt, $\omega = \sqrt{\boldsymbol{k}^2 + m^2}$ 是质量为 m 的粒子的相对论能量，$kx = k_{\mu}x^{\mu} = \omega t - \boldsymbol{k}\cdot\boldsymbol{x}$. $1/\sqrt{2\omega V}$ 是归一化常数，V 取场所在的空间体积.

上式表明，算符 $\varphi(\boldsymbol{x})$ 线性地含有 $a_{\boldsymbol{k}}$, 系数正比于平面波，于是可以写出

$$\varphi(x) = \varphi(\boldsymbol{x}, t) = \sum_{\boldsymbol{k}} \frac{1}{\sqrt{2\omega V}}\,\mathrm{e}^{-\mathrm{i}(\omega t - \boldsymbol{k}\cdot\boldsymbol{x})}a_{\boldsymbol{k}}. \tag{223}$$

把它代入 $x = x'$ 的 (214) 式，运用对易关系 (218)，可以算出 $C_1 = \sum_{\boldsymbol{k}} 1/2\omega V$. 要

求场算符是厄米的, 完整的表达式就是

$$\phi(x) = \varphi(\boldsymbol{x},t) + \varphi^\dagger(\boldsymbol{x},t) = \sum_{\boldsymbol{k}} \frac{1}{\sqrt{2\omega V}}\left[a_{\boldsymbol{k}}\mathrm{e}^{-\mathrm{i}(\omega t - \boldsymbol{k}\cdot\boldsymbol{x})} + a_{\boldsymbol{k}}^\dagger \mathrm{e}^{\mathrm{i}(\omega t - \boldsymbol{k}\cdot\boldsymbol{x})}\right]. \tag{224}$$

方括号中第二项是第一项的厄米共轭, 以保证 $\phi(\boldsymbol{x},t)$ 是厄米的. 与它相应的经典场是实数, 并且是没有考虑转动自由度的标量, 是实标量场, 满足 Klein-Gordon 方程. 它包含了正能和负能项, 是完整的相对论性的表述. 它的正能项和负能项分别联系于粒子的湮灭和产生, 产生一个负能态粒子相当于湮灭一个正能态粒子.

从离散可数过渡到连续取值 设 V 是边长为 L 的立方体, $V = L^3$. 取周期性边条件 [①], 就可把离散的动量写成

$$\boldsymbol{k} = \frac{2\pi}{L}\,(n,m,l), \tag{225}$$

n,m,l 为整数或 0. 这相当于动量空间是按体积元 $(2\pi)^3/V$ 离散化的. 这对应于量子力学的 箱归一化. 当 $L \to \infty$ 时, 场量 $\phi(\boldsymbol{x},t)$ 分布在全空间, $\boldsymbol{k}$ 的取值是连续的. 这时体积元趋于零, 求和要过渡到积分,

$$\sum_{\boldsymbol{k}} \frac{(2\pi)^3}{V} \longrightarrow \int \mathrm{d}^3\boldsymbol{k}, \tag{226}$$

上式左边是对 n,m,l 求和. 与此相应地, 动量空间的 Kronecker 符号也要代换成 δ 函数,

$$\frac{V}{(2\pi)^3}\,\delta_{\boldsymbol{k}\boldsymbol{k}'} \longrightarrow \delta(\boldsymbol{k}-\boldsymbol{k}'), \tag{227}$$

其中 $\delta_{\boldsymbol{k}\boldsymbol{k}'} = \delta_{\boldsymbol{n}\boldsymbol{n}'} = \delta_{nn'}\delta_{mm'}\delta_{ll'}$, $\boldsymbol{n} = (n,m,l)$. 注意上述二式右边的 $\boldsymbol{k}$ 是连续的, 与左边离散的 $\boldsymbol{k}$ 不同. 相应地, 有下述对应:

$$\sqrt{\frac{V}{(2\pi)^3}}\,a_{\boldsymbol{k}} \longrightarrow a_{\boldsymbol{k}}, \qquad \sqrt{\frac{V}{(2\pi)^3}}\,a_{\boldsymbol{k}}^\dagger \longrightarrow a_{\boldsymbol{k}}^\dagger, \tag{228}$$

$$\phi(x) = \sum_{\boldsymbol{k}} \frac{1}{\sqrt{2\omega V}}[a_{\boldsymbol{k}}\varphi(x) + a_{\boldsymbol{k}}^\dagger\varphi^*(x)] \longrightarrow \phi(x) = \int \mathrm{d}^3\boldsymbol{k}[a_{\boldsymbol{k}}\varphi_{\boldsymbol{k}}(x) + a_{\boldsymbol{k}}^\dagger\varphi_{\boldsymbol{k}}^*(x)]. \tag{229}$$

同样, 上述二式左边的 $\boldsymbol{k}$ 是离散的, 右边的 $\boldsymbol{k}$ 是连续的. 而按照上述对应, 对易关系 (218) 过渡到连续的情形就成为

$$[a_{\boldsymbol{k}}, a_{\boldsymbol{k}'}] = 0, \quad [a_{\boldsymbol{k}}^\dagger, a_{\boldsymbol{k}'}^\dagger] = 0, \quad [a_{\boldsymbol{k}}, a_{\boldsymbol{k}'}^\dagger] = \delta(\boldsymbol{k}-\boldsymbol{k}'), \tag{230}$$

注意最后一式右边由 Kronecker 符号换成了 δ 函数.

---

① G. Wentzel, *Quantum Theory of Fields*, Interscience Publishers, 1949, p.27.

对易关系 (230) 正是第 2 章的 (15) 式，这表明上面的物理量子化与第 2 章的正则量子化是等价的. 实际上，在上面物理量子化的做法中，假设了 Heisenberg 测不准关系. 而从第 2 章讨论过的场的能量动量算符可以看出，平面波中与坐标 $\boldsymbol{x}$ 共轭的 $\boldsymbol{k}$ 是粒子的正则动量. 所以测不准关系的物理已经包含在拉氏密度的模型假设之中. 此外，上面的做法还假设了粒子满足交换对称性. 很容易看出，这一点也已经自动地包含在正则量子化的规则之中. 而这表明，正则量子化只能运用于 Bose 子的情形. 对于 Fermi 子，我们就需要从物理出发，直接考虑粒子的交换反对称性，据以修改正则量子化规则，直接写出 Jordan-Wigner 量子化.

Fermi 子场的情形 Fermi 子具有交换反对称性，满足 Pauli 不相容原理，在一个态上的粒子数不能多于 1，$n = 0, 1$. 于是，(204) 中的 $C(n)$ 只有 $C(1)$ 不为零，(209) 式对 $n = 0$ 和 $n = 1$ 给出正负号相反的不同结果. 为了得到系数与 n 无关的结果，可以把 (209) 式换成

$$\{\varphi(\boldsymbol{x}), \varphi^\dagger(\boldsymbol{x})\}|n\rangle = \big[C^*(n+1)C(n+1) + C^*(n)C(n)\big]|n\rangle, \tag{231}$$

$\{\varphi(\boldsymbol{x}), \varphi^\dagger(\boldsymbol{x})\} = \varphi(\boldsymbol{x})\varphi^\dagger(\boldsymbol{x}) + \varphi^\dagger(\boldsymbol{x})\varphi(\boldsymbol{x})$ 是两个算符相乘的反对易子. 其余的讨论与前相同，类似地可以得到场算符的反对易关系

$$\{\varphi(\boldsymbol{x}), \varphi(\boldsymbol{x}')\} = 0, \quad \{\varphi^\dagger(\boldsymbol{x}), \varphi^\dagger(\boldsymbol{x}')\} = 0, \quad \{\varphi(\boldsymbol{x}), \varphi^\dagger(\boldsymbol{x}')\} = C_1 \delta_{\boldsymbol{x}\boldsymbol{x}'}, \tag{232}$$

和动量空间的反对易关系

$$\{a_{\boldsymbol{k}}, a_{\boldsymbol{k}'}\} = 0, \quad \{a_{\boldsymbol{k}}^\dagger, a_{\boldsymbol{k}'}^\dagger\} = 0, \quad \{a_{\boldsymbol{k}}, a_{\boldsymbol{k}'}^\dagger\} = a_{\boldsymbol{k}} a_{\boldsymbol{k}'}^\dagger + a_{\boldsymbol{k}'}^\dagger a_{\boldsymbol{k}} = \delta_{\boldsymbol{k}\boldsymbol{k}'}. \tag{233}$$

为了突出量子化问题，除了空间坐标和相应的动量以外，这里没有考虑粒子的其他自由度. 在讨论实际问题时，还应考虑粒子自旋和同位旋等自由度，在 (224) 式中要分别加上与矢量场或旋量场相应的系数.

5 路 径 积 分

经典力学主要有三种不同表述. 最初表述为 Newton 三定律, 其基本概念是力、质量和加速度, 基本动力学方程是 Newton 第二定律. 后来发现可以表述成 Lagrange 形式, 其基本概念是广义坐标、广义速度和 Lagrange 函数, 动力学方程是 Euler-Lagrange 方程. 也还可以表述为 Hamilton 正则形式, 其基本概念是正则坐标、正则动量和 Hamilton 函数, 动力学方程是 Hamilton 正则方程, 或等效的 Hamilton-Jacobi 方程. 这些表述虽然互相等效, 但因为基本概念和动力学方程不同, 用于不同问题的方便程度也就不同. 而在需要对理论进行推广时, 它们并不等效, 只有其中某个才能成为恰当的基础与出发点.

量子力学的情形与此完全类似. 在初创时, Born, Heisenberg, Jordan 小组和 Dirac 仿照 Hamilton 正则方程, 创立了量子力学; Schrödinger 则仿照 Hamilton-Jacobi 方程, 创立了波动力学. 这两种形式是等效的, 实质上都属于量子力学的正则形式, 其出发点都是系统的 Hamilton 量. 后来在 Dirac 的量子力学作用量原理 [1] 的基础上, Feynman 提出了量子力学的路径积分形式, 成为量子力学的第三种表述形式 [2], 其出发点是系统的 Lagrange 函数.

对于观测量的量子特征, 特别是场的粒子性, 主要观测量是有关厄米算符的本征值, 采用量子力学的算符形式更合适, 这就是我们在前几章的做法. 而对于散射过程, 主要观测量是测量的统计概率, 与过程的波函数直接有关, 量子力学的波动形式就成为最合适的选择. 量子力学的路径积分形式, 实质上是计算波函数的一种直观而便捷的途径, 自然就成为用来代替 Schrödinger 方程的一种选择. 而在规范场的情形, 由于规范任意性带来多余的非物理自由度, 需要给正则变量加上一定的约束条件. 对于处理这种约束条件来说, 路径积分形式与传

---

[1] P.A.M. Dirac, *Phys. Zeits. Sowjetunion* **3** (1933) 62. 见 P.A.M. 狄拉克, 《量子力学原理》, 陈咸亨译, 喀兴林校, 科学出版社, 1965 年, §32.

[2] R.P. Feynman, *Rev. Mod. Phys.* **20** (1948) 367. 见 R.P. Feynman and A.R. Hibbs, *Quantum Mechanics and Path Integrals*, McGraw-Hill, New York, 1965.

统的正则形式相比具有突出的优势. 规范场是量子场论的核心, 所以路径积分也就成了量子场论的主要表述形式.

5.1 数 学 准 备

1. Gauss 积分

一元 Gauss 积分 基本 Gauss 积分为

$$\int_{-\infty}^{\infty} \mathrm{d}x e^{-\frac{1}{2}x^2} = \sqrt{2\pi}, \tag{1}$$

它是下述结果的开方:

$$\left[\int_{-\infty}^{\infty} \mathrm{d}x e^{-\frac{1}{2}x^2}\right]^2 = \int_{-\infty}^{\infty} \mathrm{d}x\mathrm{d}y e^{-\frac{1}{2}(x^2+y^2)} = \int_{0}^{\infty} 2\pi r \mathrm{d}r e^{-\frac{1}{2}r^2} = 2\pi. \tag{2}$$

由 (1) 式可写出标度 Gauss 积分

$$\int_{-\infty}^{\infty} \mathrm{d}x e^{-\frac{1}{2}ax^2} = \sqrt{\frac{2\pi}{a}}. \tag{3}$$

上式对 a 求 n 次微商, 可得 Gauss 矩

$$\int_{-\infty}^{\infty} \mathrm{d}x x^{2n} e^{-\frac{1}{2}ax^2} = \sqrt{\frac{2\pi}{a}} \frac{1}{a^n}(2n-1)(2n-3)\cdots 5\cdot 3\cdot 1$$
$$= \sqrt{\frac{2\pi}{a}} \frac{1}{a^n}(2n-1)!!, \tag{4}$$

亦即

$$\langle x^{2n}\rangle = \frac{\int_{-\infty}^{\infty} \mathrm{d}x x^{2n} e^{-\frac{1}{2}ax^2}}{\int_{-\infty}^{\infty} \mathrm{d}x e^{-\frac{1}{2}ax^2}} = \frac{1}{a^n}(2n-1)!!. \tag{5}$$

由 (3) 式还可给出以下有源 Gauss 积分:

$$\int_{-\infty}^{\infty} \mathrm{d}x e^{-\frac{1}{2}ax^2+Jx} = \sqrt{\frac{2\pi}{a}}\, e^{J^2/2a}, \tag{6}$$

$$\int_{-\infty}^{\infty} \mathrm{d}x e^{-\frac{1}{2}ax^2+\mathrm{i}Jx} = \sqrt{\frac{2\pi}{a}}\, e^{-J^2/2a}, \tag{7}$$

$$\int_{-\infty}^{\infty} \mathrm{d}x e^{\mathrm{i}(\frac{1}{2}ax^2+Jx)} = \sqrt{\frac{2\pi\mathrm{i}}{a}}\, e^{-\mathrm{i}J^2/2a}. \tag{8}$$

Gauss 重积分 先看 n 维实空间的 Gauss 积分

$$\int_{-\infty}^{\infty} \mathrm{d}^n x e^{-\frac{1}{2}x\cdot K\cdot x} = \int_{-\infty}^{\infty} \mathrm{d}x^1\mathrm{d}x^2\cdots\mathrm{d}x^n e^{-\frac{1}{2}x^i K_{ij}x^j}, \tag{9}$$

$x = (x^1, x^2, \cdots, x^n)$ 是 n 维矢量, 空间度规是单位矩阵 δ_{ij}, 不区分上下标, 只是为了用 Einstein 约定, 才写成上下标. K 是 $n\times n$ 的矩阵. 求线性变换 $x \to y = Sx$,

要求有

$$x \cdot K \cdot x \equiv x^{\mathrm{T}} K x = (S^{-1} y)^{\mathrm{T}} K S^{-1} y = y^{\mathrm{T}} (S^{-1})^{\mathrm{T}} K S^{-1} y = y^{\mathrm{T}} y = y \cdot y, \tag{10}$$

亦即

$$K = S^{\mathrm{T}} S, \qquad \det S = \sqrt{\det K}. \tag{11}$$

这就要求 K 是对称矩阵, $K^{\mathrm{T}} = K$. 作积分换元 $x \to y$, 代入 Jacobi 行列式 $\det S = \sqrt{\det K}$, 就有

$$\int_{-\infty}^{\infty} \mathrm{d}^n x \, \mathrm{e}^{-\frac{1}{2} x \cdot K \cdot x} = \int_{-\infty}^{\infty} \frac{\mathrm{d}^n y}{\det S} \, \mathrm{e}^{-\frac{1}{2} y^i y_i} = \frac{1}{\sqrt{\det K}} \prod_i \int_{-\infty}^{\infty} \mathrm{d} y_i \mathrm{e}^{-\frac{1}{2} y_i^2}$$

$$= \sqrt{\frac{(2\pi)^n}{\det K}}. \tag{12}$$

类似地可以算出有源 Gauss 重积分

$$\int_{-\infty}^{\infty} \mathrm{d}^n x \, \mathrm{e}^{-\frac{1}{2} x \cdot K \cdot x + J \cdot x} = \sqrt{\frac{(2\pi)^n}{\det K}} \, \mathrm{e}^{\frac{1}{2} J \cdot K^{-1} \cdot J}, \tag{13}$$

$$\int_{-\infty}^{\infty} \mathrm{d}^n x \, \mathrm{e}^{\mathrm{i}(\frac{1}{2} x \cdot K \cdot x + J \cdot x)} = \sqrt{\frac{(2\pi \mathrm{i})^n}{\det K}} \, \mathrm{e}^{-\frac{\mathrm{i}}{2} J \cdot K^{-1} \cdot J}. \tag{14}$$

2. 泛函积分

泛函 我们把从函数空间到数域的一种对应称为一个 *泛函*. 例如, 函数 $\xi(x)$ 的定积分 $F = \int \mathrm{d}x \xi(x)$ 给出了函数 $\xi(x)$ 与数 F 的一种对应, 就称数 F 为函数 $\xi(x)$ 的泛函, 记为 $F[\xi]$,

$$F[\xi] = \int \mathrm{d}x \xi(x). \tag{15}$$

由同一个函数 $\xi(x)$, 可以给出不同的泛函, 例如

$$F_1[\xi] = \int \mathrm{d}x \xi^2(x), \qquad F_2[\xi] = \mathrm{e}^{-\frac{1}{2} \int \mathrm{d}x \xi^2(x)}, \qquad \cdots. \tag{16}$$

由多个不同的函数, 可以给出多元泛函, 如

$$G[\xi, \eta] = \int \mathrm{d}x \mathrm{d}y \xi(x) G(x, y) \eta(y), \quad K[\xi, \xi^*] = \mathrm{e}^{-\int \mathrm{d}x \mathrm{d}y \xi^*(x) K(x,y) \xi(y)}, \quad \cdots. \tag{17}$$

泛函积分的定义 把函数 $\xi(x)$ 的定义域 $[x]$ 划分成小元胞 Δx, 从而把函数变成在这些元胞上的数集, $\xi(x) \to \xi_x$, 而把泛函变成在这个数集上的多元函数, $F[\xi] \to F(\xi_x)$. 当所有元胞大小都趋于 0 时, 元胞数趋于无限大, 泛函 $F[\xi]$ 的积分可以定义为下列无限维的重积分,

$$\int \mathcal{D}\xi F[\xi] \equiv \lim_{\Delta x \to 0} \int \left(\prod_x \frac{\mathrm{d}\xi_x}{C} \right) F(\xi_x), \tag{18}$$

其中 $\mathcal{D}\xi$ 称为 积分测度, $C = C(\Delta x)$ 是适当选取的常数, 使得积分有限. 这样定义的泛函积分, 包含一个常数因子的任意性. 为简化书写, 以后略去极限号. 由此定义容易看出, 泛函积分有平移不变性,

$$\int \mathcal{D}\xi F[\xi] = \int \mathcal{D}\xi F[\xi + \eta]. \tag{19}$$

下面在写出具体泛函积分的公式时, 我们将利用普通重积分的结果, 取积分重数 $n \to \infty$ 的极限. 我们相信这样做是恰当的, 而把严格的论证留给数学家.

Gauss 泛函积分 基本 Gauss 泛函积分为

$$\int \mathcal{D}\xi \mathrm{e}^{-\frac{1}{2}\xi^2} = \int \mathcal{D}\xi \mathrm{e}^{-\frac{1}{2}\int \mathrm{d}x\xi^2(x)} = \int \Big(\prod_x \frac{\mathrm{d}\xi_x}{C} \Big) \mathrm{e}^{-\frac{1}{2}\sum_x \Delta x\xi_x^2}$$

$$= \prod_x \int \frac{\mathrm{d}\xi_x}{C} \mathrm{e}^{-\frac{1}{2}\Delta x\xi_x^2} = \prod_x \frac{1}{C}\sqrt{\frac{2\pi}{\Delta x}} = 1, \tag{20}$$

最后一步是 C 的定义. 利用平移不变性, 由此可以推出

$$\int \mathcal{D}\xi \mathrm{e}^{-\frac{1}{2}\xi^2 - J\xi} = \mathrm{e}^{\frac{1}{2}J^2}, \qquad \int \mathcal{D}\xi \mathrm{e}^{-\frac{1}{2}\xi^2 \pm \mathrm{i}J\xi} = \mathrm{e}^{-\frac{1}{2}J^2}. \tag{21}$$

同样, 分别还有下列对称及厄米核 K 的积分:

$$\int \mathcal{D}\xi \mathrm{e}^{-\frac{1}{2}\xi K\xi} = \int \mathcal{D}\xi \mathrm{e}^{-\frac{1}{2}\int \mathrm{d}x\mathrm{d}y\xi(x)K(x,y)\xi(y)} = \frac{1}{\sqrt{\det K}}, \tag{22}$$

$$\int \mathcal{D}\xi^* \mathcal{D}\xi \,\mathrm{e}^{-\xi^* K\xi} = \int \mathcal{D}\xi^* \mathcal{D}\xi \,\mathrm{e}^{-\int \mathrm{d}x\mathrm{d}y\xi^*(x)K(x,y)\xi(y)} = \frac{1}{\det K}, \tag{23}$$

其中用了简写

$$\xi K\xi = \int \mathrm{d}x\mathrm{d}y\xi(x)K(x,y)\xi(y), \qquad \xi^* K\xi = \int \mathrm{d}x\mathrm{d}y\xi^*(x)K(x,y)\xi(y). \tag{24}$$

利用平移不变性, 由 (22) 与 (23) 式还可写出

$$\int \mathcal{D}\xi \mathrm{e}^{-\frac{1}{2}\xi K\xi + J\xi} = \frac{1}{\sqrt{\det K}} \mathrm{e}^{\frac{1}{2}JK^{-1}J}, \tag{25}$$

$$\int \mathcal{D}\xi^* \mathcal{D}\xi \mathrm{e}^{-\xi^* K\xi + J^*\xi + J\xi^*} = \frac{1}{\det K} \mathrm{e}^{J^* K^{-1}J}. \tag{26}$$

注意上述各式中因子 $\det K$ 一般是发散的, 也可把它吸收到 C 的定义中, 不必写出来.

3. 泛函微商

定义 考虑函数 $\xi(x)$ 在 y 点的改变 $\varepsilon\delta(x-y)$, 定义泛函 $F[\xi(x)]$ 对它的微商为

$$\frac{\delta F[\xi(x)]}{\delta\xi(y)} = \lim_{\varepsilon \to 0} \frac{F[\xi(x) + \varepsilon\delta(x-y)] - F[\xi(x)]}{\varepsilon}. \tag{27}$$

由此即有

$$\frac{\delta}{\delta\xi(y)}\xi(x) = \delta(x-y). \tag{28}$$

例子 还是用下列简写符号

$$\xi = \int \mathrm{d}x\xi(x), \qquad \xi\eta = \int \mathrm{d}x\xi(x)\eta(x),$$

$$\xi G\eta = \int \mathrm{d}x\mathrm{d}y\xi(x)G(x,y)\eta(y), \qquad \cdots. \tag{29}$$

容易证明有下列公式:

$$\frac{\delta}{\delta\xi(x)}\xi = \frac{\delta}{\delta\xi(x)}\int \mathrm{d}y\xi(y) = \int \mathrm{d}y\delta(x-y) = 1, \tag{30}$$

$$\frac{\delta}{\delta\xi(x)}\xi G\eta = \frac{\delta}{\delta\xi(x)}\int \mathrm{d}y\mathrm{d}z\xi(y)G(y,z)\eta(z) = \int \mathrm{d}y\mathrm{d}z\delta(x-y)G(y,z)\eta(z)$$

$$= \int \mathrm{d}zG(x,z)\eta(z) = G\eta, \tag{31}$$

$$\frac{\delta}{\delta\xi(x)}\mathrm{e}^{-\frac{1}{2}\xi^2} = -\xi(x)\mathrm{e}^{-\frac{1}{2}\xi^2}, \tag{32}$$

$$\frac{\delta}{\delta\xi(x)}\mathrm{e}^{-\xi\eta} = -\eta(x)\mathrm{e}^{-\xi\eta}. \tag{33}$$

量子场论的中心等式 先来推演下列泛函积分:

$$\int \mathcal{D}\xi F(\xi)\mathrm{e}^{-\frac{1}{2}\xi K\xi + J\xi} = \int \mathcal{D}\xi \sum_n f_n \xi^n \mathrm{e}^{-\frac{1}{2}\xi K\xi + J\xi}$$

$$= \sum_n f_n \int \mathcal{D}\xi \xi^n \mathrm{e}^{-\frac{1}{2}\xi K\xi + J\xi} = \sum_n f_n \int \mathcal{D}\xi \left(\frac{\delta}{\delta J}\right)^n \mathrm{e}^{-\frac{1}{2}\xi K\xi + J\xi}$$

$$= \sum_n f_n \left(\frac{\delta}{\delta J}\right)^n \int \mathcal{D}\xi \mathrm{e}^{-\frac{1}{2}\xi K\xi + J\xi} = F(\delta/\delta J)\mathrm{e}^{\frac{1}{2}JK^{-1}J}, \tag{34}$$

其中已经省去因子 $1/\sqrt{\det K}$. 由此即有下列 **量子场论的中心等式**

$$\int \mathcal{D}\xi \mathrm{e}^{-\frac{1}{2}\xi K\xi - V(\xi) + J\xi} = \mathrm{e}^{-V(\delta/\delta J)}\mathrm{e}^{\frac{1}{2}JK^{-1}J}. \tag{35}$$

4. Grassmann 变量

Grassmann 代数 Dirac 把乘法次序可换的数称为 *经典的数* (classical number), 简称 c 数, 把乘法次序不可换的数称为 *量子的数* (quantal number), 简称 q 数. 注意这是就数说数, 与物理没有必然的联系. 其实, 数学家 Hermann Grassmann 早在 1855 年就研究过这种不可换代数, 现在称为 Grassmann 代数. q 数就是一种 Grassmann 变量.

一个 n 维 Grassmann 代数有 n 个生成元 ξ_i, $i = 1, 2, \cdots, n$, 它们的乘法满足反对易关系,

$$\{\xi_i, \xi_j\} = \xi_i\xi_j + \xi_j\xi_i = 0, \tag{36}$$

从而有

$$\xi_i^2 = 0. \tag{37}$$

由于这个关系, 函数的展开式只包含有限项. 例如

$$f(\xi) = p + q\xi, \tag{38}$$

$$g(\xi, \eta) = p + q\xi + r\eta + s\xi\eta = p + q\xi + r\eta - s\eta\xi, \tag{39}$$

其中 p, q, r, s 是 c 数. 注意由两个 Grassmann 变量相乘而构成的量, 例如上面的 $\xi\eta$ 和 $\eta\xi$, 在把它们作为单独的一个量来运算时, 乘法次序可换, 可以当做普通的 c 数.

Grassmann 变量的复共轭有

$$(\xi^*)^* = \xi, \qquad (\xi\eta)^* = \eta^*\xi^* = -\xi^*\eta^*. \tag{40}$$

积分与微分 积分 $\int \mathrm{d}\xi$ 作为 Grassmann 变量, 要求它有平移不变性,

$$\int \mathrm{d}\xi f(\xi + \eta) = \int \mathrm{d}\xi f(\xi). \tag{41}$$

代入 $f(\xi) = p + q\xi$, 就有

$$\int \mathrm{d}\xi q\eta = 0. \tag{42}$$

η 是任意 Grassmann 变量, 要上式对任何 c 数 q 都成立, 只有

$$\int \mathrm{d}\xi = 0. \tag{43}$$

此外, $\int \mathrm{d}\xi\xi$ 可以看作两个 Grassmann 变量 $\int \mathrm{d}\xi$ 与 ξ 的乘积, 所以它与任何 Grassmann 变量对易, 是一个 c 数. 于是可取定义

$$\int \mathrm{d}\xi\xi = 1. \tag{44}$$

(43) 与 (44) 式是 Grassmann 积分的两个基本性质, 利用它们就可进行具体积分运算. 例如

$$\int \mathrm{d}\xi g(\xi, \eta) = \int \mathrm{d}\xi(p + q\xi + r\eta + s\xi\eta) = q + s\eta. \tag{45}$$

又如

$$\int \mathrm{d}\xi f(\xi) = \int \mathrm{d}\xi(p + q\xi) = \int \mathrm{d}\xi q\xi, \tag{46}$$

当 q 为 c 数时, 上式给出 q; 当 q 为 Grassmann 变量时, 上式给出 $-q$.

现在推广到 n 维, $\xi = (\xi_1, \xi_2, \cdots, \xi_n)$, 考虑积分换元. 做线性变换,

$$\xi = S\eta. \tag{47}$$

在做积分换元 $\xi \to \eta$ 时，必须保持关系 (44)，即要求有

$$\int \mathrm{d}\xi_1 \mathrm{d}\xi_2 \cdots \mathrm{d}\xi_n \xi_1 \xi_2 \cdots \xi_n = \int \mathrm{d}\eta_1 \mathrm{d}\eta_2 \cdots \mathrm{d}\eta_n \eta_1 \eta_2 \cdots \eta_n. \tag{48}$$

由于

$$\begin{aligned}
\xi_1 \xi_2 \cdots \xi_n &= \sum_{i,j,\cdots,k} S_{1i} S_{2j} \cdots S_{nk} \eta_i \eta_j \cdots \eta_k \\
&= \sum_{i,j,\cdots,k} (-1)^{P_{ij\cdots k}} S_{1i} S_{2j} \cdots S_{nk} \eta_1 \eta_2 \cdots \eta_n \\
&= (\det S) \eta_1 \eta_2 \cdots \eta_n,
\end{aligned} \tag{49}$$

其中 $P_{ij\cdots k}$ 是把 $(ij\cdots k)$ 置换成 $(12\cdots n)$ 的次数. 所以, Grassmann 积分换元公式为

$$\mathrm{d}^n \xi = \frac{1}{\det S} \mathrm{d}^n \eta, \tag{50}$$

其中 $\mathrm{d}^n \xi = \prod_i \mathrm{d}\xi_i$, $\mathrm{d}^n \eta = \prod_i \mathrm{d}\eta_i$. 这与通常的 Jacobi 积分换元公式不同. 按通常的公式, 这个行列式 $\det S$ 在分子上. 例如当 $n = 1$ 时, 若 $\xi = a\eta$, a 为 c 数, 则 $\mathrm{d}\xi = \mathrm{d}\eta/a$, 与 c 数的微分规则不同. 微分 $\mathrm{d}\xi_i$ 也是 Grassmann 变量, 有

$$\{\xi_i, \mathrm{d}\xi_j\} = 0, \qquad \{\mathrm{d}\xi_i, \mathrm{d}\xi_j\} = 0. \tag{51}$$

微商   微商运算包含用因子 $1/\Delta\xi_i$ 相乘. 乘法与因子次序有关, 有从左边乘与从右边乘两种可能. 我们定义微商运算是从左边乘, 于是对于上面的函数 $g(\xi, \eta) = p + q\xi + r\eta + s\xi\eta$, 就有

$$\frac{\partial g}{\partial \xi} = q + s\eta, \qquad \frac{\partial g}{\partial \eta} = r - s\xi. \tag{52}$$

上述第一式与 (45) 式比较可见, 微商与积分给出相同的结果. 容易证明微商算符有下列关系

$$\left\{\xi_i, \frac{\partial}{\partial \xi_j}\right\} = \delta_{ij}, \qquad \left\{\frac{\partial}{\partial \xi_i}, \frac{\partial}{\partial \xi_j}\right\} = 0. \tag{53}$$

以上讨论表明, Grassmann 变量的积分、微分和微商都是特别定义的运算, 与 c 数的相应运算在概念和规则上都不同, 需要特别留心与注意.

Gauss 积分   先考虑两个独立的 Grassmann 变量 ξ 与 $\bar{\xi}$, 比如可以把它们看作互为复共轭. 由于 $\xi^2 = \bar{\xi}^2 = 0$, 所以

$$\mathrm{e}^{-\bar{\xi}\xi} = 1 - \bar{\xi}\xi,$$

$$\int \mathrm{d}\bar{\xi} \mathrm{d}\xi \, \mathrm{e}^{-\bar{\xi}\xi} = \int \mathrm{d}\bar{\xi} \mathrm{d}\xi - \int \mathrm{d}\bar{\xi} \mathrm{d}\xi \bar{\xi}\xi = \int \mathrm{d}\bar{\xi} \mathrm{d}\xi \xi \bar{\xi} = 1. \tag{54}$$

类似地有

$$\int \mathrm{d}\bar{\xi} \mathrm{d}\xi \, \mathrm{e}^{-\bar{\xi}a\xi} = \int \mathrm{d}\bar{\xi} \mathrm{d}\xi \xi a\bar{\xi} = a = \mathrm{e}^{\ln a}. \tag{55}$$

推广到 n 维，$\xi = (\xi_1, \xi_2, \cdots, \xi_n)$, $\bar{\xi} = (\bar{\xi}_1, \bar{\xi}_2, \cdots, \bar{\xi}_n)$, 有

$$\int \mathrm{d}^n \bar{\xi} \mathrm{d}^n \xi \mathrm{e}^{-\bar{\xi} \cdot \xi} = \int \Big(\prod_i \mathrm{d}\bar{\xi}_i \mathrm{d}\xi_i \Big) \mathrm{e}^{-\bar{\xi}_i \xi^i} = \prod_i \int \mathrm{d}\bar{\xi}_i \mathrm{d}\xi_i \mathrm{e}^{-\bar{\xi}_i \xi_i} = 1, \tag{56}$$

注意我们定义的 Einstein 约定只对相同的上下标求和.

现在做积分换元 $\xi \to \eta$ 与 $\bar{\xi} \to \bar{\eta}$, 考虑线性变换，

$$\xi = S\eta, \qquad \bar{\xi} = \bar{S}\bar{\eta}. \tag{57}$$

利用上面给出的换元公式 (50), 并注意 $\bar{\xi} \cdot \xi \equiv \bar{\xi}^{\mathrm{T}} \xi$, 就有

$$\int \mathrm{d}^n \bar{\xi} \mathrm{d}^n \xi \, \mathrm{e}^{-\bar{\xi} \cdot \xi} = \frac{1}{\det(\bar{S}S)} \int \mathrm{d}^n \bar{\eta} \mathrm{d}^n \eta \, \mathrm{e}^{-\bar{\eta}^{\mathrm{T}} \bar{S}^{\mathrm{T}} S \eta} = 1. \tag{58}$$

令 $K = \bar{S}^{\mathrm{T}} S$, 注意 $\det(\bar{S}S) = \det(\bar{S}^{\mathrm{T}} S) = \det K$, 就有下列公式

$$\int \mathrm{d}^n \bar{\eta} \mathrm{d}^n \eta \, \mathrm{e}^{-\bar{\eta} \cdot K \cdot \eta} = \det K. \tag{59}$$

相应的泛函积分公式为

$$\int \mathcal{D}\bar{\eta} \mathcal{D}\eta \, \mathrm{e}^{-\bar{\eta} K \eta} = \det K, \tag{60}$$

其中 $\bar{\eta} K \eta = \int \mathrm{d}x \mathrm{d}y \, \bar{\eta}(x) K(x,y) \eta(y)$, 因子 $\det K$ 可以吸收到积分体积元 $\mathcal{D}\bar{\eta}\mathcal{D}\eta$ 中.

5.2 路径积分量子力学

1. 跃迁振幅的 Feynman 公式

跃迁振幅的定义 运用时间发展算符 $U(t, t_0)$, 可以把系统在坐标表象 $\{|q\rangle\}$ 的波函数写成

$$\psi(q, t) = \langle q|\psi(t)\rangle = \langle q|U(t, t_0)|\psi(t_0)\rangle = \int \mathrm{d}q_0 K(q, t; q_0, t_0) \psi(q_0, t_0), \tag{61}$$

其中 $\psi(q_0, t_0) = \langle q_0|\psi(t_0)\rangle$, 而

$$K(q, t; q_0, t_0) = \langle q|U(t, t_0)|q_0\rangle \tag{62}$$

是时间发展算符在坐标表象的表示，称为系统的 **跃迁振幅** 或 **变换函数**，它是当 t_0 时处于 q_0 的系统到 t 时跃迁到 q 的概率幅. 我们来推导它的计算公式. 为了简明起见，假设系统只有一个自由度. 最后的结果可以直接推广到多个自由度.

路径积分表示 设系统的 Hamilton 算符为 H, 则系统的时间发展算符就是

$$U(t, t_0) = \mathrm{e}^{-\mathrm{i}H(t-t_0)}. \tag{63}$$

把时间间隔 $t - t_0$ 分成 n 等份，

$$\Delta t = \frac{t - t_0}{n}, \tag{64}$$

当 $n \to \infty$ 时, $\Delta t \to 0$, 就可以把时间发展算符写成 n 个因子的积,

$$U(t, t_0) = \mathrm{e}^{-\mathrm{i}H(t-t_0)} = (1 - \mathrm{i}\Delta t H)^n. \tag{65}$$

把它代入跃迁振幅的定义式 (62), 并运用基矢 $\{|q\rangle\}$ 的完备性公式, 就有

$$K(q, t; q_0, t_0) = \int \mathrm{d}q_1 \cdots \int \mathrm{d}q_{n-1} \langle q|(1 - \mathrm{i}\Delta t H)|q_{n-1}\rangle \cdots \langle q_1|(1 - \mathrm{i}\Delta t H)|q_0\rangle, \tag{66}$$

其中的因子可以写成

$$\langle q_{m+1}|(1 - \mathrm{i}\Delta t H)|q_m\rangle = \int \mathrm{d}p_m \langle q_{m+1}|p_m\rangle\langle p_m|(1 - \mathrm{i}\Delta t H)|q_m\rangle$$

$$= \int \frac{\mathrm{d}p_m}{2\pi} \mathrm{e}^{\mathrm{i}p_m(q_{m+1} - q_m)}[1 - \mathrm{i}\Delta t H(p_m, q_m)], \tag{67}$$

这里代入了动量本征态的波函数

$$\langle q|p\rangle = \frac{1}{\sqrt{2\pi}} \mathrm{e}^{\mathrm{i}p\,q}, \tag{68}$$

$H(p, q)$ 定义为

$$\langle p|H|q\rangle = H(p, q)\langle p|q\rangle. \tag{69}$$

注意 $H(p, q)$ 已经不是算符. 在这个定义里, 假设 $H(p, q)$ 中不含 q 与 p 的交叉项, 否则, 应取 *正规乘序*, 即把算符 H 中的所有动量算符都用对易关系移到坐标算符的左边.

    把 (67) 式代入 (66) 式, 并注意 $n \to \infty$ 时 $\Delta t \to 0$, $(q_{m+1} - q_m)/\Delta t \to \dot{q}$, 就有

$$K(q, t; q_0, t_0) = \int \mathcal{D}q\mathcal{D}p\, \mathrm{e}^{\mathrm{i}\int \mathrm{d}t[p\dot{q} - H(p, q)]}, \tag{70}$$

其中指数上的积分限为 $[t_0, t]$, 积分中的 q 与 p 都依赖于时间, 而

$$\int \mathcal{D}q = \lim_{\substack{n \to \infty \\ \Delta t \to 0}} \prod_{m=1}^{n-1} \int \mathrm{d}q(t_m), \qquad \int \mathcal{D}p = \lim_{\substack{n \to \infty \\ \Delta t \to 0}} \prod_{m=0}^{n-1} \int \frac{\mathrm{d}p(t_m)}{2\pi}. \tag{71}$$

(70) 式是一个无限维的泛函积分. 它表示在时间 t_0 与 t 之间, $q(t)$ 和 $p(t)$ 分别在坐标和动量空间跑遍固定端点 $q(t_0)$ 与 $q(t)$ 之间的所有路径, 所以称为 *路径积分*. 注意它是对 $q(t)$ 与 $p(t)$ 的双重泛函积分, 而只固定了 $q(t)$ 的端点. 下面来根据 $H(p, q)$ 的具体形式完成对 $p(t)$ 的积分.

    Feynman 公式   对于下列形式的 Hamilton 函数,

$$H(p, q) = \frac{p^2}{2m} + V(q), \tag{72}$$

(70) 式成为

$$K(q, t; q_0, t_0) = \int \mathcal{D}q\, \mathrm{e}^{-\mathrm{i}\int \mathrm{d}t V(q)} \int \mathcal{D}p\, \mathrm{e}^{\int \mathrm{d}t(-\frac{\mathrm{i}}{2m}p^2 + \mathrm{i}\dot{q}p)}. \tag{73}$$

可用公式 (25) 完成上面对 p 的积分,

$$\int \mathcal{D}p\, e^{\int dt(-\frac{i}{2m}p^2+iqp)} = Ne^{\frac{1}{2}(i\dot{q})(m/i)(i\dot{q})} = Ne^{i\int dt\frac{1}{2}m\dot{q}^2}. \tag{74}$$

把它代回 (73) 式, 最后就得到跃迁振幅的 Feynman 公式

$$K(q,t;q_0,t_0) = N\int \mathcal{D}q\, e^{i\int dt L(q,\dot{q})}, \tag{75}$$

其中

$$L(q,\dot{q}) = \frac{1}{2}m\dot{q}^2 - V(q) \tag{76}$$

是系统的 Lagrange 函数, 而 N 是归一化常数. 注意 (25) 式的 C 由 (20) 式定义, 而现在是 (71) 式的 2π, 所以

$$N = \lim_{n\to\infty} \frac{1}{\sqrt{\det(i/m)}}\left(\frac{1}{2\pi}\sqrt{\frac{2\pi}{\Delta t}}\right)^n = \lim_{n\to\infty}\left(\frac{m}{i2\pi\Delta t}\right)^{n/2}, \tag{77}$$

它通常在 $n\to\infty$ 和 $\Delta t\to 0$ 时趋于无限. 但这并不影响物理结果, 因为跃迁振幅的模方是测量概率, 在归一化的计算中可把它消去. 所以, 常把它省略不写, 吸收到积分体积元 $\mathcal{D}q$ 中.

如果在 $\mathcal{D}q$ 中包含所有自由度的贡献, Feynman 公式 (75) 就推广到多自由度的情形. 与上述推导类似地还可证明, Feynman 公式不限于 (76) 式类型的系统, 它对于下列更一般的 Lagrange 函数也适用:

$$L(q,\dot{q}) = \frac{1}{2}\sum_{i,j}\dot{q}_i\, m_{ij}\,\dot{q}_j + \sum_i A_i(q)\dot{q}_i - V(q), \tag{78}$$

其中 m 是与 q 无关的实的非奇异矩阵. 当 m 与 q 有关时, Feynman 公式 (75) 要作适当的修改[①]. 而当 m 是奇异矩阵, 例如当 $L(q,\dot{q})$ 中某一项 $\dot{q}_i$ 不出现时, 就要回到 Hamilton 形式的 (70) 式.

Feynman 公式 (75) 又可写成

$$K(q,t;q_0,t_0) = N\int \mathcal{D}q\, e^{iS}, \tag{79}$$

其中

$$S = \int_{t_0}^{t} dt L(q,\dot{q}) \tag{80}$$

是系统的作用量. 所以 Feynman 公式的物理含义是: 当 t_0 时处于 q_0 的系统到 t 时跃迁到 q 的概率幅, 对于固定在这两个端点之间的所有路径都是等权的, 总的概率幅等于各个路径的贡献按相位 S 叠加的结果, S 是系统的作用量. 这可以当做一条 **物理原理**, 称之为 量子作用量原理.

① T.D. Lee and C.N. Yang, *Phys. Rev.* **128** (1962) 885.

量子力学的路径积分形式　由 Feynman 公式 (75) 算出跃迁振幅 $K(q,t;q_0,t_0)$,
代入 (61) 式就可算出波函数 $\psi(q,t)$. 所以 Feynman 公式与 Schrödinger 方程的作
用相当. 实际上, 对于由 (76) 式描述的系统, 考虑一个很小的时间间隔 $t \to t+\Delta t$,
由 Feynman 公式我们有

$$K(q,t;q_0,t_0) = Ce^{\left[\mathrm{i}\Delta t L\left(\frac{q+q_0}{2},\frac{q-q_0}{\Delta t}\right)\right]} = Ce^{\left\{\mathrm{i}\Delta t\left[\frac{m\eta^2}{2(\Delta t)^2}-V(q+\eta/2)\right]\right\}}, \qquad (81)$$

其中 $\eta = q_0 - q$. 把上式代入波函数的公式 (61), 就有

$$\psi(q,t+\Delta t) = C \int \mathrm{d}\eta\, e^{\left\{\mathrm{i}\Delta t\left[\frac{m\eta^2}{2(\Delta t)^2}-V(q+\eta/2)\right]\right\}} \psi(q+\eta,t). \qquad (82)$$

当 $\Delta t \to 0^+$ 时, 对积分的贡献主要来自 $\eta \sim 0$ 的区域, 我们有

$$\psi(q,t) + \Delta t\, \frac{\partial \psi}{\partial t} = C \int \mathrm{d}\eta\, e^{\left(\frac{\mathrm{i}m\eta^2}{2\Delta t}\right)} \left[1 - \mathrm{i}\Delta t\, V(q)\right] \left[\psi(q,t) + \eta\frac{\partial \psi}{\partial q} + \frac{\eta^2}{2}\frac{\partial^2 \psi}{\partial q^2} + \cdots\right].$$
$$(83)$$

完成积分以后, 上式中 Δt 的 0 次和 1 次项分别给出

$$C \int \mathrm{d}\eta\, e^{\left(\frac{\mathrm{i}m\eta^2}{2\Delta t}\right)} = 1 \qquad (84)$$

和

$$\mathrm{i}\frac{\partial}{\partial t}\psi(q,t) = \left[-\frac{1}{2m}\frac{\partial^2}{\partial q^2} + V(q)\right]\psi(q,t). \qquad (85)$$

上面第一个方程给出常数 C 的表达式, 第二个方程则正是系统的 Schrödinger 方
程, 而在 Schrödinger 方程中, 自动地得到了动能算符的表达式

$$-\frac{1}{2m}\frac{\partial^2}{\partial q^2}. \qquad (86)$$

这是由于, 上面在推导跃迁振幅的 Feynman 路径积分公式时, 用到了时间发
展算符和动量本征态坐标表象波函数的表达式, 所以在这个公式中已经包含了
Schrödinger 方程和正则量子化的内容, 从它出发能够推出坐标表象的 Schrödinger
方程和动能算符. **Feynman 的路径积分公式已经包含了正则量子化的内容**. 这
种方式的量子化, 称为 *路径积分量子化*.

正则量子化与 Schrödinger 方程这二者, 构成了量子力学计算的核心. 这种
形式的量子力学, 称为 *正则形式的量子力学*, 简称 *正则量子力学*. 既然 Feynman
路径积分公式包括了这两方面的内容, 自然就可以把 Feynman 路径积分公式所
表达的量子作用量原理, 作为量子力学的一条基本原理, 用来取代关于量子化
规则的 Heisenberg 测不准原理, 和关于态矢量随时间变化的 Schrödinger 方程.
这种形式的量子力学, 称为 *路径积分形式的量子力学*, 简称 *路径积分量子力学*.

在正则量子力学中, 问题的核心是写出系统的 Hamilton 算符 H, 需要知道
算符的对易规则, 进行算符运算. 而在路径积分量子力学中, 问题的核心是写

出系统的 Lagrange 函数 L, 求泛函积分. L 不是算符, 有关的代数运算简单得多, 数学上的难点从算符运算换成泛函积分. 不过从上述推导可以看出, 这里的 L 虽然是 c 数, 却仍然是量子力学的量, 而不是经典力学的量. 针对具体物理问题写出的 Lagrange 函数 L, 是一种量子力学的模型, 而不是经典的模型. 不能根据是不是算符来判断是不是量子力学.

需要指出, Feynman 路径积分公式既可当做从正则量子力学推出的重要公式, 也可当做路径积分量子力学的基本假设与出发点. 在后一种意义上运用这个公式, 就可以直接写出场的拉氏密度, 作为模型的假设和讨论的基础与出发点, 从而获得更多的灵活与自由. 实际上, 目前量子场论最前卫的讲法, 都以路径积分量子力学为基础与出发点[1]. 即便在前一种意义上运用这个公式, 路径积分方法也已成为量子场论的主体与支柱[2].

还需要特别指出, 粒子数可变的场论模型与粒子数不变的量子力学不同. 作为场的正则坐标, 场量 ϕ, A_μ 和 ψ 等是 Hilbert 空间的算符, 用它们构造出来的拉氏密度 $\mathcal{L}$ 和拉氏量 L 不是 c 数而是算符, 必须考虑场量的对易规则. 在旋量场的情形, 这就要用到 Grassmann 代数. 在后面的具体讨论中, 将相应地予以说明.

2. 形式的演绎

量子力学的绘景 前面的讨论是在 Schrödinger 绘景 中进行的, 体系的态矢量 $|\psi(t)\rangle$ 按 Schrödinger 方程随时间演化, 观测量算符 F 不随时间变化,

$$i\frac{\partial}{\partial t}|\psi(t)\rangle = H|\psi(t)\rangle, \qquad \frac{\partial}{\partial t}F = 0. \tag{87}$$

作幺正变换,

$$|\psi(t)\rangle \longrightarrow |\psi\rangle_{\mathrm{H}} = e^{iHt}|\psi(t)\rangle, \qquad F \longrightarrow F_{\mathrm{H}} = e^{iHt}Fe^{-iHt}, \tag{88}$$

可以得到

$$\frac{\partial}{\partial t}|\psi\rangle_{\mathrm{H}} = 0, \qquad i\frac{\partial}{\partial t}F_{\mathrm{H}} = [F_{\mathrm{H}}, H]. \tag{89}$$

它们表明, 态矢量 ψ_{H} 不随时间演化, 观测量算符 F_{H} 按 Hamilton 正则方程随时间变化, 这称为 Heisenberg 绘景.

① 例如 Warren Siegel, *Fields*, arXiv.org 和 http://insti.physics.sunysb.edu/~siegel/plan.html; 或 A. Zee, *Quantum Field Theory in a Nutshell*, Princeton University Press, 2003.

② 例如 Steven Weinberg, *The Quantum Theory of Fields* , 3 volumes, Cambridge University Press, 1995, 1996, 2000; 或 M.E. Peskin and D.V. Schroeder, *An Introduction to Quantum Field Theory*, Addison-Wesley, 1995.

当 $H = H_0 + H'$ 时，作幺正变换

$$|\psi(t)\rangle \longrightarrow |\psi(t)\rangle_I = \mathrm{e}^{\mathrm{i}H_0 t}|\psi(t)\rangle, \qquad F \longrightarrow F_I = \mathrm{e}^{\mathrm{i}H_0 t}F\mathrm{e}^{-\mathrm{i}H_0 t}, \tag{90}$$

就有

$$\mathrm{i}\frac{\partial}{\partial t}|\psi(t)\rangle_I = H_I'|\psi(t)\rangle_I, \qquad \mathrm{i}\frac{\partial}{\partial t}F_I = [F_I, H_0]. \tag{91}$$

亦即，相互作用 H_I' 支配态矢量 $|\psi\rangle_I$ 的时间演化，无相互作用的 Hamilton 正则方程决定观测量算符 F_I 的时间变化. 这称为 相互作用绘景, 也称 Dirac 绘景. 当 $H' = 0$ 时，相互作用绘景就成为 Heisenberg 绘景.

不同的绘景，只是描述方式不同，在物理上完全等价. 针对不同问题，可以选用不同绘景. 由于场算符是时空坐标的函数，所以在量子场论中多采用 Heisenberg 绘景或相互作用绘景. 为了简洁，在不至引起误解时，我们略去绘景的下标.

跃迁振幅的 Huygens 原理　在 Heisenberg 绘景中，跃迁振幅可以改写成

$$K(q, t; q_0, t_0) = \langle q|\mathrm{e}^{-\mathrm{i}H(t-t_0)}|q_0\rangle = \langle q, t|q_0, t_0\rangle, \tag{92}$$

其中

$$|q_0, t_0\rangle = \mathrm{e}^{\mathrm{i}Ht_0}|q_0\rangle, \qquad |q, t\rangle = \mathrm{e}^{\mathrm{i}Ht}|q\rangle. \tag{93}$$

在 Heisenberg 绘景中，跃迁振幅 $K(q, t; q_0, t_0)$ 是在初态 $|q_0, t_0\rangle$ 上测到末态 $|q, t\rangle$ 的概率幅. 设 $t > t_1 > t_0$, 从初态 $|q_0, t_0\rangle$ 到末态 $|q, t\rangle$ 的跃迁振幅就可写成

$$\langle q, t|q_0, t_0\rangle = \int \langle q, t|q(t_1)\rangle \mathrm{d}q(t_1)\langle q(t_1)|q_0, t_0\rangle. \tag{94}$$

它的物理含义是：体系从初态 $|q_0, t_0\rangle$ 到末态 $|q, t\rangle$ 的跃迁振幅，等于从初态 $|q_0, t_0\rangle$ 经过所有可能的中间态 $|q(t_1)\rangle$ 再到末态 $|q, t\rangle$ 的跃迁振幅的线性叠加. 这就是跃迁振幅的 Huygens 原理, 它与 Feynman 路径积分公式 (75) 所表述的量子作用量原理是一致的. 实际上，在上式右边代入 (75) 式，就有

$$\begin{aligned}
\langle q, t|q_0, t_0\rangle &= \int \mathrm{d}q(t_1) \int \mathcal{D}q'' \, \mathrm{e}^{\mathrm{i}\int_{t_1}^{t} \mathrm{d}t L(q'', \dot{q}'')} \int \mathcal{D}q' \, \mathrm{e}^{\mathrm{i}\int_{t_0}^{t_1} \mathrm{d}t L(q', \dot{q}')} \\
&= \int \mathcal{D}q \, \mathrm{e}^{\mathrm{i}\int_{t_0}^{t} \mathrm{d}t L(q, \dot{q})}.
\end{aligned} \tag{95}$$

其中泛函积分 $\int \mathcal{D}q'$ 的时间范围 $t_0 \to t_1$, $\int \mathcal{D}q''$ 的时间范围 $t_1 \to t$, 3 个端点 $q_0(t_0), q(t_1)$ 与 $q(t)$ 都是固定的. 再对 $q(t_1)$ 积分，就取消了固定端点 $q(t_1)$, 两个泛函积分就合成一个 $\int \mathcal{D}q$. 上面已经把归一化常数省去.

时序乘积的矩阵元　设 $t > t_1 > t_0$, 由跃迁振幅的 Huygens 原理, 就可写出

$$\begin{aligned}
\langle q, t|q(t_1)|q_0, t_0\rangle &= \int \langle q, t|q(t_1)\rangle \mathrm{d}q(t_1)\langle q(t_1)|q(t_1)|q_0, t_0\rangle \\
&= \int \langle q, t|q(t_1)\rangle \mathrm{d}q(t_1)q(t_1)\langle q(t_1)|q_0, t_0\rangle
\end{aligned}$$

$$= \int \mathcal{D}q \, q(t_1) \, \mathrm{e}^{\mathrm{i} \int_{t_0}^{t} \mathrm{d}t L(q,\dot{q})}, \tag{96}$$

注意符号 $q(t_1)$ 在完整的 Dirac 括号 $\langle \, |q(t_1)| \, \rangle$ 之中是算符, 否则是函数. 上式表示从态 $|q_0, t_0\rangle$ 到态 $|q, t\rangle$ 的跃迁, 只是 t_1 时刻的中间态振幅多一个因子 $q(t_1)$. 类似地, 设 $t > t_1 > t_2 > t_0$, 则有

$$\langle q, t | q(t_1) q(t_2) | q_0, t_0 \rangle = \int \mathcal{D}q \, q(t_1) q(t_2) \, \mathrm{e}^{\mathrm{i} \int_{t_0}^{t} \mathrm{d}t L(q,\dot{q})}. \tag{97}$$

注意左边的 $q(t_1)q(t_2)$ 是算符, 根据跃迁振幅的 Huygens 原理, 在推导中要求 $t_1 > t_2$. 右边泛函积分中的 $q(t_1)q(t_2)$ 是函数, 乘积的次序则可任意. 于是一般地, 设 $t > t_i > t_0, i = 1, 2, \cdots, n$, 就有

$$\langle q, t | \mathcal{T} q(t_1) q(t_2) \cdots q(t_n) | q_0, t_0 \rangle = \int \mathcal{D}q \, q(t_1) q(t_2) \cdots q(t_n) \, \mathrm{e}^{\mathrm{i} \int_{t_0}^{t} \mathrm{d}t L(q,\dot{q})}, \tag{98}$$

其中 $\mathcal{T}$ 是 时序算符, 它把被它作用的算符按照时间从高到低的顺序依次从左到右排列,

$$\mathcal{T} F(t_1) F(t_2) F(t_3) \cdots = F(t_i) F(t_j) F(t_k) \cdots, \qquad t_i > t_j > t_k > \cdots. \tag{99}$$

有外源的情形 外源 是 Schwinger 引入的概念和技巧 [①], 它既可以来自真实的物理, 也可以只是计算的工具和手段, 在计算完成后令它为 0. 在 Lagrange 量中引入外源项 Jq, 就有

$$L(q, \dot{q}) \longrightarrow L(q, \dot{q}) + Jq, \tag{100}$$

其中 $L(q, \dot{q})$ 描述无外源的体系, J 描述外源的作用. 引入了外源的跃迁振幅为

$$\langle q, t | q_0, t_0 \rangle_J = \int \mathcal{D}q \, \mathrm{e}^{\mathrm{i} \int \mathrm{d}t [L(q,\dot{q}) + Jq]} = \int \mathcal{D}q \, \mathrm{e}^{\mathrm{i} \int \mathrm{d}t \, Jq} \, \mathrm{e}^{\mathrm{i} \int \mathrm{d}t L(q,\dot{q})}$$
$$= \langle q, t | \mathcal{T} \, \mathrm{e}^{\mathrm{i} \int_{t_0}^{t} \mathrm{d}t \, Jq} | q_0, t_0 \rangle, \tag{101}$$

左边的角标 J 表示引入了外源 J, 最后一步用到公式 (98). 注意最后指数上的 Jq 是算符. 显然, 对任意的初态 $|\psi_0, t_0\rangle$ 和末态 $|\psi, t\rangle$, 这个公式也成立,

$$\langle \psi, t | \psi_0, t_0 \rangle_J = \langle \psi, t | \mathcal{T} \, \mathrm{e}^{\mathrm{i} \int_{t_0}^{t} \mathrm{d}t \, Jq} | \psi_0, t_0 \rangle. \tag{102}$$

3. 散射问题的路径积分

散射问题 我们把粒子之间的散射与反应笼统地称为散射. 散射的过程如图 5-1 的上部所示, 来自源 (S) 的粒子在时间 $t \to -\infty$ 以 入射态 (in state) $|in\rangle$ 进入, 然后发生相互作用 (I), 最后在时间 $t \to \infty$ 以 出射态 (out state) $|out\rangle$ 被探测器 (D) 接收. 实验上, 测量的是从入射态 $|in\rangle$ 到出射态 $|out\rangle$ 的跃迁振幅

① J. Schwinger, *Particles and Sources*, Gordon & Breach, 1969.

⟨out|in⟩. 态 |in⟩ 与 |out⟩ 一般不是坐标本征态, 而是能量本征态. 注意有的作者把 in state 译为 入态, 把 out state 译为 出态.

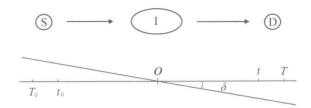

图 5-1   散射过程 (上图) 和 Wick 转动 (下图)

理论上, 可以用外源 J 来代替粒子源与探测器, 它使粒子从真空中产生, 在散射后又消失在真空之中. 真空是能量最低的基态, 引入外源后, 问题就成为计算从入射基态到出射基态的跃迁振幅. 换句话说, Schwinger 外源的作用, 是扩大了考虑的范围, 简化了问题, 把从入射态 |in⟩ 到出射态 |out⟩ 的跃迁振幅 ⟨out|in⟩ 的计算, 转换成从入射基态 $|0, -\infty\rangle$ 到出射基态 $|0, \infty\rangle$ 的跃迁振幅 $\langle 0, \infty | 0, -\infty \rangle_J$ 的计算. 用这种方法, 就把散射过程的全部信息都归纳到从基态到基态的跃迁振幅之中.

基态到基态的跃迁振幅　从入射基态 $|0, -\infty\rangle$ 到出射基态 $|0, \infty\rangle$ 的跃迁振幅

$$Z[J] = \langle 0, \infty | 0, -\infty \rangle_J \tag{103}$$

是外源 J 的泛函, 称为 生成泛函[1]. 换句话说, 生成泛函 $Z[J]$ 等于在外源 J 作用下当入射基态为 $|0, -\infty\rangle$ 时测得出射基态为 $|0, \infty\rangle$ 的概率幅. 生成泛函这个名称, 来自它与 Green 函数的关系, 见 5.4 节. 下面来求 $Z[J]$ 的具体表达式.

假设只在 $t_0 \to t$ 之间有外源作用, $T_0 < t_0 < t < T$, 则在 Heisenberg 绘景中, 跃迁振幅为

$$\langle Q, T | Q_0, T_0 \rangle_J = \int dq dq_0 \langle Q, T | q, t \rangle \langle q, t | q_0, t_0 \rangle_J \langle q_0, t_0 | Q_0, T_0 \rangle. \tag{104}$$

其中无外源的过程可以写成

$$\langle Q, T | q, t \rangle \langle q_0, t_0 | Q_0, T_0 \rangle = \sum_{m,n} \langle Q, T | m \rangle \langle m | q, t \rangle \langle q_0, t_0 | n \rangle \langle n | Q_0, T_0 \rangle$$

$$= \sum_{m,n} \psi_m^*(Q) \psi_n(Q_0) \psi_m(q) \psi_n^*(q_0) e^{-iE_m(T-t)} e^{-iE_n(t_0-T_0)}, \tag{105}$$

---

[1] 见例如 N.N. Bogoliubov and D.V. Shirkov, *Introduction to the Theory of Quantized Fields*, third edition, John Wiley & Sons, 1980, p.383.

这里 $|m\rangle$ 与 $|n\rangle$ 是体系 H 的本征态,

$$H|m\rangle = E_m|m\rangle, \qquad m = 0, 1, 2, \cdots, \tag{106}$$

$$\langle m|q, t\rangle = \psi_m(q, t) = \psi_m(q)\mathrm{e}^{\mathrm{i}E_m t}. \tag{107}$$

为了在 (105) 式中只保留基态 E_0 的项,可以把时间 t 延拓到复平面[①],从实轴顺时针转过角度 δ,$\delta \leqslant \pi/2$,如图 5-1 的下部所示,这称为 Wick 转动[②]. 由于时间含有虚部,当初态与末态的时间趋于无限时,$T_0 \to -\infty\,\mathrm{e}^{-\mathrm{i}\delta}$,$T \to \infty\,\mathrm{e}^{-\mathrm{i}\delta}$,(105) 式中各项快速衰减,只需保留衰减最慢的 E_0 项,

$$\langle Q, T|q, t\rangle\langle q_0, t_0|Q_0, T_0\rangle = \psi_0^*(Q)\psi_0(Q_0)\psi_0(q, t)\psi_0^*(q_0, t_0)\mathrm{e}^{-\mathrm{i}E_0(T-T_0)}, \tag{108}$$

这里态 $\psi_0(q_0, t_0)$ 与 $\psi_0(q, t)$ 都是基态. 把上式代回 (104) 式,就有

$$\frac{\langle Q, T|Q_0, T_0\rangle_J}{\psi_0^*(Q)\psi_0(Q_0)\mathrm{e}^{-\mathrm{i}E_0(T-T_0)}} = \int \mathrm{d}q\mathrm{d}q_0 \psi_0(q, t)\langle q, t|q_0, t_0\rangle_J \psi_0^*(q_0, t_0), \tag{109}$$

其中 $T_0 \to -\infty\,\mathrm{e}^{-\mathrm{i}\delta}$,$T \to \infty\,\mathrm{e}^{-\mathrm{i}\delta}$. 注意上式右边是跃迁振幅 $\langle q, t|q_0, t_0\rangle_J$ 在基态的平均值,当 $t_0 \to -\infty$ 和 $t \to \infty$ 时正是要求的 $\langle 0, \infty|0, -\infty\rangle_J$. 把上式左边分子用路径积分写出,并把分母吸收到归一化常数中,就有

$$Z[J] = \langle 0, \infty|0, -\infty\rangle_J = N \int \mathcal{D}q\, \mathrm{e}^{\mathrm{i}\int_{-\infty\,\mathrm{e}^{-\mathrm{i}\delta}}^{\infty\,\mathrm{e}^{-\mathrm{i}\delta}} \mathrm{d}t[L(q,\dot{q})+Jq]}, \tag{110}$$

其中 N 是归一化常数. 在积分测度 $\mathcal{D}q$ 中本来就可包含一个任意常数因子,再明写出一个归一化常数 N,是为了以后推演和对 $Z[J]$ 进行归一化的方便.

与 Wick 转动等效的做法,是在 (105) 式的能量本征值中加上一个小的负虚数. 这也能使激发态快速衰减,只留下基态的项. 在体系的拉氏量 L 中加上 $\frac{1}{2}\mathrm{i}\varepsilon q^2$ 即可达此目的,于是最后有

$$Z[J] = N \int \mathcal{D}q\, \mathrm{e}^{\mathrm{i}\int_{-\infty}^{\infty} \mathrm{d}t[L(q,\dot{q})+Jq+\frac{1}{2}\mathrm{i}\varepsilon q^2]}. \tag{111}$$

一个重要公式 由公式 (102) 可以给出

$$Z[J] = \langle 0, \infty|0, -\infty\rangle_J = \langle 0, \infty|\mathcal{T}\mathrm{e}^{\mathrm{i}\int \mathrm{d}t Jq}|0, -\infty\rangle. \tag{112}$$

求 $Z[J]$ 对 $\mathrm{i}J(t_1), \cdots, \mathrm{i}J(t_n)$ 的 n 重泛函微商,就有

$$\frac{\delta^n Z[J]}{\mathrm{i}^n \delta J(t_1)\cdots\delta J(t_n)}\bigg|_{J=0} = \langle 0, \infty|\mathcal{T}q(t_1)\cdots q(t_n)|0, -\infty\rangle. \tag{113}$$

欧氏空间形式 若取 $\delta = \pi/2$ 的 Wick 转动,把 $t = x_0$ 从正实轴转到负虚

---

① E.S. Abers and B.W. Lee, *Physics Reports* **9C** (1973) 1.

② G.C. Wick, *Phys. Rev.* **96** (1954) 1124.

轴，时间就成为纯虚数. 定义 $\tau = \mathrm{i}t = x_4$，则

$$-\mathrm{d}s^2 = -(\mathrm{d}x_0)^2 + (\mathrm{d}x_1)^2 + (\mathrm{d}x_2)^2 + (\mathrm{d}x_3)^2 = \sum_{\mu=1}^{4}(\mathrm{d}x_\mu)^2, \qquad (114)$$

(x_1, x_2, x_3, x_4) 就是四维实 Euclid 空间，度规张量是单位矩阵. (110) 式可以改写到实数的 τ，

$$Z_{\mathrm{E}}[J] = N \int \mathcal{D}q\, \mathrm{e}^{\int_{-\infty}^{\infty} \mathrm{d}\tau [L(q,\mathrm{i}\mathrm{d}q/\mathrm{d}\tau) + J(\tau)q(\tau)]}$$

$$= N \int \mathcal{D}q\, \mathrm{e}^{-\int_{-\infty}^{\infty} \mathrm{d}\tau [L_{\mathrm{E}}(q,\mathrm{d}q/\mathrm{d}\tau) - J(\tau)q(\tau)]}, \qquad (115)$$

下标 E 表明是 Euclid 空间的量，其中

$$L_{\mathrm{E}}(q, \mathrm{d}q/\mathrm{d}\tau) = -L(q, \mathrm{i}\mathrm{d}q/\mathrm{d}\tau). \qquad (116)$$

$L_{\mathrm{E}}(q, \mathrm{d}q/\mathrm{d}\tau)$ 是正定的，能保证泛函积分 $Z_{\mathrm{E}}[J]$ 收敛. 相应地还有

$$\frac{1}{Z[J]}\frac{\delta^n Z[J]}{\mathrm{i}^n \delta J(t_1)\cdots\delta J(t_n)}\bigg|_{J=0} = \frac{1}{Z_{\mathrm{E}}[J]}\frac{\delta^n Z_{\mathrm{E}}[J]}{\delta J(\tau_1)\cdots\delta J(\tau_n)}\bigg|_{J=0}. \qquad (117)$$

5.3 标量场的路径积分

1. 标量场的跃迁振幅和生成泛函

标量场的跃迁振幅 场的正则坐标 $\phi(x)$ 作为观测量，是用时空参数 $x = (\boldsymbol{x}, t)$ 来描述的. 所以，从前面的量子力学过渡到量子场论，就是：

$$q(t) \longrightarrow \phi(x), \qquad L\mathrm{d}t \longrightarrow \mathcal{L}\mathrm{d}x, \qquad \mathcal{D}q \longrightarrow \mathcal{D}\phi, \qquad (118)$$

其中 $\mathrm{d}x = \mathrm{d}^3\boldsymbol{x}\mathrm{d}t$. 注意和对应的 q 一样，ϕ 在完整的 Dirac 符号之中是算符，否则是函数. 于是，从态 $|\phi_0, t_0\rangle$ 到 $|\phi, t\rangle$ 的跃迁振幅的 Feynman 路径积分公式是

$$K(\phi, t; \phi_0, t_0) = N \int \mathcal{D}\phi\, \mathrm{e}^{\mathrm{i}\int \mathrm{d}x \mathcal{L}(\phi, \partial_\mu \phi)}, \qquad (119)$$

其中归一化常数 N 常被吸收到积分测度 $\mathcal{D}\phi$ 中. 对 $\mathrm{d}^3\boldsymbol{x}$ 的积分遍及全空间，对 $\mathrm{d}t$ 的积分从 t_0 到 t，积分端点 ϕ_0 与 ϕ 的约束是

$$\phi_0 = \phi_0(\boldsymbol{x}), \qquad \phi = \phi(\boldsymbol{x}). \qquad (120)$$

(119) 式的物理是：场在场变量空间从 ϕ_0 到 ϕ 的跃迁振幅，等于在这两点之间场量 $\phi(x)$ 取所有可能的变化，按照由其作用量确定的相位等权地叠加. 满足 Euler-Lagrange 方程的解 $\phi(x)$，只是其中概率最大的一个.

下面来考虑自由标量场在外源 J 作用下从入射基态 $|0, -\infty\rangle$ 到出射基态 $|0, \infty\rangle$ 的跃迁振幅，亦即自由标量场的生成泛函. 现在 $J = J(x)$. 注意场的基态

就是真空态. 对于给定的场系统, 真空态是唯一的,

$$|\infty, 0\rangle = |-\infty, 0\rangle = |0\rangle. \tag{121}$$

自由标量场的生成泛函 $Z_0[J]$ 自由标量场的拉氏密度为

$$\mathcal{L}_0(\phi, \partial_\mu \phi) = \frac{1}{2}(\partial_\mu \phi \partial^\mu \phi - m^2 \phi^2). \tag{122}$$

它出现在四维积分中, 可以差一个四维散度, 亦即可以作代换 $\partial_\mu \phi \partial^\mu \phi \to -\phi \partial^2 \phi$. 再引入外源 $J(x)$ 和小的负虚数项, 拉氏密度就成为

$$\mathcal{L}(\phi, \partial_\mu \phi) = \mathcal{L}_0 + J\phi + \frac{1}{2}\mathrm{i}\varepsilon \phi^2 = -\frac{1}{2}\phi(\partial^2 + m^2 - \mathrm{i}\varepsilon)\phi + J\phi. \tag{123}$$

于是, 自由场的生成泛函

$$\begin{aligned}
Z_0[J] &= N \int \mathcal{D}\phi \, \mathrm{e}^{-\mathrm{i}\int \mathrm{d}x[\frac{1}{2}\phi(\partial^2 + m^2 - \mathrm{i}\varepsilon)\phi - J\phi]} \\
&= N' \mathrm{e}^{-\frac{1}{2}J[\mathrm{i}(\partial^2 + m^2 - \mathrm{i}\varepsilon)]^{-1}J} \\
&= N' \mathrm{e}^{-\frac{\mathrm{i}}{2}J\Delta_{\mathrm{F}}J}.
\end{aligned} \tag{124}$$

上面第二步用到公式 (25), N' 是新的归一化常数, 而

$$\Delta_{\mathrm{F}} = -(\partial^2 + m^2 - \mathrm{i}\varepsilon)^{-1}, \tag{125}$$

它是在 (123) 式的 $\mathcal{L}_0$ 中夹在两个场变量 ϕ 与 ϕ 之间的算符之逆.

由于 $Z_0[J]$ 是在外源作用下场从真空到真空的跃迁振幅,

$$Z_0[J] = \langle 0, \infty | 0, -\infty \rangle_J, \tag{126}$$

无外源时它应等于 1,

$$Z_0[0] = 1. \tag{127}$$

由 (124) 式, 满足上述条件的 $N' = 1$, 于是归一化的 $Z_0[J]$ 为

$$\begin{aligned}
Z_0[J] &= N \int \mathcal{D}\phi \, \mathrm{e}^{-\mathrm{i}\int \mathrm{d}x[\frac{1}{2}\phi(\partial^2 + m^2 - \mathrm{i}\varepsilon)\phi - J\phi]} \\
&= \mathrm{e}^{-\frac{\mathrm{i}}{2}\int \mathrm{d}x \mathrm{d}y J(x)\Delta_{\mathrm{F}}(x-y)J(y)} \\
&= \mathrm{e}^{-\frac{\mathrm{i}}{2}J\Delta_{\mathrm{F}}J},
\end{aligned} \tag{128}$$

$$\frac{1}{N} = \int \mathcal{D}\phi \, \mathrm{e}^{-\mathrm{i}\int \mathrm{d}x[\frac{1}{2}\phi(\partial^2 + m^2 - \mathrm{i}\varepsilon)\phi]}. \tag{129}$$

Feynman 传播子 Δ_{F} (125) 式也就是

$$(\partial^2 + m^2 - \mathrm{i}\varepsilon)\Delta_{\mathrm{F}} = -1, \tag{130}$$

它是下式的简写,

$$\int \mathrm{d}x(\partial^2 + m^2 - \mathrm{i}\varepsilon)\Delta_{\mathrm{F}} = -1. \tag{131}$$

这是关于 Δ_F 的积分方程, 相应的微分方程为

$$(\partial^2 + m^2 - \mathrm{i}\varepsilon)\Delta_F = -\delta(x-y), \tag{132}$$

这里 $\delta(x-y)$ 是 4 维 δ 函数. 上式表明 Δ_F 是 $x-y$ 的偶函数.

(123) 式给出的 Euler-Lagrange 方程为

$$(\partial^2 + m^2 - \mathrm{i}\varepsilon)\phi(x) = J(x), \tag{133}$$

它描述外源 $-J(x)$ 产生的场 $\phi(x)$. (132) 式表明, $\Delta_F(x-y)$ 是上述方程的 Green 函数, 有

$$\phi(x) = -\int \mathrm{d}y \Delta_F(x-y)J(y). \tag{134}$$

所以, $\Delta_F(x-y)$ 是标量场位于 y 的点源 $\delta(x-y)$ 在 x 产生的场, 即场的振幅从 y 到 x 的传播, 称为标量场的 Feynman 传播子, 简称 Feynman 传播子.

由方程 (132) 可以给出 $\Delta_F(x)$ 在动量空间的展开式,

$$\Delta_F(x) = \int \frac{\mathrm{d}^4 k}{(2\pi)^4} \Delta_F(k)\mathrm{e}^{-\mathrm{i}kx} = \int \frac{\mathrm{d}^4 k}{(2\pi)^4} \frac{1}{k^2 - m^2 + \mathrm{i}\varepsilon} \mathrm{e}^{-\mathrm{i}kx}, \tag{135}$$

$$\Delta_F(k) = \frac{1}{k^2 - m^2 + \mathrm{i}\varepsilon}, \tag{136}$$

注意其中 $kx = k_\mu x^\mu$, $k^2 = k_\mu k^\mu$. 由于

$$k^2 - m^2 + \mathrm{i}\varepsilon = k_0^2 - \omega^2 + \mathrm{i}\varepsilon = k_0^2 - (\omega - \mathrm{i}\varepsilon)^2, \tag{137}$$

$\omega = \sqrt{\boldsymbol{k}^2 + m^2}$, (135) 式的积分在 k_0 轴两侧有奇点 $k_0 = \omega - \mathrm{i}\varepsilon$ 和 $k_0 = -\omega + \mathrm{i}\varepsilon$. 取极限 $\varepsilon \to 0^+$, 这两个奇点就在 k_0 轴上.

为了避开这两个奇点, k_0 的积分路径可以有不同的选择. 换句话说, 方程 (132) 并不能把函数 $\Delta_F(x-y)$ 完全确定下来, 还需要作进一步的考虑. 这相当于选择定解的边条件. 下面将指出, $\Delta_F(x-y)$ 的积分路径 C_F 当 $k_0 < 0$ 时沿 k_0 轴下侧, 当 $k_0 > 0$ 时沿 k_0 轴上侧, 如图 5-2.

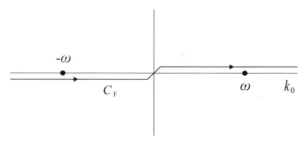

图 5-2 计算 Feyman 传播子 $\Delta_F(x)$ 的积分路径 C_F

进一步的考虑, 要回到引入 $\Delta_F(x-y)$ 的 (124) 式. 有两种方式来用 (124) 式确定对 k_0 的积分路径: 可以利用欧氏空间的表述; 或者利用 Green 函数的定

义与公式. 下面先讨论欧氏空间的表述.

2. 欧氏空间表述

欧氏坐标空间与动量空间 欧氏坐标空间 x_E 与闵氏坐标空间 x 的关系是

$$\left.\begin{aligned}
x_E &= (\boldsymbol{x}, x_4), \\
x_4 &= \mathrm{i}x_0, \\
\mathrm{d}x_E &= \mathrm{d}^4 x_E = \mathrm{i}\mathrm{d}^4 x = \mathrm{i}\mathrm{d}x, \\
x_E^2 &= x_1^2 + x_2^2 + x_3^2 + x_4^2 = -x^2,
\end{aligned}\right\} \tag{138}$$

注意现在时间 $t = x_0$ 在负虚轴, 而 x_4 是实数. 相应地, 欧氏动量空间可以定义为[1]

$$\left.\begin{aligned}
k_E &= (\boldsymbol{k}, k_4), \\
k_4 &= -\mathrm{i}k_0, \\
\mathrm{d}k_E &= \mathrm{d}^4 k_E = -\mathrm{i}\mathrm{d}^4 k = -\mathrm{i}\mathrm{d}k, \\
k_E^2 &= k_1^2 + k_2^2 + k_3^2 + k_4^2 = -k^2,
\end{aligned}\right\} \tag{139}$$

这相应于在能量复平面上把 k_0 从实轴逆时针转 $\pi/2$ 到正虚轴, 如图 5-3. 这样定义的优点是 $k_4 x_4 = k^0 x^0$, 可以把 $k^0 x^0 - \boldsymbol{k} \cdot \boldsymbol{x}$ 直接变换成 $k_4 x_4 - \boldsymbol{k} \cdot \boldsymbol{x}$, 平面波中正的 x_4 对应于正的 x_0.

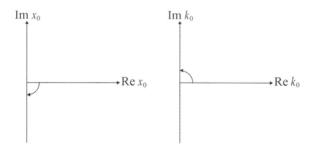

图 5-3 从闵氏空间转到欧氏空间

生成泛函与 Feynman 传播子 转到欧氏空间, 自由标量场的生成泛函为

$$\begin{aligned}
Z_{0E}[J] &= N \int \mathcal{D}\phi\, \mathrm{e}^{-\int \mathrm{d}x_E [\frac{1}{2}\phi(-\partial_E^2 + m^2)\phi - J\phi]} \\
&= \mathrm{e}^{-\frac{1}{2}J(\partial_E^2 - m^2)^{-1}J} = \mathrm{e}^{\frac{\mathrm{i}}{2}J\Delta_F J},
\end{aligned} \tag{140}$$

---

[1] Kerson Huang, *Quarks, Leptons and Gauge Fields*, 2nd edition, World Scientific, 1992, p.132.

注意其中 $\mathrm{d}x_\mathrm{E} = \mathrm{i}\mathrm{d}x$, $\partial_\mathrm{E}^2 = -\partial^2$, 而 Δ_F 满足的方程为

$$(-\partial_\mathrm{E}^2 + m^2)\Delta_\mathrm{F} = -\mathrm{i}\delta(x_\mathrm{E} - y_\mathrm{E}), \tag{141}$$

与 (132) 式一致. 由此可以写出

$$\Delta_\mathrm{F}(x_\mathrm{E}) = -\mathrm{i}\int \frac{\mathrm{d}^4 k_\mathrm{E}}{(2\pi)^4} \frac{1}{k_\mathrm{E}^2 + m^2} \mathrm{e}^{-\mathrm{i}k_\mathrm{E}x_\mathrm{E}}. \tag{142}$$

此式完全确定了 Feynman 传播子 $\Delta_\mathrm{F}(x_\mathrm{E})$, 其中对 k_4 的积分路径沿实轴, 而奇点 $k_4 = \pm\mathrm{i}\sqrt{\boldsymbol{k}^2 + m^2}$ 不在实轴上.

从欧氏空间的 k_4 转回闵氏空间的 k_0, 沿 k_4 轴的积分路径就成为图 5-2 所示的积分路径. 下面我们回到闵氏空间, 给出自由 Green 函数的讨论.

5.4 标量场自由 Green 函数

Green 函数的定义与公式　定义场的 n 点 Green 函数为

$$G(x_1, x_2, \cdots, x_n) = \langle 0|\mathcal{T}[\phi(x_1)\phi(x_2)\cdots\phi(x_n)]|0\rangle, \tag{143}$$

这里 $|0\rangle$ 是场的真空态, 注意 $|\infty, 0\rangle = |-\infty, 0\rangle = |0\rangle$. 由公式 (113), 有

$$G(x_1, x_2, \cdots, x_n) = \frac{\delta^n Z[J]}{\mathrm{i}^n \delta J(x_1)J(x_2)\cdots\delta J(x_n)}\bigg|_{J=0}, \tag{144}$$

于是有

$$Z[J] = \sum_{n=0}^{\infty} \frac{\mathrm{i}^n}{n!} \int \mathrm{d}x_1 \cdots \mathrm{d}x_n G(x_1, \cdots, x_n)J(x_1)\cdots J(x_n). \tag{145}$$

这就表明, $Z[J]$ 是生成 Green 函数的泛函, 所以称之为生成泛函. 上式表明, 生成泛函的计算, 亦即场在外源作用下从真空到真空的跃迁振幅的计算, 可以归结为 Green 函数的计算. 下面给出自由 Green 函数的具体例子.

1 点 Green 函数　自由场的 Green 函数简称自由 Green 函数. 注意简写

$$J\Delta_\mathrm{F}J = J_x\Delta_{\mathrm{F}xy}J_y = \int \mathrm{d}x\mathrm{d}y J(x)\Delta_\mathrm{F}(x-y)J(y), \tag{146}$$

从公式 (128) 就可算出场的 1 点自由 Green 函数

$$G(x) = \langle 0|\phi(x)|0\rangle = \frac{1}{\mathrm{i}}\frac{\delta Z_0[J]}{\delta J(x)}\bigg|_{J=0} = \frac{\delta}{\mathrm{i}\delta J(x)} \mathrm{e}^{-\frac{\mathrm{i}}{2}J\Delta_\mathrm{F}J}\bigg|_{J=0}$$

$$= (-\Delta_{\mathrm{F}xy}J_y) \mathrm{e}^{-\frac{\mathrm{i}}{2}J\Delta_\mathrm{F}J}\bigg|_{J=0} = 0. \tag{147}$$

这个结果的物理可从 $\langle 0|\phi(x)|0\rangle = 0$ 看出. $\phi(x)$ 在动量空间的展开, 是粒子产生与湮灭算符的线性叠加,

$$\phi(x) = \phi^{(+)}(x) + \phi^{(-)}(x), \tag{148}$$

$$\phi^{(+)}(x) = \int \frac{\mathrm{d}^3 \boldsymbol{k}}{\sqrt{(2\pi)^3 2\omega}} \, a_{\boldsymbol{k}} \mathrm{e}^{-\mathrm{i}kx}, \tag{149}$$

$$\phi^{(-)}(x) = \int \frac{\mathrm{d}^3 \boldsymbol{k}}{\sqrt{(2\pi)^3 2\omega}} \, a_{\boldsymbol{k}}^\dagger \mathrm{e}^{\mathrm{i}kx}. \tag{150}$$

在场的定域性适用的范围内 (参阅第 4 章 4.5 节对场的定域性的讨论), 实标量场的正频部分 $\phi^{(+)}(x)$ 与负频部分 $\phi^{(-)}(x)$ 可以分别看成场在 x 点湮灭一个粒子与产生一个粒子的算符. 所以 (147) 式的物理含义是: 场的真空期待值为零, 在真空的一点不可能孤立地产生或湮灭一个粒子. 对复标量场可以类似地讨论.

2 点 Green 函数 类似地, 场的 2 点自由 Green 函数为

$$
\begin{aligned}
G(x,y) &= \langle 0|\mathcal{T}[\phi(x)\phi(y)]|0\rangle \\
&= \left. \frac{\delta^2}{\mathrm{i}^2 \delta J(x)\delta J(y)} \mathrm{e}^{-\frac{\mathrm{i}}{2}J\Delta_{\mathrm{F}}J} \right|_{J=0} = \left. \frac{\delta}{\mathrm{i}\delta J(x)} (-J_z \Delta_{\mathrm{F}zy}) \mathrm{e}^{-\frac{\mathrm{i}}{2}J\Delta_{\mathrm{F}}J} \right|_{J=0} \\
&= \left. \left[\mathrm{i}\Delta_{\mathrm{F}xy} + (-J_z\Delta_{\mathrm{F}zy})(-J_z\Delta_{\mathrm{F}zx}) \right] \mathrm{e}^{-\frac{\mathrm{i}}{2}J\Delta_{\mathrm{F}}J} \right|_{J=0} = \mathrm{i}\Delta_{\mathrm{F}}(x-y), \quad (151)
\end{aligned}
$$

亦即 2 点自由 Green 函数实际上就是 Feynman 传播子. 前面已经指出, Feynman 传播子 $\Delta_{\mathrm{F}}(x-y)$ 是位于 y 的点源 $\delta(x-y)$ 在 x 产生的场, 即场的振幅从 y 到 x 的传播.

为了用粒子的语言和图像来描述, 可以把时序乘积具体写成

$$\mathcal{T}\phi(x)\phi(y) = \theta(x^0 - y^0)\phi(x)\phi(y) + \theta(y^0 - x^0)\phi(y)\phi(x). \tag{152}$$

注意在真空态上只能产生而不能湮灭粒子, 于是就有

$$G(x,y) = \theta(x^0 - y^0)\langle 0|\phi^{(+)}(x)\phi^{(-)}(y)|0\rangle + \theta(y^0 - x^0)\langle 0|\phi^{(+)}(y)\phi^{(-)}(x)|0\rangle. \tag{153}$$

右边第一项表示在时间 y^0 在 $\boldsymbol{y}$ 点产生一个粒子, 然后在时间 $x^0(> y^0)$ 在 $\boldsymbol{x}$ 点湮灭, 亦即粒子从 y 点传播到 x 点的概率幅; 第二项表示在时间 x^0 在 $\boldsymbol{x}$ 点产生一个粒子, 然后在时间 $y^0(> x^0)$ 在 $\boldsymbol{y}$ 点湮灭, 亦即粒子从 x 点传播到 y 点的概率幅. 所以 2 点 Green 函数 $G(x,y)$ 描述粒子在 x 与 y 两点之间的传播.

Wick 定理 可以类似地继续算出 $n = 3, 4, \cdots$ 的自由 Green 函数. 例如

$$
\begin{aligned}
G(x_1, x_2, x_3, x_4) &= \left. \frac{\delta^4}{\mathrm{i}^4 \delta J(x_1)\delta J(x_2)\delta J(x_3)\delta J(x_4)} \mathrm{e}^{-\frac{\mathrm{i}}{2}J_x G_{xy} J_y} \right|_{J=0} \\
&= \left. \frac{\delta^3}{\delta J(x_1)\delta J(x_2)\delta J(x_3)} (-J_x G_{xx_4}) \mathrm{e}^{-\frac{\mathrm{i}}{2}J_x G_{xy} J_y} \right|_{J=0} \\
&= \left. \frac{\delta^2}{\delta J(x_1)\delta J(x_2)} \left[(-G_{x_3 x_4}) + (-J_x G_{xx_3})(-J_x G_{xx_4}) \right] \mathrm{e}^{-\frac{\mathrm{i}}{2}J_x G_{xy} J_y} \right|_{J=0} \\
&= \frac{\delta}{\delta J(x_1)} \left[(-J_x G_{xx_2})(-G_{x_3 x_4}) + (-J_x G_{xx_3})(-G_{x_2 x_4}) + (-G_{x_2 x_3})(-J_x G_{xx_4}) \right.
\end{aligned}
$$

$$+ (-J_x G_{xx_2})(-J_x G_{xx_3})(-J_x G_{xx_4})\big]\, \mathrm{e}^{-\frac{1}{2}J_x G_{xy} J_y}\bigg|_{J=0}$$

$$= G(x_1, x_2)G(x_3, x_4) + G(x_1, x_3)G(x_2, x_4) + G(x_1, x_4)G(x_2, x_3), \tag{154}$$

其中

$$G_{xy} = G(x, y), \qquad J_x G_{xy} = \int \mathrm{d}x J(x) G(x, y),$$

$$J_x G_{xy} J_y = \int \mathrm{d}x \mathrm{d}y J(x) G(x, y) J(y). \tag{155}$$

从 (154) 式可以看出, 3 点自由 Green 函数 $G(x_1, x_2, x_3) = 0$, 而 4 点自由 Green 函数等于在所有两对点之间的 2 点自由 Green 函数乘积之和.

一般地, 奇数点的自由 Green 函数为零, 偶数点的自由 Green 函数等于在所有可能的两个点之间的 2 点自由 Green 函数乘积之和. 这称为 Wick 定理[1], 是 Wick 首先在正则量子场论中用场算符的对易关系推出的.

Feynman 图形表示　可以把 2 点自由 Green 函数 $G(x, y)$ 用连接 x 与 y 两点的一条线段来表示, 把 4 点自由 Green 函数 $G(x_1, x_2, x_3, x_4)$ 用一个圆圈伸出 4 条线段来表示, 如此等等. 于是, 把 4 点自由 Green 函数展开成 3 项的 (154) 式就可用图来表示,

$$G(x_1, x_2, x_3, x_4) = \;\longrightarrow\!\!\!\!\!\circ\!\!\!\!\!\longleftarrow\; = \;\Big|\quad\Big|\; + \;\overline{}\; + \;\times\;. \tag{156}$$

这种用来表示物理量和公式的图形, 称为 Feynman 图, 而确定 Feynman 图与公式之间对应的规则, 则称为 Feynman 规则. Feynman 发明和最先使用的这种用图形来表示物理量和公式的方法, 不仅简化了公式的书写, 还有助于对公式进行直观与形象的分析, 已经成为量子场论特有的一种分析与思维方法, 这种图形则成了我们物理直觉的一部分.

不变函数　现在来给出 $\Delta_\mathrm{F}(x-y)$ 和几个相关的 Δ 函数的公式. 它们在 Lorentz 变换下不变, 称为 不变函数. 由 (153) 式右边即可算出 $\mathrm{i}\Delta_\mathrm{F}(x-y)$. 其中

$$\langle 0|\phi^{(+)}(x)\phi^{(-)}(y)|0\rangle = \int \frac{\mathrm{d}^3\boldsymbol{k}}{\sqrt{(2\pi)^3 2\omega}} \frac{\mathrm{d}^3\boldsymbol{k}'}{\sqrt{(2\pi)^3 2\omega'}} \langle 0|a_{\boldsymbol{k}} a_{\boldsymbol{k}'}^\dagger|0\rangle \mathrm{e}^{-\mathrm{i}kx + \mathrm{i}k'y}$$

$$= \int \frac{\mathrm{d}^3\boldsymbol{k}}{(2\pi)^3 2\omega} \mathrm{e}^{-\mathrm{i}k(x-y)} = \mathrm{i}\Delta_+(x-y), \tag{157}$$

这里用到了 $[a_{\boldsymbol{k}}, a_{\boldsymbol{k}'}^\dagger] = \delta(\boldsymbol{k}-\boldsymbol{k}')$ 和 $\langle 0|a_{\boldsymbol{k}'}^\dagger a_{\boldsymbol{k}}|0\rangle = 0$. 交换 $x \rightleftarrows y$, 还有

$$\langle 0|\phi^{(+)}(y)\phi^{(-)}(x)|0\rangle = \int \frac{\mathrm{d}^3\boldsymbol{k}}{(2\pi)^3 2\omega} \mathrm{e}^{\mathrm{i}k(x-y)} = -\mathrm{i}\Delta_-(x-y). \tag{158}$$

---

[1] G.C. Wick, *Phys. Rev.* **80** (1950) 268.

于是

$$\Delta_{\mathrm{F}}(x-y) = \theta(x^0-y^0)\Delta_+(x-y) - \theta(y^0-x^0)\Delta_-(x-y). \tag{159}$$

注意有

$$\Delta_-(x) = -\Delta_+(-x). \tag{160}$$

函数 $\Delta_\pm(x)$ 又可以写成

$$\Delta_\pm(x) = \int_{C_\pm} \frac{\mathrm{d}^4 k}{(2\pi)^4} \frac{1}{k^2 - m^2 + \mathrm{i}\varepsilon}\, \mathrm{e}^{-\mathrm{i}kx}, \tag{161}$$

其中 $C_\pm$ 是图 5-4(a) 给出的对 k_0 的积分路径. 所以 (159) 式给出

$$\Delta_{\mathrm{F}}(x) = \int_{C_{\mathrm{F}}} \frac{\mathrm{d}^4 k}{(2\pi)^4} \frac{1}{k^2 - m^2 + \mathrm{i}\varepsilon}\, \mathrm{e}^{-\mathrm{i}kx}, \tag{162}$$

这里 C_{F} 就是图 5-2 给出的对 k_0 的积分路径. 当 $x^0 > 0$ 时, 可以在无限远处补上一个下半圆周, 构成闭合回路, 这就是 C_+, 给出 (159) 式中第一项; 当 $x^0 < 0$ 时, 可以在无限远处补上一个上半圆周, 构成闭合回路, 这就是 $-C_-$, 给出 (159) 式中第二项. $\Delta_{\mathrm{F}}(x)$ 又称 因果 Green 函数, 写成 $\Delta_{\mathrm{C}}(x)$.

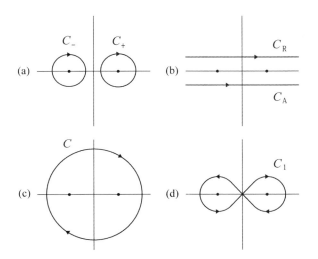

图 5-4 几种 Δ 函数在 k_0 复平面的积分回路

除了上述 $\Delta_{\mathrm{F}}(x)$ 和 $\Delta_\pm(x)$ 以外, 常见的还有 推迟 Green 函数 $\Delta_{\mathrm{R}}(x)$, 超前 Green 函数 $\Delta_{\mathrm{A}}(x)$, 以及 $\Delta(x)$ 和 $\Delta_1(x)$, 它们对 k_0 的积分路径依次见图 5-4 (b)~(d),

$$\Delta_{\mathrm{R}}(x) = \int_{C_{\mathrm{R}}} \frac{\mathrm{d}^4 k}{(2\pi)^4} \frac{1}{k^2 - m^2 + \mathrm{i}\varepsilon}\, \mathrm{e}^{-\mathrm{i}kx}, \tag{163}$$

$$\Delta_{\mathrm{A}}(x) = \int_{C_{\mathrm{A}}} \frac{\mathrm{d}^4 k}{(2\pi)^4} \frac{1}{k^2 - m^2 + \mathrm{i}\varepsilon} \,\mathrm{e}^{-\mathrm{i}kx}, \tag{164}$$

$$\Delta(x) = \int_C \frac{\mathrm{d}^4 k}{(2\pi)^4} \frac{1}{k^2 - m^2 + \mathrm{i}\varepsilon} \,\mathrm{e}^{-\mathrm{i}kx} = \Delta_+(x) + \Delta_-(x), \tag{165}$$

$$\Delta_1(x) = \mathrm{i} \int_{C_1} \frac{\mathrm{d}^4 k}{(2\pi)^4} \frac{1}{k^2 - m^2 + \mathrm{i}\varepsilon} \,\mathrm{e}^{-\mathrm{i}kx} = \mathrm{i}[\Delta_+(x) - \Delta_-(x)]. \tag{166}$$

C_{R} 和 C_{A} 的情形与 C_{F} 类似, 当 $x^0 > 0$ 时, 可以在无限远处补上一个下半圆周, 构成闭合回路; 当 $x^0 < 0$ 时, 可以在无限远处补上一个上半圆周, 构成闭合回路. 于是可以写出

$$\Delta_{\mathrm{R}}(x) = \theta(x^0)\Delta(x), \quad \Delta_{\mathrm{A}}(x) = -\theta(-x^0)\Delta(x), \quad \Delta(x) = \Delta_{\mathrm{R}}(x) - \Delta_{\mathrm{A}}(x). \tag{167}$$

这表明: $\Delta_{\mathrm{R}}(x)$ 仅当 $x^0 > 0$ 时才不为 0, 所以称为推迟 Green 函数; $\Delta_{\mathrm{A}}(x)$ 仅当 $x^0 < 0$ 时才不为 0, 所以称为超前 Green 函数.

$\mathrm{i}\Delta(x)$ 是实标量场的协变对易子 (第 2 章 (16) 式), 而 $\Delta_1(x)$ 是实标量场的协变反对易子 (第 4 章 (191) 式). 积分回路有限的 $\Delta, \Delta_\pm, \Delta_1$ 满足齐次 Klein-Gordon 方程,

$$(\partial^2 + m^2 - \mathrm{i}\varepsilon)\Delta = 0, \tag{168}$$

而积分回路无限的 $\Delta_{\mathrm{F}}, \Delta_{\mathrm{A}}, \Delta_{\mathrm{R}}$ 满足有点源的非齐次 Klein-Gordon 方程,

$$(\partial^2 + m^2 - \mathrm{i}\varepsilon)\Delta_{\mathrm{F}} = -\delta(x - y). \tag{169}$$

对 k_0 取不同的积分路径, 相当于取不同的边条件, 对应于不同的物理.

注意不同作者对这些函数的定义不完全相同, 例如 Lurié 的 $\Delta_{\mathrm{F}}(x)$ 比这里的多一个因子 i, 而他的 $\Delta_{\mathrm{R}}(x)$ 和 $\Delta_{\mathrm{A}}(x)$ 与这里的差一个负号[①]. 在正则量子场论中, 这些函数都是用场算符的对易子定义的.

5.5 旋量场的路径积分

自由旋量场的生成泛函　自由旋量场的拉氏密度为

$$\mathcal{L}_0 = \overline{\psi}(\mathrm{i}\gamma^\mu \partial_\mu - m)\psi. \tag{170}$$

注意前面已经指出, 作为旋量场的正则坐标, ψ 与 $\overline{\psi}(x)$ 是 Hilbert 空间的算符, 具有反对易性, 是 Grassmann 变量. 它们是互相独立的, 需要分别引进相应的外源 $\overline{\eta}(x)$ 与 $\eta(x)$, 于是

$$\mathcal{L} = \mathcal{L}_0 + \overline{\eta}\psi + \overline{\psi}\eta + \mathrm{i}\varepsilon\overline{\psi}\psi = \overline{\psi}S_{\mathrm{F}}^{-1}\psi + \overline{\eta}\psi + \overline{\psi}\eta, \tag{171}$$

---

① D. 卢里, 《粒子和场》, 董明德等译, 科学出版社, 1981 年, 121 页.

其中 $\overline{\eta}(x)$ 与 $\eta(x)$ 也是 Grassmann 旋量, 才能保证 $\mathcal{L}$ 是标量, 而

$$S_{\mathrm{F}}^{-1} = \mathrm{i}\gamma^\mu \partial_\mu - m + \mathrm{i}\varepsilon = \mathrm{i}\slashed{\partial} - m + \mathrm{i}\varepsilon \tag{172}$$

是在 $\mathcal{L}_0$ 中夹在场变量 $\overline{\psi}$ 与 ψ 之间的算符. 由于

$$\overline{\psi}S_{\mathrm{F}}^{-1}\psi + \overline{\eta}\psi + \overline{\psi}\eta = (\overline{\psi} + \overline{\eta}S_{\mathrm{F}})S_{\mathrm{F}}^{-1}(\psi + S_{\mathrm{F}}\eta) - \overline{\eta}S_{\mathrm{F}}\eta, \tag{173}$$

可用 Grassmann 变量的泛函积分公式 (60) 算出

$$
\begin{aligned}
Z_0[\overline{\eta}, \eta] &= \frac{1}{N} \int \mathcal{D}\overline{\psi}\mathcal{D}\psi \, \mathrm{e}^{\mathrm{i}\int \mathrm{d}x(\overline{\psi}S_{\mathrm{F}}^{-1}\psi + \overline{\eta}\psi + \overline{\psi}\eta)} \\
&= \frac{1}{N} \int \mathcal{D}\overline{\psi}\mathcal{D}\psi \, \mathrm{e}^{\mathrm{i}\int \mathrm{d}x(\overline{\psi}+\overline{\eta}S_{\mathrm{F}})S_{\mathrm{F}}^{-1}(\psi+S_{\mathrm{F}}\eta)}\mathrm{e}^{-\mathrm{i}\int \mathrm{d}x\overline{\eta}S_{\mathrm{F}}\eta} \\
&= \mathrm{e}^{-\mathrm{i}\overline{\eta}S_{\mathrm{F}}\eta},
\end{aligned}
\tag{174}
$$

其中

$$N = \int \mathcal{D}\overline{\psi}\mathcal{D}\psi \, \mathrm{e}^{\mathrm{i}\int \mathrm{d}x(\overline{\psi}+\overline{\eta}S_{\mathrm{F}})S_{\mathrm{F}}^{-1}(\psi+S_{\mathrm{F}}\eta)}. \tag{175}$$

前面已经指出, $\overline{\eta}\psi$ 与 $\overline{\psi}\eta$ 这类由两个 Grassmann 变量相乘而成的量, 在作为一个单独的量来运算时, 可以当做普通的 c 数. 相应地, 可以利用对 c 数得到的公式. 在进行运算时, 要小心判别哪些公式在什么情况下可用.

Dirac 传播子　与标量场的传播子 Δ_{F} 类似地, 由 (172) 式可以写出

$$(\mathrm{i}\slashed{\partial} - m + \mathrm{i}\varepsilon)S_{\mathrm{F}} = \delta(x - y), \tag{176}$$

这是有点源 $\delta(x-y)$ 的 Dirac 方程. 由 $\mathcal{L}$ 给出的 Euler-Lagrange 方程

$$(\mathrm{i}\slashed{\partial} - m + \mathrm{i}\varepsilon)\psi = -\eta, \tag{177}$$

则是有源 $\eta(x)$ 的 Dirac 方程. 于是有

$$\psi(x) = -\int \mathrm{d}y S_{\mathrm{F}}(x - y)\eta(y). \tag{178}$$

所以, $S_{\mathrm{F}}(x-y)$ 是 Dirac 旋量场位于 y 的点源 $\delta(x-y)$ 在 x 产生的场, 即场的振幅从 y 到 x 的传播, 称为 Dirac 旋量场的 Feynman 传播子, 简称 Dirac 传播子. 注意 $S_{\mathrm{F}}(x-y)$ 是作用于 Dirac 旋量的 4×4 的矩阵函数.

由方程 (176) 可以给出 $S_{\mathrm{F}}(x)$ 在动量空间的展开式,

$$
\begin{aligned}
S_{\mathrm{F}}(x) &= \int \frac{\mathrm{d}^4 k}{(2\pi)^4} S_{\mathrm{F}}(k)\,\mathrm{e}^{-\mathrm{i}kx} \\
&= \int \frac{\mathrm{d}^4 k}{(2\pi)^4} \frac{1}{\slashed{k} - m + \mathrm{i}\varepsilon}\,\mathrm{e}^{-\mathrm{i}kx},
\end{aligned}
\tag{179}
$$

$$S_{\mathrm{F}}(k) = \frac{1}{\slashed{k} - m + \mathrm{i}\varepsilon}. \tag{180}$$

由于

$$
\begin{aligned}
(\slashed{k}+m)(\slashed{k}-m+\mathrm{i}\varepsilon) &= \gamma^\mu k_\mu \gamma^\nu k_\nu - m^2 + \mathrm{i}\varepsilon \\
&= \frac{1}{2}(\gamma^\mu\gamma^\nu+\gamma^\nu\gamma^\mu)k_\mu k_\nu - m^2 + \mathrm{i}\varepsilon \\
&= k^2 - m^2 + \mathrm{i}\varepsilon,
\end{aligned}
\tag{181}
$$

于是又有

$$
\begin{aligned}
S_{\mathrm{F}}(x) &= \int \frac{\mathrm{d}^4 k}{(2\pi)^4} \frac{\slashed{k}+m}{k^2-m^2+\mathrm{i}\varepsilon}\, \mathrm{e}^{-\mathrm{i}kx} \\
&= (\mathrm{i}\slashed{\partial}+m)\int \frac{\mathrm{d}^4 k}{(2\pi)^4} \frac{1}{k^2-m^2+\mathrm{i}\varepsilon}\, \mathrm{e}^{-\mathrm{i}kx} \\
&= (\mathrm{i}\slashed{\partial}+m)\Delta_{\mathrm{F}}(x).
\end{aligned}
\tag{182}
$$

注意 $\varepsilon \to 0$, 所以有 $(\slashed{k}+m)\varepsilon = \varepsilon$.

Green 函数　考虑 2 点自由 Green 函数

$$
G(x,y) = \langle 0|\mathcal{T}\psi(x)\overline{\psi}(y)|0\rangle.
\tag{183}
$$

注意交换 Grassmann 变量乘积因子的次序要变号, 时序乘积为

$$
\mathcal{T}\psi(x)\overline{\psi}(y) = \theta(x^0-y^0)\psi(x)\overline{\psi}(y) - \theta(y^0-x^0)\overline{\psi}(y)\psi(x),
\tag{184}
$$

于是有

$$
G(x,y) = \theta(x^0-y^0)\langle 0|\psi^{(+)}(x)\overline{\psi}^{\,(-)}(y)|0\rangle - \theta(y^0-x^0)\langle 0|\overline{\psi}^{\,(+)}(y)\psi^{(-)}(x)|0\rangle.
\tag{185}
$$

注意

$$
\psi(x) = \sum_\xi \int \frac{\mathrm{d}^3\boldsymbol{k}}{\sqrt{(2\pi)^3 2\omega}}\left[u(\boldsymbol{k},\xi)c_{\boldsymbol{k}\xi}\mathrm{e}^{-\mathrm{i}kx} + v(\boldsymbol{k},\xi)d_{\boldsymbol{k}\xi}^\dagger\mathrm{e}^{\mathrm{i}kx}\right],
\tag{186}
$$

$$
\overline{\psi}(x) = \sum_\xi \int \frac{\mathrm{d}^3\boldsymbol{k}}{\sqrt{(2\pi)^3 2\omega}}\left[\overline{u}(\boldsymbol{k},\xi)c_{\boldsymbol{k}\xi}^\dagger\mathrm{e}^{\mathrm{i}kx} + \overline{v}(\boldsymbol{k},\xi)d_{\boldsymbol{k}\xi}\mathrm{e}^{-\mathrm{i}kx}\right],
\tag{187}
$$

(185) 式右边第一项是 $y^0 < x^0$ 时真空中在 y 点产生一个粒子传播到 x 点湮灭, 第二项是 $x^0 < y^0$ 时在 x 点产生一个反粒子传播到 y 点湮灭. 所以 2 点自由 Green 函数 $G(x,y)$ 描述粒子或反粒子在真空中的产生、传播和湮灭过程, 给出这个过程的跃迁振幅. 这正是 Dirac 传播子 $S_{\mathrm{F}}(x-y)$ 的粒子图像. 下面来给出它们的联系.

与 (112) 式类似地,

$$
\begin{aligned}
Z[\overline{\eta},\eta] &= N\int \mathcal{D}\overline{\psi}\mathcal{D}\psi\, \mathrm{e}^{\mathrm{i}\int \mathrm{d}x(\overline{\psi}S_{\mathrm{F}}^{-1}\psi + \overline{\eta}\psi + \overline{\psi}\eta)} \\
&= \langle 0|\mathcal{T}\mathrm{e}^{\mathrm{i}\int \mathrm{d}x(\overline{\eta}\psi + \overline{\psi}\eta)}|0\rangle,
\end{aligned}
\tag{188}
$$

于是

$$G(x, y) = \langle 0 | \mathcal{T} \psi(x) \overline{\psi}(y) | 0 \rangle$$

$$= \frac{-\delta^2 Z[\overline{\eta}, \eta]}{\mathrm{i}^2 \delta \overline{\eta}(x) \delta \eta(y)} \Big|_{\overline{\eta} = \eta = 0}. \tag{189}$$

注意其中 $-\delta/\mathrm{i}\delta\eta$ 需要移过 $\overline{\psi}$ 才能作用于 η, 所以出一负号. 代入 $Z[\overline{\eta}, \eta] = \mathrm{e}^{-\mathrm{i}\overline{\eta} S_\mathrm{F} \eta}$, 就可算出

$$G(x, y) = \mathrm{i} S_\mathrm{F}(x - y). \tag{190}$$

与标量场一样, 可以用连接 x 与 y 两点的一条线段来表示 Dirac 旋量场的 2 点自由 Green 函数. 注意现在有粒子和反粒子两种可能, 这与 x 和 y 两点的时间先后有关. 可以规定线段从 y 指向 x 方向, 也就是从 $\overline{\psi}(y)$ 指向 $\psi(x)$. 于是, 沿线段方向传播的是粒子, 逆线段方向传播的是反粒子.

$$G(x, y) = y \longrightarrow x. \tag{191}$$

6　　散射振幅与 Feynman 图

6.1　相互作用标量场

1.　相互作用场的生成泛函

标量场的相互作用　有相互作用时, 场的拉氏密度可以写成

$$\mathcal{L} = \mathcal{L}_0 + \mathcal{L}_{\mathrm{I}}, \tag{1}$$

$\mathcal{L}_0$ 是自由场的拉氏密度, $\mathcal{L}_{\mathrm{I}}$ 描述场的相互作用. 在相应的正则形式中, 哈氏密度 $\mathcal{H} = \mathcal{H}_0 + \mathcal{H}_{\mathrm{I}}$, 在 $\mathcal{L}_{\mathrm{I}}$ 不含场的微商时

$$\mathcal{H}_{\mathrm{I}} = -\mathcal{L}_{\mathrm{I}}. \tag{2}$$

选择和确定一个具体量子系统的理论模型, 核心问题是选择和确定相互作用的形式. 在非相对论性量子力学中, 相互作用 Hamilton 量 H_{I} 的形式几乎不受任何约束, 有无限多的选择. 而在相对论性量子场论中, 一些基本考虑可以把相互作用拉氏密度 $\mathcal{L}_{\mathrm{I}}$ 的形式限制在少数几种选择之中, 甚至完全确定下来.

相对论因果性要求, 限定相互作用必须是定域的, 排除了非定域的超距作用 $\phi(x)\phi(y)$, 因为它表示在空间两点间可以有瞬时的关联. 描述标量场非线性自作用的定域模型, 可取 $\mathcal{L}_{\mathrm{I}} \propto \phi^n$ 的形式. $n \neq 3$, 因为 ϕ^3 模型的能量不正定. 为了使能量正定, 必须加上更高的偶次幂项. 所以最简单的是 ϕ^4 模型,

$$\mathcal{L}_{\mathrm{I}} = -\frac{\lambda}{4!}\phi^4, \tag{3}$$

λ 是描述相互作用强度的无量纲 耦合常数, 4! 是习惯约定的系数, 负号保证场的能量正定. 也可以排除 $n > 4$ 的模型, 因为它不可重正化.

在前面讨论零点能 (2.2 节) 和 Casimir 效应 (3.3 节) 时, 已经遇到动量空间的发散积分, 引入了积分截断 k_{c}. 如果在最后的表达式中不含 k_{c}, 能给出不发散的结果, 这个理论就是 可重正化 的. $\mathcal{L}_{\mathrm{I}}$ 的量纲 $[\mathcal{L}_{\mathrm{I}}] = [l]^{-4}$, 而 $[\phi] = [l]^{-1}$, 所以若 $\mathcal{L}_{\mathrm{I}} \propto \lambda\phi^n$, 则有

$$[\lambda] = [\mathcal{L}_{\mathrm{I}}][\phi^{-n}] = [l]^{n-4}, \tag{4}$$

耦合常数 λ 的量纲是 $n - 4$. 而截断动量的量纲 $[k_{\mathrm{c}}] = [l]^{-1}$. 于是, 最后算得无量纲散射振幅的结果, 必然依赖于组合因子 $\lambda k_{\mathrm{c}}^{n-4}$. 当 $n > 4$ 时, 它随 $k_{\mathrm{c}} \to \infty$

而发散, 不可重正化.

需要指出, 引入相互作用 $\mathcal{L}_\mathrm{I}$, 一般会改变场的正则动量,

$$\pi = \frac{\partial \mathcal{L}}{\partial \dot{\phi}} = \frac{\partial \mathcal{L}_0}{\partial \dot{\phi}} + \frac{\partial \mathcal{L}_\mathrm{I}}{\partial \dot{\phi}}, \tag{5}$$

从而改变正则对易关系 $[\phi(x), \pi(y)]$. 只有相互作用不含对场量的微商 $\partial_\mu \phi$ 时, 有 $\partial\mathcal{L}_\mathrm{I}/\partial\dot{\phi} = 0$, 正则动量的形式不变, 自由场的正则对易关系才能保持.

生成泛函的公式　引入相互作用后, 生成泛函为

$$Z[J] = N \int \mathcal{D}\phi\, \mathrm{e}^{\mathrm{i}\int \mathrm{d}x(\mathcal{L}_0 + \mathcal{L}_\mathrm{I} + J\phi + \mathrm{i}\varepsilon\phi^2)}. \tag{6}$$

对于含 ϕ 的相互作用,

$$\mathcal{L}_\mathrm{I} = \mathcal{L}_\mathrm{I}(\phi), \tag{7}$$

运用量子场论的中心等式 (见第 5 章 (35) 式), 就有

$$Z[J] = N\mathrm{e}^{\mathrm{i}\mathcal{L}_\mathrm{I}(\delta/\mathrm{i}\delta J)} Z_0[J], \tag{8}$$

其中

$$Z_0[J] = \int \mathcal{D}\phi\, \mathrm{e}^{\mathrm{i}\int \mathrm{d}x(\mathcal{L}_0 + J\phi + \mathrm{i}\varepsilon\phi^2)} = \mathrm{e}^{-\frac{\mathrm{i}}{2}J\Delta_\mathrm{F}J} \tag{9}$$

是自由标量场的生成泛函, 确定常数 N 的归一化条件为

$$Z[0] = 1. \tag{10}$$

2. ϕ^4 模型

微扰论展开　对于 ϕ^4 模型,

$$\mathcal{L}_\mathrm{I}(\delta/\mathrm{i}\delta J) = -\frac{\lambda}{4!}\left(\frac{\delta}{\mathrm{i}\delta J}\right)^4. \tag{11}$$

若耦合常数 λ 是小量, 就可把 $\mathcal{L}_\mathrm{I}$ 当做微扰, 有展开式

$$\mathrm{e}^{\mathrm{i}\mathcal{L}_\mathrm{I}(\delta/\mathrm{i}\delta J)} = \mathrm{e}^{\mathrm{i}\int \mathrm{d}z\mathcal{L}_\mathrm{I}(\delta/\mathrm{i}\delta J(z))} = 1 - \mathrm{i}\frac{\lambda}{4!}\int \mathrm{d}z\left[\frac{\delta}{\mathrm{i}\delta J(z)}\right]^4 + \cdots. \tag{12}$$

于是

$$Z[J] = N\left\{1 - \mathrm{i}\frac{\lambda}{4!}\int \mathrm{d}z\left[\frac{\delta}{\mathrm{i}\delta J(z)}\right]^4 + \cdots\right\} Z_0[J], \tag{13}$$

λ 的 0 阶项 $Z_0[J]$ 是自由场的生成泛函, λ 的 1 阶项给出了相互作用 $\mathcal{L}_\mathrm{I}$ 引起的 1 阶微扰, 如此等等. 代入

$$Z_0[J] = \mathrm{e}^{-\frac{\mathrm{i}}{2}J\Delta_\mathrm{F}J} = \mathrm{e}^{-\frac{\mathrm{i}}{2}\int \mathrm{d}x\mathrm{d}y J(x)\Delta_\mathrm{F}(x-y)J(y)}, \tag{14}$$

可以算出

$$\left[\frac{\delta}{\mathrm{i}\delta J(z)}\right]^4 Z_0[J] = \left(\frac{\delta}{\mathrm{i}\delta J_z}\right)^4 \mathrm{e}^{-\frac{\mathrm{i}}{2}J_x\Delta_{\mathrm{F}xy}J_y} = \left(\frac{\delta}{\mathrm{i}\delta J_z}\right)^3 (-\Delta_{\mathrm{F}zy}J_y)\, \mathrm{e}^{-\frac{\mathrm{i}}{2}J_x\Delta_{\mathrm{F}xy}J_y}$$

$$= \left(\frac{\delta}{i\delta J_z}\right)^2 \left[i\Delta_{Fzz} + (-\Delta_{Fzy}J_y)^2\right] e^{-\frac{i}{2}J_x\Delta_{Fxy}J_y}$$

$$= \frac{\delta}{i\delta J_z} \left[3i\Delta_{Fzz}(-\Delta_{Fzy}J_y) + (-\Delta_{Fzy}J_y)^3\right] e^{-\frac{i}{2}J_x\Delta_{Fxy}J_y}$$

$$= \left[-3\Delta_{Fzz}^2 + 6i\Delta_{Fzz}(\Delta_{Fzy}J_y)^2 + (\Delta_{Fzy}J_y)^4\right] Z_0[J], \qquad (15)$$

从而

$$Z[J] = N\left\{1 - i\frac{\lambda}{4!}\int dz\left[-3\Delta_{Fzz}^2 + 6i\Delta_{Fzz}(\Delta_{Fzy}J_y)^2 + (\Delta_{Fzy}J_y)^4\right] + \cdots\right\}Z_0[J], \quad (16)$$

注意这里的泛函运算使用简写, 其中

$$\Delta_{Fzz} = \Delta_F(z-z) = \Delta_F(0), \qquad \Delta_{Fzy}J_y = \int dy\Delta_F(z-y)J(y). \qquad (17)$$

对泛函运算熟练以后, 还可省去作为函数自变量的下标 x, y, z, 算式就更清晰和简洁. 而最清晰简洁并且直观的, 则是用 Feynman 图来表示.

Feynman 图表示   对于标量场的 ϕ^4 模型, Feynman 图的构成单元如下:

- 传播线: $i\Delta_F(x-y) = x \text{———} y$, 有两个端点 x 与 y.
- 圈: $i\Delta_F(z-z) = i\Delta_F(0) = \bigcirc z$, 一条传播线的两端重合到 z, 形成闭合圈.
- 外源: $iJ(x) = \times x$, 它附着在传播线的一个端点上.
- 顶点: $\times$, 它是几条传播线端点的汇合处, 英文 vertex, 也有人译作 顶角.

用上述单元图示, (15) 式就是

$$\left[\frac{\delta}{i\delta J(z)}\right]^4 Z_0[J] = \left(3\,\infty + 6\,\text{⚬} + \text{✕}\right) \times Z_0[J]. \qquad (18)$$

注意在上式的三个图中, 每个图都包含 1 个顶点. 每个顶点伸出 4 条传播线, 这在数学上是泛函微商 $\delta^4/[i\delta J(z)]^4$ 的结果, 在物理上则表示 4 个粒子在该点的定域相互作用, 这是 ϕ^4 模型的特点. 第一个图由顶点伸出的 4 条线两两相连, 形成连通的两个圈, 没有外线. 这种没有外线的图, 称为 真空图. 第二个图由顶点伸出的 4 条线只有两条相连成圈, 有两条外线. 这种带外线的圈图, 称为 蝌蚪图.

各个图前面的系数 $S = 3, 6, 1$, 称为该图的 对称系数, 可以根据图形的对称性来确定. 第一个图顶点 4 条线两两相连的方式有 3 种, $S = 1 \times (4-1) = 3$. 第二个图 4 条线中留出 2 条的方式 $S = 4!/2!(4-2)! = 6$. 第三个图是唯一的, $S = 1$.

用 Feynman 图表示, (16) 式就是

$$Z[J] = N\left[1 - i\frac{\lambda}{4!}\int dz\left(3\,\infty + 6\,\text{⚬} + \text{✕}\right) + \cdots\right]Z_0[J]. \qquad (19)$$

由 $Z_0[0] = 1$ 和归一化条件 $Z[0] = 1$, 可以定出

$$N = 1 + \mathrm{i}\frac{\lambda}{4!}\int \mathrm{d}z\, 3\, \infty + \cdots, \tag{20}$$

从而

$$Z[J] = \left[1 - \mathrm{i}\frac{\lambda}{4!}\int \mathrm{d}z\left(6\, \times\!\!\bigcirc\!\!\times + \times\!\!\!\!\times\right) + \cdots\right]Z_0[J], \tag{21}$$

省略号代表的项是 $O(\lambda^2)$ 的量级. 可以看出, 在归一化生成泛函 $Z[J]$ 的表达式中不出现真空图. 这个结论对微扰的所有阶都成立, 是归一化生成泛函的一般性质.

从上式还可看出, 包含顶点的图总是出现在对顶点的积分中, 并且乘以因子 $-\mathrm{i}\lambda/4!$. 为了进一步简化表述, 可以把这个积分和因子都吸收到关于顶点的图形规则中, 而不必明写出来:

- 顶点规则: 对于顶点 $\times$, 要进行积分, 并乘以因子 $-\mathrm{i}\lambda/4!$.

前面的做法, 是从生成泛函 $Z[J]$ 的微扰展开 (13), 先求得解析表达式 (16), 再由图形规则对应到 Feynman 图表示 (19). 只是从 (19) 到 (21) 式, 才对图形进行运算. 当然, 也可在 (13) 式中就直接代入 $Z_0[J]$ 的 Feynman 图, 对图形进行运算, 给出 (21) 式. 下面就来继续这种讨论.

6.2 相互作用标量场的 Green 函数

1. Green 函数的微扰展开

对 Feynman 图的运算 注意 $Z_0[J] = \mathrm{e}^{-\mathrm{i}\frac{1}{2}J\Delta_{\mathrm{F}}J}$, 其中 $-\mathrm{i}J\Delta_{\mathrm{F}}J = \times\!\!-\!\!-\!\!\times$ 是一条两端带源的传播线, (21) 式就是

$$Z[J] = A \times B = \left(1 + 6\, \times\!\!\bigcirc\!\!\times + \times\!\!\!\!\times + \cdots\right) \times \mathrm{e}^{\frac{1}{2}\times\!-\!\times}, \tag{22}$$

$$A = 1 + 6\, \times\!\!\bigcirc\!\!\times + \times\!\!\!\!\times + \cdots, \qquad B = \mathrm{e}^{\frac{1}{2}\times\!-\!\times}, \tag{23}$$

这里已经采用顶点规则, 顶点隐含了积分号和相乘因子. 把 (22) 式代入 Green 函数的公式

$$G(x_1, \cdots, x_n) = \left.\frac{\delta^n Z[J]}{\mathrm{i}^n \delta J(x_1)\cdots\delta J(x_n)}\right|_{J=0}, \tag{24}$$

完成泛函微商, 就可求出 Green 函数的微扰展开.

对于带源的 Feynman 图, 求一次对源 $\mathrm{i}J$ 的泛函微商, 就切掉一个源. 对于无源的 Feynman 图, 求对源 $\mathrm{i}J$ 的泛函微商, 结果为 0. 两端带源的传播线和蝌

蚪图, 两个端点的交换是对称的, 对它们求二阶泛函微商, 都会出来一个因子 2. 此外, 在运算完成后要令 $J = 0$, 所以在最后结果中没有带源的图. 以上几点, 就是对生成泛函 $Z[J]$ 的 Feynman 图进行泛函微商求 Green 函数的基本规则.

2 点 Green 函数　按照以上规则, 可得 2 点 Green 函数的微扰展开

$$G(x,y) = x \!-\!\!\bullet\!\!- y = \left[\left(1 + 6\, \times\!\!\bigcirc\!\!\times + \times\!\!\!\times + \cdots\right)\left(\mathrm{e}^{\frac{1}{2}\, \times\!\!-\!\!-\!\!\times}\right)\right]''_{xy}\Big|_{J=0}$$

$$= \left(\mathrm{e}^{\frac{1}{2}\, \times\!\!-\!\!-\!\!\times}\right)''_{xy}\Big|_{J=0} + \left(1 + 6\, \times\!\!\bigcirc\!\!\times + \times\!\!\!\times + \cdots\right)''_{xy}\Big|_{J=0}$$

$$= x \!-\!\!-\!\!- y + 12\, x \underset{\bigcirc}{} y + \cdots, \tag{25}$$

这里用一个实心圆斑伸出两条线段来表示 2 点 Green 函数, A'_x 表示求 A 对 $\mathrm{i}J(x)$ 的泛函微商, 等等. 其中只写到 λ 的一阶, 即包含 1 个顶点的图.

上式右边第一项是微扰展开的零级近似, 它是自由标量场传播子 $\mathrm{i}\Delta_{\mathrm{F}}(x-y)$, 即上一章 (151) 式的 2 点自由 Green 函数. 第二项蝌蚪图包含一个顶点, 含有因子 λ, 是 ϕ^4 模型自相互作用对传播子的 1 级修正. 对称系数 $S = 2 \times 6 = 12$, 其中 2 来自前面说的两个端点的交换对称性.

4 点 Green 函数　类似地, 可以求出 4 点 Green 函数为

$$G(x_1, x_2, x_3, x_4) = \times\!\!\!\times\!\!\bullet = (AB)^{(4)}_{x_1 x_2 x_3 x_4}\Big|_{J=0} = \left(AB^{(4)} + 6A''B'' + A^{(4)}\right)_{J=0}$$

$$= 3\, \overline{}\!\!=\!\! + 72\, \underset{\bigcirc}{} + 24\, \times\!\!\!\times + \cdots. \tag{26}$$

上式右边第一图是 $AB^{(4)}$ 项的贡献, 也就是 $Z_0[J]$ 的贡献, 即 4 点自由 Green 函数. 4 个点有 3 种方法连成两条线, 这就是这一图的系数 3. 第二图是 $6A''B''$ 项的贡献, 即 A'' 的蝌蚪图与 B'' 的传播线相乘. 系数 $72 = 2 \times 6 \times 6$. 第三图是 $A^{(4)}$ 项的贡献, 是切掉 4 个外源的自由顶点. 切这 4 个顶点有 $4! = 24$ 种顺序, 这就是这一图的系数. 后两图包含 1 个顶点, 是相互作用微扰的 1 阶项, 2 阶以上的项没有写出. 上述 3 个图都有 4 个自由外线端点.

一般规则　一般地, n 点 Green 函数的 Feynman 图有 n 条自由外线. 在它的微扰展开中, m 阶图包含 m 个顶点, 0 阶图不含顶点, 是相应的自由 Green 函数. 据此, 就可以直接画出各阶 Green 函数的 Feynman 图.

图 6-1 给出了 4 点 Green 函数 1 阶 Feynman 图的画法与结果. 4 点 Green 函数有 4 条自由外线, 1 阶图有 1 个顶点, 如图的左边所示. 由它们连接成的 Feynman 图有 3 个, 如图的右边所示. (a) 图由 4 条外线的内端与顶点的 4 条线相连而得, 共有 $4! = 24$ 种连法, 这就是 (a) 图的对称系数. (b) 图的连接分

三步. 首先是 2 条外线的内端相连成 1 条自由传播线, 给出 2 点自由 Green 函数的 Feynman 图, 这有 3 种连法. 然后把剩余 2 条外线的内端与顶点的 2 条线相连, 这有 $2 \times 4 \times 3 = 24$ 种连法. 最后是顶点剩下的两条线相连成圈, 这只有 1 种连法. 这三步一共有 $3 \times 24 \times 1 = 72$ 种连法, 这也就是 (b) 图的对称系数. (c) 图的连接分两步. 先把 4 条外线的内点相连成 2 条自由传播线, 给出 4 点自由 Green 函数的 Feynman 图, 共有 3 种连法. 然后把顶点的 4 条线两两相连, 形成一个连通的双圈, 共有 $4 \times 3 = 12$ 种连法. 所以 (c) 图的对称系数是 $3 \times 12 = 36$. 连通双圈是真空图, 不出现在归一化生成泛函中, 从而也不出现在 Green 函数中, 所以 (c) 图没有贡献, 不用考虑.

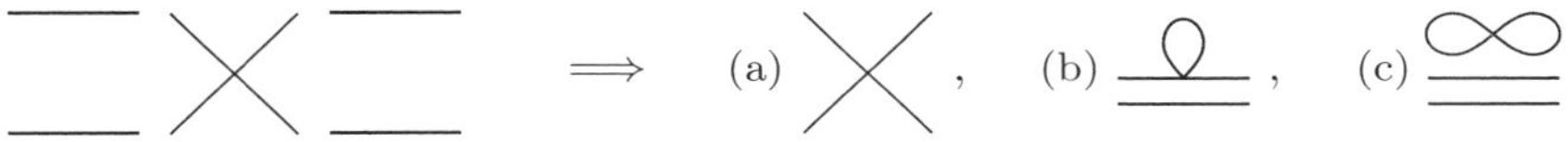

图 6-1 4 点 Green 函数 1 阶 Feynman 图的生成

对于高阶图, 微扰展开式的 m 阶项有一个因子 $1/m!$, 而 m 个顶点的交换对称性贡献一个因子 $m!$, 二者刚好抵消. 所以这两个因素就不必考虑.

质量修正　上面已经看到, Green 函数的 0 阶近似就是相应的自由 Green 函数, 是无相互作用自由场的贡献. 而各阶微扰修正, 都来自场的相互作用. 现在来看蝌蚪图修正项的物理含义, 具体考虑 2 点 Green 函数.

2 点 Green 函数的 0 阶近似图是一条自由传播线, 1 阶修正图就是蝌蚪图, 见 (25) 式. 根据 Feynman 图的对应规则, (25) 式的解析表达式为

$$
\begin{aligned}
G(x, y) &= \mathrm{i}\Delta_{\mathrm{F}}(x-y) + 12 \cdot \frac{-\mathrm{i}\lambda}{4!} \int \mathrm{d}^4 z \mathrm{i}\Delta_{\mathrm{F}}(x-z)\mathrm{i}\Delta_{\mathrm{F}}(z-z)\mathrm{i}\Delta_{\mathrm{F}}(z-y) + \cdots \\
&= \int \frac{\mathrm{d}^4 p}{(2\pi)^4} \frac{\mathrm{i}e^{-\mathrm{i}p(x-y)}}{p^2 - m^2 + \mathrm{i}\varepsilon} \left[1 + \frac{\mathrm{i}\lambda\Delta_{\mathrm{F}}(0)}{2} \int \frac{\mathrm{d}^4 z \, \mathrm{d}^4 k}{(2\pi)^4} \frac{e^{-\mathrm{i}(k-p)(z-y)}}{k^2 - m^2 + \mathrm{i}\varepsilon} \right] + \cdots \\
&= \int \frac{\mathrm{d}^4 p}{(2\pi)^4} \frac{\mathrm{i}e^{-\mathrm{i}p(x-y)}}{p^2 - m^2 + \mathrm{i}\varepsilon} \left[1 + \frac{\mathrm{i}\lambda\Delta_{\mathrm{F}}(0)/2}{p^2 - m^2 + \mathrm{i}\varepsilon} \right] + \cdots \\
&= \int \frac{\mathrm{d}^4 p}{(2\pi)^4} \frac{\mathrm{i}e^{-\mathrm{i}p(x-y)}}{p^2 - m^2 - \frac{\mathrm{i}}{2}\lambda\Delta_{\mathrm{F}}(0) + \mathrm{i}\varepsilon} + \cdots. \quad (27)
\end{aligned}
$$

这个结果表明, 相互作用对 2 点 Green 函数的修正, 是把自由传播子中的粒子质量 m 修正为 m_{c},

$$
m_{\mathrm{c}}^2 = m^2 + \frac{\mathrm{i}}{2}\lambda\Delta_{\mathrm{F}}(0), \quad (28)
$$

这里只准到 1 阶微扰. 如果算到高阶微扰, 在上式中还会出现 λ 的高次修正项.

m 是出现在自由拉氏密度 $\mathcal{L}_0$ 中的模型参数, 可以把它看作是修正以前的自由粒子质量, 而把 m_{c} 看作是考虑相互作用修正以后的质量. 只要 $\Delta_{\mathrm{F}}(0)$ 有

限，质量的修正是个小量，这就是一个自洽的理论．问题是，$\Delta_{\mathrm{F}}(0)$ 是发散的，

$$\Delta_{\mathrm{F}}(0) = \int \frac{\mathrm{d}^4 k}{(2\pi)^4} \frac{1}{k^2 - m^2 + \mathrm{i}\varepsilon}, \tag{29}$$

其中分子是 k 的 4 次方，分母是 k 的 2 次方，当积分截断 $k_{\mathrm{c}} \to \infty$ 时，上述积分 2 次发散．这是量子场论的一个典型的发散积分，是重正化要处理和讨论的主要发散之一．

2. 连通 Green 函数

图 6-1 右边的三个 Feynman 图中，图 (a) 不可能分割成在拓扑上互相独立的几部分，称为 连通图．图 (b) 可以分割成互相独立的两部分，图 (c) 可以分割成三部分，都是 非连通图．只含连通图的 Green 函数，称为 连通 Green 函数，而含有非连通图的 Green 函数，则称为 非连通 Green 函数．在实际散射问题中，有意义的只是连通图和连通 Green 函数．

定义和公式　从 Green 函数 $G(x_1, \cdots, x_n)$ 的生成泛函 (第 5 章 (145) 式)

$$Z[J] = \sum_{n=0}^{\infty} \frac{\mathrm{i}^n}{n!} \int \mathrm{d}x_1 \cdots \mathrm{d}x_n G(x_1, \cdots, x_n) J(x_1) \cdots J(x_n), \tag{30}$$

可以定义 $W[J]$,

$$Z[J] = \mathrm{e}^{\mathrm{i}W[J]}, \tag{31}$$

亦即

$$\mathrm{i}W[J] = \ln Z[J]. \tag{32}$$

可以表明

$$W[J] = \sum_{n=0}^{\infty} \frac{\mathrm{i}^{n-1}}{n!} \int \mathrm{d}x_1 \cdots \mathrm{d}x_n G_{\mathrm{c}}(x_1, \cdots, x_n) J(x_1) \cdots J(x_n) \tag{33}$$

是连通 Green 函数 $G_{\mathrm{c}}(x_1, \cdots, x_n)$ 的生成泛函，有公式

$$G_{\mathrm{c}}(x_1, \cdots, x_n) = \left. \frac{\mathrm{i}\delta^n W[J]}{\mathrm{i}^n \delta J(x_1) \cdots \delta J(x_n)} \right|_{J=0}. \tag{34}$$

注意有的作者把 Green 函数的生成泛函记为 $W[J]$, 而把连通 Green 函数的生成泛函记为 $Z[J]$, 与这里的符号正好相反 [①].

2 点连通 Green 函数　由公式 (34) 和 (32)，就有

$$G_{\mathrm{c}}(x, y) = \left. \frac{\mathrm{i}\delta^2 W[J]}{\mathrm{i}^2 \delta J(x)\delta J(y)} \right|_{J=0} = \left\{ \frac{\delta}{\mathrm{i}\delta J(x)} \frac{1}{Z[J]} \frac{\delta Z[J]}{\mathrm{i}\delta J(y)} \right\}_{J=0}$$

[①] 例如 P. Ramond, *Field Theory*: *A Modern Primer*, Benjamin/Cummings, 1981, p.94.

$$= \left\{ -\frac{1}{Z^2[J]}\frac{\delta Z[J]}{\mathrm{i}\delta J(x)}\frac{\delta Z[J]}{\mathrm{i}\delta J(y)} + \frac{1}{Z[J]}\frac{\delta^2 Z[J]}{\mathrm{i}^2\delta J(x)\delta J(y)} \right\}_{J=0}$$

$$= -G(x)G(y) + G(x,y) = G(x,y), \tag{35}$$

其中 $G(x) = G(y) = 0$. 这表明, 2 点 Green 函数就是连通 Green 函数. 从 (25) 式可以看出, 它确实是连通的.

4 点连通 Green 函数 注意在 $J=0$ 点 $Z[0]=1$, 利用展开式

$$\mathrm{i}W[J] = \ln Z[J] = (Z-1) - \frac{1}{2}(Z-1)^2 + \frac{1}{3}(Z-1)^3 - \cdots, \tag{36}$$

就有

$$G_{\mathrm{c}}(x_1,x_2,x_3,x_4) = \left.\frac{\mathrm{i}\delta^4 W[J]}{\mathrm{i}^4\delta J(x_1)\cdots\delta J(x_4)}\right|_{J=0}$$

$$= (Z_{1234}'''' - Z_{12}''Z_{34}'' - Z_{13}''Z_{24}'' - Z_{14}''Z_{23}'')_{J=0}$$

$$= G(1,2,3,4) - G(1,2)G(3,4) - G(1,3)G(2,4) - G(1,4)G(2,3)$$

$$= 3 \;\rule[0.3em]{2em}{0.4pt}\!\!\!\rule[0.1em]{2em}{0.4pt}\; + 72 \;\bigcirc\!\!\!\!-\!\!\!\!- \; + 24 \;\times\; + \cdots$$

$$-3\Big(\rule[0.3em]{2em}{0.4pt} + 12 \;\bigcirc\; + \cdots \Big)\Big(\rule[0.3em]{2em}{0.4pt} + 12 \;\bigcirc\; + \cdots \Big)$$

$$= 24 \;\times\; + \cdots, \tag{37}$$

上面用到的简写符号是自明的. 可以看出, 非连通图都互相消掉了, 最后得到的 $G_{\mathrm{c}}(1,2,3,4)$ 确实是连通的.

上面第三个等号表明, 4 点非连通 Green 函数等于 4 点连通 Green 函数与由 2 点连通 Green 函数乘积构成的所有 4 点函数之和. 这个结论是普遍成立的, n 点非连通 Green 函数等于 n 点连通 Green 函数与由较低阶连通 Green 函数乘积构成的所有 n 点函数之和. 而要求 n 点连通 Green 函数, 只需画出所有拓扑不同的 n 点连通图, 用 Feynman 规则写出每个图的解析式, 求和即可.

6.3 S 矩阵及其性质

1. S 矩阵

散射振幅与 S 矩阵 在散射问题中, 体系的跃迁振幅又称为 散射振幅. 设 $t \to -\infty$ 时体系的入射态为 $|\alpha,\mathrm{in}\rangle$, $t \to \infty$ 时体系的出射态为 $|\beta,\mathrm{out}\rangle$, 则体系的

散射振幅就是 $\langle\beta,\text{out}|\alpha,\text{in}\rangle$. 注意入射态属于初始时刻, 出射态属于末了时刻,

$$|\alpha,\text{in}\rangle = |\alpha,-\infty\rangle, \qquad |\beta,\text{out}\rangle = |\beta,+\infty\rangle. \tag{38}$$

显然, 入射态 $\{|\alpha,\text{in}\rangle\}$ 与出射态 $\{|\beta,\text{out}\rangle\}$ 分别构成完备组, 是两个不同表象的基矢. 所以散射振幅 $\langle\beta,\text{out}|\alpha,\text{in}\rangle$ 是这两个表象之间的变换矩阵元, 可以把它看成是 散射算符 S 在入射态或出射态之间的矩阵元 [①],

$$S_{\beta\alpha} = \langle\beta,\text{in}|S|\alpha,\text{in}\rangle = \langle\beta,\text{out}|S|\alpha,\text{out}\rangle = \langle\beta,\text{out}|\alpha,\text{in}\rangle, \tag{39}$$

而把 $(S_{\beta\alpha})$ 称为 散射矩阵, 简称 S 矩阵. 从上述定义可以写出

$$S|\alpha,\text{out}\rangle = |\alpha,\text{in}\rangle, \qquad S^\dagger|\beta,\text{in}\rangle = |\beta,\text{out}\rangle, \tag{40}$$

所以, S 是入射态与出射态之间的变换算符.

S 矩阵的性质　上面引进的 S 矩阵具有下列性质:

● 真空具有不变性, 从真空到真空的矩阵元为 1, $S_{00} = 1$. 这是由于真空是唯一的,

$$|0,\text{out}\rangle = \text{e}^{\text{i}\varphi}|0,\text{in}\rangle, \tag{41}$$

可以取 $\varphi = 0$, 即有

$$S_{00} = \langle 0,\text{out}|0,\text{in}\rangle = \text{e}^{-\text{i}\varphi}\langle 0,\text{in}|0,\text{in}\rangle = 1. \tag{42}$$

● 单粒子态具有不变性, 它的能量动量守恒, $S_{pp'} = \delta(p-p')$. 这是由于同样可以写出

$$|p,\text{out}\rangle = \text{e}^{\text{i}\varphi}|p,\text{in}\rangle, \tag{43}$$

取 $\varphi = 0$, 即有

$$S_{pp'} = \langle p,\text{out}|p',\text{in}\rangle = \text{e}^{-\text{i}\varphi}\langle p,\text{in}|p',\text{in}\rangle = \delta(p-p'). \tag{44}$$

● S 是幺正的, 它保持初态与末态的标量积不变,

$$\langle\beta,\text{in}|SS^\dagger|\alpha,\text{in}\rangle = \langle\beta,\text{out}|\alpha,\text{out}\rangle = \delta_{\beta\alpha} \Longrightarrow SS^\dagger = 1, \tag{45}$$

$$\langle\beta,\text{out}|S^\dagger S|\alpha,\text{out}\rangle = \langle\beta,\text{in}|\alpha,\text{in}\rangle = \delta_{\beta\alpha} \Longrightarrow S^\dagger S = 1. \tag{46}$$

2. S 矩阵对入射场与出射场的变换

入射场与出射场　按照图 5-1 对散射过程的描述, 现在来考虑 $t \to -\infty$ 时的 入射场 $\phi_{\text{in}}(x)$, $t \to \infty$ 时的 出射场 $\phi_{\text{out}}(x)$, 以及 $-\infty < t < \infty$ 时的相互作用

---

① 在早期关于散射算符 S 有两种不同的定义, 被假设是等价的. 马仕俊首先指出这个假设不自洽, 这是当时一个重要的发现, 见 S.T. Ma, *Phys. Rev.* **87** (1952) 652.

场 $\phi(x)$,

$$
\begin{array}{ccc}
t \to -\infty & -\infty < t < \infty & t \to +\infty \\
\phi_{\text{in}}(x) & \phi(x) & \phi_{\text{out}}(x)
\end{array}
$$

注意有些作者把 $\phi_{\text{in}}(x)$ 与 $\phi_{\text{out}}(x)$ 分别称为 入场 与 出场.

场 $\phi_{\text{in}}(x)$ 与 $\phi_{\text{out}}(x)$ 满足齐次 Klein-Gordon 方程

$$(\partial^2 + m^2)\phi_{\text{in}}(x) = 0, \qquad (\partial^2 + m^2)\phi_{\text{out}}(x) = 0, \tag{47}$$

从而它们产生或湮灭具有质量 m 的粒子和反粒子 (见第 2 章 (10) 式),

$$\phi_{\text{in}}(x) = \int \mathrm{d}^3\boldsymbol{k}[a_{\boldsymbol{k},\text{in}}\varphi_{\boldsymbol{k}}(x) + a_{\boldsymbol{k},\text{in}}^\dagger\varphi_{\boldsymbol{k}}^*(x)], \tag{48}$$

$$\phi_{\text{out}}(x) = \int \mathrm{d}^3\boldsymbol{k}[a_{\boldsymbol{k},\text{out}}\varphi_{\boldsymbol{k}}(x) + a_{\boldsymbol{k},\text{out}}^\dagger\varphi_{\boldsymbol{k}}^*(x)]. \tag{49}$$

另一方面, 场 $\phi(x)$ 满足非齐次 Klein-Gordon 方程

$$(\partial^2 + m^2)\phi(x) = \frac{\partial \mathcal{L}_{\text{I}}}{\partial \phi}, \tag{50}$$

其中假设 $\mathcal{L}_{\text{I}} = \mathcal{L}_{\text{I}}(\phi)$. 于是, $-\partial\mathcal{L}_{\text{I}}/\partial\phi$ 是场的源, $\phi(x)$ 的推迟或超前解可以分别用推迟或超前 Green 函数写出 (参考第 5 章 (169) 式),

$$\phi(x) = \phi_{\text{in}}(x) - \int \mathrm{d}y \Delta_{\text{R}}(x-y)K(y)\phi(y)$$

$$= \phi_{\text{out}}(x) - \int \mathrm{d}y \Delta_{\text{A}}(x-y)K(y)\phi(y), \tag{51}$$

其中 $K(x)$ 为 Klein-Gordon 算符,

$$K(x) = \partial_x^2 + m^2. \tag{52}$$

弱渐近条件 (51) 式意味着可以取算符渐近条件

$$\phi(x) \overset{t\to-\infty}{\longrightarrow} \phi_{\text{in}}(x), \qquad \phi(x) \overset{t\to+\infty}{\longrightarrow} \phi_{\text{out}}(x), \tag{53}$$

这称为 强渐近条件. 不过这个条件在实际上不能用, 因为它给出下列因果条件

$$[\phi(x), \phi(y)] \overset{t\to-\infty}{\longrightarrow} [\phi_{\text{in}}(x), \phi_{\text{in}}(y)] = \mathrm{i}\Delta(x-y), \tag{54}$$

$$[\phi(x), \phi(y)] \overset{t\to+\infty}{\longrightarrow} [\phi_{\text{out}}(x), \phi_{\text{out}}(y)] = \mathrm{i}\Delta(x-y), \tag{55}$$

这意味着没有相互作用. 恰当的渐近条件是 Lehmann 等人发现的下列矩阵元关系 [①],

$$\langle\beta|\phi(x)|\alpha\rangle \overset{t\to-\infty}{\longrightarrow} \langle\beta|\phi_{\text{in}}(x)|\alpha\rangle, \tag{56}$$

$$\langle\beta|\phi(x)|\alpha\rangle \overset{t\to+\infty}{\longrightarrow} \langle\beta|\phi_{\text{out}}(x)|\alpha\rangle, \tag{57}$$

这称为 弱渐近条件, 其中 $|\alpha\rangle$ 与 $|\beta\rangle$ 是 Hilbert 空间的任意态矢量.

[①] H. Lehmann, K. Symanzik, & W. Zimmermann, *Il Nuovo Cimento*, **1** (1955) 425.

对于平面波场和单粒子动量本征态 $|p\rangle$, 有

$$\langle 0|\phi(x)|p\rangle \xrightarrow{t \to -\infty} \langle 0|\phi_{\text{in}}(x)|p\rangle = Ce^{-ipx}, \tag{58}$$

$$\langle 0|\phi(x)|p\rangle \xrightarrow{t \to +\infty} \langle 0|\phi_{\text{out}}(x)|p\rangle = Ce^{-ipx}, \tag{59}$$

C 为归一化常数. 这意味着如果单粒子初态与末态的归一化相同, 则入射场与出射场的归一化也相同.

S 矩阵对入射场与出射场的变换　把 (40) 式的第一个公式运用于入射态 $\phi_{\text{in}}|\alpha, \text{in}\rangle$ 与出射态 $\phi_{\text{out}}|\alpha, \text{out}\rangle$, 可以给出

$$S\phi_{\text{out}}|\alpha, \text{out}\rangle = \phi_{\text{in}}|\alpha, \text{in}\rangle = \phi_{\text{in}}S|\alpha, \text{out}\rangle. \tag{60}$$

由于 $|\alpha, \text{out}\rangle$ 是任意的, 所以有

$$S\phi_{\text{out}} = \phi_{\text{in}}S, \tag{61}$$

亦即

$$\phi_{\text{in}} = S\phi_{\text{out}}S^{-1}. \tag{62}$$

运用 S 对入射场与出射场的变换, 还可证明它的一个重要性质: S 在相对论变换下不变. 相对论变换是指 Lorentz 变换再加上时空平移变换, 即 Poincaré 变换 (第 1 章 (25) 式)

$$x^\mu \longrightarrow x^{\mu\prime} = a^\mu_{\ \nu}x^\nu + b^\mu. \tag{63}$$

若 U 是引起相对论变换的幺正算符, 则有

$$\begin{aligned}
\phi_{\text{in}}(x') &= U\phi_{\text{in}}(x)U^{-1} = US\phi_{\text{out}}(x)S^{-1}U^{-1} \\
&= USU^{-1}U\phi_{\text{out}}(x)U^{-1}US^{-1}U^{-1} \\
&= USU^{-1}\phi_{\text{out}}(x')US^{-1}U^{-1}.
\end{aligned} \tag{64}$$

与 (62) 式比较, 就有

$$USU^{-1} = S. \tag{65}$$

6.4　S 矩阵的计算公式

1. S 与 $Z[J]$ 的关系

$SU[J]$ 的方程　在拉氏密度中引入外源项 $J\phi$, 生成泛函就可写成 (见上一章 (112) 式)

$$Z[J] = \langle 0|U[J]|0\rangle, \tag{66}$$

其中

$$U[J] = \mathcal{T}e^{i\int dx J(x)\phi(x)}. \tag{67}$$

求它对 $\mathrm{i}J(x)$ 的泛函微商, 有

$$\frac{\delta U[J]}{\mathrm{i}\delta J(x)} = \mathcal{T}\{\phi(x)U[J]\}. \tag{68}$$

在其中代入 (51) 式, 就有

$$\frac{\delta U[J]}{\mathrm{i}\delta J(x)} = U[J]\phi_{\mathrm{in}}(x) - \int \mathrm{d}y\Delta_{\mathrm{R}}(x-y)K(y)\frac{\delta U[J]}{\mathrm{i}\delta J(y)}, \tag{69}$$

$$\frac{\delta U[J]}{\mathrm{i}\delta J(x)} = \phi_{\mathrm{out}}(x)U[J] - \int \mathrm{d}y\Delta_{\mathrm{A}}(x-y)K(y)\frac{\delta U[J]}{\mathrm{i}\delta J(y)}. \tag{70}$$

两式相减, 并注意 $\Delta_{\mathrm{R}} - \Delta_{\mathrm{A}} = \Delta$, 就得到

$$\phi_{\mathrm{out}}(x)U[J] - U[J]\phi_{\mathrm{in}}(x) = \mathrm{i}\int \mathrm{d}y\Delta(x-y)K(y)\frac{\delta U[J]}{\delta J(y)}. \tag{71}$$

两边乘以 S, 注意 $S\phi_{\mathrm{out}}S^{-1} = \phi_{\mathrm{in}}$, 就得到下列关于 $SU[J]$ 的方程

$$[\phi_{\mathrm{in}}(x), SU[J]] = \mathrm{i}\int \mathrm{d}y\Delta(x-y)K(y)\frac{\delta}{\delta J(y)}\ SU[J]. \tag{72}$$

由于 $U[0] = 1$, 只要解出了 $SU[J]$, 就可以得到 S.

$SU[J]$ **的解**　为了从方程 (72) 解出 $SU[J]$, 可以利用 Baker-Campbell-Hausdorff 公式

$$\mathrm{e}^B A\,\mathrm{e}^{-B} = A + [B, A] + \frac{1}{2!}[B, [B, A]] + \cdots. \tag{73}$$

当 $[A, B]$ 为 c 数时, 它成为

$$[A, \mathrm{e}^B] = [A, B]\,\mathrm{e}^B. \tag{74}$$

若 $[A, B]$ 和 $[A, C]$ 都是 c 数, 还有

$$[A, \mathrm{e}^B\mathrm{e}^C] = [A, B + C]\,\mathrm{e}^B\mathrm{e}^C. \tag{75}$$

把场量写成正频与负频项之和, $\phi_{\mathrm{in}}(x) = \phi_{\mathrm{in}}^{(+)}(x) + \phi_{\mathrm{in}}^{(-)}(x)$, 运用上述公式, 就有

$$\left[\phi_{\mathrm{in}}(x), \mathrm{e}^{\int \mathrm{d}y\phi_{\mathrm{in}}^{(-)}(y)f(y)}\mathrm{e}^{\int \mathrm{d}y\phi_{\mathrm{in}}^{(+)}(y)f(y)}\right]$$

$$= \int \mathrm{d}y[\phi_{\mathrm{in}}(x), \phi_{\mathrm{in}}(y)]f(y)\,\mathrm{e}^{\int \mathrm{d}z\phi_{\mathrm{in}}^{(-)}(z)f(z)}\mathrm{e}^{\int \mathrm{d}z\phi_{\mathrm{in}}^{(+)}(z)f(z)}$$

$$= \mathrm{i}\int \mathrm{d}y\Delta(x-y)f(y)\,\mathrm{e}^{\int \mathrm{d}z\phi_{\mathrm{in}}^{(-)}(z)f(z)}\mathrm{e}^{\int \mathrm{d}z\phi_{\mathrm{in}}^{(+)}(z)f(z)}, \tag{76}$$

其中 $f(x)$ 是待定函数. 负频项是产生算符, 正频项是湮灭算符, 所以有

$$\mathrm{e}^{\int \mathrm{d}z\phi_{\mathrm{in}}^{(-)}(z)f(z)}\mathrm{e}^{\int \mathrm{d}z\phi_{\mathrm{in}}^{(+)}(z)f(z)} = \mathcal{N}\left\{\mathrm{e}^{\int \mathrm{d}z\phi_{\mathrm{in}}(z)f(z)}\right\}, \tag{77}$$

$$\left[\phi_{\mathrm{in}}(x), \mathcal{N}\left\{\mathrm{e}^{\int \mathrm{d}z\phi_{\mathrm{in}}(z)f(z)}\right\}\right] = \mathrm{i}\int \mathrm{d}y\Delta(x-y)f(y)\mathcal{N}\left\{\mathrm{e}^{\int \mathrm{d}z\phi_{\mathrm{in}}(z)f(z)}\right\}, \tag{78}$$

其中 $\mathcal{N}\{A\} =: A :$ 是对算符 A 取正规乘积 (见第 2 章 (60) 式). 把上式与 (72) 式对比, 就得到

$$f(x) = K(x)\frac{\delta}{\delta J(x)}, \tag{79}$$

$$SU[J] = \mathcal{N}\left\{\mathrm{e}^{\int \mathrm{d}x \phi_{\mathrm{in}}(x)f(x)}\right\} F[J] = \mathcal{N}\left\{\mathrm{e}^{\int \mathrm{d}x \phi_{\mathrm{in}}(x)K(x)\frac{\delta}{\delta J(x)}}\right\} F[J], \tag{80}$$

其中 $F[J]$ 是 J 的待定泛函. 求上式两边在真空态的平均, 注意对任何算符 A 都有

$$\langle 0|\mathcal{N}(\mathrm{e}^{A})|0\rangle = 1, \tag{81}$$

就有

$$F[J] = \langle 0|SU[J]|0\rangle = \langle 0|U[J]|0\rangle = Z[J]. \tag{82}$$

于是得到

$$SU[J] = \mathcal{N}\left\{\mathrm{e}^{\int \mathrm{d}x \phi_{\mathrm{in}}(x)K(x)\frac{\delta}{\delta J(x)}}\right\} Z[J]. \tag{83}$$

S 的约化公式和 n 粒子 S 矩阵元 在 $SU[J]$ 的上述解中, 取 $J = 0$, 就得到

$$S = \mathcal{N}\left\{\mathrm{e}^{\int \mathrm{d}x \phi_{\mathrm{in}}(x)K(x)\frac{\delta}{\delta J(x)}}\right\} Z[J]\Big|_{J=0} = \mathcal{N}\left\{\mathrm{e}^{\phi_{\mathrm{in}} K \frac{\delta}{\delta J}}\right\} Z[J]\Big|_{J=0}, \tag{84}$$

后一等式是泛函运算的简写形式. 这是从生成泛函 $Z[J]$ 来计算散射矩阵 S 的公式, 通常称为 S 矩阵的约化公式. 注意 ϕ_{in} 是自由场算符.

这个公式可以改写成

$$S = \sum_n S(x_1, \cdots, x_n), \tag{85}$$

$$S(x_1, \cdots, x_n) = \frac{1}{n!}\mathcal{N}\left\{\left(\phi_{\mathrm{in}}\mathrm{i}K\frac{\delta}{\mathrm{i}\delta J}\right)^n Z[J]\right\}_{J=0}, \tag{86}$$

$S(x_1, \cdots, x_n)$ 称为 n 粒子 S 矩阵元. 从上述公式可以看出, n 粒子 S 矩阵元包含 $Z[J]$ 对 $\mathrm{i}J$ 的 n 阶泛函微商, 亦即包含 n 点 Green 函数 $G(x_1, \cdots, x_n)$. 对 Green 函数的每个点 x, 要用 Klein-Gordon 算符 $\mathrm{i}K(x)$ 作用. 然后, 在这个点 x 还要乘上算符 $\phi_{\mathrm{in}}(x)$. 于是, n 粒子 S 矩阵元就是

$$S(x_1, \cdots, x_n) = \mathcal{N}\prod_{m=1}^{n} \phi_{\mathrm{in}}(x_m)\,\mathrm{i}K(x_m)G(x_1, \cdots, x_n). \tag{87}$$

其中乘积的 n 个因子有 $n!$ 种不同的排列顺序, 与 (86) 式中的因子 $n!$ 正好相消.

从 Feynman 图来看, n 点 Green 函数 $G(x_1, \cdots, x_n)$ 是一个实心圆斑伸出 n 条线段, 每个点 x 有一条, 对应于一个传播子 $\mathrm{i}\Delta_{\mathrm{F}}(x-y)$. 用算符 $\mathrm{i}K$ 作用的结果, 成为一个 δ 函数,

$$\mathrm{i}K(x)\,\mathrm{i}\Delta_{\mathrm{F}}(x-y) = \delta(x-y), \tag{88}$$

这相当于消去了该点的线段. 再在该点乘以 $\phi_{\text{in}}(x)$, 可以用从该点引出的一条线段来表示. 于是, 从最后的结果看, n 粒子 S 矩阵元 $S(x_1, \cdots, x_n)$ 的 Feynman 图与 n 点 Green 函数 $G(x_1, \cdots, x_n)$ 的 Feynman 图一样. 计算 n 粒子 S 矩阵元, 实质上就是计算 n 点 Green 函数.

由于自由场 ϕ_{in} 联系于外在的物理环境, 所以表示它的线段就称为 外线. 相应地, 我们把 Green 函数 Feynman 图中的对应线段也不加区分地称为外线. 以下是对 S 矩阵元的 Feynman 图补充的一条规则:

- 外线规则: 有一个自由端点的外线, 表示自由场 ϕ_{in}.

2. *S* 的微扰展开

公式的推导 在 S 的约化公式 (84) 中代入生成泛函 $Z[J]$ 的公式 (8),

$$Z[J] = N\mathrm{e}^{\mathrm{i}\mathcal{L}_{\mathrm{I}}(\delta/\mathrm{i}\delta J)}Z_0[J] = N\mathrm{e}^{\mathrm{i}\mathcal{L}_{\mathrm{I}}(\delta/\mathrm{i}\delta J)}\mathrm{e}^{-\frac{1}{2}J\Delta_{\mathrm{F}}J}, \tag{89}$$

就有

$$
\begin{aligned}
S &= \mathcal{N}\left\{\mathrm{e}^{\phi_{\text{in}}K\frac{\delta}{\delta J}}\right\}N\mathrm{e}^{\mathrm{i}\mathcal{L}_{\mathrm{I}}(\delta/\mathrm{i}\delta J)}\mathrm{e}^{-\frac{\mathrm{i}}{2}J\Delta_{\mathrm{F}}J}\bigg|_{J=0} \\
&= \mathcal{N}\left\{N\mathrm{e}^{\mathrm{i}\mathcal{L}_{\mathrm{I}}(\delta/\mathrm{i}\delta J)}\mathrm{e}^{\phi_{\text{in}}K\frac{\delta}{\delta J}}\,\mathrm{e}^{-\frac{\mathrm{i}}{2}J\Delta_{\mathrm{F}}J}\right\}_{J=0},
\end{aligned} \tag{90}
$$

注意正规乘积算符 $\mathcal{N}$ 只对场算符 ϕ_{in} 作用. 花括号中后两个因子可以进一步化简. 由于

$$K\phi_{\text{in}} = 0, \qquad K\Delta_{\mathrm{F}} = -1, \tag{91}$$

所以

$$
\begin{aligned}
\phi_{\text{in}}K\frac{\delta}{\delta J}&\left[(\mathrm{i}\phi_{\text{in}}J)^n\mathrm{e}^{-\frac{\mathrm{i}}{2}J\Delta_{\mathrm{F}}J}\right] \\
&= \left[n(\mathrm{i}\phi_{\text{in}}J)^{n-1}\mathrm{i}\phi_{\text{in}}K\phi_{\text{in}} + (\mathrm{i}\phi_{\text{in}}J)^n\phi_{\text{in}}K(-\mathrm{i}\Delta_{\mathrm{F}}J)\right]\mathrm{e}^{-\frac{\mathrm{i}}{2}J\Delta_{\mathrm{F}}J} \\
&= (\mathrm{i}\phi_{\text{in}}J)^{n+1}\mathrm{e}^{-\frac{\mathrm{i}}{2}J\Delta_{\mathrm{F}}J},
\end{aligned} \tag{92}
$$

从而

$$
\begin{aligned}
\mathrm{e}^{\phi_{\text{in}}K\frac{\delta}{\delta J}}\,\mathrm{e}^{-\frac{\mathrm{i}}{2}J\Delta_{\mathrm{F}}J} &= \sum_n \frac{1}{n!}\left(\phi_{\text{in}}K\frac{\delta}{\delta J}\right)^n\mathrm{e}^{-\frac{\mathrm{i}}{2}J\Delta_{\mathrm{F}}J} \\
&= \sum_n \frac{(\mathrm{i}\phi_{\text{in}}J)^n}{n!}\,\mathrm{e}^{-\frac{\mathrm{i}}{2}J\Delta_{\mathrm{F}}J} = \mathrm{e}^{\mathrm{i}\phi_{\text{in}}J-\frac{\mathrm{i}}{2}J\Delta_{\mathrm{F}}J}.
\end{aligned} \tag{93}
$$

于是有公式

$$S = \mathcal{N}\left\{\mathrm{e}^{\mathrm{i}\mathcal{L}_{\mathrm{I}}(\delta/\mathrm{i}\delta J)}Z[\phi_{\text{in}}, J]\right\}_{J=0}, \tag{94}$$

$$Z[\phi_{\text{in}}, J] = \mathrm{e}^{\mathrm{i}\phi_{\text{in}}J-\frac{\mathrm{i}}{2}J\Delta_{\mathrm{F}}J}. \tag{95}$$

其中已经略去生成泛函的归一化常数 N, 但要记住在 Feynman 图中舍去真空图. 注意上述公式与推导都采用了泛函运算的简写形式.

微扰展开 场的相互作用由 $\mathcal{L}_I$ 描写. 当相互作用可以当做小量时, S 可以按 $\mathcal{L}_I$ 的幂次展开. 由公式 (94), 可以写出

$$S = \sum_n S_n, \tag{96}$$

$$S_n = \mathcal{N}\left\{\frac{1}{n!}\left[\mathrm{i}\mathcal{L}_I\left(\frac{\delta}{\mathrm{i}\delta J}\right)\right]^n Z[\phi_{\mathrm{in}}, J]\right\}_{J=0}, \tag{97}$$

S_n 称为 S 矩阵的 n 阶微扰, 上述公式就是 S 矩阵的微扰公式. S 矩阵的 0 阶微扰是单位矩阵,

$$S_0 = Z[\phi_{\mathrm{in}}, J]_{J=0} = 1, \tag{98}$$

微扰 $\mathcal{L}_I$ 的 0 阶对散射无贡献.

S 矩阵的微扰公式 (97) 与约化公式 (84) 是等效的, 用它们讨论相互作用对散射的贡献, 都需要知道 $\mathcal{L}_I$ 的具体形式. 考虑 ϕ^4 模型,

$$\mathrm{i}\mathcal{L}_I\left(\frac{\delta}{\mathrm{i}\delta J}\right) = -\mathrm{i}\frac{\lambda}{4!}\left(\frac{\delta}{\mathrm{i}\delta J}\right)^4. \tag{99}$$

在微扰公式中, 这是作用于 $Z[\phi_{\mathrm{in}}, J]$ 的泛函微商运算. 所以, ϕ^4 模型 S 矩阵微扰展开的 Feynman 图, 每一阶贡献一个顶点, $-\mathrm{i}\lambda/4!$, 切去 $Z[\phi_{\mathrm{in}}, J]$ 图中的 4 个外源 × $(\mathrm{i}J)$. (95) 式中 $\mathrm{i}\phi_{\mathrm{in}}J =$ ——× 是一端带源的外线, $-\mathrm{i}J\Delta_\mathrm{F}J =$ ×——× 是两端带源的传播线, 所以 $Z[\phi_{\mathrm{in}}, J]$ 的 Feynman 图可以展开成

$$Z[\phi_{\mathrm{in}}, J] = \mathrm{e}^{\text{——×} + \text{×——×}} = \sum_m \frac{1}{m!}(\text{——×} + \text{×——×})^m$$

$$= (1)_{m=0} + (\text{——×} + \text{×——×})_{m=1} + \frac{1}{2}\left(\text{——×} + 2\text{——×} + \text{×——×}\right)_{m=2}$$

$$+ \frac{1}{6}\left(\text{——×} + 3\text{——×} + 3\text{——×} + \text{×——×}\right)_{m=3} + \cdots. \tag{100}$$

S 矩阵的一阶微扰 S_1, 由上式中包含 4 个外源 × 的图生成. 外源少于 4 的图, 对外源求 4 次泛函微商等于 0. 外源多于 4 的图, 切去 4 个外源后再令 $J=0$, 也等于 0. 可以看出, $m=2$ 的第三图给出一个相连双圈真空图, $m=3$ 的第二图给出一个蝌蚪图, $m=4$ 的一个图 (未画出) 给出一个简单顶点图. 真空图对 S 矩阵元没有贡献, 所以

$$S_1 = a \; \bigcirc \; + b \; \times, \tag{101}$$

其中第一项是 2 粒子 S 矩阵元, 第二项是 4 粒子 S 矩阵元, 都只到 1 阶微扰, 包含一个顶点. a 和 b 是相应图形的对称系数, 就不具体写出.

又如 S 矩阵的 2 阶微扰, 具有由两个顶点构成的 Feynman 图, 如图 6-2 所示. 其中第一个图是真空图, 考虑 $Z[J]$ 的归一化, 就把此图舍去. 接着的三个图是两点 S 矩阵的 2 阶微扰, 再接着的两个图是 4 点 S 矩阵的 2 阶微扰, 最后一个图是 6 点 S 矩阵的 2 阶微扰. 图中在两个顶点之间的传播线, 又称为 内线. 这里没有画非连通图, 它们对散射过程无贡献.

图 6-2 ϕ^4 模型中 S 矩阵的由 2 个顶点构成的 Feynman 图

在微扰公式 (97) 中有一个因子 $1/n!$, 而算符 $\left[\mathrm{i}\mathcal{L}_{\mathrm{I}}\left(\frac{\delta}{\mathrm{i}\delta J}\right)\right]^n$ 会生成 n 个顶点. 这 n 个顶点共有 $n!$ 种排列, 都给出拓扑等价的图形, 它们对 S_n 的贡献相同. 所以, 只考虑拓扑等价图, 就可去掉因子 $1/n!$.

6.5 π-N 散射振幅

1. 唯象模型和拉氏密度

核力的唯象模型和 Yukawa 理论 核子之间的相互作用, 称为 核力. 核子是由夸克构成的, 核力的物理基础是夸克之间的相互作用. 在低能范围, 可以略去核子的结构, 不考虑核子内部态的激发, 把它当做一个简单粒子. 在这个近似下, 核力就是两个核子之间交换介子的结果. 用核子之间的介子交换来描述核力, 这就是核力的唯象模型. 在低能范围, 在核子之间交换的主要是 π 介子. 用 π 介子的交换来解释核力的唯象理论, 就是核力的 Yukawa (汤川秀树) 理论, 是 Yukawa 于 1935 年首先提出的[①]. π 介子是质量最低的介子, 它描述核力的长程部分. 所以 Yukawa 理论是低能核力的唯象理论[②].

模型拉氏密度 核子 N 是自旋 1/2 的 Fermi 子, 属于 Dirac 场, 有质子 p 与中子 n 两个电荷态,

$$\psi = \left(\begin{array}{c} \psi_{\mathrm{p}} \\ \psi_{\mathrm{n}} \end{array} \right), \tag{102}$$

---

① H. Yukawa, *Proc. Phys.-Math. Soc.* (Japan) (3) **17** (1935) 48.

② 胡宁先后与 Jauch 和 Pauli 合作, 对核力的介子场论做过很有影响的工作, 见 J. M. Jauch and Ning Hu, *Phys. Rev.* **65** (1944) 289, 和 W. Pauli and N. Hu, *Rev. Mod. Phys.* **17** (1945) 267.

这属于同位旋双重态. ψ_p 描述质子的湮灭或反质子的产生, ψ_n 描述中子的湮灭或反中子的产生.

π 介子是自旋为 0 的赝标量 Bose 子, 属于 Klein-Gordon 场, 有 π^+, π^0 和 π^- 三个电荷态, 用同位旋矢量

$$\phi = \begin{pmatrix} \phi_1 \\ \phi_2 \\ \phi_3 \end{pmatrix} \tag{103}$$

来描写, ϕ_i 是实赝标量. 定义

$$\phi^{\pm} = \frac{1}{\sqrt{2}}(\phi_1 \mp \mathrm{i}\phi_2), \qquad \phi^0 = \phi_3, \tag{104}$$

ϕ^+ 描述 π^+ 的湮灭或 π^- 的产生, ϕ^- 描述 π^- 的湮灭或 π^+ 的产生, ϕ^0 描述 π^0 的湮灭或产生.

于是, π-N 场的拉氏密度可以写成 $\mathcal{L} = \mathcal{L}_0 + \mathcal{L}_I$,

$$\mathcal{L}_0 = \mathcal{L}_N + \mathcal{L}_{\pi}, \qquad\qquad \mathcal{L}_I = \mathcal{L}_{\pi N} = -\mathrm{i}g\overline{\psi}\gamma^5\tau\psi \cdot \phi, \tag{105}$$

$$\mathcal{L}_N = \overline{\psi}(\mathrm{i}\gamma^{\mu}\partial_{\mu} - m_N)\psi, \qquad \mathcal{L}_{\pi} = \frac{1}{2}(\partial_{\mu}\phi\partial^{\mu}\phi - m_{\pi}^2\phi^2), \tag{106}$$

完整的拉氏密度为 [①]

$$\mathcal{L} = \overline{\psi}(\mathrm{i}\gamma^{\mu}\partial_{\mu} - m_N)\psi + \frac{1}{2}(\partial_{\mu}\phi\partial^{\mu}\phi - m_{\pi}^2\phi^2) - \mathrm{i}g\overline{\psi}\gamma^5\tau\psi \cdot \phi. \tag{107}$$

注意其中 $\phi^2 = \phi \cdot \phi = \sum_i \phi_i\phi_i$, $\tau \cdot \phi = \sum_i \tau_i\phi_i$, τ 是同位旋空间的 Pauli 矩阵,

$$\tau_1 = \begin{pmatrix} 0 & 1 \\ 1 & 0 \end{pmatrix}, \qquad \tau_2 = \begin{pmatrix} 0 & -\mathrm{i} \\ \mathrm{i} & 0 \end{pmatrix}, \qquad \tau_3 = \begin{pmatrix} 1 & 0 \\ 0 & -1 \end{pmatrix}. \tag{108}$$

上述 $\mathcal{L}_I$ 所描述的耦合称为 Yukawa 耦合, $\overline{\psi}\gamma^5\tau\psi$ 中的 γ^5 使得它是普通空间的赝标量, 而 τ 使得它还是同位旋空间的矢量, 与 ϕ 的转动性质一样. 这就使得拉氏密度在普通空间和同位旋空间都是标量. 把 $\mathcal{L}_{\pi N}$ 具体写开来, 有

$$\mathcal{L}_{\pi N} = -\mathrm{i}\sqrt{2}g(\overline{\psi}_p\gamma^5\psi_n\phi^+ + \overline{\psi}_n\gamma^5\psi_p\phi^-) - \mathrm{i}g(\overline{\psi}_p\gamma^5\psi_p - \overline{\psi}_n\gamma^5\psi_n)\phi^0. \tag{109}$$

可以看出, 它是电荷守恒的. 这是 $\mathcal{L}_{\pi N}$ 具有同位旋空间转动不变性的结果. 若考虑 π^+p 散射, 则第二项无贡献,

$$\mathcal{L}_{\pi^+ p} = -\mathrm{i}\sqrt{2}g(\overline{\psi}_p\gamma^5\psi_n\phi^+ + \overline{\psi}_n\gamma^5\psi_p\phi^-). \tag{110}$$

---

① J.D. 比约肯, S.D. 德雷尔, 《相对论量子场》, 汪克林等译, 科学出版社, 1984 年, 101 页.

2. S 矩阵及其微扰展开

生成泛函   π-N 系统有 3 个独立场量 ϕ, ψ, $\overline{\psi}$, 相应地引入 3 个外源 J, $\overline{\eta}$, η. 无相互作用时, 自由 π 介子场与自由核子场互相独立, 总的生成泛函等于各自的生成泛函之积,

$$Z_0[J,\overline{\eta},\eta] = Z_\pi[J] Z_N[\overline{\eta},\eta] = e^{-\frac{1}{2}J\Delta_F J - i\overline{\eta}S_F\eta}. \tag{111}$$

相互作用 $\mathcal{L}_{\pi N}$ 把 π 介子场与核子场耦合起来, 生成泛函成为

$$Z[J,\overline{\eta},\eta] = N e^{g\frac{-\delta}{i\delta\eta}\gamma^5\tau\frac{\delta}{i\delta\overline{\eta}}\frac{\delta}{i\delta J}}\ e^{-\frac{1}{2}J\Delta_F J - i\overline{\eta}S_F\eta}, \tag{112}$$

注意 $-\delta/i\delta\eta$ 是 Grassmann 变量的泛函微商, 它作用于外源项 $i\overline{\psi}\eta$ 应给出 $\overline{\psi}$, 所以有一负号.

S 矩阵的微扰公式   与上述生成泛函相应地, S 矩阵的微扰公式为

$$S = \mathcal{N}\left\{ e^{g\frac{-\delta}{i\delta\eta}\gamma^5\tau\frac{\delta}{i\delta\overline{\eta}}\frac{\delta}{i\delta J}}\ Z[\phi_{\text{in}},\psi_{\text{in}},\overline{\psi}_{\text{in}};J,\overline{\eta},\eta] \right\}_0, \tag{113}$$

这里下标 0 表示最后取 $J = \overline{\eta} = \eta = 0$, 而

$$\begin{aligned}
Z[\phi_{\text{in}},\psi_{\text{in}},\overline{\psi}_{\text{in}};J,\overline{\eta},\eta] &= Z_\pi[\phi_{\text{in}},J] Z_N[\psi_{\text{in}},\overline{\psi}_{\text{in}};\overline{\eta},\eta] \\
&= e^{i\phi_{\text{in}}J - \frac{1}{2}J\Delta_F J}\ e^{i\overline{\psi}_{\text{in}}\eta + i\overline{\eta}\psi_{\text{in}} - i\overline{\eta}S_F\eta}.
\end{aligned} \tag{114}$$

标量场 $Z_\pi[\phi_{\text{in}},J]$ 的结构单元是带源外线 $i\phi_{\text{in}}J$ 和在两个源之间的传播线 $-iJ\Delta_F$, 这在上一节末尾已经讨论过. 在这里要注意的是, 场量 ϕ_{in} 是同位旋空间的矢量, 有三个实分量. 相应地, 外源 iJ 也是同位旋空间的矢量, 有三个实分量. 这在讨论具体问题时需要考虑.

旋量场 $Z_N[\psi_{\text{in}},\overline{\psi}_{\text{in}};\overline{\eta},\eta]$ 的结构单元是带源外线 $i\overline{\psi}_{\text{in}}\eta$ 和 $i\overline{\eta}\psi_{\text{in}}$, 以及在两个源之间的传播线 $-i\overline{\eta}S_F\eta$. 注意这里有两种外源 $i\eta$ 和 $i\overline{\eta}$, 两种外线 $\overline{\psi}_{\text{in}}$ 和 ψ_{in}, 它们都是 Grassmann 变量, 交换乘积次序要变号.

图形规则   在 5.5 节末尾已经指出, 为了区分粒子与反粒子, 需要规定传播线的方向. 根据 Dirac 传播子的关系

$$iS_F(x-y) = G(x,y) = \langle 0|\mathcal{T}\psi(x)\overline{\psi}(y)|0\rangle = y\text{———}x, \tag{115}$$

规定传播线的方向从 y 指向 x, 亦即从 $\overline{\psi}(y)$ 指向 $\psi(x)$. 于是, 沿线段方向传播的是粒子, 逆线段方向传播的是反粒子. 注意

$$-i\overline{\eta}S_F\eta = \int \mathrm{d}x\mathrm{d}y[i\overline{\eta}(x)][iS_F(x-y)][i\eta(y)] = \text{×——×}, \tag{116}$$

亦即 在两个源之间的传播线 $-i\overline{\eta}S_F\eta$ 是从源 $i\eta$ 指向源 $i\overline{\eta}$. 与此相应地, 规定带源外线 $i\overline{\psi}_{\text{in}}\eta$ 的方向是从源点向外, $i\overline{\eta}\psi_{\text{in}}$ 的方向是指向源点,

$$i\overline{\psi}_{\text{in}}\eta = \text{×———}, \tag{117}$$

$$i\overline{\eta}\psi_{\text{in}} = \; \longrightarrow\!\!\times . \tag{118}$$

于是，与传播线相同，沿外线方向传播的是粒子，逆外线方向传播的是反粒子.

此外，发射外线的源是 $i\eta$，吸收外线的源是 $i\overline{\eta}$. 由此，即可根据线段的方向判断外源是 $i\eta$ 还是 $i\overline{\eta}$，而不必在图形上加以区分，

$$i\eta, \; i\overline{\eta} = \times . \tag{119}$$

为了区分标量场与旋量场，改用虚线来表示标量场的传播线和外线. 于是，附着在虚线上的 × 是外源 iJ，附着在实线上的 × 是外源 $i\eta$ 或 $i\overline{\eta}$.

归纳起来，对 Dirac 场的 Feynman 图有以下规则：

- **外线规则**：射出的外线表示自由场 $\overline{\psi}_{\text{in}}$，射入的外线表示自由场 ψ_{in}.
- **外源规则**：射出外线的源是 $i\eta$，吸收外线的源是 $i\overline{\eta}$.
- **正反粒子规则**：沿线段方向传播的是粒子，逆线段方向传播的是反粒子.

π-N 顶点   现在可以用 Feynman 图把 (114) 式表示成

$$Z[\phi_{\text{in}}, \psi_{\text{in}}, \overline{\psi}_{\text{in}}; J, \overline{\eta}, \eta] = \mathrm{e}^{\,\text{-------}\times + \times\text{------}\times}\; \mathrm{e}^{\times\!\!\longrightarrow\!\!+\longrightarrow\!\!\times + \times\!\!\longrightarrow\!\!\times} . \tag{120}$$

这就表明，$Z[\phi_{\text{in}}, \psi_{\text{in}}, \overline{\psi}_{\text{in}}; J, \overline{\eta}, \eta]$ 的图形是由下列 5 个基本图形的各种幂次相乘构成的无限多个图形系列之和，

$$\text{-------}\times, \quad \times\text{------}\times, \quad \longrightarrow, \quad \longrightarrow\!\!\times, \quad \times\!\!\longrightarrow\!\!\times . \tag{121}$$

注意泛函运算包含对时空坐标的积分，所以上列图形的拓扑等效图是相同的. 例如 $\text{-------}\times$ 与它的左右镜像图 $\times\text{-------}$ 相同.

另一方面，在计算 S 矩阵的 (113) 式中，作用于 $Z[\phi_{\text{in}}, \psi_{\text{in}}, \overline{\psi}_{\text{in}}; J, \overline{\eta}, \eta]$ 图形的算符为

$$\mathrm{e}^{\,g\frac{-\delta}{\mathrm{i}\delta\eta}\gamma^5\tau\frac{\delta}{\mathrm{i}\delta\overline{\eta}}\frac{\delta}{\mathrm{i}\delta J}} = \sum_n \frac{1}{n!}\left(g\frac{-\delta}{\mathrm{i}\delta\eta}\gamma^5\tau\frac{\delta}{\mathrm{i}\delta\overline{\eta}}\frac{\delta}{\mathrm{i}\delta J}\right)^n, \tag{122}$$

第 n 项给出 S 矩阵的 n 阶微扰 S_n. 注意算符

$$g\frac{-\delta}{\mathrm{i}\delta\eta(x)}\gamma^5\tau\frac{\delta}{\mathrm{i}\delta\overline{\eta}(x)}\frac{\delta}{\mathrm{i}\delta J(x)} \tag{123}$$

对图形的作用是在同一点 x 切去外源 $i\eta, i\overline{\eta}$ 和 iJ，和在这种计算完成之后令所有的外源为 0，$i\eta = i\overline{\eta} = J = 0$. 于是，所得到的 S 矩阵的图形只包含各种外线和传播线，而不含外源.

由以上分析，$Z[\phi_{\text{in}}, \psi_{\text{in}}, \overline{\psi}_{\text{in}}; J, \overline{\eta}, \eta]$ 的图形中对 1 阶微扰 S_1 有贡献的图是

$$\tag{124}$$

$$S_1 = \mathcal{N}\left\{g\frac{-\delta}{\mathrm{i}\delta\eta}\gamma^5\tau\frac{\delta}{\mathrm{i}\delta\overline{\eta}}\frac{\delta}{\mathrm{i}\delta J}\left(\begin{array}{c}\text{-------}\times\\ \times\!\!\longrightarrow\\ \longrightarrow\!\!\times\end{array}\right)\right\}_0 = \quad$$

$$= g\mathcal{N} \int \mathrm{d}x \overline{\psi}_{\text{in}}(x)\gamma^5\tau\psi_{\text{in}}(x)\phi_{\text{in}}(x). \tag{125}$$

上式的图形, 是两条核子线与一条介子线相会在一点, 这称为 π-N 相互作用顶点. 图形显示, 核子线在顶点是连续的, 一条射入, 另一条射出. 这是 Dirac 场在相互作用 $\mathcal{L}_{\text{I}}$ 中以 $\overline{\psi}\cdots\psi$ 的双线性型出现的必然结果.

对这个顶点的 Feynman 图, 根据不同的初始条件, 可以作不同的物理诠释. 可以诠释为核子或反核子在顶点吸收或放出介子, 或诠释为核子与反核子在顶点相会转化为介子, 也可诠释为介子在顶点转化为核子反核子对.

这个顶点描述了介子场与核子场的耦合, 是 π-N 系统 S 矩阵 Feynman 图的一个主要元素. 事实上, π-N 系统 S 矩阵的 Feynman 图可以由核子外线、介子外线、核子传播线、介子传播线和相互作用顶点这 5 种结构单元构成. 根据前面叙述的图形规则和顶点的上述特点, 可以表明, 在 S 矩阵的 Feynman 图中, 核子线是连续的, 不会中止于图内一点. 这在物理上表示: 核子数守恒, 不会自生自灭.

3. π-N 散射的跃迁振幅

π-N 散射的 Feynman 图 π-N 散射过程分别有一个介子和一个核子入射与出射, 相应的 Feynman 图共有 4 条外线, 至少是包含两个顶点的 2 阶微扰, 如图 6-3 所示. 虽然都是 π-N 散射, 但这两个图的物理含意不同. 约定入射方向从左向右, 则 (a) 图表示核子先吸收入射的介子, 然后把它放出. 而 (b) 图表示核子先放出介子, 再吸收入射的介子. 两个顶点之间的连线称为 *内线*, 代表传播子. 实验只能观测到外线粒子. 内线所表示的粒子不可能被观测到, 是 *虚粒子*. 注意若约定入射方向从下向上, 则这两个图的物理含义就颠倒过来.

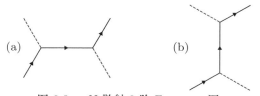

图 6-3 π-N 散射 2 阶 Feynman 图

π-N 散射的高阶微扰, 包含 4 个以上的顶点, 图 6-4 给出了一些例子. (a) 图包含对核子外线的修正, (b) 图包含对介子外线的修正, (c) 图包含对核子内线的修正, (d) 和 (e) 图包含对顶点的修正, (f) 图相当于对两个顶点以及它们之间内线的综合修正. 这些都是连通图, 非连通图对 S 矩阵无贡献.

可以看出, 虽然没有进行具体计算, 只是通过对 Feynman 图的分析, 我们已经获得了一些直观和定性的概念. 所以, Feynman 图不仅仅只是简化书写的技巧与方法. 由于图形所表示的物理图像, Feynman 图为我们提供了一种直观和物理的思维方式, 成为我们物理直觉的一部分. 在分析 Feynman 图的基础上提出的一些近似, 具有很强的直观与物理背景, 往往可以当做一种物理模型来看待.

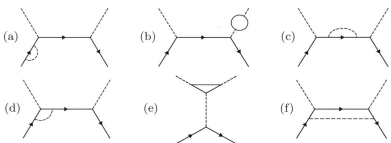

图 6-4 π-N 散射 4 阶 Feynman 图

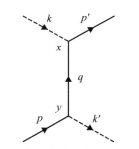

图 6-5 π⁺p 散射 2 阶 Feynman 图

$\pi^+\mathrm{p}$ **散射振幅**   现在来具体讨论低能 $\pi^+\mathrm{p}$ 散射. 考虑 2 阶微扰, 这时图 6-3(a) 无贡献, 因为顶点电荷守恒要求内线核子是 N^{++}, 这并不存在. 设质子与 π^+ 介子初态四维动量分别是 p 与 k, 末态是 p' 与 k'. 在 Feynman 图 6-3(b) 中标出数值, 就是图 6-5. 图中还标出了两个顶点和 4 条外线的时空坐标 x 与 y.

现在来求与 Feynman 图 6-5 相应的 S 矩阵元. 散射初态与末态分别是 (见第 2 章 (40) 与第 4 章 (174) 式)

$$|\mathrm{i}\rangle = a_{\boldsymbol{k}}^{\dagger} c_{\boldsymbol{p}\xi}^{\dagger}|0\rangle, \qquad |\mathrm{f}\rangle = a_{\boldsymbol{k}'}^{\dagger} c_{\boldsymbol{p}'\xi'}^{\dagger}|0\rangle, \tag{126}$$

注意这里取箱归一化, 基态 $|0\rangle$ 与这两个态都是归一化的. 所求的矩阵元是

$$S_{\mathrm{fi}}^{(2)} = \langle\mathrm{f}|S_2|\mathrm{i}\rangle. \tag{127}$$

根据图形规则, 仿照 (125) 式, 按照从末态往初态的顺序, 可以写出

$$S_2 = (\sqrt{2}g)^2 \mathcal{N} \int \mathrm{d}^4 x \mathrm{d}^4 y\, \overline{\psi}_{\mathrm{p}}^{(-)}(x)\gamma^5 \phi_{\pi^+}^{(+)}(x)\mathrm{i}S_{\mathrm{F}}(x-y)\gamma^5 \psi_{\mathrm{p}}^{(+)}(y)\phi_{\pi^+}^{(-)}(y), \tag{128}$$

其中场算符都是自由场, 正频部分是湮灭算符, 负频部分是产生算符. 为了简化书写, 省去了表示入射场的下标 in. 这里相互作用取 (110) 式的 $\mathcal{L}_{\pi^+\mathrm{p}}$, 已经写成同位旋分量的形式, 所以不出现矩阵 τ, 但相互作用常数为 $\sqrt{2}g$. 在上式中已经

略去场算符中的反质子和 π^- 介子部分, 它们在这里的初末态平均为 0, 对所求的矩阵元无贡献.

注意 (128) 式对场算符取正规乘积后, 产生算符移到了左边, 向左作用于末态, 湮灭算符移到了右边, 向右作用于初态. 取箱归一化, 入射介子外线表示的自由场为

$$\phi_{\pi^+}^{(+)}(x) = \sum_{\boldsymbol{k}} \frac{1}{\sqrt{2\omega_\pi V}} \, a_{\boldsymbol{k}} \, \mathrm{e}^{-\mathrm{i}kx}, \tag{129}$$

其中 $\omega_\pi = \sqrt{\boldsymbol{k}^2 + m_\pi^2}$. 它作用到介子初态后成为

$$\phi_{\pi^+}^{(+)}(x) \, a_{\boldsymbol{k}}^\dagger \, |0\rangle = \frac{1}{\sqrt{2\omega_\pi V}} \, \mathrm{e}^{-\mathrm{i}kx} \, |0\rangle, \tag{130}$$

入射介子外线对 S 矩阵元贡献一个平面波因子 $\mathrm{e}^{-\mathrm{i}kx}/\sqrt{2\omega_\pi V}$. 同样地,

$$\langle 0| \, a_{\boldsymbol{k}'} \, \phi_{\pi^+}^{(-)}(y) = \langle 0| \, \mathrm{e}^{\mathrm{i}k'y} \frac{1}{\sqrt{2\omega_\pi V}}, \tag{131}$$

出射介子外线对 S 矩阵元贡献一个平面波因子 $\mathrm{e}^{\mathrm{i}k'y}/\sqrt{2\omega_\pi V}$.

类似地, 取箱归一化, 入射核子外线表示的自由场为

$$\psi_{\mathrm{p}}^{(+)}(y) = \sum_{\xi, \boldsymbol{k}} \frac{1}{\sqrt{2\omega_{\mathrm{p}} V}} \, c_{\boldsymbol{p}\xi} u(\boldsymbol{p}, \xi) \, \mathrm{e}^{-\mathrm{i}py}, \tag{132}$$

其中 $\omega_{\mathrm{p}} = \sqrt{\boldsymbol{p}^2 + m_{\mathrm{p}}^2}$. 它作用到核子初态后成为

$$\psi_{\mathrm{p}}^{(+)}(y) \, c_{\boldsymbol{p}\xi}^\dagger |0\rangle = \frac{1}{\sqrt{2\omega_{\mathrm{p}} V}} \, u(\boldsymbol{p}, \xi) \, \mathrm{e}^{-\mathrm{i}py} \, |0\rangle, \tag{133}$$

入射核子外线对 S 矩阵元贡献一个自旋平面波因子 $u(\boldsymbol{p}, \xi)\mathrm{e}^{-\mathrm{i}py}/\sqrt{2\omega_{\mathrm{p}} V}$. 同样地,

$$\langle 0| \, c_{\boldsymbol{p}'\xi'} \, \overline{\psi}_{\mathrm{p}}^{(-)}(x) = \langle 0| \, \overline{u}(\boldsymbol{p}', \xi') \, \mathrm{e}^{\mathrm{i}p'x} \frac{1}{\sqrt{2\omega_{\mathrm{p}} V}}, \tag{134}$$

出射核子外线对 S 矩阵元贡献一个自旋平面波因子 $\overline{u}(\boldsymbol{p}', \xi')\mathrm{e}^{\mathrm{i}p'x}/\sqrt{2\omega_{\mathrm{p}} V}$.

在上述结果中, 初末态平面波因子都有一个 $1/\sqrt{2\omega V}$. 它与动量空间粒子产生湮灭算符的定义和归一化有关, 这里是取箱归一化的结果. 若取连续谱归一化, V 就换成 $(2\pi)^3$. 它还与动量空间 Dirac 旋量 u 与 v 的归一化有关, 不同作者的选择不同, 结果也就不同. 我们把它称为归一化常数, 从平面波因子中分离出来.

于是, 在 (128) 式中代入上述各个结果, 和 Dirac 传播子 $\mathrm{i}S_{\mathrm{F}}(x-y)$ 的平面波展开式 (第 5 章 (179) 式), 就有

$$S_{\mathrm{fi}}^{(2)} = (\sqrt{2}g)^2 \int \frac{\mathrm{d}^4x \mathrm{d}^4y \mathrm{d}^4q}{(2\pi)^4} \, \mathrm{e}^{\mathrm{i}(p'-k)x} \mathrm{e}^{-\mathrm{i}(p-k')y} N_{\mathrm{fi}} \overline{u}(\boldsymbol{p}', \xi') \gamma^5 \frac{\mathrm{i}\mathrm{e}^{-\mathrm{i}q(x-y)}}{\slashed{q} - m_{\mathrm{p}} + \mathrm{i}\varepsilon} \, \gamma^5 u(\boldsymbol{p}, \xi)$$

$$= (\sqrt{2}g)^2 \int \mathrm{d}^4 q (2\pi)^4 \delta^4(p'-k-q)\delta^4(k'+q-p) N_{\mathrm{fi}} \bar{u}(\boldsymbol{p}',\xi') \gamma^5 \frac{\mathrm{i}}{\not{q} - m_{\mathrm{p}} + \mathrm{i}\varepsilon} \gamma^5 u(\boldsymbol{p},\xi)$$

$$= -\mathrm{i}(2\pi)^4 \delta^4(P_{\mathrm{f}} - P_{\mathrm{i}}) \, 2g^2 N_{\mathrm{fi}} \bar{u}(\boldsymbol{p}',\xi') \not{k}' u(\boldsymbol{p},\xi) \frac{1}{2pk' - m_\pi^2}, \tag{135}$$

其中 $P_{\mathrm{f}} = p' + k'$ 是末态 4 维动量, $P_{\mathrm{i}} = p + k$ 是初态 4 维动量, 而 N_{fi} 是初末态总的归一化常数,

$$N_{\mathrm{fi}} = \frac{1}{\sqrt{2\omega'_\pi 2\omega'_{\mathrm{p}} 2\omega_\pi 2\omega_{\mathrm{p}}} V^2}. \tag{136}$$

写出 (135) 式最后一步时, 先用等式

$$(\not{q} + m_{\mathrm{p}})(\not{q} - m_{\mathrm{p}} + \mathrm{i}\varepsilon) = q^2 - m_{\mathrm{p}}^2 + \mathrm{i}\varepsilon \tag{137}$$

把 Dirac 传播子的分母化成普通的 c 数, 再用 γ 矩阵的性质和动量空间的 Dirac 方程 (第 4 章 (66) 式)

$$(\not{p} - m_{\mathrm{p}}) u(\boldsymbol{p},\xi) = 0. \tag{138}$$

动量空间 S 矩阵元的 Feynman 规则 从上述计算可得动量空间 S 矩阵元的 Feynman 规则如下:

- 介子外线: 每条介子外线贡献一个因子 1.
- 核子入射外线: 每条核子入射外线贡献一个因子 $u(\boldsymbol{p},\xi)$.
- 核子出射外线: 每条核子出射外线贡献一个因子 $\bar{u}(\boldsymbol{p},\xi)$.
- 反核子入射外线: 每条反核子入射外线贡献一个因子 $\bar{v}(\boldsymbol{p},\xi)$.
- 反核子出射外线: 每条反核子出射外线贡献一个因子 $v(\boldsymbol{p},\xi)$.
- 介子内线: 每条介子内线贡献一个因子 $\mathrm{i}\Delta_{\mathrm{F}}(k) = \mathrm{i}/(k^2 - m_\pi^2 + \mathrm{i}\varepsilon)$, 最后对内线 4 维动量 k 积分并除以 $(2\pi)^4$.
- 核子内线: 每条核子内线贡献一个因子 $\mathrm{i}S_{\mathrm{F}}(q) = \mathrm{i}/(\not{q} - m_{\mathrm{p}} + \mathrm{i}\varepsilon)$, 最后对内线 4 维动量 q 积分并除以 $(2\pi)^4$.
- π-N 顶点: 每个 π-N 顶点贡献一个因子 $g(2\pi)^4 \delta^4(\sum p_i) \gamma^5 \tau$, 其中 $\delta^4(\sum p_i)$ 表示在顶点能量动量守恒.
- 归一化常数: 初末态的每个粒子, 对归一化常数贡献一个因子 $1/\sqrt{2\omega V}$.

注意有的作者不把归一化常数分离出来, 而是把 $1/\sqrt{2\omega V}$ 合并到各个外线因子中.

需要指出, 对内线 4 维动量 p 的积分, 时间分量 p^0 与空间分量 $\boldsymbol{p}$ 是互相独立的, 不必受自由粒子动质能关系

$$(p^0)^2 - \boldsymbol{p}^2 = m^2 \tag{139}$$

的约束. 这个自由粒子动质能关系给出了 4 维动量空间的一个 3 维曲面, 称为

粒子的 质壳. 从传播子的表达式可以看出, 在质壳上内线传播子取极大, 因而对 S 矩阵元的贡献最大, 亦即对跃迁振幅的贡献最大, 相应过程的概率最大. 离开质壳越远, 相应过程发生的概率也越小.

这种不满足自由粒子动质能关系的粒子, 是发生在过程内部不能直接观测的虚粒子. 这种虚粒子只存在于一段有限的时间, 由于时间能量测不准关系, 使得它的能量动量不严格限制在质壳上, 而是 离壳 的.

注意在每个顶点都有能量动量守恒, 所以在完成对内线动量的积分后, 最后有一个总的能量动量守恒因子 $(2\pi)^4\delta^4(P_\mathrm{f} - P_\mathrm{i})$, 如 (135) 式所示.

6.6 散 射 截 面

1. 跃迁概率

反应矩阵与不变振幅 (98) 式表明, S 矩阵的 0 阶近似为单位矩阵, $S_0 = 1$, 真正与相互作用引起的散射有关的是 $S - 1$, 可以写成

$$S = 1 + \mathrm{i}R. \tag{140}$$

这样引进的 R 称为 反应矩阵. (135) 式表明, 可以把 R 的矩阵元一般地写成[1]

$$R_\mathrm{fi} = \langle\mathrm{f}|R|\mathrm{i}\rangle = -(2\pi)^4\delta^4(P_\mathrm{f} - P_\mathrm{i})\mathcal{M}_\mathrm{fi}. \tag{141}$$

这样定义的 $\mathcal{M}_\mathrm{fi}$ 具有 Lorentz 不变性, 称为 不变振幅, 又称 Feynman 振幅, 描述不同初末态之间的跃迁. 注意不同作者的定义可以差一个正负号[2]. 为了叙述和书写方便, 有时把其中的归一化常数分离出来, 写成

$$\mathcal{M}_\mathrm{fi} = N_\mathrm{fi}M_\mathrm{fi}. \tag{142}$$

对于 $\pi^+\mathrm{p}$ 散射, (135) 式给出的不变振幅为

$$\mathcal{M}_\mathrm{fi} = 2g^2 N_\mathrm{fi}\frac{\overline{u}(\boldsymbol{p}', \xi')\not{k}'u(\boldsymbol{p}, \xi)}{2pk' - m_\pi^2}. \tag{143}$$

跃迁率 初末态不同时, $\langle\mathrm{f}|\mathrm{i}\rangle = 0$, 系统从初态 $|\mathrm{i}\rangle$ 跃迁到末态 $|\mathrm{f}\rangle$ 的概率为

$$W_\mathrm{fi} = |R_\mathrm{fi}|^2 = (2\pi)^8\delta^4(0)\delta^4(P_\mathrm{f} - P_\mathrm{i})|\mathcal{M}_\mathrm{fi}|^2, \tag{144}$$

注意其中

$$\delta(0) = \lim_{k \to 0}\int\frac{\mathrm{d}^4 x}{(2\pi)^4}\,\mathrm{e}^{-\mathrm{i}kx} = \lim_{T, V \to \infty}\frac{TV}{(2\pi)^4}, \tag{145}$$

---

[1] 王正行, 《量子力学原理》第三版, 北京大学出版社, 2020 年, 175 页.

[2] 例如 M.E. Peskin and D.V. Schroeder, *An Introduction to Quantum Field Theory*, Addison-Wesley, 1995, p.104, 和 S. Weinberg, *The Quantum Theory of Fields I*, Cambridge, reprinted 2002, p.117.

T 与 V 分别是散射经历的时间与存在的空间. 于是, 系统在单位时间内发生跃迁的概率, 即系统的 **跃迁率** 为

$$P_{\text{fi}} = \lim_{T \to \infty} \frac{W_{\text{fi}}}{T} = \lim_{V \to \infty} V(2\pi)^4 \delta^4(P_{\text{f}} - P_{\text{i}})|\mathcal{M}_{\text{fi}}|^2. \tag{146}$$

对初态平均对末态求和 在实验上, 比如用 π^+ 介子束轰击质子的实验, 靶中各个质子的自旋不同, 计算时需要对它们求平均. 此外, 用来探测散射粒子的探测器, 记录到的是在一定立体角内的出射粒子, 末态能量动量有一定范围, 不是确定的值, 对粒子自旋也没有测定. 所以在计算时, 还要对末态能量动量在一定范围内求和, 并对末态自旋求和, 才能与实验测量进行比较. 这些计算简称为 **对初态平均对末态求和**, 用符号 $\overline{\sum}$ 表示. 所以, 能够与实验测量进行比较的平均跃迁率是

$$\overline{P}_{\text{fi}} = \overline{\sum} P_{\text{fi}} = \overline{\sum} V(2\pi)^4 \delta^4(P_{\text{f}} - P_{\text{i}})|\mathcal{M}_{\text{fi}}|^2, \tag{147}$$

记住最后要取 $V \to \infty$.

对于 $\pi^+\text{p}$ 散射, 对初态质子自旋 ξ 求平均, 对末态 π^+ 介子动量 $\boldsymbol{k}'$ 和质子动量 $\boldsymbol{p}'$ 以及自旋 ξ' 求和, 就有 (参阅第 2 章 (23) 式)

$$\overline{P}_{\text{fi}} = \frac{1}{2} \sum_{\xi, \xi'} \int \frac{V \text{d}^3 \boldsymbol{k}'}{(2\pi)^3} \frac{V \text{d}^3 \boldsymbol{p}'}{(2\pi)^3} V(2\pi)^4 \delta^4(P_{\text{f}} - P_{\text{i}})|\mathcal{M}_{\text{fi}}|^2. \tag{148}$$

选择总动量为 0 的 **动心系**[①] (center-of-momentum frame), $\boldsymbol{P}_{\text{i}} = \boldsymbol{k} + \boldsymbol{p} = 0$. 于是

$$\delta^4(P_{\text{f}} - P_{\text{i}}) = \delta(E_{\text{f}} - E_{\text{i}})\delta^3(\boldsymbol{P}_{\text{f}} - \boldsymbol{P}_{\text{i}}) = \delta(E_{\text{f}} - E_{\text{i}})\delta^3(\boldsymbol{k}' + \boldsymbol{p}'). \tag{149}$$

把它代入 (148) 式, 就可完成对 $\boldsymbol{p}'$ 的积分, 有 $\boldsymbol{p}' = -\boldsymbol{k}'$. 而

$$\text{d}^3 \boldsymbol{k}' = |\boldsymbol{k}'|^2 \text{d}|\boldsymbol{k}'| \text{d}\Omega_{\boldsymbol{k}'} = |\boldsymbol{k}'|\omega'_\pi \text{d}\omega'_\pi \text{d}\Omega_{\boldsymbol{k}'}, \tag{150}$$

所以

$$\overline{P}_{\text{fi}} = \frac{1}{8\pi^2} \sum_{\xi, \xi'} V^3 \int \text{d}\omega'_\pi \text{d}\Omega_{\boldsymbol{k}'} \omega'_\pi |\boldsymbol{k}'| \delta(\omega'_\pi + \omega'_\text{p} - \omega_\pi - \omega_\text{p})|\mathcal{M}_{\text{fi}}|^2. \tag{151}$$

由 $\omega'_\pi + \omega'_\text{p} = \omega_\pi + \omega_\text{p}$ 可以给出 $|\boldsymbol{k}'| = |\boldsymbol{k}|$, 从而 $\omega'_\pi = \omega_\pi$, $\omega'_\text{p} = \omega_\text{p}$, 即散射前后 π 介子与质子的动量大小相同, 能量相等. 从而可得

$$N_{\text{fi}} = \frac{1}{\sqrt{2\omega'_\pi 2\omega'_\text{p} 2\omega_\pi 2\omega_\text{p}} V^2} = \frac{1}{4\omega_\pi \omega_\text{p} V^2}, \tag{152}$$

$$\mathcal{M}_{\text{fi}} = \frac{g^2}{2\omega_\pi \omega_\text{p} V^2} \frac{\overline{u}(\boldsymbol{p}', \xi')\not{k}'u(\boldsymbol{p}, \xi)}{2pk' - m_\pi^2}. \tag{153}$$

$$\overline{P}_{\text{fi}} = \frac{1}{8\pi^2} \sum_{\xi, \xi'} \int \text{d}\Omega_{\boldsymbol{k}'} V^3 \omega_\pi |\boldsymbol{k}||\mathcal{M}_{\text{fi}}|^2$$

[①] 王正行, 《近代物理学》第二版, 北京大学出版社, 2010 年, 46 页.

$$= \frac{g^4}{32\pi^2} \frac{|\boldsymbol{k}|}{\omega_\pi \omega_{\mathrm{p}}^2 V} \int \frac{\mathrm{d}\Omega_{\boldsymbol{k}'}}{(2pk' - m_\pi^2)^2} \sum_{\xi,\xi'} |\overline{u}(\boldsymbol{p}',\xi') \slashed{k}' u(\boldsymbol{p},\xi)|^2. \tag{154}$$

对自旋求和   现在来算 $\sum_{\xi,\xi'} |\overline{u}(\boldsymbol{p}',\xi') \slashed{k}' u(\boldsymbol{p},\xi)|^2$. 对 Dirac 矩阵 A, 有

$$(\overline{u}'Au)^\dagger = u^\dagger A^\dagger \gamma^{0\dagger} u' = \overline{u}\, \underline{A}\, u', \tag{155}$$

其中

$$u = u(\boldsymbol{p},\xi), \qquad u' = u(\boldsymbol{p}',\xi'), \qquad \underline{A} = \gamma^0 A^\dagger \gamma^0. \tag{156}$$

于是

$$|\overline{u}'Au|^2 = (\overline{u}'Au)^\dagger (\overline{u}'Au) = \overline{u}\, \underline{A}\, u' \overline{u}' A u = \sum_{i,j,k,l} \overline{u}_i \underline{A}_{ij} u'_j \overline{u}'_k A_{kl} u_l$$

$$= \sum_{i,j,k,l} u'_j \overline{u}'_k A_{kl} u_l \overline{u}_i \underline{A}_{ij} = \mathrm{tr}(u' \overline{u}' A\, u \overline{u}\, \underline{A}), \tag{157}$$

这里 tr 是对矩阵对角元求和的求迹运算,

$$\mathrm{tr}(A) = \sum_n A_{nn}. \tag{158}$$

在 (157) 式中代入 $A = \slashed{k}'$ 和 $\underline{A} = \gamma^0 (\slashed{k}')^\dagger \gamma^0 = \slashed{k}'$, 两边对自旋 ξ 与 ξ' 求和, 并利用 (见第 4 章 (85) 式)

$$\sum_\xi u(\boldsymbol{p},\xi) \overline{u}(\boldsymbol{p},\xi) = \slashed{p} + m_{\mathrm{p}}, \tag{159}$$

就有

$$\sum_{\xi,\xi'} |\overline{u}(\boldsymbol{p}',\xi') \slashed{k}' u(\boldsymbol{p},\xi)|^2 = \mathrm{tr}[(\slashed{p}' + m_{\mathrm{p}})\, \slashed{k}'(\slashed{p} + m_{\mathrm{p}}) \slashed{k}'] = \mathrm{tr}(\slashed{p}' \slashed{k}' \slashed{p} \slashed{k}') + m_{\mathrm{p}}^2 \mathrm{tr}(\slashed{k}'^2)$$

$$= -\mathrm{tr}(\slashed{k}' \slashed{p}' \slashed{p} \slashed{k}') + 2(p'k') \mathrm{tr}(\slashed{p} \slashed{k}') + 4 m_{\mathrm{p}}^2 k'^2$$

$$= -4(p\,p')k'^2 + 8(p'k')(p\,k') + 4 m_{\mathrm{p}}^2 k'^2$$

$$= 4\{2(p\,k')(p'k') + m_\pi^2[m_{\mathrm{p}}^2 - (p\,p')]\}, \tag{160}$$

其中 $k'^2 = m_\pi^2$, 并用到求迹的性质和一些 γ 矩阵求迹公式, 见本章末尾的公式汇编. 把 (160) 式的结果代入 (154) 式, 最后得到

$$\overline{P}_{\mathrm{fi}} = \frac{g^4}{8\pi^2} \frac{|\boldsymbol{k}|}{\omega_\pi \omega_{\mathrm{p}}^2 V} \int \frac{\mathrm{d}\Omega_{\boldsymbol{k}'}}{(2pk' - m_\pi^2)^2} \{2(p\,k')(p'k') + m_\pi^2[m_{\mathrm{p}}^2 - (p\,p')]\}. \tag{161}$$

2. 散射截面

定义   在散射实验中, 测量的是入射 *束流强度*, 即在单位时间里流过单位面积的粒子数, 以及 *散射率*, 即在单位时间里探测器在一定范围内记录到的粒子数. 测量到的散射率与束流强度之比, 即单位时间里入射到单位面积上的一个

粒子被散射到一定范围的概率, 具有面积的量纲, 称为 **散射截面**, 简称 **截面**, 记为 σ.

在理论计算上, 对于一个入射粒子在靶上引起的散射来说, 前面算得的跃迁率 $\overline{P}_{\mathrm{fi}}$ 就是散射率. 这个入射粒子的束流强度 j, 则等于流速 v 与粒子数密度 $1/V$ 的乘积,

$$j = \frac{v}{V}, \tag{162}$$

v 等于入射粒子与靶粒子的相对速率, V 是它所占有的体积. 于是可以写出

$$\sigma = \frac{\overline{P}_{\mathrm{fi}}}{j} = \frac{\overline{P}_{\mathrm{fi}}}{v/V} = \frac{\overline{P}_{\mathrm{fi}} V}{v}. \tag{163}$$

这个公式给出了理论计算的跃迁率与实验测量的散射截面之间的联系.

计算公式 对于 $\pi^+\mathrm{p}$ 散射, 跃迁率 $\overline{P}_{\mathrm{fi}}$ 为上面推得的 (161) 式. 在动心系, $\boldsymbol{p} = -\boldsymbol{k}$, 入射 π^+ 介子与质子的相对速率为

$$v = \frac{|\boldsymbol{k}|}{\omega_\pi} + \frac{|\boldsymbol{p}|}{\omega_\mathrm{p}} = \frac{|\boldsymbol{k}|(\omega_\pi + \omega_\mathrm{p})}{\omega_\pi \omega_\mathrm{p}}. \tag{164}$$

所以

$$\begin{aligned}
\sigma &= \frac{\overline{P}_{\mathrm{fi}} V}{v} = \frac{\overline{P}_{\mathrm{fi}}\, \omega_\pi \omega_\mathrm{p} V}{|\boldsymbol{k}|(\omega_\pi + \omega_\mathrm{p})} \\
&= \frac{g^4}{8\pi^2} \frac{1}{\omega_\mathrm{p}(\omega_\mathrm{p} + \omega_\pi)} \int \frac{\mathrm{d}\Omega_{\boldsymbol{k}'}}{(2pk' - m_\pi^2)^2} \{2(p\,k')(p'k') + m_\pi^2[m_\mathrm{p}^2 - (p\,p')]\}.
\end{aligned} \tag{165}$$

在上式中, pk' 与 pp' 这两项都与出射 π^+ 介子的方位角有关. 如果是全方位的测量, $\mathrm{d}\Omega_{\boldsymbol{k}'}$ 要对 4π 立体角积分, 上式给出的就是散射的 **总截面**. 而如果只在立体角 $\mathrm{d}\Omega_{\boldsymbol{k}'}$ 内测量, 得到的则是 **微分截面** $\mathrm{d}\sigma$,

$$\frac{\mathrm{d}\sigma}{\mathrm{d}\Omega} = \frac{g^4}{8\pi^2} \frac{2(p\,k')(p'k') + m_\pi^2[m_\mathrm{p}^2 - (p\,p')]}{\omega_\mathrm{p}(\omega_\mathrm{p} + \omega_\pi)(2pk' - m_\pi^2)^2}, \tag{166}$$

这称为散射的 **角分布**, 这里略去了立体角的下标 $\boldsymbol{k}'$.

耦合常数 g 对于低能 $\pi^+\mathrm{p}$ 散射, 粒子动量与其质量相比可以略去,

$$\begin{aligned}
\frac{\mathrm{d}\sigma}{\mathrm{d}\Omega} &\approx \frac{g^4}{8\pi^2} \frac{2(m_\mathrm{p} m_\pi)^2 + m_\pi^2[m_\mathrm{p}^2 - (m_\mathrm{p} m_\mathrm{p})]}{m_\mathrm{p}(m_\mathrm{p} + m_\pi)(2m_\mathrm{p} m_\pi - m_\pi^2)^2} \\
&= \frac{g^4}{4\pi^2} \frac{m_\mathrm{p}}{(m_\mathrm{p} + m_\pi)(2m_\mathrm{p} - m_\pi)^2} \approx \frac{g^4}{16\pi^2} \frac{1}{m_\mathrm{p}^2},
\end{aligned} \tag{167}$$

最后一步近似是略去了比 m_p 小得多的 m_π. 角分布近似为常数, 总截面就是

$$\sigma = \int \mathrm{d}\sigma = \int \mathrm{d}\Omega \frac{\mathrm{d}\sigma}{\mathrm{d}\Omega} \approx 4\pi \frac{g^4}{16\pi^2} \frac{1}{m_\mathrm{p}^2} = \frac{g^4}{4\pi m_\mathrm{p}^2}. \tag{168}$$

实验测量的低能 $\pi^+\mathrm{p}$ 散射总截面范围大约是 $(10 \sim 100)\mathrm{mb}$, 即 $(1 \sim 10)\mathrm{fm}^2$.

把此数值和 $m_{\mathrm{p}} = 0.938\mathrm{GeV}$ 代入 (168) 式，可以算出 (参考第 1 章 (70) 式)

$$\frac{g^2}{4\pi} \approx \sqrt{\frac{\sigma m_{\mathrm{p}}^2}{4\pi}} = \sqrt{\frac{(1 \sim 10) \times (5.068 \times 0.938)^2}{4\pi}} = 1 \sim 5. \tag{169}$$

g 不是小量，这表明核子与介子的耦合是一种强相互作用. 由于 g 不是小量，没有理由略去微扰展开的高次项，微扰论就不能用. 这是强作用理论本身存在的固有困难.

这样定出的 g 不是一个常数，而且用不同实验和方法定出的数值范围也不同. 这意味着核子与介子的耦合不是基本的物理，Yukawa 理论只是一个唯象模型. 现在已经知道，核子与介子都由夸克构成，核子与介子的耦合是夸克之间通过胶子作用的综合结果. 而夸克与胶子的耦合常数是跑动的，并不是通常意义上的常数.

6.A 附录：一些 γ 矩阵公式和求迹公式

符号定义 $\quad \not{a} \equiv \gamma^\mu a_\mu, \qquad \underline{A} \equiv \gamma^0 A^\dagger \gamma^0.$

基本性质 $\quad \mathrm{tr}(1) = n$ (矩阵的阶数，对 γ 矩阵 $n = 4$)，$\mathrm{tr}(AB) = \mathrm{tr}(BA)$.

矩阵公式

基本公式：$\{\gamma^\mu, \gamma^\nu\} = 2g^{\mu\nu}$.

有关公式：$\gamma^\mu \gamma_\mu = 4, \qquad \gamma^\mu \not{a} \gamma_\mu = -2\not{a}, \qquad \gamma^\mu \not{a} \not{b} \gamma_\mu = 4ab, \qquad \not{a}\not{a} = a^2,$

$\qquad\qquad\quad \gamma^\mu \not{a} \not{b} \not{c} \gamma_\mu = -2\not{c}\not{b}\not{a}, \qquad \gamma^\mu \not{a} \not{b} \not{c} \not{d} \gamma_\mu = 2(\not{d}\not{a}\not{b}\not{c} + \not{c}\not{b}\not{a}\not{d}).$

反对易式：$\{\not{a}, \not{b}\} = 2ab, \quad \{\not{a}, \gamma^\mu\} = 2a^\mu,$

$\qquad\qquad\quad \{\not{a}\not{b}\not{c}, \gamma^\mu\} = 2a^\mu \not{b} \not{c} - 2b^\mu \not{a} \not{c} + 2c^\mu \not{a} \not{b}.$

$\underline{A}$ 的公式：$\underline{\gamma^\mu} = \gamma^\mu, \quad \underline{\mathrm{i}\gamma^5} = \mathrm{i}\gamma^5, \quad \underline{\gamma^\mu \gamma^5} = \gamma^\mu \gamma^5, \quad \underline{\not{a}\not{b}\not{c}} = \not{c}\not{b}\not{a}.$

求迹公式 [①]

奇数个 γ：$\mathrm{tr}(\not{a}) = 0, \quad \mathrm{tr}(\not{a}\not{b}\not{c}) = 0, \quad \mathrm{tr}(\not{a}\not{b}\not{c}\not{d}\not{e}) = 0, \cdots.$

偶数个 γ：$\mathrm{tr}(\not{a}\not{b}) = 4ab, \qquad \mathrm{tr}(\not{a}\not{b}\not{c}\not{d}) = 2(ab)\,\mathrm{tr}(\not{c}\not{d}) - \mathrm{tr}(\not{b}\not{a}\not{c}\not{d}).$

含 γ^5 的：$\mathrm{tr}\gamma^5 = 0, \qquad \mathrm{tr}(\not{a}\not{b}\gamma^5) = 0,$

含 γ^μ 的：$\mathrm{tr}(\not{a}\gamma^\mu) = 4a^\mu, \qquad \mathrm{tr}(\not{a}\not{b}\not{c}\gamma^\mu) = 4a^\mu(bc) - 4b^\mu(ac) + 4c^\mu(ab).$

一般公式：$\mathrm{tr}(\not{a}_1 \not{a}_2 \cdots \not{a}_n) = (a_1 a_2)\,\mathrm{tr}(\not{a}_3 \cdots \not{a}_n) - (a_1 a_3)\,\mathrm{tr}(\not{a}_2 \not{a}_4 \cdots \not{a}_n)$

$\qquad\qquad\qquad\qquad + \cdots + (a_1 a_n)\,\mathrm{tr}(\not{a}_2 \cdots \not{a}_{n-1}),$

$\qquad\qquad\quad \mathrm{tr}(\not{a}_1 \not{a}_2 \cdots \not{a}_{2n}) = \mathrm{tr}(\not{a}_{2n} \cdots \not{a}_2 \not{a}_1).$

---

① 其中一般公式是杨立铭证明的定理，见 L.M. Yang, *Phil. Mag.* **42** (1951) 1333，或 J.M. Jauch and F. Rohrlich, *The Theory of Photons and Electrons*, Addison-Wesley, 1955, p.436.

7 QED

荷电场与 Maxwell 场相耦合的量子理论，即电磁相互作用的量子理论，称为量子电动力学，用其英文 Quantum Electrodynamics 的缩写，简称为 QED. Dirac 场与 Maxwell 场相耦合的量子理论，即 Fermi 子与光子相互作用的理论，称为旋量电动力学. 而 Klein-Gordon 场与 Maxwell 场相耦合的量子理论，即 Bose 子与光子相互作用理论，则称为 标量电动力学. QED 是在研究电子与光子相互作用的基础上建立和发展起来的. 而这样建立发展起来的 QED，又成为推广提出普遍的规范不变性原理，从而建立强相互作用和弱相互作用的量子理论的基础与出发点.

7.1 旋量 QED 的 Feynman 规则

1. 自由 Maxwell 场的传播子

自由传播子的一般关系　自由 Maxwell 场 A_μ 的生成泛函为

$$Z[J] = \int \mathcal{D}A_\mu \mathrm{e}^{\mathrm{i}\int \mathrm{d}x(\mathcal{L}+J^\mu A_\mu)}, \tag{1}$$

其中 $\mathcal{L}$ 是无外源自由 Maxwell 场的拉氏密度，J^μ 是外源. 与标量场和旋量场同样地，可以把自由 Maxwell 场的拉氏密度 $\mathcal{L}$ 化成场量的二次型，即

$$\mathcal{L} = \frac{1}{2}A^\mu K_{\mu\nu}A^\nu. \tag{2}$$

于是，运用泛函积分公式 (见第 5 章 (25) 式)，就有

$$Z[J] = \mathrm{e}^{-\frac{\mathrm{i}}{2}J^\mu D_{\mathrm{F}\mu\nu}J^\nu}, \tag{3}$$

其中 $D_{\mathrm{F}\mu\nu} = K_{\mu\nu}^{-1}$ 就是要求的传播子，

$$G(x,y) = \langle 0|\mathcal{T}A_\mu(x)A_\nu(y)|0\rangle = \frac{\delta^2 Z[J]}{\mathrm{i}^2\delta J^\mu(x)\delta J^\nu(y)} = \mathrm{i}D_{\mathrm{F}\mu\nu}(x-y). \tag{4}$$

一般地说，在二次型的拉氏密度中，两场量之间所夹算符之逆，就是场的自由传播子.

规范任意性带来的困难 考虑可取任意规范的自由 Maxwell 场拉氏密度

$$\mathcal{L} = -\frac{1}{4} F_{\mu\nu} F^{\mu\nu}, \tag{5}$$

这里

$$F_{\mu\nu} = \partial_\mu A_\nu - \partial_\nu A_\mu. \tag{6}$$

由于 $\mathcal{L}$ 出现在积分中, 可以相差任意的四维散度项, 而

$$-\frac{1}{4} F_{\mu\nu} F^{\mu\nu} = \frac{1}{2}(\partial_\nu A_\mu) F^{\mu\nu} = \frac{1}{2}\,\partial_\nu(A_\mu F^{\mu\nu}) - \frac{1}{2}\,A_\mu \partial_\nu F^{\mu\nu}, \tag{7}$$

于是可以等效地取

$$\mathcal{L} = -\frac{1}{2}\,A_\mu \partial_\nu F^{\mu\nu} = -\frac{1}{2}\,A_\mu \partial_\nu (\partial^\mu A^\nu - \partial^\nu A^\mu) = \frac{1}{2} A^\mu (g_{\mu\nu}\Box - \partial_\mu\partial_\nu) A^\nu, \tag{8}$$

即

$$K_{\mu\nu} = g_{\mu\nu}\Box - \partial_\mu\partial_\nu. \tag{9}$$

但是, 对于任意函数 χ, 有

$$K_{\mu\nu}\partial^\mu\chi = (g_{\mu\nu}\Box - \partial_\mu\partial_\nu)\partial^\mu\chi = 0, \tag{10}$$

即 (9) 式定义的算符 $K_{\mu\nu}$ 本征值为 0, 逆算符 $K_{\mu\nu}^{-1}$ 不存在! 而且, 由于场 A_μ 的规范不变性, 对于任意实函数 χ, $A_\mu + \partial_\mu\chi$ 与 A_μ 描述同一个场, (1) 式中对 A_μ 的泛函积分应取遍所有可能的 χ. 而上式表明, 这样算出的生成泛函趋于无限大, $Z[J] \to \infty$.

光子的 Feynman 传播子 为了得到有限的 $Z[J]$, 可以选择一个确定的规范, 在计算对 A_μ 的路径积分时, 不取那些仅仅由规范变换相联系的值. 若选择 Lorentz 规范, $\partial_\mu A^\mu = 0$, 由 (8) 式就有

$$\mathcal{L} = \frac{1}{2} A^\mu g_{\mu\nu}\Box A^\nu, \tag{11}$$

即

$$K_{\mu\nu} = g_{\mu\nu}\Box. \tag{12}$$

它的逆算符可以写成

$$K_{\mu\nu}^{-1} = D_{\mathrm{F}\mu\nu}(x - y) = -g_{\mu\nu}\Delta_{\mathrm{F}0}(x - y), \tag{13}$$

$\Delta_{\mathrm{F}0}(x - y)$ 满足的方程为

$$\Box\Delta_{\mathrm{F}0}(x - y) = -\delta(x - y). \tag{14}$$

由此可以解出

$$\Delta_{\mathrm{F}0}(x) = \int \frac{\mathrm{d}^4 k}{(2\pi)^4} \Delta_{\mathrm{F}0}(k)\,\mathrm{e}^{-ikx} = \int \frac{\mathrm{d}^4 k}{(2\pi)^4} \frac{1}{k^2 + i\varepsilon}\,\mathrm{e}^{-ikx}, \tag{15}$$

其中 $i\varepsilon$ 是为了使得从欧氏空间转回上述闵氏空间积分时没有奇点, 这时对 k^0 的积分路径为图 5.2 的 C_{F}. 注意这个 $\Delta_{\mathrm{F}0}$ 函数就是 $m = 0$ 时的 Δ_{F} 函数 (见第

5 章 (135) 式). 这样得到的 $D_{\mathrm{F}\mu\nu}(x-y) = -g_{\mu\nu}\Delta_{\mathrm{F0}}(x-y)$ 就是 Maxwell 场在 Lorentz 规范的传播子, 通常称为光子的 Feynman 传播子.

规范固定项 为了得到有逆的 $K_{\mu\nu}$, 从而求出光子的传播子, 可以更一般地把 $\mathcal{L}$ 改写成

$$\mathcal{L} = -\frac{1}{4}F_{\mu\nu}F^{\mu\nu} - \frac{\lambda}{2}(\partial_\mu A^\mu)^2 = \mathcal{L}_0 + \mathcal{L}_{\mathrm{GF}}, \tag{16}$$

其中 $\mathcal{L}_{\mathrm{GF}} = -\frac{\lambda}{2}(\partial_\mu A^\mu)^2$ 就是 3.3 节已经写出的规范固定项, λ 为一参数. 舍去在推演中出现的四维散度项, 并用 (8) 式, 即得

$$\mathcal{L} = -\frac{1}{4}F_{\mu\nu}F^{\mu\nu} - \frac{\lambda}{2}(\partial_\mu A^\mu)^2 = -\frac{1}{2}A_\mu\partial_\nu F^{\mu\nu} + \frac{\lambda}{2}A^\mu\partial_\mu\partial_\nu A^\nu$$

$$= \frac{1}{2}A^\mu[g_{\mu\nu}\Box + (\lambda-1)\partial_\mu\partial_\nu]A^\nu. \tag{17}$$

于是有

$$K_{\mu\nu} = g_{\mu\nu}\Box + (\lambda-1)\partial_\mu\partial_\nu, \tag{18}$$

其逆 $D_{\mathrm{F}\mu\nu}(x-y)$ 满足的方程为

$$[g^{\mu\rho}\Box + (\lambda-1)\partial^\mu\partial^\rho]D_{\mathrm{F}\rho\nu}(x-y) = g^\mu{}_\nu\delta(x-y). \tag{19}$$

把它的解写成

$$D_{\mathrm{F}\mu\nu}(x) = \int \frac{\mathrm{d}^4 k}{(2\pi)^4} D_{\mathrm{F}\mu\nu}(k)\,\mathrm{e}^{-\mathrm{i}kx}, \tag{20}$$

注意当 $\lambda = 1$ 时 $D_{\mathrm{F}\mu\nu}(k) = -g_{\mu\nu}/(k^2 + \mathrm{i}\varepsilon)$, 就可解出

$$D_{\mathrm{F}\mu\nu}(k) = \frac{-1}{k^2 + \mathrm{i}\varepsilon}\left[g_{\mu\nu} - \left(1 - \frac{1}{\lambda}\right)\frac{k_\mu k_\nu}{k^2 + \mathrm{i}\varepsilon}\right]. \tag{21}$$

$\lambda = 1$ 时, 它给出 Lorentz 规范的结果, 通常称之为 Feynman 规范. $\lambda \to \infty$ 时, 则称为 Landau 规范. 当然, λ 的数值并不影响物理结果.

2. Feynman 规则

旋量 QED 的拉氏密度 考虑 Dirac 旋量场 ψ. 它是复数场, 要求它具有在一维复空间保持矢量长度不变的定域规范不变性 U(1), 其拉氏密度就是

$$\overline{\psi}(\mathrm{i}\gamma^\mu D_\mu - m)\psi = \overline{\psi}(\mathrm{i}\gamma^\mu\partial_\mu - m)\psi - q\overline{\psi}\gamma^\mu\psi A_\mu, \tag{22}$$

协变微商

$$D_\mu = \partial_\mu + \mathrm{i}qA_\mu \tag{23}$$

保证了 Dirac 场 ψ 在定域规范变换下与 Abel 规范场 A_μ 协同地变换 (参阅 2.4 节, 3.1 节和 4.3 节的 **3**).

(22) 式右边第一项描述自由 Dirac 场 ψ, 第二项描述它与 Abel 规范场 A_μ 的耦合, 耦合常数为 q. 要求 Dirac 场具有 U(1) 定域规范不变性, 就必定存在

Abel 规范场 A_μ, 按上述形式与 Dirac 场耦合.

Abel 规范场 A_μ 也就是 Maxwell 场, 所以耦合系统总的拉氏密度为

$$\mathcal{L} = -\frac{1}{4}F_{\mu\nu}F^{\mu\nu} - \frac{\lambda}{2}(\partial_\mu A^\mu)^2 + \overline{\psi}(i\gamma^\mu\partial_\mu - m)\psi - q\overline{\psi}\gamma^\mu\psi A_\mu, \tag{24}$$

其中前两项是有规范固定项的自由 Maxwell 场.

生成泛函 现在的系统有 3 个独立场量 A_μ, ψ 与 $\overline{\psi}$, 相应的外源为 J^μ, $\overline{\eta}$ 与 η, 与 π-N 系统的情形类似 (参阅 6.5 节). 没有耦合时, 自由光子场与自由 Fermi 子场互相独立, 总的生成泛函等于各自的生成泛函 $Z[J]$ 与 $Z[\overline{\eta}, \eta]$ 之积,

$$Z_0[J, \overline{\eta}, \eta] = Z[J]\, Z[\overline{\eta}, \eta] = e^{-\frac{i}{2}JD_F J - i\overline{\eta}S_F\eta}, \tag{25}$$

其中用了简写

$$JD_F J = J^\mu D_{F\mu\nu}J^\nu. \tag{26}$$

把 Maxwell 场与 Dirac 场耦合起来的相互作用是

$$\mathcal{L}_I = \mathcal{L}_{MD} = -q\overline{\psi}\gamma^\mu\psi A_\mu, \tag{27}$$

于是考虑耦合以后系统的生成泛函成为

$$Z[J, \overline{\eta}, \eta] = N e^{-iq\frac{-\delta}{i\delta\eta}\gamma^\mu\frac{\delta}{i\delta\overline{\eta}}\frac{\delta}{i\delta J^\mu}}\, e^{-\frac{i}{2}J^\mu D_{F\mu\nu}J^\nu - i\overline{\eta}S_F\eta}. \tag{28}$$

S 矩阵的微扰公式 与上述生成泛函相应的 S 矩阵微扰公式为 (参阅 6.4 和 6.5 节)

$$S = \mathcal{N}\left\{ e^{-iq\frac{-\delta}{i\delta\eta}\gamma^\mu\frac{\delta}{i\delta\overline{\eta}}\frac{\delta}{i\delta J^\mu}}\, Z[A_{\mu in}, \psi_{in}, \overline{\psi}_{in}; J, \overline{\eta}, \eta] \right\}_0, \tag{29}$$

下标 0 表示最后取 $J = \overline{\eta} = \eta = 0$, 其中

$$Z[A_{\mu in}, \psi_{in}, \overline{\psi}_{in}; J, \overline{\eta}, \eta] = Z_M[A_{\mu in}, J]\, Z_D[\psi_{in}, \overline{\psi}_{in}; \overline{\eta}, \eta]$$

$$= e^{iA_{\mu in}J^\mu - \frac{1}{2}J^\mu D_{F\mu\nu}J^\nu}\, e^{i\overline{\psi}_{in}\eta + i\overline{\eta}\psi_{in} - i\overline{\eta}S_F\eta}. \tag{30}$$

Dirac 场的 $Z_D[\psi_{in}, \overline{\psi}_{in}; \overline{\eta}, \eta]$ 在 6.5 节 **2** 中已经讨论过, 注意 $\overline{\psi}_{in}$, ψ_{in}, $\overline{\eta}$ 和 η 都是 Grassmann 变量, 交换乘积次序要变号. 在 S 矩阵的 Feynman 图中, Fermi 子内线对应于其中的 Dirac 传播子 iS_F, 外线对应于 $\overline{\psi}_{in}$ 与 ψ_{in}.

Maxwell 场的 $Z_M[A_{\mu in}, J]$ 类似于介子场的 $Z_\pi[\phi_{in}, J]$, 结构单元是带源外线 $iA_{\mu in}J^\mu$ 和在两个源之间的传播线 $-iJ^\mu D_{F\mu\nu}J^\nu$. 注意场量 A^μ 和外源 iJ^μ 都是闵氏空间的四维矢量, 在动量空间 S 矩阵元的 Feynman 规则中, 每条光子外线对应一个单位矢量 $e^\sigma_{k\mu}$. $A_{\mu in}$ 包括正频和负频项, 分别相应于光子的产生和湮灭, 所以光子外线既可表示产生光子, 也可表示湮灭光子, 要由具体物理问题的始末态来确定.

电磁相互作用顶点 从 (29) 式中 $\mathcal{L}_{MD}$ 的形式可以看出, 与 6.5 节讨论的唯象 π-N 耦合类似, Fermi 子与光子的耦合形式, 是两条 Fermi 子线与一条光子

线在一点相会. 这称为 电磁相互作用顶点, 简称 电磁顶点. 这可从 S 矩阵的 1 阶微扰直接看出,

$$S_1 = \mathcal{N}\left\{ -\mathrm{i}q\frac{-\delta}{\mathrm{i}\delta\eta}\gamma^\mu\frac{\delta}{\mathrm{i}\delta\overline{\eta}}\frac{\delta}{\mathrm{i}\delta J^\mu}\ Z[A_{\mu\mathrm{in}},\psi_{\mathrm{in}},\overline{\psi}_{\mathrm{in}};J,\overline{\eta},\eta]\right\}_0$$

$$= \mathcal{N}\left\{ -\mathrm{i}q\frac{-\delta}{\mathrm{i}\delta\eta}\gamma^\mu\frac{\delta}{\mathrm{i}\delta\overline{\eta}}\frac{\delta}{\mathrm{i}\delta J^\mu}\ \mathrm{e}^{\mathrm{i}A_{\mu\mathrm{in}}J^\mu - \frac{\mathrm{i}}{2}J^\mu D_{\mathrm{F}\mu\nu}J^\nu}\ \mathrm{e}^{\mathrm{i}\overline{\psi}_{\mathrm{in}}\eta + \mathrm{i}\overline{\eta}\psi_{\mathrm{in}} - \mathrm{i}\overline{\eta}S_{\mathrm{F}}\eta}\right\}_0$$

$$= -\mathrm{i}q\mathcal{N}\int \mathrm{d}x\,\overline{\psi}_{\mathrm{in}}(x)\gamma^\mu\psi_{\mathrm{in}}(x)A_{\mu\mathrm{in}}(x) = \qquad\qquad , \tag{31}$$

图中的波纹线表示光子, 习惯上用波纹线表示光子内线与外线.

动量空间 Feynman 规则　现在把与光子有关的动量空间 S 矩阵元 Feynman 规则归纳如下:

- 光子外线: 每条光子外线贡献一个因子 $e_{k\mu}^\sigma$.
- 光子内线: 每条光子内线贡献一个因子

$$\mathrm{i}D_{\mathrm{F}\mu\nu}(k) = \frac{-\mathrm{i}}{k^2 + \mathrm{i}\varepsilon}\left[g_{\mu\nu} - \left(1 - \frac{1}{\lambda}\right)\frac{k_\mu k_\nu}{k^2 + \mathrm{i}\varepsilon}\right],$$

最后对内线四维动量 k 积分并除以 $(2\pi)^4$, 对两端的指标 μ 与 ν 求和.

- 电磁顶点: 每个电磁顶点贡献一个因子 $-\mathrm{i}q(2\pi)^4\delta^4(\sum p_i)\gamma^\mu$, 其中 $\delta^4(\sum p_i)$ 表示在顶点能量动量守恒.

对光子内线四维动量 k 的积分也是离壳的, 不必受自由光子动量能量关系

$$(k^0)^2 - \boldsymbol{k}^2 = 0 \tag{32}$$

的约束. 注意光子质量为 0.

7.2　Compton 散射

1. Feynman 图与 S 矩阵元

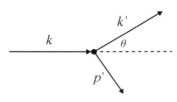

图 7-1　Compton 散射

物理和运动学　Compton 散射是光子 γ 在自由电子 e^- 上的弹性散射,

$$\gamma + \mathrm{e}^- \longrightarrow \gamma' + \mathrm{e}^{-\prime}, \tag{33}$$

其能量动量关系为

$$k + p = k' + p'. \tag{34}$$

初态电子静止, $p = (m, 0)$, 即 $p_0 = m$,

$\boldsymbol{p} = 0$, m 是电子质量. 设出射光子动量 $\boldsymbol{k}'$ 与入射光子动量 $\boldsymbol{k}$ 的夹角为 θ, 如图 7-1 所示. 注意光子质量为 0, $k^2 = k'^2 = 0$, 由

$$m^2 = p'^2 = (p + k - k')^2 = m^2 + 2p(k - k') - 2kk'$$

$$= m^2 + 2m(\omega - \omega') - 2\omega\omega'(1 - \cos\theta), \tag{35}$$

可以解出 Compton 公式

$$\lambda_m(1 - \cos\theta) = \frac{1}{\omega'} - \frac{1}{\omega}, \tag{36}$$

$\lambda_m = 1/m$ 是电子 Compton 波长, ω 与 ω' 是散射前后的光子能量.

微分散射截面 在实验上, 除了测量散射光子的波长与散射角以检验上述 Compton 公式外, 更重要的是测量微分散射截面, 即散射光子的角分布. 在理论上, Compton 公式是能量动量守恒的结果, 属于四维闵氏空间的运动学. 而散射截面反映了相互作用的信息, 主要是动力学效应, 属于 QED.

6.6 节已经给出了散射截面的一般公式. 如果对末态求和只限于散射粒子的一个小立体角 $\mathrm{d}\Omega$, 得到的就是微分散射截面,

$$\mathrm{d}\sigma = \frac{V\mathrm{d}\overline{P}_{\mathrm{fi}}}{v}, \tag{37}$$

$\mathrm{d}\overline{P}_{\mathrm{fi}}$ 是系统平均从初态到末态散射粒子处于立体角 $\mathrm{d}\Omega$ 内的跃迁率. 与 π-N 散射一样, 现在的末态也是两个粒子, 可以写出

$$\mathrm{d}\overline{P}_{\mathrm{fi}} = \frac{1}{4} \sum_{\xi,\xi',\sigma,\sigma'} \int \frac{V\mathrm{d}^3\boldsymbol{k}'}{(2\pi)^3} \frac{V\mathrm{d}^3\boldsymbol{p}'}{(2\pi)^3} V(2\pi)^4\delta^4(P_{\mathrm{f}} - P_{\mathrm{i}})|\mathcal{M}_{\mathrm{fi}}|^2, \tag{38}$$

σ 与 σ' 是初态与末态的光子极化, 因子 1/4 来自对初态电子自旋和光子偏振的平均. 注意对 $\mathrm{d}^3\boldsymbol{k}'$ 的积分限制在立体角 $\mathrm{d}\Omega$ 内,

$$\mathrm{d}^3\boldsymbol{k}' = \boldsymbol{k}'^2\mathrm{d}|\boldsymbol{k}'|\mathrm{d}\Omega = \frac{\boldsymbol{k}'^2\mathrm{d}|\boldsymbol{k}'|}{\mathrm{d}E_{\mathrm{f}}}\mathrm{d}E_{\mathrm{f}}\mathrm{d}\Omega = \pi^2\rho(E_{\mathrm{f}})\mathrm{d}E_{\mathrm{f}}\mathrm{d}\Omega, \tag{39}$$

这里 $E_{\mathrm{f}} = \omega' + p_0'$ 是末态总能量, 而

$$\rho(E_{\mathrm{f}}) = \frac{2 \cdot 4\pi\boldsymbol{k}'^2\mathrm{d}|\boldsymbol{k}'|}{(2\pi)^3\mathrm{d}E_{\mathrm{f}}} = \frac{\boldsymbol{k}'^2\mathrm{d}|\boldsymbol{k}'|}{\pi^2\mathrm{d}E_{\mathrm{f}}} = \frac{\omega'^2\mathrm{d}\omega'}{\pi^2\mathrm{d}E_{\mathrm{f}}} \tag{40}$$

是系统末态单位体积单位能量内的量子态数, 称为末态 态密度, 其中因子 2 是光子偏振态数. 把 (39) 式代入 (38) 式, 利用 $\delta^4(P_{\mathrm{f}} - P_{\mathrm{i}})$ 函数完成对 $\mathrm{d}E_{\mathrm{f}}\mathrm{d}^3\boldsymbol{p}'$ 的积分, 就得到角分布公式

$$\frac{\mathrm{d}\sigma}{\mathrm{d}\Omega} = \frac{V^4}{16v}\rho(E_{\mathrm{f}}) \sum_{\xi,\xi',\sigma,\sigma'} |\mathcal{M}_{\mathrm{fi}}|^2 = \frac{V^4}{16v}\rho(E_{\mathrm{f}})N_{\mathrm{fi}}^2 \sum_{\xi,\xi',\sigma,\sigma'} |M_{\mathrm{fi}}|^2, \tag{41}$$

其中振幅 M_{fi} 属于动力学, 要用 QED 来计算, 而态密度 $\rho(E_{\mathrm{f}})$ 与归一化因子 N_{fi} 属于运动学, 可以用相对论力学计算.

利用能量动量守恒和 Compton 公式, 在实验室系可以算出

$$\frac{\mathrm{d}E_{\mathrm{f}}}{\mathrm{d}\omega'} = 1 + \frac{\mathrm{d}p_0'}{\mathrm{d}\omega'} = 1 + \frac{1}{2p_0'}\frac{\mathrm{d}}{\mathrm{d}\omega'}(\boldsymbol{k}-\boldsymbol{k}')^2 = 1 + \frac{1}{p_0'}(\omega' - \omega\cos\theta) = \frac{m\omega}{p_0'\omega'}, \quad (42)$$

$$\rho(E_{\mathrm{f}}) = \frac{\omega'^2\mathrm{d}\omega'}{\pi^2\mathrm{d}E_{\mathrm{f}}} = \frac{\omega'^3 p_0'}{\pi^2 m\omega}. \quad (43)$$

注意现在入射粒子是光子, $v = 1$, 归一化常数为

$$N_{\mathrm{fi}} = \frac{1}{4\sqrt{p_0'\omega'm\omega}\,V^2}, \quad (44)$$

就有

$$\frac{\mathrm{d}\sigma}{\mathrm{d}\varOmega} = \frac{1}{(16\pi)^2}\frac{\omega'^2}{m^2\omega^2}\sum_{\xi,\xi',\sigma,\sigma'}|M_{\mathrm{fi}}|^2. \quad (45)$$

2 阶微扰的振幅 M_{fi} Compton 散射的初态与末态都是 1 个光子 1 个电子, 共有 4 条外线, 最简单的是包括 2 个顶点的过程, 如图 7-2 所示[①]. 与 π^+-p 散射不同, 现在这两个 Feynman 图对 M_{fi} 都有贡献. (a) 图中电子先吸收入射光子 γ, (b) 图中电子先发射出射光子 γ'. 这两个图相加, 才给出准到 2 阶微扰的 M_{fi}. 图中标出的内线电子动量, 已经考虑了第一个顶点的能量动量守恒.

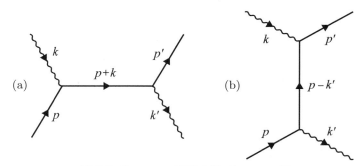

图 7-2   Compton 散射 2 阶 Feynman 图

根据动量空间的 Feynman 规则, 按照从末态往初态的顺序, 对于图 7-2 (a) 和 (b) 可分别写出

$$S_{\mathrm{fi}(a)} = -q^2(2\pi)^4\delta^4(P_{\mathrm{f}} - P_{\mathrm{i}})N_{\mathrm{fi}}e_{\boldsymbol{k}'\mu'}^{\sigma'}\overline{u}(\boldsymbol{p}',\xi')\gamma^{\mu'}\frac{\mathrm{i}}{\not{p}+\not{k}-m+\mathrm{i}\varepsilon}\gamma^{\mu}e_{\boldsymbol{k}\mu}^{\sigma}u(\boldsymbol{p},\xi), \quad (46)$$

$$S_{\mathrm{fi}(b)} = -q^2(2\pi)^4\delta^4(P_{\mathrm{f}}-P_{\mathrm{i}})N_{\mathrm{fi}}e_{\boldsymbol{k}\mu}^{\sigma}\overline{u}(\boldsymbol{p}',\xi')\gamma^{\mu}\frac{\mathrm{i}}{\not{p}-\not{k}'-m+\mathrm{i}\varepsilon}\gamma^{\mu'}e_{\boldsymbol{k}'\mu'}^{\sigma'}u(\boldsymbol{p},\xi), \quad (47)$$

[①] 彭桓武曾与 Heitler 合作, 研究过 Compton 散射的阻尼修正, 见 W. Heitler and H.W. Peng, *Proc. Camb. Phil. Soc.* **38** (1942) 296, 或 W. Heitler, *The Quantum Theory of Radiation*, 3rd edition, Clarendon Press, 1954, p.161. 马仕俊也曾与 Heitler 合作, 研究过谱线形状的辐射修正, 见 W. Heitler and S.T. Ma, *Proc. Roy. Ir. Acad.* **52** (1949) 109.

于是

$$M_{\text{fi}} = -\mathrm{i}q^2 e_{\boldsymbol{k}'\mu'}^{\sigma'}\overline{u}(\boldsymbol{p}',\xi')O^{\mu'\mu}e_{\boldsymbol{k}\mu}^{\sigma}u(\boldsymbol{p},\xi), \tag{48}$$

其中

$$O^{\mu'\mu} = \gamma^{\mu'}\frac{\mathrm{i}}{p\!\!\!/ + k\!\!\!/ - m + \mathrm{i}\varepsilon}\gamma^{\mu} + \gamma^{\mu}\frac{\mathrm{i}}{p\!\!\!/ - k\!\!\!/' - m + \mathrm{i}\varepsilon}\gamma^{\mu'}. \tag{49}$$

$|M_{\text{fi}}|^2$ 对光子极化的求和 微分散射截面 (41) 式的计算，现在就归结为

$$\sum_{\xi,\xi',\sigma,\sigma'}|M_{\text{fi}}|^2 = q^4\sum_{\sigma,\sigma'}e_{\boldsymbol{k}'\sigma'}^{\mu'}e_{\boldsymbol{k}'\nu'}^{\sigma'}e_{\boldsymbol{k}\sigma}^{\mu}e_{\boldsymbol{k}\nu}^{\sigma}$$

$$\times\sum_{\xi,\xi'}\left[\overline{u}(\boldsymbol{p}',\xi')O_{\mu'\mu}u(\boldsymbol{p},\xi)\right]^{\dagger}\left[\overline{u}(\boldsymbol{p}',\xi')O^{\nu'\nu}u(\boldsymbol{p},\xi)\right]$$

$$= q^4 g^{\mu'}_{\ \nu'}g^{\mu}_{\ \nu}\sum_{\xi,\xi'}\left[\overline{u}(\boldsymbol{p}',\xi')O_{\mu'\mu}u(\boldsymbol{p},\xi)\right]^{\dagger}\left[\overline{u}(\boldsymbol{p}',\xi')O^{\nu'\nu}u(\boldsymbol{p},\xi)\right]$$

$$= q^4\sum_{\xi,\xi'}\left[\overline{u}(\boldsymbol{p}',\xi')O_{\mu\nu}u(\boldsymbol{p},\xi)\right]^{\dagger}\left[\overline{u}(\boldsymbol{p}',\xi')O^{\mu\nu}u(\boldsymbol{p},\xi)\right], \tag{50}$$

其中对光子极化的求和用到了极化矢量 $e_{\boldsymbol{k}\mu}^{\sigma}$ 的完备性关系 $\sum_{\sigma}e_{\boldsymbol{k}\sigma}^{\mu}e_{\boldsymbol{k}\nu}^{\sigma} = g^{\mu}_{\ \nu}$，见第 3 章 (74) 式. 这里包含了一个细致的问题.

在第 3 章已经指出，对于任何物理态，标量光子与纵光子的贡献相反，互相抵消，只有横光子才有可观测的效应，在实际计算中，对 σ,σ' 的求和只需取横光子. 而要运用光子极化矢量的完备性关系，则这种求和必须也包括标量光子与纵光子才行. 不过可以证明，在这里遇到的求和中，标量光子与纵光子的贡献互相抵消，即它们对散射矩阵和跃迁概率也没有贡献.

一般地考虑 Lorentz 不变量 $L^{\mu}e_{\boldsymbol{k}\mu}^{\sigma}$. 由于规范不变性，作代换

$$e_{\boldsymbol{k}\mu}^{\sigma} \longrightarrow e_{\boldsymbol{k}\mu}^{\sigma} + k_{\mu}, \tag{51}$$

这个量应该不变. 这就要求有 [1]

$$L^{\mu}k_{\mu} = 0. \tag{52}$$

这是 Lorentz 不变的，可以在任意惯性系来算. 选择 $(k^{\mu}) = (k^0,0,0,\omega)$ 的惯性系，其中 $k^3 = k^0 = \omega$. 于是，上式给出

$$L^0 = L^3. \tag{53}$$

由于有规范不变性，可以选择一个方便的规范. 选择 $A^0 = 0$，$\boldsymbol{A}$ 就是横场，可以取第 3 章 (75) 式的极化矢量，其中 e^0 只有 0 分量，e^3 只有 3 分量. 从而

$$\sum_{\sigma=0,3}L^{\mu}e_{\boldsymbol{k}\mu}^{\sigma} = L^0 - L^3 = 0, \tag{54}$$

---

[1] R.P. Feynman, *Phys. Rev.* **76** (1949) 749; 769.

这就是所要证明的.

$|M_{\text{fi}}|^2$ **对电子自旋的求和**   与 6.5 节 **3** 的做法一样,把 Dirac 传播子的分母化成普通的 c 数,再考虑到

$$(\not{p} + m)\gamma^\nu u(\boldsymbol{p},\xi) = (2p^\nu - \gamma^\nu \not{p} + \gamma^\nu m)u(\boldsymbol{p},\xi) = 2p^\nu u(\boldsymbol{p},\xi), \tag{55}$$

就有

$$O^{\mu\nu}u(\boldsymbol{p},\xi) = \left\{ \gamma^\mu \frac{\mathrm{i}(\not{k}\gamma^\nu + 2p^\nu)}{(p+k)^2 - m^2 + \mathrm{i}\varepsilon} + \gamma^\nu \frac{\mathrm{i}(2p^\mu - \not{k}'\gamma^\mu)}{(p-k')^2 - m^2 + \mathrm{i}\varepsilon} \right\} u(\boldsymbol{p},\xi)$$

$$= \frac{\mathrm{i}}{2m}\left[\frac{1}{\omega}(\gamma^\mu \not{k}\gamma^\nu + 2\gamma^\mu p^\nu) + \frac{1}{\omega'}(\gamma^\nu \not{k}'\gamma^\mu - 2\gamma^\nu p^\mu) \right]u(\boldsymbol{p},\xi) = \frac{\mathrm{i}}{2m}Q^{\mu\nu}u(\boldsymbol{p},\xi), \tag{56}$$

这里

$$Q^{\mu\nu} = \frac{1}{\omega}(\gamma^\mu \not{k}\gamma^\nu + 2\gamma^\mu p^\nu) + \frac{1}{\omega'}(\gamma^\nu \not{k}'\gamma^\mu - 2\gamma^\nu p^\mu). \tag{57}$$

于是,可以用 $Q^{\mu\nu}$ 把 (50) 式改写成

$$\sum_{\xi,\xi',\sigma,\sigma'} |M_{\text{fi}}|^2 = \frac{q^4}{4m^2} \sum_{\xi,\xi'} \left[\overline{u}(\boldsymbol{p}',\xi')Q_{\mu\nu}u(\boldsymbol{p},\xi) \right]^\dagger \left[\overline{u}(\boldsymbol{p}',\xi')Q^{\mu\nu}u(\boldsymbol{p},\xi) \right]. \tag{58}$$

与第 6 章 (157) 式一样,可以把上式对电子自旋的求和化成求迹,

$$\sum_{\xi,\xi',\sigma,\sigma'} |M_{\text{fi}}|^2 = \frac{q^4}{4m^2} \,\mathrm{tr}(u'\overline{u}'Q^{\mu\nu}u\overline{u}\underline{Q}_{\mu\nu})$$

$$= \frac{q^4}{4m^2} \,\mathrm{tr}\left[(\not{p}' + m)Q^{\mu\nu}(\not{p} + m)\underline{Q}_{\mu\nu} \right], \tag{59}$$

其中

$$\underline{Q}_{\mu\nu} = \gamma^0 (Q_{\mu\nu})^\dagger \gamma^0 = \frac{1}{\omega}(\gamma_\nu \not{k}\gamma_\mu + 2p_\nu \gamma_\mu) + \frac{1}{\omega'}(\gamma_\mu \not{k}'\gamma_\nu - 2p_\mu \gamma_\nu). \tag{60}$$

求迹运算   把 (59) 式中的求迹展开,注意奇数个 γ 相乘的迹为 0,就有

$$\sum_{\xi,\xi',\sigma,\sigma'} |M_{\text{fi}}|^2 = \frac{q^4}{4m^2} \left[\mathrm{tr}(\not{p}'Q^{\mu\nu}\not{p}\,\underline{Q}_{\mu\nu}) + m^2 \mathrm{tr}(Q^{\mu\nu}\underline{Q}_{\mu\nu}) \right]. \tag{61}$$

要完成上式右边的两项求迹运算,要用到第 6 章附录给出的一些求迹性质和 γ 矩阵求迹公式.

代入 $Q^{\mu\nu}$ 与 $\underline{Q}_{\mu\nu}$ 的具体表达式,可以看出

$$\mathrm{tr}(Q^{\mu\nu}\underline{Q}_{\mu\nu}) = \frac{A}{\omega^2} + \frac{B}{\omega\omega'} + \frac{C}{\omega'\omega} + \frac{D}{\omega'^2}. \tag{62}$$

先来算 A,

$$A = \mathrm{tr}\left[(\gamma^\mu \not{k}\gamma^\nu + 2\gamma^\mu p^\nu)(\gamma_\nu \not{k}\gamma_\mu + 2p_\nu \gamma_\mu) \right]$$

$$= \mathrm{tr}(\gamma^\mu \not{k}\gamma^\nu \gamma_\nu \not{k}\gamma_\mu + 2\gamma^\mu \not{k}\gamma^\nu p_\nu \gamma_\mu + 2\gamma^\mu p^\nu \gamma_\nu \not{k}\gamma_\mu + 4\gamma^\mu p^\nu p_\nu \gamma_\mu)$$

$$= \mathrm{tr}\left[16k^2 + 2\gamma^\mu(\not{k}\not{p} + \not{p}\not{k})\gamma_\mu + 16p^2 \right] = 64(p^2 + pk). \tag{63}$$

类似地算 B,

$$
\begin{aligned}
B &= \mathrm{tr}\big[(\gamma^\mu \slashed{k} \gamma^\nu + 2\gamma^\mu p^\nu)(\gamma_\mu \slashed{k}' \gamma_\nu - 2p_\mu \gamma_\nu)\big] \\
&= \mathrm{tr}(\gamma^\mu \slashed{k} \gamma^\nu \gamma_\mu \slashed{k}' \gamma_\nu - 2\gamma^\mu \slashed{k} \gamma^\nu p_\mu \gamma_\nu + 2\gamma^\mu p^\nu \gamma_\mu \slashed{k}' \gamma_\nu - 4\gamma^\mu p^\nu p_\mu \gamma_\nu) \\
&= \mathrm{tr}\big[\gamma^\mu \slashed{k}(-\gamma_\mu \gamma^\nu + 2g^\nu_{\ \mu})\slashed{k}' \gamma_\nu - 8\slashed{p}\slashed{k} + 8\slashed{k}'\slashed{p} - 4p^2\big] \\
&= \mathrm{tr}(-4\slashed{k}\slashed{k}' + 8kk' - 8\slashed{p}\slashed{k} + 8\slashed{k}'\slashed{p} - 4p^2) = 16(kk' - 2pk + 2pk' - p^2) \\
&= 16\big[k(p + k - p') - 2pk + 2pk' - p^2\big] = -16(p^2 + pk - pk').
\end{aligned} \tag{64}
$$

可以看出, 在 B 中作对换 $k \leftrightarrow -k'$ 就得到 C, 在 A 中作对换 $k \leftrightarrow -k'$ 就得到 D, 所以有

$$
C = B = -16(p^2 + pk - pk'), \qquad D = 64(p^2 - pk'). \tag{65}
$$

于是

$$
\begin{aligned}
\mathrm{tr}(Q^{\mu\nu} \underline{Q}_{\mu\nu}) &= \frac{64}{\omega^2}(p^2 + pk) + \frac{64}{\omega'^2}(p^2 - pk') - \frac{32}{\omega\omega'}(p^2 + pk - pk') \\
&= \frac{64}{\omega^2}(m^2 + m\omega) + \frac{64}{\omega'^2}(m^2 - m\omega') - \frac{32}{\omega\omega'}(m^2 + m\omega - m\omega').
\end{aligned} \tag{66}
$$

同样可以算得

$$
\begin{aligned}
\mathrm{tr}(\slashed{p}' Q^{\mu\nu} \slashed{p}\, \underline{Q}_{\mu\nu}) &= \frac{32[pk \cdot pk' - p^2(p^2 + pk)]}{\omega^2} + \frac{32[pk \cdot pk' - p^2(p^2 - pk')]}{\omega'^2} - \frac{32p^2 p^2}{\omega\omega'} \\
&= \frac{32m^2}{\omega^2}(\omega\omega' - m^2 - m\omega) + \frac{32m^2}{\omega'^2}(\omega\omega' - m^2 + m\omega') - \frac{32m^4}{\omega\omega'}.
\end{aligned} \tag{67}
$$

在上述计算中, 还用到了从初末态能量动量守恒得到的下列运动学关系:

$$
pp' = m^2 + kk', \qquad p'k = pk', \qquad p'k' = pk. \tag{68}
$$

    有用的公式太多, 虽然很简单, 但也不可能都记在心中. 把要用的公式按自己的理解和习惯分门别类写在纸上放在案边, 在推演和计算中就可以方便地随时查到. 在进行这类简单浅显但繁琐冗长的推演和计算时, 只要中途出一个小小的差错, 就可能功亏一篑、前功尽弃. 查错是更加繁琐而且令人心烦意乱的事. 为了尽量减少和避免出错, 除了我们一直强调的简化书写和表述外, 更重要的是养成有条不紊的工作习惯, 和按部就班不急不躁的作风.

    还要注意 "杀鸡不必用牛刀". 做理论物理的人, 都追求和偏爱一般与普遍. 但是在推演和计算的过程中, 所走的每一步, 并不一定是越一般和普遍就越简单和快捷. 需要依据所要达到的目标, 来选择和确定推演和计算的步骤. 例如, 这里已经选定实验室参考系, 就可以利用 $p = (m, 0, 0, 0)$ 来简化上述各个分母, 而没有必要一直保持 pk, 等到最后再简化成 $m\omega$. 同样, 这里只想给出对于非极化

光的推导, 于是可以先完成对光子初态 σ 求平均对末态 σ' 求和的运算. 一边是一般和普遍, 另一边是简单和快捷, 如何权衡轻重找到恰当的平衡, 往往需要经验的积累.

2. 散射截面

散射角分布　把上面两项求迹的结果代入 (61) 式, 可以整理化简成

$$\sum_{\xi,\xi',\sigma,\sigma'} |M_{\mathrm{fi}}|^2 = 8e^4 \left[\frac{\omega'}{\omega} + \frac{\omega}{\omega'} + 2\left(\frac{m}{\omega} - \frac{m}{\omega'}\right) + \left(\frac{m}{\omega} - \frac{m}{\omega'}\right)^2 \right]$$

$$= 8e^4 \left[\frac{\omega'}{\omega} + \frac{\omega}{\omega'} + \left(1 + \frac{m}{\omega} - \frac{m}{\omega'}\right)^2 - 1 \right]$$

$$= 8e^4 \left(\frac{\omega'}{\omega} + \frac{\omega}{\omega'} - \sin^2\theta \right), \tag{69}$$

这里已经把耦合常数写成 $q = -e$. 把上式代回 (45) 式, 就得到 Compton 散射的角分布

$$\frac{\mathrm{d}\sigma}{\mathrm{d}\Omega} = \frac{\alpha^2}{2m^2} \frac{\omega'^2}{\omega^2} \left(\frac{\omega'}{\omega} + \frac{\omega}{\omega'} - \sin^2\theta \right), \tag{70}$$

其中

$$\alpha = \frac{e^2}{4\pi} \tag{71}$$

是 **精细结构常数**, 由实验测定. (70) 式就是著名的 Klein-Nishina (仁科) 公式[1]. 若在上述推导中只对电子初态 ξ 求平均对末态 ξ' 求和, 而保持光子初末态偏振量子数 σ 与 σ', 就得到 Klein-Nishina 公式的一般形式[2]

$$\frac{\mathrm{d}\sigma}{\mathrm{d}\Omega} = \frac{\alpha^2}{4m^2} \frac{\omega'^2}{\omega^2} \left[4(e_{\boldsymbol{k}'}^{\sigma'\mu} e_{\boldsymbol{k}\mu}^{\sigma})^2 + \frac{\omega'}{\omega} + \frac{\omega}{\omega'} - 2 \right], \tag{72}$$

它给出极化光子从偏振 $e_{\boldsymbol{k}}^{\sigma}$ 散射到 $e_{\boldsymbol{k}'}^{\sigma'}$ 的微分散射截面. 上式对初态 σ 求平均, 对末态 σ' 求和, 就成为 (70) 式.

低能行为　由 Compton 公式 (36) 可以看出, 当 $\omega \ll m$ 时, $\omega \approx \omega'$, (72) 式成为 Thomson 公式

$$\frac{\mathrm{d}\sigma}{\mathrm{d}\Omega} = \frac{\alpha^2}{m^2} (e_{\boldsymbol{k}'}^{\sigma'\mu} e_{\boldsymbol{k}\mu}^{\sigma})^2, \tag{73}$$

低能光子在自由电子上的散射与光子波长无关, 只与光子偏振有关. Thomson 公式可以从经典电动力学推出[3]. 值得指出, 经典电动力学的推导没有作近似, 而这里的结果只是 2 阶微扰. 换句话说, 经典电动力学只是 QED 的 2 阶微扰的近

---

① O. Klein and Y. Nishina, *Z. Physik*, **52** (1929) 853.
② 例如, 胡宁, 《场的量子理论》, 北京大学出版社, 2012 年, 100 页.
③ 例如, 俞允强, 《电动力学简明教程》, 北京大学出版社, 1999 年, 205 页.

似, 这就像经典力学只是相对论力学的 Newton 近似, 相对论力学也只是量子力学 $\hbar \to 0$ 的近似一样.

在低能极限, (70) 式成为

$$\frac{\mathrm{d}\sigma}{\mathrm{d}\Omega} = \frac{\alpha^2}{2m^2}\left(1 + \cos^2\theta\right), \tag{74}$$

由此可以算出低能非极化光子在自由电子上散射的总截面,

$$\sigma_{\mathrm{T}} = \int \mathrm{d}\Omega \frac{\alpha^2}{2m^2}\left(1 + \cos^2\theta\right) = \frac{8\pi r_{\mathrm{e}}^2}{3}, \tag{75}$$

其中

$$r_{\mathrm{e}} = \frac{\alpha}{m} = \frac{e^2}{4\pi m} \tag{76}$$

是电子的 经典半径. σ_{T} 称为 Thomson 截面, 它等于经典电子几何截面 πr_{e}^2 的 8/3, 或表面积 $4\pi r_{\mathrm{e}}^2$ 的 2/3.

高能行为 考虑 $\omega \gg m$ 的高能光子在自由电子上的 Compton 散射. 在这么高的能量, 电子就像一个无质量粒子, 动心系是最方便的参考系. 这时

$$\rho(E_{\mathrm{f}}) = \frac{\omega'^2 \mathrm{d}\omega'}{\pi^2 \mathrm{d}E_{\mathrm{f}}} = \frac{\omega'^2}{\pi^2}\frac{p_0'}{p_0 + \omega}, \tag{77}$$

$$\sum_{\xi,\xi',\sigma,\sigma'} |M_{\mathrm{fi}}|^2 = \frac{q^4}{4m^2}\left[\mathrm{tr}(\slashed{p}'Q^{\mu\nu}\slashed{p}\,\overline{Q}_{\mu\nu}) + m^2\mathrm{tr}(Q^{\mu\nu}\overline{Q}_{\mu\nu})\right]$$

$$= 8e^4\left[\frac{pk'}{pk} + \frac{pk}{pk'} + \left(\frac{p^2}{pk} - \frac{p^2}{pk'} + 1\right)^2 - 1\right], \tag{78}$$

$$\frac{\mathrm{d}\sigma}{\mathrm{d}\Omega} = \frac{V^4}{16v}\rho(E_{\mathrm{f}})\frac{1}{(4\sqrt{p_0'\omega'p_0\omega}\,V^2)^2}\sum_{\xi,\xi',\sigma,\sigma'}|M_{\mathrm{fi}}|^2$$

$$= \frac{\alpha^2\omega'}{4p_0(p_0 + \omega)\omega}\left[\frac{pk'}{pk} + \frac{pk}{pk'} + \left(\frac{p^2}{pk} - \frac{p^2}{pk'} + 1\right)^2 - 1\right]. \tag{79}$$

在动心系

$$pk = \omega(p_0 + \omega), \qquad pk' = \omega'(p_0 + \omega\cos\theta), \tag{80}$$

由于 $p_0 \approx \omega$, 在 $\theta \approx \pi$ 的向后散射时 $pk' \approx 0$, 角分布为极大, 所以

$$\frac{\mathrm{d}\sigma}{\mathrm{d}\Omega} \approx \frac{\alpha^2\omega'}{4p_0(p_0 + \omega)\omega}\frac{pk}{pk'} = \frac{\alpha^2}{4p_0(p_0 + \omega\cos\theta)}. \tag{81}$$

由此可以算出散射总截面

$$\sigma_{\mathrm{T}} \approx \frac{\pi\alpha^2}{2p_0\omega}\ln\frac{p_0 + \omega}{p_0 - \omega} \approx \frac{2\pi\alpha^2}{s}\ln\frac{s}{m^2}, \tag{82}$$

其中

$$s = (p_0 + \omega)^2. \tag{83}$$

散射总截面 σ_{T} 的行为主要由 $2\pi\alpha^2/s$ 确定, 随能量的增加而减小, 但有一个增强因子 $\ln(s/m^2)$. 这个因子来自 $p_0 \approx \omega$ 附近的贡献, 亦即来自 $\theta \approx \pi$ 的向后散射. 这里有一个简单的物理. 对于散射前后电子螺旋性不变的过程, 光子散射前后螺旋性也不变. 于是散射前后电子与光子角动量都发生改变. 由于角动量守恒, 电子在散射中必定获得一定的轨道角动量, 使得散射角很大, 成为向后散射. 但是对于 $\theta = \pi$ 的完全向后散射, 系统没有获得轨道角动量, 散射前后电子与光子的螺旋性都发生了改变. 这种对头正碰撞产生的向后散射粒子在实验室系能量最大.

高能 Compton 散射的这种极化性质, 可以在实验中得到应用. 例如, 在用高能电子束轰击低能极化激光束的 逆 Compton 散射 中, 若电子束是非极化的, 则右旋光子被电子束散射后, 大部分向后散射光子也是右旋的, 但能量最高的光子是左旋的. 这个效应可以用来在实验上测量电子束的极化, 或制成可以调节能量与极化的高能光子源. 对这个问题的分析有兴趣的读者, 可以参阅 Peskin 与 Schroeder 的书[①].

7.3　另外几个简单的 QED 过程

1.　e^+e^- 湮没

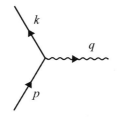

图 7-3 QED 的 1 阶 Feynman 图

物理和运动学　e^+e^- 湮没的末态不可能只有 1 个光子, $e^+ + e^- \not\rightarrow \gamma$, 因为这个过程不满足能量动量守恒. 从图 7-3 可以看出, 在动心系 $\boldsymbol{p} + \boldsymbol{k} = 0$, 而末态 $\boldsymbol{q} \neq 0$, 因为 $|\boldsymbol{q}| = q_0 \neq 0$. 其实在物理上, 不仅是 e^+e^- 湮没, QED 的 1 阶 Feynman 图所表示的任何过程都是不能实现的. 所以 e^+e^- 湮没的末态至少有 2 个光子, 最低是 2 阶过程,

$$e^+ + \quad e^- \longrightarrow \gamma_1 + \gamma_2, \qquad (84)$$

$$k + \quad p = k' + p'. \qquad (85)$$

选择电子静止的实验室系, $\boldsymbol{p} = 0, p_0 = m$, 运动学关系仍可用图 7-1, 只是现在 $\boldsymbol{k}$ 是入射正电子动量, $\boldsymbol{k}'$ 与 $\boldsymbol{p}'$ 是出射光子动量. 与 Compton 散射类似

---

① M.E. Peskin and D.V. Schroeder, *An Introduction to Quantum Field Theory*, Addison-Wesley, 1995, p.164.

地，可以算出末态态密度

$$\rho(E_{\mathrm{f}}) = \frac{{k_0'}^2 \mathrm{d}k_0'}{\pi^2 \mathrm{d}E_{\mathrm{f}}} = \frac{{k_0'}^3 p_0'}{\pi^2 m E_{\mathrm{f}}}, \tag{86}$$

其中 $E_{\mathrm{f}} = k_0' + p_0'$. 此外，现在的初末态归一化常数为

$$N_{\mathrm{fi}} = \frac{1}{4\sqrt{p_0' k_0' m k_0}\, V^2}. \tag{87}$$

Feynman 图与 $\sum |M_{\mathrm{fi}}|^2$　　$\mathrm{e}^+\mathrm{e}^- \to 2\gamma$ 过程的 2 阶 Feynman 图有两个，如图 7-4 所示. 这两个图的差别只是交换了末态光子，$p' \leftrightarrow k'$. 注意现在 k 是入射反粒子 (正电子) 的四维动量，就可以写出

$$M_{\mathrm{fi(a)}} = -\mathrm{i}e^2 e_{\boldsymbol{p}'\mu'}^{\sigma'} \overline{v}(\boldsymbol{k},\xi') \gamma^{\mu'} \frac{\mathrm{i}}{\not{p} - \not{k}' - m + \mathrm{i}\varepsilon} \gamma^{\mu} e_{\boldsymbol{k}'\mu}^{\sigma} u(\boldsymbol{p},\xi), \tag{88}$$

$$M_{\mathrm{fi(b)}} = -\mathrm{i}e^2 e_{\boldsymbol{k}'\mu}^{\sigma} \overline{v}(\boldsymbol{k},\xi') \gamma^{\mu} \frac{\mathrm{i}}{\not{p} - \not{p}' - m + \mathrm{i}\varepsilon} \gamma^{\mu'} e_{\boldsymbol{p}'\mu'}^{\sigma'} u(\boldsymbol{p},\xi), \tag{89}$$

$$M_{\mathrm{fi}} = M_{\mathrm{fi(a)}} + M_{\mathrm{fi(b)}} = -\mathrm{i}e^2 e_{\boldsymbol{p}'\mu'}^{\sigma'} \overline{v}(\boldsymbol{k},\xi') O^{\mu'\mu}(p-k', p-p') e_{\boldsymbol{k}'\mu}^{\sigma} u(\boldsymbol{p},\xi), \tag{90}$$

$$O^{\mu'\mu}(p,q) = O^{\mu\mu'}(q,p) = \gamma^{\mu'} \frac{\mathrm{i}}{\not{p} - m + \mathrm{i}\varepsilon} \gamma^{\mu} + \gamma^{\mu} \frac{\mathrm{i}}{\not{q} - m + \mathrm{i}\varepsilon} \gamma^{\mu'}. \tag{91}$$

于是与 Compton 散射类似地，有

$$\sum_{\xi,\xi',\sigma,\sigma'} |M_{\mathrm{fi}}|^2 = e^4 \sum_{\sigma,\sigma'} e_{\boldsymbol{p}'\mu'}^{\sigma'} e_{\boldsymbol{p}'\nu'}^{\sigma'} e_{\boldsymbol{k}'\mu}^{\sigma} e_{\boldsymbol{k}'\nu}^{\sigma}$$

$$\times \sum_{\xi,\xi'} \left[\overline{v}(\boldsymbol{k},\xi') O^{\mu'\mu}(p-k', p-p') u(\boldsymbol{p},\xi)\right]^{\dagger} \left[\overline{v}(\boldsymbol{k},\xi') O^{\nu'\nu}(p-k', p-p') u(\boldsymbol{p},\xi)\right]$$

$$= e^4 \sum_{\xi,\xi'} \left[\overline{v}(\boldsymbol{k},\xi') O_{\mu\nu}(p-k', p-p') u(\boldsymbol{p},\xi)\right]^{\dagger} \left[\overline{v}(\boldsymbol{k},\xi') O^{\mu\nu}(p-k', p-p') u(\boldsymbol{p},\xi)\right]$$

$$= e^4 \sum_{\xi,\xi'} \mathrm{tr}\left[v(\boldsymbol{k},\xi')\overline{v}(\boldsymbol{k},\xi') O^{\mu\nu}(p-k', p-p') u(\boldsymbol{p},\xi)\overline{u}(\boldsymbol{p},\xi) O_{\mu\nu}(p-k', p-p')\right]. \tag{92}$$

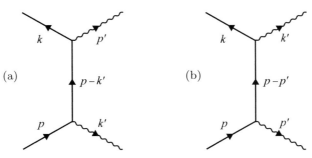

图 7-4　$\mathrm{e}^+\mathrm{e}^- \to 2\gamma$ 的 2 阶 Feynman 图

用这里的记号，Compton 散射中 (49) 式的 $O^{\mu'\mu}$ 就是 $O^{\mu'\mu}(p+k, p-k') =$

$O^{\mu\mu'}(p-k',p+k)$. 从而，上式可以从 Compton 散射的 (50) 式作以下代换而得到：

$$k \longrightarrow -p', \qquad p' \longrightarrow -k, \qquad \overline{u}(\boldsymbol{p}',\xi') \longrightarrow \overline{v}(\boldsymbol{k},\xi'). \tag{93}$$

后一个代换相当于

$$\sum_{\xi'} u(\boldsymbol{p}',\xi')\overline{u}(\boldsymbol{p}',\xi') = \not{p}' + m \longrightarrow \sum_{\xi'} v(\boldsymbol{k},\xi')\overline{v}(\boldsymbol{k},\xi') = \not{k} - m, \tag{94}$$

亦即在做代换 $p' \to -k$ 的同时，对整个计算结果乘以 -1. 按照这些代换规则，就可以从 Compton 散射的 (78) 式直接写出

$$\sum_{\xi,\xi',\sigma,\sigma'} |M_{\mathrm{fi}}|^2 = 8e^4 \left[\frac{pk'}{pp'} + \frac{pp'}{pk'} - \left(\frac{p^2}{pp'} + \frac{p^2}{pk'} - 1 \right)^2 + 1 \right]. \tag{95}$$

截面 把上述 $\rho(E_{\mathrm{f}})$，N_{fi} 和 $\sum |M_{\mathrm{fi}}|^2$ 代入 (41) 式，注意现在 $v = |\boldsymbol{k}|/k_0$，就得到

$$\begin{aligned}
\frac{\mathrm{d}\sigma}{\mathrm{d}\Omega} &= \frac{\alpha^2}{2m^2} \frac{k_0'^2}{|\boldsymbol{k}|E_{\mathrm{f}}} \left[\frac{pk'}{pp'} + \frac{pp'}{pk'} - \left(\frac{p^2}{pp'} + \frac{p^2}{pk'} - 1 \right)^2 + 1 \right] \\
&= \frac{r_{\mathrm{e}}^2}{2m} \frac{k_0'^2}{|\boldsymbol{k}|E_{\mathrm{f}}} \left[E_{\mathrm{f}}(1 - \cos\Theta) - m(1 + \cos^2\Theta) \right],
\end{aligned} \tag{96}$$

其中 Θ 是 $\boldsymbol{k}'$ 与 $\boldsymbol{p}'$ 之间的夹角，即出射两光子之间的夹角. 对 $\mathrm{d}\Omega$ 积分，即可得湮没过程的总截面

$$\sigma_{\mathrm{T}} = \frac{\pi r_{\mathrm{e}}^2}{\gamma^2 - 1} \left[\frac{\gamma^2 + 4\gamma + 1}{\gamma + 1} \ln(\gamma + \sqrt{\gamma^2 - 1}) - \frac{\gamma + 3}{\gamma + 1} \sqrt{\gamma^2 - 1} \right], \tag{97}$$

其中 $\gamma = k_0/m = 1/\sqrt{1 - v^2}$.

交叉对称性 上面利用代换从 Compton 散射的 (78) 式直接写出 (95) 式的做法，其物理基础是 Compton 散射与正负电子湮没这两个过程之间的对称性：在 Compton 散射

$$\gamma + \mathrm{e}^- \longrightarrow \gamma' + \mathrm{e}^- \tag{98}$$

中，把湮灭的入射光子 γ 移到右边作为产生的出射光子，把产生的出射电子 e^- 移到左边作为湮灭的入射正电子 e^+，就成为正负电子的湮没过程

$$\mathrm{e}^+ + \mathrm{e}^- \longrightarrow \gamma + \gamma'. \tag{99}$$

从 S 矩阵元的 Feynman 规则来看，Bose 子 (光子或介子) 产生或湮灭的外线贡献相同，所以把入射光子换成出射光子，对不变振幅 $\mathcal{M}_{\mathrm{fi}}$ 没有影响. 而 Fermi 子 (电子或核子等) 产生或湮灭的外线对不变振幅 $\mathcal{M}_{\mathrm{fi}}$ 的贡献不同. 把产生的 Fermi 子换成湮灭的反 Fermi 子，需要把旋量 $\overline{u}(\boldsymbol{p},\xi)$ 换成 $\overline{v}(\boldsymbol{k},\xi)$. 把湮灭的 Fermi 子换成产生的反 Fermi 子，需要把旋量 $u(\boldsymbol{p},\xi)$ 换成 $v(\boldsymbol{k},\xi)$. (94) 式表

明，在对自旋求和后，这只产生一个因子 -1, 而这个因子也可以通过重新定义 u 与 v 的相对相位而消去. 在这个意义上， *把过程一端的粒子移到过程另一端换成反粒子，过程的不变振幅不变：*

$$\mathcal{M}_{\mathrm{fi}}(a + \cdots \rightarrow \cdots) = \mathcal{M}_{\mathrm{fi}}(\cdots \rightarrow \overline{a} + \cdots), \tag{100}$$

这个性质称为这两个过程之间的 交叉对称性. 显然，这对于振幅 M_{fi} 同样成立.

2. $\mathrm{e^+ e^-} \rightarrow \mu^+ \mu^-$ **过程**

物理过程和 Feynman 图   在储存环中反向运行的高能正负电子束，可以使它们在动心系对撞. 这种高能正负电子的对撞，包含了丰富的物理， J/ψ 粒子就是在这种实验中发现的. 我们这里来讨论正负电子对转化为正负 μ 子对的过程，

$$\mathrm{e^-} + \mathrm{e^+} \longrightarrow \mu^- + \mu^+. \tag{101}$$

电子与 μ 子都属于轻子，它们之间可以通过交换虚光子发生作用，这是一种 QED 过程. 描述这个过程的相互作用拉氏密度包括两项，

$$\mathcal{L}_{\mathrm{I}} = e\overline{\psi}_{\mathrm{e}} \gamma^\mu \psi_{\mathrm{e}} A_\mu + e\overline{\psi}_\mu \gamma^\mu \psi_\mu A_\mu, \tag{102}$$

它们分别描述电子场 ψ_{e} 和 μ 子场 ψ_μ 与光子场 A_μ 的耦合，这里取耦合常数 $q = -e$. 于是，现在有两种顶点：耦合电子与光子的 电子顶点，以及耦合 μ 子与光子的 μ子顶点. 注意 Dirac 旋量 ψ_μ 的下标 μ（正体）是 μ 子的标记，不是闵氏空间四维矢量的指标 μ（斜体）.

     $\mathrm{e^+ e^-} \rightarrow \mu^+ \mu^-$ 过程的最低近似是 2 阶过程，包含一个电子顶点和一个 μ 子顶点，如图 7-5 所示. 这个过程在物理上比 Compton 散射和正负电子湮没复杂，多了一个 μ 子场. 但在计算上却简单， 2 阶过程只有一个 Feynman 图，内线是不含旋量的光子，而且没有光子外线，不必考虑光子偏振.

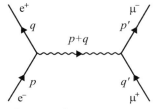

图 7-5 $\mathrm{e^+ e^-} \rightarrow \mu^+ \mu^-$ 的 2 阶 Feynman 图

矩阵元及其计算   从图 7-5 可以写出过程的振幅，

$$M_{\mathrm{fi}} = -\mathrm{i}e^2 \overline{u}(\boldsymbol{p'}, \xi') \gamma^\mu v(\boldsymbol{q'}, \zeta') \, \mathrm{i}D_{\mathrm{F}\mu\nu}(p+q) \overline{v}(\boldsymbol{q}, \zeta) \gamma^\nu u(\boldsymbol{p}, \xi)$$

$$= \frac{-e^2}{(p+q)^2}\, \overline{u}(\boldsymbol{p}',\xi')\gamma^\mu v(\boldsymbol{q}',\zeta')\overline{v}(\boldsymbol{q},\zeta)\gamma_\mu u(\boldsymbol{p},\xi), \tag{103}$$

这里的光子传播子 $iD_{\mathrm{F}\mu\nu}$ 选择了 Lorentz 规范, 见 (21) 式. 为了简洁, 略去了区分电子与 μ 子的标记 e 与 μ, 记住不带撇号的入射量属于正负电子, 带撇号的量属于正负 μ 子. 于是,

$$|M_{\mathrm{fi}}|^2 = \frac{e^4}{s^2}\mathrm{tr}(u\overline{u}\gamma_\mu v\overline{v}\gamma'\gamma^\mu u'\overline{u}'\gamma^\nu v'\overline{v}\gamma_\nu) = \frac{e^4}{s^2}\mathrm{tr}(\overline{v}\gamma_\nu u\overline{u}\gamma_\mu v)\cdot \mathrm{tr}(\overline{v}'\gamma^\mu u'\overline{u}'\gamma^\nu v')$$

$$= \frac{e^4}{s^2}\mathrm{tr}(v\overline{v}\gamma_\nu u\overline{u}\gamma_\mu)\cdot \mathrm{tr}(v'\overline{v}'\gamma^\mu u'\overline{u}'\gamma^\nu), \tag{104}$$

其中 $s=(p+q)^2$ 是动心系总能量的平方, 亦即系统不变质量的平方.

如果对撞的正负电子束是非极化的, 也不测量出射 μ 子的自旋, 则对初态平均对末态求和,

$$\frac{1}{4}\sum_{\xi\xi'\zeta\zeta'}|M_{\mathrm{fi}}|^2 = \frac{e^4}{4s^2}\mathrm{tr}[(\not{q}-m)\gamma_\nu(\not{p}+m)\gamma_\mu]\cdot \mathrm{tr}[(\not{q}'-m')\gamma^\mu(\not{p}'+m')\gamma^\nu], \tag{105}$$

m 和 m' 分别是电子和 μ 子的质量. 其中

$$\mathrm{tr}[(\not{q}-m)\gamma_\nu(\not{p}+m)\gamma_\mu] = \mathrm{tr}(\not{q}\gamma_\nu\not{p}\gamma_\mu + m\not{q}\gamma_\nu\gamma_\mu - m\gamma_\nu\not{p}\gamma_\mu - m^2\gamma_\nu\gamma_\mu)$$

$$= \mathrm{tr}(\not{q}\gamma_\nu\not{p}\gamma_\mu) - m^2\mathrm{tr}(\gamma_\nu\gamma_\mu) = 4\left[q_\nu p_\mu + p_\nu q_\mu - (m^2+qp)g_{\nu\mu}\right], \tag{106}$$

这里用到公式

$$\left.\begin{array}{ll} \mathrm{tr}(\gamma_\mu\gamma_\nu) = 4g_{\mu\nu}, & \mathrm{tr}(\gamma_\mu\gamma_\nu\gamma_\lambda) = 0; \\ \mathrm{tr}(\gamma_\mu\gamma_\nu\gamma_\lambda\gamma_\rho) = 4(g_{\mu\nu}g_{\lambda\rho} + g_{\rho\mu}g_{\nu\lambda} - g_{\lambda\mu}g_{\nu\rho}). \end{array}\right\} \tag{107}$$

同样地,

$$\mathrm{tr}[(\not{q}'-m')\gamma_\mu(\not{p}'+m')\gamma_\nu] = 4[q'_\mu p'_\nu + p'_\mu q'_\nu - (m'^2+q'p')g_{\mu\nu}]. \tag{108}$$

最后得到

$$\frac{1}{4}\sum_{\xi\xi'\zeta\zeta'}|M_{\mathrm{fi}}|^2 = \frac{4e^4}{s^2}[q^\nu p^\mu + p^\nu q^\mu - (m^2+qp)g^{\nu\mu}][q'_\mu p'_\nu + p'_\mu q'_\nu - (m'^2+q'p')g_{\mu\nu}]$$

$$= \frac{8e^4}{s^2}(pq'\cdot qp' + pp'\cdot qq' + pqm'^2 + p'q'm^2 + 2m^2m'^2). \tag{109}$$

Mandelstam 变量 在高能粒子运动学中, 常用下列 Mandelstam 变量,

$$s=(p+q)^2, \qquad t=(p-p')^2, \qquad u=(p-q')^2, \tag{110}$$

容易看出, 它们与参考系无关, 是 Lorentz 不变的. s 在前面已经用到, 是碰撞系统不变质量的平方. t 是碰撞过程朝前四维动量转换, u 是碰撞过程朝后四维动量转换. 由于

$$s+t+u = p^2 + q^2 + p'^2 + q'^2 = \sum_i m_i^2, \tag{111}$$

s, t, u 中只有两个独立.

对于现在的情形,

$$\left. \begin{array}{l} pq = \frac{s}{2} - m^2, \qquad p'q' = \frac{s}{2} - m'^2, \qquad pp' = qq' = \frac{1}{2}(t - m^2 - m'^2), \\ pq' = qp' = \frac{1}{2}(u - m^2 - m'^2) = -\frac{1}{2}(s + t - m^2 - m'^2). \end{array} \right\} \quad (112)$$

把它们代入 (109) 式, 就有

$$\frac{1}{4} \sum_{\xi \xi' \zeta \zeta'} |M_{\text{fi}}|^2 = \frac{2e^4}{s^2} \left[2s(m^2 + m'^2) + (t - m^2 - m'^2)^2 + (s + t - m^2 - m'^2)^2 \right]. \quad (113)$$

动心系不变微分截面 在动心系 $\boldsymbol{q} = -\boldsymbol{p}$, $\boldsymbol{q}' = -\boldsymbol{p}'$, 对现在的情形还有 $q_0 = p_0 = q_0' = p_0' = E_{\text{f}}/2$. 于是正负电子的相对速率 v 和初末态归一化常数 N_{fi} 分别为

$$v = \frac{2|\boldsymbol{p}|}{p_0} = \frac{4|\boldsymbol{p}|}{E_{\text{f}}}, \qquad N_{\text{fi}} = \frac{1}{4\sqrt{p_0' q_0' p_0 q_0} \, V^2} = \frac{1}{E_{\text{f}}^2 V^2}. \quad (114)$$

另外,

$$\frac{\mathrm{d}E_{\text{f}}}{\mathrm{d}|\boldsymbol{p}'|} = 2\frac{\mathrm{d}}{\mathrm{d}|\boldsymbol{p}'|} \sqrt{\boldsymbol{p}'^2 + m'^2} = \frac{4|\boldsymbol{p}'|}{E_{\text{f}}}, \quad (115)$$

所以

$$\rho(E_{\text{f}}) = \frac{\boldsymbol{p}'^2 \mathrm{d}|\boldsymbol{p}'|}{\pi^2 \mathrm{d}E_{\text{f}}} = \frac{|\boldsymbol{p}'| E_{\text{f}}}{4\pi^2}. \quad (116)$$

把上述 $\rho(E_{\text{f}})$, N_{fi} 和 $\sum |M_{\text{fi}}|^2$ 代入 (41) 式, 就得到角分布

$$\frac{\mathrm{d}\sigma}{\mathrm{d}\Omega} = \frac{\alpha^2 |\boldsymbol{p}'|}{2s^3 |\boldsymbol{p}|} \left[2s(m^2 + m'^2) + (t - m^2 - m'^2)^2 + (s + t - m^2 - m'^2)^2 \right]. \quad (117)$$

由于上式右边与 $\mathrm{d}\Omega = \sin\theta \mathrm{d}\theta \mathrm{d}\varphi$ 中的幅角 φ 无关, 可以完成对它的积分,

$$\frac{\mathrm{d}\sigma}{\sin\theta \mathrm{d}\theta} = \frac{\pi \alpha^2 |\boldsymbol{p}'|}{s^3 |\boldsymbol{p}|} \left[2s(m^2 + m'^2) + (t - m^2 - m'^2)^2 + (s + t - m^2 - m'^2)^2 \right]. \quad (118)$$

利用 $\boldsymbol{p}^2 = p_0^2 - m^2 = (s - 4m^2)/4$, 以及

$$\mathrm{d}t = \mathrm{d}(p + p')^2 = \mathrm{d}[m^2 + m'^2 + 2(p_0 p_0' - |\boldsymbol{p}| \cdot |\boldsymbol{p}'| \cos\theta)] = 2|\boldsymbol{p}| \cdot |\boldsymbol{p}'| \sin\theta \mathrm{d}\theta, \quad (119)$$

可以把角分布公式写成

$$\frac{\mathrm{d}\sigma}{\mathrm{d}t} = \frac{2\pi \alpha^2}{s^3(s - 4m^2)} \left[2s(m^2 + m'^2) + (t - m^2 - m'^2)^2 + (s + t - m^2 - m'^2)^2 \right]. \quad (120)$$

上式右边是 Lorentz 不变的, 所以称为 *动心系不变微分截面*.

高能行为 对于 $s, |t|_{\max} \gg m^2, m'^2$ 的高能情形, 当 $|t| \gg m'^2$ 时,

$$\frac{\mathrm{d}\sigma}{\mathrm{d}t} \approx \frac{2\pi \alpha^2}{s^4}(s^2 + 2st + 2t^2). \quad (121)$$

为了得到反应总截面, 需要对 t 积分. 积分上下限分别为

$$t_b = t_{\theta=0} \approx 0, \qquad t_a = t_{\theta=\pi} \approx -s, \quad (122)$$

所以

$$\sigma_{\rm T} \approx \frac{2\pi\alpha^2}{s^4}\int_{t_a}^{t_b}{\rm d}t(s^2+2st+2t^2)\approx\frac{4\pi\alpha^2}{3s}. \tag{123}$$

高能正负电子对撞时，纯 QED 效应的总截面 $\propto 1/s$，与总能量的平方成反比.

更好一些的近似给出 [1]

$$\sigma_{\rm T}\approx\frac{4\pi\alpha^2}{3s}\sqrt{1-\frac{m'^2}{p_0^2}}\left(1+\frac{1}{2}\frac{m'^2}{p_0^2}\right)\approx\frac{4\pi\alpha^2}{3s}\left[1-\frac{3}{8}\left(\frac{m'}{p_0}\right)^4-\cdots\right], \tag{124}$$

它与出射粒子质量 m' 有关. 改变对撞束流能量 p_0，测量产生相应正负粒子偶的总截面 $\sigma_{\rm T}$，用这个公式就可以拟合出粒子质量 m'. 在正负电子对撞机上测量 τ 轻子的质量，就是这个公式对过程 $e^++e^- \to \tau^++\tau^-$ 的应用. 当然这已经不是量子场论，而是粒子物理的问题.

3. e μ 散射和 Mott 散射

e μ 散射   e μ 散射 $e^-\mu^- \to e^-\mu^-$ 是与 $e^+e^- \to \mu^+\mu^-$ 对称的过程，它的 2 阶 Feynman 图如图 7-6，转回 90° 就与图 7-5 相合. 相应的变量代换是

$$p\longrightarrow p, \qquad q\longrightarrow -p', \qquad p'\longrightarrow q', \qquad q'\longrightarrow -q. \tag{125}$$

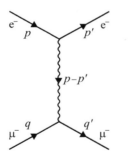

图 7-6 $e^-\mu^-$ 散射的 2 阶 Feynman 图

注意图 7-5 中的 q 与 q' 是反粒子四维动量，方向与其外线方向相反，对应到图 7-6 中的 p' 与 q 是粒子四维动量，方向与其外线方向相同，所以做代换时改变正负. 还要注意，图中光子传播线的方向只是用来规定所传播的四维动量的正负，并没有绝对的含义. 光子四维动量 $k = p - p'$ 与传播线方向一致时为正，与传播线方向相反时为负.

在 (109) 式中做上述代换，就有

$$\frac{1}{4}\sum_{\xi\xi'\zeta\zeta'}|M_{\rm fi}|^2=\frac{8e^4}{t^2}(pq\cdot p'q'+pq'\cdot p'q-pp'm'^2-qq'm^2+2m^2m'^2)$$

$$=\frac{8e^4}{t^2}[(pq)^2+(p'q)^2-(pp'-m^2)(m^2+m'^2)], \tag{126}$$

[1] M.E. Peskin and D.V. Schroeder, *An Introduction to Quantum Field Theory*, Addison-Wesley, 1995, p.136.

其中 m 和 m' 分别是电子和 μ 子质量，$t = (p-p')^2$，以及

$$p'q' = pq, \qquad pq' = p'q, \qquad qq' = pp' + m'^2 - m^2. \tag{127}$$

在 μ^- 静止的参考系，$q = (m',0,0,0)$. 设出射电子动量 p' 与入射电子动量 p 的夹角为 θ，就有

$$\frac{\mathrm{d}E_{\mathrm{f}}}{\mathrm{d}|\boldsymbol{p}'|} = \frac{E_{\mathrm{f}}|\boldsymbol{p}'| - p'_0|\boldsymbol{p}|\cos\theta}{p'_0 q'_0}, \tag{128}$$

$$\rho(E_{\mathrm{f}}) = \frac{\boldsymbol{p}'^2 \mathrm{d}|\boldsymbol{p}'|}{\pi^2 \mathrm{d}E_{\mathrm{f}}} = \frac{\boldsymbol{p}'^2 p'_0 q'_0}{\pi^2(E_{\mathrm{f}}|\boldsymbol{p}'| - p'_0|\boldsymbol{p}|\cos\theta)}. \tag{129}$$

于是，由 (41) 式可得散射角分布

$$\frac{\mathrm{d}\sigma}{\mathrm{d}\Omega} = \frac{V^4}{16v} \frac{\boldsymbol{p}'^2 p'_0 q'_0}{\pi^2(E_{\mathrm{f}}|\boldsymbol{p}'| - p'_0|\boldsymbol{p}|\cos\theta)} \frac{1}{16p_0 m' p'_0 q'_0 V^4} \sum_{\xi\xi'\zeta\zeta'} |M_{\mathrm{fi}}|^2$$

$$= \frac{2\alpha^2|\boldsymbol{p}'|}{m'(E_{\mathrm{f}}|\boldsymbol{p}'| - p'_0|\boldsymbol{p}|\cos\theta)t^2} [(p_0^2 + p_0'^2)m'^2 - (pp' - m^2)(m^2 + m'^2)]. \tag{130}$$

Mott 散射　取极限 $m' \to \infty$，即靶固定不动，问题就成为电子被点粒子 Coulomb 场散射. 这时 $|\boldsymbol{p}'| = |\boldsymbol{p}|$，上述公式成为

$$\frac{\mathrm{d}\sigma}{\mathrm{d}\Omega} = \frac{2\alpha^2}{t^2}(p_0^2 + p_0'^2 - pp' + m^2) = \frac{2\alpha^2}{16\boldsymbol{p}^4\sin^4(\theta/2)} 2p_0^2[1 - v^2\sin^2(\theta/2)]$$

$$= \frac{\alpha^2}{4\boldsymbol{p}^2 v^2 \sin^4(\theta/2)}[1 - v^2\sin^2(\theta/2)]. \tag{131}$$

这就是相对论性电子 Coulomb 散射的 Mott 公式[1]，其中第二项是来自相对论的粒子自旋效应. 这种散射也称为 Mott 散射. 当入射粒子速度不高时，$v \ll 1$，相对论效应可以略去，问题成为非相对论的 Rutherford 散射，上式成为 Rutherford 公式，

$$\frac{\mathrm{d}\sigma}{\mathrm{d}\Omega} = \frac{\alpha^2}{4m^2 v^4 \sin^4(\theta/2)}. \tag{132}$$

Rutherford 公式可以从经典力学推出[2]. 经典力学的推导没有作近似，而这里的结果只是 2 阶微扰的非相对论近似. 也就是说，经典力学只是 QED 2 阶微扰的非相对论近似. 这并不奇怪，因为经典力学只是量子力学的经典近似，而 QED 是以相对论和量子力学为基础的.

[1] N.F. Mott, *Proc. Roy. Soc.* (London) **124** (1929) 425.

[2] 例如，L.D. Landau and E.M. Lifshitz, *Mechanics*, Pergamon Press, 3rd edition, 1976, p.53.

7.4 等效外场近似

1. 等效外场

Coulomb 场 上节末尾令靶粒子质量趋于无限的做法，可以推广为一种普遍的近似. 把图 7-6 中的 μ 子换成质量 m' 电荷 Ze 的重粒子，则这个重粒子顶点对矩阵元的贡献为

$$-\mathrm{i}Ze(2\pi)^4\delta^4(q'-q-k)\overline{u}(\boldsymbol{q}',\xi')\gamma^\nu u(\boldsymbol{q},\xi)\,\mathrm{i}D_{\mathrm{F}\mu\nu}(k), \tag{133}$$

其中 Ze 是这个粒子与光子的耦合常数，k 是由顶点传出的光子四维动量，最后要对它积分并除以 $(2\pi)^4$. 注意 $\overline{u}(\boldsymbol{q}',\xi')\gamma^\nu u(\boldsymbol{q},\xi)$ 是旋量 $\overline{\psi}(x)\gamma^\nu\psi(x)$ 的 Fourier 分量，即动量空间分量. 在物理上，由于 $j^\nu = Ze\overline{\psi}(x)\gamma^\nu\psi(x)$ 是这个粒子的流密度，当粒子质量趋于无限，$m'\to\infty$ 时，流速趋于 0, $\boldsymbol{j}\to 0$, 只有 0 分量 j^0, 即 $\nu = 0$. 这相当于选择一个特殊的参考系，从而表述失去了相对论协变性 [1].

这个结论还可从旋量 $\overline{u}(\boldsymbol{q}',\xi')\gamma^\nu u(\boldsymbol{q},\xi)$ 的具体表达式看出. 当 $m'\to\infty$ 时，

$$u(\boldsymbol{q},\xi) = N\begin{pmatrix} \zeta_\xi \\ \frac{\boldsymbol{\sigma}\cdot\boldsymbol{q}}{\omega+m'}\zeta_\xi \end{pmatrix} \longrightarrow N\begin{pmatrix} \zeta_\xi \\ 0 \end{pmatrix}. \tag{134}$$

而在 Dirac 表象中

$$\gamma^0 = \begin{pmatrix} 1 & 0 \\ 0 & -1 \end{pmatrix}, \qquad \gamma^i = \begin{pmatrix} 0 & \sigma^i \\ -\sigma^i & 0 \end{pmatrix}, \tag{135}$$

所以当 $m'\to\infty$ 时

$$\overline{u}(\boldsymbol{q}',\xi')\gamma^i u(\boldsymbol{q},\xi) = N^2(\zeta_{\xi'}^\dagger,0)\begin{pmatrix} 0 & \sigma^i \\ \sigma^i & 0 \end{pmatrix}\begin{pmatrix} \zeta_\xi \\ 0 \end{pmatrix} = 0, \tag{136}$$

$$\overline{u}(\boldsymbol{q}',\xi')\gamma^0 u(\boldsymbol{q},\xi) = u^\dagger(\boldsymbol{q}',\xi')u(\boldsymbol{q},\xi) = N^2\zeta_{\xi'}^\dagger\zeta_\xi = \delta_{\xi'\xi}, \tag{137}$$

上式定义了靶粒子的归一化常数 N. 注意上述结果与 $\boldsymbol{q},q'$ 无关.

于是，(133) 式成为

$$-\mathrm{i}Ze(2\pi)^4\delta^4(q'-q-k)\delta_{\xi'\xi}\mathrm{i}D_{\mathrm{F}\mu 0}(k). \tag{138}$$

其中，$\delta_{\xi'\xi}$ 表示靶粒子自旋守恒，可以省略不写. 由于 $m'\to\infty$, 质量趋于无限，靶的能量恒定不变，$q'_0 = q_0$. 于是，对 k_0 积分并除以 2π, 就消去一个因子 $2\pi\delta(q'_0-q_0-k_0)$, 给出 $k_0 = 0$, 没有能量交换. 剩下的因子 $\delta(\boldsymbol{q}'-\boldsymbol{q}-\boldsymbol{k})$ 中，$\boldsymbol{q}'-\boldsymbol{q}$ 可以取任何值，对 $\boldsymbol{k}$ 没有约束，通过对靶粒子初态 $\boldsymbol{q}$ 取平均对末态 $\boldsymbol{q}'$ 求

---

[1] 如何建立协变的 Coulomb 相互作用理论曾经是一个重要问题，胡宁做过这方面的工作，见 N. Hu, *Phys. Rev.* **76** (1949) 391.

和可把这个因子消去. 最后, 在光子传播子 $iD_{F\mu0}(k) = -ig_{\mu0}/k^2$ 中, 由于 $k_0 = 0$, 只有动量交换 $\boldsymbol{k}$, $k^2 = -\boldsymbol{k}^2$. 所以, 这个靶粒子顶点对矩阵元的贡献可以写成

$$\frac{Ze}{\boldsymbol{k}^2}\, g_{\mu0}, \tag{139}$$

要对 $\boldsymbol{k}$ 积分并除以 $(2\pi)^3$.

因子 $Ze/\boldsymbol{k}^2$ 可以等效地看作某种外场 $A_0^{\text{ext}}(\boldsymbol{x})$ 的动量空间表示, 即

$$A_0^{\text{ext}}(\boldsymbol{x}) = \int \frac{\mathrm{d}^3\boldsymbol{k}}{(2\pi)^3} \frac{Ze}{\boldsymbol{k}^2} \, \mathrm{e}^{\mathrm{i}\boldsymbol{k}\cdot\boldsymbol{x}} = \frac{Ze}{(2\pi)^2} \int \mathrm{d}|\boldsymbol{k}|\mathrm{d}\cos\theta\, \mathrm{e}^{\mathrm{i}|\boldsymbol{k}|r\cos\theta}$$

$$= \frac{2Ze}{(2\pi)^2} \int \mathrm{d}|\boldsymbol{k}| \frac{\sin(|\boldsymbol{k}|r)}{|\boldsymbol{k}|r} = \frac{Ze}{4\pi r}, \tag{140}$$

其中 $r = |\boldsymbol{x}|$ 是从靶粒子到场点的距离. 这个场 $A_0^{\text{ext}}(r)$ 称为 Coulomb 场. Coulomb 场是质量无限的荷电粒子产生的等效外场. 所以, 经典电动力学的 Coulomb 定律, 是 QED 在粒子质量趋于无限时的近似, 这时粒子静止.

等效外源及其 Feynman 规则 可以把质量很大的静止荷电点粒子近似当做一个产生 Coulomb 场的等效外源. 于是, 在 Feynman 图中, 可以把它的 QED 顶点简化为一个外源, 由它引出一条光子内线, 而略去这个粒子的两条外线, 如图 7-7. 相应的动量空间 Feynman 规则为:

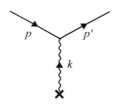

图 7-7 外源引起的 Coulomb 散射

• 等效外源及其光子内线: 等效外源与由它引出的光子内线贡献因子

$$A_\mu^{\text{ext}}(k) = \frac{Ze}{\boldsymbol{k}^2}\, g_{\mu0},$$

最后对三维动量 $\boldsymbol{k}$ 积分并除以 $(2\pi)^3$, 对分量指标 μ 求和, 这里 $\boldsymbol{k}$ 是从外源传出的动量, μ 是光子内线另一端的 γ 矩阵指标.

在物理上, 可以把这个因子分解成 $-iZe$ 和 $ig_{\mu0}/\boldsymbol{k}^2$ 两部分, $-iZe$ 相当于一个 QED 顶点, $ig_{\mu0}/\boldsymbol{k}^2$ 则是从这个顶点出来的传播子. 注意由等效外源传出的虚光子是离壳的, 所以这条光子线必定是光子内线. 它影响整个过程总的动量守恒, 而不影响能量守恒.

可以看出, 这个近似做法, 在形式上等效于把 Coulomb 场 $A_0^{\text{ext}}(r)$ 当做没有量子化的经典外场. 它由经典的外源 $j^0 = Ze$ 产生, 而在从生成泛函求 Green 函数时, $j^0 \neq 0$.

2. 外源引起的 Coulomb 散射

散射矩阵   用外源来处理 Coulomb 散射, 把靶粒子的 QED 顶点简化为外源, 最低阶 Feynman 图就只含 1 个 QED 顶点, 如图 7-7 所示. 与图 7-7 相应的 S 矩阵元为

$$S_{\mathrm{fi}}^{(1)} = -\mathrm{i}eN_{\mathrm{fi}}\int \frac{\mathrm{d}^3\boldsymbol{k}}{(2\pi)^3}\,(2\pi)^4\delta(p_0'-p_0)\delta^3(\boldsymbol{p}'-\boldsymbol{p}-\boldsymbol{k})\,\overline{u}(\boldsymbol{p}',\xi')\gamma^\mu u(\boldsymbol{p},\xi)\frac{Ze}{\boldsymbol{k}^2}\,g_{\mu 0}$$

$$= -\mathrm{i}2\pi\delta(p_0'-p_0)\frac{Ze^2}{(\boldsymbol{p}'-\boldsymbol{p})^2}N_{\mathrm{fi}}u^\dagger(\boldsymbol{p}',\xi')u(\boldsymbol{p},\xi) = -\mathrm{i}2\pi\delta(p_0'-p_0)N_{\mathrm{fi}}M_{\mathrm{fi}}, \quad (141)$$

$$M_{\mathrm{fi}} = \frac{Ze^2}{(\boldsymbol{p}'-\boldsymbol{p})^2}\,u^\dagger(\boldsymbol{p}',\xi')u(\boldsymbol{p},\xi), \tag{142}$$

其中设入射粒子电荷为 e. 由于外源与入射粒子有动量交换, 除去外源部分的体系不是孤立的, 没有动量守恒, 与第 6 章 (141) 式不同, 这里的 (141) 式只含能量守恒因子. 能量守恒因子 $\delta(p_0'-p_0)$ 要求 $|\boldsymbol{p}'|=|\boldsymbol{p}|$, 所以

$$(\boldsymbol{p}'-\boldsymbol{p})^2 = 2\boldsymbol{p}^2(1-\cos\theta) = 4\boldsymbol{p}^2\sin^2(\theta/2), \tag{143}$$

其中 θ 是散射方向 $\boldsymbol{p}'$ 与入射方向 $\boldsymbol{p}$ 的夹角.

平均跃迁率   与 6.6 节 1 的做法一样, 初态与末态不同时, 系统从初态跃迁到末态的概率为

$$W_{\mathrm{fi}} = |S_{\mathrm{fi}}^{(1)}|^2 = (2\pi)^2\delta(0)\delta(p_0'-p_0)N_{\mathrm{fi}}^2|M_{\mathrm{fi}}|^2, \tag{144}$$

注意其中

$$\delta(0) = \lim_{p_0\to 0}\int \frac{\mathrm{d}t}{2\pi}\,\mathrm{e}^{-\mathrm{i}p_0 t} = \lim_{T\to\infty}\frac{T}{2\pi}, \tag{145}$$

T 是散射经历的时间. 于是, 系统的跃迁率为

$$P_{\mathrm{fi}} = \lim_{T\to\infty}\frac{W_{\mathrm{fi}}}{T} = 2\pi\delta(p_0'-p_0)N_{\mathrm{fi}}^2|M_{\mathrm{fi}}|^2. \tag{146}$$

再对初态平均对末态求和, 注意现在初末态都只有一个粒子, 就有平均跃迁率

$$\begin{aligned}
\overline{P}_{\mathrm{fi}} &= \frac{1}{2}\sum_{\xi,\xi'}\int \frac{V\mathrm{d}^3\boldsymbol{p}'}{(2\pi)^3}\,2\pi\delta(p_0'-p_0)N_{\mathrm{fi}}^2|M_{\mathrm{fi}}|^2 \\
&= \frac{1}{2}\sum_{\xi,\xi'}\int \frac{V\boldsymbol{p}'^{\,2}\mathrm{d}|\boldsymbol{p}'|\mathrm{d}\Omega}{(2\pi)^2}\,\delta(p_0'-p_0)N_{\mathrm{fi}}^2|M_{\mathrm{fi}}|^2 \\
&= \frac{V}{8\pi^2}\sum_{\xi,\xi'}\int \mathrm{d}\Omega|\boldsymbol{p}|p_0 N_{\mathrm{fi}}^2|M_{\mathrm{fi}}|^2,
\end{aligned} \tag{147}$$

最后一步是用 $\mathrm{d}|\boldsymbol{p}'| = p_0'\mathrm{d}p_0'/|\boldsymbol{p}'|$ 完成对 $\mathrm{d}|\boldsymbol{p}'|$ 的积分.

计算 $\sum |M_{fi}|^2$ 这个计算的核心是其中的旋量部分,

$$\sum_{\xi,\xi'} |u^\dagger(\boldsymbol{p}',\xi')u(\boldsymbol{p},\xi)|^2 = \sum_{\xi,\xi'} u^\dagger(\boldsymbol{p},\xi)u(\boldsymbol{p}',\xi')u^\dagger(\boldsymbol{p}',\xi')u(\boldsymbol{p},\xi)$$

$$= \sum_\xi \overline{u}(\boldsymbol{p},\xi)\gamma^0(\slashed{p}'+m)\gamma^0 u(\boldsymbol{p},\xi) = \text{tr}[(\slashed{p}+m)\gamma^0(\slashed{p}'+m)\gamma^0]$$

$$= \text{tr}(\slashed{p}\gamma^0\slashed{p}'\gamma^0 + m^2) = 4(2p_0 p_0' - pp' + m^2), \tag{148}$$

其中 m 是入射粒子质量. 于是

$$\sum_{\xi,\xi'} |M_{fi}|^2 = \frac{Z^2 e^4}{(\boldsymbol{p}'-\boldsymbol{p})^4} \sum_{\xi,\xi'} |u^\dagger(\boldsymbol{p}',\xi')u(\boldsymbol{p},\xi)|^2 = \frac{Z^2 e^4}{(\boldsymbol{p}'-\boldsymbol{p})^4} 4(2p_0 p_0' - pp' + m^2)$$

$$= \frac{Z^2 e^4}{2\boldsymbol{p}^2 v^2 \sin^4(\theta/2)} \left[1 - v^2\sin^2(\theta/2)\right], \tag{149}$$

其中 $v = |\boldsymbol{p}|/p_0$ 是入射粒子速度.

散射角分布 散射总截面为

$$\sigma = \frac{\overline{P_{fi}}V}{v} = \frac{V^2}{8\pi^2 v}\sum_{\xi,\xi'}\int \mathrm{d}\Omega |\boldsymbol{p}|p_0 N_{fi}^2 |M_{fi}|^2, \tag{150}$$

于是散射角分布为

$$\frac{\mathrm{d}\sigma}{\mathrm{d}\Omega} = \frac{V^2 |\boldsymbol{p}|p_0}{8\pi^2 v}\sum_{\xi,\xi'} N_{fi}^2 |M_{fi}|^2. \tag{151}$$

代入上面算得的 $\sum_{\xi,\xi'} |M_{fi}|^2$ 和

$$N_{fi} = \frac{1}{2\sqrt{p_0' p_0}\, V} = \frac{1}{2p_0 V}, \tag{152}$$

就有

$$\frac{\mathrm{d}\sigma}{\mathrm{d}\Omega} = \frac{Z^2 \alpha^2}{2(\boldsymbol{p}'-\boldsymbol{p})^4}\sum_{\xi,\xi'} |u^\dagger(\boldsymbol{p}',\xi')u(\boldsymbol{p},\xi)|^2$$

$$= \frac{Z^2 \alpha^2}{4\boldsymbol{p}^2 v^2 \sin^4(\theta/2)} \left[1 - v^2\sin^2(\theta/2)\right], \tag{153}$$

这正是上节末尾给出的 Mott 公式. 我们看到, 上节的算法是先算 2 阶过程, 最后再取极限 $m' \to \infty$. 而等效外场近似是先取极限 $m' \to \infty$, 把 2 阶过程简化为 1 阶过程, 使得计算大为简化.

3. 韧致辐射

物理过程和 Feynman 图 前面已经指出, $\mathrm{e}^+\mathrm{e}^-$ 湮没的末态不可能只有 1 个光子, $\mathrm{e}^+ + \mathrm{e}^- \not\to \gamma$, 因为它不满足能量动量守恒. 同样地, 电子也不可能在

自由飞行中放出光子，$e^- \not\longrightarrow e^- + \gamma$, 因为这个过程也不满足能量动量守恒. 事实上，这两个过程是交叉对称的.

不过，电子飞过原子核附近时，在核的 Coulomb 场作用下，会改变速度，放出光子. 在这种情形，核本身获得一定动量，使得整个过程能量动量仍然守恒. 这种带电粒子在运动中受到阻力而产生的辐射，称为 轫致辐射. 在这个过程中，核作为一个整体与电子发生作用.

对于能量不太高，de Broglie 波长大于原子核尺度的电子，可以把原子核整体看成具有电荷 Ze 的点状粒子 N, 写成

$$e^- + N \longrightarrow e^- + N + \gamma. \tag{154}$$

由于原子核比电子质量大得多，被电子碰撞后获得的速度很小，可以近似看成静止不动的点状外源. 于是，整个问题就近似简化为电子在固定外场作用下放出光子的过程，其最低阶 Feynman 图如图 7-8 所示. 注意现在只有一条光子外线，但有一条来自外源的光子传播线. 光子传播线的方向只是用来定义 k 的正负.

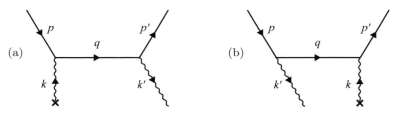

图 7-8 轫致辐射的 2 阶 Feynman 图

散射矩阵 图 7-8 有两个 QED 顶点，是 2 阶过程，电子电荷为 $-e$,可以写出

$$S_{\mathrm{fi(a)}}^{(2)} = \mathrm{i}eN_{\mathrm{fi}} \int \frac{\mathrm{d}^4 q}{(2\pi)^4} \frac{\mathrm{d}^3 \boldsymbol{k}}{(2\pi)^3} (2\pi)^4 \delta^4(p'+k'-q)\overline{u}(\boldsymbol{p}',\xi')\gamma^\mu e^{\sigma'}_{\boldsymbol{k}'\mu} \mathrm{i}S_{\mathrm{F}}(q)$$

$$\times \mathrm{i}e(2\pi)^4 \delta(q_0-p_0)\delta^3(\boldsymbol{q}-\boldsymbol{p}-\boldsymbol{k})\gamma^\nu u(\boldsymbol{p},\xi)\frac{Ze}{\boldsymbol{k}^2} g_{\nu 0}$$

$$= -\mathrm{i}\,2\pi\delta(p'_0+k'_0-p_0)N_{\mathrm{fi}}M_{\mathrm{fi(a)}}, \tag{155}$$

$$M_{\mathrm{fi(a)}} = \overline{u}(\boldsymbol{p}',\xi')\gamma^\mu e^{\sigma'}_{\boldsymbol{k}'\mu} S_{\mathrm{F}}(p'+k')\gamma^0 u(\boldsymbol{p},\xi)\frac{Ze^3}{(\boldsymbol{p}'+\boldsymbol{k}'-\boldsymbol{p})^2}$$

$$= \frac{Ze^3\overline{u}(\boldsymbol{p}',\xi')\gamma^\mu e^{\sigma'}_{\boldsymbol{k}'\mu}(\slashed{p}'+\slashed{k}'+m)\gamma^0 u(\boldsymbol{p},\xi)}{[(p'+k')^2-m^2](\boldsymbol{p}'+\boldsymbol{k}'-\boldsymbol{p})^2}. \tag{156}$$

同样还有

$$M_{\mathrm{fi(b)}} = \frac{Ze^3\overline{u}(\boldsymbol{p}',\xi')\gamma^0(\slashed{p}-\slashed{k}'+m)\gamma^\mu e^{\sigma'}_{\boldsymbol{k}'\mu} u(\boldsymbol{p},\xi)}{[(p-k')^2-m^2](\boldsymbol{p}'+\boldsymbol{k}'-\boldsymbol{p})^2}. \tag{157}$$

于是,

$$M_{\text{fi}} = M_{\text{fi(a)}} + M_{\text{fi(b)}} = \frac{Ze^3}{(\boldsymbol{p}' + \boldsymbol{k}' - \boldsymbol{p})^2}\,\overline{u}(\boldsymbol{p}', \xi')O\,u(\boldsymbol{p}, \xi), \tag{158}$$

$$O = \frac{\slashed{\epsilon}(\slashed{p}' + \slashed{k}' + m)\gamma^0}{2p'k'} - \frac{\gamma^0(\slashed{p} - \slashed{k}' + m)\slashed{\epsilon}}{2pk'}, \tag{159}$$

注意 m 是电子质量, 分母已经用 $p^2 = p'^2 = m^2$ 和 $k'^2 = 0$ 化简, 而

$$\slashed{\epsilon} = \gamma^\mu e^{\sigma'}_{\boldsymbol{k}'\mu}. \tag{160}$$

现在的做法与 Compton 散射的不同. 在 Compton 散射的推导中, 我们不准备考虑对光子极化的观测, 所以把光子极化矢量分离出来, 一开始就通过对极化求和把它消去. 而为了考虑对光子极化的观测, 就需要在推导中保留极化矢量, 在这里就是算符 O 中的 $\slashed{\epsilon}$.

计算 $\sum|M_{\text{fi}}|^2$ 若用非极化入射电子束, 也不探测出射电子的自旋, 则要对电子的初态自旋求平均对末态自旋求和. 所以需要计算

$$\frac{1}{2}\sum_{\xi, \xi'}|M_{\text{fi}}|^2 = \frac{Z^2e^6}{2(\boldsymbol{p}' + \boldsymbol{k}' - \boldsymbol{p})^4}\sum_{\xi, \xi'}|\overline{u}(\boldsymbol{p}', \xi')O\,u(\boldsymbol{p}, \xi)|^2. \tag{161}$$

和 Compton 散射一样, 利用 Dirac 方程 $(\slashed{p} - m)u(\boldsymbol{p}, \xi) = 0$ 和 $\overline{u}(\boldsymbol{p}', \xi')(\slashed{p}' - m) = 0$, 可以得到

$$\overline{u}(\boldsymbol{p}', \xi')O\,u(\boldsymbol{p}, \xi) = \overline{u}(\boldsymbol{p}', \xi')Q\,u(\boldsymbol{p}, \xi), \tag{162}$$

$$Q = \frac{(2\epsilon p' + \slashed{\epsilon}\slashed{k}')\gamma^0}{2p'k'} - \frac{\gamma^0(2\epsilon p - \slashed{k}'\slashed{\epsilon})}{2pk'}, \tag{163}$$

其中 $\epsilon p = e^{\sigma'}_{\boldsymbol{k}'\mu}p^\mu$, $\epsilon p' = e^{\sigma'}_{\boldsymbol{k}'\mu}p'^\mu$. 于是

$$\sum_{\xi, \xi'}|\overline{u}(\boldsymbol{p}', \xi')O\,u(\boldsymbol{p}, \xi)|^2 = \sum_{\xi, \xi'}|\overline{u}(\boldsymbol{p}', \xi')Q\,u(\boldsymbol{p}, \xi)|^2$$

$$= \sum_{\xi, \xi'}\overline{u}(\boldsymbol{p}, \xi)\underline{Q}\,u(\boldsymbol{p}', \xi')\overline{u}(\boldsymbol{p}', \xi')Q\,u(\boldsymbol{p}, \xi) = \text{tr}[(\slashed{p} + m)\underline{Q}(\slashed{p}' + m)Q], \tag{164}$$

$$\underline{Q} = \gamma^0 Q^\dagger \gamma^0 = \frac{\gamma^0(2\epsilon p' + \slashed{k}'\slashed{\epsilon})}{2p'k'} - \frac{(2\epsilon p - \slashed{\epsilon}\slashed{k}')\gamma^0}{2pk'}. \tag{165}$$

完成上述求迹运算, 最后推出的轫致辐射角分布, 就是著名的 Bethe-Heitler 公式 [1], 有兴趣的读者可以参阅有关著作 [2]. 在历史上, Bethe-Heitler 公式与中子的发现还有过一段渊源. 1932 年初, Jouliot-Curie 发现了一个中性长射程粒子. 他猜想是光子, 用 Klein-Nishina 公式估计, 有 50MeV. 而这么高能量的 γ 光

---

[1] H. Bethe and W. Heitler, *Proc. Roy. Soc.* **A146** (1934) 83.

[2] 例如 W. Heitler, *The Quantum Theory of Radiation*, 3rd edition, Oxford University Press, 1954, p.242; 或 C. Itzykson and J.-B. Zuber, *Quantum Field Theory*, McGraw-Hill, 1980, p.238.

子, 会产生正负电子偶 e$^+$e$^-$, 就不能用 Klein-Nishina 公式, 应该用 Bethe-Heitler 公式来估算. 当时这个公式已经推出来了, 但 Jouliot-Curie 还不知道. 这个消息传到 Rutherford 实验室, 他们知道 Bethe-Heitler 公式, 因而断定 Jouliot-Curie 错了. 两星期后, Chadwick 发现这不是光子 γ, 而是中子 n. 实验发现也离不开理论分析, 而且是最前沿的理论.

我们这里只考虑轫致辐射谱中的低能软光子部分, 即 Bethe-Heitler 公式的低能极限. 在 Q 与 $\underline{Q}$ 的分子中取 $k' \to 0$, 就有

$$Q \approx \underline{Q} \approx \gamma^0 \Big(\frac{\epsilon p'}{p'k'} - \frac{\epsilon p}{pk'} \Big). \tag{166}$$

由此容易看出

$$M_{\mathrm{fi}} \approx e \Big(\frac{\epsilon p'}{p'k'} - \frac{\epsilon p}{pk'} \Big) \frac{Ze^2}{(\boldsymbol{p}' - \boldsymbol{p})^2} u^\dagger(\boldsymbol{p}', \xi') u(\boldsymbol{p}, \xi) = e \Big(\frac{\epsilon p'}{p'k'} - \frac{\epsilon p}{pk'} \Big) M_{\mathrm{el}}, \tag{167}$$

其中 M_{el} 是 (142) 式给出的电子被 Coulomb 场弹性散射的振幅.

软轫致辐射谱　对散射角分布的算法与前一小节一样. 不同的是, 现在除了被散射的电子, 末态还有轫致辐射光子, 所以初末态归一化常数 N_{fi} 中多一个因子 $1/\sqrt{2k_0'V}$, 对末态求和多一个积分 $\int V \mathrm{d}^3\boldsymbol{k}'/(2\pi)^3$. 于是可以写出平均跃迁率

$$\overline{P}_{\mathrm{fi}} = \frac{1}{2} \sum_{\xi,\xi'} \int \frac{V\mathrm{d}^3\boldsymbol{p}'}{(2\pi)^3} \frac{V\mathrm{d}^3\boldsymbol{k}'}{(2\pi)^3} 2\pi\delta(p_0' + k_0' - p_0) N_{\mathrm{fi}}^2 |M_{\mathrm{fi}}|^2$$

$$= \int \frac{\boldsymbol{k}'^2 \mathrm{d}|\boldsymbol{k}'|\mathrm{d}\Omega_\gamma}{2k_0'(2\pi)^3} e^2 \Big(\frac{\epsilon p'}{p'k'} - \frac{\epsilon p}{pk'} \Big)^2 \overline{P}_{\mathrm{el}} \Big|_{p_0'=p_0-k_0'}, \tag{168}$$

其中 $\overline{P}_{\mathrm{el}}$ 是电子被 Coulomb 场弹性散射的平均跃迁率 (147) 式, 只是 $p_0' = p_0 - k_0'$. 所以, 电子被散射到立体角 $\mathrm{d}\Omega_{\mathrm{e}}$ 内而光子在立体角 $\mathrm{d}\Omega_\gamma$ 内的分布为

$$\frac{\mathrm{d}\sigma}{\mathrm{d}\Omega_{\mathrm{e}}} = \frac{e^2 k_0' \mathrm{d}k_0' \mathrm{d}\Omega_\gamma}{2(2\pi)^3} \Big(\frac{\epsilon p'}{p'k'} - \frac{\epsilon p}{pk'} \Big)^2 \Big(\frac{\mathrm{d}\sigma}{\mathrm{d}\Omega_{\mathrm{e}}} \Big)_{\mathrm{el}} \Big|_{p_0'=p_0-k_0'}, \tag{169}$$

其中 $(\mathrm{d}\sigma/\mathrm{d}\Omega_{\mathrm{e}})_{\mathrm{el}}$ 是电子被 Coulomb 场弹性散射的角分布 (153) 式. 光子飞行方向包含在 pk' 与 $p'k'$ 中, 而光子偏振方向包含在 ϵp 与 $\epsilon p'$ 中.

上式表明,

$$\frac{\mathrm{d}\sigma}{\mathrm{d}\Omega_{\mathrm{e}}} \propto \frac{\mathrm{d}k_0'}{k_0'}, \tag{170}$$

即算得的轫致辐射谱在低能端是发散的, 当光子波长趋于无限时强度趋于无限. 而实际情形是当光子波长趋于无限时强度趋于零[①]. 这种当波长趋于无限时出现的发散称为 **红外发散**, 是量子场论中与零点能的紫外发散不同的又一种发散. 这种发散源自我们关于测量的物理假设过于简化, 并不是理论本身的问题. 通

[①] 见例如王正行, 《近代物理学》第二版, 北京大学出版社, 2010 年, 59 页.

过引入一个小的光子质量 μ, 把光子传播子修改为 $-\mathrm{i}g_{\mu\nu}/(k^2 - \mu^2 + \mathrm{i}\varepsilon)$, 就可消除这种发散. 有兴趣的读者, 可以参阅有关书籍[①].

7.5 标量 QED 和 π-γ 散射

1. 相互作用和 Feynman 规则

相互作用 满足定域规范不变性的复标量场, 拉氏密度可以写成

$$\mathcal{L} = [(\partial_\mu + \mathrm{i}qA_\mu)\phi]^\dagger (\partial^\mu + \mathrm{i}qA^\mu)\phi - m^2\phi^\dagger\phi = \mathcal{L}_0 + \mathcal{L}_\mathrm{I}, \tag{171}$$

$$\mathcal{L}_0 = \partial_\mu\phi^\dagger\partial^\mu\phi - m^2\phi^\dagger\phi, \tag{172}$$

$$\mathcal{L}_\mathrm{I} = -\mathrm{i}q\phi^\dagger \overset{\leftrightarrow}{\partial^\mu}\phi \cdot A_\mu + q^2\phi^\dagger\phi A^\mu A_\mu. \tag{173}$$

可以看出, 相互作用拉氏密度包括两项. 第一项含有对场的微商, 称为 **导数耦合**. 第二项含有 $\phi^\dagger\phi$, 会引起介子质量的改变.

S **矩阵** 复标量场有 ϕ 和 $\phi^\dagger$ 两个独立场变量, 有正反两种粒子, 需要引入两个外源 $\mathrm{i}J^*$ 和 $\mathrm{i}J$, 外源项 $\mathrm{i}J^*\phi + \mathrm{i}J\phi^\dagger$, 在 $\mathrm{i}J^*$ 粒子湮灭或反粒子产生, 在 $\mathrm{i}J$ 粒子产生或反粒子湮灭. 于是, 把 $\mathcal{L}_0$ 化成二次型, 就可写出生成泛函

$$Z_0[J^*, J] = \mathrm{e}^{-\mathrm{i}J^*\Delta_\mathrm{F}J}, \tag{174}$$

其中 Δ_F 与实标量场相同. 现在 Feynman 传播子为

$$G(x, y) = \langle 0|\mathcal{T}\phi(x)\phi^\dagger(y)|0\rangle = \frac{\delta^2 Z[J^*, J]}{\mathrm{i}^2\delta J^*(x)\delta J(y)} = \mathrm{i}\Delta_\mathrm{F}(x - y). \tag{175}$$

对于复标量场与 Maxwell 场的耦合系统, 总的拉氏密度为

$$\mathcal{L} = (D_\mu\phi)^\dagger(D^\mu\phi) - m^2\phi^\dagger\phi - \frac{1}{4}F_{\mu\nu}F^{\mu\nu}, \tag{176}$$

独立场变量还有规范场 A_μ, 相应的外源为 J^μ. 与 (29) 式类似地, 有

$$S = \mathcal{N}\left\{\mathrm{e}^{\mathrm{i}\mathcal{L}_\mathrm{I}(\delta/\mathrm{i}\delta J^*, \delta/\mathrm{i}\delta J, \delta/\mathrm{i}\delta J^\mu)} Z[\phi_\mathrm{in}, \phi_\mathrm{in}^\dagger, A_{\mu\mathrm{in}}; J^*, J, J^\mu]\right\}_0, \tag{177}$$

$$Z[\phi_\mathrm{in}, \phi_\mathrm{in}^\dagger, A_{\mu\mathrm{in}}; J^*, J, J^\mu] = \mathrm{e}^{\mathrm{i}J\phi_\mathrm{in}^\dagger + \mathrm{i}J^*\phi_\mathrm{in} - \mathrm{i}J^*\Delta_\mathrm{F}J}\mathrm{e}^{\mathrm{i}J^\mu A_{\mu\mathrm{in}} - \frac{\mathrm{i}}{2}J^\mu D_{\mathrm{F}\mu\nu}J^\nu}. \tag{178}$$

相互作用 (173) 式中的两项给出的泛函微商算符分别是

$$-\mathrm{i}q\frac{\delta}{\mathrm{i}\delta J}\,\mathrm{i}\overset{\leftrightarrow}{\partial^\mu}\frac{\delta}{\mathrm{i}\delta J^*}\frac{\delta}{\mathrm{i}\delta J^\mu}, \qquad \mathrm{i}q^2 g^{\mu\nu}\frac{\delta}{\mathrm{i}\delta J}\frac{\delta}{\mathrm{i}\delta J^*}\frac{\delta}{\mathrm{i}\delta J^\mu}\frac{\delta}{\mathrm{i}\delta J^\nu}. \tag{179}$$

Feynman 规则 从 (178) 式可以看出, 它的 Feynman 图由介子和光子两部分构成. 介子部分有 $\mathrm{i}J\phi_\mathrm{in}^\dagger$, $\mathrm{i}J^*\phi_\mathrm{in}$ 和 $-\mathrm{i}J^*\Delta_\mathrm{F}J$ 这三个结构单元. $\mathrm{i}J\phi_\mathrm{in}^\dagger$ 是带源

---

① 例如 M.E. Peskin and D.V. Schroeder, *An Introduction to Quantum Field Theory*, Addison-Wesley, 1995, p.199.

iJ 的外线 $\phi_{\mathrm{in}}^\dagger$, $iJ^*\phi_{\mathrm{in}}$ 是带源 iJ^* 的外线 ϕ_{in}, 而 $-iJ^*\Delta_{\mathrm{F}}J$ 是在源 iJ 与 iJ^* 之间的传播线 $i\Delta_{\mathrm{F}}$. 与 Dirac 场类似地, 规定外线 $\phi_{\mathrm{in}}^\dagger$ 的方向是从源 iJ 向外射出, 外线 ϕ_{in} 的方向是射入源 iJ^*, 传播线的方向是从源 iJ 指向 iJ^*, 亦即从 $\phi^\dagger$ 指向 ϕ. 这样, 与外线或传播线同向传播的是粒子, 逆向传播的是反粒子.

先看 (179) 式中的第一项. 它对 $Z[\phi_{\mathrm{in}},\phi_{\mathrm{in}}^\dagger,A_{\mu\mathrm{in}};J^*,J,J^\mu]$ 的作用, 是在同一点 x 切去外源 iJ, iJ^*, 和 iJ^μ, 从而形成有一条射入介子线、一条射出介子线和一条光子线相聚的顶点, 如图 7-9(a). 它给出 S 矩阵的 1 阶微扰

$$S_{1(a)} = -iq\mathcal{N}\int \mathrm{d}x[\phi_{\mathrm{in}}^\dagger(x)\,\mathrm{i}\overset{\leftrightarrow}{\partial^\mu}\,\phi_{\mathrm{in}}(x)]A_{\mu\mathrm{in}}(x), \tag{180}$$

注意其中微分算符 $\mathrm{i}\overset{\leftrightarrow}{\partial^\mu}$ 只作用于它前后紧邻的介子场. 与旋量 QED 顶点不同, 这种顶点含有微商算符, 所以称为 导数顶点. 为了与下面要给出的四条粒子线相聚的顶点区分, 这种顶点又称为 标量 QED 的三线顶点.

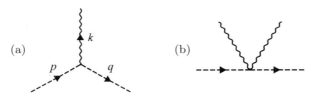

图 7-9 标量 QED 的顶点

由于介子线可以描述粒子或反粒子, 光子线可以描述射出或射入的光子, 所以与 Yukawa 理论和旋量 QED 一样, 这种顶点包含了多个不同的物理过程. 图 7-9(a) 给出了其中之一: 一个介子在飞行中射出一个光子. 在前面已经指出, 由于不能同时满足能量和动量守恒, 这种过程不能独立存在, 只能是虚的不能观测的中间过程.

与 6.5 节 Yukawa 理论或 7.1 节旋量 QED 类似地, 可以过渡到动量空间. 不同的是, 现在有微分算符 $\mathrm{i}\overset{\leftrightarrow}{\partial^\mu}$, 它在动量空间给出射入与射出粒子四维动量之和. 于是有 S 矩阵的如下动量空间 Feynman 规则:

- 导数顶点: 标量 QED 的每个导数顶点贡献一个因子

$$-iq(2\pi)^4\delta^4(p-k-q)(p^\mu+k^\mu).$$

注意其中各个动量的正负与具体物理有关, 这里写出的是图 7-9(a) 的情形.

(179) 式中的第二项给出有一条射入介子线、一条射出介子线和两条光子线相聚的顶点, 是耦合常数的 2 次项,

$$S_{1(b)} = iq^2\mathcal{N}\int \mathrm{d}x\phi_{\mathrm{in}}^\dagger(x)\phi_{\mathrm{in}}(x)g^{\mu\nu}A_{\mu\mathrm{in}}(x)A_{\nu\mathrm{in}}(x). \tag{181}$$

这是四条粒子线相聚在一点的 四线顶点, 如图 7-9(b) 所示. 这种对称的四线图称为 海鸥图. 由于光子与其反粒子是同一种粒子, 光子线没有方向, 两条光子线是对称的. 因为这种对称性, 光子可以从一条线射入, 从另一条线射出, 或者反过来. 过渡到动量空间, 就有 Feynman 规则如下:

• 四线顶点: 标量 QED 的每个四线顶点贡献一个因子 $\mathrm{i}2q^2g^{\mu\nu}(2\pi)^4\delta^4(\sum p_i)$. 其中的因子 2, 来自光子线的上述对称性, 亦即 $\mathcal{N}A_{\mu\text{in}}(x)A_{\nu\text{in}}(x)$ 可以给出两项相同的 $a^\dagger_{\boldsymbol{k}'\sigma'}a_{\boldsymbol{k}\sigma}$.

注意这两个顶点都属于 S 矩阵微扰展开的 1 阶, 而所含耦合常数的幂次不同. 三线顶点含耦合常数 q 的 1 次, 四线顶点含 q 的 2 次. 所以, 与旋量 QED 不同, 标量 QED 的微扰阶数不能从耦合常数的幂次来判断. 另一方面, 与 Dirac 粒子一样, 根据上面对介子线方向的规定, 无论是通过导数顶点还是四线顶点, 介子线都是连续的.

2. 光子与荷电介子的弹性散射

物理过程与 Feynman 图 考虑光子与荷电介子的散射. 在能量不太高, 光子波长大于介子尺度时, 介子作为一个整体与光子发生作用. 这时散射前后介子内部状态不发生变化, 可以忽略介子的结构, 把它当做点粒子. 这种介子内部状态不发生变化的散射, 属于弹性散射, 可以写成

$$\gamma + \pi \longrightarrow \gamma' + \pi'. \tag{182}$$

设入射光子与介子的四维动量分别为 p 与 k, 出射光子与介子的四维动量分别为 p' 与 k'. 对于弹性散射, 有能量动量守恒

$$p + k = p' + k'. \tag{183}$$

与前面旋量 QED 的例子一样, 我们只算到耦合常数的 2 阶, 需要考虑的 Feynman 图有三个, 如图 7-10 所示. 其中图 (a) 与 (b) 都有两个三线顶点和一条介子内线. 图 (c) 是海鸥图, 只有一个四线顶点.

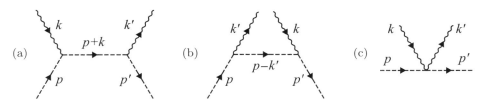

图 7-10 γπ 弹性散射 2 阶 Feynman 图

振幅 M_{fi} 三个 Feynman 图的贡献分别是

$$M_{\text{fi(a)}} = -\mathrm{i}q^2 \epsilon'(p + k + p')\mathrm{i}\Delta_{\text{F}}(p + k)(2p + k)\epsilon, \qquad (184)$$

$$M_{\text{fi(b)}} = -\mathrm{i}q^2 \epsilon(p - k' + p')\mathrm{i}\Delta_{\text{F}}(p - k')(2p - k')\epsilon', \qquad (185)$$

$$M_{\text{fi(c)}} = -2q^2 e^{\sigma'}_{\boldsymbol{k}'\mu}g^{\mu\nu}e^{\sigma}_{\boldsymbol{k}\nu} = -2q^2\epsilon'\epsilon, \qquad (186)$$

其中 $\epsilon = \{e^{\sigma}_{\boldsymbol{k}\mu}\}$, $\epsilon' = \{e^{\sigma'}_{\boldsymbol{k}'\mu}\}$, 它们的三维空间部分分别记为 $\boldsymbol{e}$ 和 $\boldsymbol{e}'$. 选择初态介子静止的实验室系, $p = (m, 0, 0, 0)$, 并选择在其中只有横光子的规范, 就有

$$\epsilon(2p + k) = -\boldsymbol{e} \cdot (2\boldsymbol{p} + \boldsymbol{k}) = -\boldsymbol{e} \cdot \boldsymbol{k} = 0, \qquad (187)$$

$$\epsilon'(2p - k') = -\boldsymbol{e}' \cdot (2\boldsymbol{p} - \boldsymbol{k}') = \boldsymbol{e}' \cdot \boldsymbol{k}' = 0, \qquad (188)$$

横光子的极化矢量与波矢量垂直. 于是 $M_{\text{fi(a)}} = M_{\text{fi(b)}} = 0$, 只是海鸥图有贡献,

$$M_{\text{fi}} = M_{\text{fi(c)}} = -2q^2\epsilon'\epsilon = 2q^2(\boldsymbol{e}' \cdot \boldsymbol{e}). \qquad (189)$$

截面公式   现在的运动学与 Compton 散射完全相同, 可以用公式 (45), 只是不对初态平均末态求和, 有

$$\frac{\mathrm{d}\sigma}{\mathrm{d}\Omega} = \frac{1}{(16\pi)^2}\frac{\omega'^2}{m^2\omega^2}4|M_{\text{fi}}|^2 = \frac{\alpha^2}{m^2}\frac{\omega'^2}{\omega^2}(\boldsymbol{e}' \cdot \boldsymbol{e})^2, \qquad (190)$$

其中已取耦合常数 $q = e$. 进一步用 Compton 公式表达 ω'/ω, 最后得到

$$\frac{\mathrm{d}\sigma}{\mathrm{d}\Omega} = \frac{\alpha^2}{m^2}\frac{(\boldsymbol{e}' \cdot \boldsymbol{e})^2}{[1 + (\omega/m)(1 - \cos\theta)]^2}. \qquad (191)$$

当入射光子能量很低, $\omega \ll m$ 时, 有 $\omega' \approx \omega$, 散射角分布近似成为

$$\frac{\mathrm{d}\sigma}{\mathrm{d}\Omega} = \frac{\alpha^2}{m^2}(\boldsymbol{e}' \cdot \boldsymbol{e})^2, \qquad (192)$$

与电子的 Thomson 公式 (73) 一样. 从物理上看, 这是由于在能量很低时, 光子波长很长, 仅仅是散射体系的总电荷在起作用, 介子与电子虽然自旋不同, 对光子的散射却是相同的.

若入射光束没有极化, 也不探测出射光的偏振, 则要对 $\boldsymbol{e}$ 求平均, 对 $\boldsymbol{e}'$ 求和, 由 (191) 式可算出

$$\overline{\frac{\mathrm{d}\sigma}{\mathrm{d}\Omega}} = \frac{\alpha^2}{m^2}\frac{1 + \cos^2\theta}{2[1 + (\omega/m)(1 - \cos\theta)]^2}. \qquad (193)$$

8　重　正　化

根据实验测定，精细结构常数

$$\alpha = \frac{e^2}{4\pi} = \frac{1}{137.035\,999\,139(31)} \approx \frac{1}{137.0},\tag{1}$$

所以 QED 的耦合常数 e 是个小量. 而 S 矩阵微扰的阶数 n, 也就是耦合常数的幂次. 上一章给出的例子, 只算到 2 阶微扰, 就得到与实验符合得很好的结果. 所以有理由期望, 高阶微扰只是给出微小的修正. 然而出乎意料的是, 实际算得的高阶微扰并不是微小的修正, 甚至不是一个有限的结果, 而是发散的无限大！

重正化是系统地消除这种发散的一套方案和程序, 事实证明它是成功和卓有成效的. 理论家们已经发展了重正化的系统和完整的技巧和理论, 把微扰算到很高的阶次. 这样算出的结果与实验测量的符合, 可以一直数到小数点后十几位. 这使得 QED 成为与实验符合精度最高的物理理论, 也使得可重正性成为量子场论的一条基本要求.

例如电子的 Landé 因子 g_e, 实验测量值

$$\frac{1}{2}\,g_\mathrm{e}^{\mathrm{exp.}} = 1.001\,159\,652\,180\,91(26).\tag{2}$$

QED 的理论值可以写成 $\alpha/\pi \approx 0.001\,16$ 的级数展开

$$\frac{1}{2}\,g_\mathrm{e} = 1 + C_1\frac{\alpha}{\pi} + C_2\left(\frac{\alpha}{\pi}\right)^2 + C_3\left(\frac{\alpha}{\pi}\right)^3 + C_4\left(\frac{\alpha}{\pi}\right)^4 + \cdots,\tag{3}$$

右边第一项是 Dirac 的理论值. 1948 年 Schwinger 算出第二项[①] $C_1 = 1/2$, 这曾被看作 QED 的巨大成就. 而一直算到 4 阶项 $(\alpha/\pi)^4$ 的数值为[②]

$$\frac{1}{2}\,g_\mathrm{e}^{\mathrm{theor.}} = 1.001\,159\,652\,460(127)(75),\tag{4}$$

第一个括号表示来自测量精细结构常数 α 的不确定度, 第二个括号表示来自计算系数 C_3 与 C_4 的不确定度. 可以看出, 理论计算值在 2 倍标准偏差的范围内与实验相符, 达到小数点后第 10 位.

[①]　J. Schwinger, *Phys. Rev.* **73** (1948) 416L.

[②]　T. Kinoshita and W.B. Lindquist, *Phys. Rev. Lett.* **47** (1981) 1573.

　　尽管与实验有如此精确的符合，重正化仍然受到深思熟虑的物理学家的质疑. 中国著名理论物理学家王竹溪曾经不止一次指出[1]: "重正化是耍赖皮，明明有一项无限大，它硬是被死皮赖脸地拿掉了!" 这是在很小范围的讨论中说的，措辞不加修饰. 而在公开发表的文字中，Dirac 就说得比较委婉，不过仍然十分明确[2]: "在当前这个基础上所进行的研究，在应用方面已经做了极其大量的工作，在这方面，人们能够找出抛弃无限大的一些规则. 然而，即使根据这些规则得出的结果与观测符合，但毕竟是人为的规则. 因此关于现在的量子力学基础是正确的说法，我是不能接受的. ⋯⋯ 我认为人们太乐于接受一个有基本缺陷的理论了." "抛弃"和"拿掉"的意思一样，都是指非自然的手工操作 (worked by hands). 而理论家的最高追求，恰恰是消除这种手工操作的痕迹，就像从相对性原理和定域规范不变性原理来自然地推出 Maxwell 当初所概括和推广的那四个独立的电磁学实验定律那样.

　　1964 年度，Feynman 为母校康奈尔大学的梅森哲讲座 (Hiram J. Messenger Lectures) 做了题为《物理定律的本性》的系列演讲[3]. 这是在他与 Schwinger 和 Tomonaga (朝永振一郎) 获 1965 年诺贝尔物理学奖之前不久，而他们获奖的依据，正是他们对 QED 特别是重正化的巨大贡献. 他在这个演讲中说: "看来如果我们取量子力学，加上相对论，加上每一样东西都要是定域的命题，再加上几条默认的假设，我们就会陷入互相矛盾的境地，因为当我们计算不同的东西的时候我们得到的是无穷大，而如果我们得到无穷大我们怎么能够说这是同自然界符合的呢？" 他解释说，几条默认的假设是指全部概率之和等于 1，以及因果性和能量的正定性. 解释之后他接着说: "实际上没有人做出过一个模型是不顾关于概率的命题，或者不顾因果性的，而因果性也是同量子力学，相对论，定域性等等相融洽的. 因而我们真的不准确地知道，我们的各项假设里的什么东西使我们得出产生无限大的困难. 这是一个很好的问题！然而，我们弄明白了，借助于某种生硬的技巧，有可能把那些无限大藏到地毯底下，而暂时我们仍然能够继续做计算." 在 Feynman 看来，虽然不是"耍赖皮"，重正化也是"某种生硬的技巧"，用它来"把那些无限大藏到地毯底下"，是心虚和不好意思的. 他在后面还说: "当我们把所有定律都用上去的时候，我们就会得到这种无限大，但人们把污垢扫到地毯底下去，他们是那么聪明，使得人们有时候以为这不是一个

　　① 王正行，《严谨与简洁之美 —— 王竹溪一生的物理追求》，北京大学出版社，2008 年 4 月第 1 版，2011 年 12 月第 2 次印刷，第五章 5.12 节，124 页.
　　② P.A.M. 狄拉克，《物理学的方向》，张宜宗、郭应焕译，科学出版社，1981 年，20 页.
　　③ R.P. 费曼，《物理定律的本性》，关洪译，湖南科学技术出版社，2005 年，163 页和 171 页.

严重的困难." 显然 Feynman 认为这是一个严重的困难, 重正化是 "一个有基本缺陷的理论". 他的思索是如此之深邃, 他对重正化也有如此深沉的疑虑, 这也许是很多人没有想到的. 在他看来, 物理学绝不仅仅只是一些现象、定律、规则与技巧的集合, 对于那种生硬的技巧, 即使它能给出与实验精确相符的结果, 也是不能坦然接受的.

不过, 为了 "能够继续做计算", 尽管是 "某种生硬的技巧", 重正化仍然是我们唯一的选择. 王竹溪也曾经做过重正化的计算, 并写出系统和完整的书稿《量子电动力学重正化理论大要》[1]. 既然能与实验有精确的符合, 重正化必定具有某种合理的内涵. 如果说实验定律是物理学家关于自然现象的经验, 那么重正化就是物理学家关于理论计算的经验. 只有熟悉、运用和研究这种经验, 才有可能把握它的合理内涵. 大家知道, 在实验现象背后, 总是隐含了某种物理. 同样可以期望, 重正化也隐含了某种尚未明了的物理, 而不仅仅是一种处理无限大的技巧和手段. 经过 Wilson 等人的研究和努力[2], 现在我们相信, 量子场论略去了高能过程的细节, 仅仅只是一个在低能范围才适用的有效理论[3].

8.1 发 散 困 难

1. 电子的自能

Feynman 图　考虑图 8-1. 它可以是某一复杂的 Feynman 图的一部分, 两边的粒子线不一定是自由粒子, 一般并不满足质壳条件 $p^2 = m^2$. 它表示电子在飞行中放出一个虚光子, 然后又把它吸收. 这是电子通过虚光子与自身发生的作用, 它会使得电子的质量从而能量发生改变, 因而称为电子的 *自能过程*, 这个 Feynman 图则称为电子的 *自能图*.

由于这种自能作用, 电子不是一个简单的 *裸粒子*, 而是由它和与它相伴的虚光子组成的复合体系. 考虑高阶过程, 则除了虚光子外, 还有虚的正负电子偶 (见下面的真空极化). 这个由裸粒子和伴随的虚粒子组成的复合体系, 才是真实而能够被观测到的 *物理粒子*.

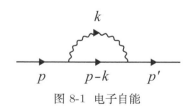

图 8-1　电子自能

---

① 王竹溪,《王竹溪遗著选集》第三分册《量子电动力学重正化理论大要》, 北京大学出版社, 2014 年.

② K.G. Wilson, *Rev. Mod. Phys.* **55** (1983) 583.

③ A. Zee, *Quantum Field Theory in a Nutshell*, Princeton University Press, 2003, p.145.

电子自能积分 $\Sigma(p)$ 考虑图 8-1 中去掉两边粒子线的部分, 即两个顶点之间由电子传播线与光子传播线构成的闭合圈. 它在动量空间可以写成

$$-\mathrm{i}\Sigma^{(2)}(p) = \int \frac{\mathrm{d}^4k}{(2\pi)^4} (-\mathrm{i}e\gamma^\mu)\mathrm{i}D_{\mathrm{F}\mu\nu}(k)\,\mathrm{i}S_{\mathrm{F}}(p-k)(-\mathrm{i}e\gamma^\nu)$$

$$= e^2 \int \frac{\mathrm{d}^4k}{(2\pi)^4} \frac{-g_{\mu\nu}}{k^2+\mathrm{i}\varepsilon}\gamma^\mu \frac{1}{\not{p}-\not{k}-m+\mathrm{i}\varepsilon}\,\gamma^\nu = e^2 \int \frac{\mathrm{d}^4k}{(2\pi)^4}\,F(\not{p},\not{k}), \quad (5)$$

$$F(\not{p},\not{k}) = \frac{-g_{\mu\nu}}{k^2+\mathrm{i}\varepsilon}\gamma^\mu \frac{1}{\not{p}-\not{k}-m+\mathrm{i}\varepsilon}\,\gamma^\nu, \tag{6}$$

其中对 $D_{\mathrm{F}\mu\nu}(k)$ 选取了 Feynman 规范, m 是电子质量. $\Sigma^{(2)}(p)$ 称为 自能积分, 上标 (2) 表示是 2 阶微扰的贡献.

可以看出, 当 $k \to \infty$ 时, 自能积分 $\Sigma^{(2)}(p)$ 随 k 线性发散. 从物理上看, 这个发散来源于虚光子有无限多的能量动量 k, 亦即 Maxwell 场有无限多个自由度.

2. 光子的自能

Feynman 图 作为某一复杂过程的一部分, 光子在飞行中可以转变成一对虚的正负电子偶, 它们随后又湮没成光子, 如图 8-2. 由于它是某一复杂的 Feynman 图的一部分, 两边的光子线一般不是自由光子, 不满足条件 $k^2 = 0$. 这个过程称为 光子自能过程, 它的 Feynman 图则称为 光子自能图.

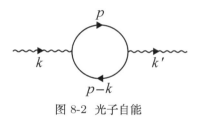

图 8-2 光子自能

光子自能过程产生的虚正负电子偶, 会形成正负电荷分离的瞬间虚电偶极子. 如果这是在虚光子传播过程中发生的, 这就相当于真空发生极化. 所以光子自能过程又称为 真空极化[①].

光子自能积分 $\Pi_{\mu\nu}(k)$ 光子自能图中两个顶点中间的部分, 是由正负电子的两条传播线围成的闭合圈. 对于这种由 Fermi 子内线围成的闭合圈, 还需要补充一条 Feynman 规则. 与这个闭合圈相应的, 是生成泛函中的下列两个带源传播子,

$$\int \mathrm{d}x\mathrm{d}y\mathrm{d}x'\mathrm{d}y'\,\mathrm{i}\overline{\eta}(x)\,\mathrm{i}S_{\mathrm{F}}(x-y)\mathrm{i}\eta(y)\,\mathrm{i}\overline{\eta}(x')\,\mathrm{i}S_{\mathrm{F}}(x'-y')\mathrm{i}\eta(y'), \tag{7}$$

而切去其中外源使之形成闭合圈的泛函微商则是

$$\frac{-\delta}{\mathrm{i}\delta\eta(x)}\frac{\delta}{\mathrm{i}\delta\overline{\eta}(x)}\frac{-\delta}{\mathrm{i}\delta\eta(x')}\frac{\delta}{\mathrm{i}\delta\overline{\eta}(x')} = -\frac{-\delta}{\mathrm{i}\delta\eta(x)}\frac{\delta}{\mathrm{i}\delta\overline{\eta}(x')}\frac{-\delta}{\mathrm{i}\delta\eta(x')}\frac{\delta}{\mathrm{i}\delta\overline{\eta}(x)}. \tag{8}$$

---

① 马仕俊在真空极化方面做过很重要的工作, 见 S.T. Ma, *Phil. Mag.* **11** (1949) 1112.

注意 η 和 $\bar{\eta}$ 以及对它们的泛函微商都是 Grassmann 变量, 它们之间交换次序要变号. 要用右边的算符作用, 出现一个因子 -1. 另外, Fermi 子闭合圈中内线首尾相连, 这相应于旋量乘积的求迹. 这两点结论对任何 Fermi 子闭合圈都成立, 所以需要补充的 Feynman 规则是:

- Fermi 子闭合圈: 对每一个 Fermi 子闭合圈求迹并乘以 -1.

于是可以写出图 8-2 中闭合圈的表达式,

$$
\begin{aligned}
\mathrm{i}\Pi_{\mu\nu}^{(2)}(k) &= -\int \frac{\mathrm{d}^4 p}{(2\pi)^4}\,\mathrm{tr}\left[(-\mathrm{i}e\gamma_\mu)\mathrm{i}S_{\mathrm{F}}(p)\,(-\mathrm{i}e\gamma_\nu)\mathrm{i}S_{\mathrm{F}}(p-k)\right] \\
&= -e^2 \int \frac{\mathrm{d}^4 p}{(2\pi)^4}\,\mathrm{tr}\left[\gamma_\mu \frac{\not{p}+m}{p^2-m^2}\,\gamma_\nu \frac{\not{p}-\not{k}+m}{(p-k)^2-m^2}\right],
\end{aligned}
\tag{9}
$$

注意其中第二个传播子是逆着时间方向, 传播的动量 $-(k-p)=p-k$. 容易看出, $p\to\infty$ 时, 这个积分是发散的, 发散的幂次不大于 2. 在物理上, 这是由于虚正负电子偶有无限多的能量动量 p, 亦即 Dirac 场有无限多个自由度.

3. 顶角的发散

Feynman 图 图 8-3 是对 QED 顶点的 2 阶微扰修正, 包含 3 个顶点. 在物理上, 它表示在参与作用的两个粒子之间有虚光子交换. 在图形上, 它是在原有顶点的两条粒子线间有光子传播线连接, 形成由两条 Fermi 子内线与一条光子内线围成的闭合圈. 由于交换的虚光子有无限多的能量动量 k', 可以预料, 这个修正也是发散的.

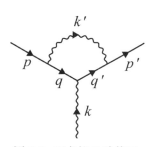

图 8-3 顶点的 2 阶修正

顶角函数 $\varGamma_\mu^{(2)}(p',p)$ 图 8-3 中闭合圈的贡献为

$$
(2\pi)^4\delta^4(p'-p-k)\int \frac{\mathrm{d}^4 k'}{(2\pi)^4}(-\mathrm{i}e\gamma^\lambda)\mathrm{i}S_{\mathrm{F}}(q')(-\mathrm{i}e\gamma^\mu)\mathrm{i}S_{\mathrm{F}}(q)(-\mathrm{i}e\gamma^\nu)\mathrm{i}D_{\mathrm{F}\lambda\nu}(k')
$$

$$
= -\mathrm{i}e(2\pi)^4\delta^4(p'-p-k)\,\varLambda^{\mu\,(2)}(p',p),
\tag{10}
$$

$$
\begin{aligned}
\varLambda_\mu^{(2)}(p',p) &= \mathrm{i}e^2 \int \frac{\mathrm{d}^4 k'}{(2\pi)^4}\,\gamma^\lambda\, S_{\mathrm{F}}(q')\,\gamma_\mu\, S_{\mathrm{F}}(q)\,\gamma^\nu\, D_{\mathrm{F}\lambda\nu}(k') \\
&= -\mathrm{i}e^2 \int \frac{\mathrm{d}^4 k'}{(2\pi)^4}\,\frac{1}{k'^{\,2}}\,\gamma_\nu \frac{\not{p}'-\not{k}'+m}{(p'-k')^2-m^2}\,\gamma_\mu \frac{\not{p}-\not{k}'+m}{(p-k')^2-m^2}\,\gamma^\nu,
\end{aligned}
\tag{11}
$$

这里对 $D_{\mathrm{F}\lambda\nu}(k')$ 还是取 Feynman 规范. 可以看出, 在虚光子动量 $k'\to\infty$ 时, 修正项 $\varLambda_\mu^{(2)}(p',p)$ 是对数发散的.

未作修正的简单顶点 (corner) 对 S 矩阵的贡献是

$$-\mathrm{i}e(2\pi)^4\delta(p'-p-k)\,\gamma_\mu. \tag{12}$$

所以，考虑上述修正后，相当于做代换

$$\gamma_\mu \longrightarrow \Gamma_\mu^{(2)}(p',p) = \gamma_\mu + \Lambda_\mu^{(2)}(p',p). \tag{13}$$

这种包含了修正的顶点，称为 顶角 (vertex)，描述顶角的函数则称为 顶角函数．上述 $\Gamma_\mu^{(2)}(p',p)$ 就是修正到微扰 2 阶的 QED 顶角函数．顶角函数可以一般地写成 $\Gamma_\mu(p',p)$，它是四维矢量，有一个指标 μ．由于能量动量守恒，它只依赖于两个四维动量 p 与 p'．

4. 表观发散度

原始发散、表观发散度和 Weinberg 定理　通常把根据 Feynman 图得出的动量积分称为 Feynman 积分．积分发散的 Feynman 图，称为 发散图．从上述电子自能积分等三个例子可以看出，发散图一般都含有由内线围成的闭合圈．一般地说，若发散出现在最后一条内线的动量积分上，把闭合圈的一条内线切断，所得的图就不再发散．若切断任一内线所得的图不再发散，则这个发散就称为 原始发散，而把这个发散图称为 原始发散图．

发散都发生在积分的上下限．在积分下限动量 → 0 时出现的发散是 红外发散，在积分上限动量 → ∞ 时出现的发散是 紫外发散．前面已经指出，红外发散源自对物理的过分简化，在理论上不存在原则困难．我们只讨论原始发散图的紫外发散．

积分表达式中分子 (包括积分测度) 动量幂次与分母动量幂次之差 D，称为这个积分的 表观发散度 (superficial degree of divergence)．若把时空维数写成 d，则上述电子自能等 3 个积分 $\Sigma^{(2)}(p)$，$\Pi_{\mu\nu}^{(2)}(k)$，和 $\Lambda_\mu^{(2)}(p',p)$ 的表观发散度，依次就是 $D = d-3, d-2$ 和 $d-4$，与时空维数 d 有关．

$D \geqslant 0$ 时，积分在动量趋于无限时是发散的．$D = 0$ 时是对数发散，$D = 1$ 时是线性发散，$D = 2$ 时是 2 次发散，等等．但是 $D < 0$ 时积分不一定收敛．根据 Weinberg 定理[①]，只有当 Feynman 图及其所有子图的表观发散度都为负时，积分才是收敛的．

微扰 QED 的表观发散度　每个闭合圈有一个独立动量积分，对 D 贡献 d．每条光子内线对 D 贡献 -2，每条电子内线对 D 贡献 -1．于是，一个 QED

---

① S. Weinberg, *Phys. Rev.* **118** (1960) 838.

Feynman 图的表观发散度就是

$$D = d \cdot l - 2b - f, \tag{14}$$

其中 l 是闭合圈数, b 是光子内线条数, f 是电子内线条数.

另一方面, 闭合圈数 l 也就是独立动量数, 它应等于全部积分动量数减去它们之间的守恒条件数. 全部积分动量数等于全部内线数, 而积分动量之间的守恒条件数等于顶点数减 1. 这里除去了整个图的动量守恒条件, 它对内线动量无约束. 于是有

$$l = f + b - n + 1, \tag{15}$$

其中 n 是顶点数. 把它代入 D 的表达式中, 就有

$$D = d(f + b - n + 1) - 2b - f = (d-1)f + (d-2)b - d(n-1). \tag{16}$$

此外, 每个顶点有 2 条电子线和 1 条光子线, 其中外线只算 1 次而内线要算 2 次, 所以还可以写出

$$2n = F + 2f, \qquad n = B + 2b, \tag{17}$$

其中 F 是电子外线数, B 是光子外线数. 从它们解出 $f = n - F/2, b = (n-B)/2$, 最后就得到

$$D = (d-1)\left(n - \frac{1}{2}F\right) + (d-2)\frac{1}{2}(n-B) - d(n-1)$$
$$= d + \frac{1}{2}(d-4)n - \frac{1}{2}(d-1)F - \frac{1}{2}(d-2)B. \tag{18}$$

当 $d = 4$ 时, D 与 n 无关. 时空是四维时, QED Feynman 图的表观发散度 D 与微扰阶数 n 无关, 发散积分的种类有限. 这时

$$D = 4 - \frac{3}{2}F - B, \tag{19}$$

只有有限个 $D \geqslant 0$ 的解. 在后面将会看到, 发散积分的种类有限是一个理论可重正化的必要条件.

8.2 正 规 化

电子自能、光子自能和顶角发散, 是微扰 QED 高阶紫外发散的根源. 从这几个过程的物理来看, 发散只是虚粒子在高频小距离的行为, 计算结果还包含有限而合理的部分. 如何把这有限合理的部分从发散的无限大中分离出来, 这就是发散项的分离问题. 为了进行分离, 可以先把发散积分写成某一有限表达式的极限, 然后从这个表达式中分离出与极限过程无关的真正有限部分, 最后再取极限. 这种把发散积分写成一个有限表达式的极限, 从中分离出与极限无

关的有限部分的做法, 称为 正规化 (regularization).

最简单和直接的做法, 就是为积分设定一个截断上限 $k \leqslant \Lambda$, 从积分结果中分离出与 Λ 无关的部分, 再取极限 $\Lambda \to \infty$. 这称为 截断正规化. 也可以插入一个极限趋于零的项, 例如修改光子传播函数,

$$\frac{1}{k^2} \longrightarrow \frac{1}{k^2} - \frac{1}{k^2 - M^2}, \tag{20}$$

从而把 $k > M$ 的部分光滑地截断, 而取 $M \to \infty$. 在物理上, 这相当于引进一个虚构的质量为 M 的场, 考虑一种虚构的重光子效应, 最后取极限 $M \to \infty$. 这就是著名的 Pauli-Villars 正规化[①]. 为了处理杨 -Mills 规范场, 1972 年 't Hooft 与 Veltman 提出了 维数正规化(dimensional regularisation)[②], 即先把动量空间的积分推广到 d 维, 最后再令 $d \to 4$. 而为了对规范场进行非微扰的计算, Wilson 尝试把时空离散化为网格 (lattice), 把场定义在格点上, 最后再令格点距离 $a \to 0$. 这则是 格点正规化 (lattice regularisation)[③]. 还有其他的正规化方法. 这些正规化都是等价的, 得到的结果与所引入的参数 Λ, M, d, a 等无关, 只是具体算法与适用的问题不同. 我们这里采用维数正规化.

1. 数学准备

量纲分析 在 d 维时空, 作用量就是

$$S = \int \mathrm{d}^d x \mathcal{L}. \tag{21}$$

它的量纲 $[S] = 1$, 所以

$$[\mathcal{L}] = L^{-d} = \Lambda^d, \tag{22}$$

这里 L 是长度, Λ 是动量. 由于 $[\partial_\mu] = L^{-1}$, 由 Maxwell 场的 $\mathcal{L} = -(1/4)F_{\mu\nu}F^{\mu\nu}$ 可推出

$$[A_\mu] = ([\mathcal{L}][L]^2)^{1/2} = L^{1-d/2} = \Lambda^{d/2-1}. \tag{23}$$

同样, 由 Dirac 场的 $\mathcal{L} = \overline{\psi}(\mathrm{i}\gamma^\mu \partial_\mu - m)\psi$ 可得

$$[\overline{\psi}] = [\psi] = ([\mathcal{L}]L)^{1/2} = L^{(1-d)/2} = \Lambda^{(d-1)/2}, \tag{24}$$

而由 $\mathcal{L}_{\mathrm{I}} = -q\overline{\psi}\gamma^\mu \psi A_\mu$, 可以定出 QED 耦合常数 q 的量纲

$$[q] = [\mathcal{L}_{\mathrm{I}}][\psi]^{-2}[A_\mu]^{-1} = L^{d/2-2} = \Lambda^{2-d/2}. \tag{25}$$

---

① W. Pauli and F. Villars, *Rev. Mod. Phys.* **21** (1949) 434.

② G. 't Hooft and M. Veltman, *Nucl. Phys.* **B50** (1972) 318.

③ K.G. Wilson, *Phys. Rev.* **D10** (1974) 2445.

在普通的四维时空, $d = 4$, 有 $[q] = 1$. 而一般地, 可以写成

$$q = \mu^{2-d/2}e, \tag{26}$$

μ 是任一质量参数. 这样, e 就是与维数 d 无关的纯数.

Feynman 折叠公式 计算 Feynman 图时, 往往需要把多个分母之积折叠成它们线性叠加的幂次, 再利用对称性化简. 最简单的 Feynman 折叠公式为

$$\frac{1}{ab} = \int_0^1 \frac{\mathrm{d}x}{[ax + b(1-x)]^2}, \tag{27}$$

x 称为 Feynman 参数, 所以这类公式也称为 Feynman 参数化公式. 这个公式可由

$$\frac{1}{ab} = \frac{1}{b-a}\left(\frac{1}{a} - \frac{1}{b}\right) = \frac{1}{b-a}\int_a^b \frac{\mathrm{d}z}{z^2} \tag{28}$$

代入 $z = ax + b(1-x)$ 而得. 为了避免奇点 $a = b$, a 与 b 可取复数.

把 (27) 式对 b 微商, 可得

$$\frac{1}{ab^n} = \int_0^1 \mathrm{d}x\mathrm{d}y\,\delta(x + y - 1)\,\frac{ny^{n-1}}{(ax + by)^{n+1}}, \tag{29}$$

积分限受 $x + y = 1$ 限制. 由此式和 (27) 式, 用数学归纳法就可以证明

$$\frac{1}{a_1 a_2 \cdots a_n} = \int_0^1 \mathrm{d}x_1 \mathrm{d}x_2 \cdots \mathrm{d}x_n\,\delta(\textstyle\sum x_i - 1)\,\frac{(n-1)!}{(a_1 x_1 + a_2 x_2 + \cdots + a_n x_n)^n}, \tag{30}$$

积分限受 $\sum x_i = 1$ 限制. 对上式求微商, 还可得到更普遍的 Feynman 折叠公式

$$\frac{1}{a_1^{m_1} \cdots a_n^{m_n}} = \frac{\Gamma(m_1 + \cdots + m_n)}{\Gamma(m_1) \cdots \Gamma(m_n)} \int_0^1 \mathrm{d}x_1 \cdots \mathrm{d}x_n\,\delta(\textstyle\sum x_i - 1)\,\frac{\Pi\, x_i^{m_i - 1}}{(\sum a_i x_i)^{\sum m_i}}, \tag{31}$$

此式当 m_i 不是整数时也成立.

d **维 γ 矩阵** 在 d 维闵氏空间, 有 d 个 γ 矩阵, $\gamma^0, \gamma^1, \cdots, \gamma^{d-1}$, 仍有

$$\{\gamma^\mu, \gamma^\nu\} = 2g^{\mu\nu}, \tag{32}$$

其中 $g^{00} = 1$, $g^{ii} = -1$, $i = 1, 2, \cdots, d-1$. 于是有

$$\left.\begin{aligned}
&\delta^\mu_{\ \mu} = d, \qquad \gamma^\mu \gamma_\mu = d, \qquad \gamma^\mu \gamma^\nu \gamma_\mu = -(d-2)\gamma^\nu, \\
&\gamma^\mu \gamma^\nu \gamma^\rho \gamma_\mu = 4g^{\nu\rho} - (4-d)\gamma^\nu \gamma^\rho, \\
&\gamma^\mu \gamma^\nu \gamma^\rho \gamma^\sigma \gamma_\mu = -2\gamma^\sigma \gamma^\rho \gamma^\nu + (4-d)\gamma^\nu \gamma^\rho \gamma^\sigma, \\
&\mathrm{tr}(\text{奇数个}\ \gamma) = 0, \qquad \mathrm{tr}(1) = f(d), \qquad \mathrm{tr}(\gamma^\mu \gamma^\nu) = f(d)g^{\mu\nu}, \\
&\mathrm{tr}(\gamma^\kappa \gamma^\lambda \gamma^\mu \gamma^\nu) = f(d)(g^{\kappa\lambda}g^{\mu\nu} - g^{\kappa\mu}g^{\lambda\nu} + g^{\kappa\nu}g^{\mu\lambda}),
\end{aligned}\right\} \tag{33}$$

其中 $f(d)$ 是能够满足 $f(4) = 4$ 的任意函数.

d **维动量积分** 先来计算在 d 维闵氏空间的积分

$$I(m^2, \alpha) = \int \frac{\mathrm{d}^d p}{(2\pi)^d} \frac{1}{(p^2 - m^2)^\alpha} = \frac{(-1)^\alpha\, \mathrm{i}}{(4\pi)^{d/2}} \frac{\Gamma(\alpha - d/2)}{\Gamma(\alpha)} \frac{1}{(m^2)^{\alpha - d/2}}. \tag{34}$$

作 Wick 转动, 转到欧氏空间 (参阅 5.3 节 **2**), 就是

$$I(m^2, \alpha) = (-1)^\alpha \, \mathrm{i} \int \frac{\mathrm{d}^d p_{\mathrm{E}}}{(2\pi)^d} \frac{1}{(p_{\mathrm{E}}^2 + m^2)^\alpha}. \tag{35}$$

取球极坐标,

$$\mathrm{d}^d p_{\mathrm{E}} = |p_{\mathrm{E}}|^{d-1} \mathrm{d}|p_{\mathrm{E}}| \mathrm{d}\phi \prod_{k=1}^{d-2} \sin^k \theta_k \mathrm{d}\theta_k, \tag{36}$$

并用公式

$$\int_0^\pi \mathrm{d}\theta \sin^k \theta = \sqrt{\pi} \, \frac{\Gamma((k+1)/2)}{\Gamma((k+2)/2)}, \tag{37}$$

$$\int_0^\infty \frac{x^\beta \, \mathrm{d}x}{(x^2 + m^2)^\alpha} = \frac{\Gamma((\beta+1)/2)\Gamma(\alpha - (\beta+1)/2)}{2\Gamma(\alpha)(m^2)^{\alpha - (\beta+1)/2}}, \tag{38}$$

就有

$$I(m^2, \alpha) = \frac{(-1)^\alpha \mathrm{i}}{(2\pi)^d} \int_0^\infty \frac{|p_{\mathrm{E}}|^{d-1} \mathrm{d}|p_{\mathrm{E}}|}{(p_{\mathrm{E}}^2 + m^2)^\alpha} \int_0^{2\pi} \mathrm{d}\phi \prod_{k=1}^{d-2} \int_0^\pi \sin^k \theta_k \mathrm{d}\theta_k$$

$$= \frac{(-1)^\alpha \mathrm{i}}{(4\pi)^{d/2}} \frac{\Gamma(d/2)\Gamma(\alpha - d/2)}{2(m^2)^{\alpha - d/2}\Gamma(\alpha)} \frac{2}{\Gamma(d/2)} = \frac{(-1)^\alpha \, \mathrm{i}}{(4\pi)^{d/2}} \frac{\Gamma(\alpha - d/2)}{\Gamma(\alpha)(m^2)^{\alpha - d/2}}. \tag{39}$$

利用平移不变性

$$\int \mathrm{d}^d p F(p + q) = \int \mathrm{d}^d p F(p), \tag{40}$$

可以把公式 (34) 改写成

$$\int \frac{\mathrm{d}^d p}{(2\pi)^d} \frac{1}{(p^2 + 2pq - m^2)^\alpha} = \frac{(-1)^\alpha \, \mathrm{i}}{(4\pi)^{d/2}} \frac{\Gamma(\alpha - d/2)}{\Gamma(\alpha)(q^2 + m^2)^{\alpha - d/2}}. \tag{41}$$

两边对 q_μ 微商, 由它还可推出

$$\int \frac{\mathrm{d}^d p}{(2\pi)^d} \frac{p^\mu}{(p^2 + 2pq - m^2)^\alpha} = \frac{(-1)^{\alpha-1} \, \mathrm{i}}{(4\pi)^{d/2}} \frac{q^\mu \Gamma(\alpha - d/2)}{\Gamma(\alpha)(q^2 + m^2)^{\alpha - d/2}}, \tag{42}$$

$$\int \frac{\mathrm{d}^d p}{(2\pi)^d} \frac{p^\mu p^\nu}{(p^2 - m^2)^\alpha} = \frac{(-1)^{\alpha-1} \, \mathrm{i}}{(4\pi)^{d/2}} \frac{g^{\mu\nu} \Gamma(\alpha - 1 - d/2)}{2\Gamma(\alpha)(m^2)^{\alpha - 1 - d/2}}. \tag{43}$$

在运用这些公式时, 要注意适用条件, 例如 (34) 式的收敛条件是 $d < 2\alpha$. 此外, 这些公式是在 d 为整数的情况下得到的, 而在使用时却常常需要解析延拓到连续的情形. 物理学家一般注重实用, 凭直觉相信这种延拓在物理上成立, 而把严格的证明留给数学家. 详情可参阅 't Hooft 与 Veltman 的文章 [①]. 下面再给出相关的 Γ 函数公式.

Γ 函数 前面已经用到 Γ 函数的基本公式

$$\Gamma(1) = 1, \qquad \Gamma(1/2) = \sqrt{\pi}, \qquad \Gamma(z+1) = z\Gamma(z), \tag{44}$$

① G. 't Hooft and M. Veltman, *Nucl. Phys.* **B44** (1972) 189.

以及 Euler B 函数 [①]

$$\mathrm{B}(x,y) = \int_0^\infty \frac{t^{x-1}\mathrm{d}x}{(1+t)^{x+y}} = 2\int_0^{\pi/2}(\sin t)^{2x-1}(\cos t)^{2y-1}\mathrm{d}t = \frac{\Gamma(x)\Gamma(y)}{\Gamma(x+y)}, \quad (45)$$

(37) 与 (38) 式就是上式的应用. Γ 函数的 Weierstrass 无穷积为

$$\frac{1}{\Gamma(z)} = z\,\mathrm{e}^{\gamma z}\prod_{n=1}^{\infty}\left(1+\frac{z}{n}\right)\mathrm{e}^{-z/n}, \quad (46)$$

其中 γ 是 Euler 常数

$$\gamma = \lim_{n\to\infty}\left(1+\frac{1}{2}+\cdots+\frac{1}{n}-\ln n\right) = 0.577\,215\,7\cdots. \quad (47)$$

在 $x=0$ 点附近的展开是

$$\Gamma(x) = \frac{1}{x} - \gamma + O(x), \quad (48)$$

而在 $x=-n$ 附近的展开是

$$\Gamma(x) = \frac{(-1)^n}{n!}\left[\frac{1}{\varepsilon} - \gamma + 1 + \cdots + \frac{1}{n} + O(\varepsilon)\right], \quad (49)$$

其中 $\varepsilon = x+n$.

2. 几个发散积分的正规化

电子自能　推广到 d 维, 耦合常数 $e \to \mu^{2-d/2}e$, 电子自能积分就是

$$\begin{aligned}
\Sigma^{(2)}(p) &= \mathrm{i}\mu^{4-d}e^2\int\frac{\mathrm{d}^d k}{(2\pi)^d}\frac{-g_{\mu\nu}}{k^2}\gamma^\mu\frac{1}{\not{p}-\not{k}-m}\gamma^\nu \\
&= \mathrm{i}\mu^{4-d}e^2\int\frac{\mathrm{d}^d k}{(2\pi)^d}\frac{1}{k^2}\frac{(d-2)(\not{p}-\not{k})-md}{(p-k)^2-m^2} \\
&= -\mathrm{i}\mu^{4-d}e^2\int\frac{\mathrm{d}^d k}{(2\pi)^d}\frac{1}{(k+p)^2}\frac{(d-2)\not{k}+md}{k^2-m^2}, \quad (50)
\end{aligned}$$

上述两步依次是 d 维 γ 矩阵运算和动量平移 $k \to k+p$. 再用 Feynman 折叠公式 (27), 以及 d 维积分公式 (41) 和 (42), 可以算得

$$\begin{aligned}
\Sigma^{(2)}(p) &= -\mathrm{i}\mu^{4-d}e^2\int_0^1\mathrm{d}x\int\frac{\mathrm{d}^d k}{(2\pi)^d}\frac{(d-2)\not{k}+md}{[(p^2+2pk+m^2)x+(k^2-m^2)]^2} \\
&= -\frac{\mathrm{i}\mu^{4-d}e^2(-1)^2\mathrm{i}}{(4\pi)^{d/2}}\frac{\Gamma(2-d/2)}{\Gamma(2)}\int_0^1\frac{\mathrm{d}x[-(d-2)\not{p}x+md]}{[p^2x^2+m^2-(p^2+m^2)x]^{2-d/2}} \\
&= \mu^{4-d}e^2\frac{\Gamma(2-d/2)}{(4\pi)^{d/2}}\int_0^1\frac{\mathrm{d}x[-(d-2)\not{p}(1-x)+md]}{[m^2x-p^2x(1-x)]^{2-d/2}}, \quad (51)
\end{aligned}$$

[①] 王竹溪、郭敦仁,《特殊函数概论》, 北京大学出版社, 2012 年, 3.8 节, 76 页 (3) 式.

最后一步是积分换元 $x \to 1-x$. 现在令 $d = 4 - \varepsilon$, 并利用 (48) 式和

$$a^x = \mathrm{e}^{x \ln a} = 1 + x \ln a + O(x^2), \tag{52}$$

就有

$$\Sigma^{(2)}(p) = \frac{\alpha}{4\pi} \, \Gamma(\varepsilon/2) \int_0^1 \mathrm{d}x \, \frac{[-(2-\varepsilon)\slashed{p}(1-x) + (4-\varepsilon)m\,]}{\{[m^2 x - p^2 x(1-x)]/(4\pi\mu^2)\}^{\varepsilon/2}}$$

$$\approx \frac{\alpha}{4\pi} \left(\frac{2}{\varepsilon} - \gamma \right) \int_0^1 \mathrm{d}x \Big\{ [-2\slashed{p}(1-x) + 4m] + \varepsilon[\slashed{p}(1-x) - m]$$

$$- \frac{\varepsilon}{2} [-2\slashed{p}(1-x) + 4m\,] \ln \frac{m^2 x - p^2 x(1-x)}{4\pi\mu^2} \Big\}$$

$$\approx \frac{\alpha}{4\pi} \Big\{ \left(\frac{2}{\varepsilon} - \gamma \right) \int_0^1 \mathrm{d}x [-2\slashed{p}(1-x) + 4m\,] + 2 \int_0^1 \mathrm{d}x [\slashed{p}(1-x) - m\,]$$

$$- \int_0^1 \mathrm{d}x [-2\slashed{p}(1-x) + 4m\,] \ln \frac{m^2 x - p^2 x(1-x)}{4\pi\mu^2} \Big\}$$

$$= \frac{\alpha}{4\pi} \Big[\left(\frac{2}{\varepsilon} - \gamma + \ln 4\pi + \frac{1}{2} - \ln \frac{m^2}{\mu^2} \right) (4m - \slashed{p})$$

$$+ \int_0^1 \mathrm{d}x (2\slashed{p}x - 4m\,) \ln \left(1 - \frac{p^2}{m^2} x \right) \Big], \tag{53}$$

略去的项是 $O(\varepsilon)$ 的量级. 可以看出, 当 $\varepsilon \to 0$ 时, 只有含 $1/\varepsilon$ 的一项发散, 其余的项是有限的. 这就把发散项成功地分离出来.

光子自能　d 维形式的光子自能积分可以写成

$$\Pi_{\mu\nu}^{(2)}(k) = \mathrm{i}\mu^{4-d} e^2 \int \frac{\mathrm{d}^d p}{(2\pi)^d} \, \mathrm{tr} \left[\gamma_\mu \frac{\slashed{p} + m}{p^2 - m^2} \, \gamma_\nu \frac{\slashed{p} - \slashed{k} + m}{(p-k)^2 - m^2} \right]. \tag{54}$$

其中分子为

$$\mathrm{tr}[\gamma_\mu (\slashed{p} + m) \gamma_\nu (\slashed{p} - \slashed{k} + m)] = \mathrm{tr}[\gamma_\mu \slashed{p} \gamma_\nu (\slashed{p} - \slashed{k}) + m^2 \gamma_\mu \gamma_\nu]$$

$$= f(d)[2p_\mu p_\nu - p_\mu k_\nu - p_\nu k_\mu - g_{\mu\nu}(p^2 - pk - m^2)]. \tag{55}$$

用 Feynman 参数, 把分母折叠成

$$\{[(p-k)^2 - m^2]x + (p^2 - m^2)(1-x)\}^2 = [(p-kx)^2 - m^2 + k^2 x(1-x)]^2. \tag{56}$$

对 p 的积分作平移 $p \to p + kx$, 使分母成为 p^2 的函数, 并注意分子中 p 的线性项积分为零, 就有

$$\int \frac{\mathrm{d}^d p}{(2\pi)^d} \frac{2p_\mu p_\nu - p_\mu k_\nu - p_\nu k_\mu - g_{\mu\nu}(p^2 - pk - m^2)}{[(p-kx)^2 - m^2 + k^2 x(1-x)]^2}$$

$$= \int \frac{\mathrm{d}^d p}{(2\pi)^d} \frac{2p_\mu p_\nu - 2k_\mu k_\nu x(1-x) - g_{\mu\nu}[p^2 - k^2 x(1-x) - m^2]}{[p^2 - m^2 + k^2 x(1-x)]^2}, \tag{57}$$

记住还要乘以 $f(d)$ 并对 x 积分. 用公式 (41) 与 (43), 就有

$$\Pi_{\mu\nu}^{(2)}(k) = \mathrm{i}\mu^{4-d}e^2 f(d) \int_0^1 \mathrm{d}x \frac{-\mathrm{i}}{(4\pi)^{d/2}} \frac{\Gamma(1-d/2)}{2\Gamma(2)[m^2-k^2x(1-x)]^{1-d/2}}$$

$$\times \left\{ g_{\mu\nu}(2-d) + \frac{2k_\mu k_\nu x(1-x) - g_{\mu\nu}[k^2x(1-x)+m^2]}{m^2-k^2x(1-x)} 2(1-d/2) \right\}$$

$$= \frac{\mu^{4-d}e^2 f(d)\Gamma(2-d/2)}{(4\pi)^{d/2}} \int_0^1 \mathrm{d}x \frac{-2(g_{\mu\nu}k^2-k_\mu k_\nu)x(1-x)}{[m^2-k^2x(1-x)]^{2-d/2}}$$

$$= \frac{\alpha}{4\pi} f(d)\Gamma(2-d/2)2(k_\mu k_\nu - g_{\mu\nu}k^2) \int_0^1 \frac{\mathrm{d}x\, x(1-x)}{\{[m^2-k^2x(1-x)]/(4\pi\mu^2)\}^{2-d/2}}. \quad (58)$$

代入 $d = 4-\varepsilon$, $f(d) \approx f(4) = 4$, 并用展开公式 (48) 和 (52), 最后得到

$$\Pi_{\mu\nu}^{(2)}(k) = \frac{\alpha}{3\pi}\,(k_\mu k_\nu - g_{\mu\nu}k^2) \left\{ \frac{2}{\varepsilon} - \gamma + \ln 4\pi - \ln\frac{m^2}{\mu^2} \right.$$

$$\left. - 6 \int_0^1 \mathrm{d}x\, x(1-x) \ln\left[1 - \frac{k^2}{m^2}x(1-x) \right] + O(\varepsilon) \right\}. \quad (59)$$

当 $\varepsilon \to 0$ 时, 只有含 $1/\varepsilon$ 的一项发散, 其余的项是有限的. 这就把发散项分离了出来.

顶角发散　d 维的顶角函数是

$$\Lambda_\mu^{(2)}(p',p) = -\mathrm{i}\mu^{4-d}e^2 \int \frac{\mathrm{d}^d k'}{(2\pi)^d} \frac{1}{k'^2} \gamma_\nu \frac{\slashed{p}' - \slashed{k}' + m}{(p'-k')^2 - m^2} \gamma_\mu \frac{\slashed{p} - \slashed{k}' + m}{(p-k')^2 - m^2} \gamma^\nu. \quad (60)$$

先来折叠其中的三个分母. 当 $n = 3$ 时, 公式 (30) 为

$$\frac{1}{abc} = 2 \int_0^1 \mathrm{d}x \int_0^{1-x} \mathrm{d}y \frac{1}{[ax+by+c(1-x-y)]^3}. \quad (61)$$

于是

$$\frac{1}{k'^2[(p'-k')^2-m^2][(p-k')^2-m^2]}$$

$$= 2 \int_0^1 \mathrm{d}x \int_0^{1-x} \mathrm{d}y \frac{1}{\{[(p-k')^2-m^2]x + [(p'-k')^2-m^2]y + k'^2(1-x-y)\}^3}$$

$$= 2 \int_0^1 \int_0^{1-x} \frac{\mathrm{d}x\,\mathrm{d}y}{[(k'-px-p'y)^2 - M^2]^3}, \quad (62)$$

$$M^2 = m^2(x+y) + 2pp'xy - p^2x(1-x) - p'^2y(1-y). \quad (63)$$

在对 k' 积分时做换元 $k = k' - px - p'y$, 就有

$$\Lambda_\mu^{(2)}(p',p) = -\mathrm{i}2\mu^{4-d}e^2 \int \frac{\mathrm{d}^d k}{(2\pi)^d} \int_0^1 \mathrm{d}x \int_0^{1-x} \mathrm{d}y \frac{G_\mu}{(k^2-M^2)^3}, \quad (64)$$

$$G_\mu = \gamma_\nu[(-\slashed{p}x + \slashed{p}'(1-y) - \slashed{k} + m]\gamma_\mu[\slashed{p}(1-x) - \slashed{p}'y - \slashed{k} + m]\gamma^\nu. \quad (65)$$

再来算其中的 γ 矩阵 G_μ. 注意 (64) 中分母是 k^2 的函数，G_μ 中 k 的线性项对积分无贡献，可以去掉，所以

$$G_\mu = \gamma_\nu[(-\not p x + \not p'(1-y) - \not k + m)\gamma_\mu[\not p(1-x) - \not p' y - \not k + m]\gamma^\nu$$
$$= K_\mu(k) + P_\mu(p,p',x,y), \tag{66}$$

其中

$$K_\mu(k) = \gamma_\nu \not k \gamma_\mu \not k \gamma^\nu = \gamma_\nu(-\gamma_\mu k^2 + 2k_\mu \not k)\gamma^\nu = (d-2)(\gamma_\mu k^2 - 2k_\mu \not k), \tag{67}$$

$$P_\mu(p,p',x,y) = \gamma_\nu[(-\not p x + \not p'(1-y) + m)\gamma_\mu[\not p(1-x) - \not p' y + m]\gamma^\nu$$

$$= 2[x(1-x)\not p \gamma_\mu \not p + y(1-y)\not p' \gamma_\mu \not p' - (1-x)(1-y)\not p \gamma_\mu \not p' - xy\not p' \gamma_\mu \not p]$$
$$+ 4m[p_\mu(1-2x) + p'_\mu(1-2y)] - 2m^2 \gamma_\mu, \tag{68}$$

这里 $P_\mu(p,p',x,y)$ 的第二个等号是 $d=4$ 的情形.

把上述 $G_\mu = K_\mu(k) + P_\mu(p,p',x,y)$ 代入 (64) 式，就有

$$\Lambda_\mu^{(2)}(p',p) = -\mathrm{i}2\mu^{4-d}e^2 \int \frac{\mathrm{d}^d k}{(2\pi)^d} \int_0^1 \mathrm{d}x \int_0^{1-x} \mathrm{d}y \, \frac{K_\mu(k) + P_\mu(p,p',x,y)}{(k^2 - M^2)^3}$$
$$= \Lambda_{K\mu}^{(2)}(p',p) + \Lambda_{P\mu}^{(2)}(p',p), \tag{69}$$

其中

$$\Lambda_{K\mu}^{(2)}(p',p) = -\mathrm{i}2\mu^{4-d}e^2 \int_0^1 \mathrm{d}x \int_0^{1-x} \mathrm{d}y \int \frac{\mathrm{d}^d k}{(2\pi)^d} \, \frac{K_\mu(k)}{(k^2 - M^2)^3}, \tag{70}$$

$$\Lambda_{P\mu}^{(2)}(p',p) = -\mathrm{i}2\mu^{4-d}e^2 \int_0^1 \mathrm{d}x \int_0^{1-x} \mathrm{d}y \int \frac{\mathrm{d}^d k}{(2\pi)^d} \, \frac{P_\mu(p,p',x,y)}{(k^2 - M^2)^3}. \tag{71}$$

可以看出，当 $d \to 4$ 时，$\Lambda_{K\mu}^{(2)}(p',p)$ 是发散的，而 $\Lambda_{P\mu}^{(2)}(p',p)$ 有确定值. 代入 (67) 式，完成对 k 的积分，最后得到

$$\Lambda_{K\mu}^{(2)}(p',p) = -\mathrm{i}2\mu^{4-d}e^2 \int_0^1 \mathrm{d}x \int_0^{1-x} \mathrm{d}y \int \frac{\mathrm{d}^d k}{(2\pi)^d} \, \frac{(d-2)(\gamma_\mu k^2 - 2k_\mu \not k)}{(k^2 - M^2)^3}$$

$$= \frac{2\mu^{4-d}e^2}{(4\pi)^{d/2}} \int_0^1 \mathrm{d}x \int_0^{1-x} \mathrm{d}y \, \frac{\gamma_\mu(d-2)^2 \Gamma(2-d/2)}{2\Gamma(3)(M^2)^{2-d/2}}$$

$$= \frac{2\alpha\gamma_\mu}{4\pi} \int_0^1 \mathrm{d}x \int_0^{1-x} \mathrm{d}y \, \frac{(2-\varepsilon)^2 \Gamma(\varepsilon/2)}{4(M^2/4\pi\mu^2)^{\varepsilon/2}}$$

$$\approx \frac{\alpha\gamma_\mu}{4\pi} \left(\frac{2}{\varepsilon} - \gamma + \ln 4\pi\mu^2 - 1 - 2 \int_0^1 \mathrm{d}x \int_0^{1-x} \mathrm{d}y \ln M^2 \right), \tag{72}$$

其中第一项 $\alpha\gamma_\mu/2\pi\varepsilon$ 是发散的.

从 (68) 式可以看出，$P_\mu(p,p',x,y)$ 中不含 k，可以移出对 k 的积分号外. 这

个积分不发散, 直接取 $d = 4$, 就有

$$\Lambda^{(2)}_{P\mu}(p', p) = -\mathrm{i}2e^2 \int_0^1 \mathrm{d}x \int_0^{1-x} \mathrm{d}y P_\mu(p, p', x, y) \int \frac{\mathrm{d}^4 k}{(2\pi)^4} \frac{1}{(k^2 - M^2)^3}$$

$$= -\frac{\alpha}{4\pi} \int_0^1 \mathrm{d}x \int_0^{1-x} \mathrm{d}y \frac{P_\mu(p, p', x, y)}{M^2}. \tag{73}$$

8.3 QED 的单圈重正化

正规化只是分析发散积分的一种数学技巧, 其最终目的是为了消除发散. 若在计算中出现发散的无限大, 而计算本身在数学上没有错, 则问题就出在物理上. 物理学家查错的程序, 一般都是从浅层往深层找. 前面引述的王竹溪、Dirac 与 Feynman 的看法, 都是从深层的意义上说的. Feynman 想到了量子力学, 相对论, 定域性, 概率性, 以及因果性和能量的正定性, 这已经到了物理最深层的基础. 大家当然希望把问题解决在浅层, 不是万不得已, 不会轻易去碰物理学这座大厦的基础.

最浅的层次, 就是物理的模型, 亦即所假设和采用的模型拉氏量. 迄今为止, 我们使用的 Klein-Gordon 场, Maxwell 场, Dirac 场, 以及根据定域规范不变性原理所引入的相互作用, 都是物理模型. 如果发散只是模型的问题, 那么通过修改这些模型, 就可以把它消除. 这个修改, 将会涉及重新调整和定义模型中所包含的参量, 如质量, 耦合常数 (电荷), 场的归一化. 这就是重正化, 有的作者称为重整化, 英文都是 renormalization.

1. 抵消项

物理参数和物理粒子 QED 的拉氏密度是

$$\mathcal{L} = \overline{\psi} \mathrm{i}\gamma^\mu \partial_\mu \psi - m\overline{\psi}\psi - e\overline{\psi}\gamma^\mu \psi A_\mu - \frac{1}{4}(\partial_\mu A_\nu - \partial_\nu A_\mu)^2 - \frac{\lambda}{2}(\partial_\mu A^\mu)^2, \tag{74}$$

为了便于下面的分析, 这里把 Dirac 场的动能项与质量项分开来写. 上一章的各个实例表明, 在最低阶微扰近似下, 这个模型拉氏密度是符合物理实际的. 所以, 这个模型中的粒子质量 m 和耦合常数 e 就是实验测到的物理量, 分别称为 *物理质量* 和 *物理电荷*. 这个模型所描述的粒子则称为 *物理粒子*.

抵消项 微扰 QED Feynman 图包含电子线、光子线和 QED 顶点这三种基本构成单元, 前面讨论的电子自能、光子自能和顶角函数分别是对它们的微扰修正, 称为 *辐射修正*. 例如图 8-4 的 (a)~(c), 就是对入射电子线、光子传播线和入射顶点的辐射修正. 这些修正项中包含发散的无限大, 就意味着微扰 QED

的高阶过程都存在发散问题. 这说明, (74) 式的模型只适用于最低阶微扰的情形, 忽略了重要的高阶效应. 对于高阶微扰, 需要对 (74) 式进行修正. 为此, 可以引进一些高阶项, 来消去这些在高阶出现的发散. 这是 1954 年 Matthews 和 Salam 提出的做法[①]. 这种能消去高阶发散的项, 称为 抵消项 (counter-terms).

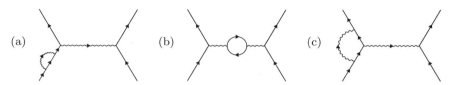

图 8-4 微扰 QED 的几个 4 阶过程

前面算得需要被抵消的三个发散项是

$$\frac{\alpha}{2\pi\varepsilon}(4m - \not{p}), \qquad \frac{2\alpha}{3\pi\varepsilon}(k_\mu k_\nu - g_{\mu\nu}k^2), \qquad \frac{\alpha\gamma_\mu}{2\pi\varepsilon}, \tag{75}$$

它们分别来自电子自能、光子自能和顶角函数的维数正规化. 由于 $\alpha = e^2/4\pi$, 这三个发散项与电子质量 m 和动量 p、光子动量 k 以及它们之间的耦合常数 e 有关. 电子动量 p 和光子动量 k 分别与它们的场 ψ 和 A_μ 有关. 所以, 可以尝试引进抵消项

$$\delta\mathcal{L} = \delta Z_2 \overline{\psi}\, \mathrm{i}\gamma^\mu\partial_\mu\psi - \delta m \overline{\psi}\psi - \delta e \overline{\psi}\gamma^\mu\psi A_\mu - \frac{1}{4}\delta Z_3(\partial_\mu A_\nu - \partial_\nu A_\mu)^2, \tag{76}$$

其中 $\delta Z_2, \delta m, \delta e$ 和 δZ_3 是 4 个待定常数, 用来调整计算结果使之刚好与上述发散项抵消. 可以看出, 除了规范固定项以外, 上式与 (74) 式结构完全相同, 只是参数不同. δm 与 δe 分别影响粒子质量 m 与电荷 e, 而 δZ_2 与 δZ_3 分别影响场 ψ 与 A_μ 的归一化, 从而影响粒子动量 p 与光子动量 k. 规范固定项是用来选择规范的, 只能有一个参数 λ, 没有与之相应而独立的抵消项.

抵消项的 Feynman 规则   这样引入的抵消项可以当做一些新的相互作用项, 其中前两项给出一条电子入射线和一条电子出射线相会的两线顶点, 第三项给出两条电子线和一条光子线相交的三线顶点, 第四项给出两条光子线相会的两线顶点. 它们的动量空间 S 矩阵元的 Feynman 规则和图示如下:

- 电子二线顶点: 每个电子二线顶点贡献一个因子 $\mathrm{i}(\delta Z_2\not{p} - \delta m)$, 图示为

$$\xrightarrow{\quad p \quad} \otimes \xrightarrow{\quad p \quad}$$

- 光子二线顶点: 每个光子二线顶点贡献一个因子 $-\mathrm{i}\delta Z_3(g^{\mu\nu}k^2 - k^\mu k^\nu)$, 图示为

---

① P.T. Matthews and A. Salam, *Phys. Rev.* **94** (1954) 185.

$$k \qquad k$$

• 修正三线顶点: 每个修正三线顶点贡献一个因子 $-\mathrm{i}\delta e(2\pi)^4\delta(\sum p_i)\gamma^\mu$, 图示为

2. 重正化

常数的确定   引入抵消项后, 电子自能项的贡献应与电子二线顶点的贡献相加. 要求除去两条电子外线后的部分

$$-\mathrm{i}\Sigma^{(2)}(p) + \mathrm{i}(\delta Z_2\not{p} - \delta m) = -\mathrm{i}\Big[\frac{\alpha}{2\pi\varepsilon}\,(4m - \not{p}) + \Sigma_{\mathrm{F}}^{(2)}(p) - (\delta Z_2\not{p} - \delta m)\Big]$$
$$= -\mathrm{i}\Sigma_{\mathrm{F}}^{(2)}(p), \qquad (77)$$

其中 $\Sigma_{\mathrm{F}}^{(2)}(p)$ 是 $\Sigma^{(2)}(p)$ 减去发散项后剩下的有限项. 由此可定出

$$\delta Z_2 = -\frac{\alpha}{2\pi\varepsilon}, \qquad \delta m = -\frac{2\alpha}{\pi\varepsilon}\,m. \qquad (78)$$

同样, 光子自能项应与光子二线顶点的贡献相加. 要求除去两条光子外线后的部分

$$\mathrm{i}\Pi_{\mu\nu}^{(2)}(k) - \mathrm{i}\delta Z_3(g^{\mu\nu}k^2 - k^\mu k^\nu)$$
$$= \mathrm{i}\Big[\frac{2\alpha}{3\pi\varepsilon}\,(k_\mu k_\nu - g_{\mu\nu}k^2) + \Pi_{\mathrm{F}\mu\nu}^{(2)}(k) - \delta Z_3(g^{\mu\nu}k^2 - k^\mu k^\nu)\Big]$$
$$= \mathrm{i}\Pi_{\mathrm{F}\mu\nu}^{(2)}(k), \qquad (79)$$

$\Pi_{\mathrm{F}\mu\nu}^{(2)}(k)$ 是 $\Pi_{\mu\nu}^{(2)}(k)$ 减去发散项后剩下的有限项. 这就定出

$$\delta Z_3 = -\frac{2\alpha}{3\pi\varepsilon}. \qquad (80)$$

最后, 除去外线和共同因子 $-\mathrm{i}(2\pi)^4\delta(\sum p_i)$, 要求顶角部分两项相加为

$$e\Lambda_\mu^{(2)}(p', p) + \delta e\gamma_\mu = e\Big[\frac{\alpha\gamma_\mu}{2\pi\varepsilon} + \Lambda_{\mathrm{F}\mu}^{(2)}(p', p)\Big] + \delta e\gamma_\mu = e\Lambda_{\mathrm{F}\mu}^{(2)}(p', p), \qquad (81)$$

$\Lambda_{\mathrm{F}\mu}^{(2)}(p', p)$ 是 $\Lambda_\mu^{(2)}(p', p)$ 减去发散项后剩下的有限项. 于是定出

$$\delta e = -\frac{\alpha}{2\pi\varepsilon}\,e. \qquad (82)$$

如上确定常数后, 三个原始发散就都被减除了. 亦即, 相互作用 $-e\overline{\psi}\gamma^\mu\psi A_\mu$ 所引起的二级修正 (电子自能、光子自能、顶角修正) 中的发散部分, 可以用抵

消项的一级贡献完全消去. 所以, 在实际计算中可以不必考虑辐射修正的发散部分, 只保留其有限值的贡献.

由于无限大加上任一常数还是无限大, 所以正规化的方案不唯一, 减除发散项的方案也不唯一. 这里采用的方案称为 最小减除方案, 记为 MS. 上一节的正规化计算结果表明, 三个原始发散的 $2/\varepsilon$ 都有一个共同的相加常数 $\ln 4\pi - \gamma$. 若把这个常数也归入发散项中一并减除, 这种方案就称为 修正的最小减除方案, 记为 $\overline{\text{MS}}$. 它们都能保持协变性. 我们就不深入这种细致的问题.

重正化 引入抵消项后拉氏密度可以写成

$$\mathcal{L} = Z_2 \overline{\psi}\, \mathrm{i}\gamma^\mu \partial_\mu \psi - Z_m m \overline{\psi}\psi - Z_1 e \overline{\psi}\gamma^\mu \psi A_\mu - \frac{1}{4} Z_3 (\partial_\mu A_\nu - \partial_\nu A_\mu)^2 - \frac{\lambda}{2}(\partial_\mu A^\mu)^2, \quad (83)$$

其中

$$Z_m = 1 + \frac{\delta m}{m}, \qquad Z_1 = 1 + \frac{\delta e}{e}, \qquad Z_2 = 1 + \delta Z_2, \qquad Z_3 = 1 + \delta Z_3. \quad (84)$$

定义

$$\begin{cases} \psi_{\mathrm{B}} = Z_2^{1/2}\psi, & A_{\mathrm{B}}^\mu = Z_3^{1/2} A^\mu, \\ m_{\mathrm{B}} = Z_m Z_2^{-1} m, & e_{\mathrm{B}} = Z_1 Z_2^{-1} Z_3^{-1/2} e, \qquad \lambda_{\mathrm{B}} = Z_3^{-1}\lambda, \end{cases} \quad (85)$$

上述拉氏密度就成为

$$\mathcal{L}_{\mathrm{B}} = \overline{\psi}_{\mathrm{B}}(\mathrm{i}\slashed{\partial} - m_{\mathrm{B}})\psi_{\mathrm{B}} - e_{\mathrm{B}} \overline{\psi}_{\mathrm{B}} \gamma_\mu \psi_{\mathrm{B}} A_{\mathrm{B}}^\mu - \frac{1}{4}(\partial^\mu A_{\mathrm{B}}^\nu - \partial^\nu A_{\mathrm{B}}^\mu)^2 - \frac{\lambda_{\mathrm{B}}}{2}(\partial_\mu A_{\mathrm{B}}^\mu)^2, \quad (86)$$

与 (74) 式的结构完全一样. 所以, 引进抵消项 (76) 的效果, 相当于是用 (85) 式重新归一模型中的场量 ψ, A^μ, 和重新定义模型参量 m, e, 即重新归一和定义了模型.

这种重新归一场量和定义参量的做法, 就称为 重正化 (renormalization). 用来进行重正化的常数 Z_1, Z_2, Z_3, Z_m 称为 重正化常数, 而重正化的参数 m, e, λ 则称为 重正化参数. 英文 renormalization 的含义, 是重新归一化, 包含了对这些量的重新定义. 中文用重正化, 也就是重新正名, 与英文原意是一致的.

注意这个程序是可逆的, 从 (86) 式出发, 用 (85) 式重新归一和定义其中的场量 ψ_{B}, A_{B}^μ 与参量 m_{B}, e_{B}, 就回到了 (83) 式. 这正是 Matthews 和 Salam 之前的旧式重正化的做法, 它有一个直观的物理诠释.

重正化的物理诠释 如果从 (86) 式出发, 则这个模型中的质量 m_{B} 和电荷 e_{B} 都不是实验观测到的物理质量和电荷, 场量 ψ_{B} 和 A_{B}^μ 描述的也不是实验观测到的电子和光子. 亦即, 这个模型的最低阶微扰所描述的, 是一种尚未进行物理修正的 "裸露" (bare) 的粒子, 称为 裸粒子, 而这些量则称为 裸量. 只有计算高阶微扰, 考虑了它的辐射修正, 才能给出物理的结果.

一个在传播的裸电子，对它的辐射修正就是它的自能积分，亦即考虑它不断地放出和吸收虚光子. 考虑了放出和吸收虚光子的过程，这个裸电子就被虚光子围绕，穿上一身光子衣服，不再裸露，成为实验观测到的物理电子. 由于携带虚光子，物理电子的质量比裸电子增加. 对裸质量 m_B 进行重正化，给出物理质量 m, 这就从裸质量中分析出质量抵消项 δm.

同样，一个在传播的裸光子，对它的辐射修正就是它的自能积分，亦即考虑它不断地转化为虚正负电子偶，又由虚正负电子偶转化为光子. 考虑了这个真空极化过程，裸光子就被虚正负电子偶包围，不再裸露，成为实验观测到的物理光子. 由于真空极化，裸电子也被虚正负电子偶包围，其电荷被屏蔽，有效电荷减少. 对裸电荷 e_B 进行重正化，给出物理电荷 e, 这就从裸电荷中分析出电荷抵消项 δe.

裸的场量 ψ_B 与 A_B^μ 是描述裸粒子的，它们的产生湮灭算符描述一个裸粒子的产生与湮灭. 由于物理粒子携带着许多虚粒子，物理粒子的产生湮灭算符与裸粒子的具有不同的归一化. 对裸的场量 ψ_B 与 A_B^μ 进行重正化，给出物理的场量 ψ 与 A^μ, 这就从中分析出因子 δZ_2 与 δZ_3.

归纳起来，对裸的场量 ψ_B, A_B^μ, 质量 m_B 和电荷 e_B 进行重正化，就从它们当中分析出抵消项 $\delta\mathcal{L}$, 使得模型拉氏密度从 (86) 式的 $\mathcal{L}_B$ 重正化为 (83) 式的 $\mathcal{L}$. 在这个意义上，描述裸粒子的拉氏密度 $\mathcal{L}_B$ 称为 *裸拉氏密度*，而分析出抵消项的拉氏密度 $\mathcal{L}$ 则称为 *重正化拉氏密度*.

可以看出，这种从裸拉氏密度出发的重正化，实际上是把辐射修正计算中出现的发散项都归入到未重正化的裸量之中. 裸量的概念，就是用来掩盖无限大的"地毯". 现在，从直接引进抵消项以修正模型的观点来看，与其把发散的无限大归入裸量之中，"藏到地毯底下"，还不如直截了当地承认，是用抵消项把它们"拿掉"了. Bogoliubov 和 Shirkov 在他们的经典名著里，就使用了 removal of divergences (发散的移去) 这个词[1].

两点讨论 由于 $\delta Z_2 = -\alpha/2\pi\varepsilon = \delta e/e$, 从 (84) 式可以看出

$$Z_1 = Z_2. \tag{87}$$

这是 8.5 节将要讨论的 Ward 恒等式的结果，不仅限于二阶微扰，对任何阶微扰都成立. 由于它们相等，所以

$$e = Z_1^{-1} Z_2 Z_3^{1/2} e_B = Z_3^{1/2} e_B, \tag{88}$$

---

[1] N.N. Bogoliubov and D.V. Shirkov, *Introduction to the Theory of Quantized Fields*, third edition, John Wiley & Sons, 1980.

即顶角函数与场 ψ 的重正化对耦合常数的作用互相抵消, 电荷重正化单纯是真空极化的效应. 耦合常数 e 与场 ψ 及粒子质量 m 无关, 是普适常数. 这就意味着, 在同时包含两种不同 Fermi 子例如电子与 μ 子的 QED 模型中, 光子与这两种粒子的耦合常数相同, 都是 e.

由于在维数正规化中 $e \to \mu^{2-d/2}e$, 所以 (88) 式在取极限 $\varepsilon \to 0$ 之前可写成

$$e = \mu^{-\varepsilon/2}Z_3^{1/2}e_{\mathrm{B}} = \mu^{-\varepsilon/2}\Big(1 - \frac{e^2}{6\pi^2\varepsilon}\Big)^{1/2}e_{\mathrm{B}}, \tag{89}$$

它给出了耦合常数 e 随参数 μ 的变化. 记住常数 e_{B} 与 μ 无关, 求上式对 μ 的微商, 然后取极限 $\varepsilon \to 0,$ 就有

$$\mu\frac{\partial e}{\partial \mu} = \frac{e^3}{12\pi^2}. \tag{90}$$

这个方程表明, e 随 μ 的增加而增加, 它的解为

$$e^2(\mu) = e^2(\mu_0)\Big[1 - \frac{e^2(\mu_0)}{6\pi^2}\ln\frac{\mu}{\mu_0}\Big]^{-1}, \tag{91}$$

具有 Landau 奇点,

$$\mu = \mu_0 e^{6\pi^2/e^2(\mu_0)}. \tag{92}$$

参数 μ 具有质量的量纲, 在这里是动量的标度. 所以, 耦合常数 e 随着动量标度的增加而增加, 亦即随着距离标度的增加而减小, 是变动的, 并非恒量. 这就是 QED 耦合常数的渐近行为. 在物理上, 这是真空极化的结果. 由于真空极化, 电子处于虚正负电子偶的包围中. 每个虚正负电子偶都相当于一个小电偶极子, 它们在电子的作用下, 正极朝向电子, 对电子电荷产生屏蔽. 越靠近电子, 屏蔽越小, 测到的电子电荷就越大. QED 耦合常数的普适性和变动性, 是重正化给出的两个重要结论.

8.4　电子反常磁矩

现在来算一个辐射修正的具体例子, 并结合它给出一些重要的公式和概念.

1.　顶角函数与形状因子

顶角函数 $\Gamma_\mu(p', p)$　考虑电子被重靶的散射, S 矩阵的微扰展开为

$$\tag{93}$$

这里用实心圆表示完全的 QED 顶角, 它是切掉外线的最低阶顶点与所有顶角圈

图修正之和. 看上面的顶角, 等号右边第一项是最低阶的简单顶点, 第二项是前面算过的单圈修正, 后面略去的是高阶修正. 它们都是所谓的 单粒子不可约图 (one-particle irreducible graph), 即不可能通过切断一条粒子内线而把它分成拓扑无关的两部分的图形 (见后面的图 8-5). 这种单粒子不可约图形又称为 正规图形 (proper graph). 所以这个完全顶角又称为 单粒子不可约三点顶角, 或 三点正规顶角, 它实际上就是三点连通 Green 函数完全截去三条外线或传播线后的单粒子不可约部分.

仿照简单 QED 顶点对动量空间 S 矩阵元贡献的形式 $-\mathrm{i}e(2\pi)^4\delta(\sum p_i)\gamma^\mu$, 把这个正规顶角的贡献记为 $-\mathrm{i}e(2\pi)^4\delta(\sum p_i)\Gamma^\mu(p',p)$, 这个 $\Gamma^\mu(p',p)$ 就是 8.1 节 **3** 已经提到的顶角函数. 用顶角函数来表示, (93) 式给出的不变振幅就是

$$M_{\mathrm{fi}} = -e^2\left[\overline{u}(p')\Gamma^\mu(p',p)u(p)\right]\frac{1}{q^2}\left[\overline{u}(k')\gamma_\mu u(k)\right], \tag{94}$$

其中 q 是在电子与靶粒子之间传播的光子动量, 注意靶粒子的顶角仍是简单顶点. 类似地, 若电子是被等效外场 $A_\mu^{\mathrm{ext}}(x)$ 散射, 则有

$$M_{\mathrm{fi}} = e\left[\overline{u}(p')\Gamma^\mu(p',p)u(p)\right]A_\mu^{\mathrm{ext}}(q). \tag{95}$$

由于顶角函数在 S 矩阵中是与场量 $A_\mu(q)$ 相乘, 以 $A_\mu(q)\Gamma^\mu(p',p)$ 的形式出现, 要求在规范变换

$$A_\mu(q) \longrightarrow A_\mu(q) + q_\mu\chi(q) \tag{96}$$

下 S 矩阵不变, 就会给出一个关于 $q_\mu\Gamma^\mu(p',p)$ 的关系, 即下一节将给出的 Ward-Takahashi 恒等式.

Gordon 恒等式　对最低阶微扰, $\Gamma^\mu \approx \gamma^\mu$, 有

$$\overline{u}(p')\Gamma^\mu(p',p)u(p) \approx \overline{u}(p')\gamma^\mu u(p). \tag{97}$$

定义

$$\sigma^{\mu\nu} = \frac{\mathrm{i}}{2}\left[\gamma^\mu,\gamma^\nu\right], \tag{98}$$

由

$$\{\gamma^\mu,\gamma^\nu\} = 2g^{\mu\nu} \tag{99}$$

和 Dirac 方程

$$\gamma^\mu p_\mu u(p) = mu(p), \qquad \overline{u}(p')\gamma^\mu p'_\mu = \overline{u}(p')m, \tag{100}$$

可以推出

$$\gamma^\mu u(p) = \frac{1}{m}(p^\mu - \mathrm{i}\sigma^{\mu\nu}p_\nu)u(p), \tag{101}$$

$$\overline{u}(p')\gamma^\mu = \frac{1}{m}\overline{u}(p')(p^{\mu\,\prime} + \mathrm{i}\sigma^{\mu\nu}p'_\nu). \tag{102}$$

从而

$$\overline{u}(p')\gamma^\mu u(p) = \frac{1}{2}\,\overline{u}(p')[\gamma^\mu u(p)] + \frac{1}{2}\,[\overline{u}(p')\gamma^\mu]u(p)$$

$$= \frac{1}{2m}\,\overline{u}(p')[(p^{\mu\,\prime} + p^\mu) + \mathrm{i}\sigma^{\mu\nu}q_\nu]u(p), \tag{103}$$

其中 $q = p' - p$. 这就是 Gordon 恒等式.

形状因子 Gordon 恒等式给出了微扰最低阶的 $\overline{u}(p')\Gamma^\mu(p',p)u(p)$. 一般地, $\Gamma^\mu(p',p)$ 依赖于 p' 与 p, 即依赖于 $p' + p$ 与 $p' - p$. 运用 Gordon 恒等式, 可以把 $p' + p$ 表达成 γ 与 $q = p' - p$ 的线性叠加. 于是可以写出

$$\Gamma^\mu(p',p) = \gamma^\mu F_1(q^2) + \frac{\mathrm{i}\sigma^{\mu\nu}q_\nu}{2m}F_2(q^2), \tag{104}$$

即 $\Gamma^\mu(p',p)$ 只是 $q = p' - p$ 的函数. 没有正比于 q^μ 的项, 因为 $\overline{u}(p')\gamma_\mu q^\mu u(p) = 0$.

在考虑全部微扰修正后, 要把 QED 顶点的 γ^μ 换成顶角函数 $\Gamma^\mu(p',p)$, 这相当于把相互作用拉氏密度从

$$\mathcal{L}_\mathrm{I}(x) = -e\overline{\psi}(x)\gamma^\mu\psi(x)A_\mu(x) \tag{105}$$

换成

$$\mathcal{L}_\mathrm{I}^{\mathrm{eff}}(x) = -e\int \mathrm{d}y\overline{\psi}(x)\Gamma^\mu(x-y)\psi(x)A_\mu(y), \tag{106}$$

其中

$$\Gamma^\mu(x) = \int \frac{\mathrm{d}^4q}{(2\pi)^4}\,\Gamma^\mu(q)\mathrm{e}^{-\mathrm{i}qx} \tag{107}$$

是顶角函数在坐标表象的表示. 把 (104) 式代入上式, 可以得到

$$\Gamma^\mu(x) = \gamma^\mu F_1(x) - \frac{1}{2m}\,\sigma^{\mu\nu}\partial_\nu F_2(x), \tag{108}$$

$$F_i(x) = \int \frac{\mathrm{d}^4q}{(2\pi)^4}\,F_i(q^2)\mathrm{e}^{-\mathrm{i}qx}, \qquad i = 1, 2. \tag{109}$$

这就表明, 一般地说, 考虑全部微扰修正后的等效相互作用, 是由弥散在空间的连续分布的简单顶点所产生的一种非定域相互作用. 函数 $F_i(x)$ 与 $F_i(q^2)$ 描述了这些简单顶点的空间分布, 所以称为 *形状因子*, 它们是在高能散射实验中用来分析散射源空间结构的重要参数. 例如, 当 $\Gamma^\mu(q) = \gamma^\mu F_1(q^2)$ 时, Coulomb 散射的 Mott 公式 (第 7 章 (131) 式) 就成为

$$\frac{\mathrm{d}\sigma}{\mathrm{d}\Omega} = \frac{\alpha^2}{4\boldsymbol{p}^2 v^2\sin^4(\theta/2)}\,F_1^2(\boldsymbol{q}^2)\,[1 - v^2\sin^2(\theta/2)], \tag{110}$$

测量散射角分布可以得到 $F_1(\boldsymbol{q}^2)$, 从而得到空间分布 $F_1(\boldsymbol{x})$.

2. 电子磁矩

Dirac 理论 现在来看最低阶微扰 $\Gamma^\mu(q) = \gamma^\mu$ 的情形. 这时 $F_1(x) = \delta(x)$,

$F_2(x) = 0$, $\Gamma^\mu(x) = \gamma^\mu \delta(x)$, 相互作用拉氏密度 $\mathcal{L}_I^{\text{eff}}$ 还原成定域的 $\mathcal{L}_I$, 即由 Dirac 场的定域规范不变性确定的 (105) 式.

在坐标表象的 Gordon 恒等式可以写成

$$\overline{\psi}\gamma^\mu\psi = \frac{\mathrm{i}}{2m}\,\overline{\psi}[(\overrightarrow{\partial^\mu} - \overleftarrow{\partial^\mu}) - \mathrm{i}\sigma^{\mu\nu}(\overrightarrow{\partial_\nu} + \overleftarrow{\partial_\nu})]\psi, \tag{111}$$

其中 $\overleftarrow{\partial}$ 与 $\overrightarrow{\partial}$ 分别是作用于左与右近邻函数的算符 ∂, ψ 与 $\overline{\psi}$ 分别满足 Dirac 方程与其共轭方程. 用这个等式, 就可以把 $\mathcal{L}_I$ 写成两项之和, $\mathcal{L}_I = \mathcal{L}_{Ie} + \mathcal{L}_{Im}$. 其中

$$\mathcal{L}_{Ie} = -\frac{\mathrm{i}e}{2m}\,\overline{\psi}(\overrightarrow{\partial^\mu} - \overleftarrow{\partial^\mu})\psi A_\mu = -ej^\mu A_\mu, \tag{112}$$

$$j^\mu = \frac{\mathrm{i}}{2m}\,\overline{\psi}(\overrightarrow{\partial^\mu} - \overleftarrow{\partial^\mu})\psi, \tag{113}$$

可以看出, $j^\mu = (\rho, \rho\boldsymbol{v})$ 就是量子力学中粒子的四维流密度.

这个粒子在经典场 $A^\mu = (V, \boldsymbol{A})$ 中的 Hamilton 量为

$$H = \frac{p^2}{2m} + eV - e\boldsymbol{v}\cdot\boldsymbol{A}, \tag{114}$$

Hamilton 正则方程给出

$$\frac{\mathrm{d}\boldsymbol{p}}{\mathrm{d}t} = -\nabla H = e[-\nabla V + \nabla(\boldsymbol{v}\cdot\boldsymbol{A})] = e[-\nabla V + \boldsymbol{v}\times(\nabla\times\boldsymbol{A}) + (\boldsymbol{v}\cdot\nabla)\boldsymbol{A}]. \tag{115}$$

若定义

$$\boldsymbol{E} = -\frac{\partial\boldsymbol{A}}{\partial t} - \nabla V, \qquad \boldsymbol{B} = \nabla\times\boldsymbol{A}, \tag{116}$$

即可得到 Lorentz 力的公式

$$\frac{\mathrm{d}}{\mathrm{d}t}(\boldsymbol{p} - e\boldsymbol{A}) = e(\boldsymbol{E} + \boldsymbol{v}\times\boldsymbol{B}). \tag{117}$$

这就表明, 在经典意义上, $\mathcal{L}_{Ie}$ 描述 Dirac 场的粒子与 Maxwell 场的电磁相互作用, 耦合常数 e 就是经典电动力学中的粒子电荷.

再来看 $\mathcal{L}_{Im}$ 这一项. 它出现在积分中, 可以相差一个四维散度项, 所以

$$\mathcal{L}_{Im} = -\frac{e}{2m}\,\overline{\psi}\sigma^{\mu\nu}(\overrightarrow{\partial_\nu} + \overleftarrow{\partial_\nu})\psi A_\mu = \frac{e}{2m}\,\overline{\psi}\sigma^{\mu\nu}\psi\,\partial_\nu A_\mu = -\frac{e}{4m}\,\overline{\psi}\,\sigma^{\mu\nu}\psi\,F_{\mu\nu}. \tag{118}$$

对经典静场 $A^\mu = (0, \boldsymbol{A})$, 并注意自旋角动量矩阵 (见 4.3 节 **2**) $s^i = -\mathrm{i}\epsilon^i_{jk}\gamma^j\gamma^k/4$, 就有

$$\mathcal{L}_{Im} = -2\cdot\frac{e}{2m}\,\overline{\psi}\,\boldsymbol{s}\,\psi\cdot\boldsymbol{B}. \tag{119}$$

这个结果表明, 在经典意义上, $\mathcal{L}_{Im}$ 描述 Dirac 场的粒子与 Maxwell 场的磁相互作用, Dirac 粒子具有磁矩

$$\mu_0 = \frac{e}{2m}, \tag{120}$$

Landé g 因子等于 2. 这就是 Dirac 理论关于电子自旋磁矩的著名结论.

反常磁矩   粒子自旋磁矩的实验测量值与 Dirac 理论值 $\mu_0 = e/2m$ 的偏离称为 *反常磁矩*. Dirac 理论的磁矩来自与 Gordon 恒等式的第二项相当的 (118) 式, 它给出 $g = 2$. 为了唯象地描述粒子的反常磁矩, Pauli 曾建议在 QED 的拉氏密度中加入一项依赖于 $F_{\mu\nu}$ 而不是 A_μ 的项[①] (参见练习题 7.4)

$$\mathcal{L}_{\mathrm{P}} = -\frac{\delta e}{4m}\,\overline{\psi}\sigma^{\mu\nu}\psi\, F_{\mu\nu}, \tag{121}$$

其中参数 δ 由实验测定. 所以 (118) 式通常称为 Pauli 项.

在理论上, 反常磁矩可由顶角函数的辐射修正来计算. 考虑变化缓慢的场 A^μ, (106) 式就成为

$$
\begin{aligned}
\mathcal{L}_{\mathrm{I}}^{\mathrm{eff}}(x) &\approx -\lim_{q\to 0} e\overline{\psi}(x)\varGamma^\mu(q)\psi(x)A_\mu(x)\\
&= \lim_{q\to 0}\left[-e\overline{\psi}(x)\gamma^\mu\psi(x)A_\mu(x)F_1(q^2) - \frac{e}{4m}\overline{\psi}(x)\sigma^{\mu\nu}\psi(x)F_{\mu\nu}(x)F_2(q^2)\right]\\
&= \lim_{q\to 0}[F_1(q^2)\mathcal{L}_{\mathrm{Ie}} + F_2(q^2)\mathcal{L}_{\mathrm{Im}}].
\end{aligned} \tag{122}
$$

第一项是 Dirac 理论的 $F_1(0)$ 倍, 对 Landé g 因子贡献 $2F_1(0)$. 第二项是 Pauli 项 (118) 式的 $F_2(0)$ 倍, 对 Landé g 因子贡献 $2F_2(0)$. 所以

$$g = \lim_{q\to 0} 2\left[F_1(q^2) + F_2(q^2)\right] = 2\left[F_1(0) + F_2(0)\right]. \tag{123}$$

微扰最低阶 $F_1(0) = 1$, $F_2(0) = 0$, 给出 Dirac 理论值 $g_{\mathrm{D}} = 2$. 所以 QED 的预言为 $g = 2 + O(\alpha)$, 反常磁矩的数量级为 $O(\alpha)$.

与经典意义上的静电力有关的, 是 $F_1(0)\mathcal{L}_{\mathrm{Ie}}$ 这一项. 为了保证耦合常数 e 是经典意义上的电荷, 亦即保证有 Lorentz 力公式 (117), 必须保持归一化

$$F_1(0) = 1. \tag{124}$$

形状因子 $F_1(q^2)$ 的这个归一化条件, 是重正化的一个条件, 它要求重正化耦合常数 e 就是在经典意义上描述与频率趋于 0 的 Maxwell 场作用的粒子的电荷[②]. 由于 $F_1(0) = 1$, 反常磁矩完全来自 $F_2(0)$ 的辐射修正,

$$a = \frac{1}{2}\left(g - g_{\mathrm{D}}\right) = F_2(0). \tag{125}$$

Schwinger 项   在 8.1 节 3 和 8.2 节 2 已经算出了 2 阶微扰的顶角函数

$$\varGamma_\mu^{(2)}(p', p) = \gamma_\mu + \varLambda_{K\mu}^{(2)}(p', p) + \varLambda_{P\mu}^{(2)}(p', p), \tag{126}$$

其中 $\varLambda_{K\mu}^{(2)}(p', p)$ 在减除发散项后给出对 $F_1(q^2)$ 的贡献, $\varLambda_{P\mu}^{(2)}(p', p)$ 对 $F_1(q^2)$ 和

① W. Pauli, *Rev. Mod. Phys.* **13** (1941) 203; 《泡利物理学讲义 6. 场量子化选题》, 洪铭熙、苑之方译, 人民教育出版社, 1983 年, 167–168 页.

② N.N. Bogoliubov and D.V. Shirkov, *Quantum Fields*, Benjamin/Cummings, 1983, p.277.

$F_2(q^2)$ 都有贡献. 计算 $\Lambda^{(2)}_{K\mu}(p',p)$ 和 $\Lambda^{(2)}_{P\mu}(p',p)$ 的公式是 (72), (73), (63) 和 (68).

考虑顶角的两条粒子线是自由粒子外线的情形, 在 (63) 式中代入质壳条件 $p^2 = p'^2 = m^2$, 以及 $(p-p')^2 = q^2 = 0$, 就有

$$M^2 = m^2(x+y) + 2m^2xy - m^2x(1-x) - m^2y(1-y) = m^2(x+y)^2. \quad (127)$$

算出积分

$$\int_0^1 \mathrm{d}x \int_0^{1-x} \mathrm{d}y \ln M^2 = \int_0^1 \mathrm{d}x \int_0^{1-x} \mathrm{d}y\, [\ln m^2 + 2\ln(x+y)] = \frac{1}{2}(\ln m^2 - 1), \quad (128)$$

于是 (72) 式减除发散项 $2/\varepsilon$ 以后给出

$$\Lambda^{(2)}_{K\mu}(p',p) \approx \frac{\alpha\gamma_\mu}{4\pi}\left(-\gamma + \ln 4\pi + \ln\frac{\mu^2}{m^2}\right), \quad (129)$$

这是对 $F_1(0)$ 的贡献. 选择 μ 的值, 使得总的 $F_1(0)$ 归一化, (124) 式成立.

在 (68) 式中, 用对易关系把 $p\!\!\!/'$ 移到最左边, 把 $p\!\!\!/$ 移到最右边, 由于整个表达式夹在 $\bar{u}(p')$ 与 $u(p)$ 之间, 用 Dirac 方程可以把它们都换成 m, 所以

$$\begin{aligned}
P_\mu(p,p',x,y) &= 2[x(1-x)(-\gamma_\mu m + 2p_\mu)m + y(1-y)m(-m\gamma_\mu + 2p'_\mu)\\
&\quad - (1-x)(1-y)(2mp_\mu + 2mp'_\mu - 3m^2\gamma_\mu) - xym^2\gamma_\mu]\\
&\quad + 4m[p_\mu(1-2x) + p'_\mu(1-2y)] - 2m^2\gamma_\mu\\
&= 2m^2\gamma_\mu[(x+y-2)^2 - 2] + 4m[(y-xy-x^2)p_\mu + (x-xy-y^2)p'_\mu].
\end{aligned}$$
$$(130)$$

其中第一项只对 $F_1(0)$ 有贡献, 第二项才对 $F_2(0)$ 有贡献. 代入计算 $\Lambda^{(2)}_{P\mu}(p,p')$ 的 (73) 式, 积分给出

$$-\frac{\alpha}{4\pi}\int_0^1 \mathrm{d}x \int_0^{1-x} \mathrm{d}y\, \frac{4m[(y-xy-x^2)p_\mu + (x-xy-y^2)p'_\mu]}{m^2(x+y)^2}$$
$$= -\frac{\alpha}{2\pi}\frac{p_\mu + p'_\mu}{2m}. \quad (131)$$

由 Gordon 恒等式 (103) 和 (104) 式可以看出, 这个结果给出反常磁矩

$$a = F_2(0) = \frac{\alpha}{2\pi}, \quad (132)$$

这就是电子磁矩的 Schwinger 项.

QED 算出的电子磁矩的其他几项　QED 算出的电子磁矩可以写成

$$\mu_{\mathrm{e}} = \mu_0\left[1 + C_1\frac{\alpha}{\pi} + C_2\left(\frac{\alpha}{\pi}\right)^2 + C_3\left(\frac{\alpha}{\pi}\right)^3 + C_4\left(\frac{\alpha}{\pi}\right)^4 + \cdots\right]. \quad (133)$$

第一项 (Dirac 项) 是 QED 简单顶点. 第二项 (Schwinger 项) $C_1 = 1/2$ 是顶角单圈图, 如图 8-3. 第三项有 5 个双圈图, 如图 8-5, 在上一世纪 50 年代末由

Petermann 和 Sommerfield 算出 [1],

$$C_2 = \frac{197}{144} + \frac{\pi^2}{12} - \frac{\pi^2}{2}\ln 2 + \frac{3}{4}\zeta(3) \approx 0.328\,479\cdots. \tag{134}$$

第四项 C_3 包括 40 个不同的三圈图, 用手工解析地算已经不现实, 太冗长. 用
数值计算, 1972 年首次给出 $C_3 = 1.49 \pm 0.25$, 计算误差太大. 后来可以用电脑
做解析计算, 精度才大为提高, 得到 $C_3 = 1.183 \pm 0.011$. 现在, 电子反常磁矩的
理论计算和实验测量这二者所达到的精度, 代表了物理学的最高纪录.

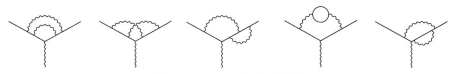

图 8-5   QED 顶角的双圈图

8.5   Ward-Takahashi 恒等式

圈图的发散, 在所有的高阶微扰中都存在. 在原则上, 要求模型在每一阶微
扰中都能把发散消去. 能够在所有微扰阶次都把发散消去的模型, 称为 可重正
化 的, 反之则称为 不可重正化 的. Ward-Takahashi (高桥) 恒等式是正规顶角与
传播子之间的一个基本关系[2], 它是证明 QED 具有 可重正性 (renormalisability)
的关键.

1.   自能算符与完全传播子

自能算符   考虑下列微扰级数的和,

$$-\mathrm{i}\Sigma(p) = -\mathrm{i}\Sigma^{(2)}(p) - \mathrm{i}\Sigma^{(4)}(p) - \mathrm{i}\Sigma^{(6)}(p) - \cdots, \tag{136}$$

(135)

注意等号右边各项都是单粒子不可约图. 第一项是前面计算过的二阶电子自能,
去掉两边外线的部分为 $-\mathrm{i}\Sigma^{(2)}(p)$. 类似地写出高阶项, 上式去掉两边外线的部
分就是

$$-\mathrm{i}\Sigma(p) = -\mathrm{i}\Sigma^{(2)}(p) - \mathrm{i}\Sigma^{(4)}(p) - \mathrm{i}\Sigma^{(6)}(p) - \cdots, \tag{136}$$

这样定义的 $\Sigma(p)$ 称为 自能算符, 又称 质量算符.

[1] Charles M. Sommerfield, *Phys. Rev.* **107** (1957) 328.

[2] J.C. Ward, *Phys. Rev.* **78** (1950) 182; Y. Takahashi, *Nuovo Cimento*, **6** (1957) 370.

完全传播子 现在可以把两点 Green 函数, 即完全传播子, 用图形表示为

$$\tag{137}$$

注意它们都是连通图. 相应的动量空间表达式为

$$
\begin{aligned}
G(p) &= G_0(p) + G_0(p)[-\mathrm{i}\Sigma(p)]G_0(p) + G_0(p)[-\mathrm{i}\Sigma(p)]G_0(p)[-\mathrm{i}\Sigma(p)]G_0(p) \\
&\quad + G_0(p)[-\mathrm{i}\Sigma(p)]G_0(p)[-\mathrm{i}\Sigma(p)]G_0(p)[-\mathrm{i}\Sigma(p)]G_0(p) + \cdots \\
&= G_0(p)\big\{1 + [-\mathrm{i}\Sigma(p)G_0(p)] + [-\mathrm{i}\Sigma(p)G_0(p)]^2 + [-\mathrm{i}\Sigma(p)G_0(p)]^3 + \cdots\big\} \\
&= G_0(p)\big[1 + \mathrm{i}\Sigma(p)G_0(p)\big]^{-1} = \big[G_0^{-1}(p) + \mathrm{i}\Sigma(p)\big]^{-1},
\end{aligned}
\tag{138}
$$

其中 $G(p)$ 是动量空间的两点 Green 函数, $G_0(p)$ 是相应的两点自由 Green 函数. 两点 Green 函数也就是连通 Green 函数, $G(p) = G_{\mathrm{c}}(p), G_0(p) = G_{0\mathrm{c}}(p)$.

对于标量场,

$$
G_0(p) = \frac{\mathrm{i}}{p^2 - m^2 + \mathrm{i}\varepsilon},
\tag{139}
$$

(138) 式就是

$$
G(p) = \frac{\mathrm{i}}{p^2 - [m^2 + \Sigma(p)] + \mathrm{i}\varepsilon} = \frac{\mathrm{i}}{p^2 - m_{\mathrm{c}}^2 + \mathrm{i}\varepsilon},
\tag{140}
$$

其中

$$
m_{\mathrm{c}}^2 = m^2 + \Sigma(p)
\tag{141}
$$

称为粒子的 *物理质量*, 它由动量空间完全传播子的极点来确定. 上式就是把 $\Sigma(p)$ 称为 *自能* 的依据, 这个 $\Sigma(p)$ 包括了所有各阶微扰对粒子自能的贡献. 第 6 章 (28) 式给出了上式在 ϕ^4 模型二阶微扰的具体形式. 而对于旋量场,

$$
G_0(p) = \frac{\mathrm{i}}{\not{p} - m + \mathrm{i}\varepsilon},
\tag{142}
$$

(138) 式就是

$$
G(p) = \frac{\mathrm{i}}{\not{p} - [m + \Sigma(p)] + \mathrm{i}\varepsilon} = \frac{\mathrm{i}}{\not{p} - m_{\mathrm{c}} + \mathrm{i}\varepsilon},
\tag{143}
$$

其中粒子的物理质量

$$
m_{\mathrm{c}} = m + \Sigma(p).
\tag{144}
$$

我们在前面已经具体计算了二阶微扰的 $\Sigma^{(2)}(p)$.

2. 生成泛函 $\Gamma[\phi]$ 与正规顶角

Legendre 变换 生成连通 Green 函数的 $W[J]$, 是外场 J 的泛函. 对它做泛函 Legendre 变换

$$
\Gamma[\phi] = W[J] - \int \mathrm{d}x J(x)\phi(x),
\tag{145}
$$

就得到新的泛函 $\Gamma[\phi]$, 其中场 $\phi(x)$ 与 $J(x)$ 的关系为

$$\phi(x) = \frac{\delta W[J]}{\delta J(x)}. \tag{146}$$

由连通 Green 函数的定义 (第 6 章 (34) 式) 与 Green 函数的定义 (第 5 章 (143) 式) 可以看出, 当 $J = 0$ 时, 上式给出

$$\phi(x)|_{J=0} = \langle 0|\phi(x)|0\rangle = \phi_{\mathrm{c}}. \tag{147}$$

无外源时, $\phi(x)$ 就是场的真空平均值. 下面来讨论由泛函 $\Gamma(\phi)$ 生成的函数.

1 点函数　对 (145) 式求泛函微商, 并用 (146) 式, 可得

$$\frac{\delta\Gamma[\phi]}{\delta\phi(x)} = \int \mathrm{d}y \frac{\delta W[J]}{\delta J(y)}\frac{\delta J(y)}{\delta\phi(x)} - \int \mathrm{d}y \frac{\delta J(y)}{\delta\phi(x)}\phi(y) - J(x) = -J(x). \tag{148}$$

于是

$$\left.\frac{\delta\Gamma[\phi]}{\delta\phi(x)}\right|_{\phi(x)=\phi_{\mathrm{c}}} = 0, \tag{149}$$

即 生成泛函 $\Gamma[\phi]$ 的变分极值处 ϕ_{c} 给出 $\phi(x)$ 的真空平均值.

2 点函数　利用上述结果, 可以定义并算出以下两个 2 点函数,

$$\Gamma_\phi(x,y) \equiv \frac{\delta^2\Gamma[\phi]}{\delta\phi(x)\delta\phi(y)} = -\frac{\delta J(x)}{\delta\phi(y)}, \tag{150}$$

$$G^J(x,y) \equiv \frac{\mathrm{i}\delta^2 W[J]}{\mathrm{i}\delta J(x)\mathrm{i}\delta J(y)} = \frac{\delta\phi(x)}{\mathrm{i}\delta J(y)}. \tag{151}$$

注意 $J = 0$ 时 $G^{J=0}(x,y) = G_{\mathrm{c}}(x,y)$, 给出完全传播子.

可以看出, $-\mathrm{i}\Gamma_\phi$ 与 G^J 是互逆的, 因为

$$-\mathrm{i}\Gamma_\phi G^J = -\int \mathrm{d}z\, \mathrm{i}\Gamma_\phi(x,z)G^J(z,y)$$
$$= \int \mathrm{d}z\, \frac{\mathrm{i}\delta J(x)}{\delta\phi(z)}\frac{\delta\phi(z)}{\mathrm{i}\delta J(y)} = \delta(x-y) = 1, \tag{152}$$

上式两头用了泛函运算的简写. 同样还有

$$G^J(-\mathrm{i}\Gamma_\phi) = 1. \tag{153}$$

于是, 当 $J = 0$ 时, $\phi = \phi_{\mathrm{c}}$, 2 点函数

$$-\mathrm{i}\Gamma(x,y) \equiv -\mathrm{i}\Gamma_\phi(x,y)\Big|_{\phi=\phi_{\mathrm{c}}} = [G_{\mathrm{c}}(x,y)]^{-1}, \tag{154}$$

2 点函数 $-\mathrm{i}\Gamma(x,y)$ 是完全传播子 $G_{\mathrm{c}}(x,y)$ 的逆.

3 点函数　互逆关系 (152) 可以写成

$$\int \mathrm{d}z\, \frac{\delta^2\Gamma[\phi]}{\delta\phi(y)\delta\phi(z)}\frac{\delta^2 W[J]}{\delta J(z)\delta J(w)} = -\delta(y-w). \tag{155}$$

求上式对 $J(u)$ 的变分 $\delta/\delta J(u)$, 有

$$\int \mathrm{d}z \frac{\delta^2 \Gamma[\phi]}{\delta\phi(y)\delta\phi(z)} \frac{\delta^3 W[J]}{\delta J(u)\delta J(z)\delta J(w)}$$
$$= -\int \mathrm{d}x\mathrm{d}z \frac{\delta\phi(x)}{\delta J(u)} \frac{\delta^3 \Gamma[\phi]}{\delta\phi(x)\delta\phi(y)\delta\phi(z)} \frac{\delta^2 W[J]}{\delta J(z)\delta J(w)}, \quad (156)$$

即

$$\int \mathrm{d}z \Gamma_\phi(y,z) G^J(u,z,w) = \int \mathrm{d}x\mathrm{d}z\, \mathrm{i}G^J(x,u) \frac{\delta^3 \Gamma[\phi]}{\delta\phi(x)\delta\phi(y)\delta\phi(z)} \mathrm{i}G^J(z,w). \quad (157)$$

利用互逆关系 (153), 并令 $J=0$, 从上式可以解出

$$G_\mathrm{c}(u,v,w) = \int \mathrm{d}y\mathrm{d}x\mathrm{d}z\, G_\mathrm{c}(v,y)\, G_\mathrm{c}(x,u)\, \mathrm{i}\Gamma(x,y,z)\, G_\mathrm{c}(z,w), \quad (158)$$

其中 3 点函数

$$\Gamma(x,y,z) \equiv \frac{\delta^3 \Gamma[\phi]}{\delta\phi(x)\delta\phi(y)\delta\phi(z)}\Big|_{\phi=\phi_\mathrm{c}}. \quad (159)$$

正规顶角 (158) 式左边是完全的 3 点 Green 函数, 右边有 3 个完全的 2 点 Green 函数 (传播子), 所以 3 点函数 $\mathrm{i}\Gamma(x,y,z)$ 是切去 3 条完全传播子后剩下的顶角, 如图 8-6 所示. 由于 3 条传播子都是完全的, 顶角的单粒子可约部分已经全部归入完全传播子中, 所以剩下的顶角是单粒子不可约的正规顶角. 因此, $\mathrm{i}\Gamma[\phi]$ 称为 *正规顶角的生成泛函*.

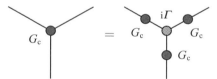

图 8-6 用 3 点正规顶角与完全传播子表示 3 点完全 Green 函数

依照这种命名法, 2 点函数 $\mathrm{i}\Gamma(x,y)$ 也称为单粒子不可约 2 点顶角, 或 2 点正规顶角. 一般地, 可以定义单粒子不可约的 n 点正规顶角为

$$\mathrm{i}\Gamma(x_1,x_2,\cdots,x_n) = \frac{\mathrm{i}\delta^n \Gamma[\phi]}{\delta\phi(x_1)\delta\phi(x_2)\cdots\delta\phi(x_n)}\Big|_{\phi=\phi_\mathrm{c}}. \quad (160)$$

3. Ward-Takahashi 恒等式

Green 函数生成泛函的方程 QED Green 函数的生成泛函为

$$Z[J,\overline\eta,\eta] = N \int \mathcal{D}A^\mu \mathcal{D}\overline\psi \mathcal{D}\psi \mathrm{e}^{\mathrm{i}\int \mathrm{d}x(\mathcal{L}+J_\mu A^\mu + \overline\eta\psi + \overline\psi\eta)}, \quad (161)$$

$$\mathcal{L} = \overline\psi[\gamma^\mu(\mathrm{i}\partial_\mu - eA_\mu) - m]\psi - \frac{1}{4}F_{\mu\nu}F^{\mu\nu} - \frac{\lambda}{2}(\partial_\mu A^\mu)^2. \quad (162)$$

考虑无限小定域规范变换

$$A_\mu \longrightarrow A_\mu + \partial_\mu \chi, \qquad \psi \longrightarrow \psi - \mathrm{i}e\chi\psi, \qquad \overline{\psi} \longrightarrow \overline{\psi} + \mathrm{i}e\chi\overline{\psi}, \qquad (163)$$

其中 $\chi \ll 1$. 在 (161) 式中, 只有规范固定项和外源项没有规范不变性, 所以

$$\begin{aligned}
\delta Z &= N \int \mathcal{D}A^\mu \mathcal{D}\overline{\psi}\mathcal{D}\psi \, F_\chi[A^\mu, \overline{\psi}, \psi] \, \mathrm{e}^{\mathrm{i} \int \mathrm{d}x (\mathcal{L} + J_\mu A^\mu + \overline{\eta}\psi + \overline{\psi}\eta)} \\
&= F_\chi\Big[\frac{\delta}{\mathrm{i}\delta J_\mu}, \frac{-\delta}{\mathrm{i}\delta\eta}, \frac{\delta}{\mathrm{i}\delta\overline{\eta}} \Big] Z[J, \overline{\eta}, \eta],
\end{aligned} \qquad (164)$$

这里

$$\begin{aligned}
F_\chi[A^\mu, \overline{\psi}, \psi] &= \mathrm{i} \int \mathrm{d}x\, \delta\Big[-\frac{\lambda}{2}(\partial_\mu A^\mu)^2 + J_\mu A^\mu + \overline{\eta}\psi + \overline{\psi}\eta \Big] \\
&= \mathrm{i} \int \mathrm{d}x [-\lambda(\partial_\mu A^\mu)\partial_\nu \partial^\nu \chi + J_\mu \partial^\mu \chi - \mathrm{i}e\chi\overline{\eta}\psi + \mathrm{i}e\chi\overline{\psi}\eta] \\
&= \mathrm{i} \int \mathrm{d}x [-\lambda\square(\partial_\mu A^\mu) - \partial^\mu J_\mu + \mathrm{i}e(\overline{\psi}\eta - \overline{\eta}\psi)]\chi,
\end{aligned} \qquad (165)$$

注意其中已用换步积分移去了对 χ 的微商, 和交换 Grassmann 变量的次序要变号. 要求 $Z[J, \overline{\eta}, \eta]$ 具有定域规范不变性, $\delta Z = 0$, 并注意 χ 是任意函数, 上面结果就给出泛函微分方程

$$\Big[-\lambda\square\partial_\mu \frac{\delta}{\mathrm{i}\delta J_\mu} - \partial^\mu J_\mu - \mathrm{i}e\Big(\overline{\eta}\frac{\delta}{\mathrm{i}\delta\overline{\eta}} - \eta\frac{\delta}{\mathrm{i}\delta\eta} \Big) \Big] Z[J, \overline{\eta}, \eta] = 0. \qquad (166)$$

代入 $Z = \mathrm{e}^{\mathrm{i}W}$, 就得到关于连通 Green 函数生成泛函 $W[J, \overline{\eta}, \eta]$ 的方程

$$-\lambda\square\partial_\mu \frac{\delta W}{\delta J_\mu} - \partial^\mu J_\mu - \mathrm{i}e\Big(\overline{\eta}\frac{\delta W}{\delta\overline{\eta}} - \eta\frac{\delta W}{\delta\eta} \Big) = 0. \qquad (167)$$

正规顶角生成泛函的方程　　QED 生成泛函的 Legendre 变换为

$$\Gamma[A^\mu, \overline{\psi}, \psi] = W[J_\mu, \overline{\eta}, \eta] - \int \mathrm{d}x (J_\mu A^\mu + \overline{\psi}\eta + \overline{\eta}\psi), \qquad (168)$$

这意味着

$$\frac{\delta\Gamma}{\delta A^\mu(x)} = -J_\mu, \qquad \frac{\delta\Gamma}{\delta\overline{\psi}(x)} = -\eta(x), \qquad \frac{\delta\Gamma}{\delta\psi(x)} = \overline{\eta}(x), \qquad (169)$$

$$\frac{\delta W}{\delta J_\mu(x)} = A^\mu, \qquad \frac{\delta W}{\delta\overline{\eta}(x)} = \psi(x), \qquad \frac{\delta W}{\delta\eta(x)} = -\overline{\psi}(x). \qquad (170)$$

利用它们, 方程 (167) 就成为

$$\mathrm{i}\lambda\square\partial_\mu A^\mu - \mathrm{i}\partial^\mu \frac{\delta\Gamma}{\delta A^\mu(x)} - e\overline{\psi}\frac{\delta\Gamma}{\delta\overline{\psi}(x)} + e\psi\frac{\delta\Gamma}{\delta\psi(x)} = 0. \qquad (171)$$

Ward-Takahashi 恒等式　　对 Γ 的上述方程 (171) 求微商 $-\delta^2/\delta\overline{\psi}(y)\delta\psi(z)$, 再取 $A^\mu = \overline{\psi} = \psi = 0$, 可得

$$\mathrm{i}\partial^\mu_x \frac{-\delta^3\Gamma}{\delta A^\mu(x)\delta\overline{\psi}(y)\delta\psi(z)}\Big|_0 = e\delta(x-y)\frac{-\delta^2\Gamma}{\delta\psi(z)\delta\overline{\psi}(x)}\Big|_0 + e\delta(x-z)\frac{-\delta^2\Gamma}{\delta\overline{\psi}(y)\delta\psi(x)}\Big|_0, \qquad (172)$$

亦即

$$i\partial_x^\mu \Gamma_\mu(x;y,z) = e\delta(x-z)\Gamma(y,z) - e\delta(x-y)\Gamma(y,z). \tag{173}$$

注意这里

$$\Gamma_\mu(x;y,z) = \frac{-\delta^3\Gamma}{\delta A^\mu(x)\delta\overline{\psi}(y)\delta\psi(z)}\bigg|_0, \qquad \Gamma(y,z) = \frac{-\delta^2\Gamma}{\delta\overline{\psi}(y)\delta\psi(z)}\bigg|_0, \tag{174}$$

其中的负号属于 $-\delta/\delta\psi$. (173) 式就是坐标表象的 Ward-Takahashi 恒等式, 它的左边是 QED 单粒子不可约的三点正规顶角 $i\Gamma_\mu(x;y,z)$ 对光子坐标 x 的微商, 右边是两个二点正规顶角的差, 也就是两个电子完全传播子之逆的差.

注意 (173) 式左边 x 是顶角上被截光子线的位置, 对它的微商表示光子位置变化率. 右边两项中的 δ 函数保证了被截光子线分别是在逆传播子的起点和终点, 亦即右边表示电子先吸收 (或放出) 光子与后吸收 (或放出) 光子的作用之差. 这个等式可用图 8-7(a) 来表示, 虚线表示被截电子线, 虚波纹线表示被截光子线. 所以, Ward-Takahashi 恒等式的物理含义是: 光子位置的变动对它与电子耦合的效果, 等于电子在传播中先吸收 (或放出) 光子与后吸收 (或放出) 光子的效果之差. 这是 QED 具有定域规范不变性的结果.

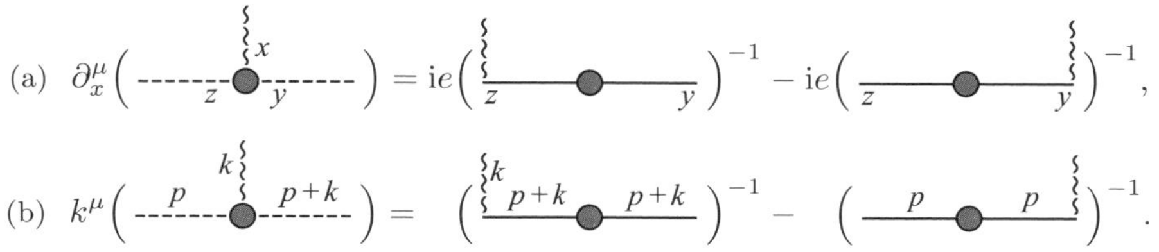

图 8-7 Ward-Takahashi 恒等式: (a) 坐标空间, (b) 动量空间.

下面用花体字母把完全传播子写成 $G = i\mathcal{S}_F$. 由于 $-i\Gamma(y,z) = [i\mathcal{S}_F(y-z)]^{-1}$, 所以

$$\Gamma(y,z) = \Gamma(y-z) = \int \frac{\mathrm{d}^4p}{(2\pi)^4}\, \mathcal{S}_F^{-1}(p)\, e^{-ip(y-z)}. \tag{175}$$

此外, 由于具有平移不变性, 可以定义动量表象的 QED 顶角函数 $\Gamma_\mu(k;p',p)$ 为

$$\int \mathrm{d}x\mathrm{d}y\mathrm{d}z\, i\Gamma_\mu(x;y,z)e^{i(-kx+p'y-pz)} = -ie(2\pi)^4\delta(p'-p-k)\Gamma_\mu(k;p',p). \tag{176}$$

于是, (173) 式乘以 $e^{i(-kx+p'y-pz)}$, 对 x, y, z 积分, 就有

$$k^\mu \Gamma_\mu(k;p+k,p) = \mathcal{S}_F^{-1}(p+k) - \mathcal{S}_F^{-1}(p), \tag{177}$$

如图 8-7(b). 这就是动量空间的 Ward-Takahashi 恒等式, 作为规范不变性的结果, 它给出了 3 点 Green 函数与 2 点 Green 函数之间, 也就是正规顶角函数与传播子之间的一个普遍关系. 注意许多作者所说的 Ward-Takahashi 恒等式, 就

是专指此式或它的特例. 这个恒等式的另一种推导[①] 见练习题 8.12.

Ward 恒等式 对于红外光子极限 $k^\mu \to 0$, 由 Ward-Takahashi 恒等式可得

$$\Gamma_\mu(0; p, p) = \frac{\partial \mathcal{S}_F^{-1}(p)}{\partial p^\mu}, \tag{178}$$

这就是 Ward 恒等式.

形式的变换 把自由传播子写成 $G_0 = \mathrm{i} S_F$, 由前面的 (142)~(144) 式, 就有

$$S_F^{-1}(p) = \gamma_\mu p^\mu - m, \tag{179}$$

$$\mathcal{S}_F^{-1}(p) = \gamma_\mu p^\mu - m_c = \gamma_\mu p^\mu - m - \Sigma(p) = S_F^{-1}(p) - \Sigma(p), \tag{180}$$

$\Sigma(p)$ 是各阶微扰修正之和. 于是

$$\frac{\partial S_F^{-1}(p)}{\partial p^\mu} = \gamma_\mu, \tag{181}$$

$$\frac{\partial \mathcal{S}_F^{-1}(p)}{\partial p^\mu} = \gamma_\mu - \frac{\partial \Sigma(p)}{\partial p^\mu}. \tag{182}$$

另外, 按展开式 (93) 把顶角写成

$$\Gamma^\mu(k; p + k, p) = \gamma^\mu + \Lambda^\mu(k; p + k, p), \tag{183}$$

$\Lambda^\mu(k; p + k, p)$ 包含了各阶微扰修正之和, 前面 (69) 式给出了 2 阶微扰的贡献. 于是, Ward 恒等式又可写成两个微扰修正项的关系

$$\Lambda_\mu(0; p, p) = -\frac{\partial \Sigma(p)}{\partial p^\mu}. \tag{184}$$

若把 $\Lambda_\mu(0; p, p)$ 和 $\Sigma(p)$ 展开成微扰级数, 则上式对微扰的每一阶都成立. 特别是, 可以验证上式对 2 阶微扰的 $\Lambda_\mu^{(2)}(0; p, p)$ 和 $\Sigma^{(2)}(p)$ 成立.

由于传播子 $\mathcal{S}_F(x - y) = -\mathrm{i}\langle 0|\mathcal{T}\psi(x)\overline{\psi}(y)|0\rangle$, 所以重正化 $\psi \to Z_2^{1/2}\psi$ 也就是 $S_F \to Z_2 S_F$. 还可以表明, 顶点的重正化相当于 $\gamma^\mu \to Z_1^{-1}\gamma^\mu$. 在 Ward 恒等式 (178) 中做代换

$$\mathcal{S}_F \longrightarrow Z_2 S_F, \tag{185}$$

$$\Gamma^\mu \longrightarrow Z_1^{-1}\gamma^\mu, \tag{186}$$

就有

$$Z_1^{-1}\gamma_\mu = \frac{\partial}{\partial p^\mu}[Z_2 S_F(p)]^{-1} = Z_2^{-1}\gamma_\mu, \tag{187}$$

即

$$Z_1 = Z_2. \tag{188}$$

[①] 参阅 N.N. Bogoliubov and D.V. Shirkov, *Introduction to the Theory of Quantized Fields*, John Wiley & Sons, 1980, pp.472–474.

有的作者把此式称为 Ward 恒等式, 它可直接从定域规范不变性推出. 根据定域规范不变性, 拉氏密度中只能出现协变微商

$$\frac{\partial}{\partial x_\mu} + \mathrm{i}eA^\mu. \tag{189}$$

重正化以后就是

$$\frac{\partial}{\partial x_\mu} + \mathrm{i}e_{\mathrm{B}}A_{\mathrm{B}}^\mu. \tag{190}$$

要求它们相等, 意味着

$$eA^\mu = e_{\mathrm{B}}A_{\mathrm{B}}^\mu. \tag{191}$$

而 $e_{\mathrm{B}} = Z_1 Z_2^{-1} Z_3^{-1/2} e$, $A_{\mathrm{B}}^\mu = Z_3^{1/2} A^\mu$, 所以就有 (188) 式.

8.6　QED 的可重正性

1.　预备知识

Furry 定理　若在一条封闭的电子线上有奇数个顶点, 则此图的 S 矩阵元为零. 这称为 Furry 定理, 它是 QED 具有电荷共轭不变性的结果. 由于电荷守恒, 电子线的方向是连续的, 闭合圈有两个, 一个顺时针, 一个反时针, 如图 8-8

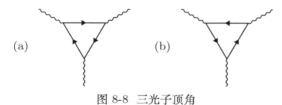

(a)　　　　　　　　　(b)

图 8-8　三光子顶角　　　　　　　　图 8-9　光子 - 光子散射

的 (a) 与 (b), S 矩阵是这两个图之和, $S = S_{\mathrm{a}} + S_{\mathrm{b}}$. 图 8-9 则是下面要讨论的光子 - 光子散射. 按照 Feynman 规则, 在 S_{a} 的动量积分中包含下列求迹:

$$T_{\mathrm{a}} = \mathrm{tr}\big[\gamma^\lambda S_{\mathrm{F}}(p_1)\gamma^\mu S_{\mathrm{F}}(p_2)\gamma^\nu S_{\mathrm{F}}(p_3)\big]. \tag{192}$$

运用算符 $C = \mathrm{i}\gamma^2\gamma^0$ 与 $C^{-1} = \mathrm{i}\gamma^0\gamma^2$, 它们有性质

$$CC^{-1} = 1, \qquad C^{-1}\gamma^\mu C = -\widetilde{\gamma}^\mu, \qquad C^{-1}S_{\mathrm{F}}(p)C = \widetilde{S}_{\mathrm{F}}(-p), \tag{193}$$

其中 $\widetilde{A} = A^{\mathrm{T}}$ 是矩阵 A 的转置. 于是有

$$\begin{aligned}
T_{\mathrm{a}} &= \mathrm{tr}\big[C^{-1}\gamma^\lambda S_{\mathrm{F}}(p_1)\gamma^\mu S_{\mathrm{F}}(p_2)\gamma^\nu S_{\mathrm{F}}(p_3)C\big] \\
&= (-1)^3\mathrm{tr}\big[\widetilde{\gamma}^\lambda \widetilde{S}_{\mathrm{F}}(-p_1)\widetilde{\gamma}^\mu \widetilde{S}_{\mathrm{F}}(-p_2)\widetilde{\gamma}^\nu \widetilde{S}_{\mathrm{F}}(-p_3)\big] \\
&= (-1)^3\mathrm{tr}\big[S_{\mathrm{F}}(-p_3)\gamma^\nu S_{\mathrm{F}}(-p_2)\gamma^\mu S_{\mathrm{F}}(-p_1)\gamma^\lambda\big] = (-1)^3 T_{\mathrm{b}}, \tag{194}
\end{aligned}$$

所以 $S = S_{\mathrm{a}} + S_{\mathrm{b}} = 0$. 从物理上看, 这是由于 C 在改变电子传播方向时, 也改

变了相互作用顶点的正负号. 注意这里只用到顶点与闭合内线的性质, 所以不仅对于电子的旋量 QED, 对于介子的标量 QED 也可类似地证明.

光子 - 光子散射 光子 - 光子散射如图 8-9 所示, 它没有经典对应, 是纯量子效应. 这个图的表观发散度 $D = 0$, 是对数发散. 不过可以表明, 由于规范不变性, 它实际上是收敛的. 这是因为, 它的动量积分可以写成

$$I_{\lambda\mu\nu\rho}(k_1, k_2, k_3, k_4) = \int \mathrm{d}^4 p \, R_{\lambda\mu\nu\rho}(k_1, k_2, k_3, k_4, p), \tag{195}$$

其中 k_i 是光子动量, p 是电子动量. $R_{\lambda\mu\nu\rho}$ 不含无限大, 把它在 $k_i = 0$ 处展开成幂级数, 并写成

$$R_{\lambda\mu\nu\rho}(k_1, k_2, k_3, k_4, p) = R_{\lambda\mu\nu\rho}(0, 0, 0, 0, p) + R_{1\lambda\mu\nu\rho}(k_1, k_2, k_3, k_4, p). \tag{196}$$

由于 $R_{1\lambda\mu\nu\rho}$ 包含对 $R_{\lambda\mu\nu\rho}$ 的微商, 因而 p 的幂次比 $R_{\lambda\mu\nu\rho}$ 的低 1. 所以, 在积分结果

$$I_{\lambda\mu\nu\rho}(k_1, k_2, k_3, k_4) = I_{\lambda\mu\nu\rho}(0) + J_{\lambda\mu\nu\rho}(k_1, k_2, k_3, k_4) \tag{197}$$

中, 只有第一项 $I_{\lambda\mu\nu\rho}(0)$ 可能对数发散, 第二项 $J_{\lambda\mu\nu\rho}(k_1, k_2, k_3, k_4)$ 是有限的. 而与第一项的 S 矩阵元相当的相互作用项为

$$I_{\lambda\mu\nu\rho}(0) A^\lambda(x) A^\mu(x) A^\nu(x) A^\rho(x). \tag{198}$$

它没有规范不变性, 因此必定有

$$I_{\lambda\mu\nu\rho}(0) = 0. \tag{199}$$

光子自能算符与完全传播子 8.5 节 **1** 的讨论完全适用于光子, 只是注意光子 Green 函数有两个下标 $\mu\nu$. 取 Feynman 规范, 就有 (见第 7 章 (21) 式)

$$D_{\mathrm{F}\mu\nu}(k) = g_{\mu\nu} D_{\mathrm{F}}(k), \qquad D_{\mathrm{F}}(k) = \frac{-1}{k^2 + \mathrm{i}\varepsilon}. \tag{200}$$

这时光子完全传播子与自能算符可以分别写成

$$\mathrm{i}\mathcal{D}_{\mathrm{F}\mu\nu}(k) = g_{\mu\nu} \mathrm{i}\mathcal{D}_{\mathrm{F}}(k), \qquad \mathrm{i}\Pi_{\mu\nu}(k) = -g_{\mu\nu} \mathrm{i}\Pi(k). \tag{201}$$

于是, 与 (138) 式相应地有

$$\mathrm{i}\mathcal{D}_{\mathrm{F}}(k) = \mathrm{i}D_{\mathrm{F}}(k) + \mathrm{i}D_{\mathrm{F}}(k)[-\mathrm{i}\Pi(k)]\mathrm{i}D_{\mathrm{F}}(k) + \cdots = \{[\mathrm{i}D_{\mathrm{F}}(k)]^{-1} + \mathrm{i}\Pi(k)\}^{-1}, \tag{202}$$

即

$$\mathcal{D}_{\mathrm{F}}(k)^{-1} = D_{\mathrm{F}}(k)^{-1} - \Pi(k). \tag{203}$$

它的微商给出与 Ward-Takahashi 恒等式类似的关系

$$\frac{\partial \mathcal{D}_{\mathrm{F}}^{-1}}{\partial k^\mu} = -2k_\mu - \frac{\partial \Pi}{\partial k^\mu} = W_\mu, \tag{204}$$

$$W_\mu = -2k_\mu + \Delta_\mu(k), \tag{205}$$

$$\Delta_\mu(k) = -\frac{\partial \Pi}{\partial k^\mu}. \tag{206}$$

2. 可重正化的判断

骨架图形与既约图形 任一复杂的 Feynman 图，都是由粒子线和顶点以及对它们的修正部分构成的. 把图形中对粒子线和顶点的修正部分都删去，简单地换成未修正的相应粒子线和顶点，所得图形就称为原图的 *骨架图形* (skeleton). 显然，可以有许多个图对应于同一个骨架图. 例如，与 (135) 式右边各图对应的骨架图是简单的粒子线，与图 8-5 中各图对应的骨架图是简单 QED 顶点，与图 8-4 中各图对应的骨架图是上一章讨论过的图 7-5.

一个 Feynman 图若与其骨架图相同，就称为 *不可约图形* 或 *既约图形* (irreducible), 否则称为 *可约图形* (reducible). 上述各例中的骨架图为既约图形，其余皆为可约图形. 可以证明，可约图形的发散全部来自既约图形的发散. 因而，图形的发散问题实际上是既约图形的发散问题. 如果消除了既约图形的发散，也就消除了所有的发散. 注意这里定义的既约图形是前面 8.4 节 **1** 定义的单粒子不可约图或正规图形的一个子集.

既约图形发散的分类 QED 既约发散图可分类如表 8.1，其中 F, B, D 分别为 Fermi 子外线数、Bose 子外线数、表观发散度. 真空起伏见图 8-10, 它的效应可以归结为改变波场的相位，在物理上不重要，不必讨论. 蝌蚪图见图 8-11, 其中 (a) 恒等于 0, (b) 可用 Furry 定理证明并不发散. 所以，表 8.1 给出的 QED 的 7 种既约发散图中，真正发散和需要处理的只有前面已经讨论过的电子自能、光子自能和顶角修正这三种.

表 8.1 QED 既约发散图分类

名 称	F	B	D	说 明
真空起伏	0	0	4	非原始发散
蝌蚪图	0	1	3	可证明不发散
光子自能	0	2	2	
三光子顶角	0	3	1	Furry 定理指出它为 0
光子 - 光子散射	0	4	0	规范不变性保证它为 0
电子自能	2	0	1	
顶角修正	2	1	0	

图 8-10 真空起伏

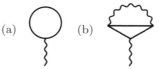

(a)   (b)

图 8-11 QED 蝌蚪图

可重正化的判断 一般来说, 表观发散度 D 依赖于顶点数 n 和粒子外线数,

$$D = D(n, F, B), \tag{207}$$

这里 F 是 Fermi 子外线数, B 是 Bose 子外线数. 只有当 D 与 n 无关, 导致原始发散的图形只有有限个, 才有可能通过重新调整理论中数目有限的几个参数, 把所有的发散项都抵消掉. QED 的情况正是这样. 对这种理论可以进行重正化. 可以证明, Yukawa 型直接相互作用一般都是可重正化的.

反之, 当 D 与 n 有关时, D 值随顶角数 n 的增加而增加, 导致原始发散的图形有无限多个, 就不可能通过重新调整有限个模型参数而把所有的发散项都抵消掉. 这种理论就是不可重正化的.

例如导数 (赝矢) 耦合型相互作用,

$$\mathcal{L}_{\mathrm{DI}} = \mathrm{i}g\overline{\psi}\gamma^\mu\gamma^5\psi\partial_\mu\phi. \tag{208}$$

它与 QED 不同之处, 是每个顶点有一个动量因子 k_μ, 因而

$$D = 4 - \frac{3}{2}F - B + n. \tag{209}$$

又如 Fermi 相互作用 (见 10.1 节 **1**)

$$\mathcal{L}_{\mathrm{FI}} = -\frac{G_{\mathrm{F}}}{\sqrt{2}}\left[\overline{\psi}\gamma^\mu(1-\gamma^5)\psi\right]\left[\overline{\psi}\gamma_\mu(1-\gamma^5)\psi\right] + \mathrm{h.c.}, \tag{210}$$

它的每个顶点有 4 条 Fermi 子线, 没有光子线. 把 (17) 式换成

$$4n = F + 2f, \tag{211}$$

重复 8.1 节 **4** 的推导, 可得

$$D = 4 - \frac{3}{2}F + 2n. \tag{212}$$

注意赝标量 πN 耦合

$$\mathcal{L}_{\pi\mathrm{N}} = -\mathrm{i}g\overline{\psi}\gamma^5\psi\phi. \tag{213}$$

它与 QED 的形式一样, 只是没有规范不变性, 所以比 QED 多一个原始发散, 即 $F = 0, B = 4, D = 0$ 的介子 - 介子散射. 因此, 必须在 $\mathcal{L}$ 中再引入一项 $\lambda\phi^4$, 多一个参数 λ, 才能用抵消项消去这种发散.

3. QED 可重正性证明

可重正性问题 完全传播子与正规顶角的方程为

$$\mathcal{S}_{\mathrm{F}}(p)^{-1} = S_{\mathrm{F}}(p)^{-1} - \Sigma(p), \tag{214}$$

$$\mathcal{D}(k)^{-1} = D(p)^{-1} - \Pi(k), \tag{215}$$

$$\Gamma_\mu(k; p+k, p) = \gamma_\mu + \Lambda_\mu(k; p+k, p), \tag{216}$$

$$-\frac{\partial \Sigma(p)}{\partial p^\mu} = \Lambda_\mu(0; p, p), \tag{217}$$

最后一式是 Ward 恒等式. 其中正规自能 Σ, Π 和顶角 Γ_μ 的各阶微扰都是发散的. 需要证明, 它们的发散部分可以适当地分离出来, 并且吸收到恰当定义的重正化常数中, 而这样重新定义的传播子和顶角是有限的, 满足正确的泛函关系.

发散的分离, 交缠发散问题 先来看顶角函数, 也就是 Λ_μ. 它包含无限多个既约图, 例如图 8-5 中的前三个. 所有这些既约图的表观发散度都是 $D = 0$, 属于对数发散. 所以在 Λ_μ 中只含一个无限大常数, 可以像 2 阶微扰那样写成

$$\Lambda_\mu = L\gamma_\mu + \Lambda_{\mathrm{F}\mu}, \tag{218}$$

其中 L 是分离出来的无限大常数. $\Lambda_{\mathrm{F}\mu}$ 是有限的, 可以定义为 (参阅 8.4 节 **1**)

$$\overline{u}(p)\Lambda_{\mathrm{F}\mu}(0; p, p)u(p) = 0. \tag{219}$$

于是, 对于顶角的所有既约图, 发散都可分离.

再来看自能算符 Σ. 这里的困难是图 8-12(a) 那样的 **交缠发散** (overlapping divergence), 它对 $\Sigma(p)$ 的贡献是下列 **交缠积分**

$$-e^4 \int \frac{\mathrm{d}^4 k_1 \mathrm{d}^4 k_2}{k_1^2 k_2^2} \gamma^\mu \frac{1}{\not{p} - \not{k}_2 - m} \gamma^\nu \frac{1}{\not{p} - \not{k}_1 - \not{k}_2 - m} \gamma_\mu \frac{1}{\not{p} - \not{k}_1 - m} \gamma_\nu. \tag{220}$$

它的表观发散度 $D = 1$, 是线性发散. 但是当固定 k_1 时对 k_2 的积分, 或者固定 k_2 时对 k_1 的积分, 也是发散的, 是 $D = 0$ 的对数发散. 所以对 k_1 与对 k_2 积分的发散交缠在一起, 不能把发散从每个积分中分离出来.

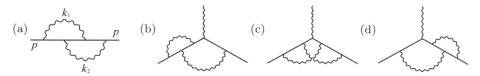

图 8-12 (a) 电子自能交缠发散图, (b)~(d) 电子自能交缠发散的微商图

解决这个问题的一种途径, 是用 Ward 恒等式. 利用 (217) 式, 可以把分离自能 $\Sigma(p)$ 中的发散, 转换成分离顶角 $\Lambda_\mu(0; p, p)$ 中的发散. 例如图 8-12(a) 的 4 阶自能 $\Sigma^{(4)}(p)$, 对 p^μ 微商等价于植入一条零动量光子线, 成为顶角的 4 阶微扰 $\Lambda_\mu^{(4)}(0; p, p)$, 如图 8-12(b)~(d). 而顶角中发散的分离问题已经解决.

光子的情形与电子类似, 图 8-13(a) 是其 4 阶自能 $\Pi^{(4)}(k)$ 的交缠发散图. 可以利用等式 (206) 把它转换成三光子顶角的 4 阶微扰 $\Delta_\mu^{(4)}(k)$, 如图 8-13(b) 与 (c). 注意 Furry 定理是说每个图与其闭合电子线反向的图相加为零, 而这里图

(b) 或 (c) 来自图 (a) 的微商, 闭合电子线的方向是确定的, 所以不等于零.

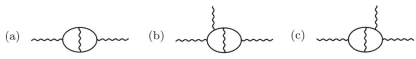

图 8-13 (a) 光子自能交缠发散图,   (b),(c) 光子自能交缠发散的微商图

基本方程 可约图是对骨架图的修正. 在骨架图的粒子线中插入自能, 把简单 QED 顶点换成顶角, 就得到修正的可约图. 所以, 可以写出 Λ_μ 的方程

$$\Lambda_\mu(p',p\,;S_{\mathrm{F}},D_{\mathrm{F}},\gamma,e) = \Lambda_{\mathrm{s}\mu}(p',p\,;\mathcal{S}_{\mathrm{F}},\mathcal{D}_{\mathrm{F}},\Gamma,e), \tag{221}$$

其中下标 s 表示骨架图, γ 是 Dirac γ 矩阵. 于是

$$\Gamma_\mu(p',p) = \gamma_\mu + \Lambda_{\mathrm{s}\mu}(p',p\,;\mathcal{S}_{\mathrm{F}},\mathcal{D}_{\mathrm{F}},\Gamma,e), \tag{222}$$

我们这里省去了光子动量 $k = p' - p$ 没有写出. 在 $\mathcal{S}_{\mathrm{F}}$ 与 Γ 之间还满足 Ward-Takahashi 等式

$$\mathcal{S}_{\mathrm{F}}(p)^{-1} - \mathcal{S}_{\mathrm{F}}(p_0)^{-1} = (p^\mu - p_0^\mu)\Gamma_\mu(p,p_0). \tag{223}$$

类似地还有光子的方程

$$W_\mu(k) = -2k_\mu + \Delta_{\mathrm{s}\mu}(k\,;\mathcal{S}_{\mathrm{F}},\mathcal{D}_{\mathrm{F}},\Gamma,e), \tag{224}$$

$$\frac{\partial \mathcal{D}_{\mathrm{F}}(k)^{-1}}{\partial k^\mu} = W_\mu(k), \tag{225}$$

其中

$$\Delta_{\mathrm{s}\mu}(k\,;\mathcal{S}_{\mathrm{F}},\mathcal{D}_{\mathrm{F}},\Gamma,e) = \Delta_\mu(k\,;S_{\mathrm{F}},D_{\mathrm{F}},\gamma,e). \tag{226}$$

方程 (222)~(225) 就是关于完全传播子 $\mathcal{S}_{\mathrm{F}}$, $\mathcal{D}_{\mathrm{F}}$ 和正规顶角 Γ_μ 的基本方程.

发散的减除 Λ_μ 是对数发散, 只需要减去 1 个无限大. 可以定义有限的收敛函数为

$$\widehat{\Lambda}_\mu(p',p) = \Lambda_{\mathrm{s}\mu}(p',p) - \Lambda_{\mathrm{s}\mu}(p_0,p_0)|_{\not{p}_0=m}, \tag{227}$$

这里把抵消项定义在质壳上, $\not{p}_0 = m$, 即 $p_0^2 = m^2$, 这称为 减除点. 由于 $\Lambda_{\mathrm{s}\mu}$ 出现在 $\overline{u}(p')\cdots u(p)$ 之中, 在壳条件 $\not{p}_0 = m$ 意味着可以把 $\not{p}$ 对易到右边并令其为 m. 而由于 (218) 与 (219) 式, 有

$$\Lambda_{\mathrm{s}\mu}(p_0,p_0)|_{\not{p}_0=m} = L\gamma_\mu. \tag{228}$$

类似地, 还可定义光子的收敛函数

$$\widehat{\Delta}_\nu(k) = \Delta_{\mathrm{s}\nu}(k) - \Delta_{\mathrm{s}\nu}(\mu), \tag{229}$$

其中 μ 是光子不变质量.

有了收敛的 $\widehat{\Lambda}_\mu(p',p)$ 与 $\widehat{\Delta}_\nu(k)$, 就可以进一步用方程 (222)~(225) 来定义有

限的完全传播子 $\widehat{\mathcal{S}}_{\mathrm{F}}(p)$ 与 $\widehat{\mathcal{D}}_{\mathrm{F}}(k)$,

$$\widehat{\varGamma}_{\mu}(p', p) = \gamma_{\mu} + \varLambda_{\mathrm{s}\mu}(p', p\,; \widehat{\mathcal{S}}_{\mathrm{F}}, \widehat{\mathcal{D}}_{\mathrm{F}}, \widehat{\varGamma}, e_{\mathrm{r}}), \tag{230}$$

$$\widehat{\mathcal{S}}_{\mathrm{F}}(p)^{-1} - \widehat{\mathcal{S}}_{\mathrm{F}}(p_0)^{-1} = (p^{\mu} - p_0^{\mu})\widehat{\varGamma}_{\mu}(p, p_0), \tag{231}$$

$$\widehat{W}_{\mu}(k) = -2k_{\mu} + \widehat{\Delta}_{\mathrm{s}\mu}(k\,; \widehat{\mathcal{S}}_{\mathrm{F}}, \widehat{\mathcal{D}}_{\mathrm{F}}, \widehat{\varGamma}, e_{\mathrm{r}}), \tag{232}$$

$$\frac{\partial \widehat{\mathcal{D}}_{\mathrm{F}}(k)^{-1}}{\partial k^{\mu}} = \widehat{W}_{\mu}(k), \tag{233}$$

其中 e_{r} 是待定的重正化耦合常数, 而还需为 $\widehat{\mathcal{S}}_{\mathrm{F}}(p_0)$ 与 $\widehat{\mathcal{D}}_{\mathrm{F}}(k)$ 选定边条件. 可以选择把电子与光子传播子归一化为

$$\widehat{\mathcal{S}}_{\mathrm{F}}(p_0)^{-1} = \not{p}_0 - m, \tag{234}$$

$$k^2 \widehat{\mathcal{D}}_{\mathrm{F}}(k)|_{k^2 = \mu^2} = -1. \tag{235}$$

重正化　先来看 $\varGamma_{\mu}$. 设 $\varLambda_{\mu}$ 为 $(e^2)^n$ 次, 则它含有 $2n$ 个传播子 $\mathcal{S}_{\mathrm{F}}$, n 个传播子 $\mathcal{D}_{\mathrm{F}}$, 和 $2n+1$ 个 γ 因子. 例如图 8-5 的 $\varGamma_{\mu}^{(4)}$. 于是, 若引入重正化常数 Z_1, Z_2, Z_3, 做代换

$$\left. \begin{aligned} \mathcal{S}_{\mathrm{F}} &\longrightarrow \widehat{\mathcal{S}}_{\mathrm{F}} = \frac{1}{Z_2}\,\mathcal{S}_{\mathrm{F}}, \quad \mathcal{D}_{\mathrm{F}} \longrightarrow \widehat{\mathcal{D}}_{\mathrm{F}} = \frac{1}{Z_3}\,\mathcal{D}_{\mathrm{F}}, \\ \varGamma_{\mu} &\longrightarrow \widehat{\varGamma}_{\mu} = Z_1\,\varGamma_{\mu}, \quad e^2 \longrightarrow e_{\mathrm{r}}^2 = Z_3\,e^2, \end{aligned} \right\} \tag{236}$$

就有

$$\begin{aligned} \varLambda_{\mathrm{s}\mu}(p', p\,; \mathcal{S}_{\mathrm{F}}, \mathcal{D}_{\mathrm{F}}, \varGamma, e) &\longrightarrow \varLambda_{\mathrm{s}\mu}(p', p\,; Z_2^{-1}\mathcal{S}_{\mathrm{F}}, Z_3^{-1}\mathcal{D}_{\mathrm{F}}, Z_1\varGamma, Z_3^{1/2}e) \\ &= Z_1^{2n+1} Z_2^{-2n} Z_3^{-n+2n/2} \varLambda_{\mathrm{s}\mu}(p', p\,; \mathcal{S}_{\mathrm{F}}, \mathcal{D}_{\mathrm{F}}, \varGamma, e) \\ &= Z_1 \varLambda_{\mathrm{s}\mu}(p', p\,; \mathcal{S}_{\mathrm{F}}, \mathcal{D}_{\mathrm{F}}, \varGamma, e), \end{aligned} \tag{237}$$

最后一步用了 (231) 式, 即 Ward 恒等式 $Z_1 = Z_2$. 利用上面这个结果, (230) 式就成为

$$\begin{aligned} \widehat{\varGamma}_{\mu}(p', p) &= \gamma_{\mu} + \widehat{\varLambda}_{\mathrm{s}\mu}(p', p\,; \widehat{\mathcal{S}}_{\mathrm{F}}, \widehat{\mathcal{D}}_{\mathrm{F}}, \widehat{\varGamma}, e_{\mathrm{r}}) \\ &= \gamma_{\mu} + \varLambda_{\mathrm{s}\mu}(p', p\,; \widehat{\mathcal{S}}_{\mathrm{F}}, \widehat{\mathcal{D}}_{\mathrm{F}}, \widehat{\varGamma}, e_{\mathrm{r}}) - L\gamma_{\mu} \\ &= (1 - L)\left[\gamma_{\mu} + \frac{Z_1}{1 - L}\,\varLambda_{\mathrm{s}\mu}(p', p\,; \mathcal{S}_{\mathrm{F}}, \mathcal{D}_{\mathrm{F}}, \varGamma, e)\right]. \end{aligned} \tag{238}$$

若取

$$Z_1 = 1 - L, \tag{239}$$

就可得到

$$\widehat{\varGamma}_{\mu} = Z_1\Big[\gamma_{\mu} + \varLambda_{\mathrm{s}\mu}(\mathcal{S}_{\mathrm{F}}, \mathcal{D}_{\mathrm{F}}, \varGamma_{\mu}, e)\Big] = Z_1\varGamma_{\mu}. \tag{240}$$

这就证明了, 重正化 (236) 满足方程 (230). 要求它也满足方程 (231), 就有 $Z_1 = Z_2$. 重正化 (236) 给出的顶角函数 $\widehat{\varGamma}_{\mu}$ 和电子完全传播子之逆 $\widehat{\mathcal{S}}_{\mathrm{F}}^{-1}$ 是

收敛和有限的. 换句话说, 无限大的减除, 等效于用相乘因子重正化, 这个结论是首先由 Dyson 给出的 [1], 重正化 (236) 又称为 Dyson 代换 或 Dyson 变换.

再来看 W_μ. 设 Δ_μ 为 $(e^2)^n$ 次, 则它含有 $n-1$ 个 D_{F}, $2n+1$ 个 Γ 和 S_{F}. 例如图 8-14 的 $\Delta_\mu^{(6)}$. 于是做代换 (236) 就有

$$\Delta_{\mathrm{s}\mu}(k; \mathcal{S}_{\mathrm{F}}, \mathcal{D}_{\mathrm{F}}, \Gamma, e) \longrightarrow \Delta_{\mathrm{s}\mu}(k; Z_2^{-1}\mathcal{S}_{\mathrm{F}}, Z_3^{-1}\mathcal{D}_{\mathrm{F}}, Z_1\Gamma, Z_3^{1/2}e)$$

$$= Z_1^{2n+1} Z_2^{-2n-1} Z_3^{-n+1+n} \Delta_{\mathrm{s}\mu}(k; \mathcal{S}_{\mathrm{F}}, \mathcal{D}_{\mathrm{F}}, \Gamma, e)$$

$$= Z_3 \Delta_{\mathrm{s}\mu}(k; \mathcal{S}_{\mathrm{F}}, \mathcal{D}_{\mathrm{F}}, \Gamma, e). \tag{241}$$

把它代入 (232) 式, 可以得到

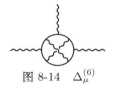

图 8-14 $\Delta_\mu^{(6)}$

$$\widehat{W}_\mu(k) = -2k_\mu + \widehat{\Delta}_{\mathrm{s}\mu}(k; \widehat{\mathcal{S}}_{\mathrm{F}}, \widehat{\mathcal{D}}_{\mathrm{F}}, \widehat{\Gamma}, e_{\mathrm{r}})$$

$$= -2k_\mu + \Delta_{\mathrm{s}\mu}(k; \widehat{\mathcal{S}}_{\mathrm{F}}, \widehat{\mathcal{D}}_{\mathrm{F}}, \widehat{\Gamma}, e_{\mathrm{r}}) - \Delta_{\mathrm{s}\mu}(\mu)$$

$$= -2k_\mu \big(1 + \tfrac{1}{2}\Delta_{\mathrm{s}}\big) + Z_3 \Delta_{\mathrm{s}\mu}(k; \mathcal{S}_{\mathrm{F}}, \mathcal{D}_{\mathrm{F}}, \Gamma, e), \tag{242}$$

其中已经把减除项写成

$$\Delta_{\mathrm{s}\mu}(\mu) = k_\mu \Delta_{\mathrm{s}}. \tag{243}$$

于是, 若取

$$Z_3 = 1 + \frac{1}{2}\Delta_{\mathrm{s}}, \tag{244}$$

就有

$$\widehat{W}_\mu = Z_3[-2k_\mu + \Delta_{\mathrm{s}\mu}(k; S_{\mathrm{F}}, D_{\mathrm{F}}, \Gamma, e)] = Z_3 W_\mu. \tag{245}$$

这就证明了, 对 W_μ 中无限大的减除, 等效于用相乘因子 Z_3 来重正化. 同时还表明, 重正化 (236) 还满足方程 (232) 和 (233), 它给出的光子完全传播子之逆 $\widehat{\mathcal{D}}_{\mathrm{F}}^{-1}$ 也是收敛和有限的.

以上证明了, 可以在保持理论结构的前提下把其中的无限大都吸收到 Z_1, Z_2, Z_3 和质量的重正化之中, QED 对任意阶微扰都是可重正化的 [2].

① F.J. Dyson, *Phys. Rev.* **75** (1949) 1736.

② J.M. Jauch and F. Rohrlich, *The Theory of Photons and Electrons*, Addison-Wesley, 1955, Ch.10.

对于当今这一代场论家们来说，60 年代场
论向今天规范场论的扭转心灵的转变在实际上
已经看不出来，并且肯定是难于理解的. 他们
会问：为什么会经过这么长的时间？

—— Martinus J.G. Veltman
《诺贝尔奖演讲》， 1999.

9　　杨 -Mills 规范场和 QCD

　　量子场论的基本观念在上世纪 60~70 年代发生了深刻的转变. 这个转变的
核心内容可以分成相互联系的两个方面. 首先，是结束了根据各种守恒定律和
对称性分析来唯象地引入各种相互作用的多元化局面，亦即结束了量子场论的
"战国"时代，把弱相互作用和强相互作用也纳入了与支配电磁相互作用同样的
规范不变性原理之下，确立了统一地引入这三种相互作用的规范原理. 从此，量
子场论中的相互作用这一章完全纳入了规范原理之中. 与此相应地，则是把量
子场论的基础从正则量子力学转移到路径积分量子力学，亦即进行了从正则量
子场论到路径积分量子场论的转变，路径积分和泛函分析成了量子场论的基本
语言. 这就是上面摘引的 Veltman 在其诺贝尔演讲中所说的"场论的扭转心灵
的转变"(the mind-wrenching transition of field theory).

　　引领这一转变的，是杨振宁与 Mills 在 1954 年的一个工作中提出的基本观
念 [1]. 虽然早就知道从定域规范不变性可以引入 Maxwell 场及其与载荷物质场
的耦合 $\mathcal{L}_I = -e\overline{\psi}\gamma^\mu\psi A_\mu$，但是当时大多数人还是把经典对应作为出发点. 在经
典理论中引入电磁耦合的规则，是作代换 [2] $p^\mu \to p^\mu + qA^\mu$. 对应到量子力学，这
就是从普通微商到协变微商的代换 $\partial^\mu \to \partial^\mu + iqA^\mu$，称为 最小代换. 根据最小代
换确定的电磁耦合，则称为 最小电磁耦合. 把这个做法作为一条原则，就是 最
小电磁耦合原理，它排除了 Pauli 唯象地引入的导数耦合 [3] (见第 8 章 (121) 式).
杨振宁与 Mills 的工作，把出发点从最小电磁耦合原理转移到规范不变性原理，
并把规范变换从物质场在复平面的转动推广到在粒子内部空间的转动.

---

　　[1]　C.N. Yang and R.L. Mills, *Phys. Rev.* **95** (1954) 631; **96** (1954) 191.

　　[2]　P.A.M. 狄拉克，《量子力学原理》，陈咸亨译，喀兴林校，科学出版社， 1965 年， §41
的第一段和 §67 的倒数第二段.

　　[3]　David Lurié, *Particles and Fields*, Wiley, 1968. 中译本： D. 卢里，《粒子和场》，董明
德等译，科学出版社， 1981 年， 183–184 页.

杨振宁与 Mills 具体表述的是同位旋空间的 SU(2) 规范理论. 他们在 1954 年的一篇短文中说明了他们工作的动机和基本想法 (见前页注①的第一篇文献):

> 与电荷守恒类似地, 同位旋守恒表明存在一个基本的不变性定律. 在前一情形, 电荷是电磁场的源. 在这种情形, 规范不变性是一个重要的概念, 它紧密联系于 (1) 电磁场的运动方程, (2) 流密度的存在, 以及 (3) 在荷电场与电磁场之间可能的相互作用. 我们尝试将这个规范不变的概念推广运用到同位旋守恒, 结果表明一个十分自然的推广是可能的.

在随后的正式论文中, 他们进一步解释说 (见前页注①的第二篇文献):

> 同位旋守恒等同于要求所有相互作用在同位旋转动下不变. 这意味着, 正如我们这里将要假设的情形那样, 当电磁相互作用可以忽略时, 同位旋取向没有物理意义. 于是区分中子与质子的做法纯粹是任意的.

这就是说, 在一个时空点上的观测者选定了把什么叫质子什么叫中子, 在其他时空点上的观测者仍然还有重新选择的自由, 他甚至可以把前者的质子与中子的两个独立的叠加态称为质子和中子. 而为了保持这种任意性, 即定域规范不变性, 就必须引入一种与 Maxwell 场类似的场, 他们在文中称为 B 场, 即 SU(2) 规范场. 在这样把定域规范不变的概念推广运用到同位旋空间后, 他们得到了最小代换的推广公式, 其中引入的规范场含多个分量, 它们不仅与载荷物质场耦合, 还有自耦合, 这就是杨 -Mills 规范场, 即非 Abel 规范场.

事实上, 1938 年在华沙的一次会议上, Klein 的演讲就接近于表述了 SU(2) 杨 -Mills 理论①. 而比杨振宁和 Mills 稍迟, Shaw 也做了类似的工作②. 但在之后的很长一段时间里, 没有什么响应. 这有几个原因. 首先是强子的同位旋并不严格守恒, 它不是一种规范对称性. 只是把他们的想法用到后来发现的其他严格的内部对称性, 才导致今天关于相互作用的规范理论. 其次, 规范场粒子的质量严格等于零, 而对于短程作用来说, 传递相互作用的粒子必定有很大质量. 后来发现可以通过对称性的自发破缺获得质量, 这才使规范理论绝处逢生. 此外, 由于规范变换带来的多余自由度, 使得很难对规范场运用正则量子化. 直到 Faddeev 和 Popov③ 找到在路径积分中处理多余自由度的方法, 实现了规范场的量子化, 接着 't Hooft 与 Veltman 等人证明了纯的杨 -Mills 规范理论是可重

---

① O. Klein, in *New Theories in Physics*, International Institute of Intellectual Cooperation, Paris, 1939, pp.77-93.

② R. Shaw, *The Problem of Particle Types and Other Contributions to the Theory of Elementary Particles*, Cambridge Ph.D. thesis, unpublished.

③ L.D. Faddeev and V.N. Popov, *Phys. Lett.* **25B** (1967) 29.

正化的 [1], 规范原理才被普遍接受, 并成为量子场论中与相对论和量子力学并列的第三个基本原理.

杨 -Mills 规范理论在量子场论中的具体实现, 就是 Glashow-Weinberg-Salam 的电弱统一理论和强相互作用的量子色动力学 (QCD). 在历史上, Glashow [2], Weinberg [3] 与 Salam [4] 的电弱统一模型要早于 QCD. 但是从物理和理论的逻辑与结构来看, QCD 比 Glashow-Weinberg-Salam 模型简单. 历史往往不合逻辑. 我们选择物理和逻辑的顺序, 所以在本章讨论 QCD, 在下一章再讨论电弱统一理论.

9.1 杨 -Mills 规范场

1. 自由夸克场

夸克的内部态与色空间 夸克有 u (上), d (下), s (奇), c (粲), t (顶), b (底) 六种, 这称为夸克的 味 (flavor), 可用下标 $f = 1, 2, \cdots, 6$ 标记. 每一味夸克又有 3 态, 即 R (红), G (绿), B (蓝), 这称为夸克的 色 (color), 可用下标 $n = 1, 2, 3$ 标记. 每一味夸克的 3 个色态, 都张成一个 3 维内部空间, 称为 色空间. 可以写成

$$\psi = \begin{pmatrix} \psi_1 \\ \psi_2 \\ \psi_3 \end{pmatrix}, \tag{1}$$

注意夸克是自旋为 1/2 的 Fermi 子, 每个分量 ψ_n 都是 Dirac 旋量.

Gell-Mann 矩阵 夸克的色空间是 3 维复空间, 保持矢量长度不变的幺正变换 U 是 3 维特殊幺正 (special unitary) 变换 SU(3), 满足幺正条件

$$U^{\dagger}U = 1 \tag{2}$$

和幺模条件

$$\det U = 1. \tag{3}$$

U 是 3×3 的复矩阵, 有 18 个实参数, 受上述 10 个条件限制, 独立的实参数只有 8 个. 于是, 任一变换矩阵 U 可以用 8 个独立厄米矩阵 λ^a 的线性叠加表示为

$$U = \mathrm{e}^{\mathrm{i}\theta_a \lambda^a / 2}, \qquad a = 1, 2, \cdots, 8, \tag{4}$$

[1] G. 't Hooft and M. Veltman, *Nucl. Phys.* **50** (1972) 318.

[2] S.L. Glashow, *Nucl. Phys.* **22** (1961) 579.

[3] S. Weinberg, *Phys. Rev. Lett.* **19** (1967) 1264.

[4] A. Salam, in *Elementary Particle Theory*, ed. N. Svartholm, Almquist and Wiksell, Stockholm, 1968.

其中 θ_a 是变换的实参数. 这里把 Einstein 约定推广到矩阵空间角标 a, 这种角标不分上下, 可以自由地上下移动, $\theta_a \lambda^a = \theta^a \lambda_a = \theta^a \lambda^a = \theta_a \lambda_a$, 对相同的一对角标 a 从 1 到 8 求和.

在 SU(2) 的情形, 3 个独立厄米矩阵是 Pauli 矩阵 σ^i. 与之类似地, 现在有

$$\lambda^1 = \begin{pmatrix} 0 & 1 & 0 \\ 1 & 0 & 0 \\ 0 & 0 & 0 \end{pmatrix}, \qquad \lambda^2 = \begin{pmatrix} 0 & -i & 0 \\ i & 0 & 0 \\ 0 & 0 & 0 \end{pmatrix}, \qquad \lambda^3 = \begin{pmatrix} 1 & 0 & 0 \\ 0 & -1 & 0 \\ 0 & 0 & 0 \end{pmatrix},$$

$$\lambda^4 = \begin{pmatrix} 0 & 0 & 1 \\ 0 & 0 & 0 \\ 1 & 0 & 0 \end{pmatrix}, \qquad \lambda^5 = \begin{pmatrix} 0 & 0 & -i \\ 0 & 0 & 0 \\ i & 0 & 0 \end{pmatrix}, \qquad \lambda^6 = \begin{pmatrix} 0 & 0 & 0 \\ 0 & 0 & 1 \\ 0 & 1 & 0 \end{pmatrix},$$

$$\lambda^7 = \begin{pmatrix} 0 & 0 & 0 \\ 0 & 0 & -i \\ 0 & i & 0 \end{pmatrix}, \qquad \lambda^8 = \frac{1}{\sqrt{3}} \begin{pmatrix} 1 & 0 & 0 \\ 0 & 1 & 0 \\ 0 & 0 & -2 \end{pmatrix}, \tag{5}$$

它们是 Pauli 矩阵的推广, 称为 Gell-Mann 矩阵. 与 Pauli 矩阵类似地, Gell-Mann 矩阵的迹为零, 两个矩阵 λ^a 与 λ^b 之积的迹为 $2\delta^{ab}$ 乘单位矩阵,

$$\operatorname{tr} \lambda^a = 0, \qquad \operatorname{tr} \lambda^a \lambda^b = 2\delta^{ab}. \tag{6}$$

结构常数 定义

$$T^a = \frac{\lambda^a}{2}, \tag{7}$$

变换矩阵就是

$$U = e^{i\theta_a T^a}. \tag{8}$$

由这种具有有限个连续实参数的变换构成的群称为 **李群** (Lie group), 厄米算符 T^a 称为群的 **生成元**. 对这里的 SU(3) 群, 有

$$\operatorname{tr} T^a = 0, \qquad \operatorname{tr} (T^a T^b) = \frac{1}{2} \delta^{ab}. \tag{9}$$

对于无限小变换 $\theta_a \to 0$,

$$U \approx 1 + i\theta_a T^a, \tag{10}$$

生成元 T^a 张成了变换的线性空间. 由于相继两个变换等于一个新变换, 任意两个生成元之积可以表示成它们的线性叠加, 有关系

$$[T_a, T_b] = i f_{abc} T^c, \tag{11}$$

其中的系数 f_{abc} 对任意两个角标都反对称. 这个由李群生成元张成的矢量空间, 再由上式定义了乘法, 就构成一个代数, 称为 **李代数**. 上述定义乘法的系数 f_{abc},

称为这个李代数的 结构常数, 也称为相应李群的结构常数 [1].

由 (11) 式和下列恒等式

$$[T^a, [T^b, T^c]] + [T^b, [T^c, T^a]] + [T^c, [T^a, T^b]] = 0, \tag{12}$$

可推出

$$f^{ade}f^{bcd} + f^{bde}f^{cad} + f^{cde}f^{abd} = 0. \tag{13}$$

上式称为 Jacobi 恒等式, 是结构常数必须满足的条件. 对于这里的 SU(3) 群, f_{abc} 不为零的分量是

$$\left. \begin{aligned} f_{123} &= 1, \\ f_{147} &= -f_{156} = f_{246} = f_{257} = f_{345} = -f_{367} = \frac{1}{2}, \\ f_{458} &= f_{678} = \frac{\sqrt{3}}{2}. \end{aligned} \right\} \tag{14}$$

自由夸克场拉氏密度   有内部自由度的自由 Dirac 场拉氏密度可以一般地写成

$$\mathcal{L}_q = \overline{\psi}(\mathrm{i}\gamma^\mu \partial_\mu - m)\psi, \tag{15}$$

其中 ψ 是内部空间矢量, 它的每一个分量都是 Dirac 旋量, 算符 $\gamma^\mu \partial_\mu$ 作用于矢量的每一个分量, 而 m 是内部空间对角矩阵, 称为 质量矩阵. 这个 $\mathcal{L}_q$ 可以描述有内部自由度的自由夸克场. 以下只讨论某一味夸克的场, ψ 就只是色空间的矢量. 夸克的质量与味有关, 与色无关, 所以 m 就是常数乘色空间单位矩阵.

2. 杨-Mills 结构

整体规范不变性   考虑夸克场 ψ 在色空间的变换,

$$\psi \longrightarrow \psi' = U\psi = \mathrm{e}^{\mathrm{i}\theta_a T^a}\psi. \tag{16}$$

若 θ_a 与时空坐标 x 无关, 这就是色空间矢量 ψ 的整体转动, 即色空间的整体规范变换. 由于质量与色无关, m 是常数乘单位矩阵, $\overline{\psi}m\psi = m\overline{\psi}\psi$, 拉氏密度 $\mathcal{L}_q$ 与色空间坐标的选取无关, 在上述转动下严格不变. 换句话说, 自由夸克场在色空间具有严格的整体规范对称性, 场 ψ 在色空间的取向没有物理意义.

定域规范不变性   现在推广到定域规范变换, θ_a 依赖于时空坐标 x. 把一个整体对称性扩大成为定域对称性, 常常简单地说成 "规范" 这个对称性 [2]. 一个整体对称性只有是严格的, 才能被规范.

---

[1] 见高崇寿, 《群论及其在粒子物理学中的应用》, 高等教育出版社, 1992 年, 43 页.

[2] Kerson Huang, *Quarks, Leptons and Gauge Fields*, 2nd edition, World Scientific, 1992, p.6.

在定域规范变换下， (15) 式中的质量项 $\overline{\psi}m\psi$ 显然不变，但动能项却不是不变的，

$$\partial_\mu\psi \longrightarrow \partial_\mu(U\psi) = U(\partial_\mu + U^\dagger\partial_\mu U)\psi, \tag{17}$$

注意 $UU^\dagger = 1$. 为了使得动能项也不变，可以把普通微商 ∂_μ 推广为协变微商 D_μ,

$$D_\mu = \partial_\mu + \mathrm{i}qA_\mu, \tag{18}$$

引入规范场 A_μ, 把相加项 $U^\dagger\partial_\mu U$ 吸收到它的变换中. q 是耦合常数. 注意上式虽然与最小电磁耦合的做法相同，但在这里只是为实现规范不变性要求的一个具体方法. 这样引入的 A_μ 一般既是作用于色空间矢量 ψ 的矩阵，又是闵氏空间的矢量，是矩阵矢量场. 定域规范不变性要求

$$D_\mu\psi \longrightarrow D'_\mu\psi' = (\partial_\mu + \mathrm{i}qA'_\mu)U\psi = U(\partial_\mu + U^\dagger\partial_\mu U + \mathrm{i}qU^\dagger A'_\mu U)\psi$$
$$= U(\partial_\mu + \mathrm{i}qA_\mu)\psi = UD_\mu\psi, \tag{19}$$

亦即

$$D_\mu \longrightarrow D'_\mu = UD_\mu U^\dagger. \tag{20}$$

(19) 式定义了规范场的变换

$$A_\mu \longrightarrow A'_\mu = UA_\mu U^\dagger + \frac{\mathrm{i}}{q}(\partial_\mu U)U^\dagger = UA_\mu U^\dagger - \frac{\mathrm{i}}{q}U\partial_\mu U^\dagger, \tag{21}$$

这里用了幺正条件 $UU^\dagger = 1$. 现在，动能项也有不变性，

$$\overline{\psi}\mathrm{i}\gamma^\mu D_\mu\psi \longrightarrow \overline{\psi}'\mathrm{i}\gamma^\mu D'_\mu\psi' = \overline{\psi}U^\dagger\mathrm{i}\gamma^\mu UD_\mu\psi = \overline{\psi}\mathrm{i}\gamma^\mu D_\mu\psi. \tag{22}$$

于是，可以写出定域规范不变的夸克场拉氏密度

$$\mathcal{L}_{\psi+\psi A} = \overline{\psi}(\mathrm{i}\gamma^\mu D_\mu - m)\psi = \mathcal{L}_\psi + \mathcal{L}_{\psi A}, \tag{23}$$

$$\mathcal{L}_{\psi A} = -q\overline{\psi}\gamma^\mu A_\mu\psi, \tag{24}$$

它包含了自由夸克场的 $\mathcal{L}_\psi$ 及其与规范场的耦合 $\mathcal{L}_{\psi A}$.

规范场 A_μ   当 $U = \mathrm{e}^{\mathrm{i}\gamma(x)}$ 是普通实函数，即 $\theta_a T^a = \gamma(x)$ 是普通实函数时，(16) 式是简单的相位变换，即 1 维幺正变换 U(1). 两个相位变换的先后次序可以交换，变换 U(1) 属于 Abel 群，规范这种对称性而引入的场 A_μ 是 Abel 规范场，它是一个简单的矢量场 (见 3.1 节). 而当 $U = \mathrm{e}^{\mathrm{i}\theta_a T^a}$ 是内部空间的 SU(n) 矩阵时，生成变换的 T^a 是内部空间的矩阵，一般不能互相对易，亦即两个 SU(n) 矩阵一般不能交换次序. SU(n) 变换属于非 Abel 群，相应的规范场 A_μ 则称为非 Abel 规范场, 它是矩阵矢量场.

杨振宁与 Mills 最初规范同位旋空间的 SU(2) 对称性，所引入的就是一种非 Abel 规范场. 现在习惯上把非 Abel 规范场都称为 *杨 -Mills 规范场*. 所以，规范

色空间的 SU(3) 对称性而引入的非 Abel 规范场 A_μ, 也称为杨 -Mills 场.

A_μ 的一般性质 上述讨论是普遍的, 由它可以得到规范场 A_μ 的以下性质.

首先是 A_μ 的厄米性. 取 (21) 式的厄米共轭, 有

$$A_\mu^\dagger \longrightarrow A_\mu'^\dagger = U A_\mu^\dagger U^\dagger - \frac{\mathrm{i}}{q} U \partial_\mu U^\dagger. \tag{25}$$

与 (21) 式相减, 给出

$$A_\mu^\dagger - A_\mu \longrightarrow A_\mu'^\dagger - A_\mu' = U(A_\mu^\dagger - A_\mu)U^\dagger, \tag{26}$$

它表明 $A_\mu^\dagger - A_\mu = 0$ 在规范变换下不变, 可以取 $A_\mu^\dagger = A_\mu$.

其次是 A_μ 的无限小变换. 对无限小变换 $U = \mathrm{e}^{\mathrm{i}\theta_a T^a} \approx 1 + \mathrm{i}\theta_a T^a$, 有

$$A_\mu \longrightarrow A_\mu' = A_\mu + \mathrm{i}\theta_a[T^a, A_\mu] - \frac{1}{q} \partial_\mu \theta_a T^a. \tag{27}$$

第三是 A_μ 的矢量表示 A_μ^a. 取上式的迹, 由于 $\mathrm{tr}\, T^a = 0$, 所以 $\mathrm{tr} A_\mu' = \mathrm{tr} A_\mu$, 即 A_μ 的迹在规范变换下不变. 于是可取 $\mathrm{tr}\, A_\mu = 0$, 即可表示为

$$A_\mu = A_\mu^a T_a. \tag{28}$$

对于 SU(3) 规范场, $a = 1, 2, \cdots, 8$, A_μ^a 是 8 个闵氏空间的四维矢量场.

第四是 A_μ^a 的变换. 在 (27) 式中代入 $A_\mu = A_\mu^a T_a$ 和 $[T_a, T_b] = \mathrm{i} f_{abc} T^c$, 就有 A_μ^a 的无限小变换

$$A_\mu^a \longrightarrow A_\mu^{a\,\prime} = A_\mu^a - f^{abc}\theta^b A_\mu^c - \frac{1}{q} \partial_\mu \theta^a$$

$$= A_\mu^a - \frac{1}{q} D_\mu^{ab}\theta^b, \tag{29}$$

$$D_\mu^{ab} = \delta^{ab}\partial_\mu + q f^{abc} A_\mu^c. \tag{30}$$

杨 -Mills 拉氏密度 为了写出杨 -Mills 场的拉氏密度, 可以仿照 Maxwell 场的结构 $-\frac{1}{4}F_{\mu\nu}F^{\mu\nu}$, 先写出场强张量 $F^{\mu\nu}$. 杨振宁与 Mills 当初是用试探法 (by trial and error), 要求写出的拉氏密度规范不变, 在 Abel 规范场的情形简化为 Maxwell 场的结果.

在 Maxwell 场的情形, 容易看出有

$$[D_\mu, D_\nu] = \mathrm{i} q F_{\mu\nu}. \tag{31}$$

对于杨 -Mills 场, 可以用上式作为 $F_{\mu\nu}$ 的定义. 记住现在 A_μ 是矩阵, 就有

$$F_{\mu\nu} = -\frac{\mathrm{i}}{q}[D_\mu, D_\nu] = \partial_\mu A_\nu - \partial_\nu A_\mu + \mathrm{i} q [A_\mu, A_\nu]. \tag{32}$$

矩阵 A_μ 的迹为零, 所以 $F_{\mu\nu}$ 的迹也为零, 可以表示为

$$F_{\mu\nu} = F_{\mu\nu}^a T_a. \tag{33}$$

把它和 $A_\mu = A_\mu^a T_a$ 代入 (32) 式，就可得到

$$F_{\mu\nu}^a = \partial_\mu A_\nu^a - \partial_\nu A_\mu^a - q f^{abc} A_\mu^b A_\nu^c. \tag{34}$$

利用 $U = 1 + \mathrm{i}\theta^b T_b$，可求出 $F_{\mu\nu}$ 的无限小规范变换

$$F_{\mu\nu} \longrightarrow F_{\mu\nu}' = U F_{\mu\nu} U^\dagger = F_{\mu\nu}^a U T_a U^\dagger = F_{\mu\nu}^a T_a + \mathrm{i}\theta^b F_{\mu\nu}^a [T_b, T_a]$$

$$= (F_{\mu\nu}^a - f^{abc}\theta^b F_{\mu\nu}^c) T_a, \tag{35}$$

即

$$F_{\mu\nu}^a \longrightarrow F_{\mu\nu}^a{}' = F_{\mu\nu}^a - f^{abc}\theta^b F_{\mu\nu}^c. \tag{36}$$

$F_{\mu\nu}$ 没有规范不变性，而是协变的. 由于 $F_{\mu\nu}$ 没有规范不变性，$-\frac{1}{4}F_{\mu\nu}F^{\mu\nu}$ 不是规范不变量. 但容易看出，它的迹是规范不变的. 于是，可以取

$$\mathcal{L}_A = -\frac{1}{2}\mathrm{tr}\,(F_{\mu\nu}F^{\mu\nu}) = -\frac{1}{2}F_{\mu\nu}^a F_b^{\mu\nu}\mathrm{tr}(T_a T^b) = -\frac{1}{4}F_{\mu\nu}^a F_a^{\mu\nu}, \tag{37}$$

把它作为杨 -Mills 规范场的拉氏密度. 上面用到求迹公式 (9). 对于 Abel 规范场，$a = 1$，上式还原为 Maxwell 场的拉氏密度.

一个逻辑完整和自洽的物理理论，都有一套相应的数学表述. 狭义相对论是四维闵氏空间的物理，广义相对论是 Riemann 弯曲空间的物理，量子力学则是无限维 Hilbert 空间的物理. 规范理论可以用微分几何中纤维丛的语言、图像和概念来表述，可以说是纤维丛的物理. 本书定位为简明量子场论，面向只有狭义相对论和非相对论量子力学及相应数学基础的读者，可以不必涉及这一数学领域. 本章末的附录，给出上述讨论的一个数学与形式的推导，供有兴趣的读者参考.

9.2 杨 -Mills 场的路径积分

1. Faddeev-Popov 等式

问题   有了杨 -Mills 场 A_μ 的拉氏密度 $\mathcal{L}_A$，下一步就是从生成泛函求出场的传播子. 这要用到量子场论的中心等式 (第 5 章 (35) 式)

$$\int \mathcal{D}\xi \mathrm{e}^{-\frac{1}{2}\xi K\xi - V(\xi) + J\xi} = \mathrm{e}^{-V(\delta/\delta J)}\mathrm{e}^{\frac{1}{2}J K^{-1} J}. \tag{38}$$

对任何一种场 ξ，只要根据它的拉氏密度把作用量化成上式左边指数上的形式，右边的 K^{-1} 就是要求的传播子. 这个公式的必要条件是算符 K 有逆，K^{-1} 存在. 这就要求

$$K\xi \neq 0, \tag{39}$$

即 K 的本征值没有简并. 对于有简并的情形，当 ξ 是两个简并态之差时就有 $K\xi = 0$.

对于规范场 A_μ, 由于规范不变性, 所有能由规范变换 (21) 联系的 A_μ 在物理上都是等效的, 它们给出相同的拉氏密度和作用量的值. 也就是说, 由规范变换联系的 A_μ 是算符 K 的简并态, 所以 K^{-1} 不存在. 对于 Maxwell 场, 亦即 Abel 规范场, 我们已经在 7.1 节 **1** 中讨论过这个问题.

杨-Mills 场 A_μ 的生成泛函可以写成

$$Z[J] = \int \mathcal{D}A \, e^{i \int dx (\mathcal{L}_A + J^\mu A_\mu)} = \int \mathcal{D}A \, e^{iS[A_\mu]}, \tag{40}$$

其中 $\mathcal{D}A = \mathcal{D}A_0 \mathcal{D}A_1 \mathcal{D}A_2 \mathcal{D}A_3$, 积分取遍所有可能的 A_μ, 包括由规范变换引入的自由度. 由于作用量 S 是规范不变的, 这些多余的自由度对应于同样的 S 值, 使得 Z 发散而没有定义. 为了消除这些非物理的自由度, 在 Maxwell 场的情形, 我们是引入规范固定项来选择一个确定的规范, 这相当于修改原来的拉氏密度 (7.1 节 **1**). 一个更自然的做法, 是保持原来的拉氏密度, 而对上述泛函积分加上约束条件. Faddeev 和 Popov [1] 以及 De Witt [2] 最早给出了这种有约束的路径积分方法, 现在称之为 Faddeev-Popov-De Witt 方法, 简称 Faddeev-Popov 方法.

规范条件 所有可能的 A_μ 张成一个函数空间, 其中包括了由规范变换 (21) 引入的非物理的维度. 物理的子空间 A_μ 只是这个空间的一个超曲面. 曲面的方程

$$G^a[A_\mu(x)] = 0 \tag{41}$$

就是对 A_μ 的约束条件, 称为 规范条件. 其中角标 a 是条件的序数, 场有多少个分量 A_μ^a, 就有多少个条件. 由于有规范不变性, 这种超曲面可以有不同选择, 彼此在物理上等效, 亦即上述规范条件具有规范不变性.

在曲面 $G^a[A_\mu(x)] = 0$ 上的每一点 $A_\mu(x)$, 都是一个物理的场, 亦即场方程的一个物理解. 通过规范变换由它得到的点, 构成一条穿过这个曲面的曲线. 这条曲线上的点在物理上是等效的, 亦即与它们相应的态是简并的. 曲面上的两个点之间不能用规范变换联系, 是不同的物理解. 与它们相应的两条曲线互不相交. 这就是说, 规范变换的作用, 是把这个曲面上的点拓展成一束互不相交的曲线, 构成一个更高维的简并态空间. 把泛函积分 (40) 限制在物理的空间 A_μ, 就是限制在一个与这束曲线相交的物理的超曲面.

Faddeev-Popov 行列式 为了对泛函积分 (40) 加上约束 (41), 把积分限制在这个物理的超曲面, Faddeev 与 Popov 引入等式

$$1 = \Delta[A_\mu] \int \mathcal{D}U \delta \big[G[A_\mu^U] \big], \tag{42}$$

[1] L.D. Faddeev and V.N. Popov, *Phys. Lett.* **25B** (1967) 29.

[2] B.S. De Witt, *Phys. Rev.* **162** (1967) 1195, 1239.

其中 U 是 (21) 式中的变换矩阵，A_μ^U 是式中由 A_μ 变换来的 A_μ'，而 $\delta[G]$ 是 δ 泛函，

$$\delta\big[G[A_\mu^U]\big] = \prod_{a,x} \delta(G^a[A_\mu^U(x)]), \tag{43}$$

它是在所有变换空间 a 和时空点 x 的 δ 函数之积. Faddeev-Popov 等式 (42) 实际上是 $\Delta[A_\mu]$ 的定义，其中泛函积分的结果可以表达为一个行列式，所以 $\Delta[A_\mu]$ 称为 Faddeev-Popov 行列式.

对 A_μ 相继做两次变换 U 与 U'，并令 $U'' = U'U$，(42) 式就成为

$$1 = \Delta[A_\mu^U] \int \mathcal{D}U' \delta\big[G[A_\mu^{U''}]\big]. \tag{44}$$

由于有规范不变性，$\delta\big[G[A_\mu^{U''}]\big] = \delta\big[G[A_\mu^{U'}]\big]$，所以上式中的泛函积分与 (42) 式中的相同，从而

$$\Delta[A_\mu^U] = \Delta[A_\mu], \tag{45}$$

Faddeev-Popov 行列式 $\Delta[A_\mu]$ 是规范不变的.

(42) 式的泛函积分中，被积泛函是 δ 泛函，所以 U 只在单位变换附近变化. 把变换表示成 $U = \mathrm{e}^{\mathrm{i}\theta_a T^a}$，对 U 的积分就可以换成对参数 θ 的积分，

$$\int \mathcal{D}U\delta\big[G[A_\mu^U]\big] = \int \mathcal{D}\theta\,\delta\big[G[A_\mu^\theta]\big] = \int \prod_{a,y} \mathrm{d}\theta^a(y)\delta(G^a[A_\mu^\theta])$$

$$= \int \frac{\delta(\theta^1(y),\cdots)}{\delta(G^1(x),\cdots)} \prod_{a,x} \mathrm{d}G^a(x)\delta(G^a[A_\mu^\theta])$$

$$= \left. \frac{\delta(\theta^1(y),\cdots)}{\delta(G^1(x),\cdots)} \right|_{G^a[A_\mu]=0}, \tag{46}$$

即等于积分换元的 Jacobi 行列式在物理超曲面的值. 所以 (42) 式给出

$$\Delta[A_\mu] = \left. \frac{\delta(G^1(x),\cdots)}{\delta(\theta_1(y),\cdots)} \right|_{G^a[A_\mu]=0}, \tag{47}$$

Faddeev-Popov 行列式等于规范条件对规范变换参数的泛函 Jacobi 行列式在物理超曲面的值.

2. Faddeev-Popov 拉氏密度

生成泛函的积分 把 Faddeev-Popov 等式 (42) 放入生成泛函的积分 (40)，就有

$$Z[J] = \int \mathcal{D}A\mathcal{D}U \Delta[A_\mu]\delta\big[G[A_\mu^U]\big]\,\mathrm{e}^{\mathrm{i}S[A_\mu]}. \tag{48}$$

由于 $\mathcal{D}A$，$\Delta[A_\mu]$ 和 $S[A_\mu]$ 都是规范不变的，把其中的 A_μ 都换成 A_μ^U，然后再连

同 δ 泛函中的 A_μ^U 一起换名为 A_μ, 上式中的积分 $\int \mathcal{D}U$ 就可以分离出来, 并吸收到积分测度的归一化常数中, 最后给出

$$Z[J] = \int \mathcal{D}A\Delta[A_\mu]\delta\big[G[A_\mu]\big]\,\mathrm{e}^{\mathrm{i}S[A_\mu]}, \tag{49}$$

由于 δ 泛函, 积分被限制在物理超曲面 $G^a[A_\mu] = 0$ 上, 代价是多出一个行列式因子 $\Delta[A_\mu]$.

规范固定项 很容易把 δ 泛函积分掉. 为此, 把规范条件 (41) 改写成

$$G^a[A_\mu] = \Omega^a[A_\mu(x)] - \omega^a(x) = 0, \tag{50}$$

$\omega^a(x)$ 可以积分掉. 在 (49) 式两边乘以 $\mathrm{e}^{-\mathrm{i}\int \mathrm{d}x\omega_a\omega^a/2\xi}$, 并对 $\mathcal{D}\omega$ 积分, 就有

$$Z[J] = \int \mathcal{D}A\Delta[A_\mu]\,\mathrm{e}^{\mathrm{i}(S[A_\mu]-\Omega^2/2\xi)}, \tag{51}$$

其中左边积分出来的常数已经吸收到右边积分测度的常数之中, 右边的 Ω^2 是泛函运算的简写,

$$\Omega^2 = \int \mathrm{d}x\Omega_a(x)\Omega^a(x). \tag{52}$$

表 9.1 几种常用的规范

名　称	规范条件
Lorentz 规范	$\partial^\mu A_\mu^a = 0$
Coulomb 规范	$\nabla \cdot \boldsymbol{A}^a = 0$
轴向规范	$A_3^a = 0$
瞬时规范	$A_0^a = 0$

(51) 式中与作用量 S 相加的 $-\Omega^2/2\xi$ 就是 *规范固定项*, ξ 为 *规范固定参数*. 若取协变的 Lorentz 规范条件 (表 9.1)

$$\Omega^a[A_\mu] = \partial^\mu A_\mu^a, \tag{53}$$

则规范固定项为 $-(\partial^\mu A_\mu^a)(\partial^\nu A_\nu^a)/2\xi$. 对于 Maxwell 场, 这就是我们在第 7 章 (16) 式中用手工加上 (added by hands) 的项, 现在则是逻辑推演的自然结果. 那里的参数 $\lambda = 1/\xi$.

Faddeev-Popov 鬼场 为了能够从生成泛函 $Z[J]$ 求出传播子, 还需要把 (51) 式中的行列式 $\Delta[A_\mu]$ 改写成指数形式, 写成与作用量 S 相加的项. 为此, 可以用 Grassmann 变量的泛函积分公式 (第 5 章 (60) 式) 把它写成

$$\Delta[A_\mu] = C\det(\mathrm{i}M) = C\int \mathcal{D}\overline{\eta}\mathcal{D}\eta\,\mathrm{e}^{-\mathrm{i}\overline{\eta}M\eta}, \tag{54}$$

这里 $\overline{\eta}$ 与 η 是 Grassmann 变量. 注意它们不能是普通的 c 数, 因为那样给出的行列式在分母. 虽然它们是 Grassmann 变量, 但 **不是旋量**, $\overline{\eta}$ 与 η 不是旋量场 *而是 Bose 场* (见下一小节鬼场的拉氏密度和传播子). 这种场并不描述真实的物理, 它们自旋与统计的反常关系使得它们不会成为外线, 只出现在圈中, 所以称为 Faddeev-Popov 鬼场, 相应的粒子则称为 鬼粒子.

把上式代入 (51) 式, 并把待定因子 C 吸收到归一化常数中, 就有

$$Z[J] = \int \mathcal{D}A\mathcal{D}\overline{\eta}\mathcal{D}\eta \, \mathrm{e}^{\mathrm{i}(S[A_\mu]-\Omega^2/2\xi-\overline{\eta}M\eta)} = \int \mathcal{D}A\mathcal{D}\overline{\eta}\mathcal{D}\eta \, \mathrm{e}^{\mathrm{i}\int \mathrm{d}x\mathcal{L}_{\mathrm{eff}}}, \qquad (55)$$

$$\mathcal{L}_{\mathrm{eff}} = \mathcal{L}_A - \frac{1}{2\xi}\Omega^2 - \overline{\eta}M\eta = \mathcal{L}_A + \mathcal{L}_{\mathrm{GF}} + \mathcal{L}_{\mathrm{FPG}}. \qquad (56)$$

这个等效的拉氏密度 $\mathcal{L}_{\mathrm{eff}}$ 称为 Faddeev-Popov 拉氏密度, 其中 $\mathcal{L}_{\mathrm{GF}}$ 与 $\mathcal{L}_{\mathrm{FPG}}$ 分别是规范固定项和 Faddeev-Popov 鬼项,

$$\mathcal{L}_{\mathrm{GF}} = -\frac{1}{2\xi}\Omega^2 = -\frac{1}{2\xi}\Omega_a[A_\mu]\Omega^a[A_\mu], \qquad (57)$$

$$\mathcal{L}_{\mathrm{FPG}} = -\overline{\eta}M\eta = -\overline{\eta}_a M^{ab}\eta_b. \qquad (58)$$

注意矩阵 M^{ab} 依赖于 A_μ, 所以 Faddeev-Popov 鬼项描述规范场与鬼场的耦合, *消去多余自由度的代价是换来与鬼场的耦合.*

矩阵元 $M^{ab}(x,y)$ 的公式可由 (54), (47) 与 (29) 式写出,

$$M^{ab}(x,y) = -q\frac{\delta G^a(x)}{\delta\theta^b(y)} = -q\frac{\delta\Omega^a[A_\mu(x)]}{\delta\theta^b(y)} = -q\int \mathrm{d}z\frac{\delta\Omega^a(x)}{\delta A_\mu^c(z)}\frac{\delta A_\mu^c(z)}{\delta\theta^b(y)}$$

$$= \int \mathrm{d}z\frac{\delta\Omega^a(x)}{\delta A_\mu^c(z)}D_\mu^{cb}(z)\delta(z-y), \qquad (59)$$

注意其中第一个等号给出 C 的选择, 最后的 $D_\mu^{cb}(z)$ 是作用于 z 的算符 (30).

鬼场的作用 鬼场虽然不是真实的物理, 但在理论中却起着重要的作用. 上面的讨论表明, 鬼场是为了把泛函积分限制在物理空间, 消除非物理自由度, 而自然地引入的. 而早在 1963 年, Feynman 就指出, 为了不破坏幺正性, 就要求引入鬼场[1]. 进一步的具体分析则表明, Faddeev-Popov 鬼粒子起着负自由度的作用, 以抵消规范场粒子非物理的类时态和纵向极化态的效应. 我们就不具体讨论这些问题, 有兴趣的读者可以参阅有关书籍[2].

---

[1] R.P. Feynman, *Acta Phys. Polonica* **24** (1963) 697.

[2] 例如 L.H. Ryder, *Quantum Field Theory*, 2nd edition, Cambridge University Press, reprinted 2003, p.276, 或者 M.E. Peskin and D.V. Schroeder, *An Introduction to Quantum Field Theory*, Addison-Wesley, 1995, p.515.

3. 杨 -Mills 场的传播子：协变规范

Lorentz 规范 由于规范固定项和鬼项都与规范条件有关，杨 -Mills 场的传播子依赖于规范的选择. 我们选择协变规范 (53)，即 Lorentz 规范，规范固定项为

$$\mathcal{L}_{\mathrm{GF}} = -\frac{1}{2\xi}(\partial^\mu A_\mu^a)(\partial^\nu A_\nu^a). \tag{60}$$

由于出现在积分中，可以差一个对积分无贡献的四维散度项，这一项又可写成

$$\mathcal{L}_{\mathrm{GF}} = \frac{1}{2\xi} A_\mu^a \partial^\mu \partial^\nu A_\nu^a. \tag{61}$$

对于 Lorentz 规范 (53)，(59) 式中的 $\delta\Omega^a(x)/\delta A_\mu^c(z) = \delta^{ac}\partial_x^\mu\delta(x-z)$，于是有

$$M^{ab}(x,y) = \int \mathrm{d}z[\partial_x^\mu\delta(x-z)]D_\mu^{ab}(z)\delta(z-y) = \partial_x^\mu D_\mu^{ab}(x)\delta(x-y). \tag{62}$$

鬼场 用上式和 (30) 式写出 Faddeev-Popov 鬼项的具体形式，就是

$$\begin{aligned}
\mathcal{L}_{\mathrm{FPG}} &= -\int \mathrm{d}x\mathrm{d}y\overline{\eta}_a(x)M^{ab}(x,y)\eta_b(y) = -\int \mathrm{d}x\overline{\eta}_a(x)\partial_x^\mu[D_\mu^{ab}(x)\eta_b(x)] \\
&= \int \mathrm{d}x(\partial^\mu\overline{\eta}_a)D_\mu^{ab}\eta_b = \int \mathrm{d}x(\partial^\mu\overline{\eta}_a)(\delta^{ab}\partial_\mu + qf^{abc}A_\mu^c)\eta_b \\
&= -\int \mathrm{d}x\overline{\eta}_a\Box\eta^a - q\int \mathrm{d}xf^{abc}(\partial^\mu\overline{\eta}_a)A_\mu^b\eta_c \\
&= -\overline{\eta}\cdot\Box\eta - q(\partial^\mu\overline{\eta})\cdot(A_\mu\times\eta).
\end{aligned} \tag{63}$$

上式右边第一项是自由鬼场，由它可以写出鬼场的传播子

$$\mathrm{i}\tilde{\Delta}_{\mathrm{F}}^{ab}(x-y) = -\mathrm{i}\delta^{ab}\Box^{-1}(x-y), \tag{64}$$

它在动量空间的表示为

$$\tilde{\Delta}_{\mathrm{F}}^{ab}(x-y) = \frac{1}{(2\pi)^4}\int \mathrm{d}k\tilde{\Delta}_{\mathrm{F}}^{ab}(k)\mathrm{e}^{-\mathrm{i}k(x-y)}, \tag{65}$$

$$\tilde{\Delta}_{\mathrm{F}}^{ab}(k) = \delta^{ab}\frac{1}{k^2}. \tag{66}$$

(63) 式的第二项给出鬼场与规范场的耦合，耦合常数为 q. 它给出两个鬼粒子与一个规范场粒子相汇的顶点，其中一个鬼粒子线含微商 ∂^μ，在动量空间相应出现一个动量因子 k^μ.

规范场 (56) 式中，$\mathcal{L}_A$ 可以写成三项之和，

$$\begin{aligned}
\mathcal{L}_A &= -\frac{1}{4}(\partial_\mu A_\nu^a - \partial_\nu A_\mu^a - qf^{abc}A_\mu^b A_\nu^c)(\partial^\mu A_a^\nu - \partial^\nu A_a^\mu - qf^{abc}A_b^\mu A_c^\nu) \\
&= -\frac{1}{4}(\partial_\mu A_\nu^a - \partial_\nu A_\mu^a)(\partial^\mu A_a^\nu - \partial^\nu A_a^\mu) \\
&\quad + \frac{1}{2}qf^{abc}A_\mu^b A_\nu^c(\partial^\mu A_a^\nu - \partial^\nu A_a^\mu) - \frac{1}{4}q^2 f^{abc}f^{ab'c'}A_\mu^b A_\nu^c A_{b'}^\mu A_{c'}^\nu
\end{aligned}$$

$$= \frac{1}{2} A_\mu^a (g^{\mu\nu}\Box - \partial^\mu\partial^\nu) A_\nu^a + q f^{abc} A_\mu^a A_\nu^b \partial^\mu A_c^\nu$$
$$- \frac{1}{4} q^2 f^{abc} f^{ab'c'} A_\mu^b A_\nu^c A_{b'}^\mu A_{c'}^\nu, \tag{67}$$

其中去掉了对积分无贡献的四维散度项. 于是

$$\mathcal{L}_A + \mathcal{L}_{\mathrm{GF}} = \frac{1}{2} A_\mu^a \Big[g^{\mu\nu}\Box - \Big(1 - \frac{1}{\xi}\Big)\partial^\mu\partial^\nu \Big] A_\nu^a + q f^{abc} A_\mu^a A_\nu^b \partial^\mu A_c^\nu$$
$$- \frac{1}{4} q^2 f^{abc} f^{ab'c'} A_\mu^b A_\nu^c A_{b'}^\mu A_{c'}^\nu, \tag{68}$$

这就是纯规范场的等效拉氏密度. 第一项描述规范场的自由部分, 给出传播子

$$\mathrm{i} D_{\mathrm{F}\mu\nu}^{ab}(x-y) = \mathrm{i}\delta^{ab}\Big[g^{\mu\nu}\Box - \Big(1 - \frac{1}{\xi}\Big)\partial^\mu\partial^\nu \Big]^{-1}, \tag{69}$$

它在动量空间的表示为

$$D_{\mathrm{F}\mu\nu}^{ab}(x-y) = \frac{1}{(2\pi)^4} \int \mathrm{d}k\, D_{\mathrm{F}\mu\nu}^{ab}(k) \mathrm{e}^{-\mathrm{i}k(x-y)}, \tag{70}$$

$$D_{\mathrm{F}\mu\nu}^{ab}(k) = -\delta^{ab} \frac{1}{k^2} \Big[g_{\mu\nu} - (1-\xi)\frac{k_\mu k_\nu}{k^2} \Big]. \tag{71}$$

传播子的形式依赖于规范固定参数 ξ 的选取, $\xi = 0$ 称为 Landau 规范, $\xi = 1$ 称为 Feynman 规范或 't Hooft 规范, 它们都属于 Lorentz 规范.

(68) 式中的后两项相应于场方程中的非线性项, 描述规范场的自相互作用. 第二项是耦合常数 q 的 1 阶, 3 条粒子线汇于一点, 形成 3 粒子顶点, 其中一条粒子线含有场的微商 ∂^μ, 在动量空间有一个动量因子 k^μ. 第三项是 q 的 2 阶项, 有 4 条粒子线汇于一点, 是 4 粒子顶点. 规范场的粒子是载荷粒子, 存在自相互作用.

4. 杨-Mills 场的传播子：轴向规范

轴向规范 轴向规范的定义为

$$t^\mu A_\mu^a = 0, \qquad t^\mu t_\mu = -1, \tag{72}$$

t^μ 为一类空矢量. 若规范场的一个类空分量为零, 就称它属于轴向规范. 这时

$$\Omega^a[A_\mu] = t^\mu A_\mu^a, \tag{73}$$

$$\mathcal{L}_{\mathrm{GF}} = -\frac{1}{2\xi}(t^\mu A_\mu^a)^2 = -\frac{1}{2\xi} A_\mu^a t^\mu t^\nu A_\nu^a. \tag{74}$$

另外,

$$M^{ab}(x,y) = -t^\mu D_\mu^{ab}(x)\delta(x-y), \tag{75}$$

$$\mathcal{L}_{\mathrm{FPG}} = \int \mathrm{d}x\, \overline{\eta}_a(x) t^\mu D_\mu^{ab}(x) \eta_b(x) = \int \mathrm{d}x\, \overline{\eta}_a t^\mu (\delta^{ab}\partial_\mu + q f^{abc} A_\mu^c) \eta_b$$

$$= \int \mathrm{d}x \bar{\eta}_a t^\mu \partial_\mu \eta_a = \bar{\eta} t^\mu \partial_\mu \eta, \tag{76}$$

其中第二项因为规范条件 $t^\mu A_\mu^c = 0$ 而等于零. 上式表明, 轴向规范的鬼场是自由的, 与规范场没有耦合. 因而对鬼场的积分可以分离出来吸收到归一化常数中.

传播子 把 (74) 式与 (67) 式中的第一项相加, 就给出纯规范场拉氏密度的自由部分, 为

$$\frac{1}{2} A_\mu^a \Big(g^{\mu\nu} \Box - \partial^\mu \partial^\nu - \frac{1}{\xi} t^\mu t^\nu \Big) A_\nu^a, \tag{77}$$

从而传播子为

$$\mathrm{i} D_{\mathrm{F}\mu\nu}^{ab}(x - y) = \mathrm{i} \delta^{ab} \Big(g^{\mu\nu} \Box - \partial^\mu \partial^\nu - \frac{1}{\xi} t^\mu t^\nu \Big)^{-1}. \tag{78}$$

由于有 $t^\mu t^\nu / \xi$ 项, 这个传播子比协变规范的 (69) 复杂. 在轴向规范中没有鬼场的麻烦, 其代价是传播子复杂得多. 我们在下面采用协变规范.

9.3　QCD Feynman 规则

1.　QCD 拉氏密度

QCD 的物理 夸克的色荷是严格的守恒荷, 即夸克场的色空间具有严格的 SU(3) 转动不变性, 夸克场在色空间的取向没有物理意义. 从这一物理假设出发, 根据定域规范不变性原理, 就必然存在一种 SU(3) 规范场, 与带色荷的夸克场耦合. 这种规范场的粒子, 就是在带色夸克之间传递相互作用的载体, 称为胶子 (gluon). 这个描述带色夸克之间通过传递胶子而发生相互作用的相对论量子动力学, 就称为 量子色动力学, 英文 Quantum Chromodynamics, 简称 QCD.

SU(3) 规范场 A_μ 有 8 个分量 A_μ^a, $a = 1, 2, \cdots, 8$, 相应于 8 种胶子. 而夸克有 6(味)×3(色)×2(正反粒子)=36 种. QCD 就是这些夸克与胶子体系的量子动力学. 夸克之间通过胶子传递的是一种强相互作用, 所以 QCD 是关于强相互作用的相对论性量子理论.

关于夸克的第一个基本事实是: 没有发现单个的夸克, 亦即夸克只出现于与其他夸克构成的束缚体系中. 这称为 夸克禁闭 (quark confinement). 单个夸克是带色的, 没有发现单个的夸克, 意味着夸克只能以色单态或无色态的形式出现, 所以又称为 色禁闭 (color confinement). 关于夸克的第二个基本事实是: 在夸克之间的相互作用中, 传递和交换的动量越高, 夸克就越像是自由粒子, 越呈现自由的状态. 这称为夸克的 渐近自由 (asymptotic freedom). 夸克的渐近自由, 意味着夸克之间的相互作用随着距离的减小而减弱.

关于夸克的这两个基本事实, 是任何理论必须面对和解释的物理. Gross 和 Wilczek [1] 以及 Politzer [2] 于 1973 年分别独立地证明了 QCD 具有渐近自由, 这才使得大家相信和接受 QCD 作为描述强相互作用的基本理论.

作为描述强相互作用的基本理论, 大家也期待 QCD 能对夸克禁闭的原因作出解释. 根据渐近自由反过来推理, 在夸克之间的动量转移越低, 相互作用就越强, 夸克之间的相互作用应当随着距离的增大而加强, 从而形成不能分离的束缚态. 这称为夸克的 红外奴役 (infrared slavery). 不过 QCD 的渐近自由是在动量转移不太低的情况下证明的, 这个反过来的推理不能不加证明地外推到动量转移很低的情形. 所以夸克禁闭的原因还是一个没有解决的问题. 把时空离散化而定义在格点上的 格点规范理论 (lattice gauge theory) [3] 所进行的数值计算使人相信, 夸克禁闭的问题可以在 QCD 的框架内解决.

拉氏密度   QCD 的拉氏密度是规范不变的夸克场拉氏密度 (23) 与杨 -Mills 规范场的 (37) 之和,

$$\mathcal{L} = \mathcal{L}_\psi + \mathcal{L}_{\psi A} + \mathcal{L}_A = \overline{\psi}(\mathrm{i}\gamma^\mu D_\mu - m)\psi - \frac{1}{4}F^a_{\mu\nu}F_a^{\mu\nu}. \tag{79}$$

而在路径积分中, 即量子化的表述中, 按照 Faddeev-Popov 方法, $\mathcal{L}_A$ 要换成 (56) 式的 $\mathcal{L}_{\mathrm{eff}}$, 即在上式中再加上规范固定项和 Faddeev-Popov 鬼项,

$$\begin{aligned}
\mathcal{L} &= \mathcal{L}_\psi + \mathcal{L}_{\psi A} + \mathcal{L}_A + \mathcal{L}_{\mathrm{GF}} + \mathcal{L}_{\mathrm{FPG}} \\
&= \overline{\psi}(\mathrm{i}\gamma^\mu \partial_\mu - m)\psi - g\overline{\psi}\gamma^\mu A_\mu \psi - \frac{1}{4}F^a_{\mu\nu}F_a^{\mu\nu} + \mathcal{L}_{\mathrm{GF}} + \mathcal{L}_{\mathrm{FPG}},
\end{aligned} \tag{80}$$

第一项是自由夸克场, 第二项是夸克场与规范场的耦合, 第三项是杨 -Mills 规范场. 注意这里已经把耦合常数的符号换成 g. 在协变规范中具体写出 $\mathcal{L}_{\mathrm{GF}}$ 与 $\mathcal{L}_{\mathrm{FPG}}$, 就有

$$\begin{aligned}
\mathcal{L} = {}& \overline{\psi}(\mathrm{i}\gamma^\mu \partial_\mu - m)\psi + \frac{1}{2}A^a_\mu \left[g^{\mu\nu}\Box - \left(1 - \frac{1}{\xi}\right)\partial^\mu\partial^\nu \right] A^a_\nu \\
& - g\overline{\psi}\gamma^\mu A_\mu \psi + gf^{abc}A^a_\mu A^b_\nu \partial^\mu A^\nu_c - \frac{1}{4}g^2 f^{abc}f^{ab'c'}A^b_\mu A^c_\nu A^\mu_{b'} A^\nu_{c'} \\
& - \overline{\eta}_a \Box \eta^a - gf^{abc}(\partial^\mu \overline{\eta}_a)A^b_\mu \eta_c,
\end{aligned} \tag{81}$$

第一行给出夸克与胶子的传播子, 第二行给出夸克与胶子的耦合以及胶子的自耦合, 第三行给出鬼粒子的传播子及其与胶子的耦合. 这就是具体和完整的 QCD 拉氏密度, 是下面讨论的基础与出发点.

---

[1] D.J. Gross and F. Wilczek, *Phys. Rev. Lett.*, **30** (1973) 1343.

[2] H. D. Politzer, *Phys. Rev. Lett.*, **30** (1973) 1346.

[3] K.G. Wilson, *Phys. Rev.* **D10** (1974) 2445.

2. Feynman 规则

一般考虑 夸克是 Fermi 子, 所以夸克传播线和外线的规则与电子相同. 不同的是, 夸克态还是三维色空间矢量, 含有色指标 n. 由于色禁闭, QCD S 矩阵的物理基矢不会是单个带色夸克, 而是由多个夸克组成的色单态强子. 相应地, 物理过程的入射和出射强子是由数条夸克外线组成. 还要注意夸克质量与味有关, 不同味的夸克质量不同.

胶子场 A_μ^a 是四维时空矢量, 所以胶子是角动量为 1 的矢量 Bose 子. 由于是规范场的粒子, 具有规范不变性, 胶子无质量. 此外, 胶子场还属于 SU(3) 生成元 T^a 构成的 8 维空间, 有 8 个分量, 对应于 8 种胶子. 所以, 胶子外线与传播子有 μ 与 a 两类指标. 最后, 胶子带色, 不仅与夸克耦合, 也有自耦合. 由于胶子带色, QCD S 矩阵的物理基矢也不会是单个带色胶子. 原则上可以考虑由多个胶子组成的色单态 胶球, 但实验上迄今尚未发现.

Faddeev-Popov 鬼场 η_a 与反鬼场 $\bar{\eta}_a$ 是 Grassmann 变量, 传播线具有 Fermi 子的特征, 有方向和连续性. 但它们又是 Lorentz 标量 (至少在协变规范的情形), 传播子具有 Bose 子的特征, 反比于动量平方. 而且它们与胶子一样有指标 a, 有 8 种粒子与反粒子. 最后, 由于鬼粒子不是物理粒子, 没有外线, 只有传播线.

传播子规则 可以从 (81) 式直接读出夸克、胶子、鬼粒子的自由传播子内线. 下面给出它们在动量空间的图形规则.

- 夸克内线: $\quad \mathrm{i}S_\mathrm{F}^{mn}(p) = \mathrm{i}\delta^{mn}\dfrac{1}{\not{p}-m} = \overset{m}{\underset{p}{\longrightarrow}} n$

- 胶子内线: $\quad \mathrm{i}D_{\mathrm{F}\mu\nu}^{ab}(k) = -\mathrm{i}\delta^{ab}\dfrac{1}{k^2}\left[g_{\mu\nu}-(1-\xi)\dfrac{k_\mu k_\nu}{k^2}\right] = {}^a_\mu \overset{}{\underset{k}{\sim\!\sim\!\sim}}\, {}^b_\nu$

- 鬼粒子内线: $\quad \mathrm{i}\tilde{\Delta}_\mathrm{F}(q) = \mathrm{i}\delta^{ab}\dfrac{1}{q^2} = \overset{a}{\cdots}\underset{q}{\cdots\!\to\!\cdots}\overset{b}{}$

与 QED 一样, 每条内线都要对所传播的四维动量积分并除以 $(2\pi)^4$, 和对两个端点的指标求和. 这两种运算都与顶点的性质和指标有关. 由于是定域场论的点相互作用, 时空平移不变性要求在每个顶点都有守恒因子 $(2\pi)^4\delta^4(\sum_i p_i)$, 可以利用它们完成动量积分, 最后就只剩下闭合圈的积分和一个总的初末态守恒因子 $(2\pi)^4\delta^4(\sum_i p_i)$, 而每个顶点有守恒关系 $\sum_i p_i = 0$. 记住这几点, 在下面的顶点规则中就不含因子 $(2\pi)^4\delta^4(\sum_i p_i)$, 而是有 $\sum_i p_i = 0$.

同样, 利用上述传播子的 δ^{mn} 与 δ^{ab}, 完成对指标 m, n, a, b 的求和, 就可以消去传播子中的这些因子, 只剩下对相连顶点的同样指标求和. 对于闭合圈, 这种求和就成为求迹. 类似地, 还有对时空指标 μ, ν 和 Dirac 旋量指标 α, β 的求和, 这与 QED 完全相同.

顶点规则　从 (81) 式可以看出共有夸克 - 胶子、胶子 - 胶子、胶子 - 鬼粒子三类顶点，其中胶子 - 胶子顶点又分为三胶子顶点和四胶子顶点两种. 与 π-N 顶点 (6.5 节 **2**) 和 QED 顶点 (7.1 节 **2**) 类似地，从拉氏密度 (81) 中耦合项的形式，由量子场论中心等式 (38) 就可写出各个顶点的因子. 例如由夸克 - 胶子耦合有

$$i\mathcal{L}_{\psi A} = -ig\overline{\psi}\gamma^\mu A_\mu^a T_a \psi \longrightarrow -ig\gamma^\mu T_a. \tag{82}$$

又如三胶子耦合的

$$i\mathcal{L}_{AAA} = igf^{abc}A_\mu^a(x)A_\nu^b(x)\partial^\mu A^{c\nu}(x), \tag{83}$$

它的动量空间表示为

$$gf^{abc}A_\mu^a(p)A_\nu^b(q)A_\rho^c(k)g^{\nu\rho}k^\mu = \frac{g}{2}f^{abc}A_\mu^a(p)A_\nu^b(q)A_\rho^c(k)(g^{\nu\rho}k^\mu - g^{\mu\rho}k^\nu)$$

$$= \frac{g}{6}f^{abc}A_\mu^a(p)A_\nu^b(q)A_\rho^c(k)[(g^{\nu\rho}k^\mu - g^{\mu\rho}k^\nu) + (g^{\rho\mu}p^\nu - g^{\nu\mu}p^\rho) + (g^{\mu\nu}q^\rho - g^{\rho\nu}q^\mu)]$$

$$= -\frac{g}{3!}f^{abc}A_\mu^a(p)A_\nu^b(q)A_\rho^c(k)[g^{\mu\nu}(p-q)^\rho + g^{\nu\rho}(q-k)^\mu + g^{\rho\mu}(k-p)^\nu]$$

$$\longrightarrow -gf^{abc}[g^{\mu\nu}(p-q)^\rho + g^{\nu\rho}(q-k)^\mu + g^{\rho\mu}(k-p)^\nu], \tag{84}$$

注意圆括号右上角的字母是指标，不是指数. 三胶子顶点有对称系数 3!，与上式第三行的 3! 相消. 下面给出动量空间各个顶点的图形规则.

- **夸克 - 胶子顶点**:　　$-ig\gamma^\mu T_a =$

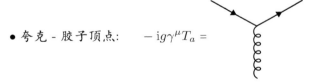

注意 T_a 是色空间的矩阵，写成矩阵元就是 T_a^{mn}，包含指标 m, n.

- **三胶子顶点**: 设三胶子的指标是 (μ, a), (ν, b), (ρ, c)，流入顶点的动量是 p, q, k，则有 $p+q+k=0$，和图形因子

$$\left.\begin{array}{l} -gf^{abc}[g^{\mu\nu}(p-q)^\rho \\ \quad +g^{\nu\rho}(q-k)^\mu \\ \quad +g^{\rho\mu}(k-p)^\nu] \end{array}\right\} =$$

- **四胶子顶点**: 设四胶子的指标是 (μ, a), (ν, b), (ρ, c), (σ, d)，流入顶点的动量是 p, q, k, l，则有 $p+q+k+l=0$，和图形因子

$$
\left.
\begin{aligned}
-\mathrm{i}g^2[&f^{abe}f^{cde}(g^{\mu\rho}g^{\nu\sigma}-g^{\mu\sigma}g^{\nu\rho})\\
+&f^{ace}f^{bde}(g^{\mu\nu}g^{\rho\sigma}-g^{\mu\sigma}g^{\rho\nu})\\
+&f^{ade}f^{bce}(g^{\mu\nu}g^{\sigma\rho}-g^{\mu\rho}g^{\sigma\nu})]
\end{aligned}
\right\} =
$$

- 胶子 - 鬼粒子顶点: $gf^{abc}p^{\mu}=$

外线规则 夸克与胶子的外线与 QED 类似, 鬼粒子无外线.

9.4 BRST 对称性与 Slavnov-Taylor 恒等式

Faddeev-Popov 方法通过引入鬼场把泛函积分限制在物理空间, 从而给出了规范场的传播子. 其代价是出现规范固定项, 这就依赖于规范的选择, 掩盖了理论的规范不变性. 而规范不变性是证明理论可重正化的关键, 它限制了拉氏密度中抵消项的形式. 若选定了规范, 发散的形式是否仍受规范不变性的限制呢?

Becchi, Rouet 和 Stora [①], 以及 Tyutin [②] 互相独立地发现, 尽管选定了规范, 路径积分仍然具有一种与规范不变性相联系的对称性, 现在称之为 BRST 对称性. 利用 BRST 对称性, 可以很容易地得到 Slavnov-Taylor 恒等式. Slavnov-Taylor 恒等式是 Abel 规范场的 Ward-Takahashi 恒等式在非 Abel 规范场的推广, 它在非 Abel 规范场的可重正性证明中具有关键的作用. 而由重正化引入的重正化群方程, 则是证明 QCD 具有渐近自由的基础与出发点.

下面讨论 BRST 对称性所采用的方式, 是把它当做 Faddeev-Popov 方法的一个结果. 而从下面的讨论可以看出, 实际上也可以用 BRST 对称性来代替 Faddeev-Popov 方法. 所以 BRST 对称性具有其自身的意义和重要性.

1. BRST 对称性

BRST 变换 在协变规范中, 有物质场的 Faddeev-Popov 拉氏密度为

$$
\mathcal{L} = \overline{\psi}(\mathrm{i}\not{D}-m)\psi - \frac{1}{4}(F_{\mu\nu}^a)^2 - \frac{1}{2\xi}(\partial^{\mu}A_{\mu}^a)^2 - \overline{\eta}^a\partial^{\mu}D_{\mu}^{ab}\eta^b, \tag{85}
$$

① C. Becchi, A. Rouet and R. Stora, *Comm. Math. Phys.* **42** (1975) 127; *Ann. Phys.* **98** (1976) 287.

② I.V. Tyutin, Lebedev Institute preprint N39 (1975); M.Z. Iofa and I.V. Tyutin, *Theor. Math. Phys.* **27** (1976) 316.

其中前两项是原来的模型, 后两项是 Faddeev-Popov 方法引入的规范固定项和鬼场. 原来的模型是定域规范不变的, 可以把鬼场诠释为定域规范变换 (16) 引入的另一个场,

$$\theta^a = -g\epsilon\eta^a, \tag{86}$$

其中的负号是为了简化后面的表述. 为了保持 θ^a 是普通的 c 数, 比例常数 ϵ 必须是与 η^a 反对易的 q 数. 换句话说, ϵ 是 Grassmann 变量, 与 Fermi 子物质场 $\psi, \overline{\psi}$ 以及鬼场 $\eta_a, \overline{\eta}_a$ 反对易. 通常把它当做无限小量. 于是可以写出

$$\delta A_\mu^a = \epsilon D_\mu^{ab}\eta^b, \tag{87}$$

$$\delta\psi = -\mathrm{i}g\epsilon\eta^a T^a \psi. \tag{88}$$

而为了使得拉氏密度 (85) 在上述变换下不变, 鬼场还应作相应的变换,

$$\delta\eta^a = \frac{1}{2}g\epsilon f^{abc}\eta^b\eta^c, \tag{89}$$

$$\delta\overline{\eta}^a = -\frac{\epsilon}{\xi}\,\partial^\mu A_\mu^a. \tag{90}$$

上述变换 (87)∼(90) 称为 BRST 变换, 对于物质场与规范场, 它实际上就是定域规范变换. 下面来证明, 拉氏密度 (85) 在 BRST 变换下是不变的.

$\mathcal{L}$ 的 BRST 不变性　前面已经指出, 规范场 A_μ^a 与物质场 ψ 的 BRST 变换 (87)∼(88) 是 $\theta^a = -g\epsilon\eta^a$ 的定域规范变换, (85) 式中的前两项在 BRST 变换下不变. 第三项的变换与最后一项中 $\overline{\eta}^a$ 的变换相消. 于是, 只要证明最后一项中的 $D_\mu^{ab}\eta^b$ 在 BRST 变换下不变, 拉氏密度 (85) 在 BRST 变换下就是不变的. 这个因子的变换为

$$\delta(D_\mu^{ab}\eta^b) = D_\mu^{ab}\delta\eta^b + \delta(D_\mu^{ab})\eta^b = D_\mu^{ab}\delta\eta^b + gf^{abc}\eta^b\delta A_\mu^c$$

$$= D_\mu^{ab}\frac{1}{2}g\epsilon f^{bcd}\eta^c\eta^d + gf^{abc}\eta^b\epsilon D_\mu^{cd}\eta^d = g\epsilon\left(\frac{1}{2}f^{bcd}D_\mu^{ab}\eta^c\eta^d - f^{abc}\eta^b D_\mu^{cd}\eta^d\right)$$

$$= g\epsilon\left[\frac{1}{2}f^{acd}\partial_\mu(\eta^c\eta^d) + \frac{1}{2}gf^{bcd}f^{abe}A_\mu^e\eta^c\eta^d - f^{abc}\eta^b\partial_\mu\eta^c - gf^{abc}f^{cde}\eta^b A_\mu^e\eta^d\right]. \tag{91}$$

注意对 Grassmann 变量有 $\partial_\mu(\eta^c\eta^d) = (\partial_\mu\eta^c)\eta^d - (\partial_\mu\eta^d)\eta^c$ 和 $\{\eta^b, \partial_\mu\eta^c\} = 0$, 就可看出上面方括号中第一项与第三项相消. 剩下的两项为

$$\frac{1}{2}g\big(f^{bcd}f^{abe}A_\mu^e\eta^c\eta^d - 2f^{abc}f^{cde}\eta^b A_\mu^e\eta^d\big) = \frac{1}{2}g\big(f^{ade}f^{bcd} - 2f^{abd}f^{dce}\big)A_\mu^e\eta^b\eta^c$$

$$= \frac{1}{2}g\big(f^{ade}f^{bcd} + f^{acd}f^{dbe} - f^{abd}f^{dce}\big)A_\mu^e\eta^b\eta^c$$

$$= \frac{1}{2}g\big(f^{ade}f^{bcd} + f^{bde}f^{cad} + f^{cde}f^{abd}\big)A_\mu^e\eta^b\eta^c = 0, \tag{92}$$

其中用了 f^{abc} 的完全反对称性和 $\eta^b\eta^c = -\eta^c\eta^b$, 最后一步用了 Jacobi 恒等式 (13).

在 BRST 变换下的不变性, 又称为 BRST 对称性. 规范固定拉氏密度 (85) 的 BRST 对称性, 是一种变换参数为 ϵ 的整体对称性, 其中包含了物质场与规范场的定域规范不变性.

BRST 算符 可以把场 ϕ 的 BRST 变换写成

$$\delta\phi = \epsilon Q\phi, \tag{93}$$

其中的 Q 是作用于 ϕ 的算符, 称为 BRST 算符, 它相应于 BRST 变换的守恒荷. 从 (87)~(90) 式, 可以写出算符 Q 作用于各种场的具体形式. 例如 $QA_\mu^a = D_\mu^{ab}\eta^b$. 于是, 上面证明的 $\delta D_\mu^{ab}\eta^b = 0$, 也就是

$$\delta(QA_\mu^a) = \epsilon Q(QA_\mu^a) = \epsilon Q^2 A_\mu^a = 0. \tag{94}$$

容易验证, 当 ϕ 是 (85) 式中的其他场时, 也有 $Q^2\phi = 0$. 于是一般地有

$$Q^2 = 0, \tag{95}$$

这通常说成 BRST 变换 $\delta\phi$ 是零幂 (nilpotent) 的, 或 BRST 算符 Q 是零幂的.

2. Slavnov-Taylor 恒等式

生成泛函 现在来考虑 BRST 不变性对正规顶角的限制. 我们只考虑纯规范场的情形, 生成泛函是规范场 A_μ 和鬼场 $\eta, \overline{\eta}$ 的泛函积分. 由于 A_μ 和 η 的 BRST 变换是非线性的, 下面将会看到, 为了得到只含一阶微商的线性方程, 在生成泛函中除了场 $(A_\mu, \eta, \overline{\eta})$ 的外源 (s_μ, x, y) 外, 还需要再引入两项外源 (u, v), 注意这里的 x, y 不是四维时空坐标. 于是可以把总的拉氏密度写成 [①]

$$\mathcal{L} = \mathcal{L}_{\mathrm{FP}} + s^{a\mu}A_\mu^a + x^a\eta^a + \overline{\eta}^a y^a + u^{a\mu}(D_\mu^{ab}\eta^b) + v^a\left(\frac{1}{2}\,gf^{abc}\eta^b\eta^c\right), \tag{96}$$

其中 x, y, u 是 Grassmann 变量, $\mathcal{L}_{\mathrm{FP}}$ 是纯规范场在协变规范的 Faddeev-Popov 拉氏密度,

$$\mathcal{L}_{\mathrm{FP}} = -\frac{1}{4}(F_{\mu\nu}^a)^2 - \frac{1}{2\xi}(\partial^\mu A_\mu^a)^2 - \overline{\eta}^a\partial^\mu D_\mu^{ab}\eta^b. \tag{97}$$

相应的生成泛函是 5 个外源的泛函,

$$Z[s, x, y; u, v] = \int \mathcal{D}A_\mu \mathcal{D}\overline{\eta}\mathcal{D}\eta\, e^{i\int dx\mathcal{L}}. \tag{98}$$

拉氏密度和积分测度的变换 生成泛函的 BRST 变换, 包括拉氏密度的变换和积分测度的变换. 在拉氏密度中, $\mathcal{L}_{\mathrm{FP}}$ 在 BRST 变换下不变, 与 u 和 v 相应的两项由于 BRST 变换的零幂性也不变, 于是只剩下与 s, x, y 相应的三项,

$$\delta\mathcal{L} = s^{a\mu}\delta A_\mu^a + x^a\delta\eta^a + \delta\overline{\eta}^a y^a. \tag{99}$$

---

① H. Kluberg-Stern and J.B. Zuber, *Phys. Rev.* **D12** (1975) 482.

积分测度的变换，就是由 BRST 变换引起的 Jacobi 行列式，

$$J = \left| \frac{\delta[A_\mu^a(x) + \delta A_\mu^a(x), \overline{\eta}^a(x) + \delta\overline{\eta}^a(x), \eta^a(x) + \delta\eta^a(x)]}{\delta[A_\nu^b(y), \overline{\eta}^b(y), \eta^b(y)]} \right|. \tag{100}$$

它不为零的矩阵元是

$$\frac{\delta[A_\mu^a(x) + \delta A_\mu^a(x)]}{\delta A_\nu^b(y)} = \delta^{ab}\delta_{\mu\nu}\delta(x-y) + \frac{\delta[\epsilon D_\mu^{ac}(x)\eta^c(x)]}{\delta A_\nu^b(y)}$$

$$= \delta^{ab}\delta_{\mu\nu}\delta(x-y) + g\epsilon f^{acd}\eta^c(x)\delta^{db}\delta_{\mu\nu}\delta(x-y)$$

$$= \delta_{\mu\nu}\delta(x-y)(\delta^{ab} - g\epsilon f^{abc}\eta^c), \tag{101}$$

$$\frac{\delta[A_\mu^a(x) + \delta A_\mu^a(x)]}{\delta\eta^b(y)} = \frac{\delta[\epsilon D_\mu^{ac}(x)\eta^c(x)]}{\delta\eta^b(y)} = \epsilon\delta^{ab}\partial_\mu^x\delta(x-y) + \delta(x-y)g\epsilon f^{abc}A_\mu^c, \tag{102}$$

$$\frac{\delta[\overline{\eta}^a(x) + \delta\overline{\eta}^a(x)]}{\delta A_\nu^b(y)} = -\delta^{ab}\partial_x^\nu\delta(x-y)\frac{\epsilon}{\xi}, \tag{103}$$

$$\frac{\delta[\overline{\eta}^a(x) + \delta\overline{\eta}^a(x)]}{\delta\overline{\eta}^b(y)} = \delta^{ab}\delta(x-y), \tag{104}$$

$$\frac{\delta[\eta^a(x) + \delta\eta^a(x)]}{\delta\eta^b(y)} = \delta(x-y)(\delta^{ab} + g\epsilon f^{abc}\eta^c). \tag{105}$$

注意非对角元都正比于 ϵ, 而 $\epsilon^2 = 0$, 所以只是对角元有贡献，

$$J = (\delta_{\mu\nu})^N[\delta(x-y)]^{3N}, \tag{106}$$

N 是群生成元的个数， SU(3) 的 $N = 8$. 这个结果表明，泛函积分测度在 BRST 变换下不变.

生成泛函的 BRST 不变性条件 利用上述结果, 生成泛函的 BRST 不变性条件就是

$$\delta Z[s,x,y;u,v] = i\int \mathcal{D}A_\mu \mathcal{D}\overline{\eta}\mathcal{D}\eta\, e^{i\int dx\mathcal{L}} \int dx(s^{a\mu}\delta A_\mu^a + x^a\delta\eta^a + \delta\overline{\eta}^a y^a)$$

$$= i\epsilon \int dx\left[s^{a\mu}\frac{\delta Z}{\delta u^{a\mu}} + x^a\frac{\delta Z}{\delta v^a} - \frac{1}{\xi}\left(\partial^\mu\frac{\delta Z}{\delta s^{a\mu}}\right)y^a\right] = 0. \tag{107}$$

可以看出, 若不对非线性变换 δA_μ^a 和 $\delta\eta^a$ 引进外源 u 和 v, 得到的条件就不是上述线性一阶微分方程. 在 (107) 式中代入

$$Z[s,x,y;u,v] = e^{iW[s,x,y;u,v]}, \tag{108}$$

就给出关于 $W[s,x,y;u,v]$ 的条件

$$\int dx\left[s^{a\mu}\frac{\delta W}{\delta u^{a\mu}} + x^a\frac{\delta W}{\delta v^a} - \frac{1}{\xi}\left(\partial^\mu\frac{\delta W}{\delta s^{a\mu}}\right)y^a\right] = 0. \tag{109}$$

上述 (107) 与 (109) 式, 就是关于 Green 函数的 Slavnov-Taylor 恒等式.

变换到顶角的方程 与第 8 章 (168) 式类似地, 定义生成泛函

$$\Gamma[A_\mu, \overline{\eta}, \eta; u, v] = W[s, x, y; u, v] - \int \mathrm{d}x (s^a{}^\mu A_\mu^a + x^a \eta^a + \overline{\eta}^a y^a), \tag{110}$$

注意外源 u 和 v 没有变. 利用上述变换, 就可以从 (109) 式得到关于 Γ 的 Slavnov-Taylor 恒等式

$$\int \mathrm{d}x \left[\frac{\delta \Gamma}{\delta A_\mu^a} \frac{\delta \Gamma}{\delta u^{a\mu}} + \frac{\delta \Gamma}{\delta \eta^a} \frac{\delta \Gamma}{\delta v^a} - \frac{1}{\xi} (\partial^\mu A_\mu^a) \frac{\delta \Gamma}{\delta \overline{\eta}^a} \right] = 0. \tag{111}$$

上式还可进一步化简. 从 (96) 和 (97) 式可以看出, $\mathcal{L}$ 只含 $\overline{\eta}$ 和 u 的线性项,

$$\frac{\delta Z}{\delta \overline{\eta}^a} = \int \mathcal{D}A_\mu \mathcal{D}\overline{\eta} \mathcal{D}\eta \, \mathrm{i}(y^a - \partial^\mu D_\mu^{ab}\eta^b) \mathrm{e}^{\mathrm{i}\int \mathrm{d}x \mathcal{L}} = \mathrm{i}y^a Z - \partial^\mu \frac{\delta Z}{\delta u^{a\mu}}, \tag{112}$$

从而有

$$\frac{\delta W}{\delta \overline{\eta}^a} = y^a - \partial^\mu \frac{\delta W}{\delta u^{a\mu}}. \tag{113}$$

用 (110) 式把上式换成 Γ 的方程, 注意 $\delta W/\delta \overline{\eta}^a = 0$, $y^a = -\delta \Gamma/\delta \overline{\eta}^a$, 就有

$$\frac{\delta \Gamma}{\delta \overline{\eta}^a} = -\partial^\mu \frac{\delta \Gamma}{\delta u^{a\mu}}. \tag{114}$$

把它代入 (111) 式, 可得

$$\int \mathrm{d}x \left[\left(\frac{\delta \Gamma}{\delta A_\mu^a} - \frac{1}{\xi}(\partial^\mu \partial^\nu A_\nu^a) \right) \frac{\delta \Gamma}{\delta u^{a\mu}} + \frac{\delta \Gamma}{\delta \eta^a} \frac{\delta \Gamma}{\delta v^a} \right] = 0. \tag{115}$$

再定义

$$\Gamma' = \Gamma + \frac{1}{2\xi} \int \mathrm{d}x (\partial^\mu A_\mu^a)^2, \tag{116}$$

最后得到

$$\int \mathrm{d}x \left[\frac{\delta \Gamma'}{\delta u^{a\mu}} \frac{\delta \Gamma'}{\delta A_\mu^a} + \frac{\delta \Gamma'}{\delta v^a} \frac{\delta \Gamma'}{\delta \eta^a} \right] = 0. \tag{117}$$

这就是在杨 -Mills 理论的可重正性证明中要用到的 Slavnov-Taylor 恒等式. 这个证明与 QED 可重正性的证明类似, 有兴趣的读者可以参阅有关的书籍[①].

9.5 QCD 单圈重正化

与 8.3 节 QED 的重正化计算一样, 我们只考虑单圈图近似, 具体计算选择 Feynman-'t Hooft 规范 $\xi = 1$ 和维数正规化的最小减除方案. 在单圈图近似的基础上, 就可以讨论 QCD 的渐近自由, 所以本节的计算是下一节讨论的基础.

在 QED 的情形我们已经看到, 不变振幅的计算, 亦即 Feynman 图的计算, 包括运动学与动力学两个部分. 大致地说, 与时空性质有关的部分属于理论的运动学, 而与传播子和耦合性质有关的部分则属于理论的动力学.

① 例如 L.H. Ryder, *Quantum Field Theory*, 2nd ed., Cambridge University Press, reprinted 2003, p.362.

　　QCD Feynman 图的计算与 QED 类似, 但其运动学和动力学都比 QED 复杂得多. 除了四维时空和 Dirac 旋量的内部空间外, 还有夸克的色空间与味空间, QCD 的运动学除了四维能量动量关系和旋量的运算外, 还有色指标和 T^a 矩阵的运算. 而由于胶子有自耦合, 以及有鬼场, QCD 的动力学除了夸克 - 胶子顶点外, 还要考虑三胶子顶点、四胶子顶点以及胶子 - 鬼粒子顶点的贡献.

　　夸克自能　按照 Feynman 规则和维数正规化, 从图 9-1 可以写出

$$-\mathrm{i}\Sigma(p) = -\mu^{4-d}g^2 \int \frac{\mathrm{d}^d k}{(2\pi)^d} (\gamma^\mu T_a)\mathrm{i}D^{ab}_{\mathrm{F}\mu\nu}(k)\mathrm{i}S_{\mathrm{F}}(p-k)(\gamma^\nu T_b). \tag{118}$$

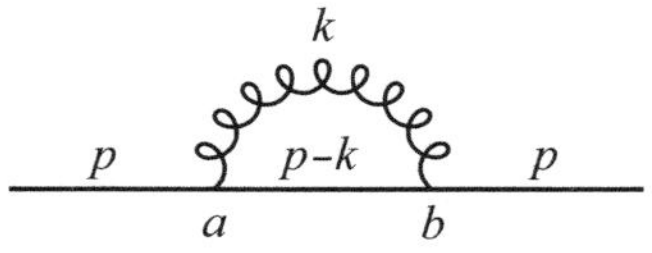

图 9-1　夸克自能

可以把色空间的矩阵运算分离出来. 注意胶子传播子中有因子 δ^{ab}, 而夸克传播子中的因子 δ^{mn} 是色空间单位矩阵, 就有

$$\Sigma(p) = T_a T^a \cdot \Sigma_{\mathrm{QED}}(p), \tag{119}$$

其中 (见第 8 章 (53) 式, 取最小减除)

$$\Sigma_{\mathrm{QED}}(p) = \mathrm{i}\mu^{4-d}g^2 \int \frac{\mathrm{d}^d k}{(2\pi)^d} \gamma^\mu D_{\mathrm{F}\mu\nu}(k)S_{\mathrm{F}}(p-k)\gamma^\nu$$

$$= \frac{\alpha_{\mathrm{s}}}{2\pi\varepsilon}(-\not{p}+4m), \tag{120}$$

$$\alpha_{\mathrm{s}} = \frac{g^2}{4\pi}. \tag{121}$$

　　因子 $T_a T^a$ 是色空间的矩阵, 可以写成

$$(T_a T^a)_{mn} = C_1 \delta_{mn}, \tag{122}$$

C_1 是 Casimir 常数, 与规范对称性有关. 对于 SU(3), 可由 Gell-Mann 矩阵算出

$$T^a T^a = \frac{1}{4}(\lambda_1^2 + \lambda_2^2 + \cdots + \lambda_8^2) = \frac{4}{3}, \tag{123}$$

即 SU(3) 的 $C_1 = 4/3$. 于是

$$\Sigma(p) = \frac{2\alpha_{\mathrm{s}}}{3\pi\varepsilon}(-\not{p}+4m). \tag{124}$$

相应地, 引入抵消项后的夸克场重正化和质量重正化常数为 (参考 8.3 节 **2**)

$$Z_2 = 1 - \frac{2\alpha_{\mathrm{s}}}{3\pi\varepsilon}, \qquad Z_m = 1 - \frac{8\alpha_{\mathrm{s}}}{3\pi\varepsilon}. \tag{125}$$

　　从上述计算可以看出, 由于 $D^{ab}_{\mathrm{F}\mu\nu}(k)$ 中的因子 δ^{ab} 仅当 $a=b$ 时才有不为零的值, 胶子传播线两端的色指标相等. 记住这个性质, 以后在给 Feynman 图做标记时, 就 可以令胶子内线两端的色指标相等, 同时略去传播子中关于色指标的单位矩阵 δ^{ab}.

　　真空极化　QCD 的真空极化, 亦即胶子自能, 除了虚正反夸克的激发外,

还有虚正反鬼粒子的激发, 以及胶子自耦合的效应. 所以胶子的完全传播子为

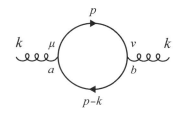

$$\tag{126}$$

这里只画到单圈图, 亦即只到单圈图近似.

第一个单圈图是虚正反夸克对的激发, 与 QED 的虚正负电子对激发类似. 注意夸克是 Fermi 子, 夸克闭合圈有一负号并求迹, 从图 9-2 可以写出

图 9-2 胶子自能之一: 虚正反夸克对激发

$$
\begin{aligned}
\mathrm{i}\Pi_{\mu\nu}^{ab[1]}(k) &= \mu^{4-d}g^2 \int \frac{\mathrm{d}^d p}{(2\pi)^d}\, \mathrm{tr}[\gamma_\mu T^a \mathrm{i}S_{\mathrm{F}}(p)\gamma_\nu T^b \mathrm{i}S_{\mathrm{F}}(p-k)] \\
&= \mathrm{tr}(T^a T^b)\cdot \mathrm{i}\Pi_{\mu\nu}^{\mathrm{QED}}(k),
\end{aligned}
\tag{127}
$$

角标 [1] 表示第一个单圈图项, 其中 (参见第 8 章 (59) 式, 取最小减除)

$$
\begin{aligned}
\Pi_{\mu\nu}^{\mathrm{QED}}(k) &= -\mathrm{i}\mu^{4-d}g^2 \int \frac{\mathrm{d}^d p}{(2\pi)^d}\, \mathrm{tr}[\gamma_\mu \mathrm{i}S_{\mathrm{F}}(p)\gamma_\nu \mathrm{i}S_{\mathrm{F}}(p-k)] \\
&= -\frac{2\alpha_{\mathrm{s}}}{3\pi\varepsilon}\,(g_{\mu\nu}k^2 - k_\mu k_\nu).
\end{aligned}
\tag{128}
$$

利用 (9) 式, 并考虑能够被激发的夸克的味数 n_{f}, 就有

$$
\Pi_{\mu\nu}^{ab[1]}(k) = -\frac{n_{\mathrm{f}}}{2}\frac{2\alpha_{\mathrm{s}}}{3\pi\varepsilon}\,(g_{\mu\nu}k^2 - k_\mu k_\nu)\,\delta^{ab}.
\tag{129}
$$

再来看虚正反鬼粒子对的激发. 注意鬼粒子有 Fermi 子反对易关系, 所以 鬼粒子闭合圈有一负号. 此外, 鬼粒子传播子中也有因子 δ^{ab}, 所以可以令鬼粒子内线两端的色指标相等, 同时略去传播子中关于色指标的单位矩阵 δ^{ab}. 这样标记以后, 图 9-3 给出

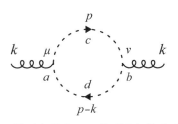

图 9-3 胶子自能之二: 虚正反鬼粒子对激发

$$
\mathrm{i}\Pi_{\mu\nu}^{ab[2]}(k) = -\mu^{4-d}g^2 \int \frac{\mathrm{d}^d p}{(2\pi)^d}\, f^{cad}p_\mu \mathrm{i}\tilde{\Delta}_{\mathrm{F}}(p)f^{dbc}(p-k)_\nu \mathrm{i}\tilde{\Delta}_{\mathrm{F}}(p-k)
$$

$$= -f^{acd}f^{bcd} \cdot \mu^{4-d}g^2 \int \frac{\mathrm{d}^d p}{(2\pi)^d} \frac{p_\mu(p-k)_\nu}{p^2(p-k)^2}. \tag{130}$$

其中的积分可用 8.2 节 **1** 中的 Feynman 折叠公式等相关公式算出. 最后令 $d = 4 - \varepsilon, \varepsilon \to 0$, 并只保留含 $1/\varepsilon$ 的极点项 (最小减除), 可得

$$\int \frac{\mathrm{d}^d p}{(2\pi)^d} \frac{p_\mu(p-k)_\nu}{p^2(p-k)^2} = -\frac{\mathrm{i}}{16\pi^2 \varepsilon}\left(\frac{1}{6}g_{\mu\nu}k^2 + \frac{1}{3}k_\mu k_\nu\right). \tag{131}$$

(130) 式中的结构常数因子可以写成

$$f^{acd}f^{bcd} = C_2 \delta^{ab}, \tag{132}$$

C_2 为 Casimir 常数. 对于 SU(3), 从 (14) 式可以验证 $C_2 = 3$, 而一般地有 [1]

$$C_2 = N, \qquad \text{对于 SU}(N). \tag{133}$$

于是有

$$\Pi_{\mu\nu}^{ab[2]}(k) = \frac{C_2\alpha_{\mathrm{s}}}{4\pi\varepsilon}\left(\frac{1}{6}g_{\mu\nu}k^2 + \frac{1}{3}k_\mu k_\nu\right)\delta^{ab}. \tag{134}$$

(126) 式第二行的两项是胶子自耦合的效应, 分别来自三胶子顶点和四胶子顶点的贡献. 三胶子自耦合的贡献可从图 9-4 写出,

$$\mathrm{i}\Pi_{\mu\nu}^{ab[3]}(k) = -\frac{1}{2}\mu^{4-d}g^2 f^{acd}f^{bcd}\int \frac{\mathrm{d}^d p}{(2\pi)^d}\frac{F_{\mu\nu}}{p^2(p-k)^2}, \tag{135}$$

其中 $1/2$ 是图形对称因子, 而

$$F_{\mu\nu} = [g_{\mu\rho}(k+p)_\sigma + g_{\rho\sigma}(-p-p+k)_\mu + g_{\sigma\mu}(p-k-k)_\rho]$$
$$\times [g_\nu{}^\rho(-k-p)^\sigma + g^{\rho\sigma}(p+p-k)_\nu + g^\sigma{}_\nu(-p+k+k)^\rho]$$
$$= -g_{\mu\nu}[(p+k)^2 + (p-2k)^2] + (6-4d)p_\mu p_\nu - (3-2d)(p_\mu k_\nu + k_\mu p_\nu) + (6-d)k_\mu k_\nu, \tag{136}$$

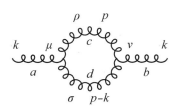

图 9-4　胶子自能之三: 三胶子的自耦合

注意胶子 - 胶子顶点的 Feynman 规则是定义流入顶点的动量为正, 与胶子 - 鬼粒子顶点的定义不同. 上式用到 $g_{\rho\sigma}g^{\rho\sigma} = g_\sigma{}^\sigma = d$. 把上式代入 (135) 式, 用 8.2 节 **1** 中的相关公式算出其中的积分, 最后令 $d = 4-\varepsilon, \varepsilon \to 0$, 只保留含 $1/\varepsilon$ 的极点项 (最小减除), 即得

$$\Pi_{\mu\nu}^{ab[3]}(k) = \frac{C_2\alpha_{\mathrm{s}}}{4\pi\varepsilon}\left(\frac{19}{6}g_{\mu\nu}k^2 - \frac{11}{3}k_\mu k_\nu\right)\delta^{ab}. \tag{137}$$

[1] 见例如 M.E. Peskin and D.V. Schroeder, *An Introduction to Quantum Field Theory*, Addison-Wesley, 1995, p.500.

第四个单圈图是四胶子顶点的贡献. 这个闭合圈只有一个顶点, 根据顶点的四维动量守恒, 实际传入圈中的动量为零, 它不会产生物理效应. 从数学上看, 它的动量积分是

$$\int \frac{\mathrm{d}^d p}{(2\pi)^d} \frac{1}{p^2},\tag{138}$$

按照第 8 章的公式 (34), 当 $d > 2$ 时它等于零, 所以对胶子自能无贡献. 实际上, 在计算 (135) 式积分的过程中, 已经同样地去掉了包含这个积分的两项.

严格地推敲, 积分 (138) 的结果有一个因子 $\Gamma(1 - d/2)$, 当 $d > 2$ 时它是发散的. 令积分 (138) 等于零, 只能看作是维数正规化的一种做法或规定 (prescription). 看来在维数正规化的计算中, 这个规定是可行的[①]. 在物理学家的工作中, 经验和直觉起着重要的作用.

归纳起来, 计算到单圈图近似, 胶子自能是三项之和,

$$\begin{aligned}
\Pi_{\mu\nu}^{ab}(k) &= \Pi_{\mu\nu}^{ab[1]}(k) + \Pi_{\mu\nu}^{ab[2]}(k) + \Pi_{\mu\nu}^{ab[3]}(k) \\
&= \left(5 - \frac{2n_\mathrm{f}}{3}\right) \frac{\alpha_\mathrm{s}}{2\pi\varepsilon} (g_{\mu\nu}k^2 - k_\mu k_\nu)\delta^{ab}.
\end{aligned}\tag{139}$$

由此定出胶子场的重正化常数 (参考 8.3 节 **2**)

$$Z_3 = 1 + \left(5 - \frac{2n_\mathrm{f}}{3}\right) \frac{\alpha_\mathrm{s}}{2\pi\varepsilon}.\tag{140}$$

上述二式中的系数 $5 - 2n_\mathrm{f}/3$ 是两项之差. 第一项 5 是胶子与鬼粒子对 $\Pi_{\mu\nu}$ 的贡献, 即纯杨 -Mills 场的贡献. 第二项 $2n_\mathrm{f}/3$ 是夸克的贡献. 注意这两项的符号相反, 在下一节我们将会看到, 这是杨 -Mills 规范场理论可以具有渐近自由性质的关键.

夸克 - 胶子顶角 单圈图修正的夸克 - 胶子顶角包括两项, 如图 9-5 所示. 第一项是两个夸克 - 胶子顶点对夸克 - 胶子顶点的修正, 这与 QED 类似. 第二项是两个夸克 - 胶子顶点对三胶子顶点的修正, 是新的 QCD 效应.

从图 9-5(a) 可以写出 (参阅第 8 章 (11) 和 (72) 式, 取最小减除)

$$\begin{aligned}
\Lambda_{[1]}^{a\mu}(p',p) &= \mathrm{i}\mu^{4-d}g^2 \int \frac{\mathrm{d}^d k'}{(2\pi)^d} \gamma^\nu T^b S_\mathrm{F}(q)\gamma^\mu T^a S_\mathrm{F}(q')\gamma^\lambda T^b D_{\mathrm{F}\lambda\nu}(k') \\
&= T^b T^a T^b \cdot \Lambda_{\mathrm{QED}}^\mu(p',p),
\end{aligned}\tag{141}$$

$$\begin{aligned}
\Lambda_{\mathrm{QED}}^\mu(p',p) &= \mathrm{i}\mu^{4-d}g^2 \int \frac{\mathrm{d}^d k'}{(2\pi)^d} \gamma^\nu S_\mathrm{F}(q)\gamma^\mu S_\mathrm{F}(q')\gamma^\lambda D_{\mathrm{F}\lambda\nu}(k') \\
&= \frac{\alpha_\mathrm{s}}{2\pi\varepsilon} \gamma^\mu.
\end{aligned}\tag{142}$$

[①] M. Nouri-Moghadam and J.C. Taylor, *J. Phys.* **A8** (1975) 334.

其中

$$T^b T^a T^b = T^b(T^b T^a + \mathrm{i} f^{abc} T^c) = \left(C_1 - \frac{1}{2} C_2\right) T^a, \tag{143}$$

所以

$$\Lambda_{[1]}^{a\mu}(p', p) = \left(C_1 - \frac{1}{2} C_2\right) \frac{\alpha_{\mathrm{s}}}{2\pi\varepsilon} \gamma^\mu T^a. \tag{144}$$

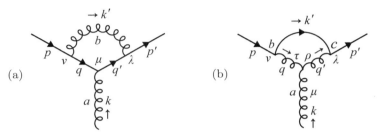

图 9-5　夸克 - 胶子顶角

图 9-5(b) 的项为

$$\Lambda_{[2]}^{a\mu}(p', p) = \mu^{4-d} g^2 \int \frac{\mathrm{d}^d k'}{(2\pi)^d} \gamma^\lambda T^c S_{\mathrm{F}}(k') \gamma^\nu T^b D_{\lambda\rho}(q')$$

$$\times f^{abc}[g^{\mu\tau}(k-q)^\rho + g^{\tau\rho}(q+q')^\mu + g^{\rho\mu}(-q'-k)^\tau] D_{\tau\nu}(q)$$

$$= -\mu^{4-d} g^2 f^{abc} T^b T^c I^\mu = -\frac{\mathrm{i}}{2} C_2 \mu^{4-d} g^2 T^a I^\mu, \tag{145}$$

$$I^\mu = \int \frac{\mathrm{d}^d k'}{(2\pi)^d} \frac{\gamma_\lambda(\not{k}' + m)\gamma_\nu K^{\mu\nu\lambda}}{(k'^2 - m^2)(p'-k')^2(p-k')^2}, \tag{146}$$

$$K^{\mu\nu\lambda} = [g^{\mu\nu}(k-q)^\lambda + g^{\nu\lambda}(q+q')^\mu + g^{\lambda\mu}(-q'-k)^\nu]$$

$$= [g^{\mu\nu}(-2p+p'+k')^\lambda + g^{\nu\lambda}(p+p'-2k')^\mu + g^{\lambda\mu}(p-2p'+k')^\nu]. \tag{147}$$

在 (146) 式被积函数的分子中，k' 的线性项积分为零，不含 k' 的项积分值有限，在最小减除方案中可以略去，需要考虑的只有 k' 的二次项，

$$\gamma_\lambda \not{k}' \gamma_\nu (g^{\mu\nu} k'^\lambda - g^{\nu\lambda} 2k'^\mu + g^{\lambda\mu} k'^\nu) = 2k'^2 \gamma^\mu + 2(d-2) \not{k}' k'^\mu. \tag{148}$$

于是

$$I^\mu = \int \frac{\mathrm{d}^d k'}{(2\pi)^d} \frac{2k'^2 \gamma^\mu + 2(d-2) \not{k}' k'^\mu}{(k'^2 - m^2)(p'-k')^2(p-k')^2}. \tag{149}$$

对它运用 Feynman 折叠公式

$$\frac{1}{abc} = 2 \int_0^1 \mathrm{d}x \int_0^{1-x} \mathrm{d}y \frac{1}{[a(1-x-y)+bx+cy]^3}, \tag{150}$$

再作积分换元 $k' = k + p'x + py$，同样在被积函数中只保留 k 的二次项，就有

$$I^\mu = 2 \int \mathrm{d}x \mathrm{d}y \int \frac{\mathrm{d}^d k}{(2\pi)^d} \frac{2k^2 \gamma^\mu + 2(d-2) \not{k} k^\mu}{[k^2 - m^2(1-x-y) + p'^2 x + p^2 y - (p'x+py)^2]^3}$$

$$= 2 \int_0^1 \mathrm{d}x \int_0^{1-x} \mathrm{d}y \, \frac{\mathrm{i}}{(4\pi)^{d/2}} \frac{(1+d/2)\Gamma(2-d/2)\gamma^\mu}{[m^2(1-x-y)-p'^2 x - p^2 y + (p'x+py)^2]^{2-d/2}}$$

$$= \frac{\mathrm{i}}{(4\pi)^2} \frac{6}{\varepsilon} \gamma^\mu. \tag{151}$$

从而

$$\Lambda_{[2]}^{a\mu}(p',p) = -\frac{\mathrm{i}}{2} C_2 \mu^{4-d} g^2 T^a I^\mu = C_2 \frac{3\alpha_s}{4\pi\varepsilon} \gamma^\mu T^a. \tag{152}$$

最后得到

$$\Lambda^{a\mu}(p',p) = \Lambda_{[1]}^{a\mu}(p',p) + \Lambda_{[2]}^{a\mu}(p',p)$$

$$= \left(C_1 + C_2 \right) \frac{\alpha_s}{2\pi\varepsilon} \gamma^\mu T^a = \frac{13}{3} \frac{\alpha_s}{2\pi\varepsilon} \gamma^\mu T^a. \tag{153}$$

这就给出夸克 - 胶子顶点的重正化常数 (参考 8.3 节 **2**)

$$Z_1 = 1 - \frac{13}{3} \frac{\alpha_s}{2\pi\varepsilon}. \tag{154}$$

在 QCD 拉氏密度 (81) 中，除了上述夸克场、夸克质量、胶子场、夸克 - 胶子顶点的 4 个重正化常数 Z_2, Z_m, Z_3, Z_1 以外，还需要考虑鬼粒子场、三胶子顶点、四胶子顶点、胶子 - 鬼粒子顶点等另外 4 个重正化常数. 由于所有 4 种顶点的耦合常数都是 g，所以在这些重正化常数之间存在 3 个关系. 这里就不一一具体讨论.

9.6 重正化群方程与 QCD 渐近自由

迄今所知，非 Abel 规范场论是唯一具有渐近自由性质的理论，而重正化群方程则是讨论这个问题的一个恰当的出发点. 在理论上，渐近自由是能够把 QCD 作为强作用理论的物理基础. 而在实际上，渐近自由则是在高能时可以对 QCD 做微扰计算的理论依据. 本节具体讨论 SU(3) 规范场，即 QCD 的情形.

1. 重正化群方程与 β 函数

重正化群 在维数正规化中引入的 μ，是一个具有质量量纲的参数，它出现在各个重正化常数中. 一般地说，重正化的单粒子不可约正规顶角 Γ 依赖于重正化常数 (参阅 8.6 节 **3**)，所以也依赖于 μ. 而未重正化的正规顶角 Γ_B 与重正化常数和 μ 无关，在标度变换

$$\mu \longrightarrow \mathrm{e}^s \mu \tag{155}$$

下是不变的. 这个变换构成的群称为 **重正化群**，它描述重正化的标度行为. 因此，参数 μ 又称为 **重正化标度因子**.

注意截断正规化的参数 Λ 和 Pauli-Villars 正规化的参数 M 以及格点正规化的参数 $1/a$ 都具有动量量纲, 与 μ 相同. 所以虽然具体参数不同, 下面用量纲分析讨论得到的一般性结论对其他正规化同样成立.

重正化群方程　由于在拉氏密度中每种场 ϕ 的自由部分都是二次型, 相应的重正化为 $\phi \to Z^{1/2}\phi$, 于是, 根据正规顶角的定义 (见第 8 章 (160) 式)

$$\Gamma(x_1, x_2, \cdots, x_n) = \frac{\delta^n \Gamma[\phi]}{\delta\phi(x_1)\delta\phi(x_2)\cdots\delta\phi(x_n)}\Big|_{\phi=\phi_{\mathrm{c}}}, \tag{156}$$

可以一般地写出动量空间的关系

$$\Gamma(p_1, \cdots, p_n, g, m, \mu) = Z_2^{F/2} Z_3^{B/2} \Gamma_{\mathrm{B}}(p_1, \cdots, p_n, g_{\mathrm{B}}, m_{\mathrm{B}}), \tag{157}$$

$$F + B = n, \tag{158}$$

其中 F 与 B 分别是这个 n 粒子正规顶角的 Fermi 子与 Bose 子外线数. 注意 (157) 式中重正化质量 m 和耦合常数 g 以及 Z_2 和 Z_3 依赖于 μ, 而 Γ_{B} 不依赖于 μ, 两边求 $\mu\partial/\partial\mu$, 就有

$$\left(\mu\frac{\partial}{\partial\mu} + \mu\frac{\partial g}{\partial\mu}\frac{\partial}{\partial g} + \mu\frac{\partial m}{\partial\mu}\frac{\partial}{\partial m}\right)\Gamma = \left(\frac{F\mu}{2Z_2}\frac{\partial Z_2}{\partial\mu} + \frac{B\mu}{2Z_3}\frac{\partial Z_3}{\partial\mu}\right)\Gamma. \tag{159}$$

定义

$$\beta = \mu\frac{\partial g}{\partial\mu}, \tag{160}$$

$$\gamma_m = \frac{\mu}{m}\frac{\partial m}{\partial\mu}, \tag{161}$$

$$\gamma_{\mathrm{F}} = \frac{\mu}{Z_2^{1/2}}\frac{\partial Z_2^{1/2}}{\partial\mu}, \tag{162}$$

$$\gamma_{\mathrm{B}} = \frac{\mu}{Z_3^{1/2}}\frac{\partial Z_3^{1/2}}{\partial\mu}, \tag{163}$$

(159) 式就成为

$$\left(\mu\frac{\partial}{\partial\mu} + \beta\frac{\partial}{\partial g} + m\gamma_m\frac{\partial}{\partial m} - F\gamma_{\mathrm{F}} - B\gamma_{\mathrm{B}}\right)\Gamma = 0. \tag{164}$$

这就是 Bogoliubov 和 Shirkov 首先得到的 *重正化群方程*[①], 又称为 *Callan - Symanzik 方程*[②], 它是在重正化标度因子 μ 变换时未重正化正规顶角 Γ_{B} 具有不变性的定量表述. 重正化群方程还可以表述为关于裸量 Γ_{B} 的类似形式, 这里就不具体讨论.

[①]　N.N. Bogolyubov and D.V. Shirkov, *Nuovo Cimento* **3** (1957) 845.

[②]　C.G. Callan, *Phys. Rev.* **D12** (1970) 1541; K. Symanzik, *Commun. Math. Phys.* **18** (1970) 227.

β **函数** 由方程 (160)~(163) 定义的函数 $\beta, \gamma_m, \gamma_{\rm F}, \gamma_{\rm B}$ 称为 *重正化群系数*, 通过逐级微扰的重正化计算, 可以求出它们的各级微扰近似. 而知到了这些函数, 就可以用上述方程来讨论重正化的量 g, m, Z_2, Z_3 随参数 μ 的变化. 这里最直接和重要的是第一个方程 (160) 定义的 β 函数, 从它解出了 g 与 μ 的函数关系, 就可以得到这些量随 g 的变化, 亦即函数 $\beta(g), \gamma_m(g), \gamma_{\rm F}(g), \gamma_{\rm B}(g)$.

2. 正规顶角的标度行为

正规顶角的正则量纲 标度因子 μ 具有质量的量纲, 也就是动量的量纲. 为了求出正规顶角 $\Gamma(p_1, \cdots, p_n)$ 在外线动量标度变换下的变换, 需要知道它的量纲, 即它的动量幂次 D. 在 (156) 式中, 生成泛函 $\Gamma[\phi]$ 的量纲为零. 由于

$$\frac{\delta \phi(x)}{\delta \phi(y)} = \delta(x - y),\tag{165}$$

所以 $\delta/\delta\psi$ 的量纲 (参见 8.2 节 **1**)

$$\left[\frac{\delta}{\delta\psi}\right] = [\delta(x-y)][\psi]^{-1} = \Lambda^d \Lambda^{-(d-1)/2} = \Lambda^{(d+1)/2},\tag{166}$$

而

$$\left[\frac{\delta}{\delta A_\mu}\right] = \Lambda^d \Lambda^{-(d-2)/2} = \Lambda^{(d+2)/2}.\tag{167}$$

于是 $\Gamma(x_1, \cdots, x_n)$ 的量纲为

$$D' = \frac{1}{2} F(d+1) + \frac{1}{2} B(d+2).\tag{168}$$

$\Gamma(p_1, \cdots, p_n)$ 是 $\Gamma(x_1, \cdots, x_n)$ 的 Fourier 变换,

$$(2\pi)^d \delta(\textstyle\sum_i p_i) \Gamma(p_1, \cdots, p_n) = \int \prod_{i=1}^{n} {\rm d}x_i \Gamma(x_1, \cdots, x_n) {\rm e}^{-{\rm i}\sum_i p_i x_i},\tag{169}$$

所以

$$D = D' - nd + d = d - \frac{1}{2} F(d-1) - \frac{1}{2} B(d-2).\tag{170}$$

这称为正规顶角的 *正则量纲* (canonical dimension).

标度行为 考虑外线动量的标度变换

$$p_i \longrightarrow \zeta p_i.\tag{171}$$

由于 m 和 μ 具有动量的量纲, 可以写出

$$\Gamma(\zeta p_i, g, m, \mu) = \Gamma(\zeta p_i, g, \zeta\zeta^{-1}m, \zeta\zeta^{-1}\mu) = \zeta^D \Gamma(p_i, g, \zeta^{-1}m, \zeta^{-1}\mu),\tag{172}$$

亦即 $\Gamma(\zeta p_i, g, m, \mu)$ 是 $\zeta p_i, m, \mu$ 的 D 次齐次函数. 于是有

$$\left(\zeta \frac{\partial}{\partial \zeta} + m \frac{\partial}{\partial m} + \mu \frac{\partial}{\partial \mu} - D\right) \Gamma(\zeta p_i, g, m, \mu) = 0.\tag{173}$$

用重正化群方程 (164) 与上式相减消去 $\mu\partial/\partial\mu$, 就得到

$$\left[-\zeta\frac{\partial}{\partial\zeta} + \beta\frac{\partial}{\partial g} + m(\gamma_m - 1)\frac{\partial}{\partial m} - F\gamma_{\mathrm{F}} - B\gamma_{\mathrm{B}} + D \right]\Gamma(\zeta p_i, g, m, \mu) = 0. \quad (174)$$

这个方程也称为重正化群方程, 它直接表达了正规顶角的动量标度行为.

没有相互作用时, 也就不需要重正化, 重正化群系数 $\beta = \gamma_m = \gamma_{\mathrm{F}} = \gamma_{\mathrm{B}} = 0$, (174) 式还原为没有 μ 项的 (173) 式, 只有单纯的正则量纲效应, 可以从量纲分析得到. 由于相互作用, 才使得标度行为偏离了正则量纲效应. 在这个意义上说, β, γ_m, γ_{F}, γ_{B} 等贡献了 反常量纲 (anomalous dimensions). 这并不是维数正规化所特有的现象. 对于截断正规化或 Pauli-Villars 正规化, 要引入动量截断因子 Λ, 对于格点正规化, 要引入与动量截断等效的因子 $1/a$, 同样有标度行为的反常量纲. 标度行为中反常量纲的根源, 来自量子理论的重正化.

$\Gamma(\zeta p_i, g, m, \mu)$ **的形式解**   (174) 式表明, 标度 ζ 的改变对应于 g 和 m 的改变以及一个整体因子的改变, 可以期待

$$\Gamma(\zeta p_i, g, m, \mu) = f(\zeta)\Gamma(p_i, g(\zeta), m(\zeta), \mu). \quad (175)$$

求上式的微商 $\zeta\partial/\partial\zeta$, 有

$$\begin{aligned}
\zeta\frac{\partial}{\partial\zeta}\Gamma(\zeta p_i, g, m, \mu) &= \left(\zeta\frac{\mathrm{d}f}{\mathrm{d}\zeta} + f\zeta\frac{\partial g}{\partial\zeta}\frac{\partial}{\partial g} + f\zeta\frac{\partial m}{\partial\zeta}\frac{\partial}{\partial m} \right)\Gamma(p_i, g(\zeta), m(\zeta), \mu) \\
&= \left(\zeta\frac{\mathrm{d}f}{\mathrm{d}\zeta} + f\zeta\frac{\partial g}{\partial\zeta}\frac{\partial}{\partial g} + f\zeta\frac{\partial m}{\partial\zeta}\frac{\partial}{\partial m} \right)\frac{1}{f}\Gamma(\zeta p_i, g, m, \mu), \quad (176)
\end{aligned}$$

从而

$$\left(-\zeta\frac{\partial}{\partial\zeta} + \frac{\zeta}{f}\frac{\mathrm{d}f}{\mathrm{d}\zeta} + \zeta\frac{\partial g}{\partial\zeta}\frac{\partial}{\partial g} + \zeta\frac{\partial m}{\partial\zeta}\frac{\partial}{\partial m} \right)\Gamma(\zeta p_i, g, m, \mu) = 0. \quad (177)$$

把上式与 (174) 式比较, 有

$$\zeta\frac{\partial g}{\partial\zeta} = \beta(g), \quad (178)$$

$$\zeta\frac{\partial m}{\partial\zeta} = m[\gamma_m(g) - 1], \quad (179)$$

$$\frac{\zeta}{f}\frac{\mathrm{d}f}{\mathrm{d}\zeta} = D - F\gamma_{\mathrm{F}}(g) - B\gamma_{\mathrm{B}}(g). \quad (180)$$

知道了 $\beta(g)$, $\gamma_m(g)$, $\gamma_{\mathrm{F}}(g)$, $\gamma_{\mathrm{B}}(g)$, 就可以从上述三个方程解出 $g(\zeta)$, $m(\zeta)$, $f(\zeta)$. 特别是上式的积分给出

$$f(\zeta) = \zeta^D \mathrm{e}^{-\int_1^\zeta \mathrm{d}\zeta [F\gamma_{\mathrm{F}}(\zeta) + B\gamma_{\mathrm{B}}(\zeta)]/\zeta}, \quad (181)$$

于是有形式解

$$\Gamma(\zeta p_i, g, m, \mu) = \zeta^D \mathrm{e}^{-\int_1^\zeta \mathrm{d}\zeta [F\gamma_{\mathrm{F}}(\zeta) + B\gamma_{\mathrm{B}}(\zeta)]/\zeta}\Gamma(p_i, g(\zeta), m(\zeta), \mu). \quad (182)$$

可以看出, 第一个因子 ζ^D 给出正则量纲的标度行为, 而指数项则是反常量纲的

效应.

3. 跑动耦合常数与 QCD 渐近自由

跑动耦合常数 (178) 和 (179) 式表明, 重正化的耦合常数 $g(\zeta)$ 和 Fermi 子质量 $m(\zeta)$ 都依赖于标度因子 ζ, 随着动量标度的变动而变动. 因而, 把它们分别称为 *跑动耦合常数* 和 *跑动质量*, 英文是 running coupling constant 和 running mass. running 还有运行、运动、走动、变动等含义, "跑动" 是一个形象化的译名. 由于质量与耦合常数都是跑动的, 我们就可以从它们随着动量标度的变动来研究量子场论在大动量或小动量标度的行为.

假设 $\beta(g)$ 函数具有图 9-6(a) 的形式, 有 $g = 0$ 和 $g = g_0$ 两个零点. 可以看出, 这是两个 *固定点*. 当 $\zeta \to \infty$ 时, 在 g_0 附近的 g 会趋向于 g_0. 因为当 $g < g_0$ 时, $\beta > 0$, g 随着 ζ 的增加而增大. 而当 $g > g_0$ 时, $\beta < 0$, g 随着 ζ 的增加而减小. 从而 $g(\infty) = g_0$, 零点 g_0 称为 *紫外稳定的固定点*. 类似地, 当 $\zeta \to 0$ 时, 小的 g 会趋向于 0, $g \to 0$, 零点 $g(0) = 0$ 称为 *红外稳定的固定点*.

再来看图 9-6(b) 的情形, 还是有两个固定点. 不过因为 β 的符号相反, $g = g_0$ 是红外稳定的固定点, 而 $g = 0$ 是紫外稳定的固定点. 这就意味着, 能量越高, 耦合常数越小, 微扰论的结果越好, 当动量趋于无限时, 耦合常数趋于零. 这就是 *渐近自由*.

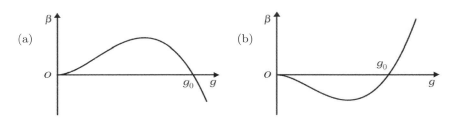

图 9-6 β 函数的两种类型

QCD 的渐近自由 现在来具体讨论 QCD 的 β 函数. 与 QED 类似地, QCD 裸耦合常数可以写成

$$g = \mu^{-\varepsilon/2} Z_1^{-1} Z_2 Z_3^{1/2} g_{\mathrm{B}}. \tag{183}$$

代入上一节算出的重正化常数 Z_1, Z_2, Z_3, 就是

$$\begin{aligned} g &= \mu^{-\varepsilon/2} \left(1 - \frac{13}{3} \frac{\alpha_{\mathrm{s}}}{2\pi\varepsilon}\right)^{-1} \left(1 - \frac{2\alpha_{\mathrm{s}}}{3\pi\varepsilon}\right) \left[1 + \left(5 - \frac{2n_{\mathrm{f}}}{3}\right) \frac{\alpha_{\mathrm{s}}}{2\pi\varepsilon}\right]^{1/2} g_{\mathrm{B}} \\ &= \mu^{-\varepsilon/2} \left[1 + \left(11 - \frac{2n_{\mathrm{f}}}{3}\right) \frac{g^2}{16\pi^2\varepsilon}\right] g_{\mathrm{B}}, \end{aligned} \tag{184}$$

这是准到微扰二阶的结果, 它给出了耦合常数 g 随动量标度 μ 的变化. 记住 g_{B} 与 μ 无关, 对上式算 $\mu \partial/\partial\mu$, 并在对 g^2 微商时取 $g^2 \approx \mu^{-\varepsilon}g_{\mathrm{B}}^2$, 取极限 $\varepsilon \to 0$ 后再令 $g_{\mathrm{B}} \approx g$, 就可得到

$$\beta(g) = \mu \frac{\partial g}{\partial \mu} = -\left(11 - \frac{2n_{\mathrm{f}}}{3}\right)\frac{g^3}{16\pi^2}. \tag{185}$$

对上面算出的 β 函数, 图 9-1, 图 9-2 和图 9-5(a) 的贡献为正, 图 9-3, 图 9-4 和图 9-5(b) 的贡献为负. 也就是说, 胶子与夸克作用的贡献为正, 胶子与胶子作用的贡献为负. 只有当胶子与胶子的作用高于胶子与夸克的作用, 净的效果为负, 才有渐近自由. 胶子与夸克的作用正比于夸克味数, 上式表明, 只要夸克味数 $n_{\mathrm{f}} \leqslant 16$, 则 $\beta < 0$, g 将随着动量标度 μ 的增加而减小, 理论就是渐近自由的. 看来自然界 $n_{\mathrm{f}} \leqslant 16$, 所以 QCD 具有渐近自由的性质. 另一方面, QED 没有光子与光子的直接作用, β 是正的, 所以没有渐近自由.

从物理上看, 胶子与夸克的作用所引起的真空极化是正常的线性极化, 和光子与电子作用引起的真空极化一样. 但胶子与胶子的作用是非线性作用, 会引起真空反常的非线性极化, 使得夸克之间距离越小屏蔽越强. 这就是渐近自由的物理根源.

耦合常数的形式   令

$$\beta_0 = 11 - \frac{2}{3}n_{\mathrm{f}}, \tag{186}$$

方程 (185) 可以改写成

$$\mu \frac{\partial \alpha_{\mathrm{s}}}{\partial \mu} = -\frac{\beta_0}{2\pi}\alpha_{\mathrm{s}}^2. \tag{187}$$

对它积分就解出

$$\begin{aligned} \alpha_{\mathrm{s}}(\mu) &= \frac{g^2(\mu)}{4\pi} = \frac{\alpha_{\mathrm{s}}(\Lambda)}{1 + \frac{\beta_0}{4\pi}\alpha_{\mathrm{s}}(\Lambda)\ln(\mu^2/\Lambda^2)} \\ &\approx \frac{4\pi}{\beta_0 \ln(\mu^2/\Lambda^2)} = \frac{4\pi}{(11 - 2n_{\mathrm{f}}/3)\ln(\mu^2/\Lambda^2)}, \end{aligned} \tag{188}$$

Λ 是一个具有动量量纲的参数. 这就是单圈图近似的重正化耦合常数, 它与动量标度 μ 的对数成反比, 随着 μ 的增加而缓慢地减小. 当 $\mu \to \infty$ 时, $\alpha_{\mathrm{s}} \to 0$, 有渐近自由. 而当 μ 接近 Λ 时, QCD 成为强耦合的.

高阶修正   一般地, $\beta(g)$ 函数可以写成 g^2 的幂级数, 有

$$\frac{\mu}{\alpha_{\mathrm{s}}}\frac{\partial \alpha_{\mathrm{s}}}{\partial \mu} = \frac{2}{g}\beta(g) = -\beta_0\left(\frac{\alpha_{\mathrm{s}}}{2\pi}\right) - \beta_1\left(\frac{\alpha_{\mathrm{s}}}{2\pi}\right)^2 - \beta_2\left(\frac{\alpha_{\mathrm{s}}}{2\pi}\right)^3 - \cdots, \tag{189}$$

右边依次是单圈图、双圈图、三圈图 ······ 的近似. 相应地, 可以解出

$$\alpha_{\mathrm{s}}(\mu) = \frac{4\pi}{\beta_0 \ln(\mu^2/\Lambda^2)}\left\{1 - \frac{2\beta_1}{\beta_0^2}\frac{\ln[\ln(\mu^2/\Lambda^2)]}{\ln(\mu^2/\Lambda^2)}\right.$$

$$+ \frac{4\beta_1^2}{\beta_0^4 \ln^2(\mu^2/\Lambda^2)} \left[\left(\ln[\ln(\mu^2/\Lambda^2)] - \frac{1}{2} \right)^2 + \frac{\beta_2 \beta_0}{\beta_1^2} - \frac{5}{4} \right] + \cdots \right\}. \tag{190}$$

Gross 和 Wilczek 以及 Politzer 最先算出了单圈图的 β_0, 从而表明 QCD 具有渐近自由的性质. 第二年 Caswell 和 Jones 就算出了双圈图的贡献[①]

$$\beta_1 = 51 - \frac{19}{3} n_f, \tag{191}$$

而三圈图给出[②]

$$\beta_2 = \frac{1}{8} \left(2857 - \frac{5033}{9} n_f - \frac{325}{27} n_f^2 \right). \tag{192}$$

四圈图的 β_3, 可以在文献中查到[③].

按照重正化理论, 在微扰算到所有阶时, 物理观测量与重正化方案无关. 换句话说, 算到有限阶微扰的物理量, 一般来说依赖于重正化方案的选择. 在实际上, β_0 和 β_1 与重正化方案无关, 而 $n \geqslant 2$ 的 β_n 依赖于减除方案. 上述 β_2 是用修正的最小减除方案 $\overline{\text{MS}}$ 算出的结果.

参数的确定   由于系数 β_n 与参数 n_f 有关, 随标度 μ 跑动的重正化耦合常数与 n_f 有关. n_f 是能够被激发的夸克味数, 依赖于高能过程中传递的动量 Q, 可以取质量 $m < Q$ 的夸克味数. 例如在电子深度非弹散射实验中, 涉及的能量仅高于前四味夸克 u, d, s, c 的质量, 所以取 $n_f = 4$. 而在正负电子对撞机上的实验, $m_b < Q < m_t$, 就要取 $n_f = 5$, 而若 $Q > m_t$, 则 $n_f = 6$.

知道了一个标定点 μ_0 的耦合常数值 $\alpha_s(\mu_0)$, 就可以直接从方程 (189) 的数值积分算出另一点 μ 的 $\alpha_s(\mu)$, 而不必用公式 (188) 或 (190). 现在一般都标定到中性弱 Bose 子 Z^0 的质量值, 取 $\mu_0 = m_Z = 91.19 \text{GeV}$. 实验测量的结果是[④]

$$\alpha_s(m_Z) = 0.1181 \pm 0.0011. \tag{193}$$

这个数值表明, 在此能区确实可以做微扰计算.

图 9-7 给出了 α_s 对动量标度 μ 的关系. 实验点的数据取自 Eidelman 等人的文献[⑤]中的图 9.2, 曲线是公式 (188) 对实验点的简单拟合. 可以看出, 随着动量标度 μ 的增加, α_s 缓慢地减小.

---

① W.E. Caswell, *Phys. Rev. Lett.* **33** (1974) 244; D.R.T. Jones, *Nucl. Phys.* **B75** (1974) 531.

② 见 I. Hinchliffe 的评论, 载 Review of Particle Properties 专辑, *Phys. Rev.* **D50** (1994) 1177: Section 25.

③ S.A. Larin *et al.*, *Phys. Lett.* **B400** (1997) 379.

④ M.Tanabashi *et al.* (Particle Data Group), *Phys. Rev.* **D98** (2018) 030001.

⑤ S. Eidelman *et al.* (Particle Data Group), *Phys. Lett.* **B592** (2004) 1.

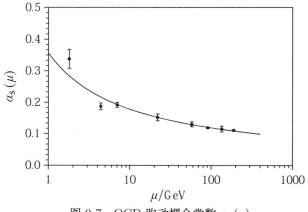

图 9-7   QCD 跑动耦合常数 $\alpha_{\mathrm{s}}(\mu)$

9.A   附录：规范场的微分形式

这里只简略地给出一些基本定义、概念和性质[①], 不深入讨论和逐一证明.

1. 微分形式

定义   考虑 D 元实变数 x^{μ}, $\mu = 1, 2, \cdots, D$. 设想它为空间坐标，$\mathrm{d}x^{\mu}$ 就是线元，$\mathrm{d}x^{\mu}\mathrm{d}x^{\nu}$ $(\mu \neq \nu)$ 则是面元. 面元是有方向的, 可以定义 $\mathrm{d}x^{\nu}\mathrm{d}x^{\mu} = -\mathrm{d}x^{\mu}\mathrm{d}x^{\nu}$, 即面元 $\mathrm{d}x^{\mu}\mathrm{d}x^{\nu}$ 与 $\mathrm{d}x^{\nu}\mathrm{d}x^{\mu}$ 大小相等, 方向相反. 于是还应有 $\mathrm{d}x^{\mu}\mathrm{d}x^{\mu} = 0$ (这里不对 μ 求和), 亦即微分 $\mathrm{d}x^{\mu}$ 是 Grassmann 变量. 这样定义的优点可从坐标变换 $(x, y) \rightarrow (x', y')$ 看出. 由 $x = x(x', y')$, $y = y(x', y')$, 可以写出

$$\mathrm{d}x\mathrm{d}y = \left(\frac{\partial x}{\partial x'}\mathrm{d}x' + \frac{\partial x}{\partial y'}\mathrm{d}y'\right)\left(\frac{\partial y}{\partial x'}\mathrm{d}x' + \frac{\partial y}{\partial y'}\mathrm{d}y'\right)$$

$$= \left(\frac{\partial x}{\partial x'}\frac{\partial y}{\partial y'} - \frac{\partial x}{\partial y'}\frac{\partial y}{\partial x'}\right)\mathrm{d}x'\mathrm{d}y' = J(x, y; x'y')\mathrm{d}x'\mathrm{d}y', \qquad (194)$$

这正是面元变换 $\mathrm{d}x\mathrm{d}y \rightarrow J\mathrm{d}x'\mathrm{d}y'$ 的公式, 其中 $J(x, y; x'y')$ 是 Jacobi 行列式.

设 A_{μ} 是 x^{μ} 的函数, $A_{\mu} = A_{\mu}(x^1, x^2, \cdots, x^D)$. 可以定义

$$A \equiv A_{\mu}\mathrm{d}x^{\mu}, \qquad (195)$$

称为 1 阶微分形式 (1-differential form), 简称 1 阶形式. 在几何上, 1 阶形式 A 是 D 维空间的矢量, A_{μ} 则是它的分量. 类似地,

$$H = \frac{1}{p!}H_{\mu_1\mu_2\cdots\mu_p}\mathrm{d}x^{\mu_1}\mathrm{d}x^{\mu_2}\cdots\mathrm{d}x^{\mu_p} \qquad (196)$$

[①] 参阅 A. Zee, *Quantum Field Theory in a Nutshell*, Princeton University Press, 2003, p.218.

称为 p 阶形式, 它是 p 阶张量. 特别重要的是 2 阶形式

$$F = \frac{1}{2} F_{\mu\nu} \mathrm{d}x^\mu \mathrm{d}x^\nu, \tag{197}$$

它描述了空间的弯曲. "简并" 的 0 阶形式, 则是坐标 x^μ 的标量函数.

微分算符 d 可以定义微分算符 d 对微分形式的作用为

$$\mathrm{d}H = \frac{1}{p!} \partial_\nu H_{\mu_1\mu_2\cdots\mu_p} \mathrm{d}x^\nu \mathrm{d}x^{\mu_1} \mathrm{d}x^{\mu_2} \cdots \mathrm{d}x^{\mu_p}. \tag{198}$$

于是, 对于标量函数 Λ, 有

$$\mathrm{d}\Lambda = \partial_\mu \Lambda \, \mathrm{d}x^\mu, \tag{199}$$

而对于 1 阶形式 A 有

$$\mathrm{d}A = \mathrm{d}(A_\nu \mathrm{d}x^\nu) = \partial_\mu A_\nu \mathrm{d}x^\mu \mathrm{d}x^\nu = \frac{1}{2}(\partial_\mu A_\nu - \partial_\mu A_\nu)\mathrm{d}x^\mu \mathrm{d}x^\nu$$

$$= \frac{1}{2!} F_{\mu\nu} \mathrm{d}x^\mu \mathrm{d}x^\nu = F, \tag{200}$$

1 阶形式的微分是 2 阶形式, $\mathrm{d}A = F$. 可以看出, 若 A_μ 是 Maxwell 场, A 是场的 1 阶形式, 则 $F_{\mu\nu}$ 就是场强, F 是场的 2 阶形式.

注意 x^μ 不是微分形式, $\mathrm{d}x^\mu$ 不是 d 对微分形式的作用. 可以证明

$$\mathrm{d}\mathrm{d} = 0, \tag{201}$$

d 作用于任何微分形式两次, 结果为零. 运用这个性质的一个例子是

$$0 = \mathrm{d}\mathrm{d}A = \mathrm{d}F = \frac{1}{2}\partial_\lambda F_{\mu\nu} \mathrm{d}x^\lambda \mathrm{d}x^\mu \mathrm{d}x^\nu, \tag{202}$$

它给出下列 Bianchi 恒等式

$$\partial_\lambda F_{\mu\nu} + \partial_\mu F_{\nu\lambda} + \partial_\nu F_{\lambda\mu} = 0. \tag{203}$$

采用微分形式, 把 A 与 F 当做物理量, 就不必考虑具体坐标, 就像在量子力学中不考虑具体表象一样, 可以大大简化公式的推演. 这在处理比 A 和 F 复杂的物理量时 (例如在弦论中), 就方便得多.

封闭、严谨和 Poincaré 引理 对微分形式 α, 若有 $\mathrm{d}\alpha = 0$, 就称之为 封闭的 (closed). 若存在微分形式 β, 使得 $\alpha = \mathrm{d}\beta$, 则称 α 是 严谨的 (exact). 由于 $\mathrm{d}\mathrm{d} = 0$, 所以严谨形式必定是封闭的. 反之, 封闭形式不一定处处严谨. Poincaré 引理说, 封闭形式是定域严谨的. 即, 若对某形式 H 有 $\mathrm{d}H = 0$, 则存在形式 K, 使得关系 $H = \mathrm{d}K$ 在一定范围成立, 但不一定处处成立. 例如, 若一矢量场的旋度为零, 则它在一定范围内是某标量场的梯度.

微分形式的积分 对微分形式 H 在某一区域 M 的积分, 可以写成 $\int_M H$. 不必具体写出 H 的坐标表示, 但要记住其中包含积分测度. 例如对 2 阶形式 $F = \frac{1}{2}F_{\mu\nu}\mathrm{d}x^\mu \mathrm{d}x^\nu$ 在任一 2 维区域 M 的积分可以写成 $\int_M F$. 设 H 为 p 阶形

式，M 为 $p+1$ 维区域，∂M 为 M 的 p 维边界，则有如下定理

$$\int_M \mathrm{d}H = \int_{\partial M} H. \tag{204}$$

2. 规范场张量的推导

为了书写清晰简洁，可以将 iq 吸收到 A_μ 中，把协变微商 (18) 式写成

$$D_\mu = \partial_\mu + A_\mu. \tag{205}$$

引入 1 阶微分形式

$$A = A_\mu \mathrm{d}x^\mu, \tag{206}$$

就有

$$A^2 = A_\mu A_\nu \mathrm{d}x^\mu \mathrm{d}x^\nu = \frac{1}{2}\left[A_\mu, A_\nu\right]\mathrm{d}x^\mu \mathrm{d}x^\nu. \tag{207}$$

对于 Abel 规范场 (Maxwell 场)，A_μ 是普通四维矢量，上式为零. 而对于非 Abel 规范场，A_μ 是矩阵矢量，上式不为零.

用微分形式，规范变换 (21) 就是

$$A \longrightarrow A' = UAU^\dagger + U\mathrm{d}U^\dagger, \tag{208}$$

注意 iq 已经吸收到 A 中，而变换矩阵 U 是 0 阶形式，

$$\mathrm{d}U^\dagger = \partial_\mu U^\dagger \mathrm{d}x^\mu. \tag{209}$$

用 d 作用到 (208) 式，可得

$$\mathrm{d}A \longrightarrow \mathrm{d}A' = U\mathrm{d}AU^\dagger + \mathrm{d}UAU^\dagger - UA\mathrm{d}U^\dagger + \mathrm{d}U\mathrm{d}U^\dagger, \tag{210}$$

第三项的负号是由于把 1 阶形式 d 移过 A. 注意这里 d 只作用于它的右近邻. 另一方面，由 (208) 式有

$$\begin{aligned}
A^2 \longrightarrow A'^2 &= UA^2U^\dagger + UA\mathrm{d}U^\dagger + U\mathrm{d}U^\dagger UAU^\dagger + U\mathrm{d}U^\dagger U\mathrm{d}U^\dagger \\
&= UA^2U^\dagger + UA\mathrm{d}U^\dagger - \mathrm{d}UAU^\dagger - \mathrm{d}U\mathrm{d}U^\dagger.
\end{aligned} \tag{211}$$

把 (210) 与 (211) 式相加，就得到

$$\mathrm{d}A + A^2 \longrightarrow \mathrm{d}A' + A'^2 = U(\mathrm{d}A + A^2)U^\dagger. \tag{212}$$

这表明，2 阶微分形式

$$F = \mathrm{d}A + A^2 \tag{213}$$

在规范变换下是协变的，可以把它定义为规范场张量. 写成坐标分量，就是

$$F_{\mu\nu} = \partial_\mu A_\nu - \partial_\nu A_\mu + [A_\mu, A_\nu]. \tag{214}$$

把吸收到 A_μ 中的 iq 写出来，吸收一个 $1/iq$ 到 $F_{\mu\nu}$ 中，就给出 (32) 式.

10　　Glashow-Weinberg-Salam 模型

　　弱相互作用无疑是上一世纪后半叶量子场论发展的一个主要的前沿领域.
在这个领域里，人们从错综纷繁的粒子物理现象中，一步一步理出头绪，找出唯
象规律，并进一步寻根溯源，最后归结为简单的规范原理，迈出了与电磁相互作
用统一的重要一步. 这是理论物理又一部优美动人的田园交响曲. 在研究弱相
互作用的这个探索过程中，量子场论的问题与粒子物理的问题是盘根错节紧密
交缠在一起的. 本章只是侧重和提取出问题的量子场论方面，而不打算过多涉
及和进入粒子物理的细节. 为了看清问题所在，需要追溯一些观念的起源，要从
历史切入主题.　10.1 节既是历史的铺垫，也是后面讨论的基础. 本章的叙述插
入了历史的叙事，不完全是逻辑的演绎.

10.1　弱作用的唯象理论

1. Fermi 相互作用

　　β 衰变的 Fermi 相互作用　在 Pauli 提出中微子假设后，为了唯象地描述
β 衰变

$$\text{n} \longrightarrow \text{p} + \text{e}^- + \overline{\nu}_\text{e}, \tag{1}$$

Fermi 于 1934 年写出了关于这个过程的相互作用拉氏密度 [1]

$$\mathcal{L}_\text{F} = -G_\text{F}[\overline{p}(x)\gamma^\mu n(x)][\overline{e}(x)\gamma_\mu \nu_\text{e}(x)] + \text{h.c.}, \tag{2}$$

这里按照粒子物理学的习惯，就用表示粒子的字母来表示相应的场，　h.c. 表示
前面一项的厄米共轭，G_F 是 Fermi 耦合常数. 上式这种类型的相互作用，就称
为 Fermi 相互作用.

　　可以看出，Fermi 相互作用是 Lorentz 不变的. 它含有与 QED 类似的矢量
流 $J^\mu(x) = \overline{p}(x)\gamma^\mu n(x)$ 和 $j_\mu(x) = \overline{e}(x)\gamma_\mu \nu_\text{e}(x)$，是这两个矢量流的流 - 流耦合.

---

[1]　E. Fermi, *Z. Physik*, **88** (1934) 161.

这种流 - 流耦合，是 4 个 Fermi 子在一点的定域相互作用. 由于 Fermi 子场具有 $M^{3/2}$ 的量纲 (见第 8 章 (24) 式), 所以 G_F 具有 M^{-2} 的量纲. 它的数值可以由实验测得的衰变宽度定出.

普适 Fermi 相互作用   (2) 式随后就被推广，用来描述实验观测到的各种 β 衰变过程. 后来又发现，这种四 Fermi 子定域耦合的形式也适用于其他弱作用过程，而且耦合常数都是 G_F, 具有普适性. 在 1956 年李政道和杨振宁提出弱作用过程的宇称不守恒 [1] 以后，很快就认识到，在弱作用中不仅电子，中微子也是左旋的. 用场的左旋态来写，Fermi 耦合中的轻子弱流就是 (参阅 4.2 节 **1** 和 4.2 节 **2**)

$$j^\mu = \overline{e}\gamma^\mu(1-\gamma^5)\nu_e + \cdots, \tag{3}$$

省略的是与轻子 (μ, ν_μ) 和 (τ, ν_τ) 相应的项. 上式可以分成包含 γ^μ 和 $\gamma^\mu\gamma^5$ 的两项，分别是矢量 (vector) 和轴矢量 (axial vector). 这种由矢量流和轴矢量流等权相加的耦合，称为 V-A 型耦合.

另一方面，又发现 Fermi 耦合中的强子弱流也包括矢量流和轴矢量流两部分. 进一步的研究表明，强子弱流可以在夸克的层次写成

$$J^\mu = \overline{u}\gamma^\mu(1-\gamma^5)d_\theta + \overline{c}\gamma^\mu(1-\gamma^5)s_\theta, \tag{4}$$

$$\begin{pmatrix} d_\theta \\ s_\theta \end{pmatrix} = \begin{pmatrix} \cos\theta_c & \sin\theta_c \\ -\sin\theta_c & \cos\theta_c \end{pmatrix} \begin{pmatrix} d \\ s \end{pmatrix}, \tag{5}$$

其中 u, d, c, s 是夸克场量，θ_c 是混合 d 与 s 夸克的实验参数 [2], 称为 Cabibbo 角.

这样推广后的 V-A 型普适 Fermi 相互作用，可以写成

$$\mathcal{L}_F = -\frac{1}{\sqrt{2}}G_F \mathcal{J}_\mu^\dagger \mathcal{J}^\mu, \tag{6}$$

其中

$$\mathcal{J}^\mu = j^\mu + J^\mu = \overline{e}\gamma^\mu(1-\gamma^5)\nu_e + \overline{u}\gamma^\mu(1-\gamma^5)d_\theta + \overline{c}\gamma^\mu(1-\gamma^5)s_\theta + \cdots, \tag{7}$$

省略部分是其他轻子弱流项. 这个唯象相互作用可以用来描述 μ 子衰变、β 衰变、π 介子衰变以及奇异粒子的半轻子衰变等低能弱相互作用的有关实验现象.

例如，按照夸克模型，中子衰变实际上是夸克的衰变

$$d \longrightarrow u + e^- + \nu_e. \tag{8}$$

由于在强子弱流中出现的是 d 夸克与 s 夸克的叠加 $\cos\theta_c\, d + \sin\theta_c\, s$, 所以由 β 衰变测出的耦合常数 G_β 比由 μ^- 衰变测出的耦合常数 G_μ 多一个因子 $\cos\theta_c$. 实

[1] T.D. Lee and C.N. Yang, *Phys. Rev.* **104** (1956) 254.

[2] N. Cabibbo, *Phys. Rev. Lett.* **10** (1963) 531.

验给出

$$\frac{G_{\beta}}{G_{\mu}} = \cos\theta_{c} \approx 0.97, \tag{9}$$

亦即 $\theta_{c} \approx 14°$. 同样, Λ 超子的衰变实际上是

$$s \longrightarrow u + e^{-} + \nu_{e}, \tag{10}$$

它与中子的衰变率 (见下一小节) 之比含因子 $\tan^{2}\theta_{c}$, 由此也可定出 θ_{c}.

2. μ^{-} 的衰变

μ^{-} 衰变的物理 μ^{-} 的主要衰变模式为

$$\mu^{-} \longrightarrow e^{-} + \overline{\nu}_{e} + \nu_{\mu}. \tag{11}$$

设 s, p, q, k 依次是 μ^{-}, e^{-}, $\overline{\nu}_{e}$, ν_{μ} 的四维动量, 中微子无质量, $\omega_{\nu_{e}} = q$, $\omega_{\nu_{\mu}} = k$, 注意我们这里用同一斜体字母表示无质量粒子的能量与四维动量. 能量守恒和动量守恒分别为

$$\omega_{\mu} = \omega_{e} + q + k, \tag{12}$$

$$\boldsymbol{s} = \boldsymbol{p} + \boldsymbol{q} + \boldsymbol{k}. \tag{13}$$

末态三个粒子的能量和动量分布, 要受到上述条件的限制. 实验测得 μ^{-} 的质量和平均寿命为

$$m_{\mu} = (105.658\,3745 \pm 0.000\,0024)\text{MeV}, \tag{14}$$

$$\tau_{\mu} = (2.196\,9811 \pm 0.000\,0022) \times 10^{-6}\text{s}. \tag{15}$$

衰变宽度 描述 μ^{-} 衰变 (11) 的 Fermi 相互作用是

$$\mathcal{L}_{\text{F}} = -\frac{1}{\sqrt{2}}\, G_{\text{F}}[\overline{\nu}_{\mu}\gamma^{\lambda}(1-\gamma^{5})\mu][\overline{e}\gamma_{\lambda}(1-\gamma^{5})\nu_{e}]. \tag{16}$$

只考虑最低阶微扰, 要算的 Feynman 图是图 10-1, 由它可以算出衰变的不变振幅 $\mathcal{M}_{\text{fi}}$. 对初态求平均对末态求和以后, 系统的平均跃迁率为 (见第 6 章 (147) 式)

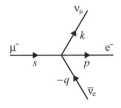

图 10-1 μ^{-} 衰变顶点

$$\overline{P}_{\text{fi}} = \overline{\sum V(2\pi)^{4}\delta^{4}(P_{\text{f}} - P_{\text{i}})|\mathcal{M}_{\text{fi}}|^{2}}. \tag{17}$$

对于衰变的情形, 这也就是单位时间内的平均衰变概率, 即平均衰变率. 平均衰变率在实验上联系于粒子能谱的宽度, 所以又称为 衰变宽度. 所有衰变模式的宽度之和, 则称为 衰变总宽度. 衰变总宽度的倒数, 给出系统初态的 平均寿命.

末态相空间分布由电子与两个中微子的动量分布确定，衰变宽度为

$$\Gamma_\mu = \overline{P}_{\mathrm{fi}} = \frac{1}{2} \sum_{\xi_\mu, \xi_e, \xi_{\nu_e}, \xi_{\nu_\mu}} \int \frac{V \mathrm{d}^3 \boldsymbol{p}}{(2\pi)^3} \frac{V \mathrm{d}^3 \boldsymbol{q}}{(2\pi)^3} \frac{V \mathrm{d}^3 \boldsymbol{k}}{(2\pi)^3} V(2\pi)^4 \delta^4(P_{\mathrm{f}} - P_{\mathrm{i}}) N_{\mathrm{fi}}^2 |M_{\mathrm{fi}}|^2, \quad (18)$$

其中归一化常数为

$$N_{\mathrm{fi}} = \frac{1}{4\sqrt{\omega_\mu \omega_e q k}\, V^2}. \tag{19}$$

进一步的计算需要知道衰变振幅模方的求和 $\sum |M_{\mathrm{fi}}|^2$.

计算 $\sum |M_{\mathrm{fi}}|^2$　由 Feynman 图 10-1 可以写出动量空间的衰变振幅

$$M_{\mathrm{fi}} = \frac{-\mathrm{i}}{\sqrt{2}} G_{\mathrm{F}} [\overline{u}_{\nu_\mu}(\boldsymbol{k}, \xi_{\nu_\mu}) \gamma^\lambda (1 - \gamma^5) u_\mu(\boldsymbol{s}, \xi_\mu)] [\overline{u}_e(\boldsymbol{p}, \xi_e) \gamma_\lambda (1 - \gamma_5) v_{\nu_e}(\boldsymbol{q}, \xi_{\nu_e})], \quad (20)$$

由此可以算出

$$\begin{aligned}
\sum |M_{\mathrm{fi}}|^2 &= \frac{G_{\mathrm{F}}^2}{2} \sum [\overline{v}_{\nu_e}(\boldsymbol{q}, \xi_{\nu_e}) \gamma_\rho (1 - \gamma_5) u_e(\boldsymbol{p}, \xi_e)][\overline{u}_\mu(\boldsymbol{s}, \xi_\mu) \gamma^\rho (1 - \gamma^5) u_{\nu_\mu}(\boldsymbol{k}, \xi_{\nu_\mu})] \\
&\quad \times [\overline{u}_{\nu_\mu}(\boldsymbol{k}, \xi_{\nu_\mu}) \gamma^\lambda (1 - \gamma^5) u_\mu(\boldsymbol{s}, \xi_\mu)][\overline{u}_e(\boldsymbol{p}, \xi_e) \gamma_\lambda (1 - \gamma_5) v_{\nu_e}(\boldsymbol{q}, \xi_{\nu_e})] \\
&= \frac{G_{\mathrm{F}}^2}{2} \sum_{\xi_e, \xi_{\nu_e}} [\overline{u}_e(\boldsymbol{p}, \xi_e) \gamma_\lambda (1 - \gamma_5) v_{\nu_e}(\boldsymbol{q}, \xi_{\nu_e})][\overline{v}_{\nu_e}(\boldsymbol{q}, \xi_{\nu_e}) \gamma_\rho (1 - \gamma_5) u_e(\boldsymbol{p}, \xi_e)] \\
&\quad \times \sum_{\xi_\mu, \xi_{\nu_\mu}} [\overline{u}_\mu(\boldsymbol{s}, \xi_\mu) \gamma^\rho (1 - \gamma^5) u_{\nu_\mu}(\boldsymbol{k}, \xi_{\nu_\mu})][\overline{u}_{\nu_\mu}(\boldsymbol{k}, \xi_{\nu_\mu}) \gamma^\lambda (1 - \gamma^5) u_\mu(\boldsymbol{s}, \xi_\mu)] \\
&= \frac{G_{\mathrm{F}}^2}{2} \mathrm{tr}[(\not{p} + m_e) \gamma_\lambda (1 - \gamma_5) \not{q} \gamma_\rho (1 - \gamma_5)] \mathrm{tr}[(\not{s} + m_\mu) \gamma^\rho (1 - \gamma^5) \not{k} \gamma^\lambda (1 - \gamma^5)] \\
&= 128\, G_{\mathrm{F}}^2 (qs)(pk).
\end{aligned} \tag{21}$$

在上述计算中用到求和公式

$$\sum_\xi u(\boldsymbol{k}, \xi) \overline{u}(\boldsymbol{k}, \xi) = \not{k} + m, \qquad \sum_\xi v(\boldsymbol{k}, \xi) \overline{v}(\boldsymbol{k}, \xi) = \not{k} - m. \tag{22}$$

此外，对于矩阵中含因子 γ^5 的求迹运算，有下列公式：

$$\left.\begin{aligned}
\mathrm{tr}\,\gamma^5 &= \mathrm{tr}(\gamma^\mu \gamma^5) = \mathrm{tr}(\gamma^\mu \gamma^\nu \gamma^5) = 0, \\
\mathrm{tr}(\gamma^\mu \gamma^\nu \gamma^\rho \gamma^\sigma \gamma^5) &= -4\mathrm{i}\epsilon^{\mu\nu\rho\sigma} = 4\mathrm{i}\epsilon_{\mu\nu\rho\sigma},
\end{aligned}\right\} \tag{23}$$

$\epsilon^{\mu\nu\rho\sigma}$ 是四阶完全反对称张量，它对任何两个指标都反对称，并且 $\epsilon^{0123} = 1$. 亦即

$$\epsilon^{\mu\nu\rho\sigma} = \begin{cases} 1, & (\mu\nu\rho\sigma) = (0123) \text{ 及其偶次置换}, \\ -1, & (\mu\nu\rho\sigma) = (0123) \text{ 的奇次置换}, \\ 0, & \text{其他情形}. \end{cases} \tag{24}$$

计算 Γ_μ 把归一化常数 (19) 和上面算出的 $\sum |M_{\mathrm{fi}}|^2$ 代入 (18) 式, 就是

$$\Gamma_\mu = 4G_{\mathrm{F}}^2 \int \frac{\mathrm{d}^3\boldsymbol{p}}{(2\pi)^3} \frac{\mathrm{d}^3\boldsymbol{q}}{(2\pi)^3} \frac{\mathrm{d}^3\boldsymbol{k}}{(2\pi)^3} \frac{s_\sigma p_\rho q^\sigma k^\rho}{\omega_\mu \omega_e q k} (2\pi)^4 \delta^4(P_{\mathrm{f}} - P_{\mathrm{i}}). \tag{25}$$

先来算对两个中微子的积分

$$I^{\sigma\rho} = \int \frac{\mathrm{d}^3\boldsymbol{q}}{(2\pi)^3} \frac{\mathrm{d}^3\boldsymbol{k}}{(2\pi)^3} \frac{q^\sigma k^\rho}{qk} (2\pi)^4 \delta^4(Q - q - k), \tag{26}$$

其中 $Q = s - p$. $I^{\sigma\rho}$ 是 Lorentz 协变的, 与参考系无关. 最简单的算法是在两个中微子的动心系, 这时 Q 是纯类时的, $\boldsymbol{q} + \boldsymbol{k} = 0$, 有 $q^i = -k^i$, $q = k$. 可以用 $\delta(\boldsymbol{q} + \boldsymbol{k})$ 先完成对 $\boldsymbol{q}$ 的积分, 得到

$$I_0^{\sigma\rho} = \int \frac{\mathrm{d}^3\boldsymbol{k}}{(2\pi)^3} \frac{-k^\sigma k^\rho + 2kk g^{\sigma 0} g^{\rho 0}}{kk} 2\pi\delta(Q_0 - 2k), \tag{27}$$

其中 $Q_0 = \omega_\mu - \omega_e$. 注意这里 kk 是 ν_μ 的能量平方, 不是四维不变量 $k^2 = (kk)$, 后者为零. 再用 $\delta(Q_0 - 2k)$ 完成对 $\boldsymbol{k}$ 的积分, 就有

$$I_0^{\sigma\rho} = \frac{1}{24\pi} Q_0^2(g^{\sigma\rho} + 2g^{\sigma 0} g^{\rho 0}). \tag{28}$$

注意结果与参考系无关, 写在任一 Lorentz 系就是

$$I^{\sigma\rho} = \frac{1}{24\pi} (Q^2 g^{\sigma\rho} + 2Q^\sigma Q^\rho). \tag{29}$$

现在 (25) 式只剩下对电子的积分,

$$\Gamma_\mu = 4G_{\mathrm{F}}^2 \int \frac{\mathrm{d}^3\boldsymbol{p}}{(2\pi)^3} \frac{s_\sigma p_\rho I^{\sigma\rho}}{\omega_\mu \omega_e} = \frac{G_{\mathrm{F}}^2}{6\pi} \int \frac{\mathrm{d}^3\boldsymbol{p}}{(2\pi)^3} \frac{Q^2(sp) + 2(sQ)(pQ)}{\omega_\mu \omega_e}. \tag{30}$$

在 μ^- 静止系, 并略去电子质量, $(pQ) \approx (ps) = m_\mu \omega_e$, 最后算出

$$\begin{aligned}
\Gamma_\mu &= \frac{G_{\mathrm{F}}^2}{6\pi} \int \frac{\mathrm{d}^3\boldsymbol{p}}{(2\pi)^3} \left[(m_\mu^2 - 2m_\mu \omega_e) + 2m_\mu(m_\mu - \omega_e)\right] \\
&= \frac{G_{\mathrm{F}}^2}{12\pi^3} \int_0^{m_\mu/2} \omega_e^2 \mathrm{d}\omega_e (3m_\mu^2 - 4m_\mu \omega_e) = \frac{G_{\mathrm{F}}^2 m_\mu^5}{192\pi^3}.
\end{aligned} \tag{31}$$

Fermi 耦合常数 衰变模式 (11) 的分支比 $\approx 100\%$, 其他模式分支比极小, 可用上面算得的 Γ_μ 近似作为 μ^- 的衰变总宽度, 于是

$$\frac{1}{\tau_\mu} = \Gamma_\mu = \frac{G_{\mathrm{F}}^2 m_\mu^5}{192\pi^3}. \tag{32}$$

代入 m_μ 和 τ_μ 的实验值, 就可算出 Fermi 耦合常数 G_{F}.

(32) 式是略去电子质量的近似. μ^- 与 e^- 都是荷电粒子, 精确计算不仅要

考虑电子质量, 还要考虑 QED 的辐射修正. 这样算出的结果是 [1]

$$\frac{1}{\tau_\mu} = \frac{G_F^2 m_\mu^5}{192\pi^3} F\left(\frac{m_e^2}{m_\mu^2}\right)\left(1 + \frac{3}{5}\frac{m_\mu^2}{m_w^2}\right)\left[1 + \left(\frac{25}{8} - \frac{\pi^2}{2}\right)\frac{\alpha(m_\mu)}{\pi} + C_2 \frac{\alpha^2(m_\mu)}{\pi^2}\right], \quad (33)$$

$$F(x) = 1 - 8x + 8x^3 - x^4 - 12x^2\ln x, \quad (34)$$

$$C_2 = \frac{156\,815}{5\,184} - \frac{518}{81}\pi^2 - \frac{895}{36}\zeta(3) + \frac{67}{720}\pi^4 + \frac{53}{6}\pi^2\ln2, \quad (35)$$

$$\frac{1}{\alpha(m_\mu)} = \frac{1}{\alpha} - \frac{2}{3\pi}\ln\frac{m_\mu}{m_e} + \frac{1}{6\pi} \approx 136, \quad (36)$$

其中 $\zeta(x)$ 是 Riemann ζ 函数, $\alpha(m)$ 是跑动的 QED 耦合常数, m_w 是 W$^\pm$ Bose 子质量,

$$m_w = 80.379(12)\text{GeV}. \quad (37)$$

代入电子质量

$$m_e = 0.510\,998\,946\,1(31)\text{MeV}, \quad (38)$$

用 (33) 式定出的 Fermi 耦合常数是

$$G_F = 1.166\,378\,7(6) \times 10^{-5}\text{GeV}^{-2}, \quad (39)$$

$$G_F m_p^2 \approx 1.03 \times 10^{-5}. \quad (40)$$

3. 一些理论考虑

Fermi 作用的性质与问题   简单地说, Fermi 弱相互作用具有下列性质与特点:

- 具有普适性, 有共同的耦合常数.
- 是四 Fermi 子直接的定域相互作用.
- 参与作用的粒子处于左旋态, 反粒子处于右旋态.

第一点普适性, 意味着弱作用与电磁作用一样, 是一种基本相互作用, 耦合常数 G_F 与电荷类似, 相当于一种 "弱荷". 而后两点则意味着, Fermi 作用还存在致命的弱点和问题, 不是一个基本的理论.

首先, 它不满足 S 矩阵的幺正性条件. 对于类点状耦合的 s 波散射, 总截面

$$\sigma < \frac{4\pi}{k^2}, \quad (41)$$

这个条件可以从 S 矩阵的幺正性严格推出 [2]. 而对于 Fermi 相互作用, 由于 G_F

---

[1] W.J. Marciano and A. Sirlin, *Phys. Rev. Lett.* **61** (1988) 1815; T. van Ritbergen and R.G. Stuart, *Phys. Rev. Lett.* **82** (1999) 488.

[2] 见例如 Steven Weinberg, *The Quantum Theory of Fields*, Vol.I, Cambridge University Press, reprinted 2002, p.156.

有量纲 M^{-2}, 截面粗略地为

$$\sigma \sim G_{\mathrm{F}}^2 k^2. \tag{42}$$

所以, Fermi 作用在能量超过几百 GeV 时会破坏 S 矩阵的幺正性.

其次, 参与作用的粒子处于确定的手征态, 意味着粒子无质量. 粒子若有质量, 参考系的变换将会改变粒子的手征态 (见 4.1 节), 实验就依赖于参考系, 这违反相对性原理. 这就是说, Fermi 作用只是在能够忽略粒子质量时才成立.

更为严重的是, 在 8.6 节 **2** 已经指出, 这个相互作用不可重正化. 因此, 即便只把 Fermi 作用当做在低能近似下才适用的唯象模型, 理论也由于高阶微扰发散而不自洽.

中间 Bose 子模型 对 Fermi 模型的一个自然的改进, 就是把四个 Fermi 子的直接耦合, 换成通过交换某种媒介粒子的耦合, 作为一种三粒子耦合的二阶过程, 像电子之间通过交换光子耦合的 QED 一样, 如图 10-2. 其实, Fermi 就是根据与 QED 二阶过程的类比而提出 (2) 式的流 - 流耦合的. 弱作用与 QED 的相似性, 一直是支配弱相互作用领域研究的主导思想.

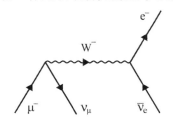

图 10-2 交换中间 Bose 子 W^- 的 $\mu^- \to \mathrm{e}^- \bar{\nu}_{\mathrm{e}} \nu_{\mu}$ 过程

这种传递弱作用的媒介粒子, 可以用英文 weak 的字首 W 来表示. 为了能够与 Fermi 子流耦合而具有 Lorentz 不变性, 与 QED 一样, W 的场必须是矢量场. 也就是说, 与光子一样, W 是 Bose 子. 所以这个模型称为 中间 Bose 子模型.

中间 Bose 子模型与 QED 有几点不同. 首先, 要能描述 β 衰变中电荷的转移, 而又保持电荷守恒, 所以 W 与光子不同, 必须是荷电粒子. 其次, 为了保持弱流具有 V-A 型结构, W 不同于光子, 没有确定的宇称. 另外, 二阶过程要在低能时近似成为四 Fermi 子类点状耦合, W 必须在低能时仍有很短的波长, 亦即有很大质量.

假设这种中间 Bose 子与弱流的耦合为

$$\mathcal{L}_{\mathrm{W}} = -g\mathcal{J}^{\mu}W_{\mu} + \mathrm{h.c.}, \tag{43}$$

其中 g 为耦合常数, W_{μ} 为重矢量场 (见 3.4 节). 可以从场 W_{μ} 的拉氏密度算出

其传播子为

$$\mathrm{i}D_{\mathrm{W}\mu\nu}(k) = \frac{-\mathrm{i}}{k^2 - m_{\mathrm{w}}^2}\left(g_{\mu\nu} - \frac{k_\mu k_\nu}{m_{\mathrm{w}}^2}\right), \tag{44}$$

m_{w} 为 W 粒子的质量. 于是, 耦合 (43) 的二阶过程在低能时与 Fermi 顶点等效的条件就是

$$-\mathrm{i}g\mathcal{J}^{\mu\dagger}\frac{-\mathrm{i}}{k^2 - m_{\mathrm{w}}^2}\left(g_{\mu\nu} - \frac{k_\mu k_\nu}{m_{\mathrm{w}}^2}\right)(-\mathrm{i}g\mathcal{J}^\nu) \xrightarrow{k\to 0} -\mathrm{i}\frac{G_{\mathrm{F}}}{\sqrt{2}}\,\mathcal{J}^{\mu\dagger}\mathcal{J}_\mu, \tag{45}$$

也就是

$$\frac{g^2}{m_{\mathrm{w}}^2} = \frac{G_{\mathrm{F}}}{\sqrt{2}}. \tag{46}$$

若假设 g 与 QED 耦合常数相同, $g^2 = 4\pi\alpha$, 就可由 Fermi 耦合常数估计出

$$m_{\mathrm{w}} = \left(\frac{4\pi\sqrt{2}\,\alpha}{G_{\mathrm{F}}m_{\mathrm{p}}^2}\right)^{1/2} m_{\mathrm{p}} \approx 100\mathrm{GeV}. \tag{47}$$

深入的研究表明, 虽然现在的耦合常数 g 无量纲, 但在高能时这个模型仍然会破坏 S 矩阵的幺正性. 此外, 尽管耦合 (43) 的结构与 QED 一样, 但是由于传播子中的 $k_\mu k_\nu/m_{\mathrm{w}}^2$ 项, 发散的幂次随着微扰阶数的增加而上升, 不能重正化. 而且, 质量项是破坏规范不变性的, W 粒子有这么大的质量, 很难想象这是一个基本的理论.

10.2　自发对称破缺与 Goldstone 定理

简洁历来是物理学的追求, 正如本章开头摘引的 Weinberg 的语录所说. Dirac 就说得更精辟: "科学的目的在于用简单的方式去理解困难的事情"[1]. 同样, 对称也是物理学的一种追求. 从文化与精神的层面看, 对称的追求反映了我们爱美的天性. 而从技术的层面看, 对称的运用则表现出我们对于具体物理了解的欠缺. 对称与简洁是一种静态美, 而对称的缺损和在简洁中掺入的些微复杂与变化, 则往往呈现出更高品味的动态美.

规范不变性或规范对称性是量子场论的核心. 在规范场的拉氏密度中加入质量项就会破坏这个对称性. 中间 Bose 子那么大的质量, 对规范对称性来说绝不是微小的瑕疵或缺损. 能不能既保持拉氏密度的规范不变性, 又使中间 Bose 子具有必需的质量? 这看似两难的困境, 从观念的转变中找到了出路.

观念的转变, 来自铁磁现象的启发. 描述铁磁性的 Hamilton 量是空间各向同性的, 而在临界温度以下的磁铁却稳定地处在平均自旋有一定取向的状态. 注意一般原理的对称性并不意味着具体物理的对称性, 需要学会把这两者区分

---

[1]　Helge Kragh, *Dirac: A Scientific Biography*, Cambridge University Press, 2005, p.258.

开. 把握了这个观念以后, 现在把在原理层面的对称性缺损, 称为 对称性的明显破缺, 而把在具体物理层面的对称性缺乏, 称为 对称性的自发破缺, 或 自发对称破缺 (spontaneous symmetry breaking). Nambu (南部阳一郎) 首先注意到了, 量子场论的真空与固体多体系统的基态相似, 并且把磁铁对称性自发破缺的概念应用到粒子物理 [①].

联系到我们的问题, 就是要区分拉氏密度的一般不变性和物理真空的实际对称性. 粒子作为真空的激发态, 它所造成的不对称, 也许只是来自具体真空的不对称, 并不一定要求模型拉氏密度也不对称. 于是问题就变成: 能不能从规范不变的拉氏密度出发, 得到不对称的真空? 以及, 能不能把中间 Bose 子的质量, 归结为真空的不对称? 答案是肯定的, 这就是本节要讨论的 Goldstone 定理, 和下一节的 Higgs 机制.

1. 自发对称破缺

对称性的自发破缺 考虑复标量场的 ϕ^4 模型, 其拉氏密度为

$$
\begin{aligned}
\mathcal{L} &= \partial_\mu \phi^\dagger \partial^\mu \phi - V(\phi, \phi^\dagger) \\
&= \partial_\mu \phi^\dagger \partial^\mu \phi - m^2 \phi^\dagger \phi - \lambda (\phi^\dagger \phi)^2,
\end{aligned} \tag{48}
$$

m 与 λ 是势能 V 的两个参数, λ 项描述场的自耦合. 这个模型显然具有整体规范对称性, $\mathcal{L}$ 在下列变换下不变:

$$
\phi \longrightarrow \phi' = \mathrm{e}^{\mathrm{i}\gamma} \phi, \tag{49}
$$

γ 是实常数.

场的基态对应于势能的极小, 有

$$
\frac{\partial V}{\partial \phi^\dagger} = m^2 \phi + 2\lambda \phi (\phi^\dagger \phi) = 0. \tag{50}
$$

当 $m^2 > 0$ 时, 上式给出极小点为 $\phi = \phi^\dagger = 0$, 只有一个解, 真空是唯一的. 而当 $m^2 < 0$ 时, 用 ϕ 复平面坐标描绘的势能曲面呈酒瓶底的形状, 如图 10-3. $\phi = 0$ 点为极大, 极小位于

$$
|\phi|^2 = -\frac{m^2}{2\lambda} = a^2, \qquad \lambda > 0, \tag{51}
$$

亦即 $|\phi| = a$. 这有无限多个解, 对应于 ϕ 复平面上半径为 a 的圆周上的点, 如图中的虚线. 因为 ϕ 是算符, 上述条件意味着场的真空期待值为

$$
|\langle 0|\phi|0\rangle|^2 = a^2. \tag{52}
$$

[①] Y. Nambu, *Phys. Rev. Lett.* **4** (1960) 380.

满足这个条件的真空 $|0\rangle$ 有无限多个, 相应于 $\langle 0|\phi|0\rangle$ 复平面上半径为 a 的圆. 所以现在真空是无限简并的, 物理的真空只是其中的一个态. 这种真空期待值不为零的场, 称为 Higgs 场.

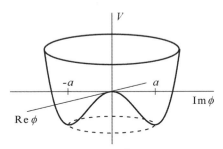

图 10-3　复标量场 ϕ^4 模型的势能 V

(49) 式是场 ϕ 的相位变换, 相应于场在复平面的转动. 在这个转动下, 简并的真空从一个态变到另一个态. 在复标量场的这个模型中, 物理真空取特定的相位, 没有规范对称性. 这就是场 ϕ 的一种自发对称破缺.

Goldstone 粒子　(52) 式表示场在真空态仍然有一定的平均值 a, 而实验只能测量在这个平均值基础上的激发. 实验上观测到的各种粒子, 都是场以真空为基础的激发. 可以把 a 分离出来, 研究场相对于这个平均值的运动,

$$\phi(x) = a + \frac{1}{\sqrt{2}}\left[h(x) + \mathrm{i}\rho(x)\right], \tag{53}$$

其中

$$\langle 0|h|0\rangle = \langle 0|\rho|0\rangle = 0, \tag{54}$$

所以实标量场 $h(x)$ 与 $\rho(x)$ 是能够直接测量的物理的场. 把 (53) 式代入 (48) 式, 略去相加常数项, 有

$$\mathcal{L} = \frac{1}{2}(\partial_\mu h)^2 + \frac{1}{2}(\partial_\mu \rho)^2 - \lambda v^2 h^2 - \lambda v h(h^2 + \rho^2) - \frac{\lambda}{4}(h^2 + \rho^2)^2, \tag{55}$$

其中

$$v = \sqrt{2}\,a. \tag{56}$$

可以看出, 场 h 具有质量 $\sqrt{2\lambda}\,v$, 它正比于场 ϕ 的真空期待值. 这种 Higgs 场的粒子, 称为 Higgs 粒子.

另一方面, 奇妙的是, 分离出平均值 a 以后的场 ρ 无质量. 一个连续对称性的自发破缺, 会导致无质量粒子的存在. 这是个普遍的结论, 即 Goldstone 定理. 这个无质量的场通常称为 Goldstone 场, 相应的粒子则称为 Goldstone 粒子, 也有作者称为 Nambu-Goldstone 粒子.

从物理上看, 连续对称性的破缺导致基态出现连续的简并. 系统在简并态之间的转换没有能量的传递, 所以相应的粒子不可能有质量. 这就是出现 Goldstone 粒子的物理. Anderson 最先在固体物理中讨论了这种现象[1], 随后 Higgs 把这一观念运用于粒子物理[2], 最终导致 Glashow-Weinberg-Salam 模型的建立.

2. Goldstone 定理

基于势能的讨论 拉氏密度可以一般地写成

$$\mathcal{L} = \partial_\mu \phi^\dagger \partial^\mu \phi - V(\phi), \tag{57}$$

其中 ϕ 是 N 维内部空间的列矢量. 设势能 $V(\phi)$ 在 $\phi = \phi_0$ 有定域极小,

$$\frac{\partial V}{\partial \phi_a}\Big|_{\phi=\phi_0} = 0, \qquad a = 1, 2, \cdots, N. \tag{58}$$

考虑场在此平衡点附近的激发, 可以把势能展开成

$$V(\phi) = V(\phi_0) + \frac{1}{2} m_{ab} \chi^a \chi^b + O(\chi^3), \tag{59}$$

其中 $\chi(x) = \phi(x) - \phi_0$. 因为 $\phi = \phi_0$ 是极小点, 质量矩阵必定是非负的,

$$m_{ab} = \frac{\partial^2 V}{\partial \phi^a \partial \phi^b}\Big|_{\phi_0} \geqslant 0. \tag{60}$$

设拉氏密度 $\mathcal{L}$ 在 N 维内部空间转动下不变, 即具有变换

$$\phi \longrightarrow \phi' = U\phi = e^{i\theta_a T^a} \phi \tag{61}$$

的不变性. 于是有

$$V(\phi_0) = V(\phi_0') = V(\phi_0) + \frac{1}{2} m_{ab} \delta\phi^a \delta\phi^b + \cdots, \tag{62}$$

其中 $\delta\phi$ 为 ϕ_0 在上述转动下的变换. 上式给出

$$m_{ab}\delta\phi^a \delta\phi^b = 0. \tag{63}$$

所以, 仅当 $\delta\phi^a = \delta\phi^b = 0$ 时, 才可能有 $m_{ab} \neq 0$. 若 $\delta\phi^a$ 与 $\delta\phi^b$ 均不为零, 则必定有 $m_{ab} = 0$,

$$m_{ab} = 0, \qquad \delta\phi^a \neq 0, \quad \delta\phi^b \neq 0. \tag{64}$$

$\delta\phi^a$ 不为零, 意味着真空在这一维是简并的, 对称性自发破缺, 没有 ϕ_0^a 的转动不变性. 这时有 $m_{aa} = 0$, 与 ϕ^a 相应的物理场质量为零. 这就是 Goldstone 定理.

上述分析同时还表明, 质量矩阵为零的维数, 即 Goldstone 粒子的数目 N_G,

[1] P.W. Anderson, *Phys. Rev.* **130** (1963) 439.

[2] P.W. Higgs, *Phys. Lett.* **12** (1964) 132.

等于真空的对称性发生破缺的维数. 而有质量的粒子数, 即 Higgs 粒子的数目, 一般地说等于 $N - N_\mathrm{G}$.

量子力学的证明   前面对 Goldstone 定理的讨论, 还只是基于拉氏密度中的势能项, 现在来给出普遍的量子力学证明. 根据 Noether 定理 (1.3 节 **4**), 与一种连续对称性相联系地, 就有一个守恒荷 Q,

$$[H, Q] = 0, \tag{65}$$

H 是系统的 Hamilton 算符. 对于系统的基态 (即真空) $|0\rangle$, 适当选择相加常数后有

$$H|0\rangle = 0. \tag{66}$$

通常, 真空具有这种对称性, 在其变换下不变,

$$\mathrm{e}^{\mathrm{i}\theta Q}|0\rangle = |0\rangle, \tag{67}$$

亦即有 $Q|0\rangle = 0$. 反之, 如果真空没有这种对称性, 存在自发对称破缺, 则 $Q|0\rangle \neq 0$. 这时有

$$HQ|0\rangle = HQ|0\rangle - QH|0\rangle = [H,Q]|0\rangle = 0, \tag{68}$$

所以 $Q|0\rangle$ 也是一个真空态. 这就证明了: **对称性的自发破缺, 导致真空发生简并**.

对于量子场系统, Q 是守恒流 $j^\mu(x)$ 的空间积分,

$$Q = \int \mathrm{d}^3 \boldsymbol{x} j^0(\boldsymbol{x}, t), \tag{69}$$

Q 守恒意味着上述积分与时间 t 无关. 考虑具有动量 $\boldsymbol{k}$ 的态

$$|\boldsymbol{k}\rangle = \int \mathrm{d}^3 \boldsymbol{x} \mathrm{e}^{\mathrm{i}\boldsymbol{k}\cdot\boldsymbol{x}} j^0(\boldsymbol{x}, t)|0\rangle. \tag{70}$$

由于

$$|\boldsymbol{k}\rangle \xrightarrow{\boldsymbol{k}\to 0} Q|0\rangle, \tag{71}$$

即在动量为零的态 $|\boldsymbol{k} = 0\rangle$ 粒子能量为零, 所以根据相对论, 态 $|\boldsymbol{k}\rangle$ 描述质量为零的粒子. 这就证明了 Goldstone 定理.

10.3   Higgs 机制

前一节讨论的是整体规范对称性的自发破缺, 现在来看定域规范对称性的自发破缺. 定域规范对称性的自发破缺, 常常说成规范的自发破缺或自发规范破缺. 先来讨论 Abel 规范场的情形.

1. Abel 规范场的情形

Abel 规范自发破缺 还是考虑复标量场的 ϕ^4 模型，定域规范不变的拉氏密度为

$$\mathcal{L} = (\partial_\mu - \mathrm{i}g A_\mu)\phi^\dagger(\partial^\mu + \mathrm{i}g A^\mu)\phi - m^2\phi^\dagger\phi - \lambda(\phi^\dagger\phi)^2 - \frac{1}{4}F_{\mu\nu}F^{\mu\nu}$$

$$= \partial_\mu\phi^\dagger\partial^\mu\phi - m^2\phi^\dagger\phi - \lambda(\phi^\dagger\phi)^2 - \mathrm{i}g\phi^\dagger \overset{\leftrightarrow}{\partial_\mu}\phi A^\mu + g^2\phi^\dagger\phi A_\mu A^\mu - \frac{1}{4}F_{\mu\nu}F^{\mu\nu}, \tag{72}$$

其中 A_μ 是 Abel 规范场，$F_{\mu\nu} = \partial_\mu A_\nu - \partial_\nu A_\mu$，算符 $\overset{\leftrightarrow}{\partial_\mu}$ 的定义见第 2 章 (6) 式．真空的情形与前一小节相同，是无限简并的．仍选 (53) 式的真空，把它代入 (72) 式，略去相加常数项，就有

$$\mathcal{L} = \frac{1}{2}(\partial_\mu h)^2 + \frac{1}{2}(\partial_\mu \rho)^2 - \lambda v^2 h^2 - \frac{1}{4}F_{\mu\nu}F^{\mu\nu} + \frac{1}{2}g^2 v^2 A_\mu A^\mu$$

$$- \lambda v h(h^2 + \rho^2) - \frac{\lambda}{4}(h^2 + \rho^2)^2 + g v \partial_\mu \rho A^\mu$$

$$+ gh \overset{\leftrightarrow}{\partial_\mu} \rho A^\mu + g^2 v h A_\mu A^\mu + \frac{1}{2}g^2(h^2 + \rho^2)A_\mu A^\mu, \tag{73}$$

在计算中用到公式

$$\left.\begin{array}{l} A \overset{\leftrightarrow}{\partial_\mu}(B + C) = A \overset{\leftrightarrow}{\partial_\mu} B + A \overset{\leftrightarrow}{\partial_\mu} C, \\ (A + B) \overset{\leftrightarrow}{\partial_\mu} C = A \overset{\leftrightarrow}{\partial_\mu} C + B \overset{\leftrightarrow}{\partial_\mu} C, \\ A \overset{\leftrightarrow}{\partial_\mu} B = -B \overset{\leftrightarrow}{\partial_\mu} A, \\ A \overset{\leftrightarrow}{\partial_\mu} A = 0. \end{array}\right\} \tag{74}$$

(73) 式第一行是自由的实标量场 h, ρ 与规范场 A_μ，后两行是场 h, ρ 的自相互作用和与场 A_μ 的耦合．可以看出，现在 h 有质量 $\sqrt{2\lambda}\,v$，而 ρ 无质量，这与整体规范对称的情形一样．令人兴奋的新的结果是：**规范场获得了质量** gv！

第二行的最后一项 $gv\partial_\mu\rho A^\mu$ 是场 ρ 与 A^μ 的耦合，它使得这个 Goldstone Bose 子与规范场粒子在传播中会互相转换，这意味着它们是同一种粒子．事实上，这一项可以通过下述规范变换消去.

Abel 情形的幺正规范 考虑定域规范变换

$$\left.\begin{array}{rcl} \phi & \longrightarrow & \phi' = \mathrm{e}^{\mathrm{i}\gamma}\phi, \\ A_\mu & \longrightarrow & A'_\mu = A_\mu - \frac{1}{g}\partial_\mu\gamma, \end{array}\right\} \quad \gamma = \gamma(x)\text{是实函数}. \tag{75}$$

当 γ 为无限小时，(53) 式给出

$$\phi' = (1 + \mathrm{i}\gamma)\left[a + \frac{1}{\sqrt{2}}(h + \mathrm{i}\rho)\right] = a + \frac{1}{\sqrt{2}}[(h - \gamma\rho) + \mathrm{i}(\rho + \gamma h + \sqrt{2}\,\gamma a)], \tag{76}$$

亦即

$$\left.\begin{array}{rcl} h' & = & h - \gamma\rho, \\ \rho' & = & \rho + \gamma h + \sqrt{2}\,\gamma a. \end{array}\right\} \tag{77}$$

这表明，与规范场 A_μ 一样，场 ρ 的变换是 **非齐次的**, 它既有在 (h,ρ) 平面的转动，还有移动. 由于这种多余的非物理自由度，场 ρ 没有直接的物理诠释. 特别是，假设拉氏密度 (73) 是从变换 $\phi' \to \phi$ 得到的，则可以选择规范 γ, 使得 $\rho = 0$, 从而消去其中的交叉项 $gv\partial_\mu\rho A^\mu$. 这相当于选择了一个固定的规范. 这个规范称为 物理规范 或 幺正规范 (unitary gauge), 简称 U 规范. 注意这里的"幺正"不是指数学中矩阵或算符的性质，而是说只出现物理粒子的这种单一性或唯一性 (unitarity).

于是，在幺正规范中有

$$\mathcal{L} = -\frac{1}{4}\,F_{\mu\nu}F^{\mu\nu} + \frac{1}{2}\,g^2 v^2 A_\mu A^\mu + \frac{1}{2}(\partial_\mu h)^2 - \lambda v^2 h^2$$
$$- \lambda v h^3 - \frac{1}{4}\,\lambda h^4 + g^2 v h A_\mu A^\mu + \frac{1}{2}\,g^2 h^2 A_\mu A^\mu. \tag{78}$$

在这个拉氏密度中，只有规范粒子 A^μ 和 Higgs 粒子 h, Goldstone 粒子 ρ 消失了！不过，与最初的拉氏密度 (72) 相比，物理的自由度并没有减少. 最初的规范场无质量，只有横向极化的两种规范粒子是物理的. 现在规范场获得了质量，所以纵向极化的规范粒子也成为物理的粒子，其代价是消去了一个无质量的 Goldstone Bose 子. 所以说，这个 Goldstone Bose 子被"规范掉"了. 或者更形象地说，这个 Goldstone Bose 子被规范粒子"吃掉"了，而吃了它的规范粒子则因此获得了质量. 这个使规范粒子获得质量的机制，就称为 Anderson-Higgs 机制, 简称 Higgs 机制.

R_ξ **规范**   消去 $gv\partial_\mu\rho A^\mu$ 项的另一做法，是选择规范条件 (见 9.2 节 **2**)

$$\Omega[A_\mu] = \partial_\mu A^\mu - \xi gv\rho, \tag{79}$$

这称为 't Hooft规范, 或 可重正化 ξ 规范 (renormalizable ξ gauges), 简称 R_ξ 规范. 在这个规范中，加入 Faddeev-Popov 规范固定项 $-(\partial_\mu A^\mu - \xi gv\rho)^2/2\xi$, 有

$$-\frac{1}{2\xi}\,(\partial_\mu A^\mu - \xi gv\rho)^2 + gv\partial_\mu\rho \cdot A^\mu = -\frac{1}{2\xi}\,(\partial_\mu A^\mu)^2 - \frac{1}{2}\,\xi g^2 v^2 \rho^2 + gv\partial_\mu(\rho A^\mu). \tag{80}$$

上式右边最后一项是四维散度，对积分无贡献，于是可把 (73) 式写成

$$\mathcal{L} = \frac{1}{2}(\partial_\mu h)^2 - \lambda v^2 h^2 + \frac{1}{2}(\partial_\mu\rho)^2 - \frac{1}{2}\,\xi g^2 v^2 \rho^2$$
$$- \frac{1}{4}\,F_{\mu\nu}F^{\mu\nu} + \frac{1}{2}\,g^2 v^2 A_\mu A^\mu - \frac{1}{2\xi}(\partial_\mu A^\mu)^2 + \cdots, \tag{81}$$

省略的是场的耦合项. 现在虽然消去了交叉项，但场 ρ 仍然存在，没有被吃掉.

不过其质量 $\sqrt{\xi}gv$ 依赖于参数 ξ, 所以是非物理的, 可以在计算的最后消去.

R_ξ 规范与幺正规范是互补的. 在幺正规范中, 所有粒子都是物理的, 它们的 Feynman 传播子也简单. 从 (78) 式可以看出, 规范粒子和 h 粒子的传播子分别是 (参阅 (44) 式)

$$\frac{-\mathrm{i}}{k^2 - M^2}\left(g_{\mu\nu} - \frac{k_\mu k_\nu}{M^2}\right), \qquad M = gv, \tag{82}$$

$$\frac{-\mathrm{i}}{k^2 - \mu^2}, \qquad \mu = \sqrt{2\lambda}\,v. \tag{83}$$

可是当 k 很大时, (82) 式正比于 $k_\mu k_\nu / k^2$. 在可重正性证明中, 需要表明含 $k_\mu k_\nu$ 的这一部分没有贡献, 相当麻烦.

另一方面, 在 R_ξ 规范中, 规范粒子和 ρ 粒子的传播子分别为

$$\frac{-\mathrm{i}}{k^2 - M^2}\left[g_{\mu\nu} - (1 - \xi)\,\frac{k_\mu k_\nu}{k^2 - \xi M^2}\right], \tag{84}$$

$$\frac{-\mathrm{i}}{k^2 - \xi M^2}. \tag{85}$$

它们显然比幺正规范的情形复杂, 而且 ρ 粒子是非物理的. 但是当 k 很大时, (84) 式正比于 $1/k^2$, 可重正性的证明就比较容易. 这就是把这种规范称为可重正化规范的原因. 更有利的是, 在冗长繁杂的实际计算中, 验算是非常重要的一环. 参数 ξ 在一定的条件下应能消去, 这是一个很好的检验条件.

2. 非 Abel 规范场的情形

模型拉氏密度 作为一个具体例子, 考虑具有二维内部空间的复标量场,

$$\phi = \begin{pmatrix} \phi_1 \\ \phi_2 \end{pmatrix}, \tag{86}$$

注意这里的 ϕ_1 和 ϕ_2 是复标量. 这实际上就是在 6.5 节 **1** 已经见过的同位旋空间, 保持矢量长度不变的 SU(2) 变换矩阵 (参阅第 9 章 (8) 式) 是

$$U = \mathrm{e}^{\mathrm{i}\theta_k T^k} = \mathrm{e}^{\mathrm{i}\theta_k \tau^k/2}, \qquad k = 1, 2, 3, \tag{87}$$

其中 $T^k = \tau^k/2$, τ^k 是同位旋的 Pauli 矩阵. 可以看出, 现在由对易关系

$$[T_i, T_j] = \mathrm{i}\epsilon_{ijk} T_k \tag{88}$$

定义的结构常数 ϵ_{ijk}, 就是三维完全反对称张量. 由于这里的 i, j, k 不是四维时空的空间指标, 不必区分上下标 (比较 3.2 节的情形),

$$\epsilon^{ijk} = \epsilon_{ijk}. \tag{89}$$

规范 SU(2) 对称性 (87), 令 $\theta_k = \theta_k(x)$, 则 ϕ^4 模型的拉氏密度为

$$\mathcal{L} = (D_\mu \phi)^\dagger D^\mu \phi - m^2 \phi^\dagger \phi - \lambda (\phi^\dagger \phi)^2 - \frac{1}{4} F^i_{\mu\nu} F^{i\mu\nu}, \tag{90}$$

其中协变微商 D_μ 和规范场 $F^i_{\mu\nu}$ 分别为

$$D_\mu = \partial_\mu + \mathrm{i}g A_\mu = \partial_\mu + \mathrm{i}g A^i_\mu T^i, \tag{91}$$

$$F^i_{\mu\nu} = \partial_\mu A^i_\nu - \partial_\nu A^i_\mu - g \epsilon^{ijk} A^j_\mu A^k_\nu. \tag{92}$$

记住 $A_\mu = A^i_\mu T^i$ 是矩阵矢量, 它既是作用于同位旋空间的 2×2 矩阵, 又是四维时空矢量的 μ 分量.

真空的选择 对于 $m^2 < 0$ 的情形, 真空的条件是

$$\langle 0 | \phi^\dagger \phi | 0 \rangle = -\frac{m^2}{2\lambda} = a^2. \tag{93}$$

注意现在有 4 个实标量场,

$$\left. \begin{aligned} \phi_1 &= \chi_1 + \mathrm{i}\chi_2, \\ \phi_2 &= \chi_3 + \mathrm{i}\chi_4, \end{aligned} \right\} \tag{94}$$

所以

$$\phi^\dagger \phi = \chi_1^2 + \chi_2^2 + \chi_3^2 + \chi_4^2 = a^2, \tag{95}$$

这是在四维实空间中半径为 a 的圆, 真空是四维连续简并的. SU(2) 规范变换 (87) 相应于这个圆上的转动. 选择一个具体的真空, 即定在圆上一点, 就失去这种转动对称性, 出现自发对称破缺.

前面 Abel 情形的做法, 是先选择 (53) 式的真空, 然后再做规范变换消去其中的 ρ, 从而得到幺正规范. 换句话说, 幺正规范相当于选择真空为

$$\phi(x) = \frac{1}{\sqrt{2}} [v + h(x)]. \tag{96}$$

实际上, 把上式代入 (72) 式, 略去相加常数项, 就可直接得到幺正规范的 (78) 式. 选择上式的真空, 则在出发点就把 Goldstone 场规范掉了.

回到非 Abel 的情形. 选定圆 (95) 上一点, 就失去了 3 个方向的转动对称性. 所以, 现在有 3 个 Goldstone Bose 子. 选择下述真空, 就可以把它们都规范掉:

$$\phi(x) = \frac{1}{\sqrt{2}} \begin{pmatrix} 0 \\ v + h(x) \end{pmatrix}. \tag{97}$$

粒子谱 把上述 $\phi(x)$ 代入 (90) 式, 注意

$$V = m^2 \phi^\dagger \phi + \lambda (\phi^\dagger \phi)^2 = \lambda (\phi^\dagger \phi)(\phi^\dagger \phi - v^2) = \frac{\lambda}{4} [(h^2 + 2vh)^2 - v^4], \tag{98}$$

$$\begin{aligned} (D_\mu \phi)^\dagger D^\mu \phi &= \partial_\mu \phi^\dagger \partial^\mu \phi + \mathrm{i}g \partial_\mu \phi^\dagger A^\mu \phi - \mathrm{i}g \phi^\dagger A_\mu \partial^\mu \phi + g^2 \phi^\dagger A_\mu A^\mu \phi \\ &= \frac{1}{2} (\partial_\mu h)^2 + \frac{1}{2} g^2 (v + h)^2 A_\mu A^\mu, \end{aligned} \tag{99}$$

就有

$$\mathcal{L} = -\frac{1}{4} F_{\mu\nu}^i F^{i\mu\nu} + \frac{1}{2} g^2 v^2 A_\mu A^\mu + \frac{1}{2} (\partial_\mu h)^2 - \lambda v^2 h^2$$
$$- \lambda v h^3 - \frac{1}{4} \lambda h^4 + g^2 v h A_\mu A^\mu + \frac{1}{2} g^2 h^2 A_\mu A^\mu + \frac{1}{4} \lambda v^4. \qquad (100)$$

可以看出, 右边第一行是规范粒子和 Higgs 粒子, 第二行前两项是 Higgs 粒子的自耦合, 三、四两项是它与规范粒子的耦合, 最后一项是相加常数, 可以略去.

注意规范粒子 A_μ^i 有 $i = 1, 2, 3$ 三种. 在规范之前, 每种规范粒子只有两个横向自由度是物理的, 而复标量场 ϕ 有 4 个分量 $(\chi_1, \chi_2, \chi_3, \chi_4)$. 所以整个体系一共有 $3 \times 2 + 4 = 10$ 种物理粒子. 在规范后, 有 3 个 Goldstone Bose 子被规范粒子吃掉, 规范粒子获得了质量 gv, 共有 $3 \times 3 = 9$ 个规范粒子是物理的. 另外还剩下一个 Higgs 粒子, 体系总的物理粒子数还是 10.

规范粒子获得的质量为 gv, 这是与 Higgs 场的真空耦合的结果. 所以 Higgs 机制的关键, 就是具有这种真空性质的 Higgs 场. 而在理论的上述结果 (100) 中, Higgs 场的直接可观测效应就是 Higgs 粒子. Higgs 粒子的质量 $\sqrt{2\lambda}\, v$ 依赖于参数 λ. 没有其他办法可以估计这个参数, 所以无法估计 Higgs 粒子的质量. 这给找寻 Higgs 粒子的实验工作带来很大的困难.

10.4 弱同位旋与 Weinberg 转动

弱作用与电磁作用一样, 具有矢量耦合性与普适性, 有可能对它们统一地进行描述. 统一地描述这两种相互作用, 一直是理论家们追求的目标. QED 是一种规范理论. 电弱统一的理论, 自然也必须是规范理论. 而规范对称的模型不能有规范粒子的质量项. Higgs 机制的发现, 提供了赋予规范粒子质量的途径. 这就有了构造一个电弱统一模型所需要的核心构件: 规范原理和 Higgs 机制. 这个模型的基础是 Glashow 的早期工作, 所以称为 Glashow-Weinberg-Salam 模型, 简称 Weinberg-Salam 模型 或 GWS 模型. 由于 't Hooft 证明了规范理论无论自发对称破缺与否都是可重正化的 [①], 这才使 Weinberg-Salam 模型被普遍接受. 本节讨论弱同位旋与 Weinberg 转动, 下节讨论 Higgs 场与粒子谱.

1. 弱同位旋

手征态关系 用手征投影算符 (见第 4 章 (56) 式) $P_{\rm L}, P_{\rm R}$, 可以定义手征本

---

① G. 't Hooft, *Nucl. Phys.* **33** (1971) 173; **35** (1971) 167.

征态

$$\psi_{\rm L} = P_{\rm L}\psi = \frac{1}{2}(1-\gamma^5)\psi, \qquad \psi_{\rm R} = P_{\rm R}\psi = \frac{1}{2}(1+\gamma^5)\psi, \tag{101}$$

它们分别具有 γ^5 的本征值 -1 与 $+1$, 相应于左旋态与右旋态. 它们有完备性关系

$$P_{\rm L} + P_{\rm R} = 1, \qquad \psi = \psi_{\rm L} + \psi_{\rm R}, \tag{102}$$

和对易关系

$$\gamma^\mu P_{\rm L} = P_{\rm R}\gamma^\mu, \qquad \gamma^\mu P_{\rm R} = P_{\rm L}\gamma^\mu. \tag{103}$$

对于 Dirac 共轭, 有关系

$$\overline{\psi}_{\rm L} = (P_{\rm L}\psi)^\dagger\gamma^0 = \psi^\dagger P_{\rm L}\gamma^0 = \overline{\psi}P_{\rm R}, \tag{104}$$

以及

$$\overline{\psi}_{\rm R} = \overline{\psi}P_{\rm L}. \tag{105}$$

运用上述性质和 $P_{\rm L}P_{\rm R} = P_{\rm R}P_{\rm L} = 0$ (见第 4 章 (48) 式), 还有

$$\overline{\psi}\gamma^\mu\psi = (\overline{\psi}_{\rm L} + \overline{\psi}_{\rm R})\gamma^\mu(\psi_{\rm L} + \psi_{\rm R}) = \overline{\psi}_{\rm L}\gamma^\mu\psi_{\rm L} + \overline{\psi}_{\rm R}\gamma^\mu\psi_{\rm R}, \tag{106}$$

和

$$\overline{\psi}\psi = \overline{\psi}(P_{\rm L}^2 + P_{\rm R}^2)\psi = \overline{\psi}_{\rm R}\psi_{\rm L} + \overline{\psi}_{\rm L}\psi_{\rm R}. \tag{107}$$

弱同位旋空间 现在可以写出

$$\overline{\psi}\gamma^\mu(1-\gamma^5)\psi = 2\overline{\psi}\gamma^\mu P_{\rm L}\psi = 2\psi^\dagger\gamma^0\gamma^\mu P_{\rm L}^2\psi$$
$$= 2\psi^\dagger P_{\rm L}\gamma^0\gamma^\mu P_{\rm L}\psi = 2\overline{\psi}_{\rm L}\gamma^\mu\psi_{\rm L}. \tag{108}$$

根据 10.1 节的唯象理论, 这就表明只有 Fermi 子的左旋分量参与弱作用过程. 用左旋态, 可以把轻子弱流 (3) 式改写成

$$j^\mu = 2(\overline{e}_{\rm L}\gamma^\mu\nu_{e\rm L} + \overline{\mu}_{\rm L}\gamma^\mu\nu_{\mu\rm L} + \overline{\tau}_{\rm L}\gamma^\mu\nu_{\tau\rm L}), \tag{109}$$

其中每一项都只是左旋轻子和与其相应的中微子之间的耦合. 这意味着每种左旋轻子和与其相应的中微子属于一个二维内部空间, 可以定义矢量

$$L_e = \begin{pmatrix} \nu_e \\ e \end{pmatrix}_{\rm L}, \qquad L_\mu = \begin{pmatrix} \nu_\mu \\ \mu \end{pmatrix}_{\rm L}, \qquad L_\tau = \begin{pmatrix} \nu_\tau \\ \tau \end{pmatrix}_{\rm L}, \tag{110}$$

下标 L 表示矢量的每个分量都取左旋分量. 这个二维内部空间, 就称为 *弱同位旋空间*. 这个空间的转动性质, 则称为 *弱同位旋* (weak isospin). 从而可以写出

$$j^\mu = 2(\overline{L}_e\gamma^\mu\tau^- L_e + \overline{L}_\mu\gamma^\mu\tau^- L_\mu + \overline{L}_\tau\gamma^\mu\tau^- L_\tau), \tag{111}$$

这里

$$\tau^- = \frac{1}{2}(\tau^1 - {\rm i}\tau^2) = \begin{pmatrix} 0 & 0 \\ 1 & 0 \end{pmatrix}, \qquad \tau^+ = \frac{1}{2}(\tau^1 + {\rm i}\tau^2) = \begin{pmatrix} 0 & 1 \\ 0 & 0 \end{pmatrix}. \tag{112}$$

从 (111) 式可以看出，还可进一步把它写成

$$j^\mu = j^{\mu-}, \qquad j^{\mu\pm} = j^{\mu1} \pm \mathrm{i}j^{\mu2}, \tag{113}$$

其中

$$j^{\mu i} = \sum_{\mathrm{e}\to\mu,\tau} \overline{L}_{\mathrm{e}}\gamma^\mu \tau^i L_{\mathrm{e}}, \tag{114}$$

求和号下 e → μ, τ 的意思，是依次加上把 e 换成 μ 的项和换成 τ 的项.

轻子中性弱流   (110) 式所表示的二维弱同位旋空间，是模型的一个基本假设. 这个假设如果成立，则与三个同位旋 Pauli 矩阵 τ^i 相应地，由 (114) 式定义的三项轻子弱流都是物理的. 它们依次是

$$j^{\mu1} = \sum_{\mathrm{e}\to\mu,\tau} (\overline{\nu}_{\mathrm{eL}}, \overline{e}_{\mathrm{L}})\gamma^\mu \begin{pmatrix} 0 & 1 \\ 1 & 0 \end{pmatrix} \begin{pmatrix} \nu_{\mathrm{eL}} \\ e_{\mathrm{L}} \end{pmatrix} = \sum_{\mathrm{e}\to\mu,\tau} (\overline{e}_{\mathrm{L}}\gamma^\mu \nu_{\mathrm{eL}} + \overline{\nu}_{\mathrm{eL}}\gamma^\mu e_{\mathrm{L}}), \tag{115}$$

$$j^{\mu2} = \sum_{\mathrm{e}\to\mu,\tau} (\overline{\nu}_{\mathrm{eL}}, \overline{e}_{\mathrm{L}})\gamma^\mu \begin{pmatrix} 0 & -\mathrm{i} \\ \mathrm{i} & 0 \end{pmatrix} \begin{pmatrix} \nu_{\mathrm{eL}} \\ e_{\mathrm{L}} \end{pmatrix} = \mathrm{i} \sum_{\mathrm{e}\to\mu,\tau} (\overline{e}_{\mathrm{L}}\gamma^\mu \nu_{\mathrm{eL}} - \overline{\nu}_{\mathrm{eL}}\gamma^\mu e_{\mathrm{L}}), \tag{116}$$

$$j^{\mu3} = \sum_{\mathrm{e}\to\mu,\tau} (\overline{\nu}_{\mathrm{eL}}, \overline{e}_{\mathrm{L}})\gamma^\mu \begin{pmatrix} 1 & 0 \\ 0 & -1 \end{pmatrix} \begin{pmatrix} \nu_{\mathrm{eL}} \\ e_{\mathrm{L}} \end{pmatrix} = \sum_{\mathrm{e}\to\mu,\tau} (\overline{\nu}_{\mathrm{eL}}\gamma^\mu \nu_{\mathrm{eL}} - \overline{e}_{\mathrm{L}}\gamma^\mu e_{\mathrm{L}}), \tag{117}$$

其中 $j^{\mu1}$ 与 $j^{\mu2}$ 是改变电荷的轻子弱流，而 $j^{\mu3}$ 是不改变电荷的轻子中性弱流.

在唯象理论的轻子弱流 (3) 式中，已经包含改变电荷的弱流，但没有包含不改变电荷的中性流. 换句话说，弱同位旋空间的假设，预言了存在这种新的轻子中性弱流. 荷电弱流是与荷电中间 Bose 子 $W^\pm$ 耦合，而中性弱流只能与电中性的中间 Bose 子耦合. 在实验上能否发现这种中性弱流与中性 Bose 子，就是对这个模型假设的检验. 1973 年在 CERN [1] 和 1974 年在 Fermi Lab [2] 分别通过中微子散射

$$\overline{\nu}_\mu + \mathrm{e}^- \longrightarrow \overline{\nu}_\mu + \mathrm{e}^-, \qquad \nu_\mu + \mathrm{N} \longrightarrow \nu_\mu + \mathrm{X} \tag{118}$$

发现了中性流， 1983 年在 CERN 的质子 - 反质子对撞机上通过反应

$$\mathrm{p} + \overline{\mathrm{p}} \longrightarrow \mathrm{Z}(\to \mathrm{l}^+ + \mathrm{l}^-) + \mathrm{X} \tag{119}$$

发现了 Z^0 粒子 [3]，弱同位旋假设得到证实， X 是某种粒子.

2. 规范对称性与 Weinberg 转动

轻子的初始拉氏密度与对称性   (107) 式表明，轻子质量项会耦合左旋态与

---

[1] F.J. Hasert *et al.*, *Phys. Lett.* **46** (1973) 121.

[2] A. Benvenuti *et al.*, *Phys. Rev. Lett.* **32** (1974) 800.

[3] G. Arnison *et al.* (UA1 Collaboration), *Phys. Lett.* **122B** (1983) 103.

右旋态，所以只能有动能项. 而且，中微子只有左旋态. 于是拉氏密度为

$$\mathcal{L}_l = \sum_{l=e,\mu,\tau} \mathrm{i}\bar{l}\gamma^\mu\partial_\mu l + \sum_{l=\nu_e,\nu_\mu,\nu_\tau} \mathrm{i}\bar{l}_{\mathrm{L}}\gamma^\mu\partial_\mu l_{\mathrm{L}}$$

$$= \sum_{e\to\mu,\tau} \mathrm{i}(\overline{L}_e\gamma^\mu\partial_\mu L_e + \overline{R}_e\gamma^\mu\partial_\mu R_e), \tag{120}$$

$L_e\,(e\to\mu,\tau)$ 是弱同位旋 **二重态** (110), $R_e\,(e\to\mu,\tau)$ 则是如下定义的弱同位旋 **单态**,

$$R_e = e_{\mathrm{R}}, \qquad R_\mu = \mu_{\mathrm{R}}, \qquad R_\tau = \tau_{\mathrm{R}}. \tag{121}$$

考虑场的相位变换

$$l \longrightarrow l' = \mathrm{e}^{\mathrm{i}\alpha\Upsilon}l, \tag{122}$$

α 是变换的实参数, Υ 是生成这个变换的算符, 它在单态 R 与二重态 L 的本征值按习惯分别记为 $Y_R/2$ 与 $Y_L/2$, 即

$$\Upsilon R = \frac{1}{2}Y_R R, \qquad \Upsilon L = \frac{1}{2}Y_L L, \tag{123}$$

$$L \longrightarrow L' = \mathrm{e}^{\mathrm{i}\alpha\Upsilon}L = \mathrm{e}^{\mathrm{i}\alpha Y_L/2}L, \tag{124}$$

$$R \longrightarrow R' = \mathrm{e}^{\mathrm{i}\alpha\Upsilon}R = \mathrm{e}^{\mathrm{i}\alpha Y_R/2}R. \tag{125}$$

可以看出，当 α 为常数时，拉氏密度 (120) 在上述变换下不变，具有整体规范对称性. 相应地, Υ 是守恒荷, 称为 *弱超荷* (weak hypercharge), 它与轻子电荷 Q 及弱同位旋有关. 上述变换是在场的复平面的转动, 属于 U(1) 对称性.

拉氏密度 (120) 除了具有 U(1) 对称性外, 还具有在弱同位旋空间的转动不变性, 这属于 SU(2) 对称性. SU(2) 变换可以写成

$$L \longrightarrow L' = \mathrm{e}^{\mathrm{i}\beta^i T^i}L = \mathrm{e}^{\mathrm{i}\beta^i\tau^i/2}L, \tag{126}$$

$$R \longrightarrow R' = \mathrm{e}^{\mathrm{i}\beta^i T^i}R = R, \tag{127}$$

β^i 是变换的实参数, T^i 是生成这个变换的算符, 它在单态 R 与二重态 L 的作用定义为

$$T^i L = \frac{1}{2}\tau^i L, \qquad T^i R = 0. \tag{128}$$

由于 T^i 是在同位旋空间内作用, 而同位旋空间对 Υ 是简并的, 所以

$$[T^i, \Upsilon] = 0. \tag{129}$$

记住这个性质, 就可以把这两种变换的幺正算符合写成

$$U = \mathrm{e}^{\mathrm{i}\alpha\Upsilon + \mathrm{i}\beta^i T^i}. \tag{130}$$

规范对称性   现在来规范这两种对称性 U(1) 与 SU(2), 引进相应的规范场及其与轻子的耦合. 规范后, $\alpha = \alpha(x)$ 与 $\beta^i = \beta^i(x)$ 都是时空坐标 x 的函数,

协变微商为

$$D_\mu = \partial_\mu + \mathrm{i} g_1 \Upsilon B_\mu + \mathrm{i} g_2 T^i W_\mu^i, \tag{131}$$

其中 g_1 与 g_2 是耦合常数, B_μ 与 W_μ^i 是相应的规范场. 于是, 对单态 R 与二重态 L 的协变微商分别就是

$$D_\mu R_\mathrm{e} = \left(\partial_\mu + \frac{\mathrm{i}}{2} Y_R B_\mu \right) R_\mathrm{e}, \tag{132}$$

$$D_\mu L_\mathrm{e} = \left(\partial_\mu + \frac{\mathrm{i}}{2} g_1 Y_L B_\mu + \frac{\mathrm{i}}{2} g_2 \tau^i W_\mu^i \right) L_\mathrm{e}$$

$$= \partial_\mu L_\mathrm{e} + \frac{\mathrm{i}}{2} \begin{pmatrix} g_1 Y_L B_\mu + g_2 W_\mu^3 & g_2(W_\mu^1 - \mathrm{i} W_\mu^2) \\ g_2(W_\mu^1 + \mathrm{i} W_\mu^2) & g_1 Y_L B_\mu - g_2 W_\mu^3 \end{pmatrix} \begin{pmatrix} \nu_\mathrm{e} \\ e \end{pmatrix}_\mathrm{L}, \tag{133}$$

以及 $\mathrm{e} \to \mu, \tau$ 的式子.

Weinberg 转动 (133) 式表明, 有直接物理含义的是 $W_\mu^\pm$ 和 W_μ^0,

$$W_\mu^\pm = \frac{1}{\sqrt{2}} \left(W_\mu^1 \mp \mathrm{i} W_\mu^2 \right), \qquad W_\mu^0 = W_\mu^3, \tag{134}$$

$$W_\mu^1 = \frac{1}{\sqrt{2}} \left(W_\mu^+ + W_\mu^- \right), \qquad W_\mu^2 = \frac{\mathrm{i}}{\sqrt{2}} \left(W_\mu^+ - W_\mu^- \right). \tag{135}$$

从 (133) 式还可看出, B_μ 既与荷电轻子耦合, 也与中微子耦合, 不可能把它诠释为传播电磁作用的场. 同样, W_μ^0 也是既与荷电轻子耦合, 也与中微子耦合, 它与 B_μ 的叠加才有直接的物理含义. 因此, 可以定义

$$A_\mu = \quad \cos\theta_\mathrm{w} \cdot B_\mu + \sin\theta_\mathrm{w} \cdot W_\mu^0, \tag{136}$$

$$Z_\mu = -\sin\theta_\mathrm{w} \cdot B_\mu + \cos\theta_\mathrm{w} \cdot W_\mu^0, \tag{137}$$

这是从 (B_μ, W_μ^0) 到 (A_μ, Z_μ) 的转动, 称为 Weinberg 转动. 转角 θ_w 称为 Weinberg 角. 由上述二式可以反解出

$$B_\mu = \cos\theta_\mathrm{w} \cdot A_\mu - \sin\theta_\mathrm{w} \cdot Z_\mu, \tag{138}$$

$$W_\mu^0 = \sin\theta_\mathrm{w} \cdot A_\mu + \cos\theta_\mathrm{w} \cdot Z_\mu. \tag{139}$$

从 (133) 式可以看出, 与中微子耦合的 B_μ, W_μ^0 因子是

$$g_1 Y_L B_\mu + g_2 W_\mu^0 = \quad (g_1 Y_L \cos\theta_\mathrm{w} + g_2 \sin\theta_\mathrm{w}) A_\mu$$

$$+ (-g_1 Y_L \sin\theta_\mathrm{w} + g_2 \cos\theta_\mathrm{w}) Z_\mu. \tag{140}$$

要求 A_μ 与中微子没有耦合, 只与与荷电粒子耦合, 就有

$$g_1 Y_L \cos\theta_\mathrm{w} + g_2 \sin\theta_\mathrm{w} = 0. \tag{141}$$

由此即可定出 Weinberg 角,

$$\sin\theta_\mathrm{w} = \frac{-g_1 Y_L}{\sqrt{g_1^2 Y_L^2 + g_2^2}}, \qquad \cos\theta_\mathrm{w} = \frac{g_2}{\sqrt{g_1^2 Y_L^2 + g_2^2}}. \tag{142}$$

Weinberg 角是一个由实验确定的基本常数,

$$\sin^2\theta_{\rm w} = 0.231\,22(4). \tag{143}$$

Weinberg 转动把看似没有直接物理诠释的规范场 B_μ 与 W_μ^3 叠加, 就得到物理的场 A_μ 与 Z_μ. 这与超导 BCS 理论中把电子与空穴叠加就得到准粒子的 Bogoliubov 变换 [①] 一样, 真是又一神来之笔. 山重水复疑无路, 柳暗花明又一村, 这是 Glashow-Weinberg-Salam 模型最漂亮最美的一笔!

3.　与规范粒子的耦合

电荷 Q　A_μ 与中微子没有耦合, 只与荷电粒子耦合, 可以把它诠释为传递电磁作用的场. 协变微商中与 A_μ 耦合的部分为

$$\partial_\mu + {\rm i}g_1 \Upsilon \cos\theta_{\rm w} A_\mu + {\rm i}g_2 T^3 \sin\theta_{\rm w} A_\mu$$
$$= \partial_\mu + {\rm i}g_1 \cos\theta_{\rm w}\Big(-Y_L T^3 + \Upsilon\Big)A_\mu. \tag{144}$$

为了把上式诠释为生成 QED 的协变微商, 可以令 $g_1\cos\theta_{\rm w}$ 为基本电荷 e, 圆括号中的部分为电荷算符 Q,

$$e = g_1\cos\theta_{\rm w}, \tag{145}$$
$$Q = -Y_L T^3 + \Upsilon. \tag{146}$$

上式与强子的 Gell-Mann-Nishijima (西岛) 公式 [②] 具有同样形式. 要求它作用于弱同位旋单态与二重态给出正确的电荷量子数,

$$Q R_{\rm e} = -R_{\rm e}, \quad Q L_{\rm e} = Q\begin{pmatrix}\nu_{\rm e}\\ e\end{pmatrix}_{\rm L} = \begin{pmatrix}0\times\nu_{\rm e}\\ -1\times e\end{pmatrix}_{\rm L}, \quad \text{以及 } {\rm e}\to\mu,\tau, \tag{147}$$

就可以定出

$$Y_L = -1, \qquad Y_R = -2. \tag{148}$$

于是有

$$Q = T^3 + \Upsilon, \tag{149}$$
$$\sin\theta_{\rm w} = \frac{g_1}{\sqrt{g_1^2 + g_2^2}}, \qquad \cos\theta_{\rm w} = \frac{g_2}{\sqrt{g_1^2 + g_2^2}}, \tag{150}$$
$$e = g_1\cos\theta_{\rm w} = g_2\sin\theta_{\rm w} = \frac{g_1 g_2}{\sqrt{g_1^2 + g_2^2}}. \tag{151}$$

---

① N.N. Bogolyubov, *Nuovo Cimento* **7** (ser. 10) (1958) 794.
② 见例如王正行, 《近代物理学》第二版, 北京大学出版社, 2010 年, 351 页.

耦合项 现在可以把 (133) 式改写为

$$
D_\mu L_e = \partial_\mu L_e + \frac{i}{2}
\begin{pmatrix}
\sqrt{g_1^2 + g_2^2}\, Z_\mu & \sqrt{2}\, g_2 W_\mu^+ \\
\sqrt{2}\, g_2 W_\mu^- & -2e A_\mu + \dfrac{g_1^2 - g_2^2}{\sqrt{g_1^2 + g_2^2}}\, Z_\mu
\end{pmatrix}
\begin{pmatrix}
\nu_e \\
e
\end{pmatrix}_L , \quad (152)
$$

以及 $e \to \mu, \tau$. 上式亦即

$$
(g_1 Y_L B_\mu + g_2 \tau^i W_\mu^i) L_e =
\begin{pmatrix}
\sqrt{g_1^2 + g_2^2}\, Z_\mu & \sqrt{2}\, g_2 W_\mu^+ \\
\sqrt{2}\, g_2 W_\mu^- & -2e A_\mu + \dfrac{g_1^2 - g_2^2}{\sqrt{g_1^2 + g_2^2}}\, Z_\mu
\end{pmatrix}
\begin{pmatrix}
\nu_e \\
e
\end{pmatrix}_L ,
$$

$$(153)$$

以及 $e \to \mu, \tau$. 从而，规范后的轻子拉氏密度 (120) 成为

$$
\mathcal{L}_{lG} = \sum_{e \to \mu, \tau} i(\overline{L}_e \gamma^\mu D_\mu L_e + \overline{R}_e \gamma^\mu D_\mu R_e) = \mathcal{L}_l + \mathcal{L}_{lI}, \quad (154)
$$

$$
\mathcal{L}_{lI} = -\sum_{e \to \mu, \tau} [\overline{L}_e \gamma^\mu (g_1 \Upsilon B_\mu + g_2 T^i W_\mu^i) L_e + \overline{R}_e \gamma^\mu (g_1 \Upsilon B_\mu) R_e]
$$

$$
= -\frac{1}{2} \sum_{e \to \mu, \tau}
\begin{pmatrix}
\overline{\nu}_e \\
\overline{e}
\end{pmatrix}_L^T
\begin{pmatrix}
\sqrt{g_1^2 + g_2^2}\, \slashed{Z} & \sqrt{2}\, g_2 \slashed{W}^+ \\
\sqrt{2}\, g_2 \slashed{W}^- & -2e\slashed{A} + \dfrac{g_1^2 - g_2^2}{\sqrt{g_1^2 + g_2^2}}\, \slashed{Z}
\end{pmatrix}
\begin{pmatrix}
\nu_e \\
e
\end{pmatrix}_L
$$

$$
+ \sum_{l = e, \mu, \tau} \overline{l}_R \frac{g_1 g_2 \slashed{A} - g_1^2 \slashed{Z}}{\sqrt{g_1^2 + g_2^2}}\, l_R = \mathcal{L}_{em} + \mathcal{L}_{lW} + \mathcal{L}_{lZ}. \quad (155)
$$

其中，与 A_μ 耦合的项为

$$
\mathcal{L}_{em} = \sum_{l = e, \mu, \tau} e[\overline{l}_L \slashed{A} l_L + \overline{l}_R \slashed{A} l_R] = -q \sum_{l = e, \mu, \tau} \overline{l} \gamma^\mu l \cdot A_\mu, \quad (156)
$$

$q = -e$ 是轻子电荷. 这正是 QED 的耦合项, A_μ 为描述光子的 Maxwell 场. 与 $W^\pm$ 耦合的项为

$$
\mathcal{L}_{lW} = -\frac{g_2}{\sqrt{2}} \sum_{e \to \mu, \tau} (\overline{\nu}_{eL} \slashed{W}^+ e_L + \overline{e}_L \slashed{W}^- \nu_{eL}) = -\frac{g_2}{2\sqrt{2}} (j^{\mu -} W_\mu^- + j^{\mu +} W_\mu^+), \quad (157)
$$

其中带电弱流 $j^{\mu \pm}$ 见 (113) 式, $W_\mu^\pm$ 描述荷电的矢量 Bose 子 $W^\pm$. (157) 式正是弱作用中间 Bose 子模型的 (43) 式, 由 (46) 式给出耦合常数

$$
g_2^2 = \frac{8 G_F m_w^2}{\sqrt{2}}. \quad (158)
$$

(155) 式中与 Z_μ 耦合的项为

$$
\mathcal{L}_{lZ} = -\frac{1}{2} \sum_{e \to \mu, \tau} \left(\sqrt{g_1^2 + g_2^2}\, \overline{\nu}_{eL} \slashed{Z}\, \nu_{eL} + \frac{g_1^2 - g_2^2}{\sqrt{g_1^2 + g_2^2}}\, \overline{e}_L \slashed{Z}\, e_L + \frac{2 g_1^2}{\sqrt{g_1^2 + g_2^2}}\, \overline{e}_R \slashed{Z}\, e_R \right)
$$

$$= -\frac{1}{2} \sum_{\mathrm{e}\to\mu,\tau} \left(\sqrt{g_1^2+g_2^2}\ \overline{L}_{\mathrm{e}}\gamma^\mu\tau^3 L_{\mathrm{e}}\cdot Z_\mu + \frac{2g_1^2}{\sqrt{g_1^2+g_2^2}}\ \overline{e}\gamma^\mu e\cdot Z_\mu \right)$$

$$= -\frac{1}{2}\frac{g_2}{\cos\theta_{\mathrm{w}}} \sum_{\mathrm{e}\to\mu,\tau} (\overline{L}_{\mathrm{e}}\gamma^\mu\tau^3 L_{\mathrm{e}} + 2\sin^2\theta_{\mathrm{w}}\ \overline{e}\gamma^\mu e)Z_\mu. \tag{159}$$

由于中微子不带电, 这个既与荷电轻子耦合又与中微子耦合的 Z_μ, 只能是传递弱作用的中性粒子, 记为 Z^0. 最后一式的圆括号部分, 则是本模型预言的中性弱流.

10.5   Higgs 场与粒子谱

1. Higgs 粒子与规范粒子的质量

前面假设轻子构成弱同位旋空间, 具有 U(1) 和 SU(2) 对称性, 并通过规范这两种对称性而引入与场 B_μ 和 W_μ^i 的耦合. 然后作 Weinberg 转动给出物理的场 $A_\mu, Z_\mu, W_\mu^\pm$. 这四种粒子中, A_μ 没有质量, 把它诠释为光子与 QED 相符. 而 Z^0 与 $\mathrm{W}^\pm$ 粒子没有质量, 与弱作用的经验不符. 为了赋予这三个规范粒子质量, 而仍然保持光子无质量, 可以利用 Higgs 机制, 引入恰当的 Higgs 场.

Higgs 场与粒子 H^0 引入二维弱同位旋空间的复标量场 ϕ,

$$\phi = \begin{pmatrix} \phi^+ \\ \phi^0 \end{pmatrix}, \tag{160}$$

其中 ϕ^+ 与 ϕ^0 都是复数, 共有 4 个实标量. 考虑 ϕ^4 模型, 势能项

$$V(\phi) = m^2\phi^\dagger\phi + \lambda(\phi^\dagger\phi)^2. \tag{161}$$

按照 10.3 节 **2** 的讨论, $m^2 < 0$ 时这个模型有四维连续简并的真空, 3 个 Goldstone Bose 子. 选择真空为

$$\phi(x) = \frac{1}{\sqrt{2}} \begin{pmatrix} 0 \\ v+H(x) \end{pmatrix}, \qquad v^2 = -\frac{m^2}{\lambda}, \tag{162}$$

就可以把这 3 个 Goldstone Bose 子规范掉, 使 3 个规范粒子获得质量. 与 (98) 式相同, 这时场的势能密度为

$$V = m^2\phi^\dagger\phi + \lambda(\phi^\dagger\phi)^2 = \frac{\lambda}{4}\left[(H^2+2vH)^2 - v^4\right]$$

$$= \lambda v^2 H^2 + \lambda v H^3 + \frac{\lambda}{4}H^4 - \frac{1}{4}\lambda v^4, \tag{163}$$

第一项是 Higgs 场 H 的质量项, 质量为 $\sqrt{2\lambda}\,v$. 中间两项是 Higgs 场的自耦合, 最后一项相加常数可以略去.

场 ϕ 不仅具有 SU(2) 对称性, 也有 U(1) 对称性, 具有弱超荷 Y_{H},

$$\Upsilon\phi = \frac{1}{2}Y_{\mathrm{H}}\phi. \tag{164}$$

根据 Gell-Mann-Nishijima 公式 (149),

$$Q\phi = T^3\phi + \frac{1}{2}Y_{\mathrm{H}}\phi = \frac{1}{2}\begin{pmatrix}(1+Y_{\mathrm{H}})\phi^+ \\ (-1+Y_{\mathrm{H}})\phi^0\end{pmatrix}. \tag{165}$$

真空不带电, ϕ^0 是中性的. 要求上式中 $(-1+Y_{\mathrm{H}})=0$, 就定出

$$Y_{\mathrm{H}} = 1. \tag{166}$$

这给出 ϕ^+ 的电荷数为 $(1+Y_{\mathrm{H}})/2 = +1$. 于是, 场 ϕ 的 4 个粒子中, 被规范粒子吃掉的有两个带正电一个不带电. 剩下的 Higgs 粒子是电中性的, 记为 H^0, 其质量为

$$m_{\mathrm{H}} = \sqrt{2\lambda}\,v. \tag{167}$$

自由规范场 为了讨论规范粒子吃掉 Goldstone Bose 子后获得的质量, 需要先写出经过 Weinberg 转动后的自由规范场拉氏密度. 首先来看规范场 B_μ 与 W_μ^0. 由于它们是 A_μ 与 Z_μ 的线性叠加, 根据 (138) 和 (139) 式, 有

$$B_{\mu\nu} = \partial_\mu B_\nu - \partial_\nu B_\mu = \cos\theta_{\mathrm{w}}A_{\mu\nu} - \sin\theta_{\mathrm{w}}Z_{\mu\nu}^{(\mathrm{a})}, \tag{168}$$

$$W_{\mu\nu}^{0(\mathrm{a})} = \partial_\mu W_\nu^0 - \partial_\nu W_\mu^0 = \sin\theta_{\mathrm{w}}A_{\mu\nu} + \cos\theta_{\mathrm{w}}Z_{\mu\nu}^{(\mathrm{a})}, \tag{169}$$

其中

$$A_{\mu\nu} = \partial_\mu A_\nu - \partial_\nu A_\mu, \qquad Z_{\mu\nu}^{(\mathrm{a})} = \partial_\mu Z_\nu - \partial_\nu Z_\mu. \tag{170}$$

注意, 由于杨 -Mills 结构, 非 Abel 规范场的 $W_{\mu\nu}^0$ 与 $Z_{\mu\nu}$ 中包含非线性的自耦合项, 这里用角标 (a) 表示其中的线性部分. 于是, 场 B_μ 的自由拉氏密度 $-\frac{1}{4}B_{\mu\nu}B^{\mu\nu}$ 为

$$\mathcal{L}_B = -\frac{1}{4}(\cos\theta_{\mathrm{w}}A_{\mu\nu} - \sin\theta_{\mathrm{w}}Z_{\mu\nu}^{(\mathrm{a})})(\cos\theta_{\mathrm{w}}A^{\mu\nu} - \sin\theta_{\mathrm{w}}Z^{\mu\nu(\mathrm{a})})$$
$$= -\frac{1}{4}\cos^2\theta_{\mathrm{w}}A_{\mu\nu}A^{\mu\nu} - \frac{1}{4}\sin^2\theta_{\mathrm{w}}Z_{\mu\nu}^{(\mathrm{a})}Z^{(\mathrm{a})\mu\nu} + \cdots, \tag{171}$$

省略的是 A_μ 与 Z_μ 的耦合项.

类似地, 场 W_μ^i 的自由拉氏密度 (参阅 9.1 节 **2** 杨 -Mills 场的情形)

$$\mathcal{L}_W = -\frac{1}{4}W_{\mu\nu}^i W^{i\mu\nu} = -\frac{1}{4}W_{\mu\nu}^1 W^{1\mu\nu} - \frac{1}{4}W_{\mu\nu}^2 W^{2\mu\nu} - \frac{1}{4}W_{\mu\nu}^3 W^{3\mu\nu}, \tag{172}$$

其中

$$W_{\mu\nu}^i = W_{\mu\nu}^{i(\mathrm{a})} - g_2\epsilon^{ijk}W_\mu^j W_\nu^k, \tag{173}$$

$$W_{\mu\nu}^{i(\mathrm{a})} = \partial_\mu W_\nu^i - \partial_\nu W_\mu^i. \tag{174}$$

(172) 式中的第三项为

$$\mathcal{L}_W^3 = -\frac{1}{4}\, W_{\mu\nu}^3 W^{3\mu\nu} = -\frac{1}{4}\, W_{\mu\nu}^{0(a)} W^{0(a)\mu\nu} + \cdots$$

$$= -\frac{1}{4}\sin^2\theta_{\mathrm{w}}\, A_{\mu\nu}A^{\mu\nu} - \frac{1}{4}\cos^2\theta_{\mathrm{w}}\, Z_{\mu\nu}^{(a)} Z^{(a)\mu\nu} + \cdots, \tag{175}$$

省略的是 A_μ 与 Z_μ 的耦合项和 W_μ^i 的自耦合项. (172) 式中的另外两项为

$$\mathcal{L}_W^1 + \mathcal{L}_W^2 = -\frac{1}{4}\, W_{\mu\nu}^{1(a)} W^{1(a)\mu\nu} - \frac{1}{4}\, W_{\mu\nu}^{2(a)} W^{2(a)\mu\nu} + \cdots$$

$$= -\frac{1}{2}\, W_{\mu\nu}^+ W^{-\mu\nu} + \cdots, \tag{176}$$

省略的是 W_μ^i 的自耦合项, 而其中

$$W_{\mu\nu}^\pm = \partial_\mu W_\nu^\pm - \partial_\nu W_\mu^\pm. \tag{177}$$

把上述各项相加, 最后就得到自由规范场拉氏密度

$$\mathcal{L}_{\mathrm{G}} = \mathcal{L}_B + \mathcal{L}_W = \mathcal{L}_B + \mathcal{L}_W^1 + \mathcal{L}_W^2 + \mathcal{L}_W^3$$

$$= -\frac{1}{4}\, A_{\mu\nu}A^{\mu\nu} - \frac{1}{4}\, Z_{\mu\nu}^{(a)} Z^{(a)\mu\nu} - \frac{1}{2}\, W_{\mu\nu}^+ W^{-\mu\nu} + \cdots, \tag{178}$$

省略的是 A_μ 与 Z_μ 的耦合项和 W_μ^i 的自耦合项.

W$^\pm$ 与 Z^0 的质量   与 (133) 式类似地, 作用于 ϕ 的协变微商是

$$D_\mu = \partial_\mu + \mathrm{i}\frac{1}{2}\, g_1 Y_H B_\mu + \mathrm{i}\frac{1}{2}\, g_2 \tau^i W_\mu^i = \partial_\mu + \frac{\mathrm{i}}{2}\, \mathfrak{D}_\mu, \tag{179}$$

$$\mathfrak{D}_\mu = \begin{pmatrix} g_1 B_\mu + g_2 W_\mu^0 & g_2(W_\mu^1 - \mathrm{i}W_\mu^2) \\ g_2(W_\mu^1 + \mathrm{i}W_\mu^2) & g_1 B_\mu - g_2 W_\mu^0 \end{pmatrix}$$

$$= \begin{pmatrix} 2e A_\mu - \dfrac{g_1^2 - g_2^2}{\sqrt{g_1^2 + g_2^2}}\, Z_\mu & \sqrt{2}\, g_2 W_\mu^+ \\ \sqrt{2}\, g_2 W_\mu^- & -\sqrt{g_1^2 + g_2^2}\, Z_\mu \end{pmatrix} = \mathfrak{D}_\mu^\dagger. \tag{180}$$

于是可以写出

$$(D_\mu\phi)^\dagger D^\mu\phi = \partial_\mu\phi^\dagger \partial^\mu\phi + \mathrm{Im}(\phi^\dagger \mathfrak{D}_\mu \partial^\mu\phi) + \frac{1}{4}\phi^\dagger \mathfrak{D}_\mu \mathfrak{D}^\mu\phi, \tag{181}$$

其中的 ϕ 用 (162) 式代入就可看出, 第一项

$$\partial_\mu\phi^\dagger \partial^\mu\phi = \frac{1}{2}(\partial_\mu H)^2 \tag{182}$$

是 Higgs 场的动能密度, 第二项 $\mathrm{Im}(\phi^\dagger \mathfrak{D}_\mu \partial^\mu\phi)$ 是规范场 A_μ, $W_\mu^\pm$, Z_μ 与 Higgs 场 H 及其导数 $\partial^\mu H$ 的耦合, 第三项 $\frac{1}{4}\phi^\dagger \mathfrak{D}_\mu \mathfrak{D}^\mu\phi$ 则既包括规范场与 Higgs 场 H

及其平方 H^2 的耦合，也给出了规范场的质量项. 由于

$$\mathfrak{D}_\mu \begin{pmatrix} 0 \\ \frac{v}{\sqrt{2}} \end{pmatrix} = \begin{pmatrix} 2eA_\mu - \dfrac{g_1^2 - g_2^2}{\sqrt{g_1^2 + g_2^2}} Z_\mu & \sqrt{2}\, g_2 W_\mu^+ \\ \sqrt{2}\, g_2 W_\mu^- & -\sqrt{g_1^2 + g_2^2}\, Z_\mu \end{pmatrix} \begin{pmatrix} 0 \\ \frac{v}{\sqrt{2}} \end{pmatrix}$$

$$= \begin{pmatrix} \sqrt{2}\, g_2 W_\mu^+ \\ -\sqrt{g_1^2 + g_2^2}\, Z_\mu \end{pmatrix} \frac{v}{\sqrt{2}}, \tag{183}$$

所以

$$\frac{1}{4} \begin{pmatrix} 0 \\ \frac{v}{\sqrt{2}} \end{pmatrix}^\dagger \mathfrak{D}_\mu \mathfrak{D}^\mu \begin{pmatrix} 0 \\ \frac{v}{\sqrt{2}} \end{pmatrix} = \frac{1}{4} g_2^2 v^2 W_\mu^+ W^{-\mu} + \frac{1}{8}(g_1^2 + g_2^2)v^2 Z_\mu Z^\mu. \tag{184}$$

把这个结果与 (178) 式相加就可看出 (参阅 3.4 节)，$\mathrm{W}^\pm$ 与 Z^0 都获得了质量，分别是

$$m_\mathrm{w} = \frac{1}{2} g_2 v, \qquad m_\mathrm{z} = \frac{1}{2}\sqrt{g_1^2 + g_2^2}\, v = \frac{m_\mathrm{w}}{\cos\theta_\mathrm{w}}, \tag{185}$$

而光子仍然保持无质量. m_w 与 m_z 是两个由实验确定的基本常数，

$$m_\mathrm{w} = 80.379(12)\mathrm{GeV}, \qquad m_\mathrm{z} = 91.1876(21)\mathrm{GeV}. \tag{186}$$

2. 轻子的质量

为了保持模型的手征对称性，在轻子的初始拉氏密度 (120) 中没有质量项. 实际观测到的轻子都是有质量的，所以同样需要某种机制赋予轻子质量. 一客不烦二主，最好还是利用 Higgs 场，使轻子通过与 Higgs 场的耦合而获得质量.

轻子场与 Higgs 场都具有弱同位旋的 SU(2) 对称性，它们之间可以构成 SU(2) 不变的 Yukawa 耦合，

$$\mathcal{L}_{\mathrm{lH}} = -\sum_{\mathrm{e}\to\mu,\tau} g_\mathrm{e}(\overline{L}_\mathrm{e}\phi R_\mathrm{e} + \overline{R}_\mathrm{e}\phi^\dagger L_\mathrm{e}), \tag{187}$$

其中第二项是第一项的厄米共轭，g_e 是耦合常数. 注意 L 与 ϕ 是同位旋旋量，而 $\overline{L}\phi$ 与 R 是同位旋标量，$\overline{L}\phi R$ 则是 Lorentz 标量.

选择物理规范 (162) 式，就有

$$\mathcal{L}_{\mathrm{lH}} = -\frac{1}{\sqrt{2}} \sum_{\mathrm{e}\to\mu,\tau} g_\mathrm{e}[(\overline{e}_\mathrm{L}(v+H)e_\mathrm{R} + \overline{e}_\mathrm{R}(v+H)e_\mathrm{L}]$$

$$= -\sum_{\mathrm{e}\to\mu,\tau} \left(m_\mathrm{e}\,\overline{e}\,e + \frac{m_\mathrm{e}}{v}\,\overline{e}\,eH \right), \tag{188}$$

其中

$$m_\mathrm{e} = \frac{g_\mathrm{e}v}{\sqrt{2}}, \qquad \text{以及 } \mathrm{e}\to\mu,\tau. \tag{189}$$

可以看出, (188) 式的第一项就是轻子场的质量项, 质量 m_e (以及 e → μ, τ) 正比于 Higgs 场的真空期待值 v. 第二项则给出轻子与 Higgs 粒子的耦合, 描述轻子辐射 Higgs 粒子 H^0, 正反轻子对湮没为 H^0, 以及 H^0 衰变为正反轻子对等过程, 耦合常数正比于轻子质量 m_e (以及 e → μ, τ) 而反比于 v. 注意 (188) 式中既无中微子质量项, 也无中微子与 Higgs 粒子的耦合.

10.6   含夸克的模型

1.   夸克的 $SU(2)$ 对称性与夸克质量

夸克的 $SU(2)$ 对称性   把夸克加入这个模型的关键, 是假设夸克具有弱 $SU(2)$ 对称性. 在唯象的普适 Fermi 相互作用中, 夸克弱流的形式 (4) 支持这个假设. 具体做法是, 与 3 代轻子 (ν_e, e), (ν_μ, μ), (ν_τ, τ) 相对应地, 把夸克也分成 3 代 (u, d), (c, s), (t, b),

$$\begin{pmatrix} \nu_e \\ e \end{pmatrix} \qquad \begin{pmatrix} \nu_\mu \\ \mu \end{pmatrix} \qquad \begin{pmatrix} \nu_\tau \\ \tau \end{pmatrix}$$

$$\begin{pmatrix} u \\ d \end{pmatrix} \qquad \begin{pmatrix} c \\ s \end{pmatrix} \qquad \begin{pmatrix} t \\ b \end{pmatrix}$$

并假设它们的左旋态与右旋态分别构成弱同位旋二重态与单态. 于是可以定义

$$L_u = \begin{pmatrix} u \\ d \end{pmatrix}_L, \qquad L_c = \begin{pmatrix} c \\ s \end{pmatrix}_L, \qquad L_t = \begin{pmatrix} t \\ b \end{pmatrix}_L. \tag{190}$$

由于物理的夸克都有质量, 所以与轻子的情形不同, 现在有 6 个单态,

$$R_u = u_R, \qquad\qquad R_c = c_R, \qquad\qquad R_t = t_R,$$

$$R_d = d_R, \qquad\qquad R_s = s_R, \qquad\qquad R_b = b_R. \tag{191}$$

注意这里二重态上分量 u, c, t 的电荷是 $2/3$, 下分量 d, s, b 的电荷是 $-1/3$. 所以, 根据 (149) 式, 夸克二重态的弱超荷是 $Y_{uL} = 1/3$,

$$\Upsilon L_u = \frac{Y_{uL}}{2} L_u = \frac{1}{6} L_u, \qquad 以及 u → c, t. \tag{192}$$

同样的原因, u, c, t 单态的弱超荷是 $Y_{uR} = 4/3$, 而 d, s, b 单态的弱超荷是 $Y_{dR} = -2/3$,

$$\Upsilon R_u = \frac{Y_{uR}}{2} R_u = \frac{4}{6} R_u, \qquad 以及 u → c, t, \tag{193}$$

$$\Upsilon R_d = \frac{Y_{dR}}{2} R_d = -\frac{2}{6} R_d, \qquad 以及 d → s, b. \tag{194}$$

与 Higgs 场的 Yukawa 耦合 场 ϕ 的电荷共轭 (参见第 4 章 (29) 式)

$$\phi_{\rm c} = {\rm i}\tau^2\phi^* = \begin{pmatrix} \phi^0 \\ -\phi^- \end{pmatrix} \tag{195}$$

也是 SU(2) 旋量, 可以与物质粒子耦合. 注意 $\phi^{0*} = \phi^0$ 仍是电中性, 而 $\phi^{+*} = \phi^-$ 的电荷与 ϕ^+ 正好相反, 所以 $\phi_{\rm c}$ 的弱超荷 $Y_{\rm H} = -1$, 与 ϕ 的相反. 若选幺正规范的 (162) 式, 即

$$\phi^- = 0, \qquad \phi^0 = \frac{v+H}{\sqrt{2}}, \tag{196}$$

则有

$$\phi_{\rm c} = \begin{pmatrix} \phi^0 \\ 0 \end{pmatrix} = \frac{1}{\sqrt{2}} \begin{pmatrix} v+H \\ 0 \end{pmatrix}. \tag{197}$$

在轻子的情形, 由于物理的中微子无质量, 没有右旋中微子单态. 在幺正规范中可以看出, 与 $\phi_{\rm c}$ 的 Yukawa 耦合

$$\overline{L}_{\rm e}\phi_{\rm c}R_{\rm e} = \overline{\nu}_{\rm eL}e_{\rm R}\phi^0, \qquad \text{以及 e} \to \mu, \tau \tag{198}$$

不满足电荷守恒, 不用考虑. 而在夸克的情形, 所有的夸克都有右旋单态, 可以写出满足电荷守恒的 Yukawa 耦合项

$$\overline{L}_{\rm u}\phi_{\rm c}R_{\rm u} = \overline{u}_{\rm L}u_{\rm R}\phi^0, \qquad \text{以及 u} \to {\rm c}, {\rm t}. \tag{199}$$

所以与轻子的情形不同, 需要考虑与 $\phi_{\rm c}$ 的耦合. 可以写出

$$\mathcal{L}_{\rm qH} = -\sum_{{\rm u}\to{\rm c},{\rm t};\, {\rm d}\to{\rm s},{\rm b}} (g_{\rm d}\overline{L}_{\rm u}\phi R_{\rm d} + g_{\rm u}\overline{L}_{\rm u}\phi_{\rm c}R_{\rm u}) + {\rm h.c.} \tag{200}$$

注意与 Higgs 场耦合的作用是赋予夸克质量, 所以这里写出的是物理夸克的质量本征态, 在式中不出现它们的交叉项, 只有 6 个耦合常数 $g_{\rm d}, g_{\rm s}, g_{\rm b}, g_{\rm u}, g_{\rm c}, g_{\rm t}$.

夸克的质量 在幺正规范中, 上式成为

$$\mathcal{L}_{\rm qH} = -\sum_{{\rm u}\to{\rm c},{\rm t};\, {\rm d}\to{\rm s},{\rm b}} (g_{\rm d}\overline{d}_{\rm L}\phi^0 d_{\rm R} + g_{\rm u}\overline{u}_{\rm L}\phi^0 u_{\rm R}) + {\rm h.c.}$$

$$= -\sum_{q=u,c,t,d,s,b} \left(m_{\rm q}\,\overline{q}\,q + \frac{m_{\rm q}}{v}\,\overline{q}\,q\,H\right), \tag{201}$$

$$m_{\rm q} = \sqrt{2}\,g_{\rm q}v, \qquad \text{q 取 u, c, t, d, s, b.} \tag{202}$$

可以看出, (201) 式结果的第一项是夸克质量项, 第二项是夸克与 H^0 的耦合.

需要强调的是, 夸克的质量正是这样通过与 Higgs 场的耦合而获得和定义的. 所以, 这样定义的夸克是在强作用 QCD 中考虑的夸克. 通常把这样定义的态称为夸克的 质量本征态 或 强作用本征态.

2. 夸克与规范粒子的耦合

夸克的混合态 在唯象的普适 Fermi 作用中, 强子弱流由 Cabibbo 混合的 (5) 式描述, 这表明夸克在强作用中的质量本征态不是在弱作用中的规范本征态, 弱过程的本征态是由不同代夸克叠加而得的混合态. 于是, 与 Weinberg 转动类似地, 需要考虑由 3 代夸克构成的三维空间的转动. 这与轻子不同. 可以假设与规范场耦合的是用下列幺正变换定义的 u 类夸克 u_i 和 d 类夸克 d_i, $i=1,2,3$:

$$\begin{pmatrix} u_1 \\ u_2 \\ u_3 \end{pmatrix}_{\mathrm{L,R}} = \begin{pmatrix} U_{11} & U_{12} & U_{13} \\ U_{21} & U_{22} & U_{23} \\ U_{31} & U_{32} & U_{33} \end{pmatrix}_{\mathrm{L,R}} \begin{pmatrix} u \\ c \\ t \end{pmatrix}_{\mathrm{L,R}}, \qquad (203)$$

$$\begin{pmatrix} d_1 \\ d_2 \\ d_3 \end{pmatrix}_{\mathrm{L,R}} = \begin{pmatrix} D_{11} & D_{12} & D_{13} \\ D_{21} & D_{22} & D_{23} \\ D_{31} & D_{32} & D_{33} \end{pmatrix}_{\mathrm{L,R}} \begin{pmatrix} d \\ s \\ b \end{pmatrix}_{\mathrm{L,R}}. \qquad (204)$$

与此相应地, 弱同位旋二重态和单态分别为

$$L_i = \begin{pmatrix} u_i \\ d_i \end{pmatrix}_{\mathrm{L}}, \qquad R_{\mathrm{u}i} = u_{i\mathrm{R}}, \qquad R_{\mathrm{d}i} = d_{i\mathrm{R}}, \qquad i=1,2,3. \qquad (205)$$

注意上述变换不改变 u 类夸克和 d 类夸克的电荷以及单态和二重态的弱超荷.

与轻子的 (154) 式类似地, 规范后的夸克拉氏密度可以写成

$$\mathcal{L}_{\mathrm{qG}} = \sum_i \mathrm{i}(\overline{L}_i\gamma^\mu D_\mu L_i + \overline{R}_{\mathrm{u}i}\gamma^\mu D_\mu R_{\mathrm{u}i} + \overline{R}_{\mathrm{d}i}\gamma^\mu D_\mu R_{\mathrm{d}i}) = \mathcal{L}_{\mathrm{q0}} + \mathcal{L}_{\mathrm{qI}}. \qquad (206)$$

其中

$$\begin{aligned} \mathcal{L}_{\mathrm{q0}} &= \sum_i \mathrm{i}(\overline{L}_i\gamma^\mu\partial_\mu L_i + \overline{R}_{\mathrm{u}i}\gamma^\mu\partial_\mu R_{\mathrm{u}i} + \overline{R}_{\mathrm{d}i}\gamma^\mu\partial_\mu R_{\mathrm{d}i}) \\ &= \sum_{\mathrm{u}\to\mathrm{c,t;d}\to\mathrm{s,b}} \mathrm{i}(\overline{L}_\mathrm{u}\gamma^\mu\partial_\mu L_\mathrm{u} + \overline{R}_\mathrm{u}\gamma^\mu\partial_\mu R_\mathrm{u} + \overline{R}_\mathrm{d}\gamma^\mu\partial_\mu R_\mathrm{d}) \\ &= \sum_{q=u,c,t,d,s,b} \mathrm{i}\overline{q}\gamma^\mu\partial_\mu q. \end{aligned} \qquad (207)$$

这里用到了 (203) 与 (204) 式中变换矩阵 $U_{\mathrm{L,R}}$ 与 $D_{\mathrm{L,R}}$ 的幺正性, 例如

$$\sum_i \overline{R}_{\mathrm{u}i}\gamma^\mu\partial_\mu R_{\mathrm{u}i} = \begin{pmatrix} u_1 \\ u_2 \\ u_3 \end{pmatrix}_{\mathrm{R}}^\dagger \gamma^0\gamma^\mu\partial_\mu \begin{pmatrix} u_1 \\ u_2 \\ u_3 \end{pmatrix}_{\mathrm{R}} = \begin{pmatrix} u \\ c \\ t \end{pmatrix}_{\mathrm{R}}^\dagger U_{\mathrm{R}}^\dagger\gamma^0\gamma^\mu\partial_\mu U_{\mathrm{R}} \begin{pmatrix} u \\ c \\ t \end{pmatrix}_{\mathrm{R}}$$

$$= \begin{pmatrix} u \\ c \\ t \end{pmatrix}_{\mathrm{R}}^{\dagger} \gamma^0 \gamma^\mu \partial_\mu \begin{pmatrix} u \\ c \\ t \end{pmatrix}_{\mathrm{R}} = \sum_{\mathrm{u} \to c,t} \overline{R}_{\mathrm{u}} \gamma^\mu \partial_\mu R_{\mathrm{u}}. \tag{208}$$

把 (207) 式与 (201) 式中的质量项相加，就得到有质量的自由夸克场拉氏密度

$$\mathcal{L}_{\mathrm{q}} = \sum_{q=u,c,t,d,s,b} \overline{q} (\mathrm{i} \gamma^\mu \partial_\mu - m_{\mathrm{q}}) q. \tag{209}$$

所以，这里还没有夸克混合态的物理.

与规范场的耦合　利用协变微商的 (131) 式，就可以写出 (206) 式中夸克与规范场的耦合项

$$\begin{aligned}
\mathcal{L}_{\mathrm{qI}} = -\frac{1}{2} \sum_i \big[\, & \overline{L}_i \gamma^\mu (g_1 Y_{\mathrm{uL}} B_\mu + g_2 \tau^j W_\mu^j) L_i \\
& + \overline{R}_{\mathrm{u}i} \gamma^\mu (g_1 Y_{\mathrm{uR}} B_\mu) R_{\mathrm{u}i} + \overline{R}_{\mathrm{d}i} \gamma^\mu (g_1 Y_{\mathrm{dR}} B_\mu) R_{\mathrm{d}i} \big] \\
= -\frac{1}{2} \sum_i \big[\, & \overline{u}_{\mathrm{L}i} \gamma^\mu u_{\mathrm{L}i} (g_1 Y_{\mathrm{uL}} B_\mu + g_2 W_\mu^0) + \overline{d}_{\mathrm{L}i} \gamma^\mu d_{\mathrm{L}i} (g_1 Y_{\mathrm{uL}} B_\mu - g_2 W_\mu^0) \\
& + (Y_{\mathrm{uR}} \overline{u}_{\mathrm{R}i} \gamma^\mu u_{\mathrm{R}i} + Y_{\mathrm{dR}} \overline{d}_{\mathrm{R}i} \gamma^\mu d_{\mathrm{R}i}) g_1 B_\mu + \sqrt{2}\, g_2 (\overline{u}_{\mathrm{L}i} \gamma^\mu d_{\mathrm{L}i} W_\mu^+ + \overline{d}_{\mathrm{L}i} \gamma^\mu u_{\mathrm{L}i} W_\mu^-) \big] \\
= \mathcal{L}_{\mathrm{qA}} & + \mathcal{L}_{\mathrm{qZ}} + \mathcal{L}_{\mathrm{qW}},
\end{aligned} \tag{210}$$

方括号中前三项是夸克与 B_μ 和 W_μ^0 的耦合，利用 (138) 和 (139) 式，可以给出夸克与光子和 Z^0 的耦合，第四项则是夸克与 $W^\pm$ 的耦合.

- **夸克的 QED**　具体计算出来，夸克与光子耦合的项为

$$\begin{aligned}
\mathcal{L}_{\mathrm{qA}} = -\frac{1}{2} \sum_i \Big[& \overline{u}_{\mathrm{L}i} \gamma^\mu u_{\mathrm{L}i} \Big(\frac{1}{3} g_1 \cos\theta_{\mathrm{w}} + g_2 \sin\theta_{\mathrm{w}} \Big) \\
& + \overline{d}_{\mathrm{L}i} \gamma^\mu d_{\mathrm{L}i} \Big(\frac{1}{3} g_1 \cos\theta_{\mathrm{w}} - g_2 \sin\theta_{\mathrm{w}} \Big) \\
& + \Big(\frac{4}{3} \overline{u}_{\mathrm{R}i} \gamma^\mu u_{\mathrm{R}i} - \frac{2}{3} \overline{d}_{\mathrm{R}i} \gamma^\mu d_{\mathrm{R}i} \Big) g_1 \cos\theta_{\mathrm{w}} \Big] A_\mu \\
= - \sum_i \Big(& \frac{2}{3} e\, \overline{u}_i \gamma^\mu u_i - \frac{1}{3} e\, \overline{d}_i \gamma^\mu d_i \Big) A_\mu \\
= - \sum_{\mathrm{u} \to c,t;\, d \to s,b} & \Big(\frac{2}{3} e\, \overline{u} \gamma^\mu u - \frac{1}{3} e\, \overline{d} \gamma^\mu d \Big) A_\mu,
\end{aligned} \tag{211}$$

最后一步用到了变换矩阵 $U_{\mathrm{L,R}}$ 与 $D_{\mathrm{L,R}}$ 的幺正性. 上式正是荷电 $2e/3$ 的 u 类夸克与荷电 $-e/3$ 的 d 类夸克与光子耦合的 QED. 这个结果表明，在与光子耦合的 QED 中，夸克本征态仍是质量本征态.

• 夸克与 Z^0 的耦合　与前面类似地，可以写出夸克与中性场 Z_μ 的耦合，

$$\mathcal{L}_{qZ} = -\frac{1}{2}\sum_i\Big[\overline{u}_{Li}\gamma^\mu u_{Li}\Big(-\frac{1}{3}g_1\sin\theta_w + g_2\cos\theta_w\Big)$$

$$+ \overline{d}_{Li}\gamma^\mu d_{Li}\Big(-\frac{1}{3}g_1\sin\theta_w - g_2\cos\theta_w\Big)$$

$$-\Big(\frac{4}{3}\overline{u}_{Ri}\gamma^\mu u_{Ri} - \frac{2}{3}\overline{d}_{Ri}\gamma^\mu d_{Ri}\Big)g_1\sin\theta_w\Big]Z_\mu$$

$$= -\frac{g_2}{\cos\theta_w}\sum_q\Big[\overline{q}_L\gamma^\mu\Big(T_q^3 - Q_q\sin^2\theta_w\Big)q_L - \overline{q}_R\gamma^\mu\Big(Q_q\sin^2\theta_w\Big)q_R\Big]Z_\mu, \quad (212)$$

其中求和遍及夸克 u, c, t, d, s, b，T_q^3 与 Q_q 分别是夸克 q 的弱同位旋投影与电荷本征值. 上面把对夸克混合态的求和化成对夸克味的求和，用了变换 $U_{L,R}$ 与 $D_{L,R}$ 的幺正性. 与夸克的 QED 一样，在上述中性流中，夸克是以双线性的形式 $\overline{u}\gamma^\mu u$ 出现，没有味的改变.

• 夸克与 $W^\pm$ 的耦合　(210) 式最后一项是夸克与 $W^\pm$ 耦合的带电弱流，

$$\mathcal{L}_{qW} = -\frac{1}{2}\sum_i\sqrt{2}g_2(\overline{u}_{Li}\gamma^\mu d_{Li}W_\mu^+ + \overline{d}_{Li}\gamma^\mu u_{Li}W_\mu^-)$$

$$= -\frac{g_2}{\sqrt{2}}\sum_{u\to c,t;\,d\to s,b}(\overline{u}_L\gamma^\mu V_{ud}d_L W_\mu^+ + \overline{d}_L\gamma^\mu V_{du}^* u_L W_\mu^-), \quad (213)$$

这里从夸克混合态到质量本征态的变换是

$$\sum_i\overline{u}_{Li}\gamma^\mu d_{Li} = \begin{pmatrix}u_1\\u_2\\u_3\end{pmatrix}_L^\dagger \gamma^0\gamma^\mu\begin{pmatrix}d_1\\d_2\\d_3\end{pmatrix}_L = \begin{pmatrix}u\\c\\t\end{pmatrix}_L^\dagger U_L^\dagger\gamma^0\gamma^\mu D_L\begin{pmatrix}d\\s\\b\end{pmatrix}_L$$

$$= \begin{pmatrix}u\\c\\t\end{pmatrix}_L^\dagger\gamma^0\gamma^\mu V\begin{pmatrix}d\\s\\b\end{pmatrix}_L = \sum_{u\to c,t;\,d\to s,b}\overline{u}_L\gamma^\mu V_{ud}d_L, \quad (214)$$

其中

$$V = U_L^\dagger D_L \quad (215)$$

是 3×3 的幺正矩阵，称为 Cabibbo-Kobayashi(小林)-Maskawa(益川) 混合矩阵，简称 CKM 矩阵 [①].

[①] M. Kobayashi and K. Maskawa, *Prog. Theor. Phys.* **49** (1972) 282.

CKM 矩阵在不同代的 d 类夸克之间产生混合,

$$\begin{pmatrix} d' \\ s' \\ b' \end{pmatrix} = \begin{pmatrix} V_{\mathrm{ud}} & V_{\mathrm{us}} & V_{\mathrm{ub}} \\ V_{\mathrm{cd}} & V_{\mathrm{cs}} & V_{\mathrm{cb}} \\ V_{\mathrm{td}} & V_{\mathrm{ts}} & V_{\mathrm{tb}} \end{pmatrix} \begin{pmatrix} d \\ s \\ b \end{pmatrix}, \tag{216}$$

出现在与 $\mathrm{W}^\pm$ 耦合的强子带电弱流中, 有可以观测的物理效应. 在数值上, 这是一组由实验测定的参数, 其数值大小为[①]

$$V = \begin{pmatrix} 0.974\,46 \pm 0.000\,10 & 0.224\,52 \pm 0.000\,44 & 0.003\,65 \pm 0.000\,12 \\ 0.224\,38 \pm 0.000\,44 & 0.973\,59^{+0.000\,10}_{-0.000\,11} & 0.042\,14 \pm 0.000\,76 \\ 0.008\,96^{+0.000\,24}_{-0.000\,23} & 0.041\,33 \pm 0.000\,74 & 0.999\,105 \pm 0.000\,032 \end{pmatrix}. \tag{217}$$

可以看出, 近似地有

$$V = \begin{pmatrix} \cos\theta_{\mathrm{c}} & \sin\theta_{\mathrm{c}} & 0 \\ -\sin\theta_{\mathrm{c}} & \cos\theta_{\mathrm{c}} & 0 \\ 0 & 0 & 1 \end{pmatrix}, \tag{218}$$

这就是 Cabibbo 转动的 (5) 式.

3. 标准模型

系统的拉氏密度　归纳起来,　Glashow-Weinberg-Salam 模型的拉氏密度为

$$\mathcal{L}_{\mathrm{GWS}} = -\frac{1}{4} B_{\mu\nu} B^{\mu\nu} - \frac{1}{4} W^i_{\mu\nu} W^{i\mu\nu} + \sum_{\mathrm{e}\to\mu,\tau} \mathrm{i}(\overline{L}_{\mathrm{e}} \gamma^\mu D_\mu L_{\mathrm{e}} + \overline{R}_{\mathrm{e}} \gamma^\mu D_\mu R_{\mathrm{e}})$$

$$+ \sum_{i=1}^{3} \mathrm{i}(\overline{L}_i \gamma^\mu D_\mu L_i + \overline{R}_{\mathrm{u}i} \gamma^\mu D_\mu R_{\mathrm{u}i} + \overline{R}_{\mathrm{d}i} \gamma^\mu D_\mu R_{\mathrm{d}i})$$

$$+ (D_\mu\phi)^\dagger(D_\mu\phi) - m^2\phi^\dagger\phi - \lambda(\phi^\dagger\phi)^2 + \sum_{\mathrm{e}\to\mu,\tau} g_1(\overline{L}_{\mathrm{e}}\phi R_{\mathrm{e}} + \overline{R}_{\mathrm{e}}\phi^\dagger L_{\mathrm{e}})$$

$$- \sum_{\mathrm{u}\to\mathrm{c,t};\mathrm{d}\to\mathrm{s,b}} (g_{\mathrm{d}}\overline{L}_{\mathrm{u}}\phi R_{\mathrm{d}} + g_{\mathrm{u}}\overline{L}_{\mathrm{u}}\phi_{\mathrm{c}} R_{\mathrm{u}} + \mathrm{h.c.}), \tag{219}$$

前两行的各项依次是自由规范场 B_μ, W^i_μ, 轻子场和夸克场, 后两行依次是自由 Higgs 场及其与轻子和夸克的耦合, 协变微商为

$$D_\mu = \partial_\mu + \mathrm{i}g_1 \Upsilon B_\mu + \mathrm{i}g_2 T^i W^i_\mu. \tag{220}$$

用路径积分计算传播子时, 在 (219) 式中还要加上相应的 Faddeev-Popov 项.

[①] M.Tanabashi *et al.* (Particle Data Group), *Phys. Rev.* **D98** (2018) 030001, 可见于 http://pdg.lbl.gov/.

在写出 (219) 式时，除了量子场论的基本原理，特别是规范原理外，还做了一些假设. 主要的假设是：

- 初始轻子无质量，有弱 SU(2) 和 U(1) 对称性.

- 初始夸克无质量，也有弱 SU(2) 和 U(1) 对称性.

- 夸克弱作用的规范本征态是质量本征态的叠加.

- 存在真空对称自发破缺的 Higgs 场.

- 轻子和夸克与 Higgs 场之间存在 Yukawa 耦合.

这些假设不是得自某种第一原理的逻辑推论，而是从外面加进来的，属于手工操作，added by hands. 通常把从第一原理推演的物理称为 理论，而把手工操作的物理称为 模型. 在这个意义上，Glashow-Weinberg-Salam 模型就是统一处理弱作用与电磁作用的一个物理模型，现在一般称为 电弱统一的标准模型. 当然，也有作者称为 Glashow-Weinberg-Salam 电弱统一理论. 此外，由于包括夸克以后它能处理不同味夸克之间的转变，还有作者把它称为 量子味动力学 (Quantum Flavor Dynamics)，简称 QFD.

含强作用的模型   包括夸克以后，除了夸克在味空间的弱 SU(2) 和 U(1) 对称性以外，还需要考虑夸克在色空间的 SU(3) 对称性，把强作用的 QCD 也纳入这个模型的框架. 这需要把协变微商 (220) 推广成

$$D_\mu = \partial_\mu + \mathrm{i}g_1 \Upsilon B_\mu + \mathrm{i}g_2 T^i W_\mu^i + \mathrm{i}g_3 T^a A_\mu^a, \tag{221}$$

以考虑夸克与胶子的耦合 (耦合常数 g_3)，并在拉氏密度 (219) 中加上自由胶子场的 $-\frac{1}{4}F_{\mu\nu}^a F^{a\mu\nu}$. 用这种方式囊括了强、弱与电磁作用的模型，则称为 粒子物理的标准模型.

我们能够领悟大自然最深层的原理，
即使它是隐藏在遥远而又陌生的王国，实
际发现这一点，真是令人感到敬畏.

———— Frank Wilczek
《诺贝尔奖演讲》，2004.

11　结　语

　　Einstein 把物理学理论分为 构造性理论 与 原理性理论 两类 ①. 构造性理论的目标，是从比较简单的形式体系出发，并以此为材料，对比较复杂的现象构造出一幅图像. 例如用分子运动的假说来构造出热过程和扩散过程的图像. 当我们说我们已经成功地获得了对一些自然过程的了解时，我们的意思是说，我们已经为这些过程建立了一个构造性的理论. 构造性理论的基础和出发点，是用综合方法从实际物理中归纳出来的各种基本假设.

　　原理性理论不是用综合方法而是用分析方法. 原理性理论的基础和出发点，不是假设而是来自经验的发现. 它们是自然过程的普遍特征，即基本的原理. 它们以数学的形式，给出各种过程或其理论表述所必须满足的条件. 热力学就是一个原理性理论，它从几个普遍的经验事实出发，推出了各种事件都必须满足的关系.

　　构造性理论的优点是具体明确、完备和有适应性，而原理性理论的优点则是基础稳固和逻辑完整. Einstein 指出，相对论属于后者.

　　按照 Einstein 的这种解释和划分，除了相对论，量子力学也是原理性理论，它们都为微观物理世界的描述和理解提供了普遍的原则和框架，也就是 Minkowski 空间和 Hilbert 空间. 而本书所描述的量子场论，则属于构造性理论. 在相对论和量子力学的框架内，我们构造出基本物质场的模型，用来描绘各种 Fermi 子. 相对性原理与量子力学相结合，决定了基本物质粒子的点模型及其相互作用的定域性. 再加上规范不变性原理，就可以进一步构造和引入传递相互作用的媒介场，用来描绘和解释物质粒子之间的强、弱和电磁相互作用. 为了赋予这些媒介粒子以符合实际的性质，我们又构造出真空对称自发破缺的 Higgs 场，把它加入到构成理论的各种元件之中. 于是，当我们有了符合粒子物理实验的图像，我

---

　　① A. Einstein, *My theory*, in *The Times*, Nov. 28, 1919, p.13, 见许良英、范岱年编译，《爱因斯坦文集》第一卷，商务印书馆，1976 年，109 页.

们就说，我们已经成功地获得了对粒子物理过程的了解.

所以，量子场论是在相对性原理、量子力学原理和规范不变性原理的基础上构造出来的关于基本物质粒子及其相互作用的理论. 用以构造出量子场论整个物理图像的出发点，则是关于物质粒子的手征、色 SU(3)、弱 SU(2) 和 U(1) 等基本对称性，以及使得真空凝聚和对称破缺的 Higgs 场.

这只是事情的一个方面. 在另一方面，Einstein 又指出 [1]，科学体系可以划分成许多不同的层次，在较低层次中作为基础和出发点的基本概念和关系，可以从高一层的体系中用逻辑的方式推导出来. 于是，科学的目的，一方面是尽可能完备地理解全部感觉经验之间的关系，而另一方面，则是尽可能通过最少的基本概念和关系来达到这个目的. 这些不能在逻辑上进一步简化的基本概念和关系，组成了理论的根本部分，它们不是理性所能触动的. 数学之所以比其他一切科学都要受到特殊的尊重，其中的一个理由就是，它的命题是绝对可靠和无可争辩的.

Einstein 指出，在这些层次之间没有清晰的界限，哪些概念属于第一层并不绝对清楚. 而理论物理学家的追求，则是努力把理论构造成从第一原理出发的逻辑演绎 [2]. 在这个意义上，量子场论作为物质结构最深层的基本理论，无可争辩地处于物理学体系的最高层次，支配量子场论的基本原理和构成理论出发点的基本对称性，也就是整个物理学理论体系的根本部分. 现在的量子场论还远远不是一个已经完成的理论，也不是一个原理性理论. 重正化的研究表明，现在的量子场论还只是一个略去更深层物理的有效理论. "与人类思想某些其他领域的理论不同，物理学理论有能力说出其自身最后的失效从而适用的范围" [3]. 对于更深层物理的追求正在进行，已经出现了诸如从大统一理论到弦论和超弦理论的尝试 [4]，这已经超出了本书的范围.

一步一步攀登到达物理学理论的金顶，心中会油然生出 "凌虚便有飘然想，只觉青冥不算高" (王惕山诗句) 的感觉，而我们能够寻求和领悟这大自然最深层的原理与属性，真是令人对造化的深邃莫测与美妙神奇感到由衷的敬畏. 在未来继续深入的探索与追求之中，这两种感觉将会与我们的努力与成就长相伴随.

---

[1]　A. Einstein, *Physics and Reality*, *The Journal of the Franklin Institute*, **221** (1936, No.3) 313, 见许良英、范岱年编译，《爱因斯坦文集》第一卷，商务印书馆，1976 年，344 页.

[2]　王正行，《严谨与简洁之美 —— 王竹溪一生的物理追求》，北京大学出版社，2008 年 4 月第 1 版，2011 年 12 月第 2 次印刷，216 页.

[3]　A. Zee, *Quantum Field Theory in a Nutshell*, Princeton University Press, 2003, p.157.

[4]　J. Polchinski, *String Theory*, Cambridge University Press, 2005.

下面的这些练习题用两个数编号，第一个数是与题目的内容相应的章号，第二个数是章内的序号.

1.1 试表明 $\partial_\mu x^\nu = g_\mu{}^\nu$, $\partial_\mu x_\nu = g_{\mu\nu}$, $\partial^\mu x_\nu = g^\mu{}_\nu$, $\partial^\mu x^\nu = g^{\mu\nu}$.

1.2 试计算 $\partial^\mu \mathrm{e}^{\frac{1}{2}ax^2+bx}$ 和 $\partial_\mu\partial_\nu \mathrm{e}^{\frac{1}{2}ax^2+bx}$, 其中 a 是常标量, b^μ 是四维常矢量.

1.3 证明微分算符 $\partial_\mu = \partial/\partial x^\mu$ 是四维协变矢量, $\partial^\mu = \partial/\partial x_\mu$ 是四维逆变矢量, 而 $\partial_\mu\partial^\mu$ 是标量.

1.4 若 A^μ 是四维矢量, 证明 $F^{\mu\nu} = \partial^\mu A^\nu - \partial^\nu A^\mu$ 是二阶张量, 并证明下述方程是 Lorentz 协变式: $\partial_\mu F^{\mu\nu} = j^\nu$, $\partial_\mu A^\mu = 0$, $\partial_\nu\partial^\nu A_\mu = 0$, 其中 j^μ 是四维矢量.

1.5 证明 $\mathrm{d}^4 x = \mathrm{d}t\mathrm{d}^3\boldsymbol{x} = \mathrm{d}t\mathrm{d}x\mathrm{d}y\mathrm{d}z$ 在正规 Lorentz 变换下不变.

1.6 若算得的截面为 $\sigma = 10^{-3}/m_{\mathrm{w}}^2$, $m_{\mathrm{w}} \approx 80\mathrm{GeV}$ 是 W$^\pm$ 粒子质量, 试换算出以 cm^2 为单位的截面值. 若算得的寿命 $\tau = 1/\mathrm{GeV}$, 试问等于多少秒?

2.1 已知实标量场 $\mathcal{L} = \frac{1}{2}[\partial_\mu\phi\partial^\mu\phi - V(\phi)]$, 其中 $V(\phi)$ 有下限. 试求场的能量动量张量密度 $\mathcal{T}^{\mu\nu}$ 和 Hamilton 密度 $\mathcal{H}$, 并验证 $\mathcal{T}^{00} = \mathcal{H}$.

2.2 求上题 $\mathcal{L}$ 的 Euler-Lagrange 方程, 并用它验证场的能量动量张量守恒, 即有 $\partial_\mu\mathcal{T}^{\mu\nu} = 0$.

2.3 已知实标量场 $\mathcal{L} = \frac{1}{2}[\partial_\mu\phi\partial^\mu\phi - V(\phi)]$, 其中

$$V(\phi) = \frac{1}{4}\frac{\mu^4}{\lambda} - \frac{1}{2}\mu^2\phi^2 + \frac{1}{4}\lambda\phi^4,$$

λ 和 μ^2 为正实数. 试写出场 ϕ 的运动方程, 求 $\phi =$ 常数的解, 并验证当 $v = \sqrt{\mu^2/\lambda}$ 和 $m = \mu/\sqrt{2}$ 时有下述解: $\phi(z) = v\tanh(mz)$, $\phi(t,z) = v\tanh[m(z-vt)/\sqrt{1-v^2}]$.

2.4 试表明: 实标量场 ϕ 的能量动量 $P^\mu = \int\mathrm{d}^3\boldsymbol{x}\mathcal{P}^\mu$ 满足对易关系 $[P^\mu, \phi] = -\mathrm{i}\partial^\mu\phi$, 并讨论其物理含义. 提示: 考虑 ϕ 是平面波的情形.

2.5 (1) 在实标量场的箱归一化中, 试表明 $[N_{\boldsymbol{k}}, (a_{\boldsymbol{k}}^\dagger)^n] = n(a_{\boldsymbol{k}}^\dagger)^n$, 从而 $|n_{\boldsymbol{k}}\rangle = C_{n_{\boldsymbol{k}}}(a_{\boldsymbol{k}}^\dagger)^{n_{\boldsymbol{k}}}|0\rangle$ 是 $N_{\boldsymbol{k}} = a_{\boldsymbol{k}}^\dagger a_{\boldsymbol{k}}$ 的本征态, 本征值为 $n_{\boldsymbol{k}}$, $C_{n_{\boldsymbol{k}}}$ 是归一化常数.

(2) 若定义实标量场的总粒子数算符 $N = \sum_{\boldsymbol{k}} N_{\boldsymbol{k}} = \sum_{\boldsymbol{k}} a_{\boldsymbol{k}}^\dagger a_{\boldsymbol{k}}$, 试表明

$$|\{n_{\boldsymbol{k}}\}\rangle = \prod_{\boldsymbol{k}}\frac{(a_{\boldsymbol{k}}^\dagger)^{n_{\boldsymbol{k}}}}{\sqrt{n_{\boldsymbol{k}}!}}|0\rangle$$

是 N 的本征态, 本征值为 $\sum_{\boldsymbol{k}} n_{\boldsymbol{k}}$.

2.6 (1) 定义实标量场的总粒子数算符 $N = \int\mathrm{d}^3\boldsymbol{k}\, a_{\boldsymbol{k}}^\dagger a_{\boldsymbol{k}}$, 试表明有 $[N, (a_{\boldsymbol{k}}^\dagger)^n] = n(a_{\boldsymbol{k}}^\dagger)^n$.

(2) 试表明

$$|\{n_{\boldsymbol{k}}\}\rangle = \prod_{\boldsymbol{k}}\frac{(a_{\boldsymbol{k}}^\dagger)^{n_{\boldsymbol{k}}}}{\sqrt{n_{\boldsymbol{k}}!}}|0\rangle$$

是 N 的本征态, 本征值为 $\int\mathrm{d}^3\boldsymbol{k}\, n_{\boldsymbol{k}}$.

2.7 试表明

$$D(x) = \int \frac{\mathrm{d}^4 k}{(2\pi)^4} \, \mathrm{e}^{-\mathrm{i}kx} \delta(k^2 - m^2) f(k)$$

是齐次 Klein-Gordon 方程 $(\partial_\mu \partial^\mu + m^2) D(x) = 0$ 的解, 而

$$D(x) = \int \frac{\mathrm{d}^4 k}{(2\pi)^4} \, \mathrm{e}^{-\mathrm{i}kx} \frac{1}{k^2 - m^2}$$

是非齐次 Klein-Gordon 方程 $(\partial_\mu \partial^\mu + m^2) D(x) = -\delta(x)$ 的解, $\delta(x) = \delta(t) \delta(\boldsymbol{x})$.

2.8 设复标量场 ϕ 满足 Klein-Gordan 方程 $\partial_\mu \partial^\mu \phi + m^2 \phi = 0$, 试表明场 ϕ 的四维矢量流 $j^\mu = \mathrm{i}q[\phi^\dagger \partial^\mu \phi - (\partial^\mu \phi^\dagger) \phi]$ 满足连续性方程 $\partial_\mu j^\mu = 0$, q 为常数.

2.9 若复标量场 ϕ 是两个实标量场 ϕ_1 与 ϕ_2 的叠加, $\phi = (\phi_1 + \mathrm{i}\phi_2)/\sqrt{2}$, ϕ_1 与 ϕ_2 在动量表象的算符分别是 $a_{1\boldsymbol{k}}$ 与 $a_{2\boldsymbol{k}}$. 试表明它们与场 ϕ 的算符 $a_{\boldsymbol{k}}$ 与 $b_{\boldsymbol{k}}$ 有下列关系:

$$a_{\boldsymbol{k}} = \frac{1}{\sqrt{2}} (a_{1\boldsymbol{k}} + \mathrm{i}a_{2\boldsymbol{k}}), \qquad b_{\boldsymbol{k}} = \frac{1}{\sqrt{2}} (a_{1\boldsymbol{k}} - \mathrm{i}a_{2\boldsymbol{k}}).$$

2.10 考虑 N 维内部空间的标量场 $\phi_a = \phi^a$, $a = 1, \cdots, N$, 其拉氏密度为

$$\mathcal{L} = \frac{1}{2} (\partial_\mu \phi_a \partial^\mu \phi^a - m^2 \phi_a \phi^a) - \frac{\lambda}{4} \phi_a \phi^a.$$

(1) 试求场 ϕ_a 满足的 Euler-Lagrange 方程.

(2) 试求场的能量动量 P^μ, 并表明有 $[P^\mu, \phi_a] = -\mathrm{i}\partial^\mu \phi_a$.

3.1 (1) 设三维空间的 3 个单位矢量 $\boldsymbol{e}^1, \boldsymbol{e}^2, \boldsymbol{e}^3$ 是正交归一的, $\boldsymbol{e}^i \cdot \boldsymbol{e}^j = \sum_{m=1}^{3} e_m^i e_m^j = \delta_{ij}$, e_m^i 是 $\boldsymbol{e}^i$ 在 $\boldsymbol{e}^m$ 方向的投影. 试表明, 对于由它们张成的空间, 有下述完备性关系:

$$\sum_{i=1}^{3} e_m^i e_n^i = \delta_{mn}.$$

(2) 用 $\boldsymbol{e}^i$ 定义 3 个三维矢量

$$\epsilon^1 = \frac{1}{\sqrt{2}} (\boldsymbol{e}^1 + \mathrm{i}\boldsymbol{e}^2), \qquad \epsilon^2 = \frac{1}{\sqrt{2}} (\boldsymbol{e}^1 - \mathrm{i}\boldsymbol{e}^2), \qquad \epsilon^3 = \boldsymbol{e}^3.$$

试证明有下述正交归一化关系和完备性关系:

$$\epsilon^{i*} \cdot \epsilon^j = \sum_{m=1}^{3} \epsilon_m^{i*} \epsilon_m^j = \delta_{ij}, \qquad \sum_{i=1}^{3} \epsilon_m^{i*} \epsilon_n^i = \delta_{mn},$$

其中 ϵ_m^i 是 ϵ^i 在 $\boldsymbol{e}^m$ 方向的投影.

3.2 (1) 对于 Minkowski 空间的 4 个单位矢量 e^μ, 有正交归一化关系 $g^{\rho\sigma} e^\mu_\rho e^\nu_\sigma = g^{\mu\nu}$. 试表明有下述完备性关系: $g_{\mu\nu} e^\mu_\rho e^\nu_\sigma = g_{\rho\sigma}$.

(2) 在粒子静止的参考系, 波矢 $k^\mu = (m, 0, 0, 0)$, m 是粒子质量, 这时 3 个类空单位矢量可取 $e^1_\mu = (0, 1, 0, 0)$, $e^2_\mu = (0, 0, 1, 0)$, $e^3_\mu = (0, 0, 0, 1)$. 若变换到粒子运动的参考系, 波矢取 $k^\mu = (\omega, 0, 0, k)$, 试求变换后的 $e^s_{\boldsymbol{k}\mu}$, 并表明有

$$\sum_{s=1}^{3} e^s_{\boldsymbol{k}\mu} e^s_{\boldsymbol{k}\nu} = -g_{\mu\nu} + \frac{k_\mu k_\nu}{m^2}.$$

3.3 已知

$$J_1 = \begin{pmatrix} 0 & 0 & 0 \\ 0 & 0 & -\mathrm{i} \\ 0 & \mathrm{i} & 0 \end{pmatrix}, \quad J_2 = \begin{pmatrix} 0 & 0 & \mathrm{i} \\ 0 & 0 & 0 \\ -\mathrm{i} & 0 & 0 \end{pmatrix}, \quad J_3 = \begin{pmatrix} 0 & -\mathrm{i} & 0 \\ \mathrm{i} & 0 & 0 \\ 0 & 0 & 0 \end{pmatrix},$$

试求 J_i 的本征值, 和 (J^2, J_3) 的共同本征态, $J^2 = J_1^2 + J_2^2 + J_3^2$.

3.4 试从 Maxwell 场的拉氏密度 $\mathcal{L} = -\frac{1}{4}F_{\mu\nu}F^{\mu\nu}$ 推出 Coulomb 规范中哈氏密度的表达式

$$\mathcal{H} = \frac{1}{2}[\dot{\boldsymbol{A}}^2 + (\nabla \times \boldsymbol{A})^2], \qquad F_{\mu\nu} = \partial_\mu A_\nu - \partial_\nu A_\mu.$$

3.5 根据对易关系

$$[A_i(\boldsymbol{x}, t), A_j(\boldsymbol{x}', t)] = 0, \qquad [\pi^i(\boldsymbol{x}, t), \pi^j(\boldsymbol{x}', t)] = 0,$$

$$[A_i(\boldsymbol{x}, t), \pi^j(\boldsymbol{x}', t)] = \mathrm{i} \int \frac{\mathrm{d}^3 \boldsymbol{k}}{(2\pi)^3} \mathrm{e}^{\mathrm{i}\boldsymbol{k}\cdot(\boldsymbol{x}-\boldsymbol{x}')}\left(g_i^{\,j} - \frac{k_i k^j}{k_l k^l}\right),$$

和展开式

$$\boldsymbol{A}(x) = \int \mathrm{d}^3 \boldsymbol{k} \sum_{s=1}^{2} \boldsymbol{e}_{\boldsymbol{k}}^s [a_{\boldsymbol{k}s}\varphi_{\boldsymbol{k}}(x) + a_{\boldsymbol{k}s}^\dagger \varphi_{\boldsymbol{k}}^*(x)],$$

试推出其中算符 $a_{\boldsymbol{k}s}$ 和 $a_{\boldsymbol{k}s}^\dagger$ 的对易关系. $\boldsymbol{e}_{\boldsymbol{k}}^s$ 是空间坐标的单位矢量.

3.6 试在 Coulomb 规范下从 Maxwell 场的拉氏密度 $\mathcal{L} = -\frac{1}{4}F_{\mu\nu}F^{\mu\nu}$ 推导动量 $\boldsymbol{P}$ 的表达式.

3.7 一维标量场的 Casimir 效应. 在一维时间和一维空间构成的 $(1+1)$ 维时空中的场, 称为一维场. 今有一维零质量标量场 $\phi(x, t)$, 存在于距离为 L 的范围内, 两个端点是场的节点, 波矢 $k = n\pi/L$, $n = 0, \pm 1, \pm 2, \cdots$. 场的零点能可以写成 $E_0 = \sum_k \omega/2$, $\omega = |k|$. 在场中放置两个薄板, 相距 d, $d \ll L$, 使该处成为节点, 试求两板间的相互作用力. 提示: 对 n 的求和可取光滑截断因子 $f(k/k_c) = \mathrm{e}^{-na\pi/L}$, 最后令 $a \to 0$.

3.8 Stueckelberg 拉氏密度为 $\mathcal{L} = -\frac{1}{4}F_{\mu\nu}F^{\mu\nu} + \frac{1}{2}m^2 A_\mu A^\mu - \frac{1}{2}\lambda(\partial_\mu A^\mu)^2$, 试推导 A_μ 满足的运动方程和场的哈氏密度.

3.9 试从重矢量场的 $\mathcal{L} = -\frac{1}{4}F_{\mu\nu}F^{\mu\nu} + \frac{1}{2}m^2 A_\mu A^\mu$ 推导出场的动量 P^i 与自旋角动量 S_k.

3.10 试求重矢量场的协变对易关系 $[A_\mu(x), A_\nu(x')]$.

4.1 试表明, 从 Weyl 方程可以推出守恒流方程 $\partial\rho/\partial t + \nabla \cdot \boldsymbol{j} = 0$, 其中密度 $\rho = \psi^\dagger \psi$, $\boldsymbol{j} = \mp\psi^\dagger\boldsymbol{\sigma}\psi$.

4.2 试写出 Weyl 表象的 γ 矩阵.

4.3 (1) 厄米矩阵 γ^5 又称为 手征矩阵. 试表明它的本征值为 $+1$ 与 -1, 分别称为 右手性 与 左手性.

(2) 试表明 $\psi_{\mathrm{R}} = \frac{1}{2}(1 + \gamma^5)\psi$ 为右手性本征态, $\psi_{\mathrm{L}} = \frac{1}{2}(1 - \gamma^5)\psi$ 为左手性本征态.

(3) 试表明 $\overline{\psi}\psi = \overline{\psi}_{\mathrm{L}}\psi_{\mathrm{R}} + \overline{\psi}_{\mathrm{R}}\psi_{\mathrm{L}}$, $\overline{\psi}\gamma^5\psi = \overline{\psi}_{\mathrm{L}}\psi_{\mathrm{R}} - \overline{\psi}_{\mathrm{R}}\psi_{\mathrm{L}}$, 其中 $\overline{\psi}_{\mathrm{L,R}} = (\psi_{\mathrm{L,R}})^\dagger \gamma^0$.

(4) 试表明若 ψ 满足 Dirac 方程, 则 $j^\mu(x) = \overline{\psi}(x)\gamma^\mu\psi(x)$ 满足连续方程, 并且有关系 $\overline{\psi}(x)\gamma^\mu\psi(x) = \overline{\psi}_{\mathrm{R}}(x)\gamma^\mu\psi_{\mathrm{R}}(x) + \overline{\psi}_{\mathrm{L}}(x)\gamma^\mu\psi_{\mathrm{L}}(x)$.

(5) 若 ψ 满足 Dirac 方程, 试计算轴矢量 $j^{5\mu}(x) = \overline{\psi}(x)\gamma^5\gamma^\mu\psi(x)$ 的四维散度 $\partial_\mu j^{5\mu}(x)$, 并用手征本征态 ψ_{R} 与 ψ_{L} 表达.

4.4 根据 $\{\gamma_\mu, \gamma_\nu\} = 2g_{\mu\nu}$, 试表明有 $\mathrm{tr}(\gamma^{\mu_1}\gamma^{\mu_2}\gamma^{\mu_3}) = 0$.

4.5 试证明 Dirac 旋量有

$$u^\dagger(\omega, \boldsymbol{k}, \xi)v(\omega, -\boldsymbol{k}, \xi') = 0, \qquad w^\dagger(k^0, \boldsymbol{k}, \xi)\gamma^i w(k^0, \boldsymbol{k}', \xi') = N\delta(\boldsymbol{k} - \boldsymbol{k}')\delta_{\xi\xi'},$$

其中 N 是归一化常数.

4.6 试表明 Dirac 旋量的变换矩阵 Λ 有下述性质: $\Lambda^\dagger = \gamma^0 \Lambda^{-1}\gamma^0$.

4.7 试表明 Dirac 共轭旋量 $\overline{\psi}$ 的 Lorentz 变换为 $\overline{\psi}' = \overline{\psi}\Lambda^{-1}$.

4.8 试用 ψ_L 与 ψ_R 表示 Dirac 旋量的双线性型 $\overline{\psi}\psi, \overline{\psi}\gamma^5\psi, \overline{\psi}\gamma^\mu\psi, \overline{\psi}\gamma^5\gamma^\mu\psi$, 以及 $\overline{\psi}\sigma^{\mu\nu}\psi$, 其中 $\sigma^{\mu\nu} = \frac{1}{2}[\gamma^\mu, \gamma^\nu]$.

4.9 试表明: 左手场的电荷共轭是右手场, 右手场的电荷共轭是左手场.

4.10 试表明 $\psi C \psi$ 是 Lorentz 标量, $C\psi = \mathrm{i}\gamma^2\psi^*$.

5.1 试根据有源 Gauss 积分 $\int \mathrm{d}x e^{-\frac{1}{2}ax^2 + Jx} = \sqrt{2\pi/a}\, e^{J^2/2a}$, 求 Gauss 矩 $\int \mathrm{d}x x^{2n} e^{-\frac{1}{2}ax^2}$.

5.2 试从 $\int \mathcal{D}\xi e^{-\frac{1}{2}\xi K\xi} = 1/\sqrt{\det K}$ 出发, 证明

$$\int \mathcal{D}\xi e^{-\frac{1}{2}\xi K\xi - V(\xi) + J\xi} = \frac{1}{\sqrt{\det K}} e^{-V(\delta/\delta J)} e^{\frac{1}{2}JK^{-1}J}.$$

5.3 设 η 与 $\bar{\eta}$ 是 Grassmann 变量, a, b 是 c 数, 试求下列泛函积分与微商:

$$\int \mathrm{d}\bar{\eta}\mathrm{d}\eta\, e^{a - b\bar{\eta}\eta}, \qquad \frac{\delta}{\delta\eta(x)} e^{-\bar{\eta}\eta}, \qquad \frac{\delta}{\delta\bar{\eta}(x)} e^{-\bar{\eta}\eta}.$$

5.4 对 Grassmann 变量, 试证明微商算符有下列对易关系

$$\left\{\xi_i, \frac{\partial}{\partial\xi_j}\right\} = \delta_{ij}, \qquad \left\{\frac{\partial}{\partial\xi_i}, \frac{\partial}{\partial\xi_j}\right\} = 0.$$

5.5 试证明, 跃迁振幅的 Feynman 公式不限于 $H = p^2/2m + V(q)$ 类型的系统, 它对于下列更一般的拉氏函数也适用:

$$L(q, \dot{q}) = \frac{1}{2}\sum_{i,j} \dot{q}_i m_{ij}\dot{q}_j + \sum_i A_i(q)\dot{q}_i - V(q),$$

其中 m 是与 q 无关的实的非奇异矩阵.

5.6 李政道与杨振宁讨论过下述 Hamilton 函数描述的系统[1]: $H = p^2/2f(q)$. 试推出相应的 Feynman 路径积分公式, 并对结果进行讨论.

5.7 在 Feynman 路径积分公式中明写出约化 Planck 常数 $\hbar$, 就是

$$K(q, t; q_0, t_0) = \mathcal{N}\int \mathcal{D}q\, e^{\frac{i}{\hbar}\int \mathrm{d}t L(q, \dot{q})}.$$

据此试证明: 在 $\hbar \to 0$ 的经典极限, 粒子的经典路径 $q = q_\mathrm{c}(t)$ 是下述 Euler-Lagrange 方程

$$\frac{\mathrm{d}}{\mathrm{d}t}\frac{\delta L}{\delta \dot{q}} - \frac{\delta L}{\delta q} = 0$$

的解.

5.8 利用跃迁振幅的 Feynman 公式, 试用相互作用绘景推导生成泛函的公式

$$Z[J] = \int \mathcal{D}q\, e^{i\int_{-\infty}^{\infty} \mathrm{d}t[L(q,\dot{q}) + Jq + \frac{1}{2}i\varepsilon q^2]}.$$

[1] T.D. Lee and C.N. Yang, *Phys. Rev.* **128** (1962) 885.

5.9 在 2 点自由 Green 函数的表达式

$$G_0^{(2)}(x,y) = \theta(x^0 - y^0)\langle 0|\phi^{(+)}(x)\phi^{(-)}(y)|0\rangle + \theta(y^0 - x^0)\langle 0|\phi^{(+)}(y)\phi^{(-)}(x)|0\rangle$$

中, 代入实标量场正频与负频部分 $\phi^{(+)}(x)$ 与 $\phi^{(-)}(x)$ 在动量空间的展开式, 直接验证上式给出 $G_0^{(2)}(x,y) = i\Delta_F(x-y)$.

5.10 试通过泛函微商的运算证明 3 点自由 Green 函数等于 0, $G_0^{(3)}(x_1, x_2, x_3) = 0$, 4 点自由 Green 函数为

$$G_0^{(4)}(x_1, x_2, x_3, x_4) = G_0^{(2)}(x_1, x_2)G_0^{(2)}(x_3, x_4) + G_0^{(2)}(x_1, x_3)G_0^{(2)}(x_2, x_4)$$
$$+ G_0^{(2)}(x_1, x_4)G_0^{(2)}(x_2, x_3).$$

5.11 试根据自由复标量场的拉氏密度 $\mathcal{L}_0 = \partial_\mu \phi^\dagger \partial^\mu \phi - m^2 \phi^\dagger \phi$, 求出相应的生成泛函 Z_0 和 Feynman 传播子 Δ_F. 提示: 场量 ϕ 与 $\phi^\dagger$ 互为复共轭, 互相独立, 需要分别引进相应的外源.

6.1 试计算泛函微商

$$\frac{\delta}{i\delta J(z)} \int dx dy\, iJ(x)\Delta_F(x-y)J(y),$$

并用 Feynman 图表示出来, 从而概括出对带源 Feynman 图中的源进行泛函微商的图形规则.

6.2 试用解析方法计算泛函微商

$$\left[\frac{\delta}{i\delta J(z)}\right]^4 Z_0[J],$$

给出解析的结果, 其中 $Z_0[J] = e^{-\frac{i}{2}\int dx dy J(x)\Delta_F(x-y)J(y)}$. 不用简写, 详细写出演算的步骤.

6.3 试用图形方法计算泛函微商

$$\left[\frac{\delta}{i\delta J(z)}\right]^4 e^{\frac{1}{2} \times\!\!-\!\!-\!\!-\!\!\times},$$

给出图形结果, 再根据图形规则把所得结果写成对应的解析式, 并与上题的结果进行核对.

6.4 (1) 试表明, 若场与真空具有平移不变性, 则 Green 函数有下述性质:

$$G(x_1 + a, \cdots, x_n + a) = G(x_1, \cdots, x_n).$$

(2) 试表明, Green 函数的上述性质意味着

$$\int \prod_{i=1}^{n} d^4 x_i e^{-ip_i x_i} G(x_1, \cdots, x_n) \propto (2\pi)^4 \delta^4(p_1 + \cdots + p_n),$$

从而可以写出

$$\int \prod_{i=1}^{n} d^4 x_i e^{-ip_i x_i} G(x_1, \cdots, x_n) = (2\pi)^4 \delta^4(p_1 + \cdots + p_n) G(p_1, \cdots, p_n).$$

6.5 在 ϕ^4 理论中, (1) 试画出 2 点连通 Green 函数的 2 阶 Feynman 图, 并写出相应的表达式; (2) 试画出 4 点连通 Green 函数的 2 阶 Feynman 图, 并写出相应的表达式.

6.6 试画出 ϕ^4 模型 S 矩阵 2 阶微扰的连通 Feynman 图.

6.7 设 π-N 系统的拉氏密度为 $\mathcal{L} = \overline{\psi}(i\gamma^\mu\partial_\mu - m_{\mathrm{N}})\psi + \frac{1}{2}(\partial_\mu\phi\partial^\mu\phi - m_\pi^2\phi^2) - ig\overline{\psi}\gamma_5\tau\psi\cdot\phi$,
其中 ϕ 是同位旋空间矢量, $\phi^2 = \phi\cdot\phi = \sum_i\phi_i\phi_i$, $\tau\cdot\phi = \sum_i\tau_i\phi_i$, τ 是同位旋空间的
Pauli 矩阵.

   (1) 试分别推出 Dirac 场 ψ 和 Klein-Gordon 场 ϕ 的 Euler-Lagrange 方程, 并分别与
       Dirac 方程和 Klein-Gordon 方程进行比较.

   (2) 若把上述拉氏密度中的相互作用换成 $g\overline{\psi}\psi\phi^2$, 试推出相应的 Euler-Lagrange 方程,
       并画出这种相互作用顶点的 Feynman 图. 这种情形 S 矩阵 Feynman 图中的 Fermi
       子线是否连续? 能否中止于图内?

6.8 试证明下列求迹的性质和 γ 矩阵求迹公式

$$\mathrm{tr}(1) = 4, \qquad \mathrm{tr}(AB) = \mathrm{tr}(BA),$$
$$\mathrm{tr}(\not{a}) = 0, \qquad \mathrm{tr}(\not{a}\not{b}\not{c}) = 0, \qquad \mathrm{tr}(奇数个\ \not{a}) = 0,$$
$$\mathrm{tr}(\not{a}\not{b}) = 4ab, \qquad \mathrm{tr}(\not{a}\not{b}\not{c}\not{d}) = 2(ab)\mathrm{tr}(\not{c}\not{d}) - \mathrm{tr}(\not{b}\not{a}\not{c}\not{d}).$$

6.9 定义 $\underline{A} = \gamma^0 A^\dagger\gamma^0$, 试证: $\quad\underline{\gamma^\mu} = \gamma^\mu, \quad \underline{i\gamma^5} = i\gamma^5, \quad \underline{\gamma^\mu\gamma^5} = \gamma^\mu\gamma^5, \quad \underline{\not{a}\not{b}\not{c}} = \not{c}\not{b}\not{a}.$

6.10 在 Yukawa 理论中, 试画出 π^-p 散射的 2 阶 Feynman 图, 并算出相应的角分布和全
截面公式. 图中的核子内线是质子还是中子?

7.1 讨论有外源的 Maxwell 场.

   (1) 考虑含外源 j_μ 的拉氏密度, $\mathcal{L} = -\frac{1}{4}F^{\mu\nu}F_{\mu\nu} - j_\mu A^\mu$, $\qquad F^{\mu\nu} = \partial^\mu A^\nu - \partial^\nu A^\mu$,
       试表明场 A^μ 满足下述方程: $\partial_\mu F^{\mu\nu} = j^\nu$, $\qquad \partial^\lambda F^{\mu\nu} + \partial^\mu F^{\nu\lambda} + \partial^\nu F^{\lambda\mu} = 0.$

   (2) 定义三维矢量 $\boldsymbol{E} \equiv -\nabla A_0 - \dot{\boldsymbol{A}}$, $\boldsymbol{B} \equiv \nabla\times\boldsymbol{A}$, 试表明

$$(F^{\mu\nu}) = \begin{pmatrix} 0 & -E_x & -E_y & -E_z \\ E_x & 0 & -B_z & B_y \\ E_y & B_z & 0 & -B_x \\ E_z & -B_y & B_x & 0 \end{pmatrix}.$$

   (3) 试把在 (1) 中得到的场 A^μ 的方程改写成场 $\boldsymbol{E}$ 与 $\boldsymbol{B}$ 的方程.

   (4) 把在 (3) 中得到的方程与经典电动力学的 Maxwell 方程比较, 从而给出对外源
       $j^\mu = (j_0, \boldsymbol{j})$ 的物理诠释.

7.2 讨论与 Maxwell 场耦合的 Klein-Gordon 场.

   (1) 考虑拉氏密度 $\mathcal{L} = (D_\mu\phi)^\dagger(D^\mu\phi) - m^2\phi^\dagger\phi$, $D_\mu = \partial_\mu + iqA_\mu$, 试表明场 ϕ 满足的
       Euler-Lagrange 方程为 $(\partial_\mu + iqA_\mu)(\partial^\mu + iqA^\mu)\phi + m^2\phi = 0.$

   (2) 试表明上述方程给出的能量 H 与动量 $\boldsymbol{p}$ 的关系为 $(H - qA_0)^2 = (\boldsymbol{p} - q\boldsymbol{A})^2 + m^2.$

   (3) 令 $H = m + H_{\mathrm{C}}$, 考虑 $m \gg (H_{\mathrm{C}} - qA_0)$ 的非相对论近似, 试表明有

$$H_{\mathrm{C}} \approx \frac{1}{2m}(\boldsymbol{p} - q\boldsymbol{A})^2 + qA_0.$$

   (4) 把上述 H_{C} 当做经典 Hamilton 量, 试用 Hamilton 正则方程推出受力为

$$\boldsymbol{F} = m\frac{\mathrm{d}\boldsymbol{v}}{\mathrm{d}t} = \frac{\mathrm{d}\boldsymbol{p}}{\mathrm{d}t} - q\frac{\mathrm{d}\boldsymbol{A}}{\mathrm{d}t} = q\boldsymbol{E} + q\boldsymbol{v}\times\boldsymbol{B}.$$

根据这个结果, 能对耦合常数 q 作出什么物理诠释?

7.3 讨论有 Maxwell 场的 Dirac 方程.

(1) 考虑拉氏密度 $\mathcal{L} = \overline{\psi}(\mathrm{i}\gamma^\mu D_\mu - m)\psi = \overline{\psi}(\mathrm{i}\gamma^\mu \partial_\mu - m)\psi - q\overline{\psi}\gamma^\mu\psi A_\mu$, 试表明场 ψ 的运动方程为 $(\mathrm{i}\gamma^\mu\partial_\mu - m)\psi = q\gamma^\mu A_\mu\psi$.

(2) 令 $\psi = (\mathrm{i}\gamma^\mu\partial_\mu + m)\phi$, 试表明这样定义的旋量场 ϕ 满足 2 阶方程

$$\left(D_\mu D^\mu + m^2 + \frac{1}{2}q\sigma^{\mu\nu}F_{\mu\nu}\right)\phi = 0, \qquad \sigma^{\mu\nu} = \frac{\mathrm{i}}{2}(\gamma^\mu\gamma^\nu - \gamma^\nu\gamma^\mu),$$

比 Klein-Gordon 场的相应方程 (见上题的 (1)) 多出最后一项 $\frac{1}{2}q\sigma^{\mu\nu}F_{\mu\nu}$.

(3) 试表明多出的这一项为 $\frac{1}{2}q\sigma^{\mu\nu}F_{\mu\nu} = -q\boldsymbol{\sigma}\cdot\boldsymbol{B} + \mathrm{i}q\boldsymbol{\alpha}\cdot\boldsymbol{E}$, $\boldsymbol{B} = \nabla\times\boldsymbol{A}$, $\boldsymbol{E} = -\nabla A_0 - \dot{\boldsymbol{A}}$.

(4) 作与上题的 (2) 和 (3) 相同的讨论, 试表明现在的经典 Hamilton 量为

$$H_\mathrm{C} \approx \frac{1}{2m}(\boldsymbol{p} - q\boldsymbol{A})^2 + qA_0 - \frac{q}{2m}\,\boldsymbol{\sigma}\cdot\boldsymbol{B} + \mathrm{i}\frac{q}{2m}\,\boldsymbol{\alpha}\cdot\boldsymbol{E},$$

其中最后两项分别是 Pauli 项和 Darwin 项. 试讨论 Pauli 项和 $\mu_0 = q/2m$ 的物理含义.

7.4 讨论 Pauli 相互作用. 粒子自旋磁矩的 Dirac 理论值为 $\mu_s = q/2m$, 实验测量值与它的偏离称为 *反常磁矩*. 为了唯象地描述粒子的反常磁矩, Pauli 建议 Dirac 场与 Maxwell 场耦合的拉氏密度应加一项 $\mathcal{L}_\mathrm{P} = -\frac{\delta q}{4m}\,\overline{\psi}\sigma^{\mu\nu}\psi\cdot F_{\mu\nu}$, $\sigma^{\mu\nu} = \frac{\mathrm{i}}{2}[\gamma^\mu, \gamma^\nu]$, 其中参数 δ 由实验测定.

(1) 试写出场 ψ 的运动方程.

(2) 假设 $\mathcal{L}_\mathrm{P}$ 是小量, 试问这个模型给出的粒子磁矩是多少? (提示: 参考上题的做法.)

(3) 这时 ψ 与 $\overline{\psi}$ 的反对易关系还与自由 Dirac 场的一样吗? 为什么?

7.5 QED 的 1 阶 Feynman 图包括哪些物理过程?

7.6 证明下列关于 γ 矩阵的公式:

$$\not{a}\not{a} = a^2, \quad \{\not{a}, \not{b}\} = 2ab, \quad \{\not{a}, \gamma^\mu\} = 2a^\mu, \quad \{\not{a}\not{b}\not{c}, \gamma^\mu\} = 2a^\mu\not{b}\not{c} - 2b^\mu\not{a}\not{c} + 2c^\mu\not{a}\not{b},$$

$$\gamma^\mu\gamma_\mu = 4, \qquad \gamma^\mu\not{a}\gamma_\mu = -2\not{a}, \qquad \gamma^\mu\not{a}\not{b}\gamma_\mu = 4ab, \qquad \gamma^\mu\not{a}\not{b}\not{c}\gamma_\mu = -2\not{c}\not{b}\not{a},$$

$$\gamma^\mu\not{a}\not{b}\not{c}\not{d}\gamma_\mu = 2(\not{d}\not{a}\not{b}\not{c} + \not{c}\not{b}\not{a}\not{d}).$$

7.7 证明下列求迹公式:

$$\mathrm{tr}\,\gamma^5 = 0, \qquad\qquad \mathrm{tr}(\not{a}\not{b}\gamma^5) = 0,$$

$$\mathrm{tr}(\not{a}\,\gamma^\mu) = 4a^\mu, \qquad \mathrm{tr}(\not{a}\not{b}\not{c}\,\gamma^\mu) = 4a^\mu(bc) - 4b^\mu(ac) + 4c^\mu(ab),$$

$$\mathrm{tr}(\not{a}_1\not{a}_2\cdots\not{a}_n) = (a_1 a_2)\mathrm{tr}(\not{a}_3\cdots\not{a}_n) - (a_1 a_3)\mathrm{tr}(\not{a}_2\not{a}_4\cdots\not{a}_n)$$

$$+ \cdots + (a_1 a_n)\mathrm{tr}(\not{a}_2\cdots\not{a}_{n-1}),$$

$$\mathrm{tr}(\not{a}_1\not{a}_2\cdots\not{a}_{2n}) = \mathrm{tr}(\not{a}_{2n}\cdots\not{a}_2\not{a}_1).$$

7.8 完成 Compton 散射中 $\mathrm{tr}(\not{p}'Q^{\mu\nu}\not{p}\underline{Q}_{\mu\nu})$ 的计算, 其中

$$Q^{\mu\nu} = \frac{1}{\omega}(\gamma^\mu\not{k}\gamma^\nu + 2\gamma^\mu p^\nu) + \frac{1}{\omega'}(\gamma^\nu\not{k}'\gamma^\mu - 2\gamma^\nu p^\mu), \qquad \underline{Q}_{\mu\nu} = \gamma^0(Q_{\mu\nu})^\dagger\gamma^0.$$

7.9 试在动心系推导 Compton 散射末态态密度.

7.10 试在正电子静止的实验室系推导正负电子湮没过程 $e^+ + e^- \to 2\gamma$ 的末态态密度.

7.11 试在动心系推导 $\gamma\pi$ 弹性散射的不变振幅 M_{fi} 和散射角分布 $\mathrm{d}\sigma/\mathrm{d}\Omega$.

7.12 设入射光束与出射光束的夹角为 θ, 它们的极化矢量分别为 $\boldsymbol{e}$ 与 $\boldsymbol{e}'$. 若入射光是非极化的, 试求 $(\boldsymbol{e}\cdot\boldsymbol{e}')^2$ 对 $\boldsymbol{e}$ 平均对 $\boldsymbol{e}'$ 求和的结果.

8.1 试在 $d=3$ 的三维时空中讨论 QED Feynman 图的发散问题. 这时发散积分共有多少种? 电子自能积分、光子自能积分和顶角积分的表观发散度各是多少?

8.2 试问分别在几维时空中, QED 电子自能积分、光子自能积分和顶角积分才有可能收敛? 若非四维时空, 2 阶 Compton 散射的 Feynman 积分有可能发散吗?

8.3 对 d 维时空的矩阵 γ_μ, $\mu = 0, 1, \cdots, d-1$, 试证明

$$\gamma^\mu\gamma_\mu = d, \qquad \gamma^\mu\gamma^\nu\gamma_\mu = -(d-2)\gamma^\nu, \qquad \gamma^\mu\gamma^\nu\gamma^\rho\gamma_\mu = 4g^{\nu\rho} - (4-d)\gamma^\nu\gamma^\rho,$$

$$\gamma^\mu\gamma^\nu\gamma^\rho\gamma^\sigma\gamma_\mu = -2\gamma^\sigma\gamma^\rho\gamma^\nu + (4-d)\gamma^\nu\gamma^\rho\gamma^\sigma,$$

$$\mathrm{tr}(\text{奇数个}\,\gamma) = 0, \qquad \mathrm{tr}\,1 = f(d), \qquad \mathrm{tr}(\gamma_\mu\gamma_\nu) = f(d)g_{\mu\nu},$$

$$\mathrm{tr}(\gamma_\kappa\gamma_\lambda\gamma_\mu\gamma_\nu) = d(g_{\kappa\lambda}g_{\mu\nu} - g_{\kappa\mu}g_{\nu\lambda} + g_{\nu\kappa}g_{\lambda\mu}),$$

其中 $f(d)$ 是能够满足 $f(4) = 4$ 的任意函数.

8.4 根据公式

$$\int \frac{\mathrm{d}^d p}{(2\pi)^d} \frac{1}{(p^2 - m^2)^\alpha} = \frac{(-1)^\alpha \,\mathrm{i}}{(4\pi)^{d/2}} \frac{\Gamma(\alpha - d/2)}{\Gamma(\alpha)} \frac{1}{(m^2)^{\alpha - d/2}},$$

试推出下列积分的公式:

$$\int \frac{\mathrm{d}^d p}{(2\pi)^d} \frac{p^\mu}{(p^2 + 2pq - m^2)^\alpha}, \qquad \int \frac{\mathrm{d}^d p}{(2\pi)^d} \frac{p^\mu p^\nu}{(p^2 - m^2)^\alpha}, \qquad \int \frac{\mathrm{d}^d p}{(2\pi)^d} \frac{p^2}{(p^2 - m^2)^\alpha}.$$

8.5 参考上题, 试证明

$$\int \mathrm{d}^d p\, p^\mu p^\nu f(p^2) = \frac{g^{\mu\nu}}{d} \int \mathrm{d}^d p\, p^2 f(p^2),$$

$$\int \frac{\mathrm{d}^d p}{(2\pi)^d} \frac{(p^2)^\beta}{(p^2 - m^2)^\alpha} = \frac{(-1)^{\beta-\alpha}\mathrm{i}}{(4\pi)^{d/2}} \frac{\Gamma(\beta + d/2)\Gamma(\alpha - \beta - d/2)}{\Gamma(d/2)\Gamma(\alpha)(m^2)^{\alpha-\beta-d/2}}.$$

8.6 考虑 Klein-Gordon 场 $\mathcal{L} = \frac{1}{2}\partial_\mu\phi\partial^\mu\phi - \frac{1}{2}m^2\phi^2$. 若把第一项 $\frac{1}{2}\partial_\mu\phi\partial^\mu\phi$ 当做无质量场的自由拉氏量 $\mathcal{L}_0$, 把第二项 $-\frac{1}{2}m^2\phi^2$ 当做这个场的自相互作用 $\mathcal{L}_{\mathrm{I}}$, 则有如下 Feynman 规则:

- 自由传播子: ———— $= \mathrm{i}/p^2$
- 相互作用顶点: —✕— $= -\mathrm{i}m^2$

试求完全传播子 ——⬤—— $=$ ———— $+$ —✕— $+$ —✕—✕— $+ \cdots =?$

8.7 试表明, 把 QED 顶点的 γ^μ 换成顶角函数 $\Gamma^\mu(p', p)$, 相当于对相互作用拉氏密度作代换

$$\mathcal{L}_{\mathrm{I}}(x) = -e\overline{\psi}(x)\gamma^\mu\psi(x)A_\mu(x) \longrightarrow \mathcal{L}_{\mathrm{I}}^{\mathrm{eff}}(x) = -e\int \mathrm{d}y\, \overline{\psi}(x)\Gamma^\mu(x-y)\psi(x)A_\mu(y),$$

其中

$$\Gamma^\mu(x) = \int \frac{\mathrm{d}^4 q}{(2\pi)^4} \Gamma^\mu(q)\mathrm{e}^{-\mathrm{i}qx}.$$

是顶角函数在坐标表象的表示, $\quad q = p' - p$.

8.8 试证明在坐标表象的 Gordon 恒等式

$$\overline{\psi}\gamma^\mu\psi = \frac{\mathrm{i}}{2m}\,\overline{\psi}[(\overrightarrow{\partial^\mu} - \overleftarrow{\partial^\mu}) - \mathrm{i}\sigma^{\mu\nu}(\overrightarrow{\partial_\nu} + \overleftarrow{\partial_\nu})]\psi,$$

其中 $\overleftarrow{\partial}$ 与 $\overrightarrow{\partial}$ 分别是作用于左与右近邻函数的算符 ∂.

8.9 若旋量 QED 的完全顶角函数为

$$\Gamma^\mu(p', p) = \gamma^\mu F_1(q^2) + \frac{\mathrm{i}\sigma^{\mu\nu}q_\nu}{2m}F_2(q^2),$$

其中 $q = p' - p$, $\sigma^{\mu\nu} = \frac{\mathrm{i}}{2}[\gamma^\mu, \gamma^\nu]$, $F_1(q^2)$ 与 $F_2(q^2)$ 为形状因子. 试表明, 能量 $E \gg m$ 的电子在初始静止的质子上的弹性散射截面算到 α 的 2 阶为

$$\frac{\mathrm{d}\sigma}{\mathrm{d}\Omega} = \frac{\alpha^2}{4E^2(1 + \frac{2E}{m}\sin^2\frac{\theta}{2})\sin^4\frac{\theta}{2}}\left[\left(F_1^2 - \frac{q^2}{4m^2}F_2^2\right)\cos^2\frac{\theta}{2} - \frac{q^2}{2m^2}(F_1 + F_2)^2\sin^2\frac{\theta}{2}\right],$$

m 是电子质量, θ 是电子散射动量 $\boldsymbol{p}'$ 与入射动量 $\boldsymbol{p}$ 的夹角. 这就是 Rosenbluth 公式.

8.10 在 QED 中, 耦合常数 e 与动量参数 μ 有关系

$$\mu\frac{\partial e}{\partial\mu} = \frac{e^3}{6\pi^2}.$$

若其中的正号变成负号, 上式就变成

$$\mu\frac{\partial e}{\partial\mu} = -\frac{e^3}{6\pi^2}.$$

试讨论和比较这两个方程给出的耦合常数 e 与动量标度 μ 的关系.

8.11 试证明对 Fermi 子的互逆关系 $-\mathrm{i}\Gamma_\psi G^\eta = 1$, 这里

$$\Gamma_\psi(x, y) = \frac{-\delta^2\Gamma[\overline{\eta}, \eta]}{\delta\overline{\psi}(x)\delta\psi(y)}, \qquad G^\eta(x, y) = \frac{-\mathrm{i}\delta^2 W[\overline{\eta}, \eta]}{\mathrm{i}\delta\overline{\eta}(x)\mathrm{i}\delta\eta(y)},$$

$$\Gamma[\overline{\psi}, \psi] = W[\overline{\eta}, \eta] - \int \mathrm{d}x(\overline{\psi}\eta + \overline{\eta}\psi),$$

其中 $W[\overline{\eta}, \eta]$ 是 Fermi 子连通 Green 函数的生成泛函.

8.12 从关于连通 Green 函数生成泛函 $W[J, \overline{\eta}, \eta]$ 的泛函微分方程

$$-\lambda\Box\partial_\mu\frac{\delta W}{\delta J_\mu} - \partial^\mu J_\mu - \mathrm{i}e\left(\overline{\eta}\frac{\delta W}{\delta\overline{\eta}} - \eta\frac{\delta W}{\delta\eta}\right) = 0$$

直接求泛函微商, 推出 Ward-Takahashi 恒等式.

(1) 对 W 的上述方程求泛函微商 $\delta^2/\delta\overline{\eta}(y)\delta\eta(z)$, 试证明有 Green 函数的微分方程

$$-\lambda\Box\partial_x^\mu G_\mu^c(x; y, z) = \mathrm{i}e[\delta(x - y) - \delta(x - z)]\mathcal{S}_F(y - z),$$

其中

$$\mathrm{i}\mathcal{S}_F(y - z) = \frac{-\mathrm{i}\delta^2 W}{\mathrm{i}\delta\overline{\eta}(y)\mathrm{i}\delta\eta(z)}, \qquad G_\mu^c(x; y, z) = \frac{-\mathrm{i}\delta^3 W}{\mathrm{i}\delta J^\mu(x)\mathrm{i}\delta\overline{\eta}(y)\mathrm{i}\delta\eta(z)}$$

分别是 Fermi 子完全传播子和 QED 3 点完全 Green 函数.

(2) 对 W 的泛函微分方程求 $\delta/\delta J_\nu(y)$, 然后令 $J = \overline{\eta} = \eta = 0$, 试证明有

$$\lambda\Box\partial_x^\mu\mathcal{D}_{F\mu\nu}(x - y) = \frac{\partial}{\partial x^\nu}\delta(x - y),$$

其中

$$i\mathcal{D}_{\mathrm{F}\mu\nu}(x-y) = \frac{i\delta^2 W}{i\delta J^\mu(x)i\delta J^\nu(y)}$$

是光子完全传播子.

(3) 把 3 点完全 Green 函数 $G^{\mathrm{c}}_\mu(x;y,z)$ 表示成 2 点完全 Green 函数 (传播子) $i\mathcal{D}_{\mathrm{F}}$ 和 $i\mathcal{S}_{\mathrm{F}}$ 与正规顶点 $i\Gamma^\mu(u;v,w)$ 的积分

$$G^{\mathrm{c}}_\mu(x;y,z) = \int \mathrm{d}u\mathrm{d}v\mathrm{d}w\, i\mathcal{D}_{\mathrm{F}\mu\nu}(u-x)\, i\Gamma^\nu(u;v,w)\, i\mathcal{S}_{\mathrm{F}}(y-v)\, i\mathcal{S}_{\mathrm{F}}(w-z),$$

定义动量空间的 $\Gamma_\mu(k;p',p)$ 为

$$\int \mathrm{d}x\mathrm{d}y\mathrm{d}z\, i\Gamma_\mu(x;y,z)\mathrm{e}^{i(-kx+p'y-pz)} = -ie(2\pi)^4\delta(p'-p-k)\Gamma_\mu(k;p',p),$$

把它们代入上述 Green 函数的微分方程, 两边乘以 $\mathrm{e}^{i(-kx+p'y-pz)}$ 并对 x, y, z 积分, 试证明有动量空间的关系

$$\mathcal{S}_{\mathrm{F}}(p)k_\mu\Gamma^\mu(k;p+k,p)\mathcal{S}_{\mathrm{F}}(p+k) = \mathcal{S}_{\mathrm{F}}(p) - \mathcal{S}_{\mathrm{F}}(p+k),$$

从而得到 Ward-Takahashi 恒等式

$$k_\mu\Gamma^\mu(k;p+k,p) = \mathcal{S}_{\mathrm{F}}^{-1}(p+k) - \mathcal{S}_{\mathrm{F}}^{-1}(p).$$

(4) 试分别画出上述二式的动量空间 Feynman 图, 并叙述其物理含义.

9.1 试表明 Gell-Mann 矩阵 λ^a 有下列关系:

$$\mathrm{tr}\,(\lambda^a\lambda^b) = \frac{1}{2}\delta^{ab}, \qquad a,b = 1,2,\cdots,8.$$

9.2 SU(n) 变换可以写成 $U = \mathrm{e}^{i\theta_a T^a}$.

(1) 对于 SU(2), $T^i = T_i = \frac{1}{2}\sigma^i$, $i = 1,2,3$, σ^i 是 Pauli 矩阵. 试表明有 $[T_i, T_j] = i\epsilon_{ijk}T^k$, 其中 ϵ_{ijk} 是 3 阶完全反对称张量.

(2) 对于 SU(3), $T^a = T_a = \frac{1}{2}\lambda^a$, $a = 1,2,\cdots,8$, λ^a 是 Gell-Mann 矩阵. 试表明有 $[T_a, T_b] = if_{abc}T^c$, 并算出其中的 f_{abc}.

9.3 试用 Faddeev-Popov 方法求 Maxwell 场 $\mathcal{L} = -\frac{1}{4}F_{\mu\nu}F^{\mu\nu}$ 在 Lorentz 规范的传播子, 并与直接用包含规范固定项的 $\mathcal{L} = -\frac{1}{4}F_{\mu\nu}F^{\mu\nu} - \frac{\lambda}{2}(\partial_\mu A^\mu)^2$ 求出的结果进行比较.

9.4 试求杨 -Mills 场 $\mathcal{L} = -\frac{1}{4}F^a_{\mu\nu}F_a^{\mu\nu}$ 在轴向规范传播子的动量空间表示, 并与协变规范的结果进行比较.

9.5 有物质场的 Faddeev-Popov 拉氏密度在略去耦合项以后为

$$\mathcal{L} = \overline{\psi}(i\gamma^\mu\partial_\mu - m)\psi + \frac{1}{2}A^a_\mu\left[g^{\mu\nu}\Box - \left(1 - \frac{1}{\xi}\right)\partial^\mu\partial^\nu\right]A^a_\nu - \overline{\eta}_a\Box\eta^a.$$

取 Feynman 规范, 试完成生成泛函中对规范场和鬼场的泛函积分, 并根据所得结果来讨论鬼场的作用.

9.6 试从 QCD 三胶子耦合项 $gf^{abc}A^a_\mu A^b_\nu\partial^\mu A^{c\nu}$ 写出其动量空间 Feynman 图因子, 设三胶子的指标是 (μ,a), (ν,b), (ρ,c), 从顶点流出的动量是 p, q, k. 指出是哪一步用到了动量从顶点流出这一条件.

9.7 试根据 BRST 变换验证：对于场 $\phi = \psi, \eta^a, \overline{\eta}^a$，都有 $Q^2\phi = 0$，Q 是由 $\delta\phi = \epsilon Q\phi$ 定义的 BRST 算符．

9.8 (1) 试证明在协变规范中有物质场的 Faddeev-Popov 拉氏密度

$$\mathcal{L} = \overline{\psi}(\mathrm{i}\slashed{D} - m)\psi - \frac{1}{4}(F_{\mu\nu}^a)^2 - \frac{1}{2\xi}(\partial^\mu A_\mu^a)^2 - \overline{\eta}^a \partial^\mu D_\mu^{ab} \eta^b$$

可以等效地写成

$$\mathcal{L}_{\mathrm{eff}} = \overline{\psi}(\mathrm{i}\slashed{D} - m)\psi - \frac{1}{4}(F_{\mu\nu}^a)^2 + \frac{\xi}{2}(B^a)^2 + B^a \partial^\mu A_\mu^a - \overline{\eta}^a \partial^\mu D_\mu^{ab} \eta^b,$$

其中 B^a 是一个可对易的标量辅助场．这个场 B^a 有独立的动力学效应吗？

(2) 考虑上式中各个场的下列无限小变换，

$$\delta A_\mu^a = \epsilon D_\mu^{ab} \eta^b, \qquad \delta\psi = -\mathrm{i}g\epsilon \eta^a T^a \psi,$$

$$\delta\eta^a = \frac{1}{2}g\epsilon f^{abc}\eta^b\eta^c, \qquad \delta\overline{\eta}^a = \epsilon B^a, \qquad \delta B^a = 0,$$

其中无限小参数 ϵ 是 Grassmann 变量，与鬼场 $\eta_a, \overline{\eta}_a$ 以及 Fermi 子物质场 $\psi, \overline{\psi}$ 反对易．证明在上述 BRST 变换下拉氏密度 $\mathcal{L}_{\mathrm{eff}}$ 不变．

9.9 试计算二点鬼粒子顶角近似到单圈图，并给出鬼粒子场的重正化常数．

9.10 试证明 QCD Feynman 图的表观发散度也是 $D = 4 - \frac{3}{2}F - B$，F 是 Fermi 子 (夸克) 外线数，B 是 Bose 子 (胶子) 外线数．

9.11 试计算 QCD 单圈图近似的重正化群系数 $\gamma_m = \mu\partial m/m\partial\mu$，并具体讨论夸克质量 m 随动量标度的跑动性质．

9.12 (1) 已知 $\mu = 0$ 时 QED 耦合常数 $\alpha \approx 1/137.0$，试估算 $\mu = m_Z = 91.2\,\mathrm{GeV}$ 时 $\alpha(\mu)$ 为多少？

(2) 试计算 QED 单圈图近似的重正化群系数 $\gamma_m = \mu\partial m/m\partial\mu$，并具体讨论电子质量 m 随动量标度的跑动性质．

10.1 试说明 Fermi 相互作用 $\mathcal{L}_{\mathrm{F}} = -G_{\mathrm{F}}[\overline{p}(x)\gamma^\mu n(x)][\overline{e}(x)\gamma_\mu \nu_{\mathrm{e}}(x)] + \mathrm{h.c.}$ 有哪些量守恒？

10.2 试表明用弱流 $j^\mu = \overline{e}\gamma^\mu(1 - \gamma^5)\nu_{\mathrm{e}}$ 描述的电子 e^- 与中微子 ν_{e} 都是左旋的．

10.3 试完成下列计算：$\mathrm{tr}[(\slashed{p} + m_{\mathrm{e}})\gamma_\lambda(1 - \gamma_5)\slashed{q}\gamma_\rho(1 - \gamma_5)]\mathrm{tr}[(\slashed{s} + m_\mu)\gamma^\rho(1 - \gamma^5)\slashed{k}\gamma^\lambda(1 - \gamma^5)]$．

10.4 试推导在 μ^- 静止系中 $\mu^- \to \mathrm{e}^- + \overline{\nu}_{\mathrm{e}} + \nu_\mu$ 衰变末态的电子能谱 $\mathrm{d}\sigma/\mathrm{d}\omega_{\mathrm{e}}$，略去电子质量．

10.5 (1) 对于 Fermi 相互作用，试画出 μ^- 衰变过程的一些辐射修正的 Feynman 图．

(2) 试画出 Fermi 相互作用引起的 $\pi^- \to \mathrm{e}^-\overline{\nu}_{\mathrm{e}}$ 衰变的最低阶 Feynman 图．

10.6 (1) 对于中间 Bose 子模型，试画出中子 β 衰变的二阶 Feynman 图．

(2) 已知重矢量场的拉氏密度为 $\mathcal{L} = -\frac{1}{4}F_{\mu\nu}F^{\mu\nu} + \frac{1}{2}m^2 A_\mu A^\mu$，$F_{\mu\nu} = \partial_\mu A_\nu - \partial_\nu A_\mu$，试求出中间 Bose 子模型的动量空间 Feynman 传播子．

10.7 考虑实标量场的 ϕ^4 模型，其拉氏密度为 $\mathcal{L} = \frac{1}{2}\partial_\mu\phi\partial^\mu\phi - \frac{1}{2}m^2\phi^2 - \frac{1}{4}\lambda\phi^4$，它显然具有变换 $\phi \to -\phi$ 的对称性．

(1) 试表明它对这个变换具有自发对称破缺．

(2) 自发对称破缺后, 粒子有没有质量?

10.8 考虑具有三维内部空间的 ϕ^4 模型, 其拉氏密度为 $\mathcal{L} = \partial_\mu \phi^\dagger \partial^\mu \phi - m^2 \phi^\dagger \phi - \lambda(\phi^\dagger \phi)^2$, 其中 $\phi^\dagger \phi = |\phi|^2 = \phi_1^2 + \phi_2^2 + \phi_3^2$.

(1) 试表明它对整体规范变换具有自发对称破缺.

(2) 自发对称破缺后, 有几种质量为零的 Goldstone 粒子? 有几种具有质量的粒子?

10.9 讨论自发对称破缺的另一做法. 模型拉氏密度为

$$\mathcal{L} = (D_\mu \phi)^\dagger D^\mu \phi - m^2 \phi^\dagger \phi - \lambda(\phi^\dagger \phi)^2 - \frac{1}{4} F_{\mu\nu} F^{\mu\nu}.$$

取 ϕ 在复平面的极坐标表示 $\phi = \rho\, \mathrm{e}^{\mathrm{i}\theta}$, 其中 ρ 与 θ 是实标量场,

$$D_\mu \phi = (\partial_\mu + \mathrm{i} g A_\mu)\, \rho\, \mathrm{e}^{\mathrm{i}\theta} = [\partial_\mu \rho + \mathrm{i}\rho(\partial_\mu \theta + g A_\mu)]\, \mathrm{e}^{\mathrm{i}\theta},$$

试讨论真空规范对称性的自发破缺, 并给出 $\mathcal{L}$ 在幺正规范的表达式.

10.10 考虑复标量场的 ϕ^4 模型, 试分别求出在幺正规范和 R_ξ 规范中各个粒子的 Feynman 传播子.

10.11 试写出 Weyl 表象 (手征表象) 的 γ 矩阵, 手征投影算符 P_L 和 P_R, 以及手征本征态 ψ_L 和 ψ_R.

10.12 试用 Dirac 方程的一般解验证有 $\overline{u}_\mathrm{L} \gamma^\mu u_\mathrm{R} = \overline{u}_\mathrm{R} \gamma^\mu u_\mathrm{L} = 0$, $\overline{u}_\mathrm{L} \gamma^\mu u_\mathrm{L} \neq 0$.

10.13 在 Glashow-Weinberg-Salam 模型中, 耦合常数 g_1, g_2 可以用 QED 耦合常数 e 和 Weinberg 角 θ_w 来表示, $e^2 = 4\pi\alpha$. 实验值为:

$$\alpha = 1/137.035\,999\,139, \quad \sin^2 \theta_\mathrm{w} = 0.231\,22, \quad G_\mathrm{F} = 1.166\,378\,7 \times 10^{-5}\,\mathrm{GeV}^{-2},$$

$$m_\mathrm{w} = 80.379\,\mathrm{GeV}, \qquad m_\mathrm{z} = 91.1876\,\mathrm{GeV}.$$

(1) 试用 e, θ_w 和 Fermi 常数 G_F 的实验值估计 $\mathrm{W}^\pm$ 和 Z^0 粒子的质量 m_w 和 m_z, 并与它们的的实验值比较.

(2) 试讨论实验值与理论值的差别所包含的物理, 和改进理论计算的途径.

　　提示: 你的计算在微扰论中属于什么近似? 进一步的改进需要考虑什么修正?

10.14 实验表明物理的中微子有质量, Glashow-Weinberg-Salam 模型应如何修改?

索　引